Mathematik im Studium

Brückenkurs für Wirtschafts- und Naturwissenschaften

Von

Diplom-Physiker
Jan Gehrke

Duale Hochschule Baden-Württemberg
Stuttgart

Oldenbourg Verlag München

Bibliografische Information der Deutschen Nationalbibliothek

Die Deutsche Nationalbibliothek verzeichnet diese Publikation in der Deutschen Nationalbibliografie; detaillierte bibliografische Daten sind im Internet über <http://dnb.d-nb.de> abrufbar.

© 2010 Oldenbourg Wissenschaftsverlag GmbH
Rosenheimer Straße 145, D-81671 München
Telefon: (089) 45051-0
oldenbourg.de

Lektorat: Rainer Berger
Herstellung: Anna Grosser
Coverentwurf: Kochan & Partner, München
Coverbild: Turin Olympic Bridge, iStockphoto
Gedruckt auf säure- und chlorfreiem Papier
Gesamtherstellung: Grafik + Druck GmbH, München

ISBN 978-3-486-59910-7

Für meine Eltern

Herbert und Petra

Inhaltsverzeichnis

Vorwort

Über Brückenkurse

Ein Brückenkurs leistet viel: Er wiederholt kompakt den Stoff der Mittel- und Oberstufe, da Studienanfänger hier regelmäßig kleinere oder größere Lücken haben, und greift auf den relevanten weiterführenden Mathematikstoff der Vorlesungen vor. In der Konsequenz hilft er dabei, Studienanfängern den Schock zu ersparen, der viele beim Anwenden der Mathematik als unverzichtbares Werkzeug im wirtschafts- und naturwissenschaftlichen Studium ereilt.

Einsatzmöglichkeiten und Aufbau dieses Buches

Genau hier setzt dieses Buch an: Es bereitet mit klarem Blick auf das im Studium Notwendige vor, wiederholt und vermittelt Neues. Zahlreiche Beispiele veranschaulichen den Stoff. Durch eine Vielzahl von Übungen kann das Gelernte zudem gefestigt werden. Grau unterlegte Boxen heben darüber hinaus das Wichtigste hervor. Dabei gilt es folgende Randnotizen zu unterscheiden:

D   Eine Definition oder ein grundlegender Satz

F   Eine wichtige Formel

A   Eine Anmerkung oder ein Tipp

M   Sollte man sich merken

! oder ?   Feststellung oder Frage

Natürlich könnten wir einige Boxen dabei mit mehr als einem Buchstaben versehen. Wichtig sind sie aber alle und das Verständnis dieser Boxen kann als Grundvokabular für ein Weitergehen in der Mathematik angesehen werden.

Das sollten Sie sich generell merken: Auch in der Mathematik muss ein gewisser „Grundwortschatz" beherrscht werden, sonst können Sie es vergessen, in dieser Sprache zu sprechen. Sie kommen ja auch nicht auf die Idee, in einer fremden Sprache ohne Vokabeln und Grammatik kommunizieren zu wollen.

Das Buch ist in 16 Kapitel und drei Anhänge unterteilt. Ein Großteil nimmt die Behandlung von Funktionen (die Analysis) ein. Als Finale sind für diesen Teil die Kapitel über Umkehrfunktionen und Integralrechnung zu sehen. Die Vektorgeometrie beschränkt sich auf zwei große Kapitel: Eines für Beweise, das andere für konkrete Rechnungen im Raum. Ein kleines Kapitel über zwei einfache numerische Verfahren schließt das Buch ab, um einen kleinen Vorgeschmack auf die Numerik zu vermitteln. Die Anhänge beschäftigen sich mit sehr elementaren Themen, die kein ganzes Kapitel gefüllt hätten.

Internet(t)

Zu diesem Buch werden Zusatzmaterialien online angeboten. Unter **www.oldenbourg-wissenschaftsverlag.de** den Titel *Mathematik im Studium* aufrufen und die angebotenen Zusatzmaterialien herunterladen.

Errata

Natürlich waren wir bemüht, bei der Entstehung dieses Buches Fehler zu vermeiden. Falls es doch welche gibt (und das ist trotz aller Bemühungen und Mühen sicher), bitten wir dies zu entschuldigen und hoffen, dass der Fehlerfinder diese dem Autor per Mail mitteilt (**wiso@oldenbourg.de.**) und so zur Verbesserung des Werkes beiträgt.

Dank

Bei der Entstehung eines solchen Buches gibt es vielen Leute zu danken. Ich möchte hier die wichtigsten Menschen erwähnen und vergesse dabei hoffentlich niemanden:

- Zu allererst danke ich meiner Familie, als da wären meine Eltern, denen dieses Buch gewidmet ist, meine beiden Schwestern Kerstin und Svenja und meine Désirée, für Ihr Vertrauen in mich, ihre Liebe und ihre immer währende Unterstützung. Ohne sie (und das ist sicher) gäbe es dieses Buch nicht.

- Weiterer Dank gilt Herrn Studiendirektor i.R. Klaus Hewig, der mir die interessanten Seiten der Mathematik gezeigt und mich gefördert hat. Gäbe es mehr Lehrer von seiner Sorte, so könnten wir uns Brückenkurse sparen.

- Ich bedanke mich auch bei Herrn Dr. Holger Cartarius, der den Stein ins Rollen brachte.

- Des Weiteren danke ich dem Oldenbourg-Verlag und hier ganz besonders Herrn Rainer Berger für die stets kooperative und angenehme Zusammenarbeit.

- Nicht zuletzt gilt mein Dank Herrn Prof. Dr. Hans-Joachim Elzmann und Herrn Prof. Dr. Dirk Reichardt, die es mir ermöglichten, dieses Buch zu schreiben und die mich in meinem Vorhaben stets bestärkten.

Jetzt bleibt mir nur noch, jedem Leser viel Freude mit diesem Buch zu wünschen. Möge es seinen Zweck erfüllen und Ihnen einen erfolgreichen Start in Ihr Studium ermöglichen.

Merklingen, im Sommer 2010

Jan Peter Gehrke

I Einführung

Wir beginnen unseren Weg hin zu unserem angestrebten Ziel, der Aufarbeitung der für den Beginn eines Studiums relevanten Mathematik, mit ein paar einfachen Beispielen, die uns verdeutlichen sollen, welchen Problemen wir u.a. zu stellen haben. Die vollständige Lösung der in den folgenden Beispielen angesprochenen Aufgaben ist dem Leser allerdings erst später, nach der Lektüre der entsprechenden Kapitel (u.a. Kapitel VII), möglich und zwar dann, wenn die benötigten mathematischen Hilfsmittel erarbeitet wurden.

I.1 Ein paar Beispiele

Beispiel 1 - Die Suche nach dem größten Schächtelchen

Gegeben ist ein quadratisches Stück Papier mit der Seitenlänge $a = 20$ cm.

Abbildung I.1.1: Ein quadratisches Blatt Papier.

Nun soll das Papier auf folgende Weise zurechtgeschnitten und gefaltet werden:

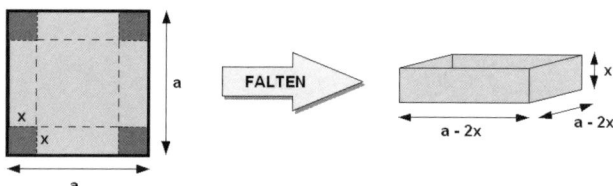

Abbildung I.1.2: Das zurechtgeschnittene Blatt Papier und die daraus faltbare Schachtel mit dem Volumen $V(x) = (a - 2x)^2 \cdot x$.

Das x ist hier derart zu wählen, dass das Volumen der entstehenden Schachtel maximal, also möglichst groß, wird. Es stellt sich für uns dabei die Frage:

?   **Für welches x wird das Volumen V des Schächtelchens maximal?**

Eine erste Abschätzung der „besten Wahl von x" kann an Hand einer Tabelle erfolgen:

Versuch	x	Volumen $V = (20 - 2x)^2 \cdot x$
1	1 cm	324 cm^3
2	2 cm	512 cm^3
3	3 cm	588 cm^3
4	4 cm	576 cm^3
usw.	. . .	. . .

Tabelle I.1.1: Schächtelchenvolumen für verschiedene x.

Es sieht so aus, dass für $x = 3$ cm das maximale Volumen erreicht wird. Aber ist dem wirklich so?

Beispiel 2 - Die optimale Einzäunung

Es sind 100 Meter Maschendrahtzaun gegeben. Wir sollen hiermit ein rechteckiges Gebiet so einzäunen, dass der Flächeninhalt des entstehenden Gatters maximal wird.

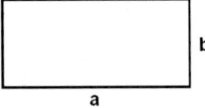

Abbildung I.1.3: Der Zaun mit dem Umfang $U = 2a + 2b = 100$ Meter. Wir wählen a und bestimmen damit b. Der Flächeninhalt ist $A = a \cdot b$.

Nun können wir (wie in Beispiel 1) erneut eine Tabelle aufstellen und mittels dieser abschätzen, für welche Wahl der Seitenlängen der Flächeninhalt am größten wird. Wir beachten vor dem Aufstellen der Tabelle, dass

$$U = 2a + 2b = 100 \Leftrightarrow a + b = 50 \Leftrightarrow b = 50 - a$$

ist. Wir geben also nur eine der beiden Seitenlängen vor und die andere ergibt sich sofort aus der Bedingung, dass wir 100 Meter Maschendrahtzaun zu verbrauchen haben. Dies ist also allen Möglichkeiten gemeinsam, dass sie alle den gleichen Umfang haben. Dies sei aber nur eine Bemerkung am Rande. Stellen wir nun unsere Tabelle auf (siehe Tabelle I.1.2).

Versuch	a	b = 50 − a	Fläche A = a · b	Umfang U = 2a + 2b
1	5 m	45 m	225 m^2	100 m
2	10 m	40 m	400 m^2	100 m
3	15 m	35 m	525 m^2	100 m
4	20 m	30 m	600 m^2	100 m
5	25 m	25 m	625 m^2	100 m
6	30 m	20 m	600 m^2	100 m
usw.	. . .	. . .	. . .	. . .

Tabelle I.1.2: Fläche und Umfang des eingezäunten Gebiets für verschiedene Seitenlängen.

In diesem Beispiel scheint der größte Flächeninhalt für $a = b = 25$ m angenommen zu werden. Dies ist in der Tat das tatsächliche Maximum aller Flächeninhalte bei diesem Problem. Die Begründung hierfür kann mit dem Wissen aus Kapitel VII gegeben werden, aber auch schon mit Hilfe der quadratischen Funktionen aus Kapitel III ist die Angabe des Maximums (in diesem Fall) zweifelsfrei möglich. Vielleicht bemerken wir schon jetzt, dass in beiden Beispielen nur ein gewisser Zahlenbereich für die gesuchten Größen sinnvoll ist. Diese Feststellung bringt uns viel später zur sog. Untersuchung der Randwerte.

Aus den beiden Beispielen ist zu ersehen, welcher Problematik wir uns zu stellen haben: In beiden Fällen versuchten wir, einen größtmöglichen Wert für eine bestimmte Größe bei der Lösung des Problems zu erhalten. Diese Größe hing von anderen Größen ab, welche wir frei wählen konnten. Je nach Wahl veränderte sich die zu maximierende Größe. Die mit den Tabellen gefundenen Werte haben wir uns im Hinterkopf vermerkt. Doch sind die so gefundenen Werte wirklich die allerbesten? Können wir das noch genauer untersuchen? Diese Fragen müssen wir zum jetzigen Zeitpunkt leider hinten anstellen, denn ihre Beantwortung muss bis Kapitel VII warten. Dort werden wir das Bestreben, den größtmöglichen Wert zu finden, als Suche nach den Extrema einer Funktion wieder aufgreifen.

I.2 Interpretation von Schaubildern

Auch in diesem Unterkapitel wollen wir anhand zweier Beispiele, die selber gerechnet werden können und sollen, einen weiteren Schritt auf unserem langen Weg tun.

Bisher haben wir voneinander abhängige Werte zur besseren Übersicht in Tabellen eingetragen (Unterkapitel I.1). Zwei voneinander abhängige Größen lassen sich jedoch zumeist in einem Schaubild sehr gut grafisch darstellen und veranschaulichen.

Aus Schaubildern können wir Werte schneller ablesen und auch einfacher Überlegungen anstellen, wie der weitere Verlauf aussehen könnte bzw. der zu sehende Verlauf zu interpretieren ist. Im Folgenden wollen wir uns in der Interpretation von Schaubildern üben und uns an den Umgang mit ihnen gewöhnen, da sie in Zukunft eine wichtige Rolle spielen werden.

Beispiel 1 - Radeln extrem (Abbildung I.2.1)

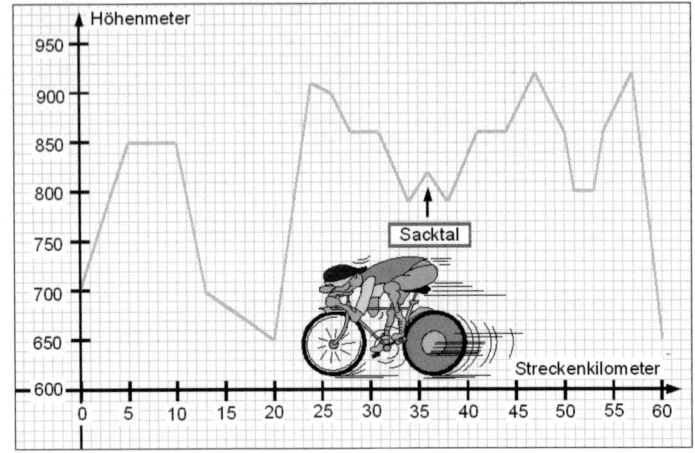

Abbildung I.2.1: Profil der Radetappe.

Eine Etappe der Tour-Ich-Strampel-Bis-Der-Arzt-Kommt führt über die Schmerzhügel.

(a) Wie viele Höhenmeter sind beim zweiten Anstieg zu überwinden?

(b) Wie ist das Schaubild zwischen Streckenkilometer 5 und 10 zu interpretieren?

(c) Nach Sacktal führt nur eine Sackgasse. Woran ist das im Schaubild zu erkennen? Wo beginnt die Sackgasse? Wo endet sie? Wie lang ist sie?

(d) Wo gibt es vermutlich noch eine Sackgasse?

(e) Wie groß ist die Gesamtabfahrt bei dieser Etappe?

Wir wollen diese Fragen anhand der Abbildung I.2.1 beantworten.

Lösung:

(a) Lesen wir die Höhenmeter ab, so erhalten wir einen Anstieg von 900m − 650m = 250m.

(b) Das Schaubild ist hier parallel zur Streckenkilometerachse, d.h. es erfolgt kein Anstieg, die Strecke verläuft eben.

(c) Das Schaubild ist in der Umgebung von Sacktal achsensymmetrisch zu der Achse, die parallel zur Höhenmeterachse durch Sacktal geht. Vergleichen wir die Anstiege und die Längen der Strecken, so können wir erkennen, dass die Sackgasse wohl von Streckenkilometer 26 bis Streckenkilometer 46 durchfahren wird.

(d) Das Schaubild sieht im Bereich um Streckenkilometer 52 wieder achsensymmetrisch aus. Die Sackgasse würde dann bei Streckenkilometer 47 beginnen und bei Streckenkilometer 57 enden.

(e) Für die Gesamtabfahrt erhalten wir

$$(850\text{m} - 650\text{m}) + (910\text{m} - 790\text{m}) + (820\text{m} - 790\text{m}) + (920\text{m} - 800\text{m})$$
$$+ (920\text{m} - 650\text{m}) = 740\text{m}.$$

Beispiel 2 - Zum Bevölkerungswachstum (Abbildung I.2.2)

In Visionan lebten 1975 zwei Millionen Menschen. Wir betrachten folgende Entwicklungsmodelle.

Szenario 1 Die Bevölkerung wächst jährlich um 3,7%.

Szenario 2 Der Bevölkerungszuwachs ist konstant.

Szenario 3 Die Bevölkerung nimmt jährlich um 1% ab.

Szenario 4 Die Bevölkerungszahl bleibt konstant.

Szenario 5 Bis 2000 wächst die Bevölkerung konstant, dann nimmt sie 2% jährlich zu.

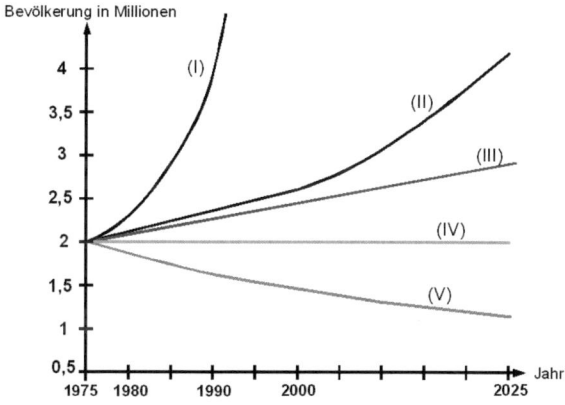

Abbildung I.2.2: Bevölkerungswachstum in Visionan.

(a) Ordnen Sie jedem Szenario das entsprechende Schaubild zu.

(b) In welchem Jahr fällt bei Szenario 3 die Bevölkerungszahl erstmals unter eine Million?

(c) Wann sind es bei Szenario 2 mehr als 4 Millionen Menschen, wenn im Jahr 2025 2,5 Millionen gezählt werden?

Zur Beantwortung der Fragen ist es notwendig, dass wir hier und da Techniken und Sachverhalte verwenden, welche wir erst in späteren Kapiteln behandeln. Dem Leser sei deswegen geraten, dass er (oder sie) sich das Beispiel trotzdem zu Gemüte führt, um etwas über den Verlauf der Schaubilder gewisser Funktionen zu lernen und dass er (oder wieder sie) sich das Beispiel nach den ersten zwölf Kapiteln nochmal anschauen möge. Machen wir uns hier trotzdem an die Bearbeitung der gestellten Fragen.

Lösung:

(a) Auf Grund des Verlaufs der einzelnen Schaubilder können wir die folgende Zuordnung treffen:

- Szenario 1 = Kurve (I), da exponentielles Wachstum (siehe Kapitel XI).

- Szenario 2 = Kurve (III), da lineares Wachstum (siehe u.a. Kapitel II).

- Szenario 3 = Kurve (V), da exponentieller Zerfall (siehe Kapitel XI).

- Szenario 4 = Kurve (IV), parallele Gerade zur Jahresachse (siehe Kapitel II).

- Szenario 5 = Kurve (II), linear, dann exponentiell (sieh u.a. Kapitel V).

(b) Wir haben hier folgendes zu rechnen:

$$2 \cdot 10^6 \cdot (1 - 0{,}01)^n \leq 1 \cdot 10^6 \Leftrightarrow 0{,}99^n \leq \frac{1}{2} \underset{\ln}{\Leftrightarrow} n = \frac{\ln 0{,}5}{\ln 0{,}99} \approx 68{,}96.$$

Wir müssen also fast 69 Jahre in die Zukunft gehen, denn dann fällt die Bevölkerungszahl unter die angegebene Marke. Damit befinden wir uns am Ende des Jahres $1975 + 68 = 2043$.

(c) Szenario 2 startet mit zwei Millionen Menschen und es liegt ein lineares Wachstum vor. In fünfzig Jahren kamen eine halbe Millionen Menschen hinzu (siehe Aufgabentext), somit ist der Zuwachs

$$m_{\text{Sz2}} = \frac{0{,}5 \cdot 10^6}{50} = 10000 \frac{\text{Menschen}}{\text{Jahr}}.$$

Damit sind die vier Millionen nach

$$\frac{(4 - 2) \cdot 10^6 \text{ Menschen}}{10000 \frac{\text{Menschen}}{\text{Jahr}}} = 200 \text{ Jahren,}$$

also im Jahr 2175 erreicht.

Die Untersuchung der vorgelegten Schaubilder in den beiden Beispielen soll uns verdeutlichen, welche Möglichkeiten sich ergeben, wenn man mathematische Sachverhalte grafisch aufträgt. Oft lässt sich dadurch schon die Lösung erahnen oder eine potentielle Lösungsidee angeben.

I.3 Mathematische Beschreibung von Abhängigkeiten

Hängt eine Größe von einer anderen Größe ab, so lässt sich diese Abhängigkeit häufig durch einen Term darstellen. Dabei setzen wir einen sog. **Ausgangswert** ein und können daraufhin den zugehörigen (abhängigen) Wert berechnen.

Der Ausgangswert wird bei uns häufig mit x, der errechnete Wert mit y oder $f(x)$ (lies: f von x) bezeichnet. Wir wollen uns angewöhnen, letztere Schreibweise zu verwenden, da sie sich als praktischer für unsere Zwecke erweist, weil wir den zugehörigen Ausgangswert in einer Zeile mit dem errechneten Wert angeben können ohne zusätzliche Indizes hinschreiben zu müssen.

Beispiel - Werte in Terme einsetzen

Gegeben sei die Funktion f (Funktionsbegriff, siehe Unterkapitel I.4) mit

$$f(x) = 23x^2 + 2x + 1.$$

Wir berechnen den Wert für $x = 2$:

$$f(2) = 23 \cdot 2^2 + 2 \cdot 2 + 1 = 97.$$

Zum Ausgangswert $x = 2$ gehört der Wert $y = 97$, was wir einfach durch die Notation $f(2) = 97$ ausdrücken.

I.4 Der Begriff der Funktion

Wir haben bisher schon ein paar Mal den Begriff der Funktion verwendet. Zu Beginn dieses Unterkapitels definieren wir nun, was wir unter einer Funktion verstehen wollen.

> **Definition des Funktionsbegriffes (Kurzversion)**
>
> Eine Funktion ist eine Vorschrift, die jeder reellen Zahl aus einer Menge D (z.B. die reellen Zahlen $\mathbb{R}$) *genau eine* reelle Zahl aus einer anderen Menge W zuordnet.

D

Was bedeutet diese Definition übertragen auf unser kartesisches Koordinatensystem?

! **Ein y-Wert darf sehr wohl mehrere x-Werte haben!**

Beispiel 1 - Erlaubt!

Wir betrachten die Parabel mit $f(x) = x^2$. Hier ist z.B. $f(2) = f(-2) = 4$. Wir können
allerdings auch gleich $f(x) = f(-x) = x^2$ schreiben. Im Bilde:

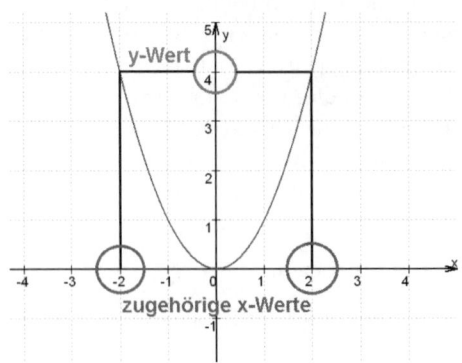

Abbildung I.4.1: Die erwähnte Parabel.

! **Aber: Ein x-Wert darf nicht mehrere y-Werte haben!**

Beispiel 2 - Nicht erlaubt!

Wir betrachten das folgende Schaubild:

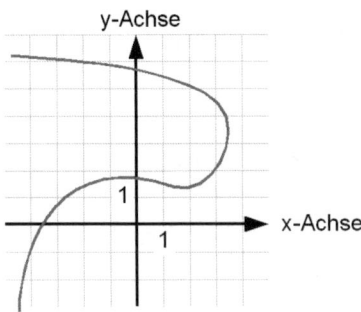

Abbildung I.4.2: Keine Funktion nach unserer Definition.

Laut Definition ist es z.B. nicht erlaubt, dass $f(3) = 5$ und $f(3) = 1$ gilt. Also liegt bei
dem gegebenen Schaubild keine Funktion vor, denn es ist z.B. $f(-2) = 1{,}5$ und $f(-2) = 6$.

Wir wollen uns nun folgende Schreib- und Sprechweisen angewöhnen, da sie zum mathematischen Standard gehören und in vielen Lehrbüchern vorausgesetzt werden:

$f; g; k; A; B; \ldots$	Funktionsbezeichnungen
$f(x)$	Bezeichnet die zur Zahl x gehörige Zahl, also die von der Funktion f dem Wert x zugeordnete Zahl. Wir nennen sie **Funktionswert von x** oder den **Funktionswert an der Stelle x**.
D_f	Die Menge aller x-Werte, auf die f angewandt werden soll und angewandt werden darf (Definitionsmenge).
W_f	Die Menge aller Funktionswerte (Wertemenge).
$f : x \mapsto x^2$	Hier ist gemeint, dass jedem x ein x^2 zugeordnet wird, d.h. x^2 ist der Funktionsterm. Wir schreiben auch $f(x) = x^2$.
Schaubild von f, Graph von f	Alle Punkte $P(x/y)$, die die Gleichung $y = f(x)$ erfüllen, ergeben das Schaubild der Funktion f. Wir nennen $y = f(x)$ die Gleichung des Schaubildes/des Graphen von f. Dieses/Dieser wird oft mit K bezeichnet.

Vor allem die Begriffe Wertemenge und Definitionsmenge bereiten in der Regel Probleme. Um sich ein (vielleicht doch recht hilfreiches) Bild von ihnen machen zu können, sind diese beiden Begriffe im folgenden Schaubild grafisch aufgezeigt:

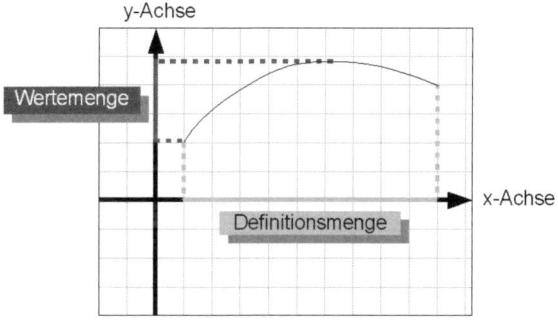

Abbildung I.4.3: Zur Veranschaulichug von Werte- und Definitionsmenge.

Zum Merken

Definitionsmenge:	Alle Werte, die eingesetzt werden dürfen (oder sollen).
Wertemenge:	Alle Werte, die als Ergebnis herauskommen können.

M

Des Weiteren ist wichtig, das Folgende zu wissen:

Anmerkung

Unter der maximalen Definitionsmenge versteht man die größtmögliche Menge für die die Funktion definiert ist. Fehlt bei einer Funktion die Angabe der Definitionsmenge, so ist stets die maximale gemeint.
Die maximale Wertemenge ist die größtmögliche Menge an Ergebnissen bzw. Funktionswerten. Für die Angabe gilt das Gleiche wie bei der maximalen Definitionsmenge.

Zur Verwendung der in der Tabelle angegebenen Symbolik müssen wir noch ein paar Anmerkungen kundtun, damit auch alles korrekt formuliert werden kann:

Funktionsbezechnungen

Eine Funktion bezeichnen wir zumeist mit einem Kleinbuchstaben. Die vollständige und korrekte Angabe einer Funktion kann wie folgt lauten:

$$\text{Funktion } f : \mathbb{R} \to \mathbb{R} \text{ mit } f(x) = x^3 - x^2.$$

Mit f bezeichnen wir die Funktion, welche eigentlich eine Abbildung ist. Eine Abbildung ordnet den Elementen einer Menge (*Definitionsmenge von f*) die Elemente einer anderen Menge (*Wertemenge von f*) zu. Bei uns sind beide Mengen die Gesamtheit der reellen Zahlen oder Teilmengen davon. Abbildungen zwischen solchen Mengen nennen wir dann Funktionen.
Mit $f(x)$ ist nur ein Element aus der zugeordneten Menge gemeint, so dass wir zwischen f und $f(x)$ unterscheiden müssen. Wir werden versuchen, dies in den ersten Kapiteln auch konsequent zu tun. Die komplette Angabe von f mit Definitions- und Wertemenge unterlassen wir dabei in den meisten Fällen, wenn keine Missverständnisse auftreten können, um Schreibarbeit zu sparen.
Es kann auch passieren, dass wir von einer Funktion $f(x)$ sprechen, was durchaus eine übliche Bezeichnung im praktischen Umgang mit Funktionen ist. Der Leser sollte dann aber wissen, dass diese Bezeichnung mathematisch nicht exakt ist und wir eigentlich zwei verschiedene mathematische Objekte (Funktion und Funktionswert) miteinander vermischen.

I.5 Einteilung des Zahlenstrahls - Intervalle

Zum Abschluss unserer kleinen Einführung wollen wir noch ein wenig Gebrauch von den klaren Formulierungsmöglichkeiten der Mathematik machen: Zusammenhängende Teilmengen der reellen Zahlen $\mathbb{R}$ nennen wir Intervalle. Sie dienen uns dazu, die Definitions- und die Wertemengen in einer kurzen und genauen Art und Weise wiederzugeben. a und b sind dabei im Folgenden immer die Grenzen der gewählten Bereiche. Diese können wie folgt aussehen (in den Klammern stehen immer alternative Schreibweisen, wobei x der Platzhalter für die Werte dazwischen ist):

Intervalle

$[a; b]$ Alle Werte zwischen a und b sind gemeint, einschließlich a und b ($a \leq x \leq b$).

$(a; b)$ Alle Werte zwischen a und b sind gemeint, ohne a und b ($a < x < b$).

$[a; b)$ Alle Werte zwischen a und b sind gemeint, mit a, aber ohne b ($a \leq x < b$).

$(a; b]$ Alle Werte zwischen a und b sind gemeint, ohne a, aber mit b ($a < x \leq b$).

Sind welche der möglichen Grenzen unendlich, d.h. eine quer liegende Acht mit Vorzeichen ($\pm\infty$), dann verwenden wir auf den Seiten, auf denen sie stehen, die gebogenen Klammern.

Beispiele:

$$[3; \infty); (-\infty; 9]; (-\infty; +\infty)$$

Anmerkung zu den Intervallnamen

Wir nennen die Intervalle in obiger Reihenfolge (vorangegangener Kasten) *abgeschlossen, offen, rechtsoffen, linksoffen*. Die offenen bezeichnen wir auch als unbeschränkte Intervalle, sofern die Grenzen unendlich sind.

Auch die reellen Zahlen und ihre wichtigen Teilmengen kann man in der Intervallform schreiben. Diese Schreibweisen sollte man sich einprägen und auf jeden Fall wiedergeben können, da sie auch in vielen Aufgaben und Büchern verwendet werden.

- $\mathbb{R}^+ = (0; \infty)$ Alle positiven Zahlen ohne die 0.
- $\mathbb{R}_0^+ = [0; \infty)$ Alle positiven Zahlen mit der 0.
- $\mathbb{R}^- = (-\infty; 0)$ Alle negativen Zahlen ohne die 0.
- $\mathbb{R}_0^- = (-\infty; 0]$ Alle negativen Zahlen mit der 0.
- $\mathbb{R} = (-\infty; \infty)$ Alle Zahlen.

Wegen der unterschiedlichen Schreibweisen in den verschiedenen Lehrbüchern, gibt es noch eine kleine Anmerkung zu machen:

Zur Schreibweise

Anstelle der gebogenen Klammer können wir auch die eckige Klammer nach außen gerichtet schreiben, wenn die Grenze nicht mehr zum Intervall gehört.

Nachdem wir nun wissen, was uns u.a. erwarten wird und wir auch ein paar ganz grundlegende Begriffe geklärt haben, welche wirklich zum Standardvokabular eines jeden gehören sollten, der sich mit der Mathematik (ob freiwillig oder unfreiwillig ist dabei egal) auseinandersetzen soll, können wir uns mit dem nächsten Kapitel den wohl einfachsten Funktionstypen zuwenden, den linearen Funktionen.

II Lineare Funktionen

In diesem Kapitel wollen wir einen Überblick über die linearen Funktionen und die zu ihrer Behandlung notwendigen Techniken geben. Die theoretischen Grundlagen sollen dabei durch eine hinreichend große Zahl an Aufgaben ergänzt werden, so dass das Gelernte auch zum Verstandenen wird.

II.1 Die Streckenlänge im kartesischen Koordinatensystem

Mit dem Satz des Pythagoras ist es möglich, die Länge einer Strecke zwischen zwei Punkten im kartesischen Koordinatensystem zu berechnen. Wir wollen uns zuerst ein Beispiel anschauen, um dann auf eine allgemeine Formel schließen zu können.

Streckenlänge

Um die Länge einer Strecke zu berechnen, müssen die Koordinaten der beiden Endpunkte der Strecke bekannt sein. Wir nehmen für das gewählte Beispiel die Punkte $K(1/2)$ und $S(4/6)$.

Beispiel

Wir zeichnen die beiden Punkte $K(1/2)$ und $S(4/6)$ in ein Koordinatensystem ein (siehe Abb. II.1.1).

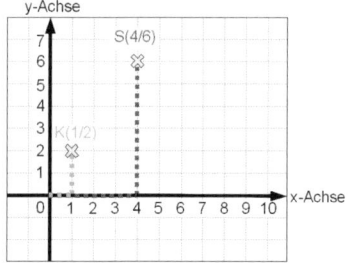

Abbildung II.1.1: Kartesisches Koordinatensystem mit den im Text erwähnten Punkten $K(1/2)$ und $S(4/6)$.

Nun verbinden wir die beiden Punkte K und S und betrachten das entstandene recht-winklige Dreieck. Aus den gegebenen Koordinaten der Punkte können wir die Seitenlängen des Dreiecks mit Hilfe des Satzes von Pythagoras errechnen. Wie wir die dazu benötigten Streckenlängen erhalten, zeigt Abb. II.1.2.

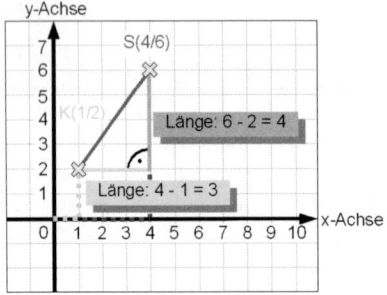

Abbildung II.1.2: Rechtwinkliges Dreieck zu den beiden Punkten $K(1/2)$ und $S(4/6)$.

Die Länge der Strecke $\overline{KS}$ ist also (nach dem eben Erwähnten) gegeben durch

$$\text{Länge: } \sqrt{3^2 + 4^2} = \sqrt{25} = 5.$$

Damit ist es uns gelungen, den Abstand der beiden Punkte K und S voneinander zu berechnen. Nun wollen wir für diese Rechnung eine **allgemeine Formel** notieren. Dazu betrachten wir zwei Punkte im ganz allgemeinen Fall, d.h. diese können beliebig gewählt werden. Wir nennen die beiden Punkte wieder K und S. Ihre Koordinaten schreiben wir in allgemeiner Weise mit Variablen nieder: $K(x_1/y_1)$ und $S(x_2/y_2)$.

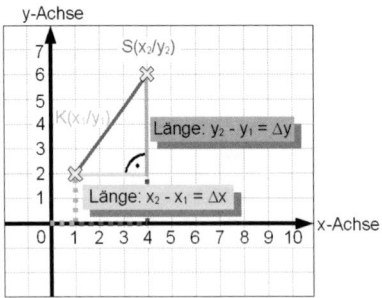

Abbildung II.1.3: Rechtwinkliges Dreieck zu den beiden beliebigen Punkten $K(x_1/y_1)$ und $S(x_2/y_2)$.

Im Schaubild können wir uns dann erneut die Strecken anschauen und ausrechnen (siehe Abb. II.1.3). Die Punkte sind dabei willkürlich eingezeichnet, als Beispiel sozusagen, denn ihre Lage kann ja jetzt beliebig sein. Die Länge der Strecke $\overline{KS}$ ergibt sich wieder mit Hilfe des pythagoräischen Satzes. Wir berechnen:

Streckenlänge zwischen zwei Punkten im zweidimensionalen kartesischen Koordinatensystem

$$\textbf{Länge: } \sqrt{(x_2 - x_1)^2 + (y_2 - y_1)^2} = \sqrt{\triangle x^2 + \triangle y^2}. \qquad \text{(II-1)}$$

Die Reihenfolge der Variablen ist hier egal. Durch das Quadrieren werden die zu berechnenden Werte garantiert positiv.

Von der Streckenlänge zum Streckenmittelpunkt ist es nur ein kurzer Weg. Diesen wollen wir im nächsten Abschnitt gehen.

II.2 Der Mittelpunkt einer Strecke im kartesischen Koordinatensystem

Um die Koordinaten des Mittelpunktes einer Strecke zu berechnen, müssen wir uns nur im Klaren sein, dass hier ein Dreieck aus einem anderen durch eine zentrische Streckung[1] mit dem Streckfaktor 0,5 entsteht. Das Streckzentrum ist einer der beiden Punkte K oder S.

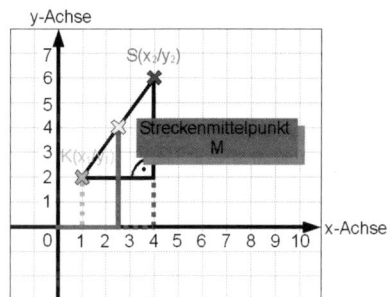

Abbildung II.2.1: Streckenmittelpunkt M zu den beiden Punkten K und S.

Die Koordinaten des Streckenmittelpunktes M berechnen wir, indem wir die beiden x-Werte und die beiden y-Werte jeweils miteinander addieren und diese beiden Summen dann halbieren. Wir bilden somit das **arithmetische Mittel**[2] der x-Werte und das arithmetische Mittel der y-Werte.

---

[1] falls unbekannt oder vergessen, siehe Anhang A

[2] Das arithmetische Mittel einer Menge von n Zahlenwerten x_i mit $i = \{1, 2, 3, ..., n\}$ wird berechnet, indem man alle Zahlenwerte aufsummiert und durch deren Anzahl teilt. Die mathematische Formulierung lautet:

F

Streckenmittelpunkt bei gegebenen Endpunkten einer Strecke im zweidimensionalen kartesischen Koordinatensystem

$$M\left(\frac{x_2 + x_1}{2} \bigg/ \frac{y_2 + y_1}{2}\right) \qquad \text{(II-3)}$$

Hiermit sind wir in der Lage, die Länge der Strecke zwischen zwei Punkten und die Koordinaten des Streckenmittelpunktes ohne größere Schwierigkeiten zu berechnen. Wir fassen unsere Erkenntnisse abschließend noch einmal zusammen:

Zusammenfassung der Unterkapitel II.1 und II.2

M

Zwei Punkte $K(x_1/y_1)$ und $S(x_2/y_2)$ seien gegeben. Dann können wir

- die Länge ihrer Verbindungsstrecke mit $\sqrt{(x_2 - x_1)^2 + (y_2 - y_1)^2}$ und
- die Koordinaten des Streckenmittelpunktes $M\left(\dfrac{x_2 + x_1}{2} \bigg/ \dfrac{y_2 + y_1}{2}\right)$

berechnen.

Aufgaben

Aufgabe 1:
Berechnen Sie die Länge und den Mittelpunkt der Strecke, welche von den Punkten A und B begrenzt wird.

(a) $A(1/3)$, $B(4/7)$ (b) $A(-1/-1)$, $B(1/1)$ (c) $A(-2/7)$, $B(-2/-7)$
(d) $A(\sqrt{3}/2)$, $B(-\sqrt{3}/2)$ (e) $A(\pi/\pi^2)$, $B(3\pi/2\pi^2)$ (f) $A(1/1)$, $B(e/e^2)$

Aufgabe 2:
Berechnen Sie die Längen der Seiten und der Diagonalen im Viereck $ABCD$. Zeichnen Sie die Vierecke in ein passendes kartesisches Koordinatensystem.

(a) $A(1/1), B(4/2), C(5/5), D(2/4)$ (b) $A(-1/-1), B(2/3), C(2/5), D(-1/1)$

$$\bar{x} = \frac{x_1 + x_2 + x_3 + \ldots + x_n}{n} = \frac{\sum_{i=1}^{n} x_i}{n}. \qquad \text{(II-2)}$$

Aufgabe 3:
Wie lang sind die Seitenhalbierenden im Dreieck ABC?

  (a) $A(0/2), B(3/0), C(2/4)$ (b) $A(-3/-2), B(3/-2), C(0/3\sqrt{3}-2)$

Aufgabe 4:
Wie lautet die jeweilige y-Koordinate der Punkte, die den gleichen Abstand zum Ursprung haben wie der Punkt $P(3/4)$ und deren jeweilige x-Koordinate den Betrag $\sqrt{5}$ hat?

Aufgabe 5:
Zeigen Sie rechnerisch, dass die Punkte $A(-4/7)$ und $B(8/-1)$ den gleichen Abstand zum Ursprung haben.

Aufgabe 6:
Welche Bedingung erfüllen die Koordinaten aller Punkte $P(x/y)$, die den Abstand 19 vom Ursprung haben. Was für ein geometrisches Gebilde ergeben alle diese Punkte zusammen?

Aufgabe 7:
Beantworten Sie die folgenden Fragen.

  (a) Liegt der Punkt $P(6{,}5/3{,}2)$ auf dem Kreis mit Mittelpunkt $M(2/6)$ und Radius 5,3?

  (b) Gibt es einen Kreis um den Punkt $M(2/2{,}2)$ auf dem die beiden Punkte $A(7{,}5/7)$ und $B(-3{,}5/-2{,}6)$ liegen?

Aufgabe 8:
Zeigen Sie, dass die beiden Punkte $A(0/1)$ und $B(1/2)$ immer auf einem gemeinsamen Kreis liegen, unabhängig davon, welchen Punkt der Punkteschar $M_t(t/-t+2)$ man als Mittelpunkt verwendet? Wie ist der Radius in Abhängigkeit von t jeweils zu wählen?

Aufgabe 9:
Der Streckenmittelpunkt M in Abbildung II.2.1 halbiert die Strecke, welche durch die Punkte K und S begrenzt wird. Seine Koordinaten lassen sich mittels der Koordinaten dieser Endpunkte nach (II-3) berechnen. Wie berechnen sich die Koordinaten eines beliebigen Punktes auf der Verbindungsstrecke zwischen K und S mit Hilfe der Koordinaten eben dieser beiden Punkte?

II.3 Die Hauptform der Geradengleichung

Unter der **Steigung** einer Geraden verstehen wir das Verhältnis zwischen dem nach oben oder unten in y-Richtung und dem nach rechts in x-Richtung zurückgelegten Weg, wenn wir uns auf der Geraden im kartesischen Koordinatensystem von links nach rechts bewegen. Dieser Zahlenwert, oft mit dem Buchstaben m bezeichnet, ist bei Geraden immer gleich groß (oder klein) und wird auch **Proportionalitätsfaktor** genannt[3]. Lassen wir eine Gerade mit der Steigung m durch den Ursprung gehen, so erhalten wir über das Steigungsdreieck folgenden Funktionsterm:

$$f(x) = m \cdot x \qquad\qquad\qquad (\text{II-4})$$

Hierdurch wird eine Gerade durch den Ursprung beschrieben, welche folgerichtig als **Ursprungsgerade** bezeichnet wird. Für $m = 1$ ist $f(x) = x$. Liegt dieser Fall vor, so nennen wir die Ursprungsgerade auch die **1. Winkelhalbierende**.

Eine Gerade bzw. eine lineare Funktion ist durch die Angabe zweier voneinander verschiedener Punkte eindeutig definiert, d.h. es gibt nur eine einzige Gerade, die durch eben diese beiden Punkte geht. Anhand eines Beispieles wollen wir nun alle Schritte, die zur Aufstellung der Gleichung der Geraden notwendig sind, kennenlernen. Zuvor müssen wir aber noch den oben aufgestellten Funktionsterm etwas verändern bzw. ergänzen, denn dieser ist noch nicht vollständig. Wir schreiben:

Hauptform der Geradengleichung

$$f(x) = m \cdot x + c \qquad\qquad\qquad (\text{II-5})$$

c ist der sog. y-Achsenabschnitt. Er gibt die Starthöhe auf der y-Achse bei $x = 0$ an. Ist $c \neq 0$, so haben wir keine Ursprungsgerade mehr[4]. Die so entstehende Gerade ist parallel zu der entsprechenden Ursprungsgeraden, weil jeder Punkt der Ursprungsgeraden für die entstandene Gerade um c verschoben wird.

Beispiel 1 - Eine Aufgabe

Im Folgenden werden wir versuchen, die Gleichung der Geraden durch zwei gegebene Punkte aufzustellen. Dabei sind die Koordinaten der Punkte zu Beginn der Erläuterungen mit Zahlen vorgegeben, welche im späteren Verlauf durch die allgemeineren Buchstaben ersetzt werden, so dass eine möglichst anschauliche Vermittlung der Sachverhalte erfolgt.

---

[3]z.B. bei der Geraden mit der Gleichung $f(x) = 3x$ ist der y-Wert immer dreimal so groß wie der zugehörige x-Wert.

[4]c bewirkt eine Verschiebung in y-Richtung. Diese erfolgt nach oben für $c > 0$ oder nach unten für $c < 0$.

Die Aufgabe, die wir uns stellen, lautet: Stellen Sie die Gleichung der Geraden (linearen Funktion) auf, die durch die Punkte $S(2/3)$ und $K(5/5)$ geht.

Zu Beginn der Lösung der Aufgabe zeichnen wir die beiden Punkte in ein kartesisches Koordinatensystem ein.

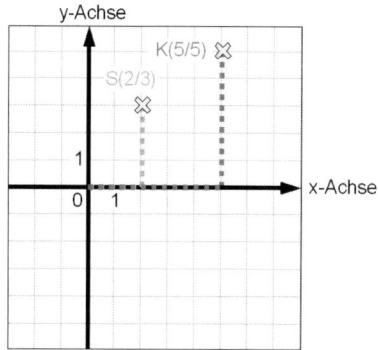

Abbildung II.3.1: Die Punkte K und S im Koordinatensystem.

Dann verbinden wir die Punkte auf die angegebene Weise (Abb. II.3.2).

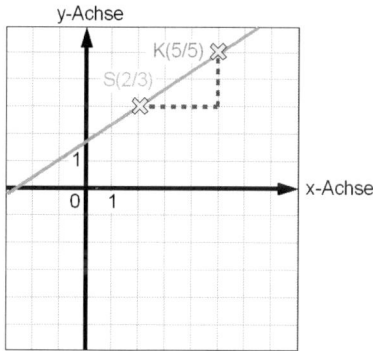

Abbildung II.3.2: Die Punkte K und S im Koordinatensystem und die zugehörige Gerade.

In Abb. II.3.2 können wir das Dreieck mit den zwei gestrichelten Seiten erkennen und einzeichnen. Ebenso lesen wir ab, dass der Wert von c zwischen 1,5 und 2 liegt.
Im nächsten Schritt berechnen wir die Längen der blauen Seiten des Dreiecks. Aus Abb. II.3.2 können wir ersehen, dass die horizontale (waagrechte) Strecke 3 und die vertikale (senkrechte, orthogonale) 2 Längeneinheiten (LE) lang sind.

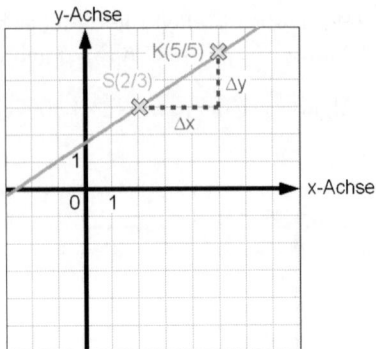

Abbildung II.3.3: Zu den Seitenlängen des u.a. gestrichelten Dreiecks.

Wir können $\triangle x$ und $\triangle y$ (lies: Delta x und Delta y) über die Koordinaten der Punkte berechnen[5]. Dies tun wir im Folgenden für die beiden Beispielpunkte. Danach notieren wir die gleiche Rechnung für beliebige Punkte, d.h. mit Variablen.

$$\triangle x = 5 - 2 = 3 \text{ und } \triangle y = 5 - 3 = 2$$

Für den allgemeinen Fall ersetzen wir die Zahlenwerte durch Variable. Diese sind in der folgenden Skizze eingetragen:

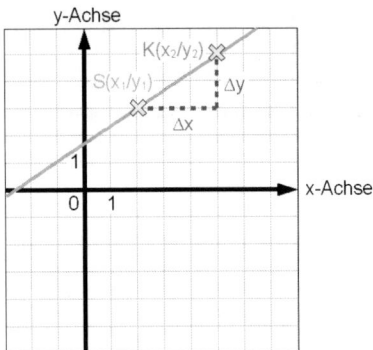

Abbildung II.3.4: Zu den Seitenlängen des gestrichelten Dreiecks bei beliebigen Punkten.

---

[5]Wir nennen die Strecken lediglich deswegen Delta x und Delta y, weil sie zwischen zwei Punkten liegen, von denen keiner der Ursprung $O(0/0)$ ist. Die Bezeichnung *Delta* soll nur die Tatsache hervorheben, dass wir Differenzen der Koordinaten beliebiger Punkte betrachten. Man kann die skizzierten Strecken sonst nennen, wie einem beliebt.

Wir notieren die eben durchgeführte Rechnung allgemein:

$$\triangle x = x_2 - x_1 \text{ und } \triangle y = y_2 - y_1$$

Daraus lässt sich jetzt die Steigung m errechnen. Sie ist das Verhältnis der vertikalen Strecke zur horizontalen oder, anders ausgedrückt, das Verhältnis von dem in y-Richtung zu dem in x-Richtung gelaufenen Weg:

$$m = \frac{\text{Wegstrecke in } y\text{-Richtung}}{\text{Wegstrecke in } x\text{-Richtung}} = \frac{\triangle y}{\triangle x} = \frac{y_2 - y_1}{x_2 - x_1} \overset{\text{Beispiel}}{=} \frac{5 - 3}{5 - 2} = \frac{2}{3}. \tag{II-6}$$

Welchen Punkt wir als den ersten und welchen als den zweiten festlegen, das spielt keine Rolle bei der Berechnung der Steigung. Es ist lediglich zu beachten, dass die gewählte Reihenfolge bei den x- und y-Koordinaten identisch ist, da sonst Vorzeichenfehler in der Steigungsberechnung auftreten. Wir wollen hierzu kurz ein Beispiel geben.

Beispiel 1.1 - Die Reihenfolge der Werte bei der Steigungsberechnung

Es sind die Punkte $S(2/3)$ und $K(5/5)$ gegeben. Wir legen S als den ersten (Index 1) und K als den zweiten (Index 2) Punkt fest und berechnen die Steigung:

$$m = \frac{y_2 - y_1}{x_2 - x_1} = \frac{5 - 3}{5 - 2} = \frac{2}{3}.$$

Nun vertauschen wir die Reihenfolge bei der Nummerierung der Punkte. Somit ist K nun der erste und S der zweite Punkt. Damit führen wir die Steigungsberechnung ein weiteres Mal durch:

$$m = \frac{y_2 - y_1}{x_2 - x_1} = \frac{3 - 5}{2 - 5} = \frac{-2}{-3} = \frac{2}{3}.$$

Minus mal Minus bzw. Minus durch Minus ergibt Plus bei den Vorzeichen. Die Ergebnisse sind also gleich, die Reihenfolge spielt folgerichtig keine Rolle. Es gilt lediglich zu beachten, dass unter jedem y in der Formel das zugehörige x steht, sonst erhalten wir bei dem Steigungswert ein falsches Vorzeichen.

Zurück zur eigentlichen Aufgabe: Wir sind bereits in der Lage, einen Teil der gesuchten Funktionsgleichung aufzustellen:

$$f(x) = mx + c = \frac{2}{3}x + c. \tag{II-7}$$

Nun müssen wir noch c berechnen. Das machen wir, indem wir einen Punkt einsetzen, von dem wir sicher wissen, dass er auf der Geraden (bzw. ihrem Schaubild) liegt. Wir können z.B. $S(2/3)$ oder $K(5/5)$ wählen.

Verwende z.B. $K(5/5)$: $f(5) = \frac{2}{3} \cdot 5 + c = 5$, umgeformt: $c = \frac{5}{3} = 1\frac{2}{3}$.

Damit können wir unsere Funktionsgleichung fertig aufstellen:

$$f(x) = mx + c = \frac{2}{3}x + \frac{5}{3} \tag{II-8}$$

Zur Probe können wir die x-Werte der Punkte K und S hier nochmals einsetzen. Dann sollten die entsprechenden y-Werte herauskommen, vorausgesetzt, dass wir richtig gerechnet haben[6]. Wir fassen unsere Vorgehensweise abschließend zusammen:

Aufstellen der Geradengleichung bei zwei gegebenen Punkten

Gegeben sind die beiden Punkte $K(x_1/y_1)$ und $S(x_2/y_2)$. Die Vorgehensweise zur Berechnung der Funktionsgleichung kann dann die folgende sein:

1. Berechnung der Steigung[a]: $m = \dfrac{y_2 - y_1}{x_2 - x_1}$

2. Aufstellen der Gleichung (soweit bekannt): $f(x) = mx + c = \dfrac{y_2 - y_1}{x_2 - x_1} x + c$

3. Die Koordinaten eines auf dem Schaubild der Geraden liegenden Punktes einsetzen, um c zu berechnen:

$$f(x_1) = \frac{y_2 - y_1}{x_2 - x_1} x_1 + c = y_1$$

4. Das durch Termumformungen errechnete c wird eingesetzt und wir erhalten:

$$f(x) = mx + c$$

Hierbei sind nun m und c bekannte Zahlenwerte, welche wir in Schritt 1 und Schritt 3 ausgerechnet haben.

---

[a]Dieser Schritt entfällt, wenn anstatt zweier Punkte lediglich ein Punkt und die Steigung m vorgegeben sind.

Mit der erhaltenen Funktionsgleichung können wir anschließend diverse weiterführende Rechnungen bewerkstelligen. Am häufigsten stellt sich die Frage nach den **Achsenschnittpunkten**, d.h. wir suchen diejenigen Punkte, in denen das Schaubild der Funktion die x- bzw. y-Achse schneidet.

---

[6]Diese Vorgehensweise wird als **Punktprobe** bezeichnet.

Die Achsenschnittpunkte einer Geraden

- **Achsenschnittpunkt mit der y-Achse:** Wir setzen $x = 0$ und berechnen $f(0) = m \cdot 0 + c = c$. Somit ist der Achsenschnittpunkt $S_y(0/c)$ und c ist der sog. y-Achsenabschnitt, wie wir bereits weiter vorne erwähnt haben.

- **Achsenschnittpunkt mit der x-Achse:** Wir setzen $y = 0$ und lösen die Gleichung $f(x) = mx + c = 0$ nach x auf. Es ist dann $x = -\frac{c}{m}$ für $m \neq 0$. Der Achsenschnittpunkt mit der x-Achse ist $N(-\frac{c}{m}/0)$, $x = -\frac{c}{m}$ bezeichnen wir als **Nullstelle**.

Nullstellen

Die Lösungen der Gleichung $f(x) = 0$, wobei $f(x)$ eine beliebige Funktion sein kann und üblicher Weise $x \in \mathbb{R}$ ist, nennen wir die **Nullstellen der Funktion f**.

Zum Abschluss dieses Unterkapitels geben wir noch ein paar Begriffe an, welche einem beim Umgang mit Geraden geläufig sein sollten.

Ein paar wichtige Nomenklaturen

1. $f(x) = mx + c$ nennen wir die **Hauptform der Geradengleichung**.
2. Haben wir zwei voneinander verschiedene Punkte gegeben, können wir die Gleichung der zugehörigen Geraden aufstellen (**Zwei-Punkte-Form (ZPF)**). Die Formel für die ZPF hat zwei gebräuchliche Darstellungen:
   a) $y = \dfrac{y_2 - y_1}{x_2 - x_1} \cdot (x - x_1) + y_1$, wobei $y = f(x)$ ist,
   b) $\dfrac{y_2 - y_1}{x_2 - x_1} = \dfrac{y - y_1}{x - x_1}$, wobei wieder $y = f(x)$ gilt.
   Beide Formen sind natürlich äquivalent[a] und gehen durch Termumformungen auseinander hervor. Wir erhalten die ZPF, indem wir das Schema von Seite 22 für die Punkte $K(x_1/y_1)$ und $S(x_2/y_2)$ durchführen.
3. Haben wir einen Punkt einer Geraden und ebenso deren Steigung m gegeben, so sparen wir uns die Berechnung der Steigung. Die zugehörige Formel wird dann als **Punkt-Steigungs-Form (PSF)** bezeichnet. Wieder können wir zwei gleichbedeutende (äquivalente) Formeln aufschreiben:
   a) $y = m(x - x_1) + y_1$, wobei $y = f(x)$ ist,
   b) $m = \dfrac{y - y_1}{x - x_1}$, wobei wieder $y = f(x)$ gilt.
   Der Unterschied zwischen der ZPF und der PSF besteht darin, dass wir bei der ZPF zwei Punkte gegeben haben und die Steigung der gesuchten Gerade berechnen müssen, bei der PSF sparen wir uns durch die Angabe der Steigung diesen Schritt und ebenso die explizite Angabe eines zweiten Punktes. Die PSF geht aus der ZPF durch Ersetzen des Ausdrucks $\frac{y_2 - y_1}{x_2 - x_1}$ durch m hervor.

---

[a]gleichbedeutend, gleichwertig

Da wir jetzt Geradengleichungen aufstellen können, sind wir in der Lage, rechnerisch die gegenseitige Lage von Geraden zu untersuchen. Dieses Vorhaben gehen wir im nächsten Unterkapitel an.

Aufgaben

Aufgabe 1:
Stellen Sie die Geradengleichung zu den jeweils gegebenen Punkten mit Hilfe der ZPF oder des Schemas von Seite 22 auf.

(a) $A(0/3)$, $B(2/7)$ (b) $A(-1/5)$, $B(1/-1)$ (c) $A(\pi/2\pi)$, $B(3\pi/6\pi)$
(d) $A(-2/2)$, $B(3/2)$ (e) $A(2/4)$, $B(2/8)$ (f) $A(\sqrt{2}/3)$, $B(2\sqrt{2}/5)$

Aufgabe 2:
Stellen Sie die Geradengleichung mit Hilfe der PSF auf.

(a) $A(1/3)$, $m = 2$ (b) $A(-1/-1)$, $m = 9$ (c) $A(\sqrt{2}/2\sqrt{2})$, $m = \sqrt{2}$
(d) $A(-4/2)$, $m = -2$ (e) $A(\pi/\pi^2)$, $m = 2\pi$ (f) $A(1/e)$, $m = e^2$

Aufgabe 3:
Führen Sie das in diesem Unterkapitel auf Seite 22 angegebene Schema zum *Aufstellen der Geradengleichung bei zwei gegebenen Punkten* für die Punkte $K(x_1/y_1)$ und $S(x_2/y_2)$ durch und zeigen Sie damit, dass man dadurch die ZPF erhält.

II.4 Die gegenseitige Lage von Geraden

Geraden haben für gewöhnlich Gleichungen der Form $f(x) = mx + c$ (siehe Unterkapitel II.3) oder sie können auf diese gebracht werden. Schneiden wir jetzt zwei Geraden g und h miteinander, so sieht der algebraische Weg das einfache Gleichsetzen als Lösungsstrategie vor:

F

Schneiden zweier Geraden (rechnerisch)

$$g(x) = h(x)$$
$$m_g \cdot x + c_g = m_h \cdot x + c_h$$

Wir wollen die Bedeutung der einzelnen „Buchstaben" nochmal wiederholen und hier und da ein paar Ergänzungen einstreuen:

Wichtige Größen der Geradengleichung (Wiederholung)

m:	Gibt die Steigung einer Geraden an (anderer Name: Proportionalitäts-faktor). Es gilt: $m > 0 \Leftrightarrow$ Die Gerade *steigt*. $m < 0 \Leftrightarrow$ Die Gerade *fällt*.
c:	y-Achsenabschnitt. Durch ihn wird der y-Wert der Geraden beeinflusst. Bei $x = 0$ ist $y = c$.
x:	(Lauf-)Variable, Veränderliche

Die im Kasten auf Seite 24 stehende zweite Gleichung lässt sich umformen und wir können den gesuchten x-Wert berechnen. Für diesen ergeben sich drei mögliche Varianten, die jeweils auf eine bestimmte Lage der beiden Geraden zueinander schließen lassen. Wie die Geraden zueinander liegen, ob es einen Schnittpunkt gibt oder nicht, das lässt sich aber bereits ohne Rechnung an den Geradengleichungen erkennen.

Zur Geradengleichung und der Lage zweier Geraden zueinander

1. Es ergibt sich genau ein x-Wert $\Leftrightarrow$ Die Geraden schneiden sich in einem Punkt $P(x_0/y_0)$[a].
2. Es gibt keinen x-Wert, der die Gleichung erfüllt (z.B. ergibt die Umformung den Ausdruck $2 = 0$, was nicht sein kann. Hiermit existiert kein x-Wert des Schnittpunktes und somit auch kein Schnittpunkt). $\Leftrightarrow$ Die Geraden haben keinen Punkt gemeinsam und sind somit parallel ($m_g = m_h$; $c_g \neq c_h$).
3. Es gibt unendlich viele x-Werte, die die Gleichung erfüllen (z.B. ergibt die Umformung den Ausdruck $0 = 0$, was für jeden x-Wert möglich ist, da das Ergebnis unabhängig von x ist, es also nicht von x beeinflusst wird). $\Leftrightarrow$ Die beiden Geraden sind identisch, liegen also aufeinander ($m_g = m_h$; $c_g = c_h$).

---

[a]**Anmerkung:**
Wir notieren eine Variable mit Index (kleine Zahlen, Buchstaben o.ä. hinter der Variablen), wenn ein bestimmter Wert gemeint ist, z.B. eine Lösung, ein Randwert oder wenn wir die Zugehörigkeit der Variablen zu einer bestimmten Funktion oder einem bestimmten Punkt betonen wollen.

Wir verdeutlichen das in diesem Unterkapitel Gesagte abschließend auf grafische Art und Weise.

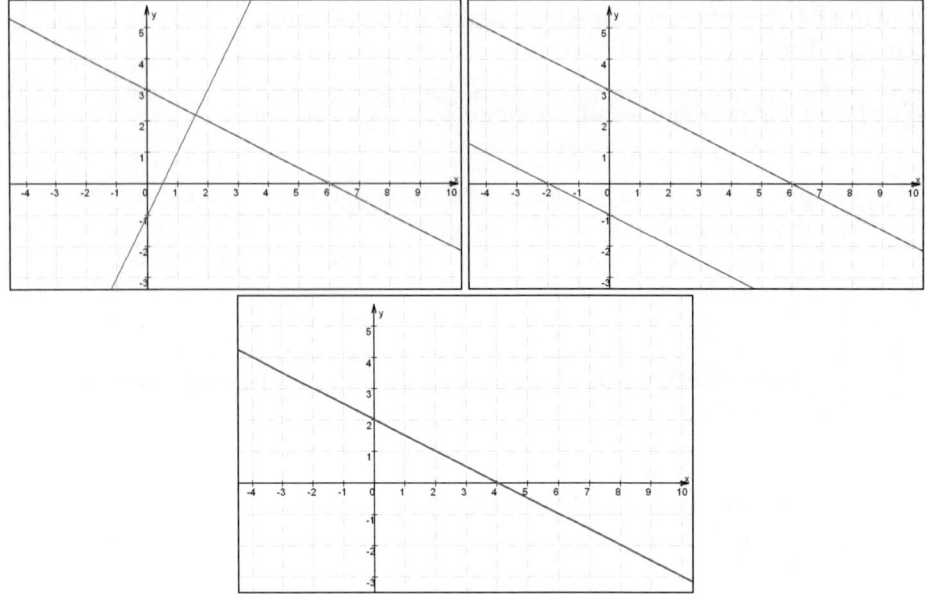

Abbildung II.4.1: Verdeutlichung der gegenseitigen Lagen von Geraden im Schaubild.

Aufgaben

Aufgabe 1:
Bestimmen Sie jeweils den Schnittpunkt der gegebenen Geraden.

(a) $g(x) = 2x + 4$, $h(x) = 3x - 2$ (b) $g(x) = -3x + 7$, $h(x) = -2x + 7$

(c) $g(x) = 2 \cdot (x - 3) + 4$, $h(x) = 4x$ (d) $g(x) = \frac{1}{3}x + 2$, $h(x) = \frac{3x+9}{\sqrt{81}}$

(e) $g(x) = \frac{2}{3}x - 3$, $h(x) = (2x - 9) \cdot \frac{1}{3}$ (f) $g(x) = 9x + 3$, $h(x) = 9$

Aufgabe 2:
Liegen die Punkte A, B, C auf einer Geraden?

(a) $A(1/4), B(3/-2), C(-1/10)$ (b) $A(\sqrt{2}/\sqrt{8}), B(\sqrt{32}/\sqrt{2}), C(8\sqrt{2}/\frac{\sqrt{2}}{3})$

(c) $A(1/4), B(2/8), C(3/16)$ (d) $A(2/4), B(3/4), C(4/4)$

II.5 Über Schnittwinkel und orthogonale Geraden

II.5.1 Eine neue Möglichkeit, die Steigung zu berechnen

Spätestens in der zehnten Klasse lernten viele von uns ein neues Gebiet der Geometrie kennen, die Trigonometrie. Wir werden diese auch in diesem Buch behandeln, doch erst in Kapitel X. Für den Moment wird das reichen, was wir in diesem Unterkapitel vorstellen. Mit Hilfe der in der Trigonometrie erlernten Funktionen, ist es uns möglich, Winkel in vornehmlich rechtwinkligen Dreiecken zu berechnen und von diesen Winkeln wiederum auf die Seitenverhältnisse zu schließen. Die drei hierbei benötigten Funktionen heißen Sinus, Kosinus und Tangens und werden als sog. **Winkelfunktionen** bezeichnet. Für dieses Unterkapitel reicht es uns zu wissen, wie wir Sinus, Kosinus und Tangens aus den vorliegenden Seitenlängen eines rechtwinkligen Dreiecks berechnen können.

Die Winkelfunktionen

In einem rechtwinkligen Dreieck sind mittels der folgenden Seitenverhältnisse die trigonometrischen Funktionen definiert[a]:

$$\sin(\alpha) = \frac{\text{Gegenkathete}}{\text{Hypotenuse}} \qquad \cos(\alpha) = \frac{\text{Ankathete}}{\text{Hypotenuse}} \qquad \tan(\alpha) = \frac{\text{Gegenkathete}}{\text{Ankathete}}$$

$$(\text{II-9})$$

Wir lesen: Sinus, Kosinus bzw. Tangens von α (alpha).

---

[a]Die jeweilige Kathetenbezeichnung bezieht sich immer auf den gewählten Winkel. Wir schreiben also nur Gegenkathete anstatt Gegenkathete von α.

Um die Benennung der Katheten zu verdeutlichen, geben wir eine kleine Skizze an:

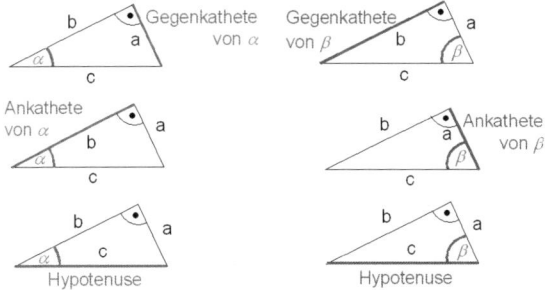

Abbildung II.5.1: Die Benennung der Katheten in Abhängigkeit vom gewählten Winkel. Wichtig ist, dass mit der Hypotenuse *immer* die Dreiecksseite gegenüber des rechten Winkels bezeichnet wird.

Jetzt haben wir die Definitionen gelesen und stellen uns womöglich die folgenden Fragen: Wofür benötigen wir hier konkret die Winkelfunktionen? Was haben rechtwinklige Dreiecke mit Geraden zu tun?

Diese beiden Fragen lassen sich mit Hilfe der Definition der Steigung m und der Definition des Tangens beantworten.

Aus Unterkapitel II.3 wissen wir, dass die Steigung m durch

$$m = \frac{y_2 - y_1}{x_2 - x_1} = \frac{\triangle y}{\triangle x}$$

gegeben ist. Betrachten wir jetzt noch einmal Abb. II.3.4 auf Seite 20. Wir nennen den Winkel bei S hier α, zeichnen diesen ein und erhalten somit Abb. II.5.2.

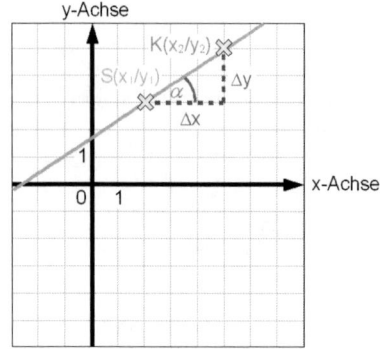

Abbildung II.5.2: Abb. II.3.4 mit eingezeichnetem Winkel α.

Vergleichen wir diese Abbildung mit der linken Seite von Abb. II.5.1, so können wir, wenn wir die Gleichungen bei (II-9) berücksichtigen, folgenden Zusammenhang herstellen:

Steigung und Winkel

$$m = \frac{y_2 - y_1}{x_2 - x_1} = \frac{\triangle y}{\triangle x} = \frac{\text{Gegenkathete von } \alpha}{\text{Ankathete von } \alpha} = \tan(\alpha). \qquad \text{(II-10)}$$

Zur Verwendung von (II-10) gibt es noch ein paar Worte zu sagen:

1. Wir starten mit der Messung des Winkels α immer auf der x-Achse und laufen dann gegen den Uhrzeigersinn (mathematisch positiv).

2. Der Winkel α einer Geraden mit der x-Achse ist auch an jeder Parallelen zur x-Achse zu finden (siehe Abb. II.5.3). Damit können wir diesen mittels zweier beliebiger, verschiedener Punkte der gegebenen Geraden ausrechnen. Hier findet der **Satz vom Stufenwinkel** aus der Mittelstufe Verwendung.

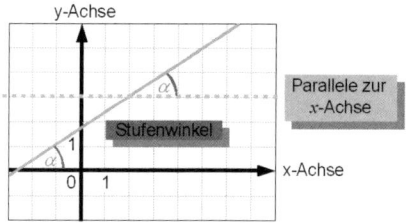

Abbildung II.5.3: Zur Berechnung des Winkels α: Stufenwinkel bei einer Geraden.

3. Für $\alpha = 90° = \frac{\pi}{2}$ wird der Tangens von α unendlich. Das bedeutet, dass auch die Steigung unendlich wird: Wir erhalten eine Gerade mit der Gleichung $x = d$ mit $d \in \mathbb{R}$. Sie stellt eine Parallele zu y-Achse durch den Punkt $N(d/0)$ dar[7].

II.5.2 Zueinander orthogonale Geraden

Wir wollen uns hier einen Zusammenhang zwischen den Steigungen zweier zueinander orthogonaler[8] Geraden überlegen. Die resultierende Formel gehört mit zum kleinen Einmaleins der unteren Obenstufenmathematik.

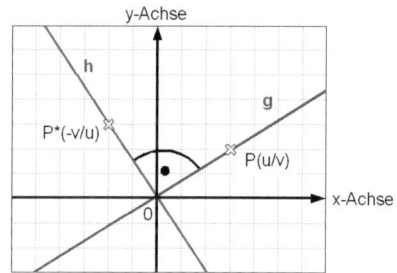

Abbildung II.5.4: Zwei zueinander orthogonale Ursprungsgeraden.

Auf einer Ursprungsgeraden g liege der Punkt $P(u/v)$ (siehe Abb. II.5.4). Drehen wir diese Gerade nun um $90°$ im mathematisch positiven Sinn, so liegt $P^*(-v/u)$ auf der zu g orthogonalen Geraden h. Dieses Resultat ergibt sich durch Überlegungen am Einheitskreis mittels Kosinus und Sinus (siehe Kapitel X). Die Steigungen der beiden Geraden sind somit gegeben durch

---

[7] Damit liegt nach unserer Funktionsdefinition aus Kapitel I eigentlich keine Funktion mehr vor, aber das sei nur als Fußnote erwähnt.

[8] senkrechter

$$m_g = \frac{v - 0}{u - 0} = \frac{v}{u}$$

$$m_h = \frac{u - 0}{-v - 0} = -\frac{u}{v}$$

Bilden wir das Produkt der beiden Steigungen, so ergibt sich $m_g \cdot m_h = -1$.
Die Überlegung gilt für jede beliebige Gerade, da sich die Steigung einer Geraden beim Verschieben nicht ändert. Also können wir festhalten:

Über die Steigungen zweier zueinander orthogonaler Geraden

Sind zwei Geraden g und h orthogonal zueinander, d.h. stehen sie senkrecht aufeinander, so gilt für ihre Steigungen der Zusammenhang

$$m_g \cdot m_h = -1. \tag{II-11}$$

Wichtig! Die Umkehrung gilt auch:

Existiert für die Steigungen m_g und m_h zweier Geraden g und h der Zusammenhang $m_g \cdot m_h = -1$, so sind diese orthgonal zueinander. In mathematischer Kurzform schreiben wir:

$$m_g \cdot m_h = -1 \Leftrightarrow g \perp h \tag{II-12}$$

Da wir ab jetzt in der Lage sind, zueinander rechtwinklige Geraden ohne größere Probleme aufzustellen, können wir auch den Abstand eines beliebigen Punktes zu einer ebenso beliebigen Geraden berechnen.

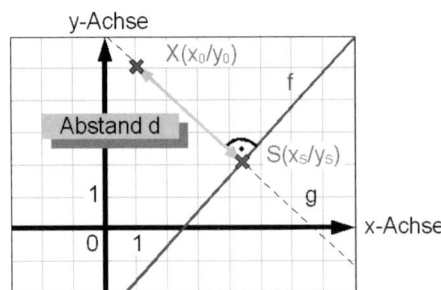

Abbildung II.5.5: Skizze zur Abstandsberechnung zwischen einem Punkt X und einer Geraden f.

Wir können bei der Berechnung dieses Abstandes nach folgendem Schema vorgehen:

Abstand eines Punktes von einer Geraden

Gegeben sei der Punkt $X(x_0/y_0)$, dessen Abstand d zu der Geraden f mit $f(x) = mx + c$ (welche wir eventuell noch aufstellen müssen!) berechnet werden soll. Dabei führen wir folgende Schritte durch:

1. Bilden der negativen, inversen Steigung $m_{\text{neu}} = -\frac{1}{m}$
2. Aufstellen der Gleichung der Geraden g, welche die Steigung m_{neu} hat und durch den Punkt $X(x_0/y_0)$ geht.
3. Berechnen des Schnittpunktes $S(x_S/y_S)$ der Schaubilder von f und g, d.h. wir lösen $f(x) = g(x)$ nach x auf und setzen das erhaltene $x = x_S$ in eine der beiden Funktionsgleichungen ein. Es sollte natürlich in beiden Fällen der gleiche y-Wert y_S als Ergebnis erlangt werden.
4. Berechnen des Abstandes der Punkte X und S voneinander, d.h. wir ermitteln die Streckenlänge $\overline{XS}$ mit Hilfe des Satzes von Pythagoras (Abstandsberechnung zweier Punkte, siehe Unterkapitel II.1).
5. Es ist $d = \overline{XS}$ der gesuchte Abstand und wir sind fertig.

Mit dieser Vorgehensweise haben wir das sog. **Lot** vom Punkt X auf die Gerade f gefällt. Das Lot ist die Gerade g. Der Schnittpunkt S der Geraden f und g wird als **Lotfußpunkt** bezeichnet.

Aufgaben

Aufgabe 1:
Bestimmen Sie den Abstand des Punktes X von der jeweils gegebenen Geraden.

(a) $X(0/8), g(x) = 2x + 4$

(b) $X(1/4), g(x) = -3x + 7$

(c) $X(2/6), g(x) = \frac{1}{4} \cdot (4x - 4) + 4$

(d) $X(-2/5), g(x) = 3$

Aufgabe 2:
Geben Sie die Gleichung der Geraden h an, welche senkrecht auf $g(x) = 4x - 3$ steht und durch den Punkt $P(8/-9)$ geht.

Aufgabe 3:
Geben Sie den Flächeninhalt des Dreiecks an, welches die Gerade g mit $g(x) = -2x + 3$, deren orthogonale Gerade h durch den Punkt $P(0/3)$ und die x-Achse begrenzen.

II.5.3 Der Schnittwinkel zweier Geraden

Im vorangegangenen Unterkapitel haben wir uns auf den rechten Winkel als Schnittwinkel der beiden betrachteten Geraden beschränkt. Nun wollen wir beliebige Schnittwinkel zwischen den Geraden bestimmen. Dafür merken wir uns die folgende Vorgehensweise zur Bestimmung eben jenes Winkels:

1. Die Geraden zeichnen, wenn möglich.

2. Die Schnittwinkel der Geraden mit der x-Achse mittels der Formel $\tan(\alpha) = m$ berechnen.

3. Die beiden Winkel aus dem vorangegangenen Punkt geeignet voneinander abziehen oder zusammenzählen. Hierbei sind die Vorzeichen der Geradensteigungen zu beachten.

Da alle Theorie ja bekanntlich grau ist, machen wir hierzu zwei Beispiele. Diese sollen uns zeigen, wie die zwei Geraden zueinander liegen können und unsere Rechenfähigkeiten etwas aufbessern.

Beispiel 1 - Geradensteigungen mit gleichen Vorzeichen

Wir wollen den Schnittwinkel der Geraden g und h mit $g(x) = 2x - 1$ und $h(x) = x + 1$ berechnen.

Schritt 1 - Zeichnen der beiden Geraden

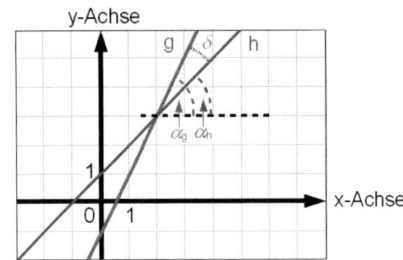

Abbildung II.5.6: Skizze zur Schnittwinkelberechnung der Geraden g und h.

Schritt 2 - Berechnung der Schnittwinkel mit der x-Achse

Mit $\tan(\alpha) = m$ erhalten wir

$$\text{Gerade } g\colon \tan(\alpha_g) = 2 \Leftrightarrow \alpha_g = \arctan(2) \approx 63{,}43^\circ,$$
$$\text{Gerade } h\colon \tan(\alpha_h) = 1 \Leftrightarrow \alpha_h = \arctan(1) = 45{,}00^\circ.$$

Problem Taschenrechner

Mit arctan bezeichnen wir die sog. **Umkehrfunktion** zum Tangens tan. Es ist $\arctan(\tan(x)) = x$. Zum Thema Umkehrfunktionen verweisen wir auf Kapitel XII. Auf den meisten Taschenrechnern finden wir anstatt der Beschriftung arctan die Zeichenfolge $\tan^{-1}$. Nach dem Kapitel über Potenzfunktion (Kapitel IV) dürfte klar sein, warum diese Bezeichnung eigentlich ziemlich irreführend ist.

!

Schritt 3 - Berechnung des Schnittwinkels

Aus Abb. II.5.6 entnehmen wir, dass $\delta = \alpha_g - \alpha_h$ ist. Somit erhalten wir $\delta = 63{,}43° - 45{,}00° = 18{,}43°$.

Beispiel 2 - Geradensteigungen mit verschiedenen Vorzeichen

Wir wollen den Schnittwinkel der Geraden g und h mit $g(x) = \frac{2}{3}x - 1$ und $h(x) = -\frac{1}{2}x + \frac{5}{2}$ berechnen.

Schritt 1 - Zeichnen der beiden Geraden

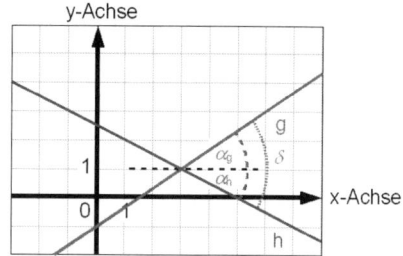

Abbildung II.5.7: Skizze zur Schnittwinkelberechnung der Geraden g und h.

Schritt 2 - Berechnung der Schnittwinkel mit der x-Achse

Mit $\tan(\alpha) = m$ erhalten wir

$$\text{Gerade } g\text{:} \tan(\alpha_g) = +\frac{2}{3} \Leftrightarrow \alpha_g = \arctan\left(+\frac{2}{3}\right) \approx +33{,}69°,$$
$$\text{Gerade } h\text{:} \tan(\alpha_h) = -\frac{1}{2} \Leftrightarrow \alpha_h = \arctan\left(-\frac{1}{2}\right) \approx -26{,}57°.$$

Schritt 3 - Berechnung des Schnittwinkels

Aus Abb. II.5.6 entnehmen wir, dass $\delta = \alpha_g + |\alpha_h| = \alpha_g - \alpha_h$ ist. Somit erhalten wir $\delta = 33{,}69° - (-26{,}57°) = 60{,}26°$.

Wir ersehen hieraus die Regel, dass der Schnittwinkel δ zweier Geraden g und h durch deren Schnittwinkel α_h und α_g mit der x-Achse berechnet werden kann.

Schnittwinkelberechnung bei zwei gegebenen Geraden

Der Schnittwinkel δ zweier Geraden g und h berechnen wir über die Schnittwinkel α_g und α_h der Geraden mit der x-Achse. Es ist, wenn für die Steigungen der Geraden $m_g \geq m_h$ gilt,

$$\delta = \arctan(m_g) - \arctan(m_h) = \alpha_g - \alpha_h \qquad \text{(II-13)}$$

Zum Abschluss dieses Unterkapitels geben wir ein paar Begriffe und Zusammenhänge an, welche im täglichen Umgang mit Funktionen gekannt werden sollten. Manche davon verstehen sich von selbst, andere erscheinen leicht und sind trotzdem immer wieder eine beliebte Fehlerquelle.

Ein paar wichtige Grundlagen - Begriffe, die man kennen und können sollte

1. Die Seitenhalbierenden eines Dreiecks gehen jeweils von der Mitte einer Dreiecksseite zur gegenüberliegenden Ecke. Die Seitenhalbierenden teilen sich im Verhältnis 2 : 1 (lies: zwei zu eins). Zwei Teile liegen auf der Seite der Ecke, einer auf der Seite der Dreiecksseite.
2. Die Höhe einer Figur steht immer senkrecht auf der Grundseite.
3. Die Winkelhalbierenden halbieren die Winkel der Ecken.
4. Bei einem gleichseitigen Dreieck fallen alle diese Linien, welche in den ersten drei Punkten angesprochen werden, zusammen. Bei keinem anderen Dreieck sind sie sonst alle gleichzeitig identisch.
5. Alle Punkte, die den Abstand r von einem Punkt M haben (sind alle also gleich weit von diesem Punkt entfernt), liegen auf dem Kreis mit dem Radius r und dem Mittelpunkt M.
6. Alle Punkte, die gleich weit von einer Geraden entfernt liegen, liegen auf einer Parallelen zu der Geraden.
7. Geraden können sich schneiden (haben genau einen Punkt gemeinsam, genau eine Lösung), parallel (haben keinen gemeinsamen Punkt, keine Lösung) oder identisch sein (haben unendlich viele gemeinsame Punkte, unendlich viele Lösungen). Die Lösungen ergeben sich durch die Berechnung linearer Gleichungssysteme (zur Vertiefung siehe Kapitel VIII).
8. Der Abstand eines Punktes wird mit Hilfe des Lotes ermittelt (siehe Seite 31).
9. Die x-Achse heißt auch Abszisse, die y-Achse nennen wir auch Ordinate.

Aufgaben

Aufgabe 1:
Zeichnen Sie die Punkte $A(1/1), B(-4/1), C(-6/-5), D(-1/-5)$ in ein Koordinatensystem ein. Welche Figur ergibt das Verbinden der Punkte augenscheinlich? Weisen Sie diese Figur rechnerisch nach (**Tipp:** Streckenlängen und Steigungen von Geraden).

Aufgabe 2:
Bestimmen Sie die Koordinaten des Schnittpunktes der Diagonalen der Figur aus Aufgabe 1. Weisen Sie nach, dass sich die Diagonalen gerade halbieren.

Aufgabe 3:
Ein Kreis hat den Radius $m = 5$ und den Mittelpunkt $K(2/3)$.

(a) Liegt der Punkt $L(5/7)$ auf der Kreislinie?

(b) Stellen Sie die Gleichung der Geraden durch K und L auf. Geben Sie die Schnittpunkte der Geraden mit den Koordinatenachsen an.

(c) Geben Sie die Orthogonale zu der Geraden aus Aufgabenteil (b) durch den Punkt K an und berechnen Sie ihre Schnittpunkte mit den Koordinatenachsen.

Aufgabe 4:
Gegeben ist eine Strecke, die durch die Punkte $S(0/4)$ und $K(0/-2)$ begrenzt ist. Sie stellt die Höhe eines gleichseitigen Dreiecks dar. Dabei liegt eine Ecke des Dreiecks im Punkt S. Geben Sie die Seitenlänge des Dreiecks und die Koordinaten der restlichen Eckpunkte an (**Tipp:** Seitenhalbierendenverhältnis).

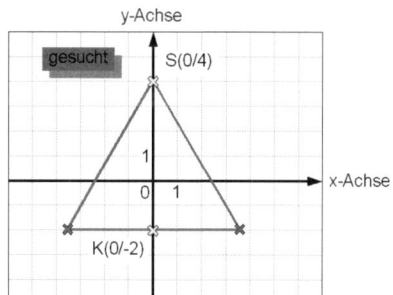

Abbildung II.5.8: Skizze des gleichseitigen Dreiecks aus Aufgabe 4.

III Quadratische Funktionen

Im folgenden Kapitel beschäftigen wir uns mit Funktionen, deren Funktionsgleichungen die Form

$$f(x) = a \cdot x^2 + b \cdot x + c$$

haben. Wir bezeichnen derartige Funktionen als quadratische Funktionen. Ebenso wie in Kapitel II stellen wir alle notwendigen Techniken zum Umgang mit dieser Art von Funktionen zusammen und studieren diese ein.

III.1 Die Binomischen Formeln

Mit diesem Unterkapitel wollen wir uns ein klein wenig mit den Binomischen Formeln beschäftigen. Mit ihrer Hilfe können wir das Quadrat einer aus zwei Summanden bestehenden Summe leicht ohne die störende Klammer schreiben. Zwar brauchen wir hier nicht unbedingt die Binomischen Formeln dazu, da wir auch ohne sie die Berechnung relativ einfach durchführen können, aber mit ihnen geht es um einiges schneller und wir verrechnen uns wohl nicht so schnell. Darum sollten wir alle drei Binomischen Formeln *auswendig* können und zwar in *beide* Richtungen. Wie wir erkennen, ob sich eine vorliegende Summe wieder mit einer Klammer schreiben lässt, dies betrachten wir weiter unten. Das sog. **quadratische Ergänzen**, welches sich mit Hilfe der Binomischen Formeln ergibt und das uns bei der Betrachtung von quadratischen Funktionen noch nützlich sein wird, untersuchen wir in Unterkapitel III.2 mittels eines Beispieles.

III.1.1 Die 1. Binomische Formel

Hier gilt es, den Term $(a + b)^2$ als Summe zu schreiben. Wir rechnen:

$$(a + b)^2 = (a + b) \cdot (a + b) = a \cdot a + a \cdot b + b \cdot a + b \cdot b$$
$$= a^2 + ab + ab + b^2 = a^2 + 2ab + b^2.$$

Somit lautet die erste Binomische Formel:

1. Binomische Formel

$$(a + b)^2 = a^2 + 2ab + b^2 \qquad\qquad \text{(III-1)}$$

Beispiel 1 - Anwenden der 1. Binomischen Formel

Wir wollen $(2+3x)^2$ als Summe schreiben. Wenn wir unsere Formel anwenden wollen, dann müssen wir $a = 2$ und $b = 3x$ setzen und können damit dann Folgendes niederschreiben:

$$(\underbrace{2}_{=a} + \underbrace{3x}_{=b})^2 = \underbrace{2^2}_{=a^2} + \underbrace{2 \cdot 2 \cdot 3x}_{=2ab} + \underbrace{(3x)^2}_{=b^2} = 4 + 12x + 9x^2 \underset{\text{sortieren}}{=} 9x^2 + 12x + 4.$$

III.1.2 Die 2. Binomische Formel

Hier gilt es, den Term $(a - b)^2$ als Summe zu schreiben. Wir rechnen:

$$(a - b)^2 = (a + (-b)) \cdot (a + (-b)) = a \cdot a + a \cdot (-b) + (-b) \cdot a + (-b) \cdot (-b)$$
$$= a^2 - ab - ab + b^2 = a^2 - 2ab + b^2.$$

Somit lautet die zweite Binomische Formel:

2. Binomische Formel

$$(a - b)^2 = a^2 - 2ab + b^2 \qquad\qquad \text{(III-2)}$$

Beispiel 2 - Anwenden der 2. Binomischen Formel

Wir wollen $(1-2x)^2$ als Summe schreiben. Wenn wir unsere Formel anwenden wollen, dann müssen wir $a = 1$ und $b = 2x$ setzen und können damit dann Folgendes niederschreiben:

$$(\underbrace{1}_{=a} - \underbrace{2x}_{=b})^2 = \underbrace{1^2}_{=a^2} - \underbrace{2 \cdot 1 \cdot 2x}_{=2ab} + \underbrace{(2x)^2}_{=b^2} = 1 - 4x + 4x^2 \underset{\text{sortieren}}{=} 4x^2 - 4x + 1.$$

III.1.3 Die 3. Binomische Formel

Hier gilt es, den Term $(a - b) \cdot (a + b)$ als Summe zu schreiben. Wir rechnen:

$$(a - b) \cdot (a + b) = (a + (-b)) \cdot (a + b) = a \cdot a + a \cdot b + (-b) \cdot a + (-b) \cdot b$$
$$= a^2 + ab - ab - b^2 = a^2 - b^2.$$

Somit lautet die dritte Binomische Formel:

3. Binomische Formel

$$(a - b) \cdot (a + b) = a^2 - b^2 \qquad \text{(III-3)}$$

Beispiel 3 - Anwenden der 3. Binomischen Formel

Wir wollen $(1 - x) \cdot (1 + x)$ als Summe schreiben. Wenn wir unsere Formel anwenden wollen, dann müssen wir $a = 1$ und $b = x$ setzen und können damit dann Folgendes niederschreiben:

$$(\underbrace{1}_{=a} - \underbrace{x}_{=b}) \cdot (1 + x) = \underbrace{1^2}_{=a^2} - \underbrace{(x)^2}_{=b^2} = 1 - x^2 \underset{\text{sortieren}}{=} -x^2 + 1.$$

III.1.4 Der Weg zurück - Die Binomischen Formeln im Rückwärtsgang

Anhand zweier Beispiele erläutern wir, wie wir erkennen können, ob ein vorliegender Ausdruck mit Hilfe der Binomischen Formeln umgeformt werden kann und zwar in dem Sinne, dass wir eine quadrierte Klammer (Binomische Formel Nummer 1 oder 2) oder das Produkt zweier Klammern gemäß der 3. Binomischen Formel als Ergebnis notieren können.

Beispiel 4 - Der Weg zurück (1. und 2. Binomische Formel)

Wir wollen den Term $2 + 12x + 18x^2$ faktorisieren. Zuerst klammern wir aus:

$$2 + 12x + 18x^2 = 2 \cdot (1 + 6x + 9x^2)$$

Nun betrachten wir nur die Klammer. Wir vermuten, dass wir mit der ersten Binomischen Formel arbeiten können und berechnen darum zuerst die beiden Summanden, in denen das „normale" x nicht vorkommt (in der Formel sind dies die Summanden a^2 und b^2). Wir suchen folgerichtig Zahlen und Variablen, die mit sich selber malgenommen (hoch 2) zu dem gewünschten Ergebnis führen. Wir finden durch Wurzelziehen:

$$1 = 1 \cdot 1 = a \cdot a = a^2$$
$$9x^2 = 3x \cdot 3x = b \cdot b = b^2$$

Nun kennen wir a und b und können dadurch überprüfen, ob sie zusammen mal der Zahl 2 den gemischten Term des vorgegebenen Ausdrucks ergeben.

$$2ab = 2 \cdot 1 \cdot 3x = 6x \qquad \text{RICHTIG!}$$

Wir erhalten also folgendes Produkt aus unserem Term:

$$2 + 12x + 18x^2 = 2 \cdot (1 + 6x + 9x^2) = 2 \cdot (a^2 + 2ab + b^2) = 2 \cdot (1 + 3x)^2$$

Wir haben das Beispiel für die 1. Binomische Formel aufgezogen. In analoger Weise führt man unter Beachtung des Minuszeichen für den Mittelterm die Rechnung bei der 2. Binomischen Formel durch.

Beispiel 5 - Der Weg zurück (3. Binomische Formel)

Es liegt der Term $-4x^2 + 9$, also $9 - 4x^2$ vor. Da kein Mittelterm mit einem Single-x vorhanden ist, versuchen wir es mit der 3. Binomischen Formel. Dabei wissen wir, dass $a^2 - b^2 = (a - b) \cdot (a + b)$ gilt. Interpretieren wir nun

$$a^2 = 9 \Rightarrow a = 3 \text{ und } b^2 = 4x^2 \Rightarrow b = 2x,$$

dann erhalten wir sofort

$$9 - 4x^2 = (3 - 2x) \cdot (3 + 2x).$$

Die Binomischen Formeln werden wir im folgenden Unterkapitel wiederfinden, wenn wir die sog. **Scheitelform** einer Parabel aus der **Normalform** bilden wollen. Die genannten Begriffe werden ebenfalls dort erklärt, es besteht also kein Grund zur Panik an dieser Stelle.

III.2 Der Umgang mit quadratischen Funktionen

In diesem Abschnitt beschäftigen wir uns mit den gesammelten Techniken, welche uns den Umgang mit den quadratischen Funktionen ermöglichen. An vorderster Front steht hier die Mitternachtsformel. Sie dient, anschaulich gesprochen, zur Nullstellenberechnung einer quadratischen Funktion, d.h. sie ermöglicht die Lösung der Gleichung $ax^2 + bx + c = 0$ bezüglich der Variablen x. Die Schaubilder quadratischer Funktionen sind Parabeln 2. Ordnung. Den Zusatz „2. Ordnung" können wir uns oft auch sparen. Es gilt zumeist, dass derjenige, welcher von Parabeln redet, quadratische Funktionen im Kopf hat.

Wir fahren hier jetzt mit den Betrachtungen zur Mitternachtsformel fort. Die Herleitung, welche für uns keinen so großen, praktischen Nutzen hat, stellen wir hinten an. Interessierte finden sie als Übungsaufgabe und in Unterkapitel III.3.

III.2.1 Die Mitternachtsformel (MNF)

Die Mitternachtsformel (MNF)

Ist eine quadratische Gleichung in der Form $ax^2 + bx + c = 0$ mit $a \neq 0$ gegeben oder kann sie auf diese gebracht werden, dann ergeben sich die Lösungen dieser Gleichung mit der Mitternachtsformel (MNF, auch a-b-c-Formel) zu

$$x_{1/2} = \frac{-b \pm \sqrt{b^2 - 4ac}}{2a}. \tag{III-4}$$

Dividieren wir durch a, so ergibt sich die Gleichung $x^2 + \frac{b}{a}x + \frac{c}{a} = x^2 + px + q = 0$, welche wir auch mit der vereinfachten MNF, der sog. p-q-Formel, lösen können:

$$x_{1/2} = -\frac{p}{2} \pm \sqrt{\frac{p^2}{4} - q}. \tag{III-5}$$

Diese von allen Schülern geliebten Formeln dienen allein dazu, eine quadratisch anmutende Gleichung mit dem Ergebnis 0 (nicht *NICHTS*) zu lösen und somit einen bestimmten Wert ihrer Variable x (oder $y, z, u, v, \dots$ eben der ganze hintere Teil des Alphabets) zu bestimmen. Dabei müssen wir uns zum besseren Verständnis, folgendes vor Augen führen:

Jede quadratische Gleichung bzw. Funktion beschreibt im kartesischen Koordinatensystem eine Parabel!

Wenn wir nun die Lage einer Parabel im Koordinatensystem betrachten, dann stellen wir fest, dass es drei Möglichkeiten gibt, wie die Parabel im Bezug zur x-Achse liegen kann.

Die drei Lagemöglichkeiten einer Parabel bezüglich der x-Achse

- KEIN SCHNITTPUNKT

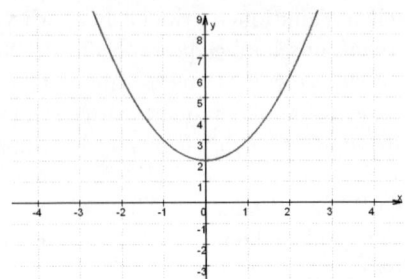

Abbildung III.2.1: Parabel mit der Funktionsgleichung $f(x) = x^2 + 2$.

- EIN SCHNITTPUNKT (Berührpunkt)

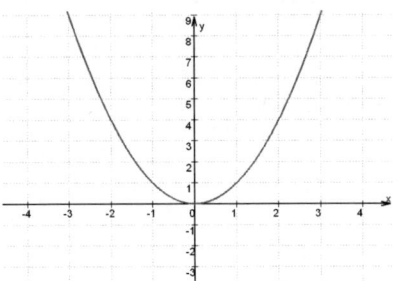

Abbildung III.2.2: Parabel mit der Funktionsgleichung $f(x) = x^2$.

- ZWEI SCHNITTPUNKTE

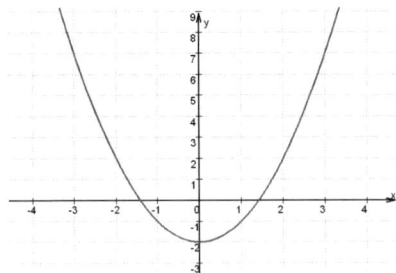

Abbildung III.2.3: Parabel mit der Funktionsgleichung $f(x) = x^2 - 2$.

Die Mitternachtsformel kann also folgende Anzahlen an Ergebnissen haben (Schnittpunkte mit der x-Achse):

- KEINE LÖSUNG

- EINE LÖSUNG

- ZWEI LÖSUNGEN

Ausschlaggebend hierfür ist die Diskriminante[1], die „Unterscheidende" der Mitternachtsformel. Was ist die Diskriminante? Also bitteschön, das weiß doch ... keiner, zumindest kein Schüler. Trotzdem sei sie hier gezeigt:

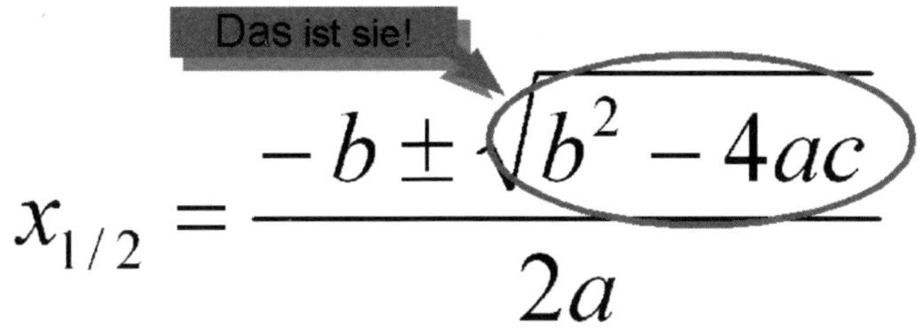

$$x_{1/2} = \frac{-b \pm \sqrt{b^2 - 4ac}}{2a}$$

Das ist sie!

Abbildung III.2.4: Die Diskrimnante der MNF: Sie entscheidet über die Anzahl der Lösungen der quadratischen Gleichung.

Der Term unter der Wurzel kann dreierlei Werte annehmen:

(I) Er ist kleiner als 0 $\Leftrightarrow$ Keine Lösung (negative Zahl unter der Wurzel, für Schulmathematik ganz schlecht!!!)

(II) Er ist gleich 0 $\Leftrightarrow$ Eine Lösung (Wurzel aus 0 ist 0, es bleibt nur $x_1 = x_2 = -\frac{b}{2a}$ stehen)

(III) Er ist größer als 0 $\Leftrightarrow$ Zwei Lösungen ($+$ und $-$ erzeugen nun wegen der von 0 verschiedenen Wurzel zwei verschiedene Ergebnisse x_1 und x_2)

Kurz nochmal zur Erinnerung:
Woher kommen a, b und c? Die Antwort ist, dass die Zahlen a, b, c die Koeffizienten, d.h. die Vorzahlen der Variablen x in ihren verschiedenen Ausführungen (bei der Parabel heißt das $x^2, x^1 = x, x^0 = 1$) sind. Es ist

$$ax^2 + bx^1 + cx^0 = ax^2 + bx + c = 0$$

die zu lösende Gleichung. Dabei kann jede quadratische Funktionsgleichung auf die Form $f(x) = ax^2 + bx + c$, die sog. **Normalform**, gebracht werden.

---

[1] von lat. discriminare = unterscheiden

Beispiel 1 - Umformen einer quadratischen Gleichung

$$(x-5)^2 + 7 - x = -2x^2 \qquad | \text{ Anwenden der 2. Binomischen Formel}$$
$$x^2 - 10x + 25 + 7 - x = -2x^2 \qquad | \text{ zusammenfassen}$$
$$x^2 - 11x + 32 = -2x^2 \qquad | + 2x^2$$
$$3x^2 - 11x + 32 = 0$$

Damit haben wir $a = 3, b = -11$ und $c = 32$ als einsetzbare Zahlenwerte für die MNF.

III.2.2 Von der Scheitelform zur Normalform und wieder zurück - There and back again

Natürlich können wir die Funktionsgleichung $f(x) = ax^2 + bx + c$ auf verschiedenste Weisen umformen. Eine recht praktische Version stellt die sog. **Scheitelform** dar. Wir zeigen hier, wie diese aussieht und wie man sie aus der Normalform berechnen kann.

Die Scheitelform

Eine nützliche Umformung einer quadratischen Funktion f mit $f(x) = ax^2 + bx + c$ (Normalform) stellt die als Scheitelform bezeichnete Variante

$$f(x) = a \cdot (x - d)^2 + e \qquad\qquad\qquad \text{(III-6)}$$

dar. Aus ihr lässt sich direkt der Scheitel $S(d/e)$ ablesen. Der Scheitel ist derjenige Punkt einer Parabel, welcher den größten (für $a < 0$) bzw. kleinsten (für $a > 0$) y-Wert besitzt. Für genauere Ausführungen verweisen wir auf Seite 47.

Bevor wir uns die Bedeutung der einzelnen Größen a, d, e überlegen, wollen wir ergründen, wie wir von der Normalform zur Scheitelform gelangen, d.h. wir wollen den Zusammenhang zwischen a, b, c in der Normalform $f(x) = ax^2 + bx + c$ mit a, d, e in der Scheitelform $f(x) = a \cdot (x - d)^2 + e$ ermitteln. Dies tun wir zuerst an einem Beispiel, welches wir dann verallgemeinern. Unsere Vorgehensweise wird als **quadratisches Ergänzen** bezeichnet.

Das quadratische Ergänzen

Wir wollen als Einstieg das quadratische Ergänzen anhand der Funktion $f(x) = 2x^2 - 6x + 50$ erläutern. Wir führen dabei die einzelnen Schritte detailliert durch, so dass sich für den Leser die Übertragung der Vorgehensweise auf die allgemeine Funktionsgleichung $f(x) = ax^2 + bx + c$ vielleicht leichter gestaltet.

Schritt 1 - Ausklammern des Koeffizienten von x^2

Hiermit erhalten wir

$$f(x) = 2x^2 - 6x + 50 = 2 \cdot (x^2 - 3x + 25).$$

Schritt 2 - Addition der Zahl 0

Die Addition der Zahl 0 erfolgt auf eine etwas trickreichere Art und Weise. Es ist ein oft verwendetes Vorgehen in der Mathematik. Dabei addieren wir einen Ausdruck, welcher uns für das Zusammenfassen einzelner Bereiche der Gleichung/Funktion von Nutzen ist und führen dann die Umstrukturierung und Zusammenfassung durch. Damit wir aber nichts unbegründet hinzugefügt haben, ziehen wir den ergänzten Ausdruck wieder ab, so dass wir effektiv nur die 0 addiert haben. Durch das vorherige Zusammenfassen können wir die Gestalt der Gleichung/Funktion abändern und so vielleicht neue Einsichten gewinnen.

In unserem konkreten Fall, welcher das quadratische Ergänzen betrachtet, sieht das Vorgehen wie folgt aus:

Wir betrachten nur den Term in der Klammer. Bei diesem schnappen wir uns die Zahl, die vor dem alleinstehenden x steht, und verfahren mit dieser wie folgt:

$$x^2 - 3x + 25 = x^2 - 3x + \left(\frac{3}{2}\right)^2 + 25 - \left(\frac{3}{2}\right)^2$$
$$= \left(x - \frac{3}{2}\right)^2 + 22{,}75$$

So wird bei der Termumformung die 1. oder 2. Binomischen Formel angewandt (Diese haben wir in Unterkapitel III.1 kennengelernt). Wir erwähnten bereits, dass das, was wir fälschlicherweise dazutun, hinten wieder abgezogen wird. Diese beiden Schritte geben wir nochmal in Kurzform an, damit man sie sich besser merken kann:

Die Scheitelform und das quadratische Ergänzen

(I) Ausklammern des Koeffizienten, welcher zu x^2 gehört.

(II) Betrachten des Terms in der Klammer. Mit diesem verfahren wir wie folgt:
- Schauen, was vor der Solovariablen x steht.
- Diesen Wert halbieren und quadrieren (steht nichts davor, so ist die Zahl nicht 0 sondern 1!).
- Den entstehenden Ausdruck einmal dazuzählen (Binomische Formel anwendbar) und einmal abziehen.
- Durch Umordnen erzeugen eines „neuen" Gesamtausdrucks.

M

Fassen wir abschließend die beiden Schritte zusammen, so erhalten wir

$$f(x) = 2 \cdot (x^2 - 3x + 25) = 2 \cdot \left[\left(x - \frac{3}{2} \right)^2 + 22{,}75 \right] = 2 \left(x - 1{,}5 \right)^2 + 45{,}5.$$

Mit der so erhaltenen Scheitelform können wir sofort den Scheitel $S(1{,}5/45{,}5)$ ablesen.

Nun führen wir die Schritte für die allgemeine Form einer quadratischen Funktion durch, d.h. wir betrachten die Normalform $f(x) = ax^2 + bx + c$, welche wir in die Scheitelform umformen wollen. Dadurch erhalten wir auch den Zusammenhang zwischen den Größen/Koeffizienten a, b, c und a, d, e. Aus Platzgründen werden wir alle Schritte in einem Zug durchführen und weniger ausführlich argumentieren als bei der zuvor gezeigten Beispielfunktion. Es ist

$$
\begin{aligned}
f(x) &= ax^2 + bx + c \\
&\overset{(\mathrm{I})}{=} a \cdot \left(x^2 + \frac{b}{a}x + \frac{c}{a} \right) \overset{(\mathrm{II})}{=} a \cdot \left(x^2 + \frac{b}{a}x + \left(\frac{b}{2a} \right)^2 + \frac{c}{a} - \left(\frac{b}{2a} \right)^2 \right) \\
&= a \cdot \left(\left(x + \frac{b}{2a} \right)^2 + \frac{c}{a} - \frac{b^2}{4a^2} \right) = a \cdot \left(x + \frac{b}{2a} \right)^2 + c - \frac{b^2}{4a} = a \cdot (x - d)^2 + e.
\end{aligned}
$$

Hier erkennen wir nun, dass

$$a = a \text{ und } d = -\frac{b}{2a} \text{ und } e = c - \frac{b^2}{4a} \tag{III-7}$$

sind. Diese Größen, welche in der Scheitelform vorkommen, können wir nun anschaulich interpretieren, d.h. wir können sehr einfach vorhersagen, was ihre Änderungen bei dem Schaubild der Funktion f bewirken.

- Der Vorfaktor a bewirkt eine Dehnung/Streckung oder Pressung/Stauchung der Parabel bezüglich der y-Achse. Außerdem bestimmt er die Öffnungsrichtung (oben oder unten) der Parabel. Es gilt

    - $\underline{a > 1}$: Die Parabel ist bezüglich der y-Achse gedehnt/gestreckt und nach oben geöffnet.

    - $\underline{a = 1}$: Es liegt eine nach oben geöffnete **Normalparabel** vor.

    - $\underline{0 < a < 1}$: Die Parabel ist bezüglich der y-Achse gepresst/gestaucht und nach oben geöffnet.

   – $a = 0$: Aus der Parabel ist eine Gerade geworden.

   – $0 > a > -1$: Die Parabel ist bezüglich der y-Achse gepresst/gestaucht und nach unten geöffnet.

   – $a = -1$: Es liegt eine nach unten geöffnete Normalparabel vor.

   – $a < -1$: Die Parabel ist bezüglich der y-Achse gedehnt/gestreckt und nach unten geöffnet.

- Die Größe d gibt die Links- bzw. Rechtsverschiebung der Parabel an (**Verschiebung in horizontaler Richtung**). Es gilt

   – $d > 0$: Die Parabel ist um $|d|$ nach rechts verschoben[2].

   – $d = 0$: Die Parabel ist symmetrisch zur y-Achse. Der x-Wert des Scheitels ist 0. (Achsensymmetrie).

   – $d < 0$: Die Parabel ist um $|d|$ nach links verschoben.

Es gilt noch anzumerken, dass d mit einem Minuszeichen in der Formel auftritt, so dass die obigen Aussagen gelten. Notieren wir $(x+d)^2$ anstatt $(x-d)^2$, so vertauschen sich die Aussagen für $d > 0$ und $d < 0$ gerade.

- Die Größe e gibt die Hoch- bzw. Runterverschiebung der Parabel an (**Verschiebung in vertikaler Richtung**). Es gilt

   – $e > 0$: Die Parabel ist um $|e|$ nach oben verschoben.

   – $e = 0$: Die Parabel berührt mit ihrem Scheitel die x-Achse. Der y-Wert des Scheitels ist 0.

   – $e < 0$: Die Parabel ist um $|e|$ nach unten verschoben.

Aus der Scheitelform lässt sich, wie man am Namen schon erkennt, direkt der Scheitel der Parabel ablesen. Was ist nun aber der Scheitel? Wir erläutern: Der Ausruck $(x-d)^2$ wird für $x = d$ am kleinsten, nämlich gerade 0. Für alle anderen Werte ist er durch das Quadrieren größer als 0. Wird nun für $x = d$ der Ausdruck $(x-d)^2$ bzw. auch der Ausdruck $a(x-d)^2$ gleich 0, so steht noch lediglich der Wert $f(x = d) = f(d) = 0 + e = e$ zu Buche. Dieser ist dann, nach dem eben Gesagten, der kleinste (für $a > 0$) bzw. größte (für $a < 0$) Wert der Parabel. Den Punkt mit eben jenem kleinsten bzw. größten Funktionswert einer Parabel nennen wir den Scheitel S. Dessen Koordinaten lassen sich aus der Scheitelform $f(x) = a(x-d)^2 + e$ direkt zu $S(d/e)$ ablesen.

Wir notieren die lange Liste der vorherigen Seite noch einmal in grafischer Kurzform, damit wir etwas haben, was wir uns auch merken können und sollen:

---

[2] $|d|$, lies: Betrag von d. Der Wert von d ohne sein Vorzeichen.

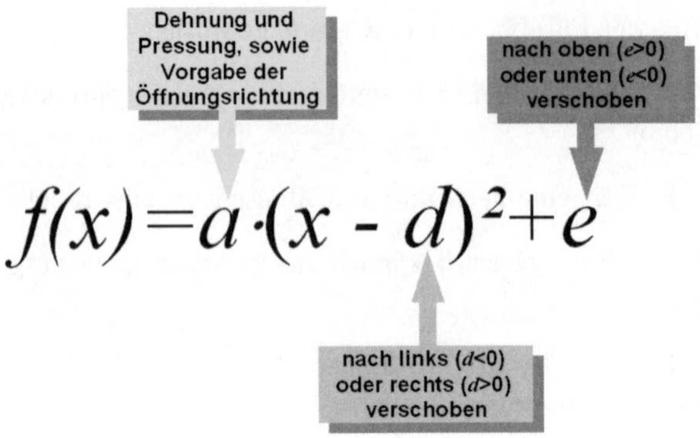

$$f(x) = a \cdot (x - d)^2 + e$$

Abbildung III.2.5: Übersicht zu den wichtigen Größen der Scheitelform und deren Bedeutungen.

III.2.3 Scheitelermittlung durch „Absenken"

Kennen wir die Mitternachtsformel, so können wir aus ihr direkt den x-Wert des Scheitels der zur Funktionsgleichung $f(x) = ax^2 + bx + c$ gehörenden Parabel ablesen. Es ist

$$x_{\text{Scheitel}} = -\frac{b}{2a}. \tag{III-8}$$

Wir wollen hier eine weitere Methode zur Scheitelbestimmung bei Parabeln vorstellen. Eigentlich ist sie ja nicht mehr notwendig, doch nutzen wir das Ganze, um unsere Fertigkeiten im Umgang mit quadratischen Funktionen weiter zu optimieren. Wir führen die ganze Rechnung (wie so oft) anhand eines kleinen Beispiels durch.

Viele Schüler/Studenten haben mit dem quadratischen Ergänzen so ihre Schwierigkeiten. Um den Scheitel einer Parabel zu ermitteln, gibt es aber, unabhängig von der MNF, welche wir kurz vergessen wollen, noch eine andere Methode, welche sich zu Nutze macht, dass der x-Wert des Scheitels genau in der Mitte zwischen den beiden Nullstellen einer Parabel liegt, so sie denn welche hat. Da aber nicht jede Parabel zwei Nullstellen aufweisen muss, wie wir am Anfang dieses Kapitels gesehen haben, werden wir (durch eine kleine Abänderung des Funktionsterms) zwei Nullstellen vorübergehend erzwingen.

Beispiel - Absenken einer Funktion

Gegében sei die Funktion f mit

$$f(x) = x^2 + 2x + 4.$$

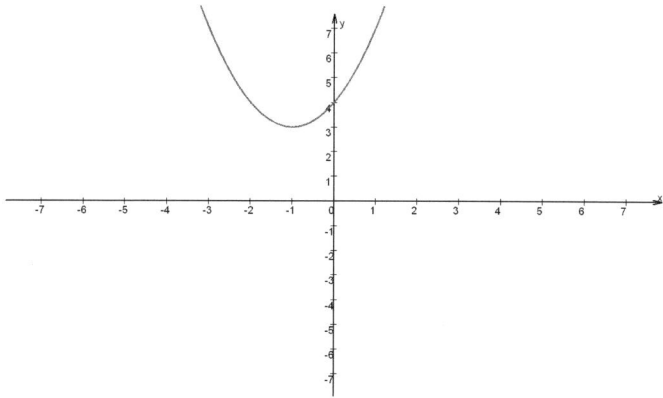

Abbildung III.2.6: Skizze der Parabel zur Funktionsgleichung $f(x) = x^2 + 2x + 4$.

Das Schaubild dieser Funktion sehen wir in Abb. III.2.6.

Das Schaubild führen wir hier nur auf, damit verdeutlicht wird, dass bei dieser Parabel wirklich keine Nullstellen vorliegen. Nun ändern wir die Funktionsgleichung ab, indem wir einfach den konstanten Summanden, welcher in der geordneten Schreibweise der letzte ist, unter den Tisch fallen lassen. Wir erhalten somit

$$f_{\text{neu}}(x) = x^2 + 2x.$$

Dadurch erhalten wir die neue Abbildung III.2.7.

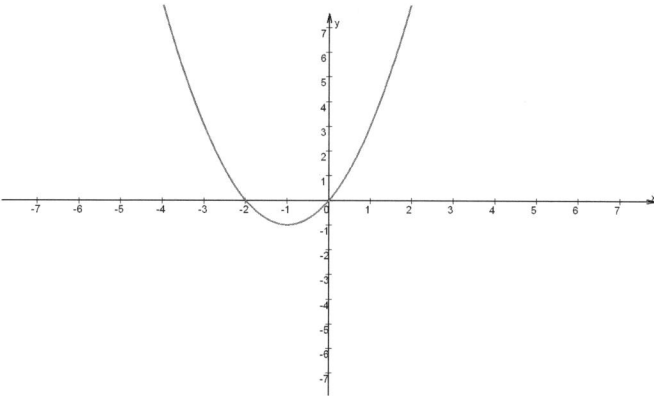

Abbildung III.2.7: Schaubild zu der veränderten Parabelgleichung ohne konstanten Summanden.

Die Nullstellen dieser neuen Funktion erhalten wir einfach durch Ausklammern und den **Satz vom Nullprodukt**. Dieser lautet:

Satz vom Nullprodukt

Ein Produkt ist immer genau dann gleich 0, wenn mindestens einer der Faktoren gleich 0 ist.

Fahren wir mit unserer eigentlichen Aufgabe fort. Wir wollten ausklammern:

$$f(x) = x^2 + 2x = x \cdot (x + 2).$$

Wir sehen mit dem Satz vom Nullprodukt[3] sofort, dass $x_1 = 0$ und $x_2 = -2$ die Nullstellen der Funktion sind. Der x-Wert des Scheitels liegt nun aus Gründen der Symmetrie, welche wir ausführlich bei der Betrachtung ganzrationaler Funktionen in Kapitel V behandeln, in der Mitte zwischen den beiden Nullstellen. Diese Mitte finden wir, indem wir das **arithmetische Mittel** der beiden Nullstellen bilden.

Das arithmetische Mittel

Das arithmetische Mittel der n Zahlenwerte $x_1, x_2, \ldots, x_n$ ist definiert als die Summe aller dieser Werte, dividiert durch deren Gesamtzahl n. In der Sprache der Mathematik schreiben wir:

$$\overline{x} = \frac{x_1 + x_2 + \cdots + x_n}{n}. \tag{III-9}$$

Wenden wir nun (III-9) direkt auf unsere zwei Nullstellen an, so erhalten wir

$$\overline{x} = x_{\text{Scheitel}} = x_S = \frac{x_1 + x_2}{2} = \frac{0 + (-2)}{2} = \frac{x_2}{2} = -1.$$

Da eine der beiden Nullstellen immer den Wert 0 hat, sehen wir, dass die eben durchgeführte Rechnung einfach nur das Halbieren des anderen Nullstellenwertes ist. Wir können ohne Beschränkung der Allgemeinheit[4] sagen, dass $x_1 = 0$ und $x_2 \neq 0$ sein soll, dann ist es uns möglich, $x_S = \frac{x_2}{2}$ in einem allgemeineren Sinn als „Formel" für diese Vorgehensweise zu notieren. Das sei hier aber nur als Randbemerkung zu verstehen.

Mit $x_S = -1$ haben wir nun den gesuchten x-Wert des Scheitels erhalten. Um den y-Wert zu gewinnen, müssen wir den eben errechneten Wert in die *ursprüngliche Funktionsgleichung* einsetzen.

---

[3]**Praktische Anwendung:** Jeden Faktor separat gleich 0 setzen und nach x auflösen.
[4]Abkürzung: oBdA

$$f(x) = x^2 + 2x + 4 \Rightarrow f(-1) = (-1)^2 + 2 \cdot (-1) + 4 = 3 = y_S.$$

Der Scheitel liegt also im Punkt $S(-1/3)$. Im letzten Schritt haben wir, durch die Verwendung der ursprünglichen Gleichung, die Absenkung rückgängig gemacht. Die Vorgehensweise in diesem Beispiel ist deswegen erlaubt, weil wir nur eine Verschiebung in y-Richtung vornehmen und somit den x-Wert des Scheitels nicht verändern. Diese Tatsache lohnt es sich, auch für spätere Rechnungen (ganzrationale Funktionen etc.) und Kapitel zu merken.

III.3 Die Herleitung der Mitternachtsformel

In diesem kleinen Unterkapitel wollen wir uns vergewissern, dass die so oft gebrauchte und bei Schülern unheimlich beliebte Mitternachtsformel nicht vom Himmel fällt, sondern sich auf einfache Art und Weise herleiten lässt. „Einfach" meint dabei, dass keine besondere Mathematik dazu notwendig ist und dass die Herleitung im Prinzip von jedem Schüler, der eine neunte Klasse an einem Gymnasium oder einer Realschule besucht, durchgeführt werden kann, da er die dazu notwendigen Kenntnisse bereits erworben hat. Trotzdem ist das mit der Einfachheit in der Mathematik so eine Sache. Wenn man mal weiß, wie es geht, dann ist sowieso alles einfach, wenn nicht gar trivial. Wenn man es nicht weiß, dann erscheint einem so manches Problem unüberwindbar und man gibt schnell auf. Doch in der Mathematik braucht man oft einen langen Atem und je mehr man sich in eine Sache verbeißt, desto reizvoller kann sie werden.

Wer sich nun also zutraut, die Mitternachtsformel auf eigen Faust herzuleiten, der soll dies in den Übungsaufgaben tun und das folgende Unterkapitel einfach überspringen. Für alle anderen steht im folgenden Teil die bzw. eine Lösung des Problems.

Unser Problem ist es, die Lösungen der Gleichung

$$f(x) = ax^2 + bx + c = 0$$

zu finden. Dabei sind alle Vorzahlen reelle Zahlen und das a darf nicht gleich 0 sein, da sonst eine normale lineare Gleichung ohne Quadrat vorliegen würde, die wir durch einfaches Umstellen lösen könnten. Wir formulieren daher:

$$ax^2 + bx + c = 0 \text{ mit } a, b, c \in \mathbb{R} \text{ und } a \neq 0.$$

Um die gesuchte Formel herzuleiten, verwenden wir das quadratische Ergänzen, welches wir bereits in Unterkapitel III.2.2 kennengelernt haben. Es basiert auf den Binomischen

Formeln, welche wir aus Unterkapitel III.1 kennen. Damit haben wir schon alle Werkzeuge für unser Vorhaben beieinander, so dass der Lösung der gestellten Aufgabe nichts mehr im Wege steht. Wir sehen also, dass nicht mehr Mathematik notwendig ist, als die, die in der neunten Klasse vermittelt wird. Es ist sogar nur ein winziger Bruchteil des dort Gelernten. Diesen „Bruchteil" müssen wir jetzt nur noch geschickt anwenden. Wir wenden also an:

- Quadratisches Ergänzen, welches auf

- den Binomischen Formeln basiert.

Unser Problem war und ist die Lösung der Gleichung

$$ax^2 + bx + c = 0.$$

Zu Beginn dividieren wir die Gleichung durch a. Das dürfen wir, da ja $a \neq 0$ gilt. Wir erhalten:

$$x^2 + \frac{b}{a}x + \frac{c}{a} = 0.$$

Wir bringen den Summanden ohne x auf die andere Seite:

$$x^2 + \frac{b}{a}x = -\frac{c}{a}.$$

Jetzt führen wir die quadratische Ergänzung durch. Dabei wollen wir die linke Seite auf die Form $x^2 + 2xy + y^2$ bringen. Der erste Summand stimmt ja schon, denn $x^2 = x^2$. Damit der zweite Summand auch korrekt ist, muss

$$2xy = \frac{b}{a}x \Leftrightarrow y = \frac{b}{2a}$$

gelten. Damit erhalten wir einen Wert für y. Diesen fügen wir als dritten Summanden ein. Weil wir aber dann nur die linke Seite verändern würden, was nicht erlaubt ist (keine Äquivalenzumformung[5]), müssen wir den gleichen Summanden auch auf der rechten Seite hinzutun. Wir erhalten dadurch:

---

[5]Umformung einer Gleichung, die den Wert derselbigen nicht verändert, ihn also äquivalent (gleich) lässt.

$$x^2 + \frac{b}{a}x + \underbrace{\left(\frac{b}{2a}\right)^2}_{\text{neu}} = -\frac{c}{a} + \underbrace{\left(\frac{b}{2a}\right)^2}_{\text{neu}}.$$

Nun haben wir auf der linken Seite durch das quadratische Ergänzen eine binomische Formel erzeugt, so dass wir diese auch zusammenfassen können und damit den folgenden Ausdruck erhalten:

$$\left(x + \frac{b}{2a}\right)^2 = \frac{b^2}{4a^2} - \frac{c}{a}.$$

Wir haben hier auch gleich noch die rechte Seite umgestellt. Die beiden Summanden fassen wir der Schönheit wegen zusammen, so dass wir sie auf einen Bruchstrich schreiben können. Wir erhalten dann durch folgende Umformung für die rechte Seite den Ausdruck:

$$\frac{b^2}{4a^2} - \frac{c}{a} = \frac{b^2}{4a^2} - \frac{c \cdot 4a}{a \cdot 4a} = \frac{b^2}{4a^2} - \frac{4ac}{4a^2} = \underbrace{\frac{b^2 - 4ac}{(2a)^2}}_{\text{neue rechte Seite}}.$$

Insgesamt ergibt sich mit der neuen rechten Seite folgendes Bild:

$$\left(x + \frac{b}{2a}\right)^2 = \frac{b^2 - 4ac}{(2a)^2}.$$

Jetzt sind wir mit unseren Umformungen so weit gekommen, dass wir die Wurzel auf beiden Seiten ziehen können. Wir haben dann:

$$\text{Für die linke Seite: } \sqrt{\left(x + \frac{b}{2a}\right)^2} = x + \frac{b}{2a}$$

$$\text{Für die rechte Seite: } \pm\sqrt{\frac{b^2 - 4ac}{(2a)^2}} = \frac{\pm\sqrt{b^2 - 4ac}}{\sqrt{(2a)^2}} = \frac{\pm\sqrt{b^2 - 4ac}}{2|a|}.$$

Die verschiedenen Vorzeichen auf der rechten Seite lassen sich dadurch begründen, dass $|\text{Zahl}| \cdot |\text{Zahl}| = (-|\text{Zahl}|) \cdot (-|\text{Zahl}|) = \text{Zahl}^2$ ist. Insgesamt haben wir also:

$$x + \frac{b}{2a} = \frac{\pm\sqrt{b^2 - 4ac}}{2|a|}.$$

Nun gilt es die beiden Fälle, dass $a > 0$ oder $a < 0$, zu unterscheiden. Im ersten Fall ist $a = |a|$, denn so ist der Betrag definiert (siehe Kapitel V für Details). Und im zweiten gilt $a = -|a|$. Damit wird aber aus $\pm$ nur $\mp$, so dass keine neuen Lösungen bei der obigen Gleichung hinzu kommen. Durch eine letzte Umformung und die Umbenennung von x in $x_{1/2}$ (wegen der zwei Lösungen) erhalten wir die die gesuchte Formel für unser Problem:

$$x_{1/2} = \frac{-b \pm \sqrt{b^2 - 4ac}}{2a}.$$

Dabei haben wir $\frac{b}{2a}$ auf die rechte Seite gebracht und alles auf einen Bruchstrich geschrieben. Wie wir mit dieser Formel umgehen, haben wir bereits in den vorherigen Unterkapiteln gesehen. Es kann aber im Folgenden noch weiter geübt werden.

Aufgaben

Aufgabe 1:
Berechnen Sie die Nullstellen der Funktionen mit den folgenden Gleichungen.

(a) $f(x) = x^2 + 2x + 1$ (b) $g(x) = 2x^2 - 2$ (c) $h(x) = 3x^2 - 3x - 18$

(d) $i(x) = x^2 + 3x + 2$ (e) $j(x) = 2x^2 + 5x + 3$ (f) $k(x) = 5x^2 - 4x + 1$

Aufgabe 2:
Lösen Sie die Gleichungen nach x auf, in Abhängigkeit von den jeweiligen Parametern. Diese sind alle so gewählt, dass die Gleichungen definiert sind.

(a) $x^2 + \left(t^2 - \frac{t}{2}\right) \cdot x - \frac{t^3}{2} = 0$ (b) $4x^2 - 4ax - 24a^2 = 0$

(d) $4(ax)^2 - 3ax = 1$ (e) $4t^4 x^2 = 49t^2$

(g) $4x^2 - 4ax = -a^2$ (h) $(a^4 + b^4)x^2 - 2(a^2 + b^2)x + 1 = 0$

Aufgabe 3:
Gegeben sei eine Zahl x. Die Zahl y ist um 4 größer als diese und das Produkt der beiden um 10. Bestimmen Sie mit diesen Informationen x und y.

Aufgabe 4:
Die Summe zweier Zahlen sei 25, ihr Produkt aber nur 12,25. Bestimmen Sie diese Zahlen.

Aufgabe 5:
Bestimmen Sie den Scheitel der Parabel mit der Geichung $p(x) = 2x^2 - 12x + 20$, indem

- Sie die Scheitelform durch quadratisches Ergänzen bilden,

- Sie die Funktion „absenken".

Aufgabe 6:
Zwei aufeinanderfolgende Quadratzahlen haben zusammen eine Summe von 221. Wie lauten die beiden Quadratzahlen?

Aufgabe 7:
Leiten Sie die Mitternachtsformel ausgehend von der Gleichung $ax^2 + bx + c = 0$ mittels quadratischem Ergänzen her.

Aufgabe 8:
Eine Parabel hat den Scheitel $S(1/-3)$ und geht durch den Punkt $P(5/5)$. Bestimmen Sie die Gleichung der Parabel in Normalform.

Aufgabe 9:
Gegeben sind die beiden Parabeln $p(x) = x^2 + 2x - 3$ und $q(x) = -x^2 + 2x + 5$. Stellen Sie die Gerade durch die beiden Schnittpunkte der Schaubilder der Parabeln auf.

Aufgabe 10:
Zeigen Sie: Nimmt man eine natürliche Zahl, multipliziert Sie mit ihrem Nachfolger, zieht vom Ergebnis das Dreifache der Zahl ab und addiert abschließend 1, so erhält man das Quadrat des Vorgängers der Zahl.

Aufgabe 11:
Ich denke mir eine ganze Zahl größer 0, verdruple diese, addiere dann das Vierfache des Nachnachfolgers der Zahl und ziehe anschließend 4 ab, dann erhalte ich das Quadrat des Vorvorgängers der Zahl. Um welche Zahl geht es?

Aufgabe 12:
Die Summe des Quadrates einer natürlichen Zahl und des Quadrates ihres Nachfolgers, vermehrt um 220, ergibt die Summe der Zahl und ihres Nachfolgers im Quadrat. Welche Zahl wird gesucht?

Aufgabe 13:
Welche Seitenlängen hat ein rechteckiges Blatt Papier, das eine Fläche von einem Quadratmeter besitzt und dessen längere Seite sich zur kürzeren verhält, wie die Summe der beiden Seitenlängen zur längeren Seite? (**Tipp:** Goldener Schnitt)

Aufgabe 14:
Gegeben sind die folgenden Funktionsgleichungen:

- $f(x) = 2 \cdot (x-1)^2 + a$
- $g(x) = b \cdot (x-2) \cdot (x+3)$
- $h(x) = -(x+c)^2 + 2$
- $i(x) = d \cdot x \cdot (x-e)$

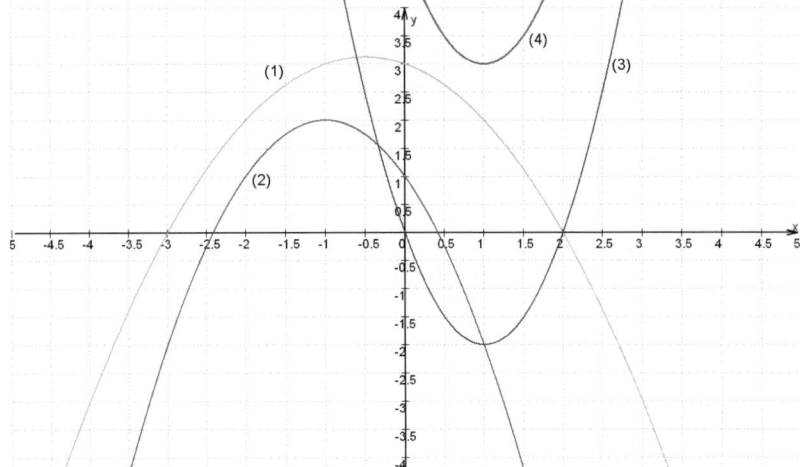

Abbildung III.3.1: Die vier im Aufgabentext genannten Parablen.

(a) Ordnen Sie diese den Schaubildern zu. Begründen Sie Ihre Wahl.

(b) Bestimmen Sie dann mittels der Schaubilder die unbekannten Konstanten.

III.4 Der Umgang mit Parabelscharen - Grundlagen Parameterfunktionen

Betrachtet man mehrere Funktionen einer bestimmten „Familie" zusammen, um z.B. ihre Gemeinsamkeiten (gleiche Nullstellen, sonstige gemeinsame Punkte etc.) zu finden, enthalten diese Funktionen in ihren Funktionsgleichungen mindestens einen so genannten

Parameter, welcher z.B. mit t oder s bezeichnet werden kann und frei wählbar ist, soweit man keine Einschränkungen macht oder machen muss. Führt man nun Berechnungen durch, so wird dieser Parameter wie eine Zahl behandelt. Bei der Ermittlung von diversen Punkten (z.B. dem Scheitel einer Parabel) können diese von dem Parameter abhängen und man kann durch Umformungen eine als **Ortskurve**[6] bezeichnete Funktion angeben, auf welcher alle Scheitelpunkte der Parabelfamilie liegen. Bevor wir nun aber alle möglichen Variationen mit nichts sagenden Worten umschreiben und man danach erst recht keine Ahnung hat, wovon wer wann und warum redet, schauen wir uns den Umgang mit Parameterfunktionen anhand einiger Beispiele an und versuchen durch diese, den Umgang mit ebensolchen Funktionen zu erlernen. Im Kapitel über die Differentialrechnung, wenn wir noch etwas mehr Mathematik beherrschen bzw. wiederholt haben, finden sich zusätzliche Aufgaben mit Parameterfunktionen. Für den Moment reicht das in diesem Kapitel Beschriebene aber vollkommen aus.

Beispiel 1 - Eine Aufgabe und ein paar neue Begriffe

Gegeben ist die Parabelschar mit der Gleichung

$$f_t(x) = 2 \cdot (x - t)^2 + t,$$

mit $x \in \mathbb{R}$ und $t \in \mathbb{R}$.

(a) Berechnen Sie die Nullstellen und den Scheitel von $f_{-4}(x)$.

Lösung:

Wir berechnen aus praktischen Gründen, die wir gleich einsehen werden, zuerst den Scheitel und dann die Nullstellen:

Gegeben ist $f_t(x) = 2 \cdot (x - t)^2 + t$. Wir setzen nun $t = -4$ ein und erhalten dadurch

$$f_{-4}(x) = 2 \cdot (x + 4)^2 - 4.$$

Da dies die Scheitelform ist, können wir den Scheitel sofort ablesen, es ist $S(-4/-4)$. Zur Berechnung der Nullstellen formen wir die gegebene Scheitelform in die Normalform um:

$$f_{-4}(x) = 2 \cdot (x + 4)^2 - 4 = 2 \cdot (x^2 + 8x + 16) - 4 = 2x^2 + 16x + 28.$$

---

[6]Die Ortskurve wird auch als **geometrischer Ort** aller Punkte mit einer bestimmten Eigenschaft bezeichnet (z.B. alle sind Scheitel der zugehörigen Parabelschar).

Also ist

$$f_{-4}(x) = 2x^2 + 16x + 28$$

die Normalform der gegebenen Parabelgleichung. Nun setzen wir diese gleich 0 und erhalten die Gleichung

$$2x^2 + 16x + 28 = 0.$$

Mit der Mitternachtsformel (a-b-c-Formel oder p-q-Formel[7]) erhalten wir:

$$x_{1/2} = \frac{-16 \pm \sqrt{16^2 - 4 \cdot 2 \cdot 28}}{2 \cdot 2} = \frac{-16 \pm \sqrt{32}}{4} = -4 \pm \frac{4\sqrt{2}}{4} = -4 \pm \sqrt{2}.$$

Somit lauten die gesuchten x-Werte, welche die Nullstellen sind,

$$x_1 = -4 - \sqrt{2},$$
$$x_2 = -4 + \sqrt{2}.$$

Die Schnittpunkte mit der x-Achse sind somit für die gegebene Funktion $N_1(-4 - \sqrt{2}/0)$ und $N_2(-4 + \sqrt{2}/0)$.

(b) Bestimmen Sie diejenigen Intervalle von t, in denen das Schaubild K_t von $f_t(x)$ keine, genau eine oder genau zwei Nullstellen hat.

Lösung:

Wir haben wieder $f_t(x) = 2 \cdot (x - t)^2 + t$ als Funktionsgleichung gegeben. Aus dieser Scheitelform können wir direkt den allgemeinen Scheitel ablesen. Es ist

$$f_t(x) = 2 \cdot (x - t)^2 \Rightarrow S_t(t/t).$$

Aus dem Scheitel und der Tatsache, das jede Parabel der Schar nach oben geöffnet ist[8], können wir die Anzahl der Nullstellen leicht angeben[9]:

---

[7] nach der Division der Gleichung durch 2

[8] wegen des positiven Vorfaktors vor x^2!

[9] **Anmerkung:** Ist die Parabel nach unten geöffnet, dann tauschen der dritte und der erste Punkt die Plätze.

- <u>Zwei Nullstellen:</u> Der Scheitel liegt unterhalb der x-Achse, d.h. sein y-Wert muss negativ sein. Das bedeutet, dass t kleiner als 0 sein muss. Mathematisch gesprochen, ist somit $t \in]-\infty; 0[$. t liegt also im Intervall zwischen $-\infty$ und 0, die Intervallgrenzen gehören jedoch nicht dazu.

- <u>Eine Nullstelle:</u> Der Scheitel liegt auf der x-Achse (d.h. das Schaubild der zugehörigen Parabel berührt selbige). Der y-Wert des Scheitels muss somit gleich 0 sein. Im hier vorliegenden Fall bedeutet das $y = t = 0$.

- <u>Keine Nullstelle:</u> Der Scheitel liegt oberhalb der x-Achse, d.h. wir erhalten in diesem Fall $t \in]0; +\infty[$[10].

Im Folgenden sind noch die Scharparabeln von $t = -4$ bis $t = +4$ in Einerschritten dargestellt, damit wir eine ungefähre Vorstellung von der Schar haben:

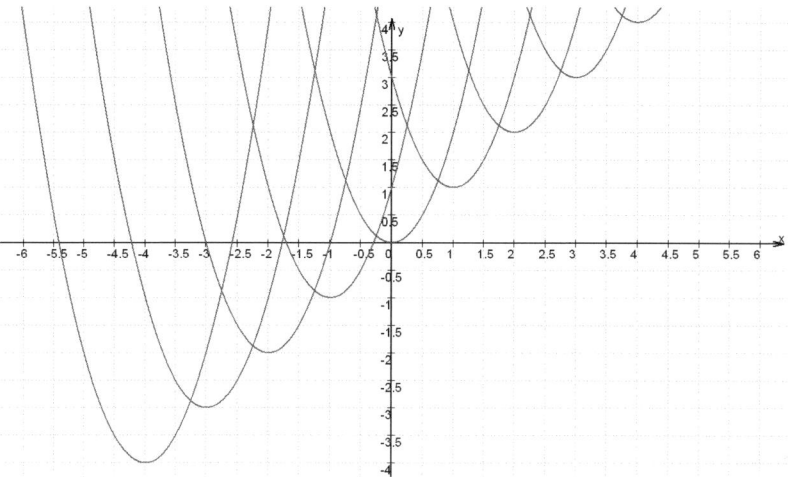

Abbildung III.4.1: Die Parabelschar für $t = -4$ bis $t = +4$ mit Schrittweite $\triangle t = 1$.

(c) Bestimmen Sie die Funktionsgleichung der Ortskurve der Scheitel.

Lösung:

Aus Aufgabenteil (b) kennen wir bereits den allgemeinen Scheitel. Er lautet $S(t/t)$. Aus diesem können wir $x = t$ und $y = t$ ablesen. Daraus folgt dann sofort, dass

$$y = x \quad \text{(Ortskurve der Scheitel)}$$

und unsere gesuchte Ortskurve ist somit die 1. Winkelhalbierende.

---

[10]**Anmerkung zur Schreibweise:** Das „$+$" hätte man sich auch sparen können.

Im Folgenden sind noch einmal ein paar Parabeln der Schar dargestellt (die gleichen, wie in Aufgabenteil (b)) und die eben berechnete Ortskurve:

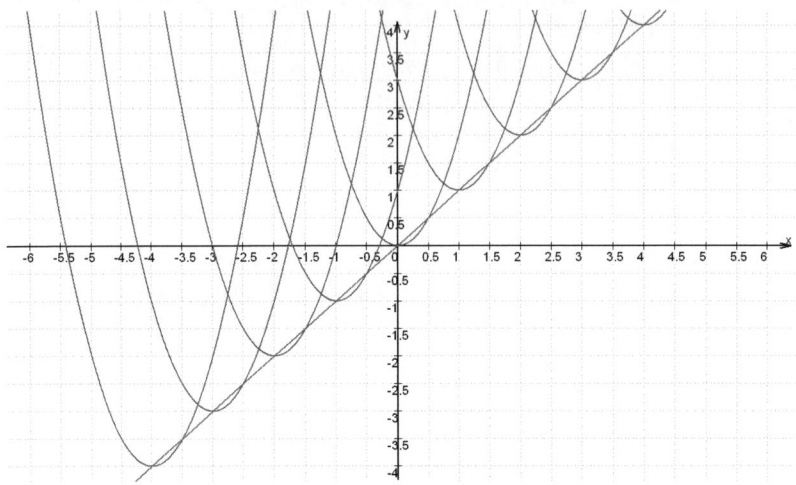

Abbildung III.4.2: Ein paar Schaubilder der Scharfunktionen mit eingezeichneter Ortskurve der Scheitel.

Beispiel 2 - Noch eine Aufgabe und wieder die gleichen Begriffe

Gegeben ist die Parabelschar mit der Gleichung

$$f_p(x) = 4x^2 - 16px + 15p^2 + 4,$$

wobei $x \in \mathbb{R}$ und $p \in \mathbb{R}$.

(a) Berechnen Sie den Scheitel in Abhängigkeit von p auf die folgenden drei Arten:

    I) Mit Hilfe der Mitternachtsformel (siehe Unterkapitel III.2.1).

    II) Durch das „Absenken" der Funktion (siehe Unterkapitel III.2.3).

    III) Durch quadratisches Ergänzen (siehe Unterkapitel III.2.2).

Lösung:

  I) Mit Hilfe der Mitternachtsformel (hier a-b-c-Formel)

    Gegeben ist $f_p(x) = 4x^2 - 16px + 15p^2 + 4$. Daraus lesen wir die Werte für die MNF ab:

$$f_p(x) = \underbrace{4}_{=a} \cdot x^2 \underbrace{-16p \cdot x}_{=b} \underbrace{+15p^2 + 4}_{=c}.$$

Diese setzen wir in die MNF $x_{1/2} = \frac{-b \pm \sqrt{b^2 - 4ac}}{2a}$ ein und erhalten so

$$x_{1/2} = \frac{16p \pm \sqrt{(16p)^2 - 4 \cdot 4 \cdot (15p^2 + 4)}}{2 \cdot 4} = \frac{16p \pm \sqrt{16p^2 - 64}}{8}.$$

Wir formen weiter um:

$$x_{1/2} = \frac{16p \pm \sqrt{16 \cdot (p^2 - 4)}}{8} = \frac{16p \pm 4\sqrt{p^2 - 4}}{8} = 2p \pm \frac{\sqrt{p^2 - 4}}{2}.$$

Die letzten Umformungen waren nicht notwendig, aber sie haben den Vorteil, dass wir den x-Wert x_S des Scheitels nun noch besser erkennen. Es ist

$$x_S = 2p.$$

Durch das Einsetzen in $f_p(x) = 4x^2 - 16px + 15p^2 + 4$ erhalten wir schließlich noch den y-Wert y_S des Scheitels.

$$f_p(x_S) = f_p(2p) = 4 \cdot (2p)^2 - 16 \cdot (2p) + 15p^2 + 4 = 16p^2 - 32p^2 + 15p^2 + 4 = 4 - p^2 = y_S.$$

Der Scheitel liegt somit bei $S_p(2p/4 - p^2)$.

II) Durch das „Absenken" der Funktion

Wir haben wieder $f_p(x) = 4x^2 - 16px + 15p^2 + 4$. Nun streichen wir den Teil ohne x und erhalten

$$\widetilde{f}_p(x) = 4x^2 - 16px.$$

Aus Gründen der Übersicht haben wir die Funktion umbenannt. Wir setzen diese neue Funktion gleich 0 und es ergibt sich $\widetilde{f}_p(x) = 4x^2 - 16px = 0$. Die x-Werte der Nullstellen lassen sich jetzt durch Ausklammern errechnen:

$$4x^2 - 16px = 0 \Leftrightarrow 4x \cdot (x - 4p) = 0 \Leftrightarrow \underbrace{4x}_{=0} \cdot \underbrace{x - 4p}_{=0} = 0 \Leftrightarrow x_1 = 0 \text{ und } x_2 = 4p$$

Der x-Wert des Scheitels liegt bei Parabeln immer genau in der Mitte zwischen den x-Werten der beiden Nullstellen (sofern man zwei Nullstellen hat). Durch das vollzogene „Absenken" haben wir aber immer zwei Nullstellen[11]. Wir rechnen also

$$x_S = \frac{0 + 4p}{2} = 2p.$$

Nun nehmen wir wieder unsere alte Funktion mit $f_p(x) = 4x^2 - 16px + 15p^2 + 4$ und setzen $x_S = 2p$ ein. Dadurch erhalten wir dann insgesamt wieder den Scheitelpunkt $S_p(2p/4 - p^2)$.

III) Durch quadratisches Ergänzen

Bei dieser Methode bringen wir $f_p(x) = 4x^2 - 16px + 15p^2 + 4$ direkt auf Scheitelform:

$$f_p(x) = 4x^2 - 16px + 15p^2 + 4 = 4 \cdot (x^2 - 4px) + 15p^2 + 4$$

$$= 4 \cdot \left(\underbrace{x^2 - 4px + \left(\frac{4p}{2}\right)^2}_{\text{verw. 2. Binom. Formel}} - \left(\frac{4p}{2}\right)^2 \right) + 15p^2 + 4$$

$$= 4 \cdot \left((x - 2p)^2 - 4p^2 \right) + 15p^2 + 4$$

$$= 4 \cdot (x - 2p)^2 - 16p^2 + 15p^2 + 4 = 4 \cdot (x - 2p)^2 + 4 - p^2.$$

Nach der letzten Umformung können wir den Scheitel ablesen und erhalten so wieder $S_p(2p/4 - p^2)$.

Anmerkung

Zur Bestimung des Scheitels können wir auch noch eine vierte Methode heranziehen. Sie beruht auf der Differentialrechnung, welche wir in Kapitel VII behandeln.

---

[11]Wir haben sogar noch mehr, denn ein x-Wert ist immer identisch 0 (siehe Unterkapitel III.2.3)!

(b) Berechnen Sie die Ortskurve der Scheitel und ermitteln Sie mit deren Hilfe diejenigen Intervalle von p, in denen die Schaubilder K_p von p keinen, genau einen oder genau zwei Punkte mit der x-Achse gemeinsam haben.

Lösung:

Wir haben in Aufgabenteil (a) $S_p(2p/4 - p^2)$ für den Scheitel erhalten. Es ist somit

$$x = 2p \text{ und } y = 4 - p^2.$$

Wir erhalten aus $x = 2p$ durch Umformung nun $p = \frac{1}{2}x$. Das setzen wir in $y = 4 - p^2$ ein:

$$y = 4 - p^2 \overset{p=\frac{x}{2}}{=} 4 - \left(\frac{x}{2}\right)^2 = -\frac{1}{4}x^2 + 4.$$

Das ist die gesuchte Ortskurve: $y = -\frac{1}{4}x^2 + 4$.

Wir berechnen von dieser die Nullstellen (Bestimmung durch Wurzelziehen):

$$-\frac{1}{4}x^2 + 4 = 0 \Leftrightarrow -\frac{1}{4}x^2 = -4 \Leftrightarrow x^2 = 16 \Leftrightarrow x_{1/2} = \pm 4.$$

Nun lassen wir uns die Kurve mit einigen Parabeln der Schar zeichnen:

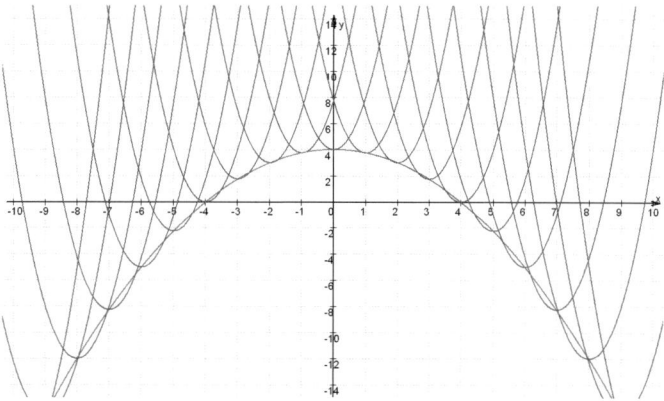

Abbildung III.4.3: Ein paar der Scharkurven, gezeichnet mit der Ortskurve der Scheitel.

Damit und mit Hilfe der vorangegangenen Berechnung, sowie der Tatsache, dass alle Parabeln nach oben geöffnet sind (positiver Vorfaktor vor x^2), bestimmen wir die Intervalle:

- Keine Nullstelle: $p \in]-4; +4[$.

- Eine Nullstelle: $p = -4$ oder $p = 4$.

- Zwei Nullstellen: $p \in]-\infty; -4[$ oder $p \in]4; \infty[$.

(c) Zeigen Sie allgemein: Die Schaubilder K_p und K_{-p} sind zueinander symmetrisch bezüglich der y-Achse [12].

Lösung:

Achsensymmetrisch bedeutet, dass links von der y-Achse derselbe Wert wie rechts von der y-Achse angenommen wird, wenn man sich betragsmäßig auf der x-Achse gleichweit von der y-Achse weg bewegt.
Wir haben $f_p(x) = 4x^2 - 16px + 15p^2 + 4$ und $f_{-p}(x) = 4x^2 + 16px + 15p^2 + 4$. Der zweite Ausdruck entsteht dadurch, dass wir p durch $-p$ ersetzen. Wir bewegen uns nun auf der x-Achse um x_0 nach rechts bei der ersten Gleichung und nach links bei der zweiten Gleichung ($x_0 \geq 0$). Erhalten wir zweimal das gleiche Ergebnis, dann ist die Symmetrie bewiesen.

- Für die erste Gleichung: $f_p(x_0) = 4x_0^2 - 16px_0 + 15p^2 + 4$.

- Für die zweite Gleichung: $f_{-p}(-x_0) = 4 \cdot (-x_0)^2 + 16p \cdot (-x_0) + 15p^2 + 4 = 4x_0^2 - 16px_0 + 15p^2 + 4$.

Bei beiden Seiten kommen wir zu demselben Ergebnis, womit wir dann auch gezeigt haben, dass die Schaubilder K_p und K_{-p} symmetrisch zueinander bezüglich der y-Achse sind.

---

[12] Andere Bezeichnung: Sie sind achsensymmetrisch zueinander.

(d) Im folgenden Schaubild sind die Parabeln für die Werte $p = -2, -1, 0, +1, +2$ dargestellt.

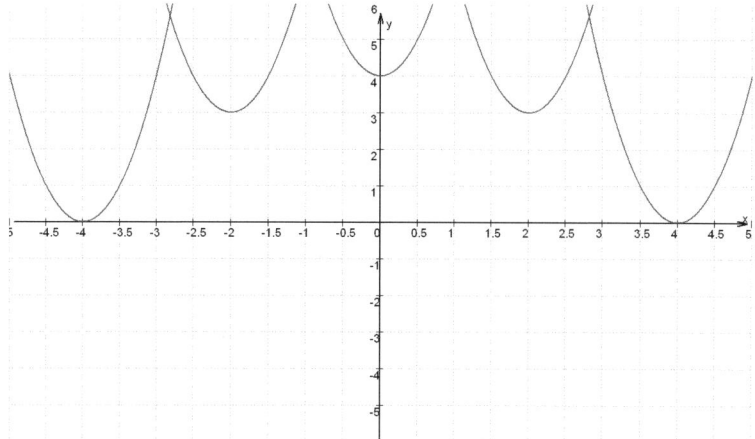

Abbildung III.4.4: Die Parabeln für $p = -2, -1, 0, +1, +2$ aus der Schar mit der Gleichung $f_p(x) = 4x^2 - 16px + 15p^2 + 4$.

Die Scheitelpunkte werden nun miteinander verbunden, so dass die Abb. III.4.5 entsteht.

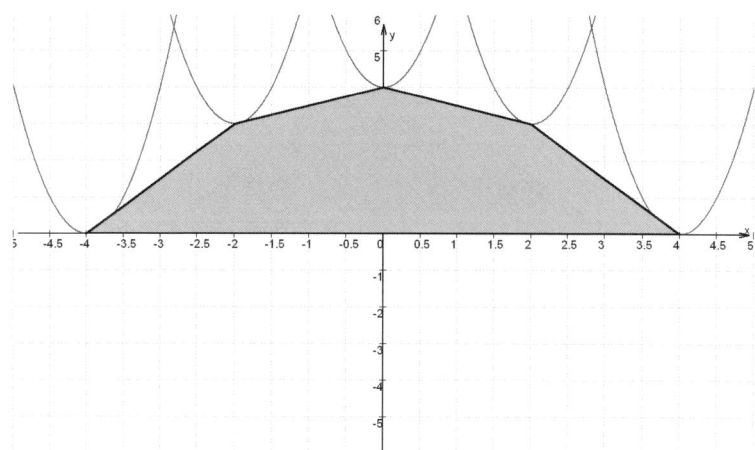

Abbildung III.4.5: Figur, welche durch das Verbinden der Scheitel aus Abb. III.4.4 entsteht.

Berechnen Sie den Flächeninhalt dieser Figur, indem Sie diese mit Hilfe der Koordinaten der Scheitelpunkte entsprechend zerlegen.

Lösung:

Wir zerlegen die Figur zuerst:

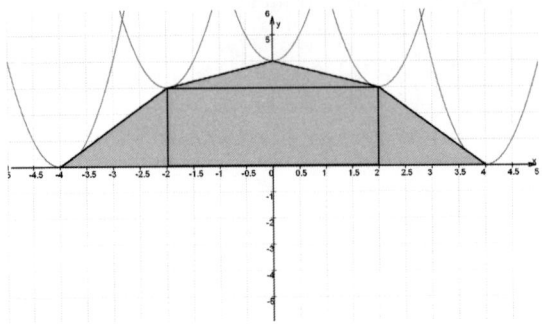

Abbildung III.4.6: Figur aus Abb. III.4.5, zerlegt in drei Dreiecke und ein Rechteck.

Wir erkennen drei Dreiecke und ein Rechteck. Die Längen der Seiten bestimmen wir mit den gegebenen $p = -2, -1, 0, +1, +2$ und dem berechneten Scheitel $S_p(2p/4 - p^2)$. Wir erhalten

$$S_{-2}(-4/0),\, S_{-1}(-2/3),\, S_0(0/4),\, S_1(2/3),\, S_2(4/0).$$

Damit können wir die Längen der einzelnen Seiten angeben. Das geschieht in Abb. III.4.7.

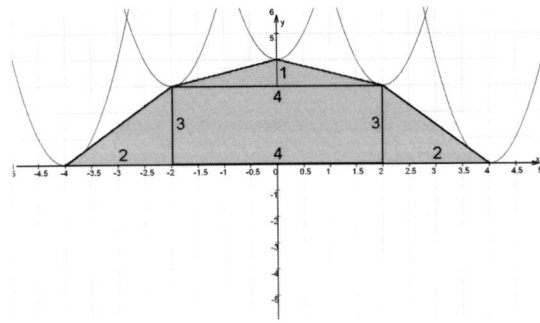

Abbildung III.4.7: Die zerlegte Figur aus Abb. III.4.6 mit eingetragenen Streckenlängen.

Wir erhalten somit einen Gesamtflächeninhalt (Einheit FE = Flächeneinheiten) von

$$A = \underbrace{2 \cdot \left(\frac{1}{2} \cdot 2 \cdot 3\right)}_{\text{Die beiden äußeren Dreiecke}} + \underbrace{4 \cdot 3}_{\text{Rechteck}} + \underbrace{\frac{1}{2} \cdot 4 \cdot 1}_{\text{oberes Dreieck}} = 6 + 12 + 2 = 20 \text{ FE}.$$

Beispiel 3 - Gemeinsamkeiten und Unterschiede - Selektion bei Geradenscharen

Gegeben ist die Geradenschar mit der Gleichung

$$g_t(x) = 2tx - 2t + 1,$$

mit $x \in \mathbb{R}$ und $t \in \mathbb{R}$.

(a) Zeigen Sie, dass sich alle Geraden in einem einzigen Punkt schneiden und geben Sie diesen auch an.

Lösung:

Die hier vorgeführte Vorgehensweise kann immer so durchgeführt werden: Wir wählen zu Beginn zwei beliebige Geraden der Schar und schneiden diese miteinander.

$$g_t(x) = \begin{cases} t = 1 & \Rightarrow g_1(x) = 2x - 1, \\ t = 2 & \Rightarrow g_2(x) = 4x - 3. \end{cases}$$

Nun schneiden wir die beiden Geraden (Gleichsetzen der Funktionsgleichungen) und erhalten dadurch

$$g_1(x) = g_2(x) \Leftrightarrow 2x - 1 = 4x - 3 \Leftrightarrow -2x = -2 \Leftrightarrow x = 1.$$

Durch das Einsetzen in eine der beiden Geradengleichungen erhalten wir den zugehörigen y-Wert und damit den gemeinsamen Schnittpunkt $P(1/1)$.
Um zu zeigen, dass dieser Punkt der gemeinsame Punkt aller Geraden der Schar ist, setzen wir $x = 1$ in $g_t(x) = 2tx - 2t + 1$ ein und hoffen, dass der Parameter t für den y-Wert herausfällt und $y = 1$ da steht. Es ist

$$g_t(1) = 2t \cdot 1 - 2t + 1 = 2t - 2t + 1 = 1.$$

Somit ist der zugehörige y-Wert unabhängig von t und damit ist P gemeinsamer Punkt aller Geraden der Schar.

Gegeben ist nun zusätzlich zu der Geradenschar die Parabel mit der Gleichung

$$f(x) = \frac{1}{2}x^2 - x + 2,$$

mit $x \in \mathbb{R}$.

(b) Ermitteln Sie die Geraden der Geradenschar, welche Tangenten an das Schaubild der Parabel sind und geben Sie die Berührpunkte an.

Lösung:

Wir setzen die Gleichungen der Geradenschar und der Parabel gleich und berechnen die Werte von t für die die Diskriminante in der Mitternachtsformel gleich 0 wird. Durch das Gleichsetzen und umformen, erhalten wir eine „neue" Parabel, deren Nullstellen wir bestimmen wollen und zwar so, dass es genau eine solche Nullstelle gibt. Die neue Parabel berührt also die x-Achse in einem Punkt. Dieses Problem ist, bedingt durch die gemachten Umformungen, äquivalent zu dem gestellten und wir sind damit in der Lage, dieses ebenfalls zu lösen:

$$f(x) = g_t(x) \Leftrightarrow \frac{1}{2}x^2 - x + 2 = 2tx - 2t + 1 \Leftrightarrow \underbrace{\frac{1}{2}}_{=a} x^2 \underbrace{-(2t+1)}_{=b} x \underbrace{+2t+1}_{=c} = 0.$$

Wir erhalten

$$x_{1/2} = \frac{2t+1 \pm \sqrt{(2t+1)^2 - 4 \cdot \frac{1}{2} \cdot (2t+1)}}{2 \cdot \frac{1}{2}} = 2t+1 \pm \sqrt{(2t+1)^2 - 4t - 2}.$$

Nun interessiert uns nur noch die Diskriminante, also der Ausdruck $(2t+1)^2 - 4t - 2$. Bei der Berechnung von Berührpunkten muss sie, wie bereits erwähnt, gleich 0 sein. Wir fordern also

$$(2t+1)^2 - 4t - 2 = 0 \Leftrightarrow 4t^2 + 4t + 1 - 4t - 2 = 0 \Leftrightarrow 4t^2 = 1 \Leftrightarrow t_{1/2} = \pm\frac{1}{2}.$$

Das sind die gesuchten Werte. Wir erhalten daraus die gewollten Geraden (Tangenten):

$$g_{\frac{1}{2}}(x) = 2 \cdot \frac{1}{2}x - 2 \cdot \frac{1}{2} + 1 = x \Rightarrow g_{\frac{1}{2}}(x) = x,$$

$$g_{-\frac{1}{2}}(x) = 2 \cdot \left(-\frac{1}{2}\right)x - 2 \cdot \left(-\frac{1}{2}\right) + 1 = -x + 2 \Rightarrow g_{-\frac{1}{2}}(x) = -x + 2.$$

Aus der Mitternachtsformel erhalten wir ebenfalls diese beiden Werte: $x_{1/2} = 2 \cdot \left(\pm \frac{1}{2} \right) + 1 = 1 \pm 1$. Dieses sind die x-Werte der Berührpunkte. Die Diskriminante können wir bei der Rechnung hier gleich wegstreichen, da diese ja 0 ist, so wie wir es weiter oben gefordert haben.

Die y-Werte der Berührpunkte erhalten wir durch einsetzen der x-Werte in die Parabel- oder in die Geradengleichung mit dem entsprechenden t. Dabei gehört $x_1 = 0$ zu $t_1 = -\frac{1}{2}$ und $x_2 = 2$ zu $t_2 = \frac{1}{2}$. Wir erhalten nach kurzer Rechnung

$$B_1(0/f(0)) = B_1(0/2) \text{ und } B_2(2/f(2)) = B_2(2/2).$$

Das sind die gesuchten Berührpunkte. In Abb. III.4.8 sind die berechneten Geraden und die Parabel zur Anschauung aufgezeigt.

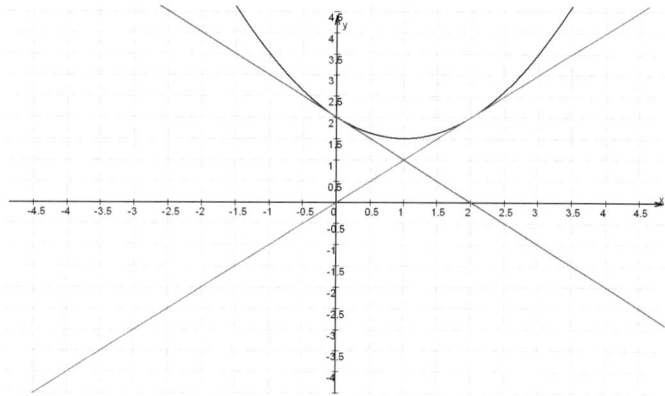

Abbildung III.4.8: Die beiden gefundenen Tangenten und die gegebene Parabel.

(c) Zeigen Sie, dass die in Aufgabenteil (b) definierte Parabel symmetrisch zu der Parallelen der y-Achse ist, welche durch den gemeinsamen Punkt aller Geraden der obigen Geradenschar geht.

Lösung:

Hier greifen wir etwas voraus. Die Behandlung der Symmterie bei Funktionen erfolgt erst in späteren Kapiteln (z.B. Kapitel V). Dennoch wollen wir die Rechnungen hier anstrengen, da wir dadurch lernen können, dass logische Überlegungen auch oft zum Ziel führen, selbst wenn einem noch keine fertige Formel vorliegt. Möge es uns gelingen.

Die Gerade durch den gemeinsamen Punkt aller Geraden der Schar, welche parallel zur y-Achse ist, hat die Gleichung $x = 1$. Dies folgt aus dem gemeinsamen Punkt $P(1/1)$ aller

Geraden der Geradenschar. Wir bewegen uns nun von dieser Parallelen aus nach links und nach rechts auf der x-Achse. Der gegangene Weg werde mit h bezeichnet, wobei $h \geq 0$. Die Laufrichtung wird über ein separates Vorzeichen eingebunden.

- Bewegung nach links: $1 - h$

- Bewegung nach rechts: $1 + h$

Nun muss, wenn wir $x = 1 - h$ und $x = 1 + h$ in $f(x)$ einsetzen, das Gleiche heraus kommen, da ja eine Achsensymmetrie zu $x = 1$ vorliegen soll, d.h. die y-Werte mit x-Werten im gleichen Abstand von $x = 1$ zur linken und zur rechten Seite müssen identisch sein. Wir rechnen:

$$f(1 - h) = \frac{1}{2} \cdot (1 - h)^2 - (1 - h) + 2 = \frac{1}{2} \cdot (1 - 2h + h^2) - 1 + h + 2$$
$$= \frac{1}{2} - h + \frac{1}{2}h^2 + h + 1 = \frac{1}{2}h^2 + \frac{3}{2}.$$

$$f(1 + h) = \frac{1}{2} \cdot (1 + h)^2 - (1 + h) + 2 = \frac{1}{2} \cdot (1 + 2h + h^2) - 1 - h + 2$$
$$= \frac{1}{2} + h + \frac{1}{2}h^2 - h + 1 = \frac{1}{2}h^2 + \frac{3}{2}.$$

Es kommt beide Male das Gleiche heraus, womit die Achsensymmetrie des Schaubildes der Parabel mit der Gleichung $f(x) = \frac{1}{2}x^2 - x + 2$ zur y-Achsenparallelen mit der Gleichung $x = 1$ gezeigt wäre.

Wir haben in diesem Unterkapitel einige Techniken und Begriffe kennengelernt, die uns beim Umgang mit Parameterfunktionen geläufig sein sollten. Darum fassen wir das Wichtigste der letzten Seiten in einem eigenen kleinen Unterkapitel abschließend zusammen.

III.5 Zusammenfassung des Unterkapitels über Parameterfunktionen

Die wichtigsten Begriffe des letzten Unterkapitels waren und sind:

- Ortskurve,

- gemeinsame Punkte einer Schar.

Wir wollen hier kurz die wesentlichen Schritte beim Umgang mit diesen zusammenstellen.

Die Ortskurve

Bei Parameterfunktionen begegnet uns der Begriff der Ortskurve. Sie wird auch als der **geometrische Ort** aller Punkte bezeichnet, welche über eine bestimmte Eigenschaft verfügen, z.B. alle sind Scheitelpunkte einer zugehörigen Parabelschar. Sei nun mit t der Parameter einer Parameterfunktion $f_t(x)$ gemeint. Die betrachteten Punkte seien mit $P_t(x(t)/y(t))$ bezeichnet. Dabei sind $x(t)$ und $y(t)$ die Koordinaten der Punkte. Sie hängen vom Parameter ab und sind von uns auf irgendeine Weise berechnet worden (z.B. im Falle von Scheitelpunkten durch das quadratische Ergänzen). Lässt sich nun $x(t)$ nach t auflösen, d.h. können wir $t(x)$ bilden, dann erhalten wir durch Einsetzen von $t(x)$ in $y(t)$ ein von x abhängiges $y(x)$. Diese Funktion $y(x)$ bzw. ihr Schaubild stellt dann die Ortskurve der Punkte $P_t(x(t)/y(t))$ dar, d.h. auf ihr liegen eben alle diese Punkte.

Gemeinsame Punkte einer Schar

Hier liegt uns folgendes Problem vor: Wir sollen nachweisen, dass einer oder mehrere Punkte auf allen Scharkurven liegen. Oft müssen wir diese Punkte zuerst noch berechnen, d.h. wir sollen die geeigneten Kandidaten finden. Wie gehen wir dabei vor?
Folgendes Schema bietet sich z.B. an:

1. Wir wählen aus der Funktionenschar, welche durch die Parameterfunktion $f_t(x)$ beschrieben wird, zwei besonders einfache Mitglieder aus (z.B. die Funktionen mit $t_1 = 1$ und $t_2 = 2$). Diese schneiden wir, lösen also die Gleichung $f_{t_1}(x) = f_{t_2}(x)$ nach x auf. Dadurch erhalten wir die Schnittstellen der beiden gewählten Scharfunktionen. Diese x-Werte seien mit $x_1, x_2,...$ bezeichnet.

2. Nun nehmen wir die gefundenen Schnittstellen $x_1, x_2,...$ und setzen sie in $f_t(x)$ ein. Findet sich dabei ein y-Wert $f_t(x_i) = y_i$ mit $i = 1, 2, \ldots$, welcher nicht von t abhängt, sondern lediglich ein Zahlenwert ist, so ist der zugehörige Punkt $P_i(x_i/y_i)$ gemeinsamer Punkt aller Scharkurven, welche durch $f_t(x)$ beschrieben werden.

Im folgenden Kapitel wollen wir uns mit Hochzahlen $n \geq 2$ auseinandersetzen. Im Zuge der Betrachtungen der sog. **Potenzfunktionen** werden wir uns auch mit den Potenzgesetzen, den Wurzel- und den Logarithmusgleichungen beschäftigen. Vor allem letztere werden wir später, beim Umgang mit den Exponentialfunktionen, wieder benötigen. Das vorliegende Kapitel schließen wir jetzt mit einer kleinen Aufgabe ab, die den Begriff der Ortskurve noch einmal beleuchtet. Weitere Aufgaben zu Scharfunktionen finden sich, wie bereits erwähnt, im Kapitel über die Differentialrechnung (Kapitel VII), aber auch in anderen Kapiteln.

Aufgaben

Aufgabe:
Eine Parabelschar zweiter Ordnung besitzt den Scheitelpunkt $S\left(-t/-2t^2-t\right)$ mit $t \in \mathbb{R}$.

(a) Bestimmen Sie die Orstkurve aller Scheitel.

(b) Für welche Werte von t liegt der Scheitel im I. Quadranten (x- und y-Werte beide positiv)?

(c) Bestimmen Sie die Gleichung der Parabelschar, wobei $a = 2$ ist.

IV Grundlagen Potenzfunktionen

In diesem Kapitel setzen wir uns mit größeren Hochzahlen (Exponenten) als der Zahl 2 auseinander. Wir betrachten **Funktionen höheren Grades**. Dabei wählen wir zu Beginn für unsere Beispiele die Hochzahlen aus der Menge der natürlichen Zahlen $\mathbb{Z}$, da sich hierdurch diese sehr anschaulich gestalten lassen. Neben grundlegenden Betrachtungen zu den Potenzfunktionen, führen wir uns in diesem Zusammenhang auch die Potenzgesetze zu Gemüte. Ergänzend zu diesen gehen wir zusätzlich auf Wurzelterme bzw. Wurzelgleichungen und die Logarithmengesetze ein. Letztere ergeben sich direkt aus den Potenzgesetzen.

IV.1 Potenzfunktionen - Definition und ein paar Eigenschaften

Wir beginnen mit der Definition der Potenzfunktionen.

Definition der Potenzfunktionen

Eine Funktion $f(x) = c \cdot x^n$ heißt für jedes $n \in \mathbb{R}$ und jedes $c \in \mathbb{R}$ **Potenzfunktion n-ten Grades**. Folgende Begriffe sind ebenfalls wichtig:
- Ist $n \in \mathbb{N}$, so spricht man von einer **Parabel n-ter Ordnung**.
- Ist n eine negative, ganze Zahl, so spricht man von einer **Hyperbel n-ter Ordnung**.

D

IV.1.1 Parabeln n-ter Ordnung

Wenden wir uns dem charakteristischen Erscheinungsbild einer Potenzfunktion mit $n \in \mathbb{N}$ und $c > 0$ bzw. $c < 0$ zu. Wo wir nicht $c > 0$ oder $c < 0$ notieren, gilt das Geschriebene für beide Fälle.

Für gerade Hochzahlen

- Die Schaubilder gehen, unabhängig vom Exponenten[1] n, durch die Punkte $O(0/0)$ (Ursprung), $P(1/c)$ und $Q(-1/c)$.

- $c > 0$: Alle Funktionswerte sind positiv, d.h. $f(x) \geq 0$.

---
[1]Hochzahl

- $c < 0$: Alle Funktionswerte sind negativ, d.h. $f(x) \leq 0$.

- Der kleinste $(c > 0)$/größte $(c < 0)$ Funktionswert ist $f(0) = 0$ (Scheitel[2]).

- Alle Schaubilder sind achsensymmetrisch, d.h. $f(x) = f(-x)$.

- Eine jede Funktion fällt für $c > 0$/steigt für $c < 0$ von links nach rechts bis zur Stelle $x = 0$ (Ursprung $(O(0/0))$), dann steigt $(c > 0)$/fällt $(c < 0)$ sie.

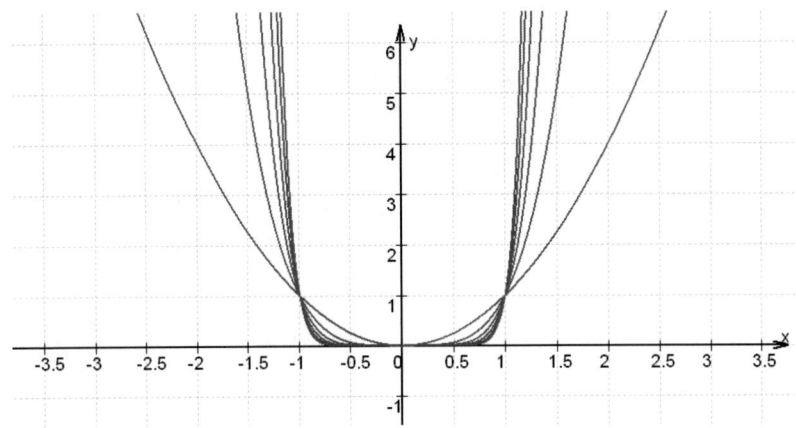

Abbildung IV.1.1: Die Schaubilder der Parabeln $y = x^2, x^4, x^6, x^8, x^{10}, x^{12}$.

Für ungerade Hochzahlen

- Die Schaubilder gehen, unabhängig vom Exponenten[3] n, durch die Punkte $O(0/0)$ (Ursprung), $P(1/c)$ und $Q(-1/-c)$.

- $c > 0$: Links von $x = 0$ sind die Funktionswerte negativ, rechts positiv, d.h. $x < 0$, dann $f(x) < 0$, $x > 0$, dann $f(x) > 0$.

- $c < 0$: Links von $x = 0$ sind die Funktionswerte positiv, rechts negativ, d.h. $x < 0$, dann $f(x) > 0$, $x > 0$, dann $f(x) < 0$.

- Es gibt keinen kleinsten oder größten Funktionswert.

- Alle Schaubilder sind punktsymmetrisch, d.h. $-f(x) = f(-x)$.

- Der Ursprung $O(0/0)$ ist ein sog. **Wendepunkt**, d.h. hier ändert sich das Krümmungsverhalten des Graphen/der Kurve (siehe hierzu Kapitel VII).

- Eine jede Funktion steigt für $c > 0$/fällt für $c < 0$ stets von links nach rechts.

---

[2]anderer Begriff (siehe z.B. Kapitel VII): Minimum für $c > 0$ bzw. Maximum für $c < 0$.
[3]Hochzahl

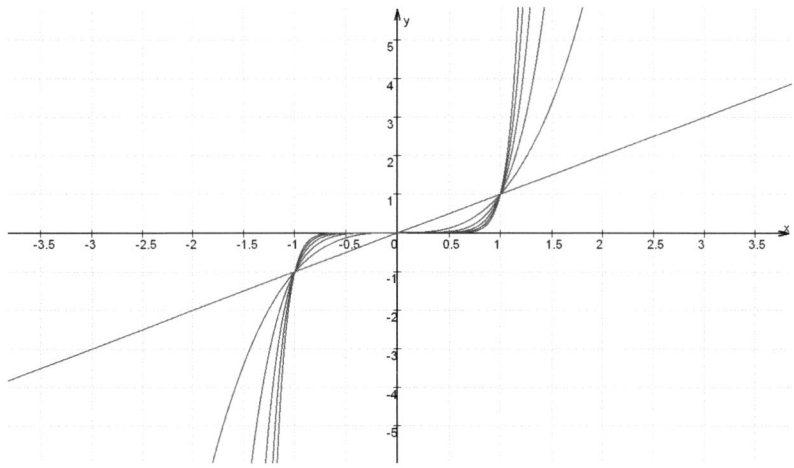

Abbildung IV.1.2: Die Schaubilder der Parabeln $y = x, x^3, x^5, x^7, x^9, x^{11}$.

Zeichnen einer Parabel n-ter Ordnung

Zum sauberen Zeichnen einer (Potenz-)Funktion stellen wir uns eine Wertetabelle auf, d.h. wir unterteilen den zu zeichnenden Bereich in x-Richtung in sinnvolle Abschnitte und berechnen zu jedem so gewählten x-Wert den zugehörigen Funktionswert.

Aufgaben

Aufgabe 1:
Zeigen Sie, dass folgender Zusammenhang gilt:

Anmerkung zu den Potenzfunktionen:

Zum k-fachen eines x-Wertes gehört der k-hoch-n-fache Funktionswert $f(x)$. Es ist also

$$f(k \cdot x) = k^n \cdot f(x). \tag{IV-1}$$

Welche Werte darf n dabei annehmen, damit die Aussage gilt?

Aufgabe 2:
Zur Übung der Wertetabelle:

- Zeichnen Sie $f(x) = x^2$ und $g(x) = x^4$ in ein Schaubild von $x = -3$ bis $x = 3$.

- Zeichnen Sie $f(x) = x$ und $g(x) = x^3$ in ein Schaubild von $x = -3$ bis $x = 3$.

Betrachten Sie den Verlauf der Schaubilder der Funktionen außerhalb der in den Aufzählungen auf den vorangegangenen Seiten genannten Punkte. Was fällt Ihnen dabei auf? Wie lassen sich die Verläufe anhand der Funktionsterme erklären?

IV.1.2 Hyperbeln n-ter Ordnung

Wir gestalten dieses kleine Unterkapitel analog zu dem vorangegangenen. Wundern Sie sich also nicht, wenn Ihnen der Text an vielen Stellen bekannt vorkommen sollte.
Wenden wir uns dem charakteristischen Erscheinungsbild einer Potenzfunktion mit negativem, ganzzahligen n und $c > 0$ bzw. $c < 0$ zu. Wo wir nicht $c > 0$ oder $c < 0$ notieren, gilt das Geschriebene wieder für beide Fälle. Bei negativen Hochzahlen ist zu beachten, dass die Definition $x^{-(\text{positive Zahl})} = \frac{1}{x^{\text{positive Zahl}}}$ gilt (siehe hierzu Unterkapitel IV.2).

Für gerade Hochzahlen

- Die Schaubilder gehen, unabhängig vom Exponenten n, durch die Punkte $P(1/c)$ und $Q(-1/c)$.

- $x = 0$ ist Definitionslücke (Division durch 0 ist nicht erlaubt) und die entsprechenden Potenzfunktionen haben eine Polstelle[4] bei $x = 0$.

- $c > 0$: Alle Funktionswerte sind positiv, d.h. $f(x) > 0$ ohne $x = 0$.

- $c < 0$: Alle Funktionswerte sind negativ, d.h. $f(x) < 0$ ohne $x = 0$.

- Es gibt keinen kleinsten oder größten Funktionswert.

- Alle Schaubilder sind achsensymmetrisch, d.h. $f(x) = f(-x)$.

- Geht x gegen unendlich, so geht $f(x)$ gegen 0[5]. Wir sagen dann, dass $y = 0$ (also die x-Achse) waagrechte Asymptote der Funktion $f(x)$ ist.

- Die Wertemenge der Funktion ist

  - $c > 0$: $W = \mathbb{R}^+ \setminus \{0\}$ (also alle positiven, reellen Zahlen ohne die 0),

  - $c < 0$: $W = \mathbb{R}^- \setminus \{0\}$ (also alle negativen, reellen Zahlen ohne die 0),

---

[4]**Polstelle:** Eine nur aus einem Punkt bestehende Definitionslücke bezeichnet man in der Mathematik als Polstelle oder Pol, wenn die Beträge der Funktionswerte in jeder beliebigen Umgebung um die Definitionslücke herum jeden erdenklichen Wert übersteigen können.
[5]**Schreibweise:** $x \to \pm\infty$ oder $|x| \to \infty$ und $f(x) \to 0$.

die Definitionsmenge ist in beiden Fällen $D = \mathbb{R} \setminus \{0\}$.

- An der Polstelle:

  - $c > 0$: Für $x \to 0$ und $x > 0$ gilt $f(x) \to \infty$. Für $x \to 0$ und $x < 0$ gilt $f(x) \to \infty$.

  - $c < 0$: Für $x \to 0$ und $x > 0$ gilt $f(x) \to -\infty$. Für $x \to 0$ und $x < 0$ gilt $f(x) \to -\infty$.

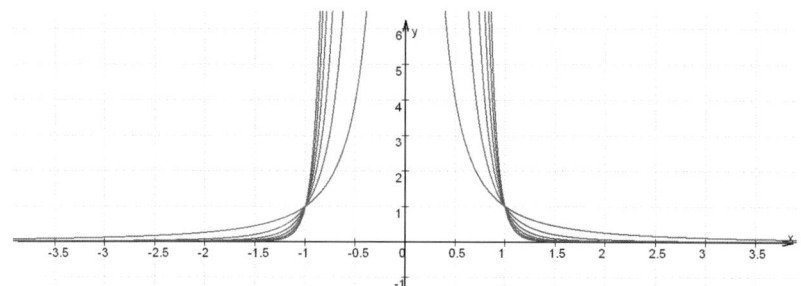

Abbildung IV.1.3: Die Schaubilder der Hyperbeln $y = \frac{1}{x^2}, \frac{1}{x^4}, \frac{1}{x^6}, \frac{1}{x^8}, \frac{1}{x^{10}}, \frac{1}{x^{12}}$.

Für ungerade Hochzahlen

- Die Schaubilder gehen, unabhängig vom Exponenten n, durch die Punkte $P(1/c)$ und $Q(-1/-c)$.

- $x = 0$ ist wieder Definitionslücke.

- Es gibt keinen kleinsten oder größten Funktionswert.

- Alle Schaubilder sind punktsymmetrisch, d.h. $-f(x) = f(-x)$.

- Die x-Achse ist wieder waagrechte Asymptote (siehe bei den Betrachtungen zu den geraden Hochzahlen).

- Die Wertemenge der Funktion ist $W = \mathbb{R} \setminus \{0\}$ (also alle reelle Zahlen ohne die 0), die Definitionsmenge ist $D = \mathbb{R} \setminus \{0\}$.

- An der Polstelle:

  - $c > 0$: Für $x \to 0$ und $x > 0$ gilt $f(x) \to \infty$. Für $x \to 0$ und $x < 0$ gilt $f(x) \to -\infty$.

  - $c < 0$: Für $x \to 0$ und $x > 0$ gilt $f(x) \to -\infty$. Für $x \to 0$ und $x < 0$ gilt $f(x) \to \infty$.

Weiterführende Betrachtungen zu den Hyperbeln führen wir in den Kapiteln V und IX durch. Dort diskutieren wir dann auch die sog. **Asymptoten** und das **Grenzverhalten** der Funktionen detaillierter.

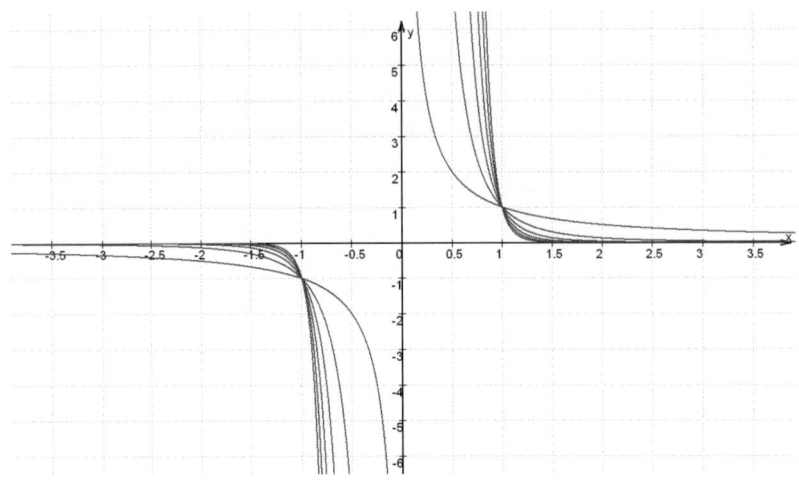

Abbildung IV.1.4: Die Schaubilder der Hyperbeln $y = \frac{1}{x}, \frac{1}{x^3}, \frac{1}{x^5}, \frac{1}{x^7}, \frac{1}{x^9}, \frac{1}{x^{11}}$.

Aufgaben

Aufgabe 1:
Eine Funktion f habe die Funktionsgleichung $f(x) = c \cdot x^n$. Bestimmen Sie c und n, wenn das Schaubild der Funktion durch die folgenden Punkte geht. Liegt jeweils eine Parabel oder eine Hyperbel vor? Bestimmen Sie die Ordnung.

(a) $P(1/2), Q(-2/-0{,}25)$

(b) $P(2/4), Q(4/1)$

(c) $P(3/9), Q(6/72)$

(d) $P(\sqrt{2}/-4), Q(\sqrt{8}/-16)$

(e) $P(1/125), Q(5/0{,}04)$

(f) $P(1/125), Q(5/125)$

Aufgabe 2:
Zur Übung der Wertetabelle:

- Zeichnen Sie $f(x) = \frac{1}{x}$ und $g(x) = \frac{1}{x^3}$ in ein Schaubild von $x = -3$ bis $x = 3$.

- Zeichnen Sie $f(x) = \frac{1}{x^2}$ und $g(x) = \frac{1}{x^4}$ in ein Schaubild von $x = -3$ bis $x = 3$.

Betrachten Sie den Verlauf der Schaubilder der Funktionen außerhalb der in den Aufzählungen auf den vorangegangenen Seiten genannten Punkte. Was fällt Ihnen dabei auf? Wie lassen sich die Verläufe anhand der Funktionsterme erklären?

IV.2 Die Potenzgesetze

Zu Beginn des vorangegangenen Unterkapitels erwähnten wir, wie die negativen Hochzahlen bei den Potenzfunktionen zu verstehen sind, genauer gesagt, wie sie definiert sind. An dieser Stelle wollen wir uns nun auf einen etwas ausführlicheren Rundgang durch das Land der Hochzahlen begeben. Wie in jedem normalen Land/Staat gibt es auch hier Gesetze, welche einzuhalten sind, falls man gewillt ist, richtig zu rechnen. Wie man zu den „Gesetzen" kommt, wollen wir uns mit ein paar sehr grundlegenden Ansichten überlegen.

IV.2.1 Warum Hochzahlen praktisch sind

Erinnern wir uns an unsere Grundschultage zurück. Früher oder später (oder nie?!) stießen wir auf einen Rechenausdruck der folgenden Art:

$$3 + 3 + 3 + 3 + 3 + 3 + 3 + 3 + 3 = 27.$$

Da das Schreiben der vielen gleichen Zahlen auf Dauer einem doch gewisse Mühe bereitete, sahen wir bald ein, dass die durch das Malzeichen „·" gegebene Abkürzung einen durchaus praktischen Weg darstellt. Wir haben hiermit nur noch zwei Zahlen zu notieren:

$$\underbrace{3 + 3 + 3 + 3 + 3 + 3 + 3 + 3 + 3}_{9\ 3er} = 9 \cdot 3 = 27.$$

Die eine der beiden Zahlen können wir als den Wert der eigentlich betrachteten Zahl interpretieren, die andere gibt die Anzahl eben jener Zahl an (Anzahl der identischen Summanden). Somit können wir die Multiplikation als abkürzende Schreibweise für längliche Additionen mit immer gleichen Zahlen verstehen. Doch wie gelangen wir von dieser sehr, sehr lang zurückliegenden Erkenntnis zu den Hochzahlen? Diese tauchen im eben genannten Beispiel ja noch nicht auf.

Der Zusammenhang ist durch das Bestreben gegeben, weniger schreiben zu wollen, d.h. die Notation der Rechnungen auf ein möglichst kompaktes Minimum zu beschränken. Analog zur Addition können wir bei der Multiplikation Ausdrücke finden, bei denen fortlaufend die gleiche Zahl mit sich selber multipliziert wird:

$$3 \cdot 3 \cdot 3 \cdot 3 \cdot 3 \cdot 3 \cdot 3 \cdot 3 \cdot 3 = 19683.$$

Auch hier bietet sich nun eine Verkürzung der Schreibweise an. Wieder läuft der Weg dabei über die Anzahl der gleichen Zahlen, in diesem Fall sind es nur keine Summanden, sondern Faktoren. Diese wird als Hochzahl (Exponent) notiert.

$$\underbrace{3 \cdot 3 \cdot 3 \cdot 3 \cdot 3 \cdot 3 \cdot 3 \cdot 3 \cdot 3}_{9 \text{ 3er}} = 3^9 = 19683.$$

Im Gegensatz zur Multiplikation ist hier die Zuordnung eindeutig: 3 ist die betrachtete Zahl, 9 deren Anzahl. Bei der Multiplikation können die beiden Zahlen die Rollen auch tauschen. Diese „Nicht-Vertauschbarkeit" hat Konsequenzen, welche wir später in diesem Kapitel bei der Umformung von Potenzgleichungen deutlich zu spüren bekommen. So deutlich, dass wir zwei weitere Unterkapitel (Unterkapitel IV.3 und IV.4) benötigen! Für den Moment genügt es uns jedoch, das Folgende zu wissen:

Die Hochzahlenschreibweise

Ein Produkt n identischer Faktoren a, wobei für uns hier noch $n \in \mathbb{N}$ ist, lässt sich wie folgt schreiben:

$$\underbrace{a \cdot a \cdot a \cdot \ldots \cdot a}_{n \text{ Faktoren}} = a^n = c. \tag{IV-2}$$

Dabei heißt n **Hochzahl** oder **Exponent**, a ist die sog. **Basis** und c wird als **Potenz** bezeichnet.

Wenden wir uns nun den Rechenregeln zu, welche uns den Umgang mit Potenzgleichungen und Potenztermen erleichtern (können). Wir gehen der Anschauung wegen von $n \in \mathbb{Z}$ aus. Es sei aber jetzt schon gesagt, dass die letztendlich formulierten fünf Potenzgesetze für $n \in \mathbb{R}$, ja sogar für $n \in \mathbb{C}$ (komplexe Zahlen) gelten, wenn man beachtet, welches Vorzeichen die Basis hat.

IV.2.2 Das „nullte" Potenzgesetz und noch eine Definition

Bevor wir mit den eigentlichen Objekten unsere Begierde (oder so ähnlich) starten, müssen wir noch zwei Definitionen vorausschicken, welche uns das Leben leichter machen. Die erste beschäftigt sich mit der Hochzahl 0, die zweite mit negativen Hochzahlen.

Die 0 als Hochzahl (Das nullte Potenzgesetz)

Wir definieren für $a \in \mathbb{R} \setminus \{0\}$:

$$a^0 = 1. \tag{IV-3}$$

Die Zahl a wird kein einziges Mal mit sich selber malgenommen. Es kann aber für a^0 keine 0 als Ergebnis notiert werden, da $a^1 = a$ ist, und wir durch Multiplikation mit a nicht von $a^0 = 0$ zu $a^1 = a$ gelangen, denn $0 \cdot a = 0$. Es wäre aber wünschenswert, dass $a^n \cdot a = a^{n+1}$

immer gilt, auch wenn $n = 0$ sich an der Rechnung beteiligt. Somit ist die gewählte Definition naheliegend, denn $a^1 = 1 \cdot a = a^0 \cdot a$. Mit einer analogen Argumentation können wir auch die folgende Definition begründen:

Negative Hochzahlen

Es sei $n \in \mathbb{N}$ und $a \in \mathbb{R} \setminus \{0\}$. Es ist

$$a^{-n} = \frac{1}{a^n}.$$ \hfill (IV-4)

Eine Basis mit negativem Exponenten kann also auch mit einer positiven Hochzahl notiert werden, wenn die Basis die Seiten tauscht, d.h. vom Zähler in den Nenner (oder umgekehrt) wechselt. Multiplizieren wir $a^{-1} = \frac{1}{a}$ mit a, so ergibt sich $a^{-1+1} = a^0 = 1$ und der Kreis zur vorangegangenen Definition schließt sich.

IV.2.3 Das erste Potenzgesetz

Multiplizieren wir eine Zahl a n-mal mit sich selbst, so können wir, wie eben bereits gezeigt,

$$\underbrace{a \cdot \ldots \cdot a}_{n \text{ Faktoren}} = a^n$$

schreiben. Ebenso ergibt natürlich die m-fache Multiplikation der Zahl a mit sich selbst a^m. Nun sehen wir wohl leicht(er) ein, dass

$$a^n \cdot a^m = \underbrace{a \cdot \ldots \cdot a}_{n \text{ Faktoren}} \cdot \underbrace{a \cdot \ldots \cdot a}_{m \text{ Faktoren}} = \underbrace{a \cdot \ldots \cdot a}_{n+m \text{ Faktoren}} = a^{n+m}.$$

Das ist das erste von fünf Potenzgesetzen. Wir notieren es noch einmal separat:

Das erste Potenzgesetz

Sind $m, n \in \mathbb{Z}$ und ist $a \in \mathbb{R} \setminus \{0\}$, so gilt

$$a^n \cdot a^m = a^{n+m}.$$ \hfill (IV-5)

Dass wir alle ganzen Zahlen verwenden dürfen, verdanken wir den in Unterkapitel IV.2.2 gemachten Definitionen.

IV.2.4 Das zweite Potenzgesetz

Nun überlegen wir uns, was bei der Division zweier Potenzausdrücke mit gleicher Basis passiert. Dazu schreiben wir die Ausdrücke mit Hilfe der bekannten Definitionen aus und formen um.

$$a^n : a^m = a^n \cdot \frac{1}{a^m} = a^n \cdot a^{-m} = a^{n+(-m)} = a^{n-m}.$$

Wir können uns dieses zweite Potenzgesetz auch auf eine andere Art verdeutlichen. Es ist

$$a^n : a^m = \frac{a^n}{a^m} = \frac{\overbrace{a \cdot \ldots \cdot a}^{n \text{ Faktoren}}}{\underbrace{a \cdot \ldots \cdot a}_{m \text{ Faktoren}}}.$$

Nun können wir kürzen, so dass $n - m$ Faktoren stehen bleiben. Ist $n > m$, so notieren wir im Zähler $n - m$ Faktoren, ist $n < m$, so schreiben wir nach der Definition für negative Hochzahlen $|n - m|$ Faktoren im Nenner nieder. Das zweite Potenzgesetz lautet also:

Das zweite Potenzgesetz

Sind $m, n \in \mathbb{Z}$ und ist $a \in \mathbb{R} \setminus \{0\}$, so gilt

$$a^n : a^m = \frac{a^n}{a^m} = a^{n-m}. \tag{IV-6}$$

IV.2.5 Das dritte Potenzgesetz

Bisher betrachteten wir gleiche Basen und verwendeten unterschiedliche Hochzahlen. Jetzt tauschen wir die Rollen: Die Basen seien nicht mehr zwingender Weise identisch, aber die Hochzahlen schon. Wir nehmen die Zahl a n-mal mit sich selber mal, ebenso die Zahl b. Es ist hier folgende Umformung möglich:

$$a^n \cdot b^n = \underbrace{a \cdot \ldots \cdot a}_{n \text{ Faktoren}} \cdot \underbrace{b \cdot \ldots \cdot b}_{n \text{ Faktoren}} = \underbrace{ab \cdot \ldots \cdot ab}_{n \text{ Paare}} = (a \cdot b)^n.$$

Das Kommutativgesetz der Multiplikation ermöglicht uns diese Neuzusammenfassung der Faktoren. Das Resultat stellt das dritte Potenzgesetz dar.

Das dritte Potenzgesetz

Ist $n \in \mathbb{Z}$ und sind $a, b \in \mathbb{R} \setminus \{0\}$, so gilt

$$a^n \cdot b^n = (a \cdot b)^n. \tag{IV-7}$$

IV.2.6 Das vierte Potenzgesetz

Wie im Fall der identischen Basen müssen wir noch die Division behandeln. Über das Bilden von Paaren finden wir aber schnell:

$$a^n : b^n = \frac{a^n}{b^n} = \frac{\overbrace{a \cdot \ldots \cdot a}^{n \text{ Faktoren}}}{\underbrace{b \cdot \ldots \cdot b}_{n \text{ Faktoren}}} = \underbrace{\frac{a}{b} \cdot \ldots \cdot \frac{a}{b}}_{n \text{ Paare}} = \left(\frac{a}{b}\right)^n.$$

Hiermit haben wir auch das vierte Potenzgesetz ausgemacht.

Das vierte Potenzgesetz

Ist $n \in \mathbb{Z}$ und sind $a, b \in \mathbb{R} \setminus \{0\}$, so gilt

$$a^n : b^n = \frac{a^n}{b^n} = \left(\frac{a}{b}\right)^n. \tag{IV-8}$$

IV.2.7 Das fünfte Potenzgesetz

Das letzte unserer Gesetze behandelt den Fall der mehrfachen Potenzierung. Wir betrachten den folgenden Ausdruck und formen ein wenig um:

$$(a^n)^m = (\underbrace{a \cdot \ldots \cdot a}_{n \text{ Faktoren}})^m = \overbrace{(a \cdot \ldots \cdot a)}^{n \text{ Faktoren}} \cdot \ldots \cdot \overbrace{(a \cdot \ldots \cdot a)}^{n \text{ Faktoren}} = \underbrace{a \cdot \ldots \cdot a}_{m \cdot n \text{ Faktoren}} = a^{m \cdot n}.$$

$$\underbrace{}_{m \text{ „Faktorenpakete"}}$$

Damit haben wir auch das letzte unserer fünf Potenzgesetze im Kasten.

Das fünfte Potenzgesetz

Sind $n, m \in \mathbb{Z}$ und ist $a \in \mathbb{R} \setminus \{0\}$, so gilt

$$(a^n)^m = a^{m \cdot n}. \tag{IV-9}$$

Solche Rechenregeln, wie wir sie uns jetzt überlegt haben, wollen einstudiert werden und sollten auch mit größtmöglicher Sicherheit beherrscht und eingesetzt werden. Für dieses Vorhaben sind die anschließenden Aufgaben gedacht. Nach dieser kleinen Übeinheit, fahren wir mit den Potenzen fort. Ein paar kleinere Definitionen und Sätze fehlen uns nämlich noch in unserer Sammlung.

Aufgaben

Aufgabe 1:
Vereinfachen Sie den angegebenen Term so weit wie möglich.

$$\frac{(a^7)^6 \cdot b^{-2} \cdot c^{29}}{(a^3)^{-7} \cdot b^{-23} \cdot c^{-11}} : \left(\frac{c^{-41} \cdot b^{-21}}{(a^9)^7}\right)^{-1}$$

Aufgabe 2:
Vereinfachen Sie den angegebenen Term so weit wie möglich.

$$\left(\frac{9^{m+1}}{3^{2m}} \cdot \frac{3^{n+m}}{9^{m-n}}\right) : \left(\frac{3^{3n} : 3^{-3m}}{9^{m+1} \cdot 27^{2n}}\right)^{-1}$$

Aufgabe 3:
Vereinfachen Sie den angegebenen Term so weit wie möglich.

$$\frac{a^{2m} - b^{2m}}{a^{2m} + 2 \cdot (ab)^m + b^{2m}} : \frac{(a^m - b^m)^2}{b^m + a^m}$$

Aufgabe 4:
Vereinfachen Sie den angegebenen Term so weit wie möglich.

$$\frac{a^7 \cdot b^{-5} \cdot a^{-3} \cdot b^1 2}{a^{-5} \cdot c^8 \cdot b^2} : \frac{b^{-8} \cdot c^{-3}}{a^{-2} \cdot c^5}$$

Aufgabe 5:
Eine Bakterienkultur besteht aus $7{,}02 \cdot 10^{10}$ Tierchen. Jedes dieser Tierchen wiegt $(9{,}3 \pm 0{,}4) \cdot 10^{-4}$ Gramm.

(a) Wie viel wiegt die gesamte Bakterienkultur mindestens, wie viel höchstens?

Jedes Tierchen frisst pro halbem Tag 141% seines Körpergewichtes.

(b) Wie viele Tonnen frisst die gesamte Bakterienkultur im Laufe einer Stunde (eines Tages, einer Woche)?

Aufgabe 6:
Angenommen Sie zählen pro Sekunde eine Zahl, also 1 – Pause – 2 – Pause – 3 – Pause und so weiter.

(a) Wie viele Minuten brauchen Sie, um bis 1000 zu zählen?

(b) Wie viele Tage benötigen Sie dann, um 1000000 zu erreichen?

(c) Wie viele Jahre vergehen, bis Sie so 1000000000 erreicht haben?

Aufgabe 7:
Fassen Sie

$$\frac{a^2 \cdot x^{n+1} - b^2 \cdot x^{n+1}}{x^{n+2} \cdot (a+b)} \cdot x^2$$

so weit wie möglich zusammen.

Aufgabe 8:
Einer der ersten PCs war der Intel 8088 im Jahr 1981. Er hatte einen Systemtakt von 4,77 MHz (Megahertz). Im Handel sind mittlerweile 4,50 GHz (Gigahertz) und mehr erhältlich.

(a) Um welchen Faktor ist ein Computer heute schneller als sein genannter Urahne?

(b) Wenn man davon ausgeht, dass sich die Prozessorleistung alle zwei Jahre verdoppelt, wie schnell hätte dann ein PC im Jahr 2007 sein müssen? Geben Sie den Wert in GHz an.

Aufgabe 9:
Berechnen Sie die folgenden Zahlenwerte *ohne* Verwendung eines Taschenrechners.

(a) $\dfrac{6^{10} \cdot 7^8}{6^8 \cdot 7^7} : \dfrac{6^2}{7}$

(b) $\dfrac{(5^2 \cdot 8^5)^3}{7^{13}} : \dfrac{5^5 \cdot 8^{14}}{7^{13}}$

(c) $8^3 \cdot 3^3 \cdot \dfrac{1}{24^2}$

(d) $\dfrac{35^7}{7^7} \cdot 5^9 : 5^{16}$

(e) $\left(\dfrac{13^3}{11^4}\right)^7 \cdot \left(\dfrac{22^{29}}{39^{20}}\right) : \left(\dfrac{4^{14}}{9^{10}} \cdot 11\right)$

IV.2.8 Rationale Hochzahlen

Was passiert, wenn wir anstatt der ganzen Zahlen auch rationale Hochzahlen zulassen. Zum Glück funktionieren unsere fünf (bis sechs) Potenzgesetze auch noch bei rationalen, ja sogar bei irrationalen/reellen Exponenten. Bei nicht-ganzzahligen Hochzahlen ist aber generell Vorsicht geboten, da hier das Vorzeichen der Basis explizit beachtet werden muss! Diese Tatsache erkennen wir an der Definition für „Bruchhochzahlen" weiter unten in diesem Abschnitt.

Wir wollen uns hier mit rationalen Hochzahlen beschäftigen, d.h. mit Zahlen, die durch Brüche ganzer Zahlen dargestellt werden können. Das Schöne bei unseren Betrachtungen ist nun, dass wir über die folgenden Definitionen (wir wollen sie Vereinbarungen nennen) auch die Wurzeln mit einbinden können, so dass die gefundenen Gesetze bei ihnen ebenfalls gültig sind. Die Vereinbarungen lassen sich zu einer einzigen zusammenfassen, aber der Übersicht wegen haben wir diese Aufteilung gewählt.

Die erste Vereinbarung für rationale Hochzahlen

Es ist $a \in \mathbb{R}^+$ und $q \in \mathbb{N}$ mit $q > 0$.

$$a^{\frac{1}{q}} = \sqrt[q]{a}. \tag{IV-10}$$

Die zweite Vereinbarung für rationale Hochzahlen

Es ist $a \in \mathbb{R}^+$ und $q \in \mathbb{N}$ mit $q > 0$.

$$a^{-\frac{1}{q}} = \frac{1}{a^{\frac{1}{q}}} = \frac{1}{\sqrt[q]{a}}. \tag{IV-11}$$

Die dritte Vereinbarung für rationale Hochzahlen

Es ist $a \in \mathbb{R}^+$ und $p \in \mathbb{N}$, sowie $q \in \mathbb{N}$ und $q > 0$.

$$a^{\frac{p}{q}} = \sqrt[q]{a^p}. \tag{IV-12}$$

Achtung, schreibfaule Mathematiker: $a^{\frac{1}{2}} = \sqrt[2]{a} = \sqrt{a}$.

Die vierte Vereinbarung für rationale Hochzahlen

Es ist $a \in \mathbb{R}^+$ und $p \in \mathbb{N}$, sowie $q \in \mathbb{N}$ und $q > 0$.

$$a^{-\frac{p}{q}} = \frac{1}{a^{\frac{p}{q}}} = \frac{1}{\sqrt[q]{a^p}}. \tag{IV-13}$$

Diese Umwandlung wie in (IV-10) bis (IV-13) ist bei irrationalen Zahlen nicht möglich, da wir nicht in der Lage sind und sein können, sie in einem geeigneten und genauen Bruch darzustellen. Weil bei der dritten Vereinbarung erfahrungsgemäß die meisten Fehler gemacht werden, steht sie unter diesem Absatz ein weiteres Mal, mit Pfeilen grafisch hervorgehoben. Damit gelten, wie bereits erwähnt[6], die Potenzgesetze auch für die Wurzeln! Allerdings ist, wie erwähnt, das Vorzeichen der Basis zu beachten[7]. Dieses entscheidet, ob die Wurzel gezogen werden kann.

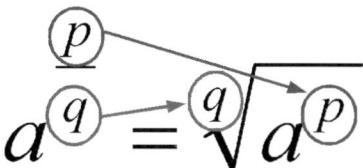

Abbildung IV.2.1: Die dritte Vereinbarung für Leute, die sich lieber Bilder anstatt Formeln merken.

Aufgaben

Aufgabe 1:
Vereinfachen Sie den angegebenen Term so weit wie möglich.

$$\left(\frac{a^7 b^3 c^{-2}}{a^{-5} b^5 c^{-3}} : \frac{a^9 \sqrt{c^4 b}}{c b^2 a^{-3}}\right) \cdot \sqrt{b^2}$$

Aufgabe 2:
Vereinfache Sie die folgenden Terme so weit wie möglich und ziehen Sie dabei auch teilweise die Wurzel.

(a) $2\sqrt{128} + 3\sqrt{8} + 2\sqrt{32} - 2\sqrt{450}$

(b) $\frac{\sqrt{18}}{2} \cdot \left(\frac{2}{3} + \frac{1}{3\sqrt{2}}\right) - \frac{3\sqrt{8} - 2}{6}$

(c) $\sqrt{ab^3} - \sqrt{a^3 b^5} + \frac{\sqrt{a^5 b^7}}{\sqrt{a^4 \cdot b^3}}$

(d) $(1 - \sqrt{a}) \cdot (1 + \sqrt{b}) + (1 + \sqrt{a}) \cdot (1 - \sqrt{b})$

(e) $\sqrt{4x^2 z^2 + 8xy^2 z^2 + 4y^4 z^2}$

(f) $\sqrt{3{,}92 x^2 y^4 - 5{,}6 xy^2 z + 2z^2}$

---

[6]Ein Mal mehr ist besser als ein Mal zu wenig!
[7]Darum haben wir die Basis a in den Vereinbarungen immer positiv gewählt!

Aufgabe 3:
Machen Sie die Nenner rational indem Sie die 3. Binomischen Formel verwenden und vereinfachen Sie so weit wie möglich.

(a) $\dfrac{\sqrt{7} - 2\sqrt{6}}{\sqrt{6} - \frac{\sqrt{7}}{2}}$ (b) $\dfrac{\sqrt{a^2 - b^2} + \sqrt{a^2 + 2ab + b^2}}{\sqrt{a + b}}$ (c) $\dfrac{\sqrt{2} - 1}{\sqrt{8} + 1} - \dfrac{\sqrt{3}}{\sqrt{6} + \sqrt{24}}$

(d) $\dfrac{\sqrt{512} - \sqrt{128}}{\sqrt{32} - \sqrt{8}}$ (e) $\dfrac{2 - \sqrt{3}}{2 + \sqrt{3}} + \dfrac{1 + \sqrt{3}}{1 - \sqrt{3}} + \dfrac{15}{\sqrt{3}}$ (f) $\dfrac{7 - \sqrt{7}}{21 + 3 \cdot \sqrt{7}} + \dfrac{\sqrt{49} + \sqrt{7}}{9 \cdot \sqrt{7}}$

IV.2.9 Rechnen ohne Klammern - Vorfahrtsregeln beim Rechnen

Zuweilen kommt es vor, dass sich ein Aufgabensteller die ein oder andere Klammer spart und sich der angehende Problemlöser, also wir, fragen darf, in welcher Reihenfolge die an der Aufgabe beteiligten Operationen (Plus, Minus, Mal, Geteilt, Potenzieren, ...) auszuführen sind. Hierfür haben wir ganz klare Vorfahrtsregeln, die wir größtenteils schon einmal irgendwo gehört haben werden. Sie lauten:

Die Vorfahrtsregeln beim Rechnen

Es gilt stets:

Klammer vor Hoch vor Punkt vor Strich.

Das bedeutet, dass Klammern zuerst ausgeführt werden, dann die Hochzahlenrechnung (Potenzieren) durchgeführt wird und danach die Multiplikation und die Division folgen. Den Abschluss machen dann die Subtraktion und die Addition.

Was passiert nun, wenn gleichwertige Rechenoperationen aufeinander folgen, ohne dass Klammern die Durchführungsreihenfolge regeln? In diesem Fall kommt uns der Begriff der **Assoziativität der Operationen** zu Hilfe. Hierunter versteht man die Reihenfolge, in der gleichwertige Operationen ohne vorgegebene Klammern abgearbeitet werden. Als gleichwertig sehen wir Addition und Subtraktion an. Sie stehen in der Rangfolge unterhalb der als gleichwertig angesehenen Multiplikation und Division und diese müssen sich der Hochzahlenrechnung (Potenzierung) geschlagen geben. Wir merken uns also diese Rangfolge, welche durch die obigen Vorfahrtsregeln festgelegt ist. Kehren wir aber wieder zur Assoziativität zurück. Es gilt:

Assoziativität der Rechenoperationen

- Addition, Subtraktion, Multiplikation und Division sind **linksassoziativ**, d.h. ohne vorgegebene Klammern werden Ausdrücke, die nur den Malpunkt und das Geteiltzeichen als Rechenzeichen haben, von links nach rechts ausgewertet. Gleiches gilt für Ausdrücke, die als Operationen nur die Addition und die Subtraktion verwenden. Treten Punkt- und Strichrechnung zusammen auf, dann regeln obige Vorfahrtsregeln die Reihenfolge der Operationen. Es ist also zum Beispiel

$$2 + 3 - 4 + 5 \cdot 6 : 3 = (((2 + 3) - 4) + ((5 \cdot 6) : 3))$$
$$= ((5 - 4) + (30 : 3)) = 1 + 10 = 11.$$

- Die Potenzierung ist **rechtsassoziativ**. Das bedeutet, dass ein Ausdruck der Form $3^{4^{5^6}}$ wie folgt auszuwerten ist:

$$3^{4^{2^3}} = 3^{\left(4^{\left(2^3\right)}\right)} = 3^{\left(4^8\right)} = 3^{65536}.$$

Für die Aufgabenstellung sollte aber trotzdem gelten, dass man genügend viele Klammern setzt, um klar zu machen, was in welcher Reihenfolge gerechnet werden soll. Dann kommen nämlich solche Fragen und Probleme wie in diesem Abschnitt gar nicht erst auf.

IV.3 Rechnen mit Wurzeln - Einfache Wurzelgleichungen

Hier wollen wir einfache Wurzelgleichungen betrachten, sonst würde ja auch der eben genannte Titel nicht sehr viel Sinn machen. Aber nun Spaß bei Scherz, wir sollten uns nämlich fragen, was eine Wurzelgleichung ist? Die Antwort auf diese Frage ist recht einfach: Kommt die gesuchte Variable unter der Wurzel vor (steht sie also im **Radikanden**), dann sprechen wir bei einer Gleichung von einer Wurzelgleichung. Mit dem Wörtchen „einfach" meinen wir, dass wir es lediglich mit Quadratwurzeln zu tun haben.
Wollen wir die Lösungen einer Wurzelgleichung ermitteln, so stehen wir vor dem Problem, dass das Quadrieren **keine Äquivalenzumformung** ist. Das bedeutet, dass wir durch das Anwenden des Quadrierens, was ja sehr oft notwendig ist bei dieser Art von Gleichungen, den Wahrheitswert der Gleichung verändern können. Hierdurch können Werte für die Variablen ermittelt werden, die *keine Lösung* der ursprünglichen, noch nicht umgeformten Gleichung darstellen. Um diese „falschen" Lösungen zu erkennen, ist es notwendig, dass wir nach Abschluss der Lösungsfindung eine Probe durchführen, welche uns die Lösungen der urspünglichen Gleichung aus den erhaltenen Lösungen auswählen lässt. Warum dies geht, ist darin begründet, dass eine jede Lösung der ursprünglichen Gleichung auch eine

Lösung der quadrierten Gleichung ist. Die Umkehrung gilt aber durch das Verwenden einer Umformung, die nicht zu den Äquivalenzumformungen zählt, leider nicht.

Das Gesagte lässt sich am besten anhand einiger Beispiele verdeutlichen, aber schon jetzt können wir uns das Wesentliche für die Behandlung solcher Gleichungen notieren.

Anmerkung zur Behandlung von Wurzelgleichungen

A!

Das Quadrieren einer Gleichung ist keine Äquivalenzumformung. Darum sind wir auf eine Probe der erhaltenen Lösungen angewiesen! Dies meint: Einsetzen der gefundenen Lösungen in die ursprüngliche Gleichung und ausrechnen.

Nun wollen wir uns an die Beispiele wagen, jedoch sollten diejenigen, die die Binomischen Formeln schon wieder zu den Akten gelegt haben, den betreffenden Ordner ganz schnell wieder aus der Rumpelkammer ihres Oberstübchens kramen und am besten immer griffbereit liegen lassen.

Ein paar Beispiele

Wir wollen die folgenden drei Gleichungen lösen und die Lösungsmenge angeben. Hierzu führen wir abschließend zu jeder Aufgabe die nun schon öfter erwähnte/angemahnte Probe durch.

(a) $2 \cdot \sqrt{x-3} = 3 \cdot \sqrt{4-x}$

(b) $\sqrt{x+2} - \sqrt{x} = 1$

(c) $\sqrt{a-x} = \sqrt{a} + \sqrt{x}$

Machen wir uns an die Lösung der gestellten Probleme:

(a) Wir quadrieren zuerst und erhalten

$$4(x-3) = 9(4-x)$$

Nun formen wir weiter um:

$$4x - 12 = 36 - 9x \Leftrightarrow 13x = 48 \Leftrightarrow x = \frac{48}{13}$$

Damit haben wir einen potentiellen Kandidaten für die Lösung gefunden. Es fehlt jetzt noch die Probe, welche uns die Lösungen der Wurzelgleichung aus der Kandidatenliste (welche hier zugegebener Maßen recht kurz ist), die wir eben berechnet haben, herausfiltert.

Probe:

Es ist

$$\text{Linke Seite: } 2 \cdot \sqrt{\frac{48}{13} - 3} = 2 \cdot \sqrt{\frac{9}{13}} = \frac{6}{\sqrt{13}}$$

$$\text{Rechte Seite: } 3 \cdot \sqrt{4 - \frac{48}{13}} = 3 \cdot \sqrt{\frac{4}{13}} = \frac{6}{\sqrt{13}}$$

Da wir auf beiden Seiten das gleiche Ergebnis erhalten, ist $x = \frac{48}{13}$ wirklich die Lösung der Wurzelgleichung.

(b) In diesem Fall kommen die Binomischen Formeln zum Einsatz, aber davor hatten wir ja schon weiter oben gewarnt. Nachdem wir die $\sqrt{x}$ nach rechts gebracht haben, quadrieren wir beide Seiten und wenden hierbei die besagten Formeln (zumindest die Nummer 1 davon) an.

$$\sqrt{x+2} - \sqrt{x} = 1 \Leftrightarrow \sqrt{x+2} = 1 + \sqrt{x} \Rightarrow x + 2 = 1 + 2\sqrt{x} + x \Leftrightarrow 1 = 2\sqrt{x} \Rightarrow x = \frac{1}{4}$$

Wir notieren immer nur einen Rechtspfeil ($\Rightarrow$), wenn wir quadrieren, da hier keine Äquivalenzumformung durchgeführt wird und somit das Niederschreiben eines Rechts-Links-Pfeiles ($\Leftrightarrow$) nicht korrekt ist. Es fehlt nun noch die Probe.

Probe:

Es ist

$$\sqrt{\frac{1}{4} + 2} - \sqrt{\frac{1}{4}} = \sqrt{\frac{9}{4}} - \frac{1}{2} = \frac{3}{2} - \frac{1}{2} = 1.$$

Damit liefert die Probe die Erkenntnis, dass $x = \frac{1}{4}$ die Lösung der Wurzelgleichung ist.

(c) In diesem Beispiel lacht uns noch zusätzlich zu den ohnehin schon störenden Wurzeln ein Parameter entgegen. Auf Grund der rechten Seite können wir sagen, dass sich eine Untersuchung nur dann lohnt, wenn wir schon einmal vorab $a \geq 0$ fordern, da wir sonst die Wurzel aus einer negativen Zahl ziehen müssten. Jetzt können wir aber mit der Rechnung beginnen:

$$\sqrt{a-x} = \sqrt{a} + \sqrt{x} \Leftrightarrow \sqrt{a-x} - \sqrt{x} = \sqrt{a} \underset{\text{quadriert}}{\Rightarrow} a - x - 2\sqrt{a-x} \cdot \sqrt{x} + x = a$$

$$\Leftrightarrow -2\sqrt{a-x} \cdot \sqrt{x} \Leftrightarrow x = a \geq 0 \text{ oder } x = 0.$$

Zur Probe lässt sich sagen, dass sie mit 0 gelingt, aber mit $x = a > 0$ nicht. Somit ist $x = 0$ die einzige Lösung der Wurzelgleichung.

Wir haben hier nun immer die gleiche Vorgehensweise zelebriert. Diese wollen wir uns noch kurz notieren.

Vorgehensweise zur Lösung von Wurzelgleichungen

1. Wir isolieren die/eine Wurzel, so dass das Quadrieren eben diese eliminiert.
2. Nun quadrieren wir.
3. Sind noch Wurzelterme mit der Variablen vorhanden, führen wir die beiden vorangegangenen Schritte ein weiteres Mal durch und zwar so lange, bis uns keine Wurzel mehr stört (Manchmal kann eine Wurzel ja auch nicht mehr störend sein, wie wir in Beispiel (c) gesehen haben.).
4. Die Gleichung ohne störende Wurzeln gilt es jetzt zu lösen.
5. Abschließend führen wir die Probe durch, d.h. wir setzen die erhaltenen Lösungen für die umgeformte Gleichung in die ursprüngliche Gleichung ein und berechnen die Werte. Sollten sich hier Widersprüche ergeben, so fällt der verantwortliche Variablenwert aus der Lösungsmenge der Wurzelgleichung heraus. Die „widerspruchsfreien" Werte bilden die Lösungsmenge der Wurzelgleichung.

Bisher haben wir den Definitionsbereich/die Definitionsmenge einer Wurzelgleichung vollkommen außer acht gelassen. Zum Glück ging alles gut! Wir wollen die Bestimmung des Definitionsbereiches aber noch kurz nachreichen.

Der Definitionsbereich/die Definitionsmenge einer Wurzelgleichung

Der Definitionsbereich einer Wurzelgleichung wird über die Radikanden der einzelnen Wurzelterme bestimmt. Diese Radikanden müssen stets größer oder gleich 0 sein. Der Definitionsbereich ist dann durch das Intervall bzw. die Intervalle gegeben, auf denen alle Radikanden positiv, d.h. gleich oder größer 0, sind.

Wichtig ist hierbei: Wir bestimmen zuerst den Definitionsbereich, dann fangen wir an zu rechnen!

Für unsere drei Beispiele können wir die Definitionsbereiche wie folgt bestimmen:

(a) $2 \cdot \sqrt{x-3} = 3 \cdot \sqrt{4-x}$
Hier ist $x - 3 \geq 0$ für $x \geq 3$. Des Weiteren ist $4 - x \geq 0$ für $x \leq 4$. Damit sind beide Radikanden positiv auf dem Intervall $I = [3; 4]$, welches gleich dem Definitionsbereich D ist. Die gefundene Lösung $x = \frac{48}{13} \approx 3{,}69231$ liegt innerhalb dieses Intervalls.

(b) $\sqrt{x+2} - \sqrt{x} = 1$
Hier finden wir $x + 2 \geq 0$ für $x \geq -2$. Der zweite Wurzelterm ist gültig für $x \geq 0$. Damit erhalten wir den Definitionsbereich $D = [0; \infty)$. Die Lösung $x = \frac{1}{4}$ liegt natürlich innerhalb desselben.

(c) $\sqrt{a-x} = \sqrt{a} + \sqrt{x}$

Hier muss $x \leq a$ sein, wie der erste der Wurzelterme zeigt. Ebenso muss $x \geq 0$ sein, was wir dem Wurzelterm ganz rechts entnehmen können. Damit ist $D = [0; a]$ mit $a \geq 0$, was Wurzelterm Nummer zwei uns berichtet. Die einzige Lösung $x = 0$ liegt innerhalb des Definitionsbereichs.

Nun haben wir aber alle für uns relevanten Punkte abgearbeitet und wir sind mit unserer kurzen Betrachtung zu den Wurzelgleichungen einfacher Natur auch schon fast durch. Ein wenig weitere Übung könnte aber nicht schaden!

Aufgaben

Aufgabe:
Bestimmen Sie die Definitionsbereiche und die Lösungen der angegebenen Gleichungen. Vergessen Sie die Probe nicht!

(a) $\sqrt{x-5} = \sqrt{x+4} - 3$ (b) $\sqrt{x^2 - 16} + \sqrt{x-4} = 4$

(c) $\sqrt{x^2 - 16} - \sqrt{x+4} = 0$ (d) $\sqrt{x^2 - 16} + \sqrt{x^2 - 9} = \sqrt{7 \cdot (x+2)}$

IV.4 Die Logarithmengesetze

Was ist der Logarithmus...

Wir erinnern uns an Unterkapitel IV.2.1 (oder an die eigene Grundschulzeit) zurück:

$$3 + 3 + 3 + 3 + 3 = 15.$$

Dieses Geschreibsel können wir praktischer Weise mit dem Malzeichen kompakter notieren:

$$3 + 3 + 3 + 3 + 3 = 5 \cdot 3 = 15.$$

Die Multiplikation ist für uns also eine willkommene Abkürzung für die Addition vieler gleicher Zahlen. Analog können wir das Potenzieren betrachten. Anstatt

$$3 \cdot 3 \cdot 3 \cdot 3 \cdot 3 = 243$$

zu schreiben, verwenden wir die kompaktere Version

$$3 \cdot 3 \cdot 3 \cdot 3 \cdot 3 = 3^5 = 243.$$

Doch jeder Nutzen hat auch seinen Schaden und darum haben wir uns hier eine winzig-kleine Schwierigkeit eingehandelt. Während wir bei der Multiplikation die Division sehr schnell als einzigen Hauptverdächtigen für die Umkehrung ausmachen können, ist dieser beim Potenzieren nicht mehr ganz so einzigartig.

Beim Multiplizieren stellen wir uns folgende Frage: Welche Zahl c ergibt sich, wenn ich k mal a nehme?

Bei der Division lautet die Frage dementsprechend wie folgt: Wie oft geht die Zahl a in die Zahl c? Antwort: k-mal.

Beim Potenzieren ist die Frage (Frage 1): Welche Zahl c ergibt sich, wenn wir a k-mal mit sich selber malnehmen?

Diese letzte Frage lässt sich nun auch umkehren, allerdings auf zweierlei Arten. Während bei der Multiplikation immer die Division den Gegenpart spielt, kommen hier zwei Akteure zum Zug, die Wurzel und der Logarithmus. Fragen wir also weiter.

Zwei weitere Fragen und zwei Antworten

Umkehrung der Potenzfrage I (Frage 2)
Welche Zahl ergibt k-mal mit sich selber multipliziert die Zahl c? Antwort: Wenn es eine solche Zahl gibt, dann a.
Umkehrung der Potenzfrage II (Frage 3)
Wie oft wurde a mit sich selber multipliziert, um die Zahl c zu erhalten? Antwort: k-mal.

Frage 2 wird duch das Radizieren[8] beantwortet. Die Frage 3 ist die Aufgabe des Logarithmus. Mit diesem Begriff bezeichnen wir also bei bekannter Basis und bekanntem Ergebnis (Potenz) den Exponenten.

... und wie zum Teufel rechnen ich mit ihm?!?

Um mit dem Logarithmus rechnen zu können, benötigen wir die sogenannten Logarithmussätze und manchmal einen Wechsel zwischen den Schreibweisen. Zu Beginn müssen wir aber ein paar Worte über die Notation und deren Bedeutung verlieren.

---

[8]Das Ziehen der Wurzel

Die Fragen 1 bis 3 wollen wir nun in der Sprache der Mathematik, also mittels Formeln, formulieren.

- **Frage 1:** Welche Zahl c ergibt sich, wenn wir a k-mal mit sich selber malnehmen?

  Mathematisch formuliert: $a^k = c$ und a und k sind bekannt.

- **Frage 2:** Welche Zahl ergibt k-mal mit sich selber multipliziert die Zahl c?

  Mathematisch formuliert: $\sqrt[k]{c} = a$ und k und c sind bekannt.

- **Frage 3:** Wie oft wurde a mit sich selber multipliziert, um die Zahl c zu erhalten?

  Mathematisch formuliert: $_a\log c = k$ und a und c sind bekannt.

Wir sind hier an Frage 3 interessiert. Dabei stellt a die Basis dar, mit c meinen wir die Potenz und der Exponent ist k, welchen wir mit dem Terminus **Logarithmus von c zur Basis a** bezeichnen.

Wir wollen hier noch ein paar Worte zur Notation verlieren:

Für den Logarithmus zur Basis 10 (Zehnerlogarithmus, dekadischer Logarithmus) schreiben wir kurz $\log c$ anstatt von $_{10}\log c$. Aber auch die Schreibweise $\lg c$ ist häufig in der Literatur in Gebrauch. Die Basis, welche wir hier immer als Index voranstellen, kann auch im Anschluss notiert werden, d.h. wir schreiben anstatt $_a\log c$ den Ausdruck $\log_a c$ nieder. Für die Basis 10 können wir uns somit zusammenfassend merken, dass $_{10}\log c$, $\log_{10} c$, $\lg c$ und $\log c$ alle das Gleiche meinen und bezeichnen. Ist die Basis die Eulersche Zahl[9] e, welche uns noch mehrmals begegnen wird, v.a. aber in Kapitel XI, dann notieren wir den sog. **natürlichen Logarithmus** kurz mit $\ln c$ anstatt mit $_e\log c$.

Ebenso wie wir für das Rechnen mit den Potenzen ein paar Regeln gegeben haben[10], ermöglichen uns auch ein paar Regeln bzw. Gesetze (drei an der Zahl) den rechnerischen Umgang mit dem Logarithmus. Diese lauten wie folgt:

Die drei Logarithmengesetze:

Die Variablen u, v und a sind so gewählt, dass der Logarithmus jeweils definiert ist.

1. $_a\log(u \cdot v) = {}_a\log u + {}_a\log v$ (siehe Potenzgesetz Nummer 1)
2. $_a\log\left(\frac{u}{v}\right) = {}_a\log u - {}_a\log v$ (siehe Potenzgesetz Nummer 2)
3. $_a\log(u^v) = v \cdot {}_a\log u$ (siehe Potenzgesetz Nummer 5)

Die Logarithmengesetze ergeben sich unmittelbar aus den Potenzgesetzen. Betrachten wir als Beispiel das erste Logarithmengesetz:

Wir stellen uns die Frage, mit welcher Zahl wir a potenzieren müssen, um das Ergebnis bzw. die Potenz $c = u \cdot v$ zu erhalten. Die Antwort ist $l = {}_a\log(c) = {}_a\log(u \cdot v)$. Mit

---

[9]Zahlenwert: 2,7182818...
[10]siehe Abschnitte IV.2.2 bis IV.2.7

welcher Zahl müssen wir nun die Basis a potenzieren, um nur u oder nur v zu erhalten? Die Antworten sind $m =_a \log u$ und $n =_a \log v$. Durch das erste Potenzgesetz wissen wir, dass

$$a^m \cdot a^n = u \cdot v = c = a^{m+n} = a^l$$

gelten muss. Betrachten wir nur die Hochzahlen, so folgt

$$m + n = l =_a \log u +_a \log v =_a \log c =_a \log (u \cdot v) \,.$$

Dies ist aber gerade das erste Logarithmengesetz! Die Argumentationen für die Logarithmengesetze Nummer 2 und 3 verlaufen ganz analog.

Die Potenzgesetze Nummer 3 und 4 sind für den Logarithmus nicht relevant, da mit unterschiedlichen Basen gerechnet wird, was beim Logarithmus ja nicht der Fall ist. Dennoch können wir uns eine Regel zur Berechnung des Logarithmus bei beliebigen Basen überlegen (Stichwort: **Basisumrechnung**). Hierzu verwenden wir den Zehnerlogarithmus und das dritte Logarithmengesetz. Es sei

$$_a \log c = k \Leftrightarrow a^k = c.$$

Wir logarithmieren (Zehnerlogarithmus) auf beiden Seiten und erhalten

$$a^k = c \Leftrightarrow \log \left(a^k \right) = \log c.$$

Mit dem dritten Logarithmengesetz folgt, dass

$$k \cdot \log a = \log c \Leftrightarrow k = \frac{\log c}{\log a} =_a \log c.$$

Die Regel zur Basisumrechnung lautet somit:

Die Basisumrechnung beim Logarithmus:

Es gilt, dass

$$_a \log c = \frac{\log c}{\log a} = k. \tag{IV-14}$$

Nun haben wir fast alles zusammen, was wir für den praktischen Umgang mit Logarithmentermen benötigen. Es fehlt lediglich noch der Hinweis, dass wir zwischen drei Schreibweisen hin- und herspringen können, um den ein oder anderen Zusammenhang zu erkennen. Dieser Hinweis erfolgt in Abbildung IV.4.1.

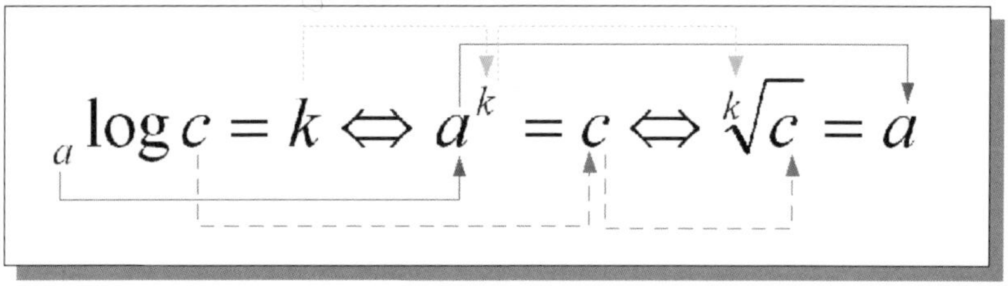

$$_a\log c = k \Leftrightarrow a^k = c \Leftrightarrow \sqrt[k]{c} = a$$

Abbildung IV.4.1: Die drei möglichen Schreibweisen.

Zwei Dinge sind noch wichtig: Der Logarithmus ist für die Zahl 0 und alle negativen Zahlen nicht innerhalb der reellen Zahlen $\mathbb{R}$ definiert. Anders ausgedrückt: Der Numerus[11] muss positiv und nicht 0 sein! Desweiteren müssen wir die Basis als positiv und ungleich der Zahl 1 voraussetzen, da die 1 mit sich selber multipliziert ja immer wieder die 1 ergibt. Rechnen wir also Aufgaben mit Variablen, so gehen wir davon aus, dass diese zwei Regeln immer beachtet werden und für jede Umformung gelten, der Logarithmus also definiert ist. Wollen wir also zum Beispiel Logarithmusgleichungen[12] lösen, so können wir hiermit den Definitionsbereich der Gleichung festlegen, um später zu prüfen, ob die gefundenen Lösungen auch wirklich solche sind!

Um uns ein wenig im Umgang mit den Logarithmengesetzen zu üben, studieren wir hier das folgende kleine Beispiel. Im Anschluss daran lösen wir eine Logarithmusgleichung, um die Vorgehensweise hierbei und das Auffinden der Definitionsmenge zu demonstrieren.

Beispiel 1 - Termumformungen

Wir wollen den Ausdruck

$$_u\log\left(\frac{u+v}{u-v}\right) +_u\log\left(\frac{u^2-v^2}{u^2+2uv+v^2}\right)$$

vereinfachen. Wichtig ist hierbei, dass es keine richtige oder falsche Reihenfolge der gelernten Logarithmengesetze gibt. Ob einer nun lieber alles zusammenfasst oder in einzelne Summanden zerlegt, dies bleibt einem jedem Rechnenwilligen selbst überlassen. So ist die hier angegebene Lösung auch nicht als „Musterlösung" zu verstehen, sondern lediglich als Lösungsvorschlag, durch den eine mögliche Abfolge der Gesetze demonstriert wird.

---

[11]log(Numerus); Numerus = Argument beim Logarithmus.
[12]Gemeint sind Gleichungen, die im Logarithmus unbekannte Größen stehen haben, d.h. der Numerus enthält die zu bestimmenden Variablen.

Wir zerlegen zuerst den ersten Summanden mit Hilfe des zweiten Logarithmengesetzes.
Den Zähler im Numerus des Logarithmus des zweiten Summanden zwingen wir mit der
dritten Binomischen Formel in die Knie. Den Nenner können wir mit der ersten Binomischen Formel zusammenfassen.

$$
{}_u\log\left(\frac{u+v}{u-v}\right) + {}_u\log\left(\frac{u^2-v^2}{u^2+2uv+v^2}\right)
$$
$$
= {}_u\log(u+v) - {}_u\log(u-v) + {}_u\log\left(\frac{(u+v)\cdot(u-v)}{(u+v)^2}\right)
$$

Im zweiten Summanden sehen wir jetzt, dass wir $(u+v)$ kürzen können. Danach zerlegen wir mit dem zweiten Logarithmengesetz alle verbliebenen Brüche in den Numeri zu
einfachen Summanden. Es ist dann

$$
{}_u\log(u+v) - {}_u\log(u-v) + {}_u\log\left(\frac{(u+v)\cdot(u-v)}{(u+v)^2}\right)
$$
$$
= {}_u\log(u+v) - {}_u\log(u-v) + {}_u\log\left(\frac{u-v}{u+v}\right)
$$
$$
= {}_u\log(u+v) - {}_u\log(u-v) + {}_u\log(u-v) - {}_u\log(u+v) = 0.
$$

Hiermit haben wir die Vereinfachung des Ausgangsterms abgeschlossen, da eine Vereinfachung der Zahl 0 wohl nicht mehr auf der Tagesordnung steht. Die gezeigte Vorgehensweise
ist natürlich nur ein Vorschlag zur Lösung des Problems. Die Logarithmengesetze können
ebenso auch in anderen Reihenfolgen oder Kombinationen angewendet werden. Generell
ist jede Lösung sowieso mehr als Vorschlag denn als Muster anzusehen. Das sollte man
sich immer merken!

Beispiel 2 - Lösen einer Logarithmusgleichung

Gegeben sei die folgende Gleichung:

$$
\log\left(x^2+1\right) - \log\left(x^2-1\right) = 2.
$$

Beginnen wir mit der Untersuchung des Definitionsbereichs: Offensichtlich ist $y = x^2+1 >
0$ für alle $x \in \mathbb{R}$, da wir es mit dem Term einer nach oben geöffneten Parabel mit dem
Scheitel $S(0/1)$ zu tun haben, womit keine negativen Werte existieren. Alternativ können
wir auch argumentieren, dass die Gleichung $x^2 = -1$ keine Lösungen innerhalb der reellen
Zahlen $\mathbb{R}$ besitzt, da $x^2 \geq 0$ ist. Für den zweiten Numerus finden wir aber x-Werte, für
die er 0 oder sogar negativ wird. Es ist $x^2 - 1 = 0 \Leftrightarrow x^2 = 1$, also $x_{1/2} = \pm 1$. Da auch hier

wieder eine nach oben geöffnete Parabel vorliegt, ist $x^2 - 1 \leq 0$ für $x \in [-1; 1]$. Somit ist der Definitionsbereich der Logarithmusgleichung gegeben durch $D = \mathbb{R} \setminus \{[-1; 1]\}$.

Nun können wir uns an die Lösung der Aufgabe machen. Dazu verwenden wir die in Abbildung IV.4.1 dargestellten Tatsachen. Vorher formen wir aber noch etwas um.

$$\log\left(x^2 + 1\right) - \log\left(x^2 - 1\right) = \log\left(\frac{x^2 + 1}{x^2 - 1}\right) = 2.$$

Ein Wechsel der Notation bringt:

$$10^{\log\left(\frac{x^2+1}{x^2-1}\right)} = \frac{x^2 + 1}{x^2 - 1} = 10^2 = 100.$$

Formen wir nun um, so müssen wir die Gleichung $-99x^2 + 101 = 0$ lösen. Es ist also $x^2 = \frac{101}{99}$ und somit $x_{1/2} = \pm\sqrt{\frac{101}{99}} = \pm\frac{\sqrt{1111}}{33}$. Da $x_{1/2} \approx \pm 1{,}01005 \in D$ gilt, haben wir zwei Lösungen für die gegebene Logarithmusgleichung gefunden.

Wer sich nun noch ein wenig in der Kunst der Termumformung bei Logarithmenausdrücken oder dem Lösen von Logarithmusgleichungen üben möchte, dem seien die nachfolgenden Aufgaben wärmstens ans Herz gelegt.

Aufgaben

Aufgabe 1:
Fassen Sie die angegebenen Terme so weit wie möglich zusammen. Die Variablen sind so gewählt, dass alle Terme definiert sind.

(a) $_x\log\dfrac{x^2 - y^2}{x^3} - _x\log\dfrac{x + y}{x - y} + _x\log\dfrac{x^{-2}}{(x - y)^2} - _x\log\dfrac{1}{x^6}$

(b) $\log\left(u^2 - v^2\right) - \left[\log\left(u - v\right)^2 + \log\left(u + v\right)\right] + \log\left(u - v\right)$

(c) $\lg\left(a^2 - 1\right) + \lg\left(a^4 - 1\right) - \lg\left(a^2 + 1\right) + \lg\left(a^2 - 1\right)^{-2}$

(d) $\dfrac{\lg b^3 - \lg \dfrac{1}{b^2} - \lg b^6}{\lg b}$

(e) $2 \cdot \ln\sqrt{e} - \ln\dfrac{e^2 - e^4}{e \cdot (1 - e)} + \ln\left(1 + e\right)$

Aufgabe 2:
Lösen Sie die folgenden Gleichungen nach x auf.

(a) $3^{-(-x-1)} \cdot 5^{x+1} = 225$ (b) $7 \cdot 5^{x+3} - 8 \cdot 5^{x+2} = 5^3 \cdot 3^3$ (c) $4 \cdot 16^x + 4^{2x} = 10$

Aufgabe 3:
Vereinfachen Sie den angegebenen Term so weit wie möglich. Die Variablen sind dabei so gewählt, dass der Term definiert ist.

$$_u\log \frac{u^4 - 2u^2 + 1}{u+1} + 2 \cdot {}_u\log\left(u^2 + u\right) - \frac{1}{2} \cdot {}_u\log \frac{u^4}{\left(u^2 - 1\right)^{-4}}$$

Aufgabe 4:
Σ ist das so genannte Summenzeichen. Es ermöglicht einem, eine Summe mit verschiedenen Summanden, die sich allerdings durch eine Formel erzeugen lassen, kompakt darzustellen. Die Summanden sind somit die Folgenglieder einer Folge (siehe Kapitel VI). Zum Beispiel können wir vereinfacht statt $1 + 4 + 9 + 16 + 25 = 1^2 + 2^2 + 3^2 + 4^2 + 5^2$ mit Hilfe des Summenzeichens

$$\sum_{k=1}^{5} k^2 = 1^2 + 2^2 + 3^2 + 4^2 + 5^2$$

schreiben. Die Variable k ist dabei der sog. Laufindex. Vereinfachen Sie mit diesem Wissen den angegebenen Term so weit wie möglich:

$$\sum_{k=2}^{5} \left(\ln\left(\sqrt[k]{e}\right)\right) + \ln\left(\frac{1}{2} \cdot \ln\left(\sqrt[4]{e}\right)\right) + 5 \cdot \ln\left(\sqrt[8]{\frac{e + e^{-1}}{e} \cdot \frac{1}{1 + e^2}}\right)$$

Aufgabe 5:
Bestimmen Sie den Definitionsbereich und die Lösungen der angegebenen Logarithmusgleichungen. Die Gleichungen sind nach x aufzulösen.

(a) $\ln(x-1) - \ln(\sqrt{x}+1) = 1$ (b) $(\ln(x))^2 - 4 \cdot \ln(x) = -1$

(c) $\sqrt{\ln(x-4)} = t$ (d) $\ln(t^2 - x^2) - \ln(t+x) = 1$

V Ganzrationale Funktionen - Eine Einführung

Bisher haben wir uns mit linearen und quadratischen Funktionen, sowie mit den Potenzfunktionen beschäftigt. Wir wollen nun noch etwas allgemeiner werden. Unser nächster Schritt führt uns zu den sog. **ganzrationalen Funktionen**. Um ganzrationale Funktionen zu erhalten, kombinieren wir Potenzfunktionen miteinander. Das meint, dass wir Summen aus diversen Potenzfunktionen bilden. Zu Beginn dieses Kapitels erarbeiten wir uns daher zuerst die Definition und untersuchen anschließend ein paar Eigenschaften dieser „neuen" Funktionen.

V.1 Definition und Grenzverhalten

Wie erhalten wir ganzrationale Funktionen?

Wir starten mit dem allseits bekannten linearen Funktionsterm:

$$mx + c.$$

Diesen verändern wir in Bezug auf die Buchstaben, da die folgenden Bezeichnungen für unser Vorhaben praktischer sind, wie wir gleich sehen können:

$$a_1 x + a_0.$$

Wir haben hier lediglich m in a_1 und c in a_0 umbenannt. Wir addieren zu diesem Funktionsterm ein Vielfaches von x^2, welches wir mit $a_2 x^2$ niederschreiben:

$$a_2 x^2 + a_1 x + a_0.$$

Dies ist ein quadratischer Funktionsterm wie wir ihn aus Kapitel III bereits kennen. Die Funktion q mit $q(x) = a_2 x^2 + a_1 x + a_0$ bezeichnen wir auch als **ganzrationale Funktion zweiten Grades**, da 2 die höchste vorkommende Hochzahl ist und die x nur

natürliche Zahlen (einschließlich der 0) als Exponenten (Hochzahlen) haben. Setzen wir unsere Vorgehensweise, also dass wir immer ein Vielfaches der nächsthöheren Potenz von x addieren, fort, so erhalten wir Terme folgender Form, die wir als **Polynome** bezeichnen wollen:

$$a_n x^n + a_{n-1} x^{n-1} + \ldots + a_1 x + a_0 \text{ mit } n = \{0, 1, 2, \ldots\}$$

Jetzt können wir diese neuen Funktionen definieren:

Definition der ganzrationalen Funktionen

Für jedes $n \in \mathbb{N}$ (also $n = 0, 1, 2, 3, \ldots$) heißt die Funktion p_n mit

$$p_n(x) = a_n x^n + a_{n-1} x^{n-1} + \ldots + a_1 x + a_0 \qquad \text{(V-1)}$$

ganzrationale Funktion oder Polynomfunktion (kurz: Polynom).
Die a_i mit $i \in \mathbb{N}$ und $i \leq n$ sind dabei allesamt reelle Zahlen und werden Koeffizienten genannt. Eine solche Funktion p_n hat den Grad n, sofern a_n nicht gleich 0 ist ($a_n \neq 0$). Konstante Funktionen p_0 mit $p_0(x) = a_0$ haben den Grad 0. Die Nullfunktion p_N mit $p_N(x) = 0$ hat keinen Grad.

Beispiel - Angabe der Koeffizienten a_i

Gegeben sei die Funktion g mit $g(x) = -8x^7 + 2x^3 + 4x - 1$. Wir sehen, dass der Grad 7 beträgt. Die Koeffizienten sind (absteigend nach dem Index geordnet):

$$a_7 = -8$$
$$a_6 = a_5 = a_4 = 0$$
$$a_3 = 2$$
$$a_2 = 0$$
$$a_1 = 4$$
$$a_0 = -1.$$

Kleiner Exkurs: Fortgeschrittenes Vokabular im Umgang mit Polynomfunktionen

Der folgende Abschnitt gibt einen kurzen Ausblick auf bzw. einen kleinen Eindruck vom Vokabular der höheren Mathematik. Er ist für das Verständnis des restlichen Kapitels nicht von Nöten und kann vom Leser auch übergangen werden. Es soll hier hauptsächlich demonstriert werden, wie sich der Umgangston in der Mathematik während eines entsprechenden Studiums entwickelt und dass vieles Altbekannte einfach nur eine präzisere, wenn auch anfangs ungewohnte, Umformulierung erfährt. Beginnen wir also mit der Demonstration: Ausdrücke der Form x^i mit $i \in \mathbb{N}_0$ haben wir bereits, multipliziert mit einer Zahl $c \in \mathbb{R}$, als Funktionsterme von Potenzfunktionen kennengelernt. Solche eingliedrigen Polynome mit dem Koeffizienten 1 werden in der Literatur als **Monome** bezeichnet. Ein Polynom ist jetzt lediglich eine *Linearkombination mehrerer Monome*. Nun stellen wir uns die Frage: Was verstehen wir unter der Linearkombination von Monomen?

Linearkombination von Monomen

Addieren wir Vielfache verschiedener Monome (unterschiedliche Hochzahlen) zusammen, so verstehen wir unter dieser Summe eine Linearkombination der beteiligten Monome. Somit hat jede Polynomfunktion p_n als Funktionsterm eine Linearkombination der Monome $1, x, x^2, \ldots, x^n$ mit $n \in \mathbb{N}$.

Jedes Polynom vom Grad n kann durch genau eine und nur eine Linearkombination der Monome $1, x, x^2, \ldots, x^n$ dargestellt werden. Dies ist möglich, weil die genannten Monome eine *Basis des Vektorraums der reellen Polynome vom Grad n* bilden. Eine Basis dieses Vektorraums liegt deshalb vor, weil die Gleichung

$$a_0 + a_1 x + a_2 x^2 + \ldots + a_n x^n = 0 \tag{V-2}$$

für beliebiges $x \in \mathbb{R}$ nur die sog. triviale Lösung $a_0 = a_1 = a_2 = \ldots = a_n = 0$ besitzt, d.h. weil alle Koeffizienten verschwinden[a]. Die Monome bezeichnen wir deshalb als *linear unabhängig*.

---

[a]**Anmerkung:** Hier sollte keine Verwechslung mit der Suche nach den Nullstellen bei einer Funktion f mit $f(x) = a_0 + a_1 x + a_2 x^2 + \ldots + a_n x^n$ erfolgen. Hierbei werden nämlich alle x-Werte gesucht, die (in Abhängigkeit von den Koeffizienten) die Gleichung $f(x) = 0$ erfüllen. Im vorliegenden Fall dürfen *alle möglichen* x-Werte eingesetzt werden und die Gleichung soll trotzdem immer erfüllt sein!

Die eben erwähnten Begrifflichkeiten sind für den Moment vielleicht noch abschreckend und unverständlich. Sie sollen hier auch nur informationshalber genannt werden. Wir verweisen zur Vertiefung auf die weiterführende Literatur, wo die vorgestellten Vokabeln (Basis, Vektorraum) in angemessenem Rahmen verwendet und definiert werden. Für uns sind sie im Weiteren nicht notwendig.

Das Verhalten für große x

Wonach richtet sich der Verlauf der Graphen[1] ganzrationaler Funktionen, wenn die Laufvariable (meistens x genannt) sich in die Unendlichkeit bemüht? Um uns über das Verhalten ganzrationaler Funktionen für große x klar zu werden, betrachten wir als Beispiel

---

[1]Wir wollen in Zukunft immer öfter vom Graphen einer Funktion reden, wenn wir auf ihr Schaubild zu sprechen kommen.

die Funktionen g und f mit $g(x) = x^4$ und $f(x) = x^4 + x^2 + 25$. Wir vergleichen ihre Funktionswerte für große x anhand einer Tabelle. In diese tragen wir ein paar erste Werte ein. Der Leser kann diese Tabelle (falls gewillt) erweitern.

x	1	3	5	10
$g(x)$	1	81	625	10000
$f(x)$	27	115	675	10125
$\frac{g(x)}{f(x)}$ in %	3,70	70,43	92,59	98,77

Tabelle V.1.1: Ein paar Funktionswerte der im Text genannten Funktionen, sowie ein prozentualer Größenvergleich.

Die letzte Zeile gibt den Prozentsatz von $g(x)$ im Bezug auf $f(x)$ an.

> **?**   **Was erkennen wir anhand der Tabelle?**

> **Verhalten ganzrationaler Funktionen für betragsmäßig große x**
>
> **M**   Das Verhalten einer ganzrationalen Funktion für große Werte richtet sich nach der höchsten Potenz, also dem x, das die Hochzahl n beim Grad n besitzt (Summand $a_n x^n$).

Können wir uns das am Beispiel Gesehene auch allgemeiner (also ohne Zahlen) verdeutlichen? Durch folgende kleine Umformung des allgemeinen Funktionsterms für ganzrationale Funktionen, können wir „zahlenlos" nachvollziehen, dass das Verhalten für große x vom Summanden mit der höchsten Potenz bestimmt wird. Wir schreiben zuerst die allgemeine Form eines Funktionsterms einer ganzrationalen Funktion f vom Grad n hin:

$$a_n x^n + a_{n-1} x^{n-1} + \ldots + a_1 x + a_0.$$

Dann klammern wir die höchste Potenz aus, wobei die Variable x nicht den Wert 0 annehmen darf, was bei uns aber wegen der Betrachtung großer Werte sowieso nicht der Fall ist:

$$x^n \cdot \left(a_n \cdot \frac{x^n}{x^n} + a_{n-1} \cdot \frac{x^{n-1}}{x^n} + \ldots + a_1 \cdot \frac{x}{x^n} + a_0 \cdot \frac{1}{x^n} \right).$$

Gekürzt ergibt sich folgender Term:

$$x^n \cdot \left(a_n + \frac{a_{n-1}}{x} + \ldots + \frac{a_1}{x^{n-1}} + \frac{a_0}{x^n} \right).$$

Mit Ausnahme des ersten Summanden, der konstant ist, gehen mit wachsendem x alle anderen gegen 0. Somit ist $f(x) \approx a_n x^n$ für große x. Obiger Satz gilt also.

Zur Schreibweise:

Ist a_n positiv, so werden die Funktionswerte beliebig groß, wenn x beliebig groß wird. Wir sagen: „Für x gegen unendlich, streben auch die Funktionswerte von f gegen unendlich." Die mathematische Schreibweise ist hier:

$$\text{Für } x \to \infty \text{ gilt, dass } f(x) \to \infty.$$

Für den Fall, dass n ungerade und a_n positiv ist, gilt:

$$\text{Für } x \to -\infty \text{ gilt, dass } f(x) \to -\infty.$$

V.2 Zur Symmetrie bei ganzrationalen Funktionen

Es gilt grundsätzlich zwei Symmetriearten[2] zu unterscheiden:

1. Achsensymmetrie

2. Punktsymmetrie

Theorie	Beispiele
Zu 1.: Gilt $f(x) = f(-x)$ für alle $x \in D_f$, so ist die Funktion f **gerade**, ihr Graph ist achsensymmetrisch zur y-Achse. **Für ganzrationale Funktionen gilt:** Hat die Funktion f nur **gerade** Hochzahlen (0 ist auch gerade) in $f(x)$, so ist ihr Graph **achsensymmetrisch** (Die ganzrationale Funktion ist dann **gerade**.). **Anmerkung:** Jede Zahl hoch 0 ergibt bekanntlich 1. Es gilt also, dass $x^0 = 1$ für alle $x \in \mathbb{R}$ (0^0 ist ein Sonderfall für den die Aussage aber ebenfalls stimmt.)	Funktion g mit $g(x) = x^2 - 23$. Es liegen nur gerade Hochzahlen vor, da $23 = 23x^0$, d.h. das Schaubild/der Graph von g ist achsensymmetrisch.
Zu 2.: Gilt $-f(x) = f(-x)$ für alle $x \in D_f$, so ist die Funktion f **ungerade**, ihr Graph ist punktsymmetrisch zu $O(0/0)$. **Für ganzrationale Funktionen gilt:** Hat die Funktion f nur **ungerade** Hochzahlen $f(x)$, so ist ihr Graph **punktsymmetrisch** (Die ganzrationale Funktion ist dann **ungerade**).	Funktion f mit $f(x) = 3x^3 - 27x$. Es liegen nur ungerade Hochzahlen vor, d.h. das Schaubild von f ist punktsymmetrisch zum Koordinatenursprung $O(0/0)$.

---

[2] bei allen uns bekannten Funktionstypen, siehe hierzu auch spätere Kapitel.

!Achtung!

Sprechen wir von Achsensymmetrie, dann bezieht diese sich auf die y-Achse. Reden wir von Punktsymmetrie, dann meinen wir Punktsymmetrie zum Ursprung $O(0/0)$. Sind andere Achsen oder Punkte gemeint, so wird dies explizit erwähnt!

Symmetrien zu anderen Punkten und zu Parallelen zur y-Achse besprechen wir im folgenden Abschnitt. Bevor wir uns diesen zuwenden noch ein kleiner Hinweis:

Hochzahlen und Symmetrie ... und umgehkehrt gilt's auch!

Wir wissen: Liegt eine ganzrationale Funktion vor und enthält $f(x)$ nur geradzahlige/**ungeradzahlige** Potenzen von x, so ist f gerade/**ungerade**. Wissen wir umgekehrt, dass eine gerade/**ungerade** ganzrationale Funktion vorliegt, so müssen alle Hochzahlen gerade/**ungerade** sein.

Wir erwähnen den Punkt mit der Umkehrung deshalb gesondert, weil es in der höheren Mathematik oft genug Beispiele gibt, wo nur in eine Richtung gegangen werden darf. Solche Erlebnisse hatte man in der Schule eher selten und darum sei hier besonders darauf hingewiesen, dass sich ein jeder über die Einsatzrichtung eines Satzes, einer Rechentechnik etc. vor deren Verwendung Gedanken machen sollte, denn sonst wird's öfter mal falsch!

V.3 Noch mehr Symmetrie - Symmetrie zu beliebigen Achsen und Punkten

Üblicherweise ist ein Punkt oder eine Parallele zur y-Achse gegeben, so dass wir die Symmetrie zu diesem/dieser nachweisen sollen. Es gelten die Formeln:

Achsensymmetrie zu einer Parallelen zur y-Achse

Ist der Graph einer Funktion f achsensymmetrisch zu einer Geraden $x = x_0$ so gilt:

$$f(x_0 + h) = f(x_0 - h) \text{ mit } h \in \mathbb{R}. \qquad \text{(V-3)}$$

Natürlich muss $(x_0 \pm h) \in D_f$ gelten, sonst macht das Ganze keinen Sinn. Diese Gleichung bedeutet nun das Gleiche wie diejenige unter Punkt 1 auf der vorangegangenen Seite. Nur ist die Symmetrieachse hier nicht $x = 0$, sondern z.B. $x = 3$. Das gilt es dann zu unterscheiden. Das h drückt nichts anders aus, als dass wir sowohl links als auch rechts im gleichen Abstand von der Geraden nach denselben y-Werten suchen.

Punktsymmetrie zu einem Punkt P(x₀/y₀)

Ist der Graph einer Funktion f punktsymmetrisch zu einem Punkt $P(x_0/y_0)$, so gilt:

$$f(x_0 - h) - y_0 = -f(x_0 + h) + y_0 \Leftrightarrow y_0 = \frac{1}{2} \cdot [f(x_0 - h) + f(x_0 + h)]. \quad \text{(V-4)}$$

Wieder gilt $h \in \mathbb{R}$ und $(x_0 \pm h) \in D_f$. Ist der Symmetriepunkt $O(0/0)$, so ergibt sich aus dieser Gleichung die Gleichung unter Punkt 2 zwei Seiten zuvor (h muss dann in x umbenannt werden).

Wir wollen das Gesagte ein wenig greifbarer machen und zwei Beispiele angeben, die den Umgang mit den Symmetrienachweisen verdeutlichen sollen.

Beispiel 1 - Nachweis von Achsensymmetrie

Wir wollen zeigen, dass die Funktion f mit $f(x) = x^2 - 6x + 9$ achsensymmetrisch zur Parallelen zur y-Achse mit der Gleichung $x = 3$ ist. Wir verwenden die Formel und rechnen:

$$f(3 + h) = f(3 - h)$$
$$\Updownarrow$$
$$(3 + h)^2 - 6 \cdot (3 - h) + 9 = (3 - h)^2 - \cdot(3 - h) + 9 \quad | - 9$$
$$(3 + h)^2 - 6 \cdot (3 - h) = (3 - h)^2 - \cdot(3 - h) \qquad \text{|binomische Formeln ausrechnen}$$
$$9 + 6h + h^2 - 18 - 6h = 9 - 6h + h^2 - 18 + 6h$$

Wir sehen, dass sich die beiden Seiten wegheben und letztendlich $0 = 0$ stehen bleibt. Da diese Gleichung immer wahr ist, haben wir die Symmetrie nachgewiesen, d.h. das Schaubild der Funktion f ist achsensymmetrisch zu $x = 3$.

Beispiel 2 - Nachweis von Punktsymmetrie

Wir wollen zeigen, dass die Funktion f mit $f(x) = x^3 - 3x^2 + 3x + 3$ punktsymmetrisch zum Punkt $P(1/4)$ ist. Wir setzen mit der entsprechenden Formel an und rechnen:

$$f(x_0 - h) - y_0 = -f(x_0 + h) + y_0 \Leftrightarrow y_0 = \frac{1}{2} \cdot [f(x_0 - h) + f(x_0 + h)]$$

also

$$\frac{1}{2}\left[f(1-h) + f(1+h)\right] = \frac{1}{2}[(1-h)^3 - 3(1-h)^2 + 3(1-h) + 3 + (1+h)^3$$

$$-3(1+h)^2 + 3(1+h) + 3] = \frac{1}{2}[1 - 3h + 3h^2 - h^3 - 3 + 6h - 3h^2 + 3 - 3h + 3 + 1$$

$$+ 3h + 3h^2 + h^3 - 3 - 6h - 3h^2 + 3 + 3h + 3]$$

Rechnen wir das aus, fällt alles weg bis auf die Zahl 8. Und $8 : 2 = \mathbf{4}$. Das stimmt, weil $P(1/\mathbf{4})$ der Symmetriepunkt ist. Das Schaubild der Funktion f ist also punktsymmetrisch zum genannten Punkt P.

Aufgaben

Aufgabe 1:
Welche der mit ihrer Funktionsgleichung vorliegenden Funktionen sind ganzrationale Funktionen? Begründen Sie kurz Ihre Antwort.

(a) $a(x) = 22 \cdot \sqrt{x} - \dfrac{1}{x^2}$

(b) $b(x) = 2 \cdot x^7 + 24 \cdot x^4 - 2 \cdot x^2 + 12$

(c) $c(x) = \sqrt{29} \cdot x^3 - \pi \cdot x^2 - e^2 \cdot x$

(d) $d(x) = x^2 \cdot t^2 - \sqrt{t} \cdot x - \sqrt{t-1} + \dfrac{1}{t}$

(e) $e(t) = x^2 \cdot t^2 - \sqrt{t} \cdot x - \sqrt{t-1} + \dfrac{1}{t}$

(f) $f(x) = 22x - x^2 + \sin(x)$

Aufgabe 2:
Weisen Sie nach, dass die Graphen der jeweils durch ihre Funktionsgleichung gegebenen Funktionen zu dem zusätzlich angegebenen Punkt bzw. der zusätzlich angegebenen Parallelen zur y-Achse symmetrisch sind.

(a) $a(x) = x^3 - 6x^2 + 3x + 12$, $P(2/2)$

(b) $b_t(x) = x^4 + 4tx^3 - 2t^2x^2 - 12t^3x + 9t^4$, $x_t = -t$ und $t \in \mathbb{R}$

(c) $c(x) = 5 \cdot \dfrac{x^2 - 4x + 2}{x^2 - 4x + 9}$, $x = 2$

(d) $d_t(x) = \dfrac{2tx + 3t}{x + 1}$, $P_t(-1/2t)$ und $t \in \mathbb{R}$

Aufgabe 3:
Entscheiden Sie, indem Sie die Hochzahlen betrachten, ob die jeweils durch ihre Funktionsgleichung gegebene Funktion gerade oder ungerade ist. Weisen Sie die Symmetrie des Graphen im Zweifelsfall explizit nach $(f(x) = f(-x)$ bzw. $f(x) = -f(-x))$.

(a) $b(x) = \dfrac{x^3 - 2x}{x^2 - 4}$ 　　　　(b) $c(x) = \dfrac{x^2 - 4}{x^3 - 2x}$ 　　　　(c) $d(x) = 2^{x^2+1} - x^6$

(d) $e(x) = 5^x + 5^{-x}$ 　　　　(e) $f(x) = \sqrt{x^4 - x^2 + 1}$

Aufgabe 4:

Stellen Sie mit Hilfe der Kapitel III, IV und des bisher bearbeiteten Kapitels V die Funktionsgleichungen der Funktionen mit den folgenden Eigenschaften auf. Zusätzliche Informationen erhalten Sie auch in Abschnitt V.5 weiter hinten in diesem Kapitel.

(a) Eine ganzrationale Funktion vom Grad 2, deren Graph symmetrisch zur Geraden $x = 2$ ist.

(b) Eine Funktion, deren Graph einen Pol mit VZW bei $x = -1$ besitzt und der symmetrisch zum Punkt $P(-1/3)$ ist.

(c) Eine Funktion, deren Graph die Pole mit VZW bei $x = -2$ und $x = 2$ hat und der achsensymmetrisch ist.

(d) Eine Funktion d mit $d(x) = 5^{g(x)}$ (mit der Funktion g als Exponent), deren Graph achsensymmetrisch ist.

(e) Eine Funktion e mit $e(x) = \dfrac{1}{f(x)}$ (mit der Funktion f im Nenner), deren Graph achsensymmetrisch ist und die keine Definitionslücke besitzt.

V.4 Ganzrationale Funktionen und ihre Nullstellen

Theorie | Beispiel

Die Definition der Nullstelle

Eine Zahl $x_0 \in D_f$ (D_f ist Definitionsmenge von f) für die $f(x_0) = 0$, heißt **Nullstelle** der Funktion f.

$$f(x) = 3x^3 - 27x$$

$3x^3 - 27x = 0$	ausklammern
$x(3x^2 - 27) = 0$	$x_1 = 0$
$x(3x^2 - 27) = 0$	: x mit $x \neq 0$
$3x^2 - 27 = 0$	$+ 27$
$3x^2 = 27$	: 3
$x^2 = 9$	Wurzel ziehen

$$x_{2/3} = \pm\sqrt{9} = \pm 3$$
$$x_2 = 3 \text{ und } x_3 = -3.$$

Wir erhalten die Nullstellen einer Funktion f, indem wir $f(x) = 0$ setzen und die x-Werte berechnen, die die Gleichung erfüllen. Wir bezeichnen die Nullstellen der Reihe nach mit natürlichen Zahlen von 1 bis n, die tiefgestellt geschrieben werden (Indizes), wobei n die Anzahl der Nullstellen ist.

Haben wir lineare Funktionen und somit lineare Gleichungen gegeben, so können wir die Nullstelle durch einfache Termumformungen erhalten. Liegen quadratische Funktionen/Gleichungen vor, so steht uns die Mitternachtsformel als Waffe zur Verfügung. Bei Funktionen/Gleichungen höheren Grades (größer als 2), bleibt uns nichts anderes übrig, als eine Nullstelle, sofern keine gegeben ist, zu raten, um dann eine **Polynomdivision** oder das **Horner-Schema** durchzuführen und so zu einer einfacheren Funktion bzw. Gleichung niedrigeren Grades zu gelangen. Die Polynomdivision funktioniert genau so wie das schriftliche Dividieren aus der dritten Klasse. Wir führen diese Vorgehensweise (raten und rechnen) solange durch, bis uns eine quadratische Funktion/Gleichung vorliegt, so dass die Mitternachtsformel zum Einsatz kommen kann.

V.4.1 Warum die Polynomdivision funktioniert

Abspalten eines Linearfaktors bei ganzrationalen Funktionen

Ist x_0 eine (einfache) Nullstelle der ganzrationalen Funktion p_n vom Grad n, so lässt sich die Funktionsgleichung folgendermaßen niederschreiben:

$$p_n(x) = (x - x_0) \cdot p_{n-1}(x). \tag{V-5}$$

p_{n-1} ist dabei eine ganzrationale Funktion vom Grad $n - 1$ und wir erhalten sie durch die Polynomdivision oder das Horner-Schema mit dem Linearfaktor $(x - x_0)$ aus p_n. Diese Produktzerlegung können wir maximal $(n - 1)$-mal durchführen. Dadurch schlussfolgern wir: Der Graph einer **ganzrationalen Funktion vom Grad n** schneidet die x-Achse höchstens n Mal, d.h. diese hat **höchstens n Nullstellen**.

Anmerkung 1 - Über das Produkt der Nullstellen

Jede ganzrationale Funktion vom Grad n lässt sich als Produkt ihrer Nullstellen darstellen, wenn n Nullstellen im Reellen vorliegen (Produktdarstellung).
Zwar gilt, dass sich eine ganzrationale Funktion vom Grad n immer als Produkt ihrer genau n Nullstellen darstellen lässt, aber hier sind auch die sog. komplexen Nullstellen mit einbezogen. Da wir noch nicht mit komplexen Zahlen umgehen können, reduzieren wir den sog. **Fundamentalsatz der Algebra** auf die eben getätigte Aussage.

Anmerkung 2 - Mehrfache Nullstellen

Kommt ein Faktor in der Produktdarstellung mehrmals vor, so nennen wir den zugehörigen x-Wert eine mehrfache Nullstelle (z.B. ist bei $p(x) = (x-1)^2$ die Nullstelle $x_0 = 1$ eine doppelte Nullstelle). Wir wollen hier vom **Typ einer Nullstelle** und von der **Vielfachheit m einer Nullstelle** sprechen. Ist eine Nullstelle eine m-fache Nullstelle (Vielfachheit m) mit $m \in \mathbb{N}$ und $m \geq 2$, dann berührt das Schaubild der betreffenden Funktion hier die x-Achse (ein **Berührpunkt** liegt vor). Wollen wir die gemeinsamen Punkte zweier Funktionen p und q ermitteln, so setzen wir bekanntlich $p(x) = q(x)$ und erhalten durch das Lösen der Gleichung $r(x) = 0$ mit $r(x) := p(x) - q(x)$[a] die gesuchten x-Werte[b]. Hat die Funktion r mehrfache Nullstellen, so berühren sich hier die Schaubilder der beiden Funktionen f und g[c].

---

[a] $:=$ steht für „ist definiert als"
[b] **Bemerkung am Rande:** Die y-Werte erlangen wir durch Einsetzen der x-Werte in p oder q.
[c] **Zu den Berührpunkten:** Berührpunkte können auch über Ableitungen gefunden werden. Liegt ein Berührpunkt der Schaubilder von p und q an der Stelle $x = x_0$ vor, dann ist $p(x_0) = q(x_0)$ und $p'(x_0) = q'(x_0)$. Die ausführlichen Betrachtungen hierzu finden sich in Kapitel VII, in dem wir den Begriff der Ableitung behandeln.

Mehrfache Nullstellen haben ein recht charakteristisches Aussehen im Graphen einer Funktion. Die beiden möglichen Varianten sehen wir in Abbildung V.4.1.

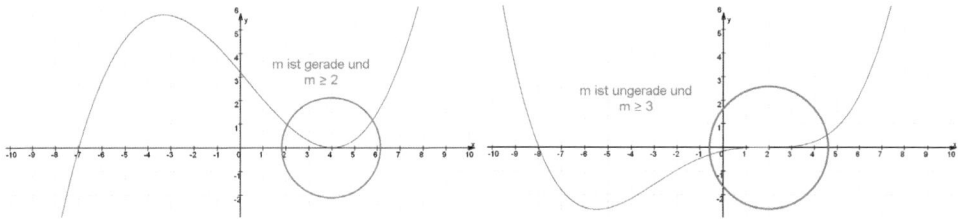

Abbildung V.4.1: Das Aussehen einer m-fachen Nullstelle: Im linken Bild ist m gerade und $m \geq 2$, im rechten Bild ist m ungerade und $m \geq 3$.

Kehren wir zurück zu unserem eigentlichen Thema, der Polynomdivision. Eine solche führen wir durch, wenn wir z.B. $p_n(x) : (x - x_0)$ rechnen. Wir erhalten dann $p_{n-1}(x)$, wie wir bereits im letzten Formelkasten sehen konnten. Es ist natürlich nicht notwendig, dass $p_n(x)$ in der Produktform bzw. Produktdarstellung, also niedergeschrieben als Produkt ihrer Nullstellen, vorliegt. Wie wir die Polynomdivision im „Nicht-Produktform-Fall" durchzuführen haben, zeigen wir in Beispiel 2. Zuerst wollen wir uns aber an einem Beispiel vergewissern, dass die Aussage des letzten Kastens stimmt.

Beispiel 1 - Eine Funktion als Produkt ihrer Nullstellen

Die Nullstellen der Funktion f mit $f(x) = x^2 - 4x + 3$ sind $x_1 = 3$ und $x_2 = 1$ (Nachrechnen(!) mit der Mitternachtsformel). Angeblich ist dann auch $f(x) = (x - 1) \cdot (x - 3)$, da f vom Grad 2 ist und wir zwei reelle Nullstellen vorliegen haben. Ausrechnen ergibt zum Glück wieder den ersten Term.

Man merke sich, dass die Polynomdivision immer dann genau aufgeht, wenn man mit einer Nullstelle dividiert. Das wollen wir kurz demonstrieren.

Beispiel 2 - Polynomdivision

Wir wollen von der Funktion g mit $g(x) = x^2 - 4x + 3$ (siehe Beispiel 1) die Nullstelle $x = 3$ abdividieren. Wir haben also $(x^2 - 4x + 3) : (x - 3) = ?$ zu berechnen.

$$
\begin{array}{l}
(x^2 - 4x + 3) : (x - 3) = x - 1 \\
\underline{-(x^2 - 3x)} \qquad (x - 3) \text{ mal } x \\
\qquad -1x + 3 \\
\qquad \underline{-(-1x + 3)} \qquad (x - 3) \text{ mal } 1 \\
\qquad\qquad\qquad 0 \qquad \textbf{Polynomdivision geht auf!}
\end{array}
$$

Das Ergebnis der Polynomdivision lautet (wie erwartet) $x - 1$. Damit können wir dann die verbleibende Nullstelle berechnen: $x - 1 = 0 \Leftrightarrow x = 1$. Eine Polynomdivision mit Rest sehen wir im nächsten Unterkapitel auf Seite 114.

V.4.2 Das Horner-Schema

Das Horner-Schema und die Funktionswertbestimmung

Das Horner-Schema wird u.a. zur **Berechnung von Funktionswerten** verwendet. Es kann aber auch anstatt der Polynomdivision verwendet werden, wenn wir durch einen Linearfaktor (d.h. einen Term der Gestalt $x - a$ mit $a \in \mathbb{R}$) dividieren wollen. Wir wollen das Horner-Schema zu Beginn an einem kleinen Beispiel erläutern.

Beispiel 1

Gegeben sei die Funktion f mit $f(x) = 2x^3 - 3x^2 + x - 7$. Berechnen Sie den Funktionswert an der Stelle $= 2$.

Anstatt den Funktionswert durch Einsetzen direkt zu berechen und viele Multiplikationen (wegen der Potenzen bei jedem x) durchzuführen, können wir deren Anzahl mit fortgesetztem Ausklammern reduzieren:

$$f(x) = 2x^3 - 3x^2 + x - 7 = \left[2x^2 - 3x + 1\right] \cdot x - 7 = \left[(2x - 3) \cdot x + 1\right] \cdot x - 7.$$

Der Funktionswert berechnet sich dann zu

$$f(2) = \left[(2 \cdot 2 - 3) \cdot 2 + 1\right] \cdot 2 - 7 = -1.$$

Das können wir ebenso in Form einer Tabelle schreiben. Diese schematische Vorgehensweise bezeichnet man als Horner-Schema.

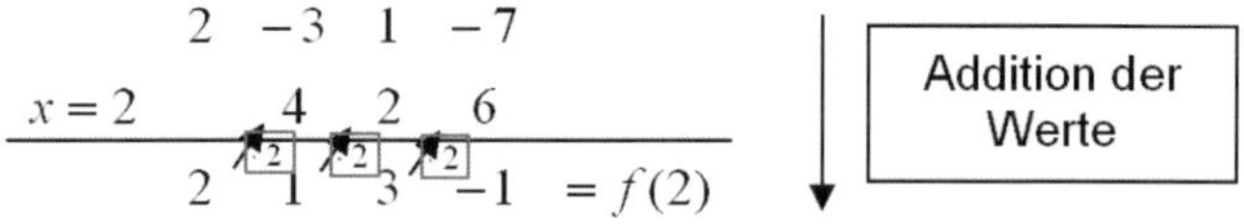

Abbildung V.4.1: Horner-Schema für die Beispielfunktion.

Dabei notieren wir nur die Koeffizienten, welche sich beim fortgesetzten Ausklammern ergeben, und dadurch müssen wir lediglich eine Multiplikation und eine Addition pro Schritt[3] durchführen. Wir haben also immer die Abfolge Addition, Multiplikation, Addition, Multiplikation, ... ,Additon bei den durchzuführenden Rechenoperationen. In unserem Fall sind das drei Multiplikationen und drei Additionen (also sechs Rechenoperationen insgesamt). Bei der normalen Rechnung müssten wir im vorliegenden Beispiel fünf Multiplikationen (drei bei $2x^3 = 2 \cdot x \cdot x \cdot x$ und noch mal zwei bei $3x^2 = 3 \cdot x \cdot x$) und drei Additionen durchführen, also insgesamt acht Rechenoperationen. Bei größeren Polynomen können sich die Zahlen noch deutlicher unterscheiden. Die Verringerung der Anzahl der Multiplikationen ist einer der Hauptvorteile des Horner-Schemas.

!Vorsicht beim Aufstellen des Horner-Schemas!

Ist eine Hochzahl nicht vertreten, so müssen wir als Koeffizienten eine 0 an der entsprechenden Stelle des Horner-Schemas notieren!

---

[3]Addition (Pfeil senkrecht nach unten) der zwei in einer Spalte untereinander stehenden Werte und Multiplikation des vorgegebenen x-Wertes (hier $x = 2$) mit dem jeweiligen Ergebnis eben jener vorangegangenen Addition. Notation des Produktes unter dem nächsten Koeffizienten (Pfeil diagonal), dadurch erfolgt ein Auffüllen der nächsten Spalte. Eine weitere Addition kann nun vollzogen werden.

Wir betrachten als Beispiel das durch die Funktionsgleichung

$$g(x) = 2x^4 - 2x + 1.$$

gegebene Polynom. Bei diesem fehlen die zweite und die dritte Potenz der Laufvariablen x. Für das Horner-Schema notieren wir deswegen in der ersten Zeile die folgenden Koeffizienten:

$$2 \quad 0 \quad 0 \quad -2 \quad 1$$

Wir erwähnten bereits, dass das Horner-Schema auch als Ersatz für die Polynomdivision mit einem Linearfaktor verwendet werden kann. Wir wollen dies jetzt erläutern.

Das Horner-Schema und die Polynomdivision

Wir betrachten zu Beginn ein Beispiel für die Polynomdivision mit einem Linearfaktor.

Beispiel 2

Dividieren Sie die Funktion h mit $h(x) = x^3 - 4x^2 + 3x - 2$ durch $q(x) = x - 2$.

Polynomdivision

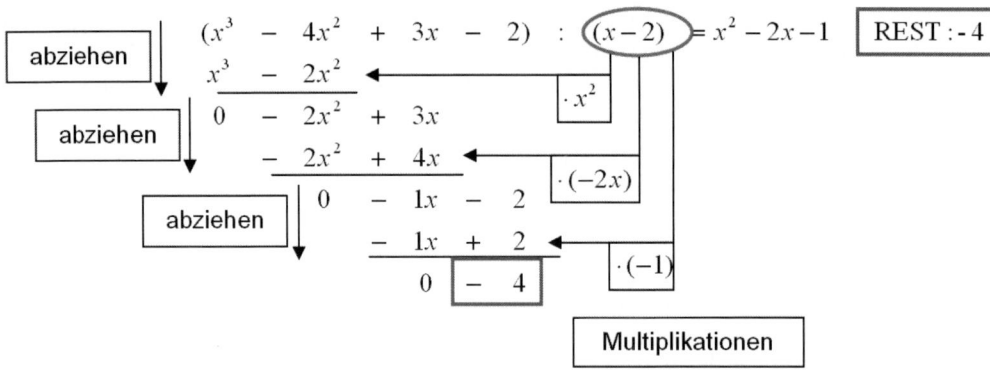

Abbildung V.4.2: Polynomdivision mit Rest.

Hiermit kann nun eine Zerlegung von $h(x)$ in die Produktform erfolgen:

$$h(x) = x^3 - 4x^2 + 3x - 2 = (x^2 - 2x - 1) \cdot (x - 2) - 4.$$

Der Rest -4 ist der Funktionswert an der Stelle $x = 2$. Das Horner-Schema hierzu sieht wie folgt aus:

$$
\begin{array}{r|rrrr}
 & 1 & -4 & 3 & -2 \\
x = 2 & & 2 & -4 & -2 \\
\hline
 & 1 & -2 & -1 & -4 \quad = h(2)
\end{array}
$$

Abbildung V.4.3: Horner-Schema für $h(x)$ bei $x = 2$, aufgeführt zum Vergleich mit der Polynomdivision.

Vergleichen wir dieses mit der Zerlegung auf der vorherigen Seite, so fällt das Folgende auf:

Die Koeffizienten des bei der Abspaltung des Linearfaktors entstehenden Polynoms stehen in der dritten Zeile des Horner-Schemas.

Es gilt nun der folgende Satz:

Zerlegung von Polynomen

Jedes Polynom $p_n(x)$ n-ten Grades lässt sich zerlegen in

$$
p_n(x) = \underbrace{(x - x_0)}_{\text{abgespalteter Linearfaktor}} \cdot \overbrace{p_{n-1}(x)}^{\text{Polynom } (n-1)\text{ten Grades}} + \underbrace{p_n(x_0)}_{\text{Funktionswert an der Stelle } x_0} \qquad \text{(V-6)}
$$

Ist nun $p_n(x_0) = 0$, so gilt, dass

$$
p_n(x) = \underbrace{(x - x_0)}_{\text{abgespalteter Linearfaktor}} \cdot \overbrace{p_{n-1}(x)}^{\text{Polynom } (n-1)\text{ten Grades}} \qquad \text{(V-7)}
$$

Das Horner-Schema liefert, wie bereits erwähnt, in der dritten Zeile die Koeffizienten des Polynoms $p_{n-1}(x)$, welches einen Grad niedriger ist als $p_n(x)$, und den Funktionswert $p_n(x_0)$. Das Horner-Schema ersetzt die Polynomdivision gemäß den gemachten Überlegungen.

Aufgaben

Aufgabe:

(a) Berechnen Sie die Funktionswerte der Funktion f mit $f(x) = x^4 - 2x^3 + 4$ an den Stellen $x = 4$ und $x = -2$.

(b) Zerlegen Sie $g(x) = x^3 - 2x^2 + 2x - 1$ in die Produktform. Raten Sie dazu zuerst eine Nullstelle.

(c) Weisen Sie durch doppelte Anwendung des Horner-Schemas nach, dass $x_{1/2} = 1$ eine doppelte Nullstelle der durch die Funktionsgleichung $h(x) = 2x^3 - 8x^2 + 10x - 4$ gegebenen Funktion h ist.

V.4.3 Nullstellen und Substitution bei ganzrationalen Funktionen

Manche Funktionen, die wie quadratische Funktionen aussehen, aber „falsche" Hochzahlen haben, können wir substituieren, um dadurch die Lösungen z.B. bei der Suche nach den Nullstellen zu erhalten. Die Substitution soll anhand eines Beispieles erklärt werden:

Beispiel - Substitution

Zu lösen ist die Gleichung

$$x^4 + x^2 - 2 = 0.$$

Wir setzen $u = x^2$ (das ist die eigentliche Substitution[4]) und erhalten dadurch

$$u^2 + u - 2 = 0.$$

Mit der Mitternachtsformel rechnen wir weiter:

$$u_{1/2} = \frac{-1 \pm \sqrt{1 - (-2) \cdot 4}}{2} = \frac{-1 \pm 3}{2}.$$

Also haben wir $u_1 = 1$ und $u_2 = -2$ erhalten. Nun müssen wir wieder zurückrechnen (durchführen der Rücksubstitution):

---

[4]von lat. substituere: ersetzen

Wir hatten $u = x^2$, daraus machen wir $\pm\sqrt{u} = x$.

Setzen wir für u nacheinander die erhaltenen Zahlen ein, so ergeben sich für $u_1 = 1$ die Nullstellen $x_{11} = 1$ und $x_{12} = -1$. Aus $u_2 = -2$ können wir keine Wurzel ziehen, d.h. es gibt keine weiteren Nullstellen mehr. Wir haben somit zwei Nullstellen gefunden.

Wann sich das Substituieren lohnt

Wir können immer dann substituieren, wenn eine Funktion bzw. Gleichung wie folgt aussieht oder sich auf diese Form bringen lässt:

$$f(x) = ax^{2n} + bx^n + c, \text{ mit } n \in \mathbb{R} \setminus \{0\} \text{ und } a, b, c \in \mathbb{R}. \tag{V-8}$$

Wir setzen einfach $u = x^n$ (Substituieren), dann ist $f(u) = au^2 + bu + c$. Jetzt können wir die Mitternachtsformel anwenden. Danach sollten wir das Zurückrechnen (Rücksubstituieren) nicht vergessen:

$$\sqrt[n]{u} = u^{\frac{1}{n}} = x. \tag{V-9}$$

So erhalten wir hier alle Nullstellen (Bei geraden n $\pm$ nicht vergessen.).

M

Aufgaben

Aufgabe 1:
Lösen Sie die folgenden Gleichungen.

(a) $x^4 - 5x^2 = -6$

(b) $x^4 - 5x^2 = 6$

(c) $x^8 - 3x^4 = 4$

(d) $(x^2 - 4) \cdot (x^4 - 1) = 0$

Aufgabe 2:
Die Funktion g hat die Gleichung $g(x) = (2x^2 - 18) \cdot (x^2 + a)$ mit $a \in \mathbb{R}$. Für welche Werte von a hat g

(a) genau zwei doppelte Nullstellen?

(b) genau zwei einfache Nullstellen?

(c) genau drei Nullstellen? Von welchem Typ sind diese?

Aufgabe 3:

Die Gerade g ist parallel zur Geraden h mit der Gleichung $h(x) = -3x - 1$ und geht durch den Punkt $N(1/0)$. Die Funktion f hat die Gleichung $f(x) = x^4 - x^3 - 2x^2 - 3x + 3$.

(a) Bestimmen Sie die exakten Koordinaten der gemeinsamen Punkte der beiden Funktionen. Von welchem Typ sind diese Punkte? Begründen Sie Ihre Aussagen.

(b) Bestimmen Sie den Abstand $d(f, g)$ an den Stellen $x_A = 0{,}5$ und $x_B = 1$.

Aufgabe 4:

(a) Gegeben sind die drei Funktionsgleichungen

  - $f(x) = ax(x-1)^2$
  - $g(x) = b(x-2)^2(x+1)$
  - $h(x) = c\,(x^2 - 4)\,(x - 0{,}5)$

  Ordnen Sie diese den nachfolgenden Schaubildern zu und begründen Sie Ihre Wahl!

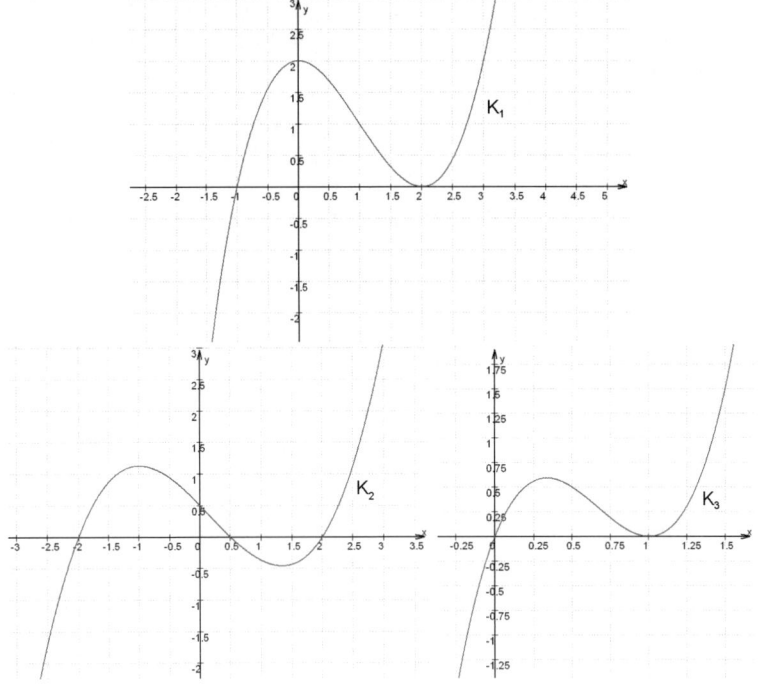

Abbildung V.4.1: Die drei im Aufgabentext erwähnten Schaubilder.

(b) Bestimmen Sie die unbekannten Größen a, b und c auf Grund ihrer Wahl in Aufgabenteil (a).

Aufgabe 5:
Gegeben ist die Funktion f mit der Gleichung $f(x) = -2x^3 + 8(t-1)x$ und $t \in \mathbb{R}$. Für welche Werte von t hat f drei Nullstellen? Wie viele Nullstellen existieren in den anderen Fällen und von welchem Typ sind sie?

Aufgabe 6:
Eine punktsymmetrische Parabel dritter Ordnung geht durch die Punkte $P(1/-4)$ und $Q(-2/-4)$. Bestimmen Sie den Funktionsterm.

Aufgabe 7:
Eine zum Ursprung punktsymmetrische Funktion dritten Grades geht durch die beiden Punkte $P(2/6)$ und $Q(-4/0)$. Wie lautet ihre Funktionsgleichung?

Aufgabe 8:
Durch die Angaben in Aufgabe 7 kann man auch direkt die Produktform der Funktion aufstellen. Wie lautet diese?

Aufgabe 9:
Gegeben ist die Funktion f mit der Gleichung $f(x) = x^3 + 2x^2 - x - 2$.

(a) Bestimmen Sie die Nullstellen von f.

(b) Beschreiben Sie das Randverhalten der Parabel. Von welchem in welchen Quadranten verläuft sie?

Aufgabe 10:
Gegeben ist die Funktion g mit der Gleichung $g(x) = \frac{1}{3}x^3 - 3x$.

(a) Bestimmen Sie die Produktform der Funktionsgleichung und zeichnen Sie das Schaubild K_g in ein Koordinatensystem.

(b) Beschreiben Sie das Randverhalten der Parabel. Von welchem in welchen Quadranten verläuft der Graph?

V.5 Das Baukastenprinzip - Zusammengesetzte Funktionen

Wir können (nicht nur ganzrationale) Funktionen mittels der vier Grundrechenarten Addition, Subtraktion, Multiplikation und Division zu neuen Funktionen (z.B. gebrochenrationale Funktionen[5]) zusammensetzen. Diese können wir zu diesem Zeitpunkt leider noch nur bedingt untersuchen, darum sei hierfür auf die späteren Kapitel verwiesen. Wir sind

---

[5]Für die Details siehe Kapitel IX.

aber bereits zu einigen grundlegenden Überlegungen in der Lage. Diese stellen wir hier kurz in Grundzügen vor.

V.5.1 Addition und Subtraktion von Funktionen

Wir beginnen mit dem Plus- und dem Minuszeichen als Verknüpfungsoperatoren zwischen zwei Funktionen. Da die Subtraktion als Umkehroperation der Addition für uns an dieser Stelle nichts Neues bringt, betrachten wir im grafischen Beispiel weiter unten lediglich das Addieren zweier Funktionen. Die Erweiterung auf beliebig viele Funktionen läuft über die Schiene, dass die neue, zusammengesetzte Funktion wieder als eine einzige Funktion aufgefasst wird und wir diese dann mit einer weiteren verknüpfen. Die Vorgehensweise lässt sich natürlich beliebig fortsetzen. Betrachten wir ein paar Spielregeln und Begriffe zur Addition und Subtraktion von Funktionen.

Addition und Subtraktion von Funktionen

Die Funktion $f := u + v : x \mapsto u(x) + v(x)$ bezeichnen wir als die **Summe der Funktionen u und v**. Die zusammengesetzte Funktion besitzt als Definitionsmenge die Schnittmenge der beiden Definitionsmengen der beteiligten Funktionen u und v, d.h. $D_f = D_u \cap D_v$ in mathematischer Schreibweise. Das bedeutet, dass die zusammengesetzte Funktion nur dort definiert ist, wo *beide Funktionen gleichzeitig definiert* sind.
Für die Funktion $g := u - v : x \mapsto u(x) - v(x)$, welche wir als die **Differenz der Funktionen u und v** bezeichnen, gilt ebenfalls $D_g = D_u \cap D_v$.

Um besser verstehen zu können, wie sich die Definitionsmenge der resultierenden, zusammengesetzten Funktion ergibt, betrachten wir zwei Beispiele.

Beispiel 1 - Von Wurzeln und Summen

Wir betrachten die Funktion f mit

$$f(x) = x^2 + \sqrt{x - 3}.$$

Der erste Summand $u(x) := x^2$ hat als ganzrationale Funktion vom Grad 2 die Definitionsmenge $D_u = \mathbb{R}$, also alle uns bekannten Zahlen. Der zweite Summand $v(x) := \sqrt{x - 3}$ ist als Wurzelfunktion nur für positive Radikanden[6] gültig, d.h. dieser muss größer oder gleich 0 sein. Es folgt somit

$$x - 3 \geq 0 \Leftrightarrow x \geq 3.$$

---

[6] Ausdruck unter der Wurzel

Folgerichtig ist $D_v = [3; \infty)$. Für die Definitionsmenge der Summenfunktion f erhalten wir hiermit

$$D_f = D_u \cap D_v = \mathbb{R} \cap [3; \infty) = (-\infty; \infty) \cap [3; \infty) = [3; \infty) = D_v.$$

Die Schnittmenge zweier Mengen ist die Menge, in der alle Elemente liegen, welche sich in **beiden** Mengen finden lassen. Da D_u alle reellen Zahlen enthält und D_v nur alle reellen Zahlen ab einschließlich 3, kann die Schnittmenge D_f nur mit der Menge D_v identisch sein.

Für einen ersten Einstieg dürfte dieses Beispiel ganz brauchbar gewesen sein. Aber um uns ein besseres Bild machen zu können, d.h. um eine bildliche Vorstellung des Geschehens zu entwickeln, wenden wir uns noch einem weiteren Beispiel zu.

Beispiel 2 - Zur bildlichen Vorstellung

Betrachten wir wieder eine Funktion. Diesmal ist sie gegeben durch

$$g(x) = \sqrt{2x + 8} - \sqrt{x^2 - 9} = \underbrace{\sqrt{2x + 8}}_{\text{Summand 1}} + \underbrace{\left(-\sqrt{x^2 - 9}\right)}_{\text{Summand 2}}.$$

Wir bestimmen wieder die Definitionsmengen der einzelnen Summanden(funktionen):

Für Summand 1 $(u(x) := \sqrt{2x + 8})$ rechnen wir

$$2x + 8 \geq 0 \Leftrightarrow 2x \geq -8 \Leftrightarrow x \geq -4.$$

Also ist $D_u = [-4; \infty)$.

Für Summand Nummer 2 $(v(x) := -\sqrt{x^2 - 9})$ rechnen wir

$$x^2 - 9 = 0 \Leftrightarrow x^2 = 9 \Leftrightarrow x_{1/2} = \pm 3.$$

Da eine nach oben geöffnete Parabel als Radikand vorliegt, erhalten wir die gewünschten positiven Werte für $x \geq 3$ oder für $x \leq -3$. Somit ist die Definitionsmenge in diesem Fall $D_v = (-\infty; -3] \cup [3; \infty)$. cup vereinigt dabei die beiden Mengen.

Bevor wir nun D_g bestimmen, wollen wir uns die Definitionsmengen anhand des Zahlenstrahls grafisch verdeutlichen.

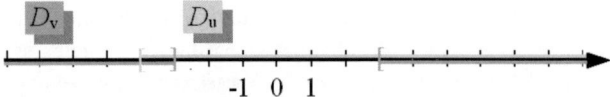

Abbildung V.5.1: Die Definitionsmengen D_v und D_u auf dem Zahlenstrahl.

Wir sehen, dass es bestimmte Intervalle gibt, auf denen beide Funktionen definiert sind. Diese gemeinschaftlichen Intervalle bilden die Definitionsmenge der resultierenden, zusammengesetzten Funktion. Diese Definitionsmenge D_g sehen wir in Abbildung V.5.2.

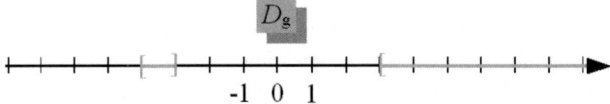

Abbildung V.5.2: Die resultierende Definitionsmenge D_g auf dem Zahlenstrahl.

Wir erhalten die Definitionsmenge rechnerisch wie folgt:

$$D_g = D_u \cap D_v = [-4; \infty) \cap ((-\infty; -3] \cup [3; \infty)) = [-4; -3] \cup [3; \infty).$$

Den Graphen der resultierenden, zusammengesetzten Funktion sehen wir in der folgenden Abbildung V.5.3.

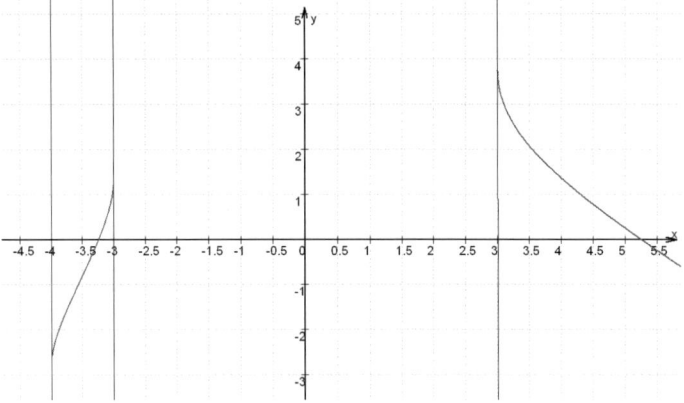

Abbildung V.5.3: Die resultierende, zusammengesetzte Funktion $g(x)$ im Schaubild.

Wir sehen, dass die Überlegungen zur Definitionsmenge einer Funktion nicht immer ganz so selbstverständlich und trivial sind. Aber mit etwas Übung gestaltet sich auch dieses Problem weit weniger schwierig als es oft erscheint.

Gehen wir nochmal zur Addition bzw. Subtraktion von Funktionen an sich zurück. Was machen wir, wenn wir uns bei zwei durch ihren Graphen gegebenen Funktionen schnell einen Überblick über den durch Addition oder Subtraktion entstehenden, zusammengesetzten Funktionsgraphen verschaffen wollen? Diese Frage beantworten wir im Folgenden:

Haben wir beide Funktionsgraphen schon in einem Koordinatensystem gezeichnet, können wir mit Hilfe der sog. **Ordinatenaddition** das Schaubild der neuen Funktion grafisch ermitteln. Für die Addition haben wir hierbei vier Fälle zu unterscheiden, welche wir uns als Beispiel anschauen wollen.

Beispiel 3 - Ordinatenaddition

Für die folgenden vier Bildchen in der nächsten Abbildung müssen wir uns vorstellen, dass alle Strecken an derselben x-Stelle anzutreffen sind. Aber würden wir das tatsächlich so zeichnen, würden wir ja gar nichts mehr erkennen können.

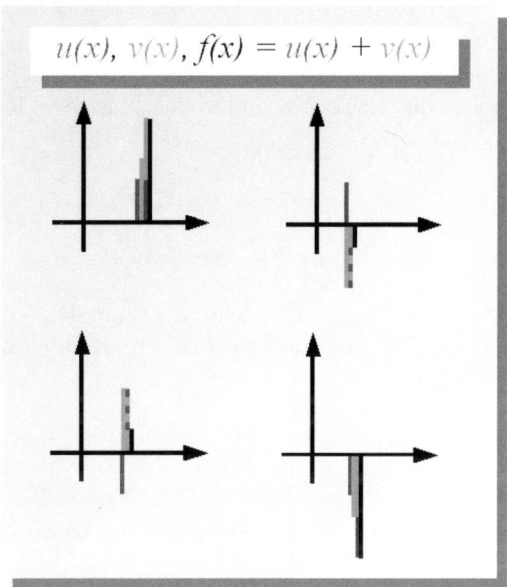

Abbildung V.5.4: Die vier Fälle für die Ordinatenaddition.

V.5.2 Multiplikation und Division von Funktionen

Auch die Division bzw. Multiplikation zweier (und mehr) Funktionen ist natürlich möglich. Während sich bei Addition und Subtraktion formal keine großen Unterschiede ergaben, müssen wir v.a. bei der Division zweier Funktionen etwas genauer auf die resultierende Definitionsmenge schauen. Doch legen wir zuerst wieder die Begrifflichkeiten fest.

Multiplikation und Division von Funktionen

Die Funktion $h := u \cdot v : x \mapsto u(x) \cdot v(x)$ bezeichnen wir als die **Produkt der Funktionen u und v**. Die zusammengesetzte Funktion besitzt als Definitionsmenge die Schnittmenge der beiden Definitionsmengen der beteiligten Funktionen u und v, d.h. $D_h = D_u \cap D_v$. Das bedeutet, dass die zusammengesetzte Funktion nur dort definiert ist, wo beide Funktionen gleichzeitig definiert sind.
Für die Funktion $i := \frac{u}{v} : x \mapsto \frac{u(x)}{v(x)}$, welche wir als die **Division der Funktionen u und v** bezeichnen, gilt $D_i = D_u \cap D_v \setminus \{x_k | v(x_k) = 0\}$.

Wie dürfen wir die Definitionsmenge der resultierenden Funktion bei der Division interpretieren? Machen wir hierzu ein Beispiel, welches uns hoffentlich zu dem gewünschten Verständnis geleiten wird.

Beispiel - Die Definitionsmenge bei der Division von Funktionen

Gegeben seien die beiden Funktionen u und v mit $u(x) = 4x - 3$ und $v(x) = x^2 - 3x + 2$. Beide sind als ganzrationale Funktionen vom Grad 1 bzw. Grad 2 auf ganz $\mathbb{R}$ definiert, d.h. wir können alle Zahlen, die wir kennen und wollen, einsetzen. Es sei nun die Funktion i gegeben durch

$$i(x) := \frac{u(x)}{v(x)} = \frac{4x - 3}{x^2 - 3x + 2}.$$

Besonderer Beachtung müssen wir nach dem letzten Kasten den Nullstellen der Funktion im Nenner schenken. Mit der Mitternachtsformel (MNF) erhalten wir hierfür $x_1 = 1$ und $x_2 = 2$. Für diese x-Werte gilt

$$v(x_1) = v(x_2) = v(1) = v(2) = 0.$$

Nimmt also die Laufvariable x einen dieser beiden Werte an, so wird der Zähler identisch 0 und wir führen eine Division mit der Zahl 0 als Divisor durch! Dies ist aber nicht erlaubt, also müssen wir die betreffenden x-Werte ausschließen. Hierdurch erhalten wir

$$D_i = \mathbb{R} \setminus \{1; 2\}.$$

Wir halten also nochmal in allgemeinverständlicher Formulierung fest:

Zur Division von Funktionen

Die Nullstellen der Funktion im Nenner fallen aus der Definitionsmenge der resultierenden Funktion heraus!

Zu diesen besonderen x-Stellen wollen wir ein paar weitere Worte zum Abschluss dieses Abschnitts verlieren:

Die Nullstellen der Funktion im Nenner bezeichnen wir sehr naheliegend als **Definitionslücken**. Im Schaubild können sich diese auf dreierlei Arten äußern:

- Pol mit VZW[7]: Die Funktionswerte verschwinden auf der einen Seite gegen unendlich, wenn wir uns der bewussten x-Stelle beliebig nah annähern, auf der anderen Seite wandern sie gegen minus unendlich.

- Pol ohne VZW: Die Funktionswerte gehen auf beiden Seiten bei der Annäherung an die x-Stelle gegen unendlich oder minus unendlich.

- Hebbare Lücke: Diese können an den x-Stellen auftreten, an denen sowohl die Funktion im Zähler als auch die im Nenner Nullstellen haben, welche im Zähler mindestens mit der gleichen Vielfachheit (Stichwort: Mehrfache Nullstellen) wie im Nenner auftreten. **Vielfachheit**, auch **Multiplizität** genannt, bedeutet, dass in der Produktdarstellung der Funktion der zu der Nullstelle gehörige Faktor entsprechend oft vorkommt. Zum Beispiel ist $x_0 = 3$ bei der Funktion f mit $f(x) = (x-3)^4 = (x-3) \cdot (x-3) \cdot (x-3) \cdot (x-3)$ eine 4-fache Nullstelle bzw. eine Nullstelle der Ordnung 4 (siehe hierzu auch Unterkapitel V.4).

Ist bei $i(x) = \frac{u(x)}{v(x)}$ die Funktion $u(x) = 1$, so sprechen wir von der **Kehrwertfunktion** $i(x) = \frac{1}{v(x)}$ von $v(x)$. Die Kehrwertfunktion $i(x)$ hat fast den gleichen Definitionsbereich wie $v(x)$, lediglich die Nullstellen von $v(x)$ fallen als Definitionslücken der Kehrwertfunktion aus deren Definitionsbereich heraus. Dies haben wir etwas weiter vorne ja schon für den allgemeineren Fall mit beliebigem $u(x)$ diskutiert.

Weitere Betrachtungen zu sog. gebrochenrationalen Funktionen, d.h. Funktion mit ganzrationalen Funktionen im Nenner und/oder Zähler führen wir in Kapitel IX durch, wenn wir mit Hilfe der Differentialrechnung in der Lage sind, weitergehende Untersuchungen bei Funktionen durchzuführen.

Aufgaben

Aufgabe:
Bestimmen Sie die Definitionsmengen und die Nullstellen. Wo finden wir eine hebbare Lücke? Führen sie hier eine Polynomdivision durch und setzen Sie den betroffenen x-Wert ein, um den zu ergänzenden Funktionswert an dieser Stelle zu erhalten. Liegt dort eine Nullstelle vor? Wenn die Antwort „Nein" lautet, versuchen Sie zu erklären, warum es hier keine Nullstelle gibt.

---

[7]Vorzeichenwechsel

(a) $a(x) = \dfrac{x^2 + x - 2}{x - 1}$ (b) $b(x) = \dfrac{4x^2 - 4}{x^2 - 9}$ (c) $c(x) = \dfrac{2x + 1}{x^2 - 4}$

(d) $d(x) = \dfrac{x^2 + 2x + 1}{x}$ (e) $e(x) = \dfrac{x^2 + 1}{x^2 - 1}$ (f) $f(x) = \dfrac{x^3 - 11}{x^4 - 5x^2 + 4}$

V.6 Den Überblick behalten - Gebietseinteilungen vornehmen

Ein Produkt von Funktionen, so wie wir es kennen gelernt haben, können wir leicht in Gebiete einteilen. Dazu berechnen wir die Nullstellen der zusammengesetzten Funktion und schauen uns dann das Vorzeichen der einzelnen Faktoren, die ja auch Funktionen sind, zwischen zwei aufeinanderfolgenden Nullstellen an. Daraus können wir mit den normalen Vorzeichenrechenregeln das Vorzeichen der zusammengesetzten Funktion (Produkt der Funktionen) in den einzelnen Gebieten ermitteln.

Beispiel - Gebiete einteilen

$$f(x) = x \cdot (x - 1)$$

Nullstellen sind 0 und 1.

Nun legen wir eine Tabelle an und zwar derart, dass wir uns von einer Nullstelle zur nächsten bewegen und dabei die einzelnen Faktoren der zusammengesetzten Funktion auf ihr Vorzeichen hin untersuchen:

	$x < 0$	$0 < x < 1$	$x > 1$
x	$-$	$+$	$+$
$x - 1$	$-$	$-$	$+$
$x \cdot (x - 1)$	$+$	$-$	$+$

Tabelle V.6.1: Vorzeichen der einzelnen Faktoren und des Produktes.

Jetzt können wir die Gebiete (den Aufenthaltsbereich) für die zusammengesetzte Funktion in ein passendes Koordinatensystem einzeichnen (siehe Abbildung V.6.1).

Wir müssen noch ein paar Worte zu der Tabelle verlieren: In der obersten Zeile haben wir $x = 0$ und $x = 1$ unterschlagen. Für diese x-Werte wird die Funktion aber 0 und der 0 wollen wir das Plus als Vorzeichen geben. Wo nun das Gleichheitszeichen hinkommt, das entscheidet das Vorzeichen der Funktionswerte von $f(x)$ innerhalb des betrachteten

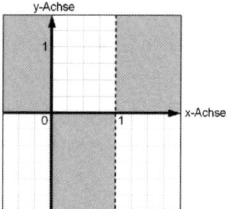

Abbildung V.6.1: Die Gebietseinteilung für die Funktion $f(x) = x \cdot (x-1)$.

Intervalls. Ist es das Plus, so setzen wir an den Rändern die Gleichheitszeichen[8], andernfalls nicht[9]. Diese feinere Unterscheidungen können wir aber erst nach dem Ausfüllen der Tabelle vornehmen, da dies ein Ergebnis der Tabellenbetrachtung ist. Deswegen lassen wir die Gleichheitszeichen beim Aufstellen der Tabelle weg. Warum die Wahl mit dem Gleichheitszeichen so getroffen wird, ergibt sich aus der Definition des Betrages (siehe Unterkapitel V.7).

V.7 Beträge von Zahlen/Funktionen und Betragsgleichungen

Da wir uns schon einigermaßen eingehend mit ganzrationalen Funktionen, ihren Nullstellen und der Gebietseinteilung befasst haben, wollen wir uns jetzt auf den sog. Betrag einer Zahl/Funktion bzw. die zugehörigen Betragsgleichungen stürzen. Bevor wir dies allerdings tun, sollten wir klären, was wir unter dem Betrag einer Zahl bzw. einer Funktion verstehen wollen und sollen.

V.7.1 Vom Betrag einer Zahl und und den zugehörigen Rechenregeln

Vom Betrag einer Zahl

Gegeben sei eine Zahl $a \in \mathbb{R}$. Wir definieren

$$|a| = \begin{cases} a & \text{falls } a \geq 0 \\ -a & \text{falls } a < 0 \end{cases} \tag{V-10}$$

Wir können uns diese Definition sehr leicht merken: *Der Betrag eliminiert das Vorzeichen einer Zahl, ist also stets positiv.*

---

[8]Hier: $x \leq 0$, da $f(x) > 0$ für $x < 0$ und $x \geq 1$, da $f(x) > 0$ für $x > 1$.
[9]Hier: $0 < x < 1$, da $f(x) < 0$ für $0 < x < 1$

Wir können den Betrag in folgender Weise interpretieren: Der Betrag misst den Abstand einer Zahl zur 0 auf dem Zahlenstrahl. Dabei ist die Laufrichtung (nach links oder nach rechts) egal, wir sind nur an der Anzahl der Schritte interessiert. Gerade diese Anzahl liefert uns aber der Betrag. Für das Rechnen mit Beträgen können wir uns ein paar wichtige Regeln merken.

Rechenregeln für das Rechnen mit Beträgen - Grundlagen

Gegeben seien die Zahlen $a, b \in \mathbb{R}$. Dann gilt:

1. $|a| = |-a| \geq 0$
2. $|a| = 0 \Leftrightarrow a = 0$
3. $|a \cdot b| = |a| \cdot |b|$

Dass diese Regeln allesamt richtig sind (was ja auch zu hoffen war und ist), können wir leicht einsehen.

Zu 1.:

Der Betrag ist per Definition stets positiv und darum ist Regel 1 sicherlich immer korrekt.

Zu 2.:

Nur die 0 hat auf dem Zahlenstrahl den Abstand 0 zur 0. Für alle anderen Zahlen müssen wir uns bewegen und legen darum eine Strecke mit einer nichtverschwindenden Länge zurück. Somit kann auch Regel 2 nur richtig sein.

Zu 3.:

Wir setzen voraus, dass $a, b \in \mathbb{R}^+$, d.h. $|a| = a$ und $|b| = b$. Damit unterscheiden wir die folgenden vier Fälle mit Hilfe der Definition des Betrages:

1. $|a \cdot b| = a \cdot b = |a| \cdot |b|$

2. $|(-a) \cdot b| = -(-a \cdot b) = a \cdot b = |a| \cdot |b|$

3. $|a \cdot (-b)| = -(a \cdot (-b)) = a \cdot b = |a| \cdot |b|$

4. $|(-a) \cdot (-b)| = |a \cdot b| = a \cdot b = |a| \cdot |b|$

Damit haben wir uns auch von der Gültigkeit von Regel Nummer 3 überzeugt. Aus dieser lassen sich noch zwei weitere Regeln ableiten. Regel Nummer 4 ergibt sich dabei durch mehrfache Ausführung von Regel 3 und Regel 5 ergibt sich, indem wir $b := \frac{1}{c}$ mit $c \neq 0$ setzen.

> **Rechenregeln für das Rechnen mit Beträgen - Zwei Ergänzungen**
>
> Gegeben seien die Zahlen $a, c \in \mathbb{R}$ mit $c \neq 0$. Dann gilt:
>
> 4. $|a^q| = |a|^q$ mit $q \in \mathbb{Q}$ in unserem Fall (Es ist aber auch $q \in \mathbb{R}$ erlaubt).
> 5. $\left|\frac{a}{c}\right| = \frac{|a|}{|c|}$

Zu guter Letzt fehlt uns noch die **Dreiecksungleichung**. Sie besagt, dass der Betrag der Summe zweier Zahlen $a, b \in \mathbb{R}$ höchstens so groß sein kann wie die Summe der Einzelbeträge. Mathematisch formuliert, lautet der ganze Sermon:

> **Rechenregeln für das Rechnen mit Beträgen - Die Dreiecksungleichung bei Zahlen**
>
> Gegeben seien die Zahlen $a, b \in \mathbb{R}$. Dann gilt:
>
> $$|a + b| \leq |a| + |b| \tag{V-11}$$

Der Name „Dreiecksungleichung" kommt aus der Geometrie und beruht auf der Tatsache, dass in einem Dreieck eine Seite höchstens so lang sein kann wie die Summe der anderen beiden Seiten. Für den Fall der Gleichheit entartet das Dreieck zu einer Strecke. Ist die Dreiecksungleichung nicht erfüllt, dann liegt kein Dreieck vor (siehe zur Illustration Abbildung V.7.1.).

Den Beweis zur Dreiecksungleichung können wir mit einer Fallunterscheidung durchführen. Aber einem jeden dürfte auch so schon klar sein, dass wenn er (oder sie) $|a|$ Schritte nach rechts läuft und dann nochmal $|b|$ Schritte drauflegt, er dann weiter rechts steht als wenn er zwischendurch die Richtung wechselt.

Beweis der Dreiecksungleichung

Es seien $a, b \in \mathbb{R}^+$, also gilt $|a| = a$ und $|b| = b$. Es ergeben sich dann die folgenden vier Fälle:

1. Es ist $|a + b| = a + b = |a| + |b|$. Hier gilt also das Gleichheitszeichen.

2. Es ist $|(-a) + (-b)| = |-(a+b)| = -(-(a+b)) = a + b = |a| + |b|$. Auch hier gilt wieder das Gleichheitszeichen.

3. Sei nun $a \geq b$. Dann haben wir $a - b \geq 0$ und $|a + (-b)| = |a - b| = a - b = |a| - |b| < |a| + |b|$.

4. Sei nun $a < b$. Dann haben wir $a - b < 0$ und $|a + (-b)| = |a - b| = -(a - b) = b - a = |b| - |a| < |a| + |b|$.

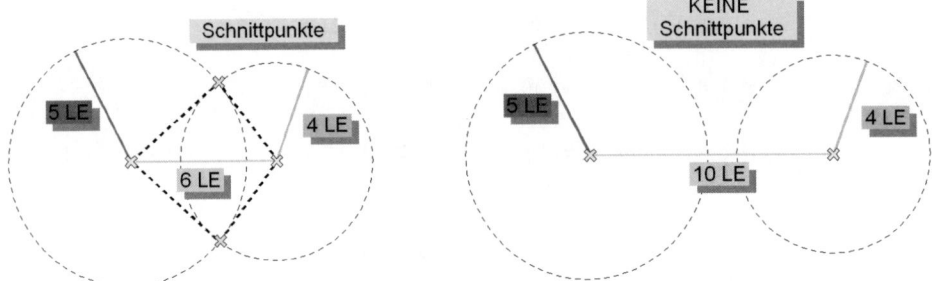

Abbildung V.7.1: Zur Dreiecksungleichung: Im Bild links funktioniert die Konstruktion des Dreieckes mit den Seitenlängen $4, 5$ und 6, da die Dreiecksungleichung stets erfüllt ist (Es ergeben sich sogar zwei Dreiecke: Eines mit mathematisch positivem Umlaufsinn (gegen den Uhrzeigersinn) und eines mit mathematisch negativem Umlaufsinn (mit dem Uhrzeigersinn).). Im Bild rechts daneben betragen die Seitenlängen $4, 5$ und 10. Die Konstruktionskreise schneiden sich nicht, wir erhalten keinen dritten Eckpunkt und somit liegt kein Dreieck vor.

Bedingt durch die Symmetrie der Dreiecksungleichung in den Variablen a und b (Vertauschen ändert nichts!), können wir diese in der obigen Beweisführung vertauschen und haben so auch die Fälle für $(-a)$ und $(+b)$ abgedeckt.

Hiermit sind wir mit den grundlegensten Grundlagen bezüglich des Betrages von Zahlen durch und wenden uns daher dem Betrag einer Funktion zu und welche Auswirkungen der Betrag auf das Schaubild einer Funktion hat.

V.7.2 Der Betrag einer Funktion oder Ebbe in den Quadranten Nummer III und IV

Wir dürften mittlerweile verstanden haben, dass der Betrag das Vorzeichen einer Zahl löscht, womit alle Zahlen positiv werden. Übertragen auf Funktionen bedeutet das, dass für die Funktion f mit $f : x \mapsto f(x)$, egal wie sie aussieht, $|f|$ mit $|f| : x \mapsto |f(x)|$ nur positive Funktionswerte hat, da für einen jeden dieser Werte das jeweilige Vorzeichen verschwindet. Das hat zur Folge, dass alle negativen Teile des Schaubildes einer Funktion f bei $|f|$ nach oben geklappt werden. Wir betrachten hierzu Abbildung V.7.2.

Wir können erkennen, dass die im negativen y-Bereich verlaufenden Kurventeile an der x-Achse gespiegelt werden, so dass der Betrag die Quadranten III und IV entvölkert. Diese Aussage soll Abbildung V.7.3 nochmal unterstreichen.

Wir wollen $|f|$ im folgenden als **Betragsfunktion von f** bezeichnen. Um mit einer solchen Betragsfunktion zu rechnen, kommt uns die Gebietseinteilung aus Unterkapitel V.6 recht gelegen. Mit ihrer Hilfe und der Definition des Betrages können wir die Betrags-

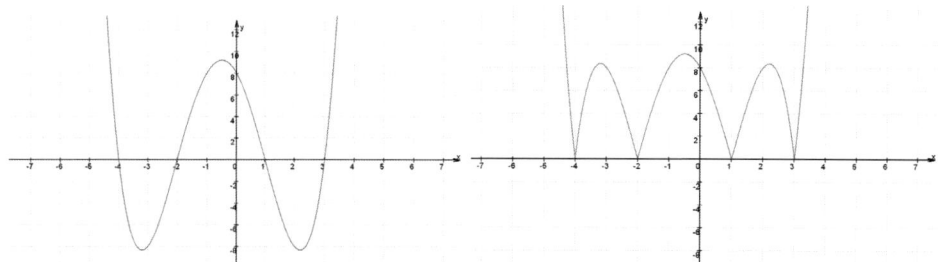

Abbildung V.7.2: Das Schaubild einer Funktion f vierten Grades und das zugehörige Schaubild der Funktion $|f|$. Die Teile der linken Kurve mit negativen y-Werten (Funktionswerten) wurden für das rechte Bild an der x-Achse gespiegelt.

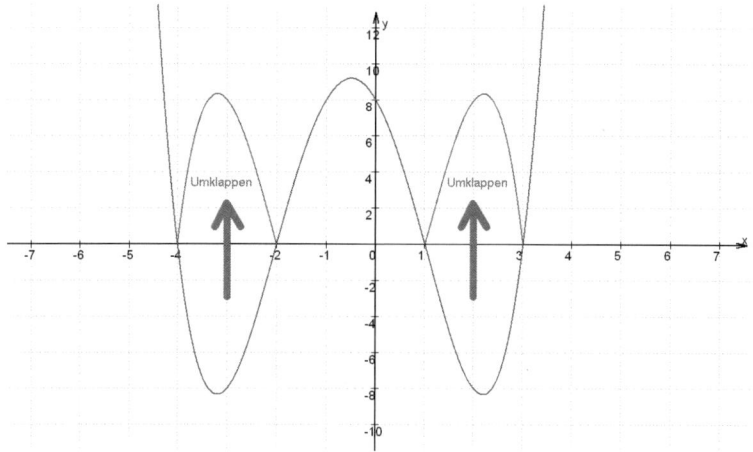

Abbildung V.7.3: Die Graphen der Funktionen f und $|f|$ in einem Schaubild.

funktion in eine **abschnittsweise definierte Funktion**[10] umwandeln. Und mit einer solchen können wir dann etwas rechnen, was uns ja sehr freuen dürfte! Wir wollen die Umwandlung einer Betragsfunktion in eine abschnittsweise definierte Funktion an einem Beispiel demonstrieren.

Beispiel - Von der Betragsfunktion zur abschnittsweise definierten Funktion

Gegeben sei die Funktion f mit

$$f(x) = \frac{1}{5} \cdot x^4 + \frac{1}{5} \cdot x^3 - \frac{13}{5} \cdot x^2 - \frac{1}{5} \cdot x + \frac{12}{5}.$$

---

[10]Funktionsterme gelten nur für bestimmte, vorgegebene Intervalle der x-Achse.

Durch Probieren und mit Hilfe der Polynomdivision oder des Horner-Schemas können wir die Produktdarstellung[11] bzw. die Nullstellen finden. Es ist

$$f(x) = \frac{1}{5} \cdot x^4 + \frac{1}{5} \cdot x^3 - \frac{13}{5} \cdot x^2 - \frac{1}{5} \cdot x + \frac{12}{5} = \frac{1}{5} \cdot (x-3) \cdot (x-1) \cdot (x+1) \cdot (x+4).$$

Hiermit können wir nun die Gebietsenteilung vornehmen. Wir erhalten die folgende Tabelle:

	$x < -4$	$-4 < x < -1$	$-1 < x < 1$	$1 < x < 3$	$x > 3$
$x+4$	$-$	$+$	$+$	$+$	$+$
$x+1$	$-$	$-$	$+$	$+$	$+$
$x-1$	$-$	$-$	$-$	$+$	$+$
$x-3$	$-$	$-$	$-$	$-$	$+$
$f(x)$	$+$	$-$	$+$	$-$	$+$

Tabelle V.7.1: Vorzeichen der einzelnen Faktoren der Produktdarstellung von f über den Intervallen, welche durch die aufeinanderfolgenden Nullstellen der untersuchten Funktion begrenzt werden.

Die Intervalle auf der x-Achse, die negative Funktionswerte liefern, können wir nun leicht identifizieren. Damit die Funktionswerte hier nun positiv werden, wie sie es ja bei $|f|$ dann sind, müssen wir die Funktion für diese Abschnitte nach der Definition des Betrages mit (-1) multiplizieren. Dadurch erhalten wir:

$$|f(x)| = \left| \frac{1}{5} \cdot x^4 + \frac{1}{5} \cdot x^3 - \frac{13}{5} \cdot x^2 - \frac{1}{5} \cdot x + \frac{12}{5} \right|$$

$$:= \begin{cases} \frac{1}{5} \cdot x^4 + \frac{1}{5} \cdot x^3 - \frac{13}{5} \cdot x^2 - \frac{1}{5} \cdot x + \frac{12}{5} & \text{für } x \le -4 \\ -\frac{1}{5} \cdot x^4 - \frac{1}{5} \cdot x^3 + \frac{13}{5} \cdot x^2 + \frac{1}{5} \cdot x - \frac{12}{5} & \text{für } -4 < x < -1 \\ \frac{1}{5} \cdot x^4 + \frac{1}{5} \cdot x^3 - \frac{13}{5} \cdot x^2 - \frac{1}{5} \cdot x + \frac{12}{5} & \text{für } -1 \le x \le 1 \\ -\frac{1}{5} \cdot x^4 - \frac{1}{5} \cdot x^3 + \frac{13}{5} \cdot x^2 + \frac{1}{5} \cdot x - \frac{12}{5} & \text{für } 1 < x < 3 \\ \frac{1}{5} \cdot x^4 + \frac{1}{5} \cdot x^3 - \frac{13}{5} \cdot x^2 - \frac{1}{5} \cdot x + \frac{12}{5} & \text{für } x \ge 3 \end{cases}$$

Die Positionen der Gleichheitszeichen beim Aufstellen der abschnittsweise definierten Funktion eregeben sich auf Grund der Definition des Betrages und des in Unterkapitel V.6 Gesagten. Die Gebietseinteilung der Funktion wird in Abbildung V.7.4 dargesellt.

---

[11]Zerlegung des Funktionsterms in das Produkt der Nullstellen der Funktion.

Nehmen wir die Gebietseinteilung für die Betragsfunktion bzw. für die zugehörige abschnittsweise definierte Funktion vor, so zeigt sich, dass im III und IV Quadranten nichts mehr los ist, was sich aber durch die Definition des Betrages sofort erklären lässt, da keine negativen Funktionswerte mehr zugelassen sind. Wie wir ja wissen (sollten), löschen die Betragszeichen das Vorzeichen aus. Hier lohnt sich jetzt ein Blick auf Abbildung V.7.5, welche das Gesagte grafisch verdeutlichen soll.

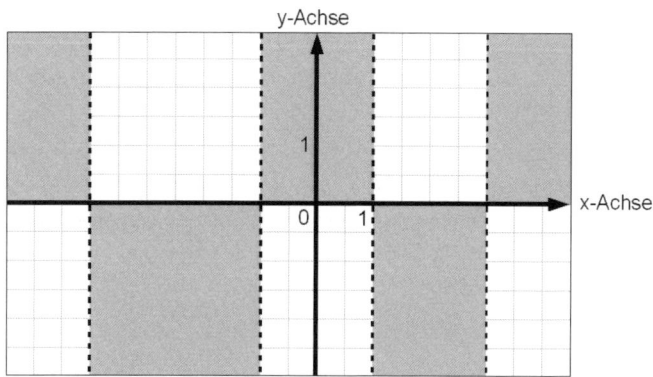

Abbildung V.7.4: Gebietseinteilung für die Funktion f.

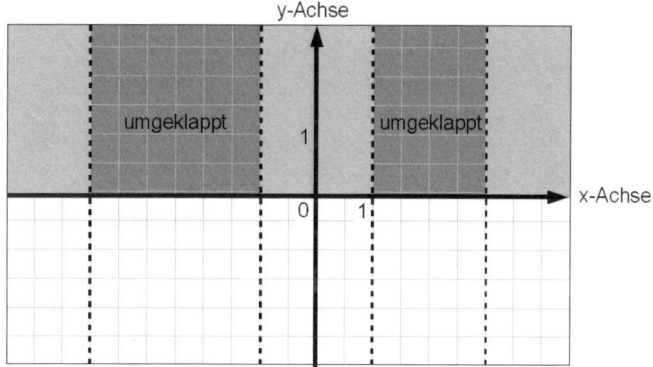

Abbildung V.7.5: Gebietseinteilung für die Funktion $|f|$ bzw. die zugehörige abschnittsweise definierte Funktion. Der III und der IV Quadrant sind entvölkert. Die gespiegelten bzw. umgeklappten Gebiete sind gekennzeichnet.

Wofür wir die abschnittsweise definierte Funktion benötigen, das schauen wir uns im nächsten Abschnitt detailliert an. Doch zuvor wollen wir unsere Vorgehensweise aus diesem Unterkapitel allgemein zusammenfassen.

Umwandeln einer Betragsfunktion in eine abschnittsweise definierte Funktion

Die Aufgabenstellung ist, $|f|$ mit $|f| : x \mapsto f(x)$ in eine abschnittsweise definierte Funktion umzuwandeln. Dabei gehen wir wie folgt vor:

1. Wir lösen die Gleichung $f(x) = 0$ und erhalten $x_1, x_2, \ldots, x_k$ und $k \in \mathbb{N}$ mit $x_1 < x_2 < \ldots < x_k$ und $f(x_1) = f(x_2) = \ldots = f(x_k)$(Diese Annahme ist ohne Beschränkung der Allgemeinheit unserer Betrachtungen, da wir die Nullstellen ja entsprechend sortieren können.).

2. Für jedes Intervall, welches durch zwei aufeinanderfolgende Nullstellen begrenzt wird, was wir in der mathematischen Sprache als $(x_i; x_{i+1})$ mit $i \in \{1, 2, \ldots, k - 1\}$ formulieren, und für die Intervalle $(-\infty; x_1)$ und $(x_k; \infty)$ überlegen wir uns das Vorzeichen der Funktionswerte. Wir nehmen also eine Gebietseinteilung vor.

3. Ist das Vorzeichen in einem Intervall $(x_i; x_{i+1})$ positiv (Plus), so schreiben wir

$$|f(x)| = f(x) \text{ für } x_i \leq x \leq x_{i+1}.$$

Ist das Vorzeichen negativ (Minus), so notieren wir

$$|f(x)| = -f(x) \text{ für } x_i < x < x_{i+1}.$$

Im Falle der beiden Randintervalle, welche ins Unendliche reichen, schreiben wir für positives Vorzeichen

$$|f(x)| = f(x) \text{ für } x \leq x_1 \text{ bzw. } |f(x)| = f(x) \text{ für } x \geq x_k.$$

Und für negatives Vorzeichen erhalten wir

$$|f(x)| = -f(x) \text{ für } x < x_1 \text{ bzw. } |f(x)| = -f(x) \text{ für } x > x_k.$$

Damit haben wir unsere abschnittsweise definierte Funktion aufgestellt mit der wir weitere Rechnungen durchführen können. Hierzu sei auf die nächsten Abschnitte verwiesen, wo wir u.a. versuchen, Betragsgleichungen zu lösen.

V.7.3 Die abschnittsweise definierte Funktion in Gleichungen - Jetzt wird's kritisch!

Wir können uns folgende Frage stellen:

Was bringt uns die abschnittsweise definierte Funktion aus Unterkapitel V.7.2?

Um diese Frage zu beantworten, betrachten wir als Beispiel die folgende Gleichung:

$$|f(x)| = 2, \text{ also } \left|\frac{1}{5} \cdot x^4 + \frac{1}{5} \cdot x^3 - \frac{13}{5} \cdot x^2 - \frac{1}{5} \cdot x + \frac{12}{5}\right| = 2.$$

Wie können wir diese lösen? Die Antwort hierauf gibt die abschnittsweise definierte Funktion aus dem vorangegangenen Unterkapitel in Kombination mit den **kritischen Stellen**. Was ist nun eine kritische Stelle?

Definition kritische Stellen

An einer **kritischen Stelle** wechselt der Ausdruck zwischen den Betragsstrichen sein Vorzeichen. Somit sind die Nullstellen von $f(x)$ auch potentielle Kandidaten für kritische Stellen.

Zwischen zwei aufeinanderfolgenden kritischen Stellen gilt genau eine Funktion, da jedes Intervall bzw. jeder Abschnitt seine nur für ihn gültige Funktion besitzt. Wir betrachten das Intervall $(x_i; x_{i+1})$ mit der für diesen Abschnitt geltenden Funktion $f_{i+1}(x)$. Lösen wir nun z.B. die Gleichung $|f(x)| = g(x)$, wobei $g(x)$ eine beliebige andere Funktion ist, dann wissen wir, dass die Gleichung für $x \in (x_i; x_{i+1})$ $f_{i+1}(x) = g(x)$ lautet, da wir auf diesem Intervall statt $|f(x)|$ die Funktion $f_{i+1}(x)$ verwenden müssen. Diese lösen wir und schauen daraufhin nach, ob die gefundenen Lösungen, welche wir mit $x_A, x_B, \dots$ bezeichnen wollen, in dem Intervall liegen, auf dem die Funktion $f_{i+1}(x)$ verwendet werden darf. Ist dem so, dann haben wir eine Lösung gefunden, ansonsten eben nicht. Wir wollen diese Worte mit ein paar Bildern in einem Beispiel verdeutlichen.

Beispiel - Kritische Stellen und abschnittsweise definierte Funktion

Wir betrachten die Gleichung von eben:

$$|f(x)| = 2 \Rightarrow \left|\frac{1}{5} \cdot x^4 + \frac{1}{5} \cdot x^3 - \frac{13}{5} \cdot x^2 - \frac{1}{5} \cdot x + \frac{12}{5}\right| = 2.$$

Die kritischen Stellen haben wir im vorangegangenen Abschnitt bestimmt. Wir wollen uns als Beispiel das Intervall $(-4; -1)$ anschauen. Hier gilt $|f(x)| = -f(x)$. Lösen wir die

Gleichung $-f(x) = 2$ z.B. mit einem programmierbaren Taschenrechner, so erhalten wir als Lösungen

$$x_A \approx -3{,}89786 \text{ und } x_B \approx -1{,}36739 \text{ und } x_C \approx 1{,}48424 \text{ und } x_D \approx 2{,}78101.$$

Diese sind die Schnittstellen des Graphen der Funktion $-f$ mit dem der konstanten Funktion g mit $g(x) = 2$ (siehe Abbildung V.7.6).

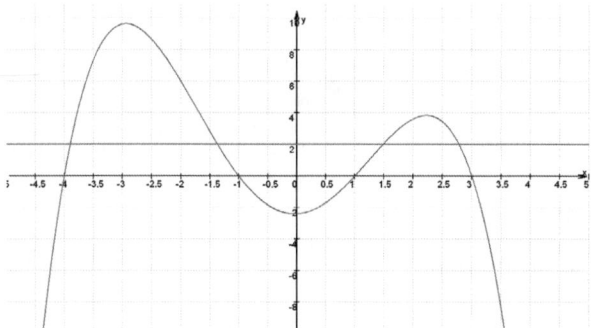

Abbildung V.7.6: Der Graph der Funktion $-f$ schneidet den der konstanten Funktion g mit $g(x) = 2$.

Wir wissen aber, dass unsere Funktion nur für das Intervall $(-4; -1)$ ihre Gültigkeit hat[12]. Das haben wir in Abbildung V.7.7 hervorgehoben.

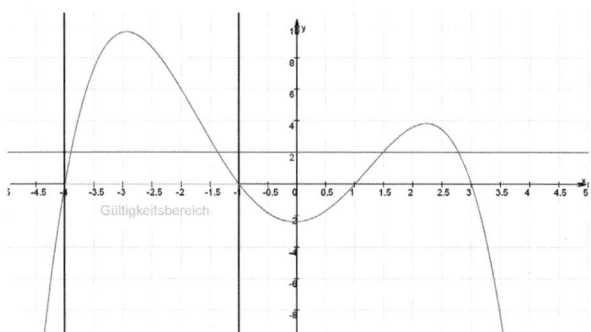

Abbildung V.7.7: Der Graph der Funktion $-f$ schneidet den der konstanten Funktion g mit $g(x) = 2$. Das Intervall, auf dem $-f$ bei unserem Problem gültig ist, haben wir hervorgehoben.

---

[12]Zwar findet sie bei diesem Problem auch noch für das Intervall $(1; 3)$ Verwendung, aber dieses betrachten wir gerade ja nicht!

Da nur x_A und x_B innerhalb dieses Intervalls liegen, d.h. $x_A \in (-4; -1)$ und $x_B \in (-4; -1)$, lösen nur sie dort die Gleichung. Damit haben wir alle möglichen Lösungen innerhalb des betrachteten Intervalls gefunden. In analoger Weise sind alle Intervalle aufeinanderfolgender, kritischer Stellen mit der auf ihnen jeweils gültigen Funktion zu untersuchen. Dies führt uns unmittelbar zu unserem nächsten Thema, den **Betragsgleichungen**.

V.7.4 Betragsgleichungen

Den Umgang mit Betragsgleichungen wollen wir in diesem Abschnitt anhand einiger Beispiele einüben. Die Gleichung $|f(x)| = 2$ aus dem vorangegangenen Abschnitt gehört auch zu dieser Art von Gleichungen, so dass wir schon ein wenig von der Materie Bescheid wissen dürften. Am Ende dieses Unterkapitels formulieren wir unsere Vorgehensweise, welche wir bis dorthin für die Beispiele verwendet haben, wieder in einer allgemeineren Version.

Beispiel 1 - Eine erste Betragsgleichung

Wir wollen die Gleichung

$$|x^2 - 4 \cdot x - 4| = 8$$

lösen. Da wir nun schon einiges über kritische Stellen gehört haben, versuchen wir doch einmal, eben diese im vorliegenden Fall zu bestimmen. Wir rechnen mit Hilfe der Mitternachtsformel

$$p(x) := x^2 - 4x - 4 = 0 \Leftrightarrow x_{1/2} = \frac{-(-4) \pm \sqrt{4^2 - 4 \cdot (-4) \cdot 1}}{2 \cdot 1} = \frac{4 \pm \sqrt{32}}{2}$$
$$= \frac{4 \pm \sqrt{2 \cdot 16}}{2} = \frac{4 \pm 4\sqrt{2}}{2} = 2 \pm 2\sqrt{2}.$$

Vor dem x^2 steht kein Minus, damit liegt eine nach oben geöffnete Parabel vor. Hiermit wissen wir, dass $p(x) \geq 0$ für $x \leq 2 - 2\sqrt{2}$ oder $x \geq 2 + 2\sqrt{2}$ und dass $p(x) < 0$ für $x \in (2-2\sqrt{2}; 2+2\sqrt{2})$. Wir haben dadurch die Intervalle $(-\infty; 2-2\sqrt{2}]$, $(2-2\sqrt{2}; 2+2\sqrt{2})$ und $[2+2\sqrt{2}; \infty)$ zu untersuchen. Wir erinnern uns daran, dass es so etwas wie abschnittsweise definierte Funktionen gibt und wissen damit vielleicht, dass wir

$$|p(x)| := \begin{cases} x^2 - 4x - 4 & \text{für } x \leq 2 - 2\sqrt{2} \\ -x^2 + 4x + 4 & \text{für } 2 - 2\sqrt{2} < x < 2 + 2\sqrt{2} \\ x^2 - 4x - 4 & \text{für } x \geq 2 + 2\sqrt{2} \end{cases}$$

aufstellen können. Nun lösen wir $|x^2 - 4 \cdot x - 4| = 8$ drei Mal, weil wir drei Intervalle zu betrachten haben. Da im ersten und im letzten Intervall die gleiche Funktion verwendet wird, führen wir die Betrachtungen zu diesen beiden Intervallen in einem Aufwasch durch.

Intervalle $(-\infty; 2 - 2\sqrt{2}]$ und $[2 + 2\sqrt{2}; \infty)$:

Hier ist die Gleichung $x^2 - 4x - 4 = 8 \Leftrightarrow x^2 - 4x - 12 = 0$ zu lösen. Mit der Mitternachtsformel erhalten wir $x_A = -2$ und $x_B = 6$. Da $2 - 2\sqrt{2} \approx -0{,}828427$ und $2 + 2\sqrt{2} \approx 4{,}82843$ sind, liegen die beiden x-Werte innerhalb der betrachteten Intervalle und stellen somit Lösungen der Betragsgleichung dar.

Intervall $(2 - 2\sqrt{2}; 2 + 2\sqrt{2})$:

Wir lösen $-x^2 + 4x + 4 = 8 \Leftrightarrow -x^2 + 4x - 4 = 0$ mit Hilfe der Mitternachtsformel und erhalten $x_C = 2$. Da $x_C \in (-0{,}828427; 4{,}82843)$ haben wir noch eine Lösung der Betragsgleichung gefunden.

Weil wir keine Intervalle mehr übrig haben, ist die Lösungsmenge unserer Betragsgleichung

$$L = \{-2; 2; 6\}.$$

Betrachten wir ein weiteres Beispiel, welches nicht nur ein Paar Betragsstriche enthält, sondern derer drei. Wir werden sehen, dass das Problem dadurch nicht wesentlich schwerer wird. Wir müssen nur besser Buch führen, während wir die Aufgabe lösen, damit wir auch nichts vergessen.

Beispiel 2 - Dürfen's ein paar Betragsstriche mehr sein?

Wir stürzen uns auf unser nächstes Opfer, dass da heißt

$$|2x - 4| - |3x + 3| = |x - 5| - 1.$$

Für jede Funktion innerhalb zweier zusammengehöriger Betragsstriche müssen wir die kritischen Stellen bestimmen. Da es sich hier ausschließlich um lineare Funktionen handelt, stellt das Auflösen nach x in allen drei Fällen kein allzu großes Problem dar.

Kritische Stellen:

$$2x - 4 = 0 \Leftrightarrow x = 2$$
$$3x + 3 = 0 \Leftrightarrow x = -1$$
$$x - 5 = 0 \Leftrightarrow x = 5$$

Wir sortieren die kritischen Stellen aufsteigend nach der Größe und erhalten dadurch $x_1 = -1$, $x_2 = 2$ und $x_3 = 5$. Es gilt nun für die Vorzeichen der einzelnen Terme innerhalb der Betragsstriche das Folgende:

$$3x + 3 = \begin{cases} < 0 & \text{für } x < -1 \\ \geq 0 & \text{für } x \geq -1 \end{cases}$$

$$2x - 4 = \begin{cases} < 0 & \text{für } x < 2 \\ \geq 0 & \text{für } x \geq 2 \end{cases}$$

$$x - 5 = \begin{cases} < 0 & \text{für } x < 5 \\ \geq 0 & \text{für } x \geq 5 \end{cases}$$

Wir haben hierbei wieder die Definition des Betrages für die Wahl der Lage der Gleichheitszeichen verwendet. Die zu betrachtenden Intervalle sind somit

$$(-\infty; -1), \ [-1; 2), \ [2; 5) \text{ und } [5; \infty).$$

Wir haben also vier Intervalle zu untersuchen. Machen wir uns an die Arbeit.

Intervall $(-\infty; -1)$:

Hier gilt $3x + 3 < 0$, $2x - 4 < 0$ und $x - 5 < 0$. Somit müssen wir für die Elimination der Betragsstriche einen jeden Ausdruck mit (-1) multiplizieren. Wir erhalten

$$|2x - 4| - |3x + 3| = |x - 5| - 1 \Rightarrow -(2x - 4) - (-1) \cdot (3x + 3) = -(x - 5) - 1.$$

Wir bekommen hiermit die Gleichung

$$-2x + 4 + 3x + 3 = -x + 5 - 1 \Leftrightarrow x + 7 = -x + 4 \Leftrightarrow 2x = -3 \Leftrightarrow x_A = -\frac{3}{2}.$$

Da $x_A \in (-\infty; -1)$ haben wir hier bereits eine Lösung gefunden. Begeben wir uns nun zum nächsten Intervall.

Intervall $[-1; 2)$:

Hier gilt $3x + 3 \geq 0$, $2x - 4 < 0$ und $x - 5 < 0$. Somit müssen wir für die Elimination der Betragsstriche die beiden letztgenannten Ausdrücke mit (-1) multiplizieren. Wir erhalten

$$|2x - 4| - |3x + 3| = |x - 5| - 1 \Rightarrow -(2x - 4) - (3x + 3) = -(x - 5) - 1.$$

Wir bekommen hiermit die Gleichung

$$-2x + 4 - 3x - 3 = -x + 5 - 1 \Leftrightarrow -5x + 1 = -x + 4 \Leftrightarrow -4x = 3 \Leftrightarrow x_B = -\frac{3}{4}.$$

Da $x_B \in [-1; 2)$ haben wir hier erneut eine Lösung gefunden. Wir wollen uns jedoch noch nicht zur Ruhe setzen und mit unseren Rechnungen im nächsten Intervall fortfahren.

Intervall $[2; 5)$:

Hier gilt $3x + 3 \geq 0$, $2x - 4 \geq 0$ und $x - 5 < 0$. Somit müssen wir für die Elimination der Betragsstriche nur den letztgenannten Ausdruck mit (-1) multiplizieren. Wir erhalten

$$|2x - 4| - |3x + 3| = |x - 5| - 1 \Rightarrow (2x - 4) - (3x + 3) = -(x - 5) - 1.$$

Wir bekommen dadurch die Gleichung

$$2x - 4 - 3x - 3 = -x + 5 - 1 \Leftrightarrow -x - 7 = -x + 4 \Leftrightarrow -7 = 4.$$

Wir erhalten einen Widerspruch und somit leider keine weitere Lösung für unsere Betragsgleichung. Ein Intervall steht nun aber noch aus.

Intervall $[5; \infty)$:

Hier gilt $3x + 3 \geq 0$, $2x - 4 \geq 0$ und $x - 5 \geq 0$. Somit müssen wir für die Elimination der Betragsstriche *keinen* der Ausdrücke mit (-1) multiplizieren. Wir erhalten

$$|2x - 4| - |3x + 3| = |x - 5| - 1 \Rightarrow (2x - 4) - (3x + 3) = (x - 5) - 1.$$

Wir bekommen hiermit die Gleichung

$$2x - 4 - 3x - 3 = x - 5 - 1 \Leftrightarrow -x - 7 = x - 6 \Leftrightarrow -2x = 1 \Leftrightarrow x_C = -\frac{1}{2}.$$

Da $x_C \notin [5; \infty)$ gibt es auch in diesem Intervall keine weitere Lösung. Unsere Lösungsmenge ist also letztendlich

$$L = \left\{-\frac{3}{2}; -\frac{3}{4}\right\}.$$

Ein Plot zur Lösung der Betragsgleichung ist in Abbildung V.7.8 angegeben und ein weiteres Beispiel wartet zur Freude aller noch auf uns.

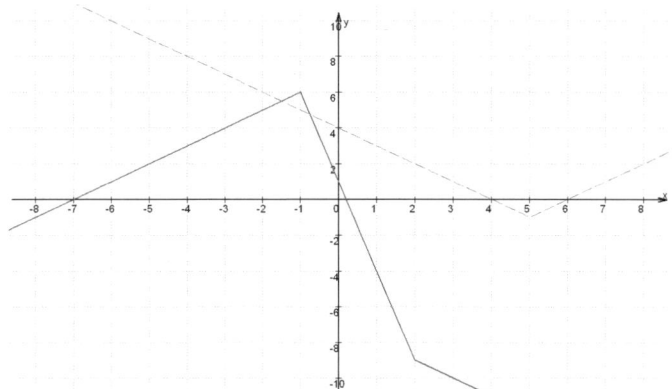

Abbildung V.7.8: Plot der linken Seite der Betragsgleichung (durchgezogene Linie, Funktion u mit $u(x) := |2x - 4| - |3x + 3|$) und der rechten (gestrichelte Linie, Funktion v mit $v(x) := |x - 5| - 1$). Die beiden Schnittstellen sind deutlich zu erkennen.

Beispiel 3 - Geschachtelte Betragsstriche

Unser letzter Kandidat trägt den schönen Namen

$$\left|\left|x^2 - 9\right| - 4\right| = 4.$$

Nachdem wir uns von einem solch melodischen Namen erholt haben, machen wir uns auch gleich frisch ans Werk. Betrachten wir zuerst die kritischen Stellen im Innersten des Problems. Diese sind leicht als $x_1 = -3$ und $x_2 = 3$ zu identifizieren. Die beiden äußeren Betragsstriche liefern die kritische Stelle $x_3 = 4$, denn wenn $|x^2 - 9| < 4$ ist, dann wird der Ausdruck innerhalb der äußeren Betragsstriche negativ.

Da $x^2 - 9$ eine nach oben geöffnete Parabel darstellt, gilt $x^2 - 9 < 0$ für $x \in (-3; 3)$. Hier müssen wir also mit dem Faktor (-1) korrigierend einschreiten. Damit haben wir nun die folgenden beiden Gleichungen:

Für $x \in (-3; 3)$:

$$\left|-(x^2 - 9) - 4\right| = 4.$$

Für $x \in (-\infty; -3]$ oder $x \in [3; \infty)$:

$$\left|(x^2 - 9) - 4\right| = 4.$$

Stürzen wir uns ins Vergnügen und betrachten die erste neu formulierte Gleichung.

Für $x \in (-3; 3)$:

Es ist hier

$$\left|-(x^2 - 9) - 4\right| = 4 \Leftrightarrow \left|-x^2 + 5\right| = 4.$$

Die Hilfsfunktion g mit $g(x) := -x^2 + 5$ hat ihre kritischen Stellen bei $x_a = -\sqrt{5} \approx -2{,}23607$ und $x_b = \sqrt{5} \approx 2{,}23607$. Da hier eine nach unten geöffnete Parabel vorliegt, können wir erkennen, dass $g(x) \geq 0$ für $x \in [-\sqrt{5}; \sqrt{5}]$. Beachten wir, dass unser von innen vorgegebenes Intervall $(-3; 3)$ ist, dann haben wir die Intervalle

$$(-3; -\sqrt{5}), \ [-\sqrt{5}; \sqrt{5}] \ \text{und} \ (\sqrt{5}; 3)$$

zu untersuchen. Dabei müssen wir den ganzen linken Teil der Gleichung für das erste und das letzte Intervall mit dem Faktor (-1) multiplizieren. Machen wir uns ans Werk.

Intervall $[-\sqrt{5}; \sqrt{5}]$:

Hier ist

$$-x^2 + 5 = 4 \Leftrightarrow x^2 = 1.$$

Die ersten Werte sind also $x_A = -1$ und $x_B = 1$. Da $x_A \in [-\sqrt{5}; \sqrt{5}]$ und $x_B \in [-\sqrt{5}; \sqrt{5}]$ sind beide Lösungen der eigentlich zu untersuchenden Betragsgleichung. Einen ersten Erfolg können wir also schon verbuchen.

Intervalle $(-3; -\sqrt{5})$ und $(\sqrt{5}; 3)$:

Hier ist

$$-(-x^2 + 5) = 4 \Leftrightarrow x^2 - 5 = 4 \Leftrightarrow x^2 = 9.$$

Wir finden die weiteren Werte $x_C = -3$ und $x_D = 3$. Da sie beide nicht innerhalb der betrachteten Intervalle liegen, repräsentieren sie (noch) keine Lösungen der eigentlichen Betragsgleichung. Betrachten wir nun unsere restlichen Intervalle.

Für $x \in (-\infty; -3]$ oder $x \in [3; \infty)$:

Es ist hier

$$\left|(x^2 - 9) - 4\right| = 4 \Leftrightarrow \left|x^2 - 13\right| = 4.$$

Die Hilfsfunktion h mit $h(x) := x^2 - 13$ hat ihre kritischen Stellen bei $x_\alpha = -\sqrt{13} \approx -3{,}60555$ und $x_\beta = \sqrt{13} \approx 3{,}60555$. Da hier eine nach oben geöffnete Parabel vorliegt, können wir erkennen, dass $h(x) < 0$ für $x \in (-\sqrt{13}; \sqrt{13})$. Beachten wir, dass unsere von innen vorgegebenen Intervalle $x \in (-\infty; -3]$ und $x \in [3; \infty)$ sind, dann haben wir die Intervalle

$$(-\infty; -\sqrt{13}], \ (-\sqrt{13}; -3], \ [3; \sqrt{13}) \ \text{und} \ [\sqrt{13}; \infty)$$

zu untersuchen. Dabei müssen wir den ganzen linken Teil der Gleichung für die beiden mittleren Intervalle mit dem Faktor (-1) multiplizieren. Machen wir uns erneut ans Werk.

Intervalle $(-\infty; -\sqrt{13}]$ und $[\sqrt{13}; \infty)$:

Hier ist

$$x^2 - 13 = 4 \Leftrightarrow x^2 = 17.$$

Die ersten Werte sind also $x_E = -\sqrt{17}$ und $x_F = \sqrt{17}$. Da $x_E \in (-\infty; \sqrt{13}]$ und $x_F \in [\sqrt{13}; \infty)$ sind beide Lösungen der eigentlich zu untersuchenden Betragsgleichung. Endlich ein weiterer Erfolg bei unseren Rechnungen.

Intervalle $(-\sqrt{13}; -3]$ und $[3; \sqrt{13})$:

Hier ist

$$-(x^2 - 13) = 4 \Leftrightarrow -x^2 = -9 \Leftrightarrow x^2 = 9.$$

Wir finden die weiteren Werte $x_G = -3$ und $x_H = 3$. Da $x_G \in (-\sqrt{13}; -3]$ und $x_H \in [3; \sqrt{13})$ sind ebenfalls beide Lösungen der eigentlich zu untersuchenden Betragsgleichung.

Es sind keine Intervalle mehr übrig, so dass wir die Lösungsmenge notieren können. Es ist

$$L = \{-\sqrt{17}; -3; -1; 1; 3; \sqrt{17}\}.$$

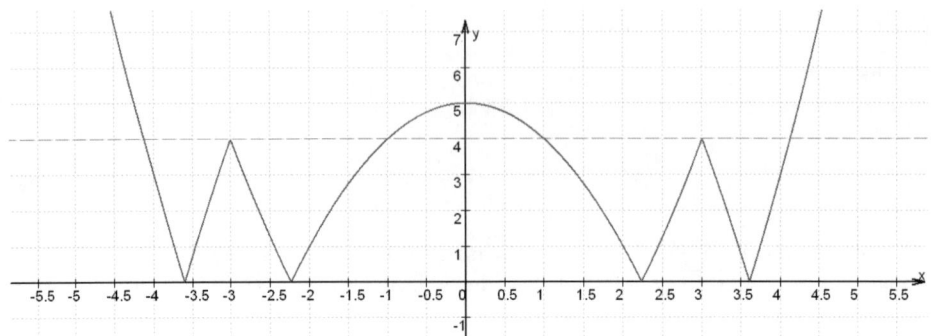

Abbildung V.7.9: Plot der linken Seite der Betragsgleichung (durchgezogene Linie, Funktion u mit $u(x) := ||x^2 - 9| - 4|$) und der rechten (gestrichelte Linie, Funktion v mit $v(x) := 4$). Die sechs Schnittstellen sind deutlich zu erkennen.

Auch hier ist ein Plot der linken und der rechten Seite wieder recht interessant anzuschauen (siehe Abbildung V.7.9).

Der Beispiele zum Thema Betragsgleichungen sind nun genug getan. Für alle Rechenwilligen sei an dieser Stelle auf die Aufgaben verwiesen. Wir stürmen hier nun im Anschluss den nächsten Gipfel (eigentlich mehr einen Hügel, die Höhe kann aber stark variieren, je nach Problem), die vollständige Induktion.

Aufgaben

Aufgabe 1:
Lösen Sie die folgende Betragsgleichung.

$$|x - 2| + |x + 3| = n \cdot x \text{ mit } n \in \mathbb{N}.$$

Für welche n gibt es keine Lösungen?

Aufgabe 2:
Lösen Sie die folgenden Betragsgleichungen.

(a) $\sqrt{|x| - 4} + |x| = 6$ (b) $|x^2 - 9| + x = 3$

(c) $\dfrac{1}{|x - 2|} + (x - 2)^2 = 0$ (d) $|x^2 + 1| - |x^2 - 1| = 2$

Aufgabe 3:

Geben Sie die durch ihre Funktionsgleichungen vorliegenden Betragsfunktionen als abschnittsweise definierte Funktionen an und zwar nur dort, wo die jeweilige Funktion auch definiert ist.

(a) $a(x) = |x - 2| + |x^2 - 4|$

(b) $b(x) = |x^2 - 9| + x$

(c) $c(x) = |x - 3| + |-x + 1| + \sqrt{x}$

(d) $d(x) = |x^2 - 4x - 5|$

VI Die vollständige Induktion und (ihre) Folgen

Eines der mächtigsten Beweisverfahren der mathematischen Welt stellt sicherlich die **vollständige Induktion** dar. Ein induktiver Beweis kann sehr schön und elegant sein und, trotz der eigentlich immer gleichen Vorgehensweise, ebenso interessant.

Zu Beginn dieses Kapitels beschäftigen wir uns mit den sog. **Folgen**. Gemeint sind im Wesentlichen Zahlenfolgen, welche sich durch ein Bildungsgesetz beschreiben lassen und deren Mitglieder durchzählbar sind und zwar in dem Sinn, dass man ein erstes, zweites, drittes... Folgenglied eindeutig angeben kann.

Nach der Behandlung der Folgen führen wir die vollständige Induktion mittels eines Beispiels als neues Beweisverfahren für uns ein. Die gängigsten Aufgabentypen hierzu studieren wir anhand mehrerer Beispiele ein. Die abschließende Betrachtung der **Fibonacci-Zahlenfolge** ist als Zugabe zu betrachten, v.a. die Herleitung der expliziten Formel.

VI.1 Grundlagen

VI.1.1 Ein paar Spielregeln zu Beginn

Zu Beginn müssen wir ein paar Spielregeln für dieses Kapitel festlegen, um Unklarheiten und Missverständnisse zu vermeiden.

Spielregel 1 - Natürliche Zahlen

Wir wollen hier für die Menge der natürlichen Zahlen zwei Symbole verwenden.

1. Wir schreiben für die natürlichen Zahlen *ohne* die 0: $\mathbb{N}_{>0} := \{1, 2, 3, \ldots\}$.
2. Wir schreiben für die natürlichen Zahlen *mit* der 0: $\mathbb{N} := \{0, 1, 2, 3, \ldots\}$.

Spielregel 2 - Indizes

Mit den Buchstaben n, i, k bezeichnen wir hier ausschließlich natürliche Zahlen, wenn nichts anderes erwähnt ist. Mit diesem Wissen sollten auch die vorliegenden Texte gelesen werden.

> **Spielregel 3 - Folgen und Folgenglieder**
>
> Schreiben wir (a_n), so meinen wir die Zahlenfolge an sich. Notieren wir a_n, so meinen wir das n-te Folgenglied der Folge (a_n).

Da wir nun über die Basisspielregeln informiert sind, können wir uns mit den Folgen an sich herumschlagen.

VI.1.2 Darstellungsformen von Folgen

Wir beginnen mit einer kurzen Einführung der grundlegenden Begriffe bezüglich der Folgenthematik. Für Folgen haben wir zwei Darstellungsmöglichkeiten:

1. Die **rekursive Darstellung**: Dabei wird ein Folgenglied durch eine Kombination anderer Folgenglieder angegeben. Die Berechnung der Folgenglieder kann nur schrittweise erfolgen.

Beispiel 1 - Rekursiv definierte Folge

Es seien $a_0 = 0$ und $a_1 = 1$ und es gelte das Bildungsgesetz

$$a_{n+1} = a_n + a_{n-1}$$

mit $n \in \mathbb{N}_{>0}$. Die entstehende Folge lautet

$$0, 1, 1, 2, 3, 5, 8, 13, 21, 34, 55, 89, 144, \ldots$$

Man nennt sie die **Fibonacci-Zahlenfolge**.

2. Die **explizite Darstellung**: Die Angabe erfolgt durch eine Formel, welche die direkte Berechnung eines jeden Folgenglieds ermöglicht. Der Index n von a_n ist meistens in der Formel zu finden, wobei er direkt als Variable an der Rechnung beteiligt ist.

Beispiel 2 - Explizit definierte Folge

Für $n \in \mathbb{N}$ ergibt $b_n = n + n^2$ die Zahlenfolge

$$0, 2, 6, 12, 20, 30, 42, 56, 72, 90, 110, \ldots$$

Im Folgenden vergleichen wir die unmittelbaren Nachbarglieder einer Folge und können dadurch den Begriff der Monotonie erklären.

VI.1.3 Die Definition der Monotonie

Definition der Monotonie:

Eine Zahlenfolge (a_n) heißt

- **monoton steigend** (zunehmend), wenn für alle Folgenglieder $a_{n+1} \geq a_n$ gilt.
- **monoton fallend** (abnehmend), wenn für alle Folgenglieder $a_{n+1} \leq a_n$ gilt.

Können wir statt $\leq$ auch $<$ bzw. statt $\geq$ auch $>$ setzen, so sprechen wir von **strenger Monotonie**.

Die Definition sagt uns, dass es bei streng monoton steigenden Folgen nur bergauf geht, bei streng monoton fallenden nur bergab. Ist die Monotonie nicht streng, darf auch schon mal eine Pause auf einem Zahlenwert eingelegt werden. Er ist dann bei mehreren, unmittelbar aufeinanderfolgenden Folgengliedern zu finden. Wir wollen uns die Definition, zusätzlich zu dem Gesagten, anhand eines Beispieles verdeutlichen.

Beispiel - Ein Fallen und Steigen ist das

Vorabbemerkung: In beiden Fällen ist $n \in \mathbb{N}$ zu wählen.

1. Die Folge (a_n) (Mitglieder mit Pluszeichen dargestellt) mit $a_n = 1 + \frac{n^2}{3}$ ist streng monoton steigend (sms).

2. Die Folge (b_n) (Mitglieder mit Sternchen dargestellt) mit $b_n = 40 - 3 \cdot n$ ist streng monoton fallend (smf).

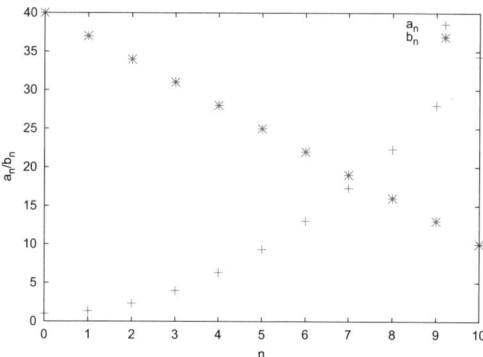

Abbildung VI.1.1: Beispiele zu streng monoton steigend und fallend.

Wie wir die Monotonie praktisch nachweisen, diskutieren wir gleich im Anschluss.

VI.1.4 Der Nachweis der Monotonie

Monotonie wird zumeist mittels eines der folgenden beiden Kriterien nachgewiesen:

1. **Differenzenkriterium**

$$a_{n+1} - a_n \begin{cases} > 0, & \text{streng monoton steigend,} \\ < 0, & \text{streng monoton fallend.} \end{cases}$$

2. **Quotientenkriterium**

$$\frac{a_{n+1}}{a_n} \begin{cases} > 1, & \text{streng monoton steigend,} \\ < 1 \text{ und} > 0, & \text{streng monoton fallend.} \end{cases}$$

Je nach Art der zu betrachtenden Folge sollten wir das zu verwendende Kriterium auswählen[1]. Auch bei geschickter Wahl kann die folgende Rechnung aber trotzdem leicht länglich werden, da wir mit allgemeinem n und $(n+1)$ zu rechnen haben.

Die Anwendung des Differenzenkriteriums wollen wir anhand eines kleinen Beispiels demonstrieren. Den Schritt des Nennergleichmachens haben wir dabei in der Rechnung nicht explizit ausgeführt.

Beispiel - Ist das aber monoton!

Wir wollen nachweisen, dass die Folge (a_n) mit $a_n = \frac{1-2n}{n} = -2 + \frac{1}{n}$ und $n \in \mathbb{N}_{>0}$ streng monoton fallend ist.

Beweis (mittels Differenzenkriterium):

Es ist

$$a_{n+1} - a_n = \left(-2 + \frac{1}{n+1}\right) - \left(-2 + \frac{1}{n}\right) = -\frac{1}{n(n+1)} < 0.$$

Da $n > 0$ ist die Folge (a_n) nach Punkt 1 streng monoton fallend.

Wir sind jetzt fast durch mit den Grundlagen. Als Letztes verbleibt für uns nur noch die Beschränktheit einer Folge.

VI.1.5 Beschränktheit

Um die Folgenglieder einer Folge größenmäßig einordnen zu können, d.h. um sagen zu können, wo sie liegen dürfen und v.a. wo nicht, ist der Begriff der Beschränktheit ein recht nützlicher. Was verstehen wir nun darunter?

---

[1] *Frage:* Welches Kriterium ist praktischer?

Definition der Beschränktheit

Eine Zahlenfolge (a_n) heißt

- **nach oben beschränkt**, wenn es eine Zahl S gibt, so dass für *alle* Folgenglieder $a_n \leq S$ gilt,
- **nach unten beschränkt**, wenn es eine Zahl s gibt, so dass für *alle* Folgenglieder $a_n \geq s$ gilt.

Ein paar Begriffe sollten wir in diesem Zusammenhang kennen:

Bemerkungen

- S nennen wir eine **obere Schranke**.
- s nennen wir eine **untere Schranke**.
- Eine beidseitig beschränkte Folge heißt **beschränkte Folge**.

Auch hier bietet sich wieder ein grafisches Beispiel zur Verdeutlichung des Gesagten an.

Beispiel - Beschränktheit im Bilde

Betrachtung der Zahlenfolge (c_n) mit $c_n = 1 + 0{,}7^n$ und $n \in \mathbb{N}$ mit zwei eingezeichneten Schranken.

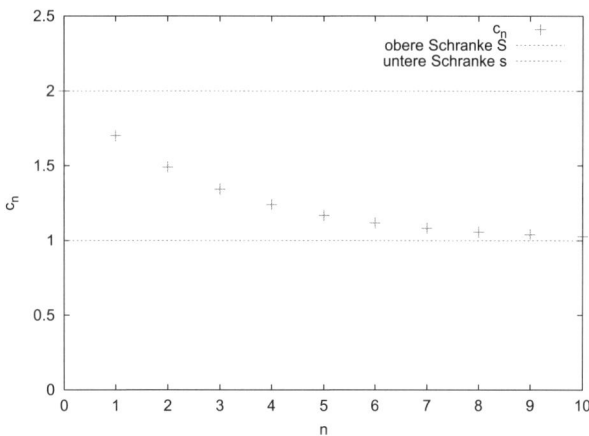

Abbildung VI.1.2: Eine (beidseitig) beschränkte Folge.

VI.2 Der Grenzwert einer Folge

Einer der wichtigsten Begriffe bei der Betrachtung von Folgen ist der des Grenzwertes. Wir wollen ihn hier mit Hilfe einer Größe, die wir ε (Epsilon) taufen, erklären. Dabei steht ε für eine beliebig kleine, positive Zahl, die nicht 0 ist, und kann darüber hinaus immer und jederzeit frei gewählt werden. Genaueres folgt gleich.

VI.2.1 Die Definition des Grenzwertes

Definition des Folgengrenzwertes

Eine Zahl g heißt **Grenzwert** der Zahlenfolge (a_n), wenn bei Vorgabe irgendeiner beliebigen, positiven Zahl ε *fast alle*[a] Folgenglieder die Ungleichung

$$|a_n - g| < \varepsilon$$

erfüllen.

[a]Fast alle bedeutet, dass es nur *endlich(!)* viele Ausnahmen gibt.

Aus der Definition ergibt sich für uns die folgende Fragestellung, welcher wir sogleich eine Antwort folgen lassen können.

Frage:
Wie weise ich nach, dass es nur endlich viele Glieder nicht in den sog. ε-Schlauch schaffen?

Antwort:
Durch die Angabe der Nummer (des Index), ab der (dem) *alle* folgenden Folgenglieder die Ungleichung erfüllen.

Es folgt, wieder zur Anschauung, ein kleines Beispiel, durch welches auch die symbolische Schreibweise zur Grenzwertbildung vorausgreifend eingeführt wird. Der gezeigte ε-Schlauch ist für die Abbildung willkürlich gewählt, da ε ja eine beliebige positive Zahl ist. Der gefundene (vermutete) Grenzwert kann mit der ε-Methode nachgewiesen werden (*Übung!*).

Beispiel - Bis zur Grenze

Die gewählte Folge (a_n) mit $n \in \mathbb{N}_{>0}$ hat die explizite Darstellung

$$a_n = \frac{n + (-1)^n}{4n}.$$

Der Grenzwert ist somit

$$g = \lim_{n \to \infty} a_n = \lim_{n \to \infty} \left(\frac{1n}{4n} + \frac{(-1)^n}{4n} \right) = \frac{1}{4}.$$

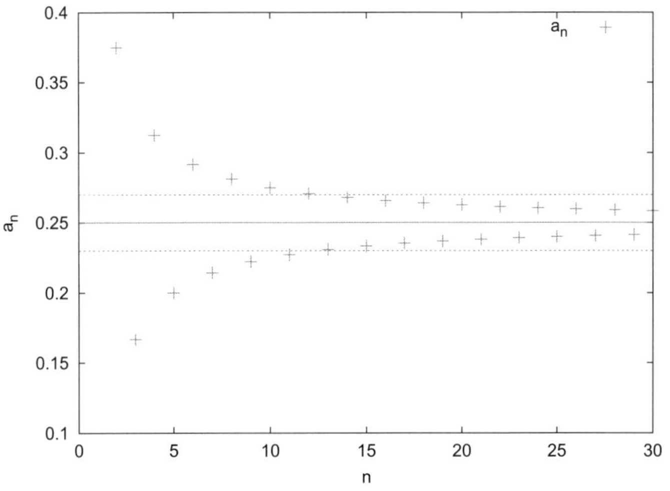

Abbildung VI.2.1: Ein ε-Schlauch bei der Beispielfolge in Unterkapitel VI.2.1.

VI.2.2 Zwei Sätze und ein paar Begriffe

Wir wollen hier noch ein paar Begriffe und Sätze angeben:

Satz 1 - Zur Anzahl der Grenzwerte

Eine Folge kann höchstens einen Grenzwert haben.

Satz 2 - Konvergenz

Wenn eine Folge **monoton und beschränkt** ist, dann ist sie auch **konvergent**.

Konvergenz lässt sich also durch den Nachweis der beiden Eigenschaften Monotonie und Beschränktheit aufzeigen. Diese Tatsache ist für den praktischen Umgang mit der Konvergenz sehr nützlich. Was ist nun aber Konvergenz? Im Folgenden geben wir ein paar grundlegende Begriffe an, welche für die korrekte und elegante Formulierung und Benennung verschiedener Sachverhalte notwendig sind, darunter fällt dann auch die bisher ominöse Konvergenz.

- Für den Grenzwert schreiben wir kurz $g = \lim_{n \to \infty} a_n$ oder auch $a_n \to g$ für $n \to \infty$.

- Eine Folge mit Grenzwert nennen wir **konvergent**.

- Eine Folge ohne Grenzwert nennen wir **divergent**.

- Eine Folge mit Grenzwert $g = 0$ nennen wir eine **Nullfolge**.

Wie können wir z.B. Satz 1 begründen? Wir geben hierfür eine Überlegung, eine Beweisidee bzw. Beweisskizze an, welche zu einem strengen mathematischen Beweis ausgebaut werden kann, da sie alle relevanten Punkte enthält.

Beweis(le):

Der Beweis kann indirekt geführt werden: Hätte eine Folge mindestens zwei Grenzwerte, so müssten in jeder Umgebung eines jeden Grenzwertes fast alle Folgenglieder bis auf endlich viele liegen. Da somit aber unendlich viele Folgenglieder in jeder Umgebung eines jeden Grenzwertes liegen und somit nicht in jeder Umgebung eines anderen, müssen die Grenzwerte identisch sein, da sonst ein Widerspruch zur Definition des Grenzwertes existiert.

Für die praktische Anwendung des Grenzwertes, d.h. für eine nicht zu umständliche Berechnung desselben bei beliebigen Folgen, benötigen wir die sog. **Grenzwertsätze**, welche über die Kombination von Grenzwerten bzw. über die Grenzwerte (aus einfacheren Folgen) zusammengesetzter Folgen Auskunft geben.

VI.3 Die Grenzwertsätze

VI.3.1 Die 3 Grenzwertsätze

Wie erhalten wir den Grenzwert einer beliebigen Folge, wenn er denn existiert, falls wir erkennen, das die untersuchte Folge aus bereits uns bekannten Folgen aufgebaut ist? Hierfür haben wir die Grenzwertsätze.

> **Definitionen der Grenzwertsätze**
>
> Sind die Folgen (a_n) und (b_n) beide konvergent und haben sie die Grenzwerte g_a und g_b, so sind auch die Folgen $(a_n \pm b_n)$, $(a_n \cdot b_n)$ und, sofern alle $b_n \neq 0$ und $g_b \neq 0$ sind, auch die Folge $\left(\frac{a_n}{b_n} \right)$ konvergent. Es gilt dann:
> - $\lim_{n \to \infty}(a_n \pm b_n) = \lim_{n \to \infty} a_n \pm \lim_{n \to \infty} b_n = g_a \pm g_b$,
> - $\lim_{n \to \infty}(a_n \cdot b_n) = \lim_{n \to \infty} a_n \cdot \lim_{n \to \infty} b_n = g_a \cdot g_b$,
> - $\lim_{n \to \infty}\left(\frac{a_n}{b_n} \right) = \frac{\lim_{n \to \infty} a_n}{\lim_{n \to \infty} b_n} = \frac{g_a}{g_b}$, wobei $b_n \neq 0$ und $g_b \neq 0$.

Wichtig ist es noch, Folgendes zu wissen, denn wir werden dies bei den rekursiven Folgen am Ende benötigen:

Bemerkung

Ist eine Folge konvergent und sei ihr Grenzwert g, dann gilt:

$$\lim_{n\to\infty} a_n = \lim_{n\to\infty} a_{n-1} = g. \tag{VI-1}$$

Wir wollen einen dieser Grenzwertsätze zur Übung beweisen. Damit können wir auch gleich den Umgang mit dem ε ein wenig einstudieren.

VI.3.2 Ein Beweis zu den Grenzwertsätzen

Wir zeigen den Beweis für die Summen der Grenzwerte:

Voraussetzungen für den Beweis

Es gilt $\lim_{n\to\infty} a_n = g_a$ und $\lim_{n\to\infty} b_n = g_b$.

Wir wählen nun ein beliebiges ε und setzen

$$|a_n - g_a| < \frac{\varepsilon}{2} \text{ und } |b_n - g_b| < \frac{\varepsilon}{2}.$$

Bemerkung

Da ε eine beliebige positive Zahl ist, dürfen wir sie auch durch $\frac{\varepsilon}{2}$ ersetzen, was ebenfalls eine beliebige positive Zahl ist. Dies geschieht hier aus praktischen Gründen, die am Ende des Beweises einzusehen sind.

Damit formulieren wir die sog. **Dreiecksungleichung**, von welcher wir bereits in Kapitel V gehört haben:

$$|(a_n + b_n) - (g_a + g_b)| = |(a_n - g_a) + (b_n - g_b)| \leq |a_n - g_a| + |b_n - g_b| < \frac{\varepsilon}{2} + \frac{\varepsilon}{2} = \varepsilon.$$

Folgerung/Ergebnis

Damit haben fast alle Folgenglieder $a_n + b_n$ von der Summe $g_a + g_b$ einen kleineren Abstand als ein beliebig vorgegebener, positiver Wert ε. Die Summenfolge $(a_n + b_n)$ hat somit den Grenzwert $g_a + g_b$.

Zum Abschluss dieses Unterkapitels wollen wir zeigen, wie wir den Grenzwert einer rekursiven Folge berechnen können.

VI.3.3 Berechnung der Grenzwerte bei rekursiven Folgen

Wir erläutern die Vorgehensweise zur Bestimmung der Grenzwerte rekursiver Folgen einmal mehr anhand eines Beispiels:

Beispiel - Rekursiv zur Grenze

Gegeben sei die rekursiv definierte Folge (b_n) mit $n \in \mathbb{N}_{>0}$ durch

$$b_{n+1} = \frac{1}{2} \left(b_n + \frac{2}{b_n} \right) \text{ und } b_1 = 2.$$

Sie ist konvergent mit dem Grenzwert g. Es gilt, eine Vermutung für den Grenzwert mit Hilfe eines Taschenrechners oder von Hand aufzustellen und diesen dann exakt nachzuweisen.

Lösung – TR-Teil

Mit dem angegebenen Startwert erhalten wir die Zahlenfolge

$$2;\ 1{,}5;\ 1{,}416666667;\ 1{,}414215686;\ 1{,}414213562;\ ...\text{bleibt so}...$$

Ab (...bleibt so...) steht der Taschenrechnerwert für $\sqrt{2}$. Somit vermuten wir, dass $g = \sqrt{2}$ der Grenzwert der Folge ist.

Exakte Lösung

Wir verwenden die rekursive Formel:

$$b_{n+1} = \frac{1}{2} \left(b_n + \frac{2}{b_n} \right) \text{ und } b_1 = 2.$$

Wir gehen nun folgendermaßen vor:

1. Den $\lim_{n \to \infty}$ auf beide Seiten anwenden:

$$\lim_{n \to \infty} b_{n+1} = \lim_{n \to \infty} \left[\frac{1}{2} \left(b_n + \frac{2}{b_n} \right) \right].$$

2. Anwenden der Grenzwertsätze liefert die folgende Darstellung:

$$\lim_{n\to\infty} b_{n+1} = \frac{1}{2}\left(\lim_{n\to\infty} b_n + \frac{2}{\lim_{n\to\infty} b_n}\right).$$

3. Zu guter Letzt verwenden wir, dass $\lim_{n\to\infty} a_n = \lim_{n\to\infty} a_{n-1} = g$ gilt (auch für eine entsprechende Folge (b_n)!). Wir erhalten damit die Gleichung

$$g = \frac{1}{2}\left(g + \frac{2}{g}\right).$$

4. Auflösen nach g liefert eine quadratische Gleichung, von welcher wir den positiven Wert $g = \sqrt{2}$ zu wählen haben, da die Folge (b_n) streng monoton fällt (Nachweis z.B. mit dem Differenzenkriterium), aber alle Folgenglieder, bedingt durch den Startwert $b_n = 2$, größer als 0 sind.

Wir sind mit unseren Betrachtungen zum Grenzwert fertig und können uns (vielleicht) unter dem Begriff etwas vorstellen. Die im Text angegebenen Folgen können zur Übung mit den gezeigten Techniken genauer untersucht werden. Ebenso kann der nächste Abschnitt, welcher die arithmetischen und geometrischen Folgen erklären soll, als längere Übung für das Gelernte verwendet werden. Viel Spaß dabei!

VI.4 Arithmetische und geometrische Folgen

Wir wollen uns hier zwei sehr einfach zu beschreibenede Folgentypen anschauen, die sog. arithmetischen und geometrischen Folgen und ein wenig über ihre Eigenschaften plaudern. Beginnen wir mit der arithmetischen Variante.

VI.4.1 Arithmetische Folgen I - Ein paar Grundlagen

Die Folgenglieder einer arithmetischen Folge zeichnen sich dadurch aus, dass je zwei aufeinanderfolgende Folgenglieder die gleiche Differenz besitzen, d.h. $a_{n+1} - a_n = d$, wobei $n \in \mathbb{N}$ und $d \in \mathbb{R} \setminus \{0\}$. Die rekursive Darstellung einer arithmetischen Folge (a_n) lautet somit:

Rekursive Darstellung arithmetischer Folgen

Es ist $n \in \mathbb{N}$ und $d \in \mathbb{R} \setminus \{0\}$. Für eine arithmetische Folge (a_n) gilt

$$a_{n+1} = a_n + d \text{ für alle } n \in \mathbb{N}. \tag{VI-2}$$

Das gegebene Anfangsglied ist a_0, mit d bezeichnen wir die Differenz der Folgenglieder[a].

---

[a]Es ist auch möglich, die Folge mit dem Anfangsglied a_1 beginnen zu lassen. Wir verwenden dann als Indizes die natürlichen Zahlen ohne die Null und schreiben $\mathbb{N}_{>0} = \mathbb{N} \setminus \{0\}$, wie wir es bereits zu Beginn dieses Kapitels getan haben.

Mit Hilfe der rekursiven Darstellung können wir hier sehr schnell eine explizite Darstellung gewinnen, indem wir fortwährend einsetzen. Es ist nämlich einfach

$$a_{n+1} = a_n + d = (a_{n-1} + d) + d = ((a_{n-2} + d) + d) + d = \ldots$$
$$= \underbrace{a_0}_{\text{Anfangsglied}} + \underbrace{d + d + \ldots + d}_{(n+1)\text{ Summanden}} = a_0 + (n+1) \cdot d.$$

Wir können uns also das Folgende notieren:

Explizite Darstellung arithmetischer Folgen

Es ist $n \in \mathbb{N}$ und $d \in \mathbb{R} \setminus \{0\}$. Für eine arithmetische Folge (a_n) gilt

$$a_n = a_0 + n \cdot d \text{ für alle } n \in \mathbb{N}. \tag{VI-3}$$

Wir wollen uns hier nun noch ein paar Überlegungen bezüglich der Differenz d und des Verlaufs der Folge machen.

Anmerkungen zur Differenz d

- Ist $d < 0$, so liegt eine streng monoton fallende arithmetische Folge (a_n) vor und es ist $a_{n+1} < a_n$ für alle $n \in \mathbb{N}$. Es gibt keinen Grenzwert der Folge.
- Ist $d = 0$, so liegt eine konstante Folge (a_n) vor und es ist $a_0 = a_n$ für alle $n \in \mathbb{N}$. Diesen Fall haben wir oben ausgeschlossen und zählen ihn nicht zu den arithmtischen Folgen. Der Grenzwert der Folge ist a_0.
- Ist $d > 0$, so liegt eine streng monoton steigende arithmetische Folge (a_n) vor und es ist $a_{n+1} > a_n$ für alle $n \in \mathbb{N}$. Es gibt keinen Grenzwert der Folge.

VI.4.2 Geometrische Folgen I - Ein paar Grundlagen

Die Folgenglieder einer geometrischen Folge zeichnen sich dadurch aus, dass je zwei aufeinanderfolgende Folgenglieder sich um den gleichen Faktor unterscheiden, dass also ihr Quotient immer gleich ist, d.h. $\frac{a_{n+1}}{a_n} = q$, wobei $n \in \mathbb{N}$ und $q \in \mathbb{R} \setminus \{0\}$. Die rekursive Darstellung einer geometrischen Folge (a_n) lautet daher:

Rekursive Darstellung geometrischer Folgen

Es ist $n \in \mathbb{N}$ und $q \in \mathbb{R} \setminus \{0\}$. Für eine geometrische Folge (a_n) gilt

$$a_{n+1} = a_n \cdot q \text{ für alle } n \in \mathbb{N}. \tag{VI-4}$$

Das gegebene Anfangsglied ist a_0, mit q bezeichnen wir den Quotienten der Folgenglieder[a].

---

[a]Es ist auch möglich, die Folge mit dem Anfangsglied a_1 beginnen zu lassen. Wir verwenden dann als Indizes die natürlichen Zahlen ohne die Null und schreiben $\mathbb{N}_{>0} = \mathbb{N} \setminus \{0\}$.

Mit Hilfe der rekursiven Darstellung können wir hier erneut sehr schnell eine explizite Darstellung gewinnen, indem wir fortwährend einsetzen. Es ist nämlich einfach

$$a_{n+1} = a_n \cdot q = (a_{n-1} \cdot q) \cdot q = ((a_{n-2} \cdot q) \cdot q) \cdot q = \ldots$$
$$= \underbrace{a_0}_{\text{Anfangsglied}} \cdot \underbrace{q \cdot q \cdot \ldots \cdot q}_{(n+1) \text{ Faktoren}} = a_0 \cdot q^{n+1}.$$

Wir können uns also das Folgende notieren:

Explizite Darstellung geometrischer Folgen

Es ist $n \in \mathbb{N}$ und $q \in \mathbb{R} \setminus \{0\}$. Für eine geometrische Folge (a_n) gilt

$$a_n = a_0 \cdot q^n \text{ für alle } n \in \mathbb{N}. \tag{VI-5}$$

Wir wollen uns hier abschließend ein paar Überlegungen bezüglich des Quotienten q und des Verlaufs der Folge machen.

Anmerkungen 1 zum Quotienten q

- Ist $0 < q < 1$ und $a_0 > 0$, so liegt eine streng monoton fallende geometrische Folge (a_n) vor und es ist $a_{n+1} < a_n$ für alle $n \in \mathbb{N}$. Der Grenzwert der Folge ist 0.
- Ist $q = 1$ und $a_0 \in \mathbb{R} \setminus \{0\}$, so liegt eine konstante Folge (a_n) vor und es ist $a_0 = a_n$ für alle $n \in \mathbb{N}$. Der Grenzwert der Folge ist a_0.
- Ist $q > 1$ und $a_0 > 0$, so liegt eine streng monoton steigende geometrische Folge (a_n) vor und es ist $a_{n+1} > a_n$ für alle $n \in \mathbb{N}$. Es gibt keinen Grenzwert der Folge.

Anfangsglied
$a_0 > 0$
und $q > 0$

Anmerkungen 2 zum Quotienten q

- Ist $0 < q < 1$ und $a_0 < 0$, so liegt eine streng monoton steigende geometrische Folge (a_n) vor und es ist $a_{n+1} > a_n$ für alle $n \in \mathbb{N}$. Der Grenzwert der Folge ist 0.
- Ist $q = 1$ und $a_0 \in \mathbb{R} \setminus \{0\}$, so liegt eine konstante Folge (a_n) vor und es ist $a_0 = a_n$ für alle $n \in \mathbb{N}$. Der Grenzwert der Folge ist a_0.
- Ist $q > 1$ und $a_0 < 0$, so liegt eine streng monoton fallende geometrische Folge (a_n) vor und es ist $a_{n+1} < a_n$ für alle $n \in \mathbb{N}$. Es gibt keinen Grenzwert der Folge.

Anfangsglied
$a_0 < 0$
und $q > 0$

Anmerkungen 3 zum Quotienten q

- Ist $-1 < q < 0$ und $a_0 \in \mathbb{R} \setminus \{0\}$, so liegt eine alternierende[a] geometrische Folge (a_n) vor. Der Grenzwert der Folge ist 0.
- Ist $q = -1$ und $a_0 \in \mathbb{R} \setminus \{0\}$, so liegt eine alternierende Folge (a_n) vor, welche abwechselnd die Werte a_0 und $-a_0$ annimmt. Es gibt keinen Grenzwert.
- Ist $q < -1$ und $a_0 \in \mathbb{R} \setminus \{0\}$, so liegt eine alternierende geometrische Folge (a_n) vor, die keinen Grenzwert besitzt.

Anfangsglied
$a_0 \in \mathbb{R} \setminus \{0\}$
und $q < 0$

[a]Bei einer **alternierenden Folge** sind die Werte der Folgenglieder abwechselnd positiv und negativ.

Nachdem wir uns ein paar Grundlagen zu Gemüte geführt haben, wollen wir unsere Betrachtungen zu den genannten Folgentypen noch ein wenig vertiefen. Zuvor wenden wir uns aber dem Beweisverfahren mit dem schönen Namen „vollständige Induktion" zu, da es zweckdienlich ist, zuerst über diese Thema Bescheid zu wissen, bevor wir vorangehen.

Aufgaben

Aufgabe 1:
Untersuchen Sie die folgenden Folgen auf Monotonie. Es gilt für alle Folgen, dass $n \in \mathbb{N}$.

(a) (a_n) mit $a_n = 2^n - (n-1)^2$

(b) (b_n) mit $b_n = \frac{2 \cdot (n+3)^2 + 1}{2^n}$

(c) (c_n) mit $c_n = \frac{5n^3 + n^2}{n^2 + 1}$

(d) (d_n) mit $d_n = n^2 + (-1)^n \cdot n + 1$

(e) (e_n) mit $e_n = \sqrt{n+1} - \sqrt{n}$

(f) (f_n) mit $f_n = \left(\frac{1}{2}\right)^n \cdot n$

Aufgabe 2:
Weisen Sie nach, dass eine arithmetische Folge (a_n) für $d \neq 0$ keinen Grenzwert besitzt, indem Sie die Voraussetzungen, die für einen Grenzwert erfüllt sein müssen, überprüfen.

Aufgabe 3:

Herr Marx-Feuerbach betreibt mit seinem Konto, für welches er keine Zinsen bekommt, das folgende Spielchen:

Auf dem Konto sei zu Beginn kein Geld. Jeden Monat zahlt er nun 3000 € darauf ein und hebt anschließend sofort 20% des vorhandenen Geldes ab.

(a) Berechnen Sie die Kontostände nach der Durchführung seines Vorgehens für die ersten fünf Monate.

(b) Stellen Sie eine rekursiv definierte Folge auf, durch welche sich der Kontostand sukzessive berechnen lässt.

(c) Berechnen Sie den Kontostand, auf den sich sein Konto langfristig einpendelt.

Aufgabe 4:

Bestimmen Sie die Grenzwerte der folgenden Folgen.

(a) (a_n) mit $a_n = \frac{n-1}{n^2-1}$

(b) (b_n) mit $b_n = \sqrt{n+1} - \sqrt{n}$

(c) (c_n) mit $c_n = \frac{\sqrt{n+1}-1}{n}$

(d) (d_n) mit $d_n = 2^{2+\frac{1}{n}}$

(e) (e_n) mit $e_n = \frac{2^n+2^{-n}}{3^n}$

(f) (f_n) mit $f_n = \frac{n^2-1}{2\cdot(n+1)^2}$

VI.5 Die vollständige Induktion - Ein mächtiges Beweisverfahren

Eines der hilfreichsten Werkzeuge bei der erfolgreichen Durchführung eines Beweises ist die vollständige Induktion. Wie wir bei diesem Beweisverfahren vorzugehen haben, zeigen wir im Folgenden an einem konkreten Beispiel.

Beispiel - Die Summenformel

Zeigen Sie mittels vollständiger Induktion, dass $1 + 2 + \ldots + n = \dfrac{n \cdot (n+1)}{2}$ gilt.

?

Die Beweisführung unterteilt sich in drei Abschnitte, den Induktionsanfang, den Induktionsschritt und den Induktionsschluss. Den schwierigsten Teil stellt hier zumeist der Induktionsschritt dar, in welchem der allgemeine Schritt von Glied Nummer n zu Glied Nummer $n+1$ vollzogen wird. Mit Induktionsanfang und Induktionsschritt gelingt, falls sie auch selber durchführbar sind, der Induktionsschluss, welcher das eigentlich schon Gezeigte abschließend zusammenfasst und ausformuliert.

Induktionsanfang

Wir berechnen die ersten drei Werte[2]$(n = 1, 2, 3)$ mittels der Formel und „zu Fuß" und stellen unsere Ergebnisse in tabellarischer Form gegenüber.

Zu Fuß	Formel	Überprüfung
Erster Wert: 1	$\dfrac{1 \cdot (1 + 1)}{2} = \dfrac{2}{2} = 1$	OK
Zweiter Wert: $1 + 2 = 3$	$\dfrac{2 \cdot (2 + 1)}{2} = \dfrac{6}{2} = 3$	OK
Dritter Wert: $1 + 2 + 3 = 6$	$\dfrac{3 \cdot (3 + 1)}{2} = \dfrac{12}{2} = 6$	OK

Tabelle VI.5.1: Überprüfung der vermuteten Formel für die ersten drei Folgenglieder.

Somit haben wir gezeigt, dass die Formel für die ersten drei Werte absolut richtige Ergebnisse liefert.

!Achtung!

Es sind auch folgende Szenarien möglich:

1. Der Induktionsanfang gelingt erst beim zweiten, dritten, vierten, fünften, ... Glied.
2. Der Induktionsanfang gelingt gar nicht.

Nach gelungenem Induktionsanfang wenden wir uns dem Induktionsschritt zu.

Induktionsschritt

Nun gehen wir davon aus, dass für das n-te Glied die angegebene Formel das richtige Ergebnis liefert, also wahr ist. Dann errechnen wir aus dem durch die Formel zu berechnenden n-ten Glied zu Fuß das $(n + 1)$-te Glied, d.h. wir führen die in der Aufgabe

---

[2]Notwendig ist nur, dass wir *einen* Startindex finden, für den beide Wege das gleiche Ergebnis liefern. Wir sind natürlich bestrebt, einen möglichst kleinen Index zu finden. Im vorliegenden Beispiel entdecken wir $n = 1$ und das würde auch genügen (wir beginnen die Zählung immer bei 0 oder 1, womit kleiner als 0 bzw. 1 beim Index sowieso nicht möglich ist!). Die anderen Werte führen wir nur zu Demonstrationszwecken auf, um die Annahme, dass die Formel wirklich stimmt, beim Leser zu untermauern.

vorgegebenen Rechenoperationen durch (Berechnung nach dem Bildungsgesetz), um die Darstellung des nächsten Gliedes zu erhalten. Das Ergebnis vergleichen wir dann mit der Darstellung für das nächste Glied, die wir durch die Formel erhalten. Sind die Ergebnisse identisch, so gelingt der Induktionsschritt.

Wir betrachten den Induktionsschritt für unser obiges Beispiel. Wir nehmen an, dass die Formel für das n-te Glied ein richtiges Ergebnis liefert.

- **n-tes Glied:** $\dfrac{n(n+1)}{2}$

Mit der Formel erhalten wir für das $(n+1)$-te Glied:

- **(n + 1)-tes Glied:** $\dfrac{(n+1)\cdot((n+1)+1)}{2} = \dfrac{(n+1)\cdot(n+2)}{2} = \dfrac{n^2+3n+2}{2}$

Die Umformungen haben wir vorgenommen, da sich so der Vergleich mit dem „zu Fuß" errechneten Ergebnis einfacher gestaltet.

„Zu Fuß:"

Wir erhalten das $(n+1)$-te Glied aus dem n-ten Glied, indem wir $(n+1)$ zu diesem dazu addieren (Rechenvorschrift für diese Aufgabe). Diese Vorgehensweise ergibt:

$$\frac{n(n+1)}{2} + (n+1) \underset{\text{nennergleich}}{=} \frac{n(n+1)}{2} + \frac{2\cdot(n+1)}{2} = \frac{n^2+n+2n+2}{2} = \frac{n^2+3n+2}{2}.$$

Wir sehen, dass der letzte Teil mit dem Ergebnis der Formel übereinstimmt, d.h. es gelingt der Induktionsschritt.

Induktionsschluss

Da die Formel für $n = 1$ (Induktionsanfang) gilt, gilt sie nach dem Induktionsschritt auch für $n = 2$, damit gilt sie auch für $n = 3$, damit ... (Diese Folgerung nennt man nun Induktionsschluss).

Alle Werte fallen nacheinander um (Dominosteinprinzip). Wir können uns die vollständige Induktion wie folgt merken:

Die vollständige Induktion - Wissenswertes

1. **Induktionsanfang:** Wir berechnen ein paar Anfangswerte, sowohl mit der For-mel als auch nach dem angegebenen Bildungsgesetz.
2. **Induktionsschritt:** Wir berechnen das $(n + 1)$-te Glied, einmal mittels der Formel und das andere Mal mittels des n-ten Glieds und des Bildungsgesetzes, unter der Annahme, dass die Formel für das n-te Glied gilt.
3. **Induktionsschluss:** Mit 1 und 2 folgern wir die Richtigkeit der anfänglichen Behauptung.

Anmerkungen

- Manchmal verwendet man k statt n beim Induktionsschritt.
- Der Induktionsanfang kann gelingen, der Induktionsschritt aber nicht.
- Der Induktionsschritt kann gelingen, der Induktionsanfang aber nicht.

Wir sind jetzt in der Lage, die bereits eingeführten arithmetischen und geometrischen Folgen noch etwas genauer zu untersuchen.

VI.5.1 Arithmetische Folgen II - Die Summe der Folgenglieder

Wir basteln uns in diesem Abschnitt mit Hilfe einer arithmetischen Folge eine neue Folge und wollen diese untersuchen. Dabei halten wir unsere Betrachtungen relativ allgemein und notieren für die arithmetische Folge das Bildungsgesetz gemäß (VI-3), also $a_n = a_0 + n \cdot d$. Unsere neue Folge (c_n) soll nun aus Folgengliedern aufgebaut sein, die sich aus den Summen der Folgenglieder von (a_n) bis zum jeweiligen Index n ergeben. Zur Notation des Ganzen verwenden wir das **Summenzeichen**. Es wird mit einem großen griechischen Sigma (sieht so aus: Σ) niedergeschrieben. Anstatt von n verwenden wir jetzt k als Index der Folge (a_k). Dies hat rein praktische Gründe, wie wir gleich sehen werden. Vorab geben wir aber eine kurze Erklärung zur Verwendung des Summenzeichens.

Das Summenzeichen Σ

Summen mit sehr vielen Summanden können wir mit Hilfe des Summenzeichens in kompakter Art und Weise schreiben, wenn sich die Summanden als Mitglieder einer Folge (a_k) einheitlich notieren lassen. So können wir z.B. die Summe der Quadratzahlen bis zu einem bestimmten n^2 mit $n \in \mathbb{N}_{>0}$ wie folgt niederschreiben:

$$1^2 + 2^2 + \ldots + (n-1)^2 + n^2 = \sum_{k=1}^{n} k^2.$$

Ebenso können wir sagen, dass wir eine Folge (a_k) mit $a_k = k^2$ gegeben haben und nun die Summe $a_1 + a_2 + \ldots + a_n$ berechnen wollen, wobei n ein vorgegebener Wert für den Laufindex k ist. Hier schreiben wir dann analog

$$a_1 + a_2 + \ldots + a_{n-1} + a_n = \sum_{k=1}^{n} a_k.$$

Wir sehen, dass das k als Laufindex bzw. Summationsindex fungiert und hinter dem Summenzeichen das Folgenglied in Abhängigkeit von k notiert wird. Das n über dem Σ gibt an, bis wohin mit dem Laufindex gezählt wird. In unserem Fall nimmt der Laufindex nur natürliche Zahlen an. Wir können aber auch die ganzen Zahlen $\mathbb{Z}$ als Menge aller Indizes zulassen. Das n, d.h. unsere Zählgrenze, kann auch unendlich sein, d.h. wir notieren $n = \infty$ oder nur ∞ über dem Σ. Hier sprechen wir dann von einer unendlichen Summe.

Da wir nun wissen, was das Summenzeichen bedeutet, können wir mit dessen Hilfe, eine neue Folge zusammenbauen. Wir definieren das Folgende:

Reihen

Gegeben sei eine Folge (a_k) mit $k \in \mathbb{N}$. Mit deren Hilfe und der des Summenzeichens definieren wir eine neue Folge (s_n) mit

$$s_n = \sum_{k=0}^{n} a_k = a_0 + a_1 + \ldots + a_n \text{ mit } n \in \mathbb{N}. \tag{VI-6}$$

Natürlich können wir mit dem Zählen auch bei $k = 1$ anfangen. Die Folge (s_n), welche eine **Folge der Partialsummen** einer gegebenen Folge ist, wird als **Reihe** bezeichnet.

Wir wollen uns im Falle einer arithmetischen Folge Gedanken zum Aussehen der zugehörigen Folge ihrer Partialsummen machen. Eine explizite Formel wäre hier doch recht schön. Unser Ziel ist es somit nun, eine solche herzuleiten. Dabei hilft uns das über die vollständige Induktion erworbene Wissen weiter, weil wir hiermit in der Lage sind, die aufgestellte Formel nicht nur zu vermuten, sondern auch zu beweisen.

Herleitung der arithmetischen Summenformel

Wir sind an den Summen der Folgenglieder arithmetischer Folgen interessiert und betrachten daher ohne Beschränkung der Allgemeinheit die Folge (a_k) mit $a_k = a_0 + k \cdot d$, wobei $k \in \mathbb{N}$, $d \in \mathbb{R} \setminus \{0\}$ und $a_0 \in \mathbb{R}$. Es ist dann nach (VI-6)

$$s_n = \sum_{k=0}^{n} a_k = \sum_{k=0}^{n} (a_0 + k \cdot d)$$

$$= a_0 + 0 \cdot d + a_0 + 1 \cdot d + a_0 + 2 \cdot d + \ldots + a_0 + n \cdot d$$

$$= \sum_{k=0}^{n} a_0 + \sum_{k=0}^{n} k \cdot d = (n+1) \cdot a_0 + d \cdot \sum_{k=0}^{n} k.$$

Untersuchen wir das letzte Summenzeichen näher, so erkennen wir, dass hier die Summe der natürlichen Zahlen von 0 bis n steht. Diese unterscheidet sich aber nicht von der Summe der natürlichen Zahlen von 1 bis n. Für diese haben wir aber am Anfang dieses Unterkapitels die explizite Formel

$$1 + 2 + 3 + \ldots + (n-1) + n = \frac{n \cdot (n+1)}{2}$$

bewiesen. Da das d unabhängig von k ist, kann es als Faktor aus dem Summenzeichen herausgezogen werden. Somit erhalten wir eine explizite Darstellung der Folgenglieder der Folge (s_n). Es ist

$$s_n = (n+1) \cdot a_0 + d \cdot \frac{n \cdot (n+1)}{2} \text{ mit } n \in \mathbb{N}. \tag{VI-7}$$

Weil die Summe der natürlichen Zahlen über alle Grenzen wächst, ist auch die Folge (s_n) nicht beschränkt und hat folglich keinen Grenzwert. Die vorliegende Reihe ist somit divergent, selbst wenn wir $d = 0$ zulassen. Hier ist dann $s_n = (n+1) \cdot a_0$. Nur im Fall $a_0 = 0$ haben wir hier ein Erfolgserlebnis bezüglich des Grenzwertes ($g = 0$) zu verbuchen.

VI.5.2 Geometrische Folgen II - Die Summe der Folgenglieder

Wir wollen hier jetzt auch für die geometrischen Folgen die Folge der Partialsummen untersuchen. Wir gehen dabei von der expliziten Darstellung gemäß (VI-5) aus, d.h. $a_n = a_0 \cdot q^n$. Wieder nehmen wir eine kleine Umbenennung vor und verwenden k als Index dieser Folge, so dass das n für die resultierende Folge (s_n) zur Notation herangezogen werden kann. Analog zum vorangegangenen Abschnitt ergibt sich für geometrische Folgen die n-te Partialsumme

$$s_n = \sum_{k=0}^{n} a_k = \sum_{k=0}^{n} a_0 \cdot q^k = a_0 \cdot \left(1 + q + q^2 + \ldots + q^{n-1} + q^n\right). \tag{VI-8}$$

Natürlich sind wir auch hier wieder an einer expliziten Formel für s_n interessiert. Diese wollen wir im Folgenden herleiten.

Herleitung der geometrischen Summenformel

Wir wissen bereits, dass $s_n = a_0 \cdot (1 + q + q^2 + \ldots + q^{n-1} + q^n)$ und multiplizieren jetzt diese Gleichung auf beiden Seiten mit dem Faktor q, wobei wir natürlich $q \neq 0$ voraussetzen sollten, da wir ansonsten etwas Illegales (zumindest auf mathematischer Ebene) tun würden. Dadurch erhalten wir bei nicht illegalem Vorgehen

$$q \cdot s_n = a_0 \cdot \left(q + q^2 + q^3 + \ldots + q^n + q^{n+1} \right). \tag{VI-9}$$

Ziehen wir (VI-9) von (VI-8) ab, dann erhalten wir

$$s_n - q \cdot s_n = a_0 \cdot \left(1 - q + q - q^2 + q^2 \mp \ldots - q^{n-1} + q^{n-1} - q^n + q^n - q^{n+1} \right)$$
$$= a_0 \cdot \left(1 - q^{n+1} \right).$$

Beachten wir hierbei, dass $s_n - q \cdot s_n = s_n \cdot (1 - q)$ ist und dividieren durch $(1 - q)$, dann erhalten wir

$$s_n = a_0 \cdot \frac{1 - q^{n+1}}{1 - q} \text{ mit } n \in \mathbb{N} \text{ und } q \neq 0. \tag{VI-10}$$

Damit haben wir unser Ziel erreicht.

In den folgenden Aufgaben wollen wir so tun, als würden wir nur wissen, dass es (VI-7) und (VI-10) gibt, aber nicht, dass sie für alle n gültig sind. Diese „Wissenslücke" versuchen wir sodann, mit Hilfe der vollständigen Induktion zu schließen (nicht zur Strafe, nur zur Übung!).

Aufgaben

Aufgabe 1:
Weisen Sie mit Hilfe der vollständigen Induktion die Gültigkeit der Formel (VI-7) nach.

Aufgabe 2:
Weisen Sie mit Hilfe der vollständigen Induktion die Gültigkeit der Formel (VI-10) nach.

Aufgabe 3:

Für welche q ist die Folge (s_n) mit (VI-10) konvergent? Was können Sie über die Konvergenz der Folge (a_k) mit (VI-5) aussagen?

VI.5.3 Vollständige Induktion in Beispielen

Wir wollen hier ein paar Induktionsaufgaben samt ihren Lösungen vorstellen, damit der Leser sieht, wie der Umgang mit der vollständigen Induktion in der „Praxis" erfolgen kann. Ein Beispiel, die (arithmetische) Summenformel, haben wir ja bereits bewiesen und auch weiterführend verwendet (siehe Abschnitt VI.5.1). Es sei hier angemerkt, dass wir der vollständigen Induktion immer mal wieder im Verlauf dieses Buches begegnen werden und dieser Abschnitt kein Abschied für immer ist. Die eventuelle Vorfreude des Einen oder Anderen kommt also ein wenig zu früh.

Der Klassiker - Nachweis einer gegebenen Formel

Zu Schulzeiten findet die vollständige Induktion sehr häufig Anwendung, wenn es darum geht, eine gegebene (oder erratene) Formel für alle $n \in \mathbb{N}$ nachzuweisen. Ein Beispiel hierfür haben wir bereits gesehen und zwar ganz zu Beginn dieses Unterkapitels. Wir wollen uns hier mit einem weiteren Beispiel dieser Art auseinandersetzen. Wir haben folgendes Problem:

Es gilt zu zeigen, dass

$$1^2 + 2^2 + 3^2 + \ldots + n^2 = \frac{n(n + 0{,}5)(n + 1)}{3}$$

für alle $n \in \mathbb{N}_{>0}$ ist[3]. Das heißt, wir wollen eine explizite Formel für die Summe aller Quadratzahlen nachweisen. Fangen wir also an!

Induktionsanfang

Zu einer guten Buchführung gehört früher oder später, aber meistens doch früher, eine Tabelle, welche die wesentlichen Daten enthält und übersichtlich darstellt. Wie zu Beginn dieses Unterkapitels VI.5 wollen wir auf eine solche zurückgreifen, um die ersten paar Werte der Formel und des „zu Fuß"-Weges vergleichend gegenüber zu stellen.

Nachdem wir uns hiermit davon überzeugt haben, dass die Formel zumindest bis einschließlich $n = 3$ funktioniert, wagen wir uns an den Induktionsschritt.

---

[3]Auch für $n \subset \mathbb{N}$ gilt die Formel, d.h. $0^2 = 0$ ist ebenfalls enthalten. Da sich hierdurch aber gar nichts ändert und der Nachweis für $n = 0$ simpel ist, zählen wir erst ab $n = 1$.

Zu Fuß	Formel	Überprüfung
Erster Wert: $1^2 = 1$	$\dfrac{1 \cdot (1 + 0{,}5) \cdot (1 + 1)}{3} = \dfrac{3}{3} = 1$	OK
Zweiter Wert: $1^2 + 2^2 = 1 + 4 = 5$	$\dfrac{2 \cdot (2 + 0{,}5) \cdot (2 + 1)}{3} = \dfrac{15}{3} = 5$	OK
Dritter Wert: $1^2 + 2^2 + 3^2 = 1 + 4 + 9 = 14$	$\dfrac{3 \cdot (3 + 0{,}5) \cdot (3 + 1)}{3} = \dfrac{42}{3} = 14$	OK

Tabelle VI.5.2: Überprüfung der gegebenen Formel für die ersten drei Folgenglieder.

Induktionsschritt

Wir nehmen hier an, dass die Formel bis einschließlich n korrekte Werte liefert, d.h.

$$1^2 + 2^2 + 3^2 + \ldots + n^2 = \frac{n(n + 0{,}5)(n + 1)}{3}$$

ist wahr. Wir wollen daraufhin zeigen, dass die Formel auch für $(n + 1)$ ihre Gültigkeit behält. Demzufolge müsste

$$1^2 + 2^2 + 3^2 + \ldots + n^2 + (n + 1)^2 = \frac{(n + 1)(n + 1{,}5)(n + 2)}{3}$$

sein. Es ist, wenn wir die Annahme verwenden,

$$\underbrace{1^2 + 2^2 + 3^2 + \ldots + n^2}_{\frac{n(n + 0{,}5)(n + 1)}{3}} + (n + 1)^2 = \frac{n(n + 0{,}5)(n + 1)}{3} + (n + 1)^2.$$

Hier formen wir etwas um:

$$\frac{n(n + 0{,}5)(n + 1)}{3} + (n + 1)^2 = \frac{n(n + 0{,}5)(n + 1) + 3 \cdot (n + 1)^2}{3}$$
$$= \frac{(n + 1) \cdot [n(n + 0{,}5) + 3 \cdot (n + 1)]}{3}.$$

Um die Formel nachzuweisen, müssen wir jetzt zeigen, dass $n(n + 0{,}5) + 3 \cdot (n + 1) = (n + 1{,}5)(n + 2)$ ist. Wir rechnen:

$$n(n + 0{,}5) + 3 \cdot (n + 1) = n^2 + 0{,}5n + 3n + 3 = n^2 + 3{,}5n + 3$$
$$(n + 1{,}5)(n + 2) = n^2 + 1{,}5n + 2n + 3 = n^2 + 3{,}5n + 3$$

Somit haben wir gezeigt, dass

$$1^2 + 2^2 + 3^2 + \ldots + n^2 + (n + 1)^2 = \frac{(n + 1)(n + 1{,}5)(n + 2)}{3}$$

und der Induktionsschritt gelingt.

Induktionsschluss

Da der Induktionsanfang gelingt und ebenso der Induktionsschritt, folgt durch das Induktionsprinzip, dass die gegebene Formel für alle $n \in \mathbb{N}_{>0}$ Gültigkeit besitzt.

□

Nachdem wir uns gerade den Klassiker unter den Induktionsaufgaben angesehen haben, richten wir unser Augenmerk im Folgenden auf eine weitere Aufgabenvariante, die sich großer Beliebtheit in den Niederungen der Induktionsprobleme erfreut.

Die Herausforderung - Für immer ungleich (mit Startproblemen)

Hier stellt sich uns das folgende Problem: Wir wollen zeigen, dass der Wert eines bestimmten Ausdrucks für ein beliebiges $n \in \mathbb{N}$ immer größer ist als der Wert eines Vergleichsausdrucks für dasselbe n. Schauen wir uns dazu ein konkretes Beispiel an:

Es gilt zu zeigen, dass

$$2^n > n^2 + n.$$

Des Weiteren sind wir sehr daran interessiert, ein passendes $n \in \mathbb{N}_{>0}$ für den Induktionsanfang zu finden.

Induktionsanfang

Der leichte Wink mit dem Zaunpfahl in der Aufgabenstellung gibt uns zu verstehen, dass wir wohl nicht einfach bei $n = 0$ oder $n = 1$ erfolgreich in den Tag bzw. die Problemlösung starten können. Wir suchen somit nach einem passenden Induktionsanfangswert. Wieder

n	2^n	$n^2 + n$	$2^n > n^2 + n$?
1	$2^1 = 2$	$1^2 + 1 = 2$	NEIN
2	$2^2 = 4$	$2^2 + 2 = 6$	NEIN
3	$2^3 = 8$	$3^2 + 3 = 12$	NEIN
4	$2^4 = 16$	$4^2 + 4 = 20$	NEIN
5	$2^5 = 32$	$5^2 + 5 = 30$	JA
6	$2^6 = 64$	$6^2 + 6 = 42$	JA

Tabelle VI.5.3: Suche nach dem passenden $n \in \mathbb{N}_{>0}$ für den Induktionsanfang.

stellen wir das übersichtlich in einer Tabelle dar, wobei diesmal der linke und der rechte Term in den einzelnen Spalten zum Vergleich stehen.

Ab $n = 5$ scheint unsere Suche von Erfolg gekrönt zu sein. Der Induktionsanfang gelingt und wir fahren fort mit der Geschichte.

Induktionsschritt

Es gilt zu zeigen, dass

$$2^{(n+1)} > (n + 1)^2 + (n + 1)$$

richtig ist, wenn gilt, dass

$$2^n > n^2 + n.$$

Wir nehmen also an, dass die letztgenannte Ungleichung für ein beliebiges n Gültigkeit besitzt. Bei Ungleichungen fährt man nun oft derart fort, dass man bei dem vermutlich größeren Term das n durch $n + 1$ ersetzt. Bei der vorliegenden Aufgabe multiplizieren wir daher die als gültig angenommene Ungleichung mit der Zahl 2. Es ist dann

$$2 \cdot 2^n = 2^{(n+1)} > 2 \cdot \left(n^2 + n\right) = 2n^2 + 2n.$$

Da wir davon ausgegangen sind, dass $2^n > n^2 + n$ stimmt, ändert sich an dem Wahrheitsgehalt der Aussage auch nichts, wenn wir die gesamte Ungleichung mit einer Zahl größer als 0 multiplizieren. Wir wissen jetzt, dass $2^{(n+1)} > 2n^2 + 2n$ ebenfalls wahr ist. Jetzt vergleichen wir die rechte Seite dieser Ungleichung $(2n^2 + 2n)$ mit der rechten Seite

$((n + 1)^2 + (n + 1))$ der eigentlich nachzuweisenden Ungleichung. Wir vermuten einfach mal, dass

$$2n^2 + 2n \geq (n + 1)^2 + (n + 1).$$

Rechnen wir die Binomische Formel aus und fassen ein wenig zusammen, so erhalten wir

$$2n^2 + 2n \geq n^2 + 3n + 2 \qquad\qquad | - 2n - n^2$$
$$n^2 \geq n + 2$$

Die letzte Zeile ist für alle $n \geq 2$ wahr und somit haben wir gezeigt, dass

$$2^{(n+1)} > 2n^2 + 2n \geq (n + 1)^2 + (n + 1)$$

und somit die Ungleichung auch für $n + 1$ erfüllt ist.

Induktionsschluss

Nach dem Induktionsschritt muss $n \geq 2$ sein. Der Induktionsanfang gelingt gar erst für $n = 5$. Damit können wir sagen, dass die Ungleichung für alle $n \geq 5$ erfüllt ist, auf Grund des Induktionsprinzips.

$\square$

Was wir uns hier merken sollten

Wir haben hier Terme verglichen, die nicht so ohne Weiteres verglichen werden können. In einem solchen Fall halten wir uns an die Strategie, dass wir den als größer vermuteten Term von n nach $n + 1$ aufstocken (Multiplikation, Addition,...) und die ganze Ungleichung den dazu notwendigen Schritten unterwerfen (Äquivalenzumformungen). Der „neue", sicher kleinere Term wird dann mit dem eigentlich zu betrachtenden Term verglichen, was jetzt ohne (größere) Schwierigkeiten möglich sein sollte.

Dividende et impera - Alle werden geteilt

Da aller guten Dinge ja bekanntermaßen drei sind, gehen wir ein weiteres Mal auf Tour. Bei dem folgenden Aufgabentyp geht es darum nachzuweisen, dass alle Folgenglieder einer gegebenen Folge ab einem bestimmten Indexwert durch einen ebenfalls vorgegebenen oder vermuteten Divisor teilbar sind[4]. Teilbar meint, dass der Quotient eine ganze Zahl ist. Wir betrachten ein Beispiel:

Zeigen Sie, dass alle Folgenglieder a_n der Folge (a_n) mit

$$a_n = \frac{36^n - 1}{5} \text{ mit } n \in \mathbb{N}_{>0}$$

durch 7 teilbar sind.

Induktionsanfang

Verschaffen wir uns einen Überblick über die ersten drei Folgenglieder. Dies tun wir einmal mehr mit einer Tabelle.

n	Folgenglied	Teilbar durch 7?
1	$\frac{36^1 - 1}{5} = 7 = 7 \cdot 1$	JA
2	$\frac{36^2 - 1}{5} = 259 = 7 \cdot 37$	JA
3	$\frac{36^3 - 1}{5} = 9331 = 7 \cdot 1333$	JA

Tabelle VI.5.4: Überprüfung der vermuteten Teilbarkeit bei den ersten drei Folgengliedern.

Da uns am Start das Glück hold war, können wir uns sogleich auf den Induktionsschritt stürzen.

Induktionsschritt

Wie nehmen nun an, dass a_n durch 7 teilbar ist, d.h.

$$\frac{36^n - 1}{5} : 7 = z \in \mathbb{Z}.$$

Was macht dann Patient a_{n+1}? Es ist

$$a_{n+1} = \frac{36^{(n+1)} - 1}{5}.$$

---

[4]Bei dem Ausdruck $\frac{a}{b} = c$ heißt a Dividend, b Divisor und c Quotient.

Durch ein paar Umformungen wollen wir versuchen, das Folgenglied a_n hier einzubauen, so dass wir eine rekursive Darstellung der Folge erhalten. Dann können wir anstatt a_n den Ausdruck $7z$ einsetzen, wodurch für diesen Teil dann auf jeden Fall die Teilbarkeit durch 7 garantiert ist. Wir formen um:

$$a_{n+1} = \frac{36^{(n+1)} - 1}{5} = \frac{36 \cdot 36^n - 1}{5} = \frac{36 \cdot 36^n - 1 \overbrace{-35 + 35}^{=0}}{5} = \frac{36 \cdot 36^n - 36 + 35}{5}$$

$$= 36 \cdot \frac{36^n - 1}{5} + 7 = 36 \cdot a_n + 7 = 36 \cdot 7z + 7 = 7 \cdot (36z + 1).$$

In dieser Darstellung von a_{n+1} erkennt man die Teilbarkeit durch 7 leicht. Der Induktionsschritt gelingt also.

Induktionsschluss

Da der Induktionsanfang und Induktionsschritt gelingen, sind alle Folgenglieder a_n der Folge (a_n) für alle $n \in \mathbb{N}_{>0}$ auf Grund des Induktionsprinzips durch 7 teilbar.

$\square$

Damit sind wir mit unseren Beispielen für (schul-)typische Induktionsaufgaben am Ende angelangt. Wie so oft, kann im Folgenden noch ein wenig geübt werden. Aber gerne wiederholen wir noch mal unseren Hinweis (unsere Androhung) vom Beginn dieses Abschnitts: Wir haben die vollständige Induktion nicht zum letzten Mal gesehen und verwendet!

Aufgaben

Aufgabe 1:
Herr Marx-Feuerbach betreibt mit seinem Konto (Vergleiche Aufgabe 3 in Unterkapitel VI.4), für welches er keine Zinsen bekommt, das folgende Spielchen:

Auf dem Konto sei zu Beginn kein Geld. Jeden Monat zahlt er nun $3000 \, \text{\euro}$ darauf ein und hebt anschließend sofort 20% des vorhandenen Geldes ab.

Zeigen Sie: Die Folge der Kontostände $K(n)$ zum Zeitpunkt $n \in \mathbb{N}$ in Jahren wird beschrieben durch die explizite Formel

$$K(n) = 12000 \cdot (1 - 0{,}8^n).$$

Hinweis: Falls Ihnen diese Aufgabe Schwierigkeiten bereitet, lösen Sie zuerst die genannte Aufgabe.

Aufgabe 2:
Zeigen Sie, dass alle Folgenglieder b_n der Folge (b_n) mit

$$b_n = \frac{6^{2n+1} - 1}{5} - 1 \text{ mit } n \in \mathbb{N}_{>0}$$

durch 7 teilbar sind.

Aufgabe 3:
Zeigen Sie, dass

$$1 + 3 + 5 + \ldots + (2n - 1) = n^2$$

ist, für alle $n \in \mathbb{N}_{>0}$.

Aufgabe 4:
Gegeben sei das in Abbildung VI.5.1 angedeutete Gebilde.

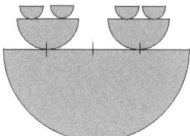

Abbildung VI.5.1: Das im Text beschriebene Halbkreistürmchen.

Es entsteht, indem der anfängliche Halbkreis entlang seines Schnittdurchmessers d in vier gleich lange Abschnitte unterteilt wird und zwischen dem ersten und dem zweiten Abschnitt, sowie zwischen dem dritten und dem vierten Abschnitt je ein Halbkreis mit Durchmesser $d_1 = \frac{d}{3}$ wie eine Schüssel aufgesetzt wird (siehe Abbildung VI.5.1). Dies ist ein Verfahrensschritt. Mit den neuen Halbkreisen handelt man in gleicher Weise, so dass man vier noch kleiner Halbkreise erhält (2. Verfahrensschritt), und mit diesen geht es ebenso weiter. Es sei nun n die Anzahl der durchgeführten Verfahrensschritte. Zeigen Sie für $n \to \infty$:

(a) Der Flächeninhalt des Gebildes ist begrenzt. Geben Sie den Grenzwert an.

(b) Der Umfang des Gebildes ist begrenzt. Geben Sie den Grenzwert an.

(c) Das Gebilde hat eine maximale Höhe. Geben Sie diese an.

Aufgabe 5:

Herr Mohnopolli hat mit seiner Bank, der Pleiteria, den folgenden Ratensparvertrag ausgehandelt. Er zahlt zu Beginn eines jeden Jahres 4000 € ein, welche dann mit 5% jährlich verzinst werden. Am Ende eines jeden Jahres, nach Eingang der Zinsen, sind dann 100 € Gebühren fällig, da die Bank versucht, ihre Managergehälter auf einem konstanten und unverschämt hohen Niveau zu halten. Dieser Betrag wird von dem vorhandenen Geld abgezogen. Der Vertrag läuft über fünf Jahre.

(a) Wie viel Geld hat Herr Mohnopolli nach Ablauf der Zeit angespart?

(b) Wie sieht es aus, wenn der Vertrag 15 Jahre (n Jahre) läuft?

Leider stellt sich kurz vor Beginn der Vertraglaufzeit heraus, dass es mit 100 € Gebühren nicht getan ist. Deswegen ist es notwendig, sie jedes Jahr um 10 € zu erhöhen.

(c) Berechnen Sie Herr Mohnopollis Guthaben in den ersten fünf Jahren jeweils nach Abzug der Gebühren.

(d) Wie viele Euro Gebühren muss er innerhalb von n Jahren an die Bank zahlen?

Aufgabe 6:

Herr Krösus hat mit der Bank seines Vertrauens, der Pecunia-Hortens, einen Kredit über eine Summe von 100000 € ausgehandelt, welchen er in jährlichen Raten, die jeweils zum Jahresende fällig sind, zurückzahlen möchte. Der Kredit wird am Jahresanfang zu einem Zinssatz von 5% aufgenommen. Die Zinsen sind jeweils ebenfalls am Jahresende fällig. Danach wir die Rate gezahlt.

(a) Wie hoch muss die jährliche Tilgungsrate mindestens sein, wenn Herr Krösus den Kredit nach 15 Jahren abbezahlt haben möchte?

(b) Wie hoch muss die jährliche Tilgungsrate sein, wenn Herr Krösus mit der Rate für das zehnte Jahr einen Sondertilgungsbetrag von 10000 € zahlt und trotzdem nach 15 Jahren den Kredit abbezahlt haben will?

VI.6 Ein Test alles Gelernten - Die Fibonacci-Zahlenfolge

Der folgende Abschnitt soll einen kleinen Überblick über die als Fibonacci-Zahlenfolge bezeichnete Zahlenfolge geben. Bevor wir uns jedoch mit dem eigentlichen Problem, seiner Lösung und einigen interessanten Eigenschaften der Fibonaccizahlen beschäftigen, wollen wir uns einen kleinen historischen Rückblick auf Leonardo von Pisa, genannt Fibonacci, genehmigen. In den darauffolgenden Abschnitten betrachten wir dann das Bildungsgesetz der Fibonacci-Zahlen und geben an, wie die explizite Formel lautet. Deren Herleitung schließt unsere Untersuchungen ab. Einmal mehr benötigen wir hier die vollständige Induktion.

VI.6.1 Einführung und historischer Abriss

Leonardo von Pisa, heute bekannt unter dem Namen Fibonacci, wurde um 1170 in Pisa in Oberitalien geboren. Etwa zur gleichen Zeit, nämlich im Jahre 1174, begann man mit der Errichtung des später als „schiefen Turms" bekannt gewordenen Bauwerks, mit welchem man Pisa heute noch in Verbindung bringt.

Den heute gebräuchlichen Namen Fibonacci hat Leonardo von Pisa mit hoher Wahrscheinlichkeit selbst nie verwendet, da er sich in keiner seiner Aufzeichnungen finden lässt. Dennoch lässt sich die Bedeutung des Namens leicht erläutern. Dieser entstand nämlich aus der Verwendung der Worte „filius" (Lateinisch für Sohn) und „Bonacii" (Genetiv von Bonacius (= Familienname)) und kann mit *Sohn des Bonacci* oder *aus der Familie der Bonacci stammend* übersetzt werden.

Von Beruf war Leonardo Kaufmann und stammte somit, wie es zu damaliger Zeit üblich, auch von einer Kaufmannsfamilie ab. Das Interesse an der Mathematik wurde bei Leonardo von seinem Vater geweckt, der im Jahr 1192 mit dem Titel eines publicus scriba (eine Art Notar oder Konsul) versehen wurde und die Leitung der Handelsniederlassung der Republik Pisa in Bugia (heute: Bejaïa, 180 km südlich von Algier) übernahm. Um das Rechnen mit indischen Ziffern zu erlernen, ließ er seinen Sohn nachkommen, damit er bei muslimischen Lehrmeistern Unterricht erhielt. Leonardo erwies sich als gelehriger Schüler. Auf diverse Reisen u.a. nach Byzanz, Sizilien und Ägypten erweiterte er sein mathematisches Wissen.
Um das Jahr 1200 kehrte er nach Pisa zurück und verfasste in den nächsten 25 Jahren mehrere Schriften. Anfänglich waren diese noch von eher praktischer Natur und als Lehr- und Übungsschriften für seine kaufmännischen Kollegen gedacht. Sein bedeutendstes Werk ist dabei das liber abbaci aus dem Jahr 1202, welches sehr zur Verbreitung des Dezimalsystems im Abendland beitrug und in dem auch die von uns betrachtete Zahlenfolge erstmals auftaucht. Um mehr geometrische Aspekte geht es in einem späteren Werk, der Practica Geometriae aus dem Jahr 1221. Hierin findet sich auch ein Beweis des Satzes des Pythagoras.
Im liber quadratorum (Buch der Quadrate), welches er im Jahr 1225 verfasste, löst Leonardo u.a. Probleme, welche ihm von Gelehrten am Hofe des überaus gebildeten Kaisers Friedrich II. gestellt wurden. Hierbei zeigt sich, dass er als wahrer Mathematiker bezeichnet werden kann und muss, da er sich nicht nur um die Lösung der gestellten Aufgaben bemüht, sondern auch die Teilgebiete der Mathematik, deren sie angehören, weiterentwickelt.
Auf Grund seiner Arbeiten kann man ihn als den bedeutendsten Zahlentheoretiker zwischen Diophant (ca. 250 n. Chr.) und Pierre de Fermat (1601 - 1655) in die Geschichte der Mathematik einordnen.

In den folgenden Unterkapiteln wollen wir uns mit der als Fibonacci-Zahlenfolge bezeichneten Zahlenfolge näher auseinandersetzen. Dabei ergründen wir zuerst einmal die Grundlagen und das Bildungsgesetz der zu betrachtenden Zahlenfolge.

VI.6.2 Die Fibonacci-Zahlenfolge - Grundlagen

Bevor wir uns mit den Fibonaccizahlen auseinandersetzen, sollten wir erst einmal wissen, um welche Zahlen es sich hierbei handelt. Da die rekursive Darstellung die deutlich einfachere ist, beginnen wir mit dieser und formulieren das ganze zuerst einmal in Worten:

Fibonacci-Zahlenfolge in Worten

Die ersten beiden Zahlen seien 0 und 1. Addieren Sie diese beiden. Die so erhaltene 1 addieren Sie mit der vorangegangenen 1. Zu der so erhaltenen 2 addieren Sie die 1. Zu der so erhaltenen 3 addieren Sie die 2. Zu der so erhaltenen 5 addieren Sie die 3. Zu der usw.! Addieren Sie also immer die letzten beiden Glieder dieser Zahlenfolge, um das neueste Glied zu erhalten.

Nun packen wir alles in Formeln:

$$a_0 = 0$$
$$a_1 = 1 \qquad \text{sind vorgegeben!}$$
$$a_2 = a_1 + a_0 = 1 + 0 = 1$$
$$a_3 = a_2 + a_1 = 1 + 1 = 2$$
$$a_4 = a_3 + a_2 = 2 + 1 = 3$$
$$a_5 = a_4 + a_3 = 3 + 2 = 5$$
$$a_6 = a_5 + a_4 = 5 + 3 = 8$$
$$\vdots$$

Wir addieren also immer die beiden letzten Glieder der bisher bekannten Folge und erhalten somit das nächste Glied der Folge. Schreiben wir das allgemein (mit den n's), so erhalten wir folgendes Bildungsgesetz:

(Rekursives) Bildungsgesetz der Fibonacci-Zahlenfolge

Die rekursive Darstellung der Fibonacci-Zahlenfolge (a_n) lautet:

$$a_0 = 1$$
$$a_1 = 1 \tag{VI-11}$$
$$a_{n+1} = a_n + a_{n-1} \text{ mit } n \in \mathbb{N}_{>0}$$

Wir haben hier die Rekursionsvorschrift der Fibonacci-Zahlenfolge und können somit schrittweise die Folgenglieder berechnen. In Tabelle VI.6.1 sehen wir die Berechnung der Folgenglieder bis zum dreizehnten Glied.

Nummer	0	1	2	3	4	5	6	7	8	9	10	11	12	13
Wert	0	1	1	2	3	5	8	13	21	34	55	89	144	233

Tabelle VI.6.1: Die ersten vierzehn Folgenglieder der Fibonacci-Zahlenfolge.

Die Fibonacci-Zahlenfolge verfügt auch über eine explizite Beschreibung. Diese geben wir weiter unten beim Goldenen Schnitt in Unterkapitel VI.6.4 an und leiten Sie im anschließenden Unterkapitel VI.6.5 her. Wir wollen uns zuvor zum Abschluss dieses Unterkapitels eine Auswahl „lustiger Eigenschaften" der Fibonacci-Zahlen(folge) anschauen[5].

Erste lustige Eigenschaft

Zählen wir die ersten fünf Glieder der Folge zusammen und geben eine 1 dazu, so erhalten wir das siebte Folgenglied (Index 6). Zählen wir die ersten sechs Folgenglieder zusammen und geben eine 1 dazu, so erhalten wir das achte Folgenglied (Index 7). Allgemein gilt:

Addieren wir die ersten n Folgenglieder (Nummern 0 bis $n-1$) der Fibonacci-Zahlenfolge und geben dann eine 1 dazu, so erhalten wir das Folgenglied mit der Nummer $n+1$ (das übernächste zu dem mit der Nummer $n-1$).

In der Formelschreibweise können wir dies wie folgt notieren:

Erste lustige Eigenschaft

$$\underbrace{a_0 + a_1 + \ldots + a_{n-1}}_{\text{Die ersten } n \text{ Folgenglieder}} + 1 = \sum_{i=0}^{n-1} (a_i) + 1 = a_{n+1}. \tag{VI-12}$$

Zweite lustige Eigenschaft

Nehmen wir die Folgenglieder mit den Nummern 1, 3 und 5 und zählen sie zusammen, dann erhalten wir Folgenglied mit der Nummer 6. Nehmen wir diejenigen mit den Nummern 1, 3, 5 und 7 und zählen sie zusammen, dann erhalten wir Folgenglied Nummer 8. In dieser Weise können wir weiter fortfahren. In der Formelschreibweise notieren wir dies wie folgt:

---

[5]**Anmerkung:** Wir unterscheiden im Text nicht streng zwischen Fibonacci-Zahlen und Fibonacci-Zahlenfolge.

Zweite lustige Eigenschaft

$$a_1 + a_3 + \ldots + a_{2n-1} = \sum_{i=1}^{n} a_{2i-1} = a_{2n}. \tag{VI-13}$$

Hierbei ist n die Anzahl der verwendeten Folgenglieder.

Dritte lustige Eigenschaft

Nehmen wir die Folgenglieder Nummer 1, 2, 4 und 6 und zählen sie zusammen, dann erhalten wir das Folgenglied mit der nächsten Nummer, in diesem Fall 7. Nehmen wir die Folgenglieder mit den Nummern 1, 2, 4, 6 und 8 und zählen sie zusammen, dann erhalten wir das Folgenglied mit Index 9. In dieser Weise können wir weiter fortfahren. In der Formelschreibweise notieren wir dies wie folgt:

Dritte lustige Eigenschaft

$$a_1 + a_2 + a_4 + \ldots + a_{2n-2} = a_1 + \sum_{i=1}^{n-1} a_{2i} = a_{2n-1}. \tag{VI-14}$$

Wieder notieren wir mit n die Anzahl der verwendeten Folgenglieder.

Vierte lustige Eigenschaft

Wir nehmen die Tabelle VI.6.1 zur Hand und suchen uns zwei aufeinander folgende Fibonacci-Zahlen heraus. Nehmen wir beide jeweils mit sich selber mal und addieren die Ergebnisse so erhalten wir ... große Spannung! ... wieder eine Fibonacci-Zahl und zwar diejenige die die gleiche Nummer hat, die sich ergibt, wenn wir die beiden Nummern der gewählten Fibonacci-Zahlen zusammenzählen. Formelmäßig notieren wir:

Vierte lustige Eigenschaft

$$a_n^2 + a_{n+1}^2 = a_{2n+1} \text{ mit } n \in \mathbb{N}. \tag{VI-15}$$

Beispiel - Quadrate und Summen

Wir wählen z.B. die Fibonacci-Zahlen Nummer 6 und Nummer 7, also $a_6 = 8$ und $a_7 = 13$. Multiplizieren wir diese mit sich selbst, erhalten wir

$$8 \cdot 8 = 64 \text{ und } 13 \cdot 13 = 169.$$

Wenn wir diese Zahlen addieren, so erhalten wir

$$a_6^2 + a_7^2 = 64 + 169 = 233 = a_{6+7} = a_{13}.$$

Dies ist also die Fibonacci-Zahl mit der Nummer 13. So können wir weiter fortfahren. Wenn wir z.B. die Fibonacci-Zahlen Nummer 8 und die 9 jeweils mit sich selbst mal nehmen und addieren, erhalten wir die Fibonacci-Zahl mit Index $8 + 9 = 17$.

Es gibt noch viele weitere solcher „lustiger Eigenschaften". Vielleicht begibt sich der eine oder andere jetzt auf die Suche nach ihnen. Wir betrachten im Folgenden die sog. Kaninchen-Aufgabe, welche Fibonacci untersuchte und die er auch löste. Die Beschreibung mittels Formeln stammt allerdings nicht von ihm sondern von Albert Girard (1595 - 1632).

VI.6.3 Die Kaninchen-Aufgabe

Diese Aufgabe stammt von Fibonacci und steht in seinem *liber abbaci*. Sie führt auf die sog. Fibonacci-Zahlenfolge und ist der eigentliche Grund, warum er nicht in Vergessenheit geriet und seine anderen mathematischen Leistungen uns auch heute noch bekannt sind. Diese seltsam anmutende Aufgabe stammt aus dem Bereich der Unterhaltungsmathematik und ist in seinem Buch in Kapitel Nummer zwölf zu finden. Die Aufgabe lautet dort ungefähr so (im Original natürlich in lateinischer Sprache):

> „Jemand sperrt ein Paar Kaninchen in ein überall mit Mauern umgebenes Gehege, um zu erfahren, wie viele Nachkommen dieses Paar innerhalb eines Jahres haben werde, vorausgesetzt, dass es in der Natur der Kaninchen liege, dass sie in jedem Monat ein anderes Paar zur Welt bringen und dass sie im zweiten Monat nach ihrer Geburt selbst gebären..."

Für die Fortpflanzung der Kaninchen gibt es also folgende drei Regeln:

- Jedes Kaninchenpaar ist im Alter von zwei Monaten fortpflanzungsfähig.

- Jedes Paar bekommt von da an ein neues Paar in jedem Monat.

- Alle Paare leben ewig.

Mit diesen drei Regeln lässt sich die rekursive Formel zur Berechnung der Kaninchenzahl in einem beliebigen Monat angeben. Dazu stellen wir nun folgende Überlegungen an:

Wir haben anfänglich ein Kaninchenpaar. Dieses sei noch klein und nicht fortpflanzungsfähig. Es verstreicht ein Monat und die Kaninchen sind in dieser Zeit (wahrscheinlich) ein ganzes Stück größer geworden. Nach einem weiteren Monat sind sie fortpflanzungsfähig und am Anfang des dritten Monats kommt deswegen ein neues kleines Paar Kaninchen zur Welt. Wir hatten jetzt also:

Monat	Kaninchenpaare
1	1
2	1
3	2

Tabelle VI.6.2: Entwicklung der Kaninchenzahl in den ersten drei Monaten.

Wir haben jetzt zwei Kaninchenpaare, ein erwachsenes und ein junges. Während des dritten Monats wächst das junge Paar ist aber noch nicht fortpflanzungsfähig. Deswegen kommt im vierten Monat nur ein weiteres Paar zur Welt, welches von dem ersten geboren wird. Wir haben nun zwei große und ein kleines Paar Kaninchen. Einen weiteren Monat später (fünfter Monat) ist das zuletzt geborene Paar gewachsen aber noch nicht fortpflanzungsfähig. Das erste und das zweite Paar jedoch schon, so dass zwei junge Kaninchenpaare zur Welt kommen und wir somit insgesamt fünf an der Zahl haben: Drei große und zwei kleine. Führen wir die Argumentation genau so weiter, dann können wir im Allgemeinen folgenden Zusammenhang erkennen:

In einem bestimmten Monat mit der Nummer $n+1$ leben eine bestimmte Anzahl an Kaninchenpaaren, nämlich (symbolisch geschrieben) a_{n+1}[6]. Diese Zahl a_{n+1} setzt sich aus zwei Teilen zusammen:

1. Zum einen aus allen Kaninchenpaaren die einen Monat vorher gelebt haben und deren Anzahl wir mit a_n bezeichnen.

2. Zum anderen aus allen Kaninchenpaaren, die am Anfang von Monat Nummer $(n+1)$ zur Welt kommen. Das sind aber gerade so viele Kaninchenpaare, wie im Monat mit der Nummer $n-1$ lebten, da jedes dieser Paare bis zum jetzigen Monat mindestens zwei Monate alt ist (selbst die jüngsten lebten ja bereits den ganzen Monat mit der Nummer $n-1$ und den ganzen Monat mit der Nummer n durch) und die Viecher somit auch fortpflanzungsfähig sind. Ihre Anzahl ist folgerichtig a_{n-1}. Das sind genau so viele Kaninchenpaare wie im Monat $n-1$ lebten.

Damit erhalten wir die Anzahl der Kaninchenpaare im Monat mit der Nummer $n+1$ durch folgende rekursive Formel:

$$a_{n+1} = a_n + a_{n-1}.$$

Das ist aber gerade die Formel für die Fibonacci-Zahlen, wie wir sie in VI.6.2 kennen gelernt haben. Da auch noch die Anfangsbedingungen stimmten, lösen die Fibonacci-Zahlen die Kaninchen-Aufgabe. Rechnen wir die ersten Monate aus, so ergibt sich folgende Tabelle:

---

[6]**Zu lesen als:** Kaninchenpaare, die in dem Monat mit der Nummer, die als Index geschrieben wird, leben.

Monat	Kaninchenpaare
1	1
2	1
3	2
4	3
5	5
6	8
7	13

Tabelle VI.6.3: Entwicklung der Kaninchenzahl in den ersten acht Monaten.

Nach dieser biologisch sehr relevanten und ungemein realistischen Aufgabe, kehren wir wieder zu etwas mathematischeren Gefilden zurück und beschäftigen uns gleich mit der Herleitung der expliziten Formel. Hiermit schließt sich für uns der Kreis in diesem Kapitel und wir kehren noch einmal zur vollständigen Induktion zurück. Vorab wollen wir aber ein paar Worte zum sog. **Goldenen Schnitt** verlieren.

VI.6.4 Der Goldene Schnitt

Der Goldene Schnitt ist ein Teilverhältnis zwischen zwei Strecken, welches vom Menschen als sehr harmonisch empfunden wird und deswegen auch oft Anwendung in der Kunst findet.

Haben wir eine Strecke der Gesamtlänge L gegeben, so könne wir sie in zwei Teilstrecken unterteilen, in eine große Teilstrecke und eine kleine Teilstrecke. Wenn gilt, dass

$$\frac{\text{große Teilstrecke}}{\text{kleine Teilstrecke}} = \frac{\text{Gesamtlänge } L}{\text{große Teilstrecke}},$$

dann ist die Strecke im Goldenen Schnitt geteilt. Dieses Verhältnis können wir natürlich auch ausrechnen (siehe Aufgaben am Ende von Unterkapitel III.3). Es ist

$$\frac{\text{große Teilstrecke}}{\text{kleine Teilstrecke}} = \frac{1 + \sqrt{5}}{2} \approx 1{,}61803\ldots .$$

Wir finden den Goldenen Schnitt auch als Grenzwert der Fibonacci-Zahlen, d.h. wenn wir zwei aufeinander folgende Fibonacci-Zahlen durcheinander teilen, immer die größere durch die kleinere, dann erhalten wir, wenn wir das bis in alle Ewigkeit betreiben, den Goldenen Schnitt als Quotienten. In der Abbildung VI.6.1 auf der nächsten Seite sind die ersten paar Fibonacci-Zahlen aufgeführt und was herauskommt, wenn wir, wie im Text beschrieben, verfahren. Exemplarisch sind zwei Quotienten grau unterlegt und ebenfalls grau sind die beiden Zahlen, die durcheinander geteilt wurden, um diese zu erhalten.

Mathematische schreiben wir das mit dem Limes (Grenzübergang), d.h. wir denken uns die Zahlen immer größer, so wie in der Tabelle aufgeführt. Das Ergebnis ist:

$$\lim_{n \to \infty} \frac{a_{n+1}}{a_n} = \frac{1 + \sqrt{5}}{2}. \tag{VI-16}$$

Fibonacci-Zahl	Quotient
1	1
1	2
2	1,5
3	1,66666667
5	1,6
8	1,625
13	1,61538462
21	1,61904762
34	1,61764706
55	1,61818182
89	1,61797753
144	1,61805556
233	1,61802575
377	1,61803714
610	1,61803279
987	1,61803445
1597	1,61803381
2584	1,61803406
4181	1,61803396
6765	1,618034
10946	1,61803399
17711	1,61803399
28657	1,61803399
46368	1,61803399
75025	1,61803399
121393	1,61803399
196418	1,61803399
317811	1,61803399
514229	1,61803399
832040	1,61803399
1346269	

Abbildung VI.6.1: Tabelle zum Goldenen Schnitt und den Fibonacci-Zahlen.

Der Goldene Schnitt kommt ebenfalls in der expliziten Formel für die Fibonacci-Zahlen vor. Diese wollen wir jetzt herleiten.

VI.6.5 Die Herleitung der expliziten Formel

Bevor die vollständige Induktion zum Einsatz kommt, müssen wir erst einmal eine Ahnung davon entwickeln, wie die explizite Formel für die Fibonacci-Zahlenfolge aussehen könnte. Hierbei kann uns unser Wissen über geometrische Folgen nützlich sein.

Wenn wir uns die ersten Folgenglieder der Fibonacci-Zahlenfolge anschauen, dann erkennen wir sehr schnell, dass die Differenz zwischen zwei aufeinanderfolgenden Folgengliedern mit wachsendem Index zunimmt. Damit scheiden arithmetische Folgen, wie wir sie kennen gelernt haben, als mögliche Kandidaten zur expliziten Beschreibung aus, da bei ihnen die betrachtete Differenz immer konstant ist.

Im vorangegangenen Abschnitt haben wir gesehen, dass sich der Quotient aufeinanderfolgender Folgenglieder der Fibonacci-Zahlenfolge mit wachsendem Index einem Grenzwert annähert. Zwar benötigen wir für eine geometrische Folge wie wir sie untersucht haben, einen stets konstanten Wert dieses Quotienten, doch diese Feststellung hier ist schon mal besser als nichts und daher wollen wir mit dem Ansatz für eine geometrische Folge unser Glück versuchen. Wir setzen

$$a_n := k \cdot q^n. \tag{VI-17}$$

Den sonst mit a_0 bezeichneten konstanten Faktor nennen wir hier k, denn bei den Fibonacci-Zahlen ist $a_0 = 0$ und scheidet somit als Kandidat für diesen Faktor aus. Es ist $k \in \mathbb{R} \setminus \{0\}$ und ebenso $q \in \mathbb{R}$. Für n verwenden wir die natürlichen Zahlen inklusive der 0 als Menge, d.h $n \in \mathbb{N}$.

Was wissen wir jetzt noch? Wir haben unsere ersten paar Folgenglieder $a_0 = 0$, $a_1 = 1$ und $a_2 = 1$. Mit unserem gewählten Ansatz erhalten wir darüber hinaus

$$a_0 = k \cdot q^0 = k \text{ und } a_1 = k \cdot q^1 = kq \text{ und } a_2 = k \cdot q^2 = kq^2. \tag{VI-18}$$

Zu guter Letzt kennen wir das rekursive Bildungsgesetz für die Fibonacci-Zahlenfolge und wissen dadurch, dass

$$a_2 = a_1 + a_0$$

gilt. Mit den Gleichungen bei (VI-18) ergibt sich dann

$$kq^2 = kq + k \underset{:k}{\Longleftrightarrow} q^2 = q + 1 \Longleftrightarrow q^2 - q - 1 = 0.$$

Mit Hilfe der MNF (Kapitel III) lösen wir die letzte Gleichung und erhalten

$$q_{1/2} = \frac{1 \pm \sqrt{5}}{2}. \tag{VI-19}$$

Leider kann keine der beiden Lösungen im Alleingang die drei vorgegebenen Folgenglieder reproduzieren und ein passendes k gibt es dazu auch nicht (das kann der Leser gerne selbst überprüfen). Nun ist es aber so, dass die Linearkombination[7] von Lösungen einer Gleichung ebenfalls eine Lösung der untersuchten Gleichung ist. Verwenden wir also beliebige $k_1, k_2 \in \mathbb{R}$, wobei $k_1 = k_2 = 0$ verboten ist, und basteln uns

$$a_n := k_1 \cdot q_1^n + k_2 \cdot q_2^n = k_1 \cdot \frac{1 + \sqrt{5}}{2} + k_2 \cdot \frac{1 - \sqrt{5}}{2},$$

so liegt auch hier eine Lösung der quadratischen Gleichung vor und vielleicht haben wir mit den anderen Folgengliedern hier mehr Glück.

Mit $a_0 = 0$ ergibt sich

$$a_0 = k_1 \cdot q_1^0 + k_2 \cdot q_2^0, \text{ also } k_1 + k_2 = 0 \Leftrightarrow k_1 = -k_2.$$

Das zweite Folgenglied $a_1 = 1$ liefert dann mit $k_1 = -k_2$

$$a_1 = k_1 \cdot q_1^1 - k_1 \cdot q_2^1 = k_1 \cdot (q_1 - q_2), \text{ also } k_1 \cdot \left(\frac{1 + \sqrt{5}}{2} - \frac{1 - \sqrt{5}}{2}\right) = 1 \Leftrightarrow k_1 = \frac{1}{\sqrt{5}}.$$

Damit haben wir die Formel

$$a_n = \frac{1}{\sqrt{5}} \cdot \left[\left(\frac{1 + \sqrt{5}}{2}\right)^n - \left(\frac{1 - \sqrt{5}}{2}\right)^n\right]$$

gefunden, die tatsächlich die ersten drei Folgenglieder der Fibonacci-Zahlenfolge korrekt wiedergibt. Der Leser kann sich gerne davon überzeugen, dass auch für $n > 2$ die jeweiligen Folgenglieder erzeugt werden. Hierdurch sehen wir uns in der Vermutung bestärkt, dass wir eine explizite Darstellung der Fibonacci-Zahlenfolge gefunden haben. Eine Formel in Abhängigkeit von $n \in \mathbb{N}$, das schreit geradezu nach einem Induktionsbeweis!

Wir wollen im Folgenden den Nachweis erbringen, dass die gefundene, explizite Formel

$$a_n = \frac{1}{\sqrt{5}} \cdot \left[\left(\frac{1 + \sqrt{5}}{2}\right)^n - \left(\frac{1 - \sqrt{5}}{2}\right)^n\right]$$

---

[7]hier: Summe von Vielfachen der Lösungen

für alle $n \in \mathbb{N}$ gilt. Hierzu verwenden wir, wie angedroht, die vollständige Induktion als Beweisverfahren.

Induktionsanfang

Die Gültigkeit der Formel für $n = 0, 1$ ist gegeben, da die Formel mittels der Folgenglieder a_1 und a_2 hergeleitet wurde und sie deren Werte reproduziert, da das LGS gelöst werden konnte.

Induktionsschritt

Wir nehmen an, dass bis zum n-ten Folgenglied die Formel

$$a_n = \frac{1}{\sqrt{5}} \cdot \left[\left(\frac{1 + \sqrt{5}}{2} \right)^n - \left(\frac{1 - \sqrt{5}}{2} \right)^n \right] \tag{VI-20}$$

den korrekten Wert liefert. Es gilt zu zeigen, dass wir hierdurch auf

$$a_{n+1} = \frac{1}{\sqrt{5}} \cdot \left[\left(\frac{1 + \sqrt{5}}{2} \right)^{n+1} - \left(\frac{1 - \sqrt{5}}{2} \right)^{n+1} \right] \tag{VI-21}$$

schließen können. Bisher kennen wir die Formel (VI-20) und das rekursive Bildungsgesetz

$$a_{n+1} = a_n + a_{n-1} \text{ mit } n > 1. \tag{VI-22}$$

Kombinieren wir hier (VI-22) mit (VI-20), so erhalten wir

$$a_{n+1} = \underbrace{\frac{1}{\sqrt{5}} \cdot \left[\left(\frac{1 + \sqrt{5}}{2} \right)^n - \left(\frac{1 - \sqrt{5}}{2} \right)^n \right]}_{a_n} + \underbrace{\frac{1}{\sqrt{5}} \cdot \left[\left(\frac{1 + \sqrt{5}}{2} \right)^{n-1} - \left(\frac{1 - \sqrt{5}}{2} \right)^{n-1} \right]}_{a_{n-1}}. \tag{VI-23}$$

Unser Ziel ist es zu zeigen, dass (VI-23) identisch mit (VI-21) ist. Dazu formen wir (VI-23) etwas um und fassen zusammen. Zu Beginn unserer Rechnung klammern wir den gemeinsamen Faktor $\frac{1}{\sqrt{5}}$ aus:

$$
\begin{aligned}
a_{n+1} &= \frac{1}{\sqrt{5}} \cdot \left[\left(\frac{1+\sqrt{5}}{2}\right)^{n} - \left(\frac{1-\sqrt{5}}{2}\right)^{n} + \left(\frac{1+\sqrt{5}}{2}\right)^{n-1} - \left(\frac{1-\sqrt{5}}{2}\right)^{n-1} \right] \\[2mm]
&= \frac{1}{\sqrt{5}} \cdot \left[\left(\frac{1+\sqrt{5}}{2}\right)^{n} - \left(\frac{1-\sqrt{5}}{2}\right)^{n} + \frac{2}{2}\left(\frac{1+\sqrt{5}}{2}\right)^{n-1} - \frac{2}{2}\cdot\left(\frac{1-\sqrt{5}}{2}\right)^{n-1} \right] \\[2mm]
&= \frac{1}{\sqrt{5}} \cdot \left[\frac{\left(1+\sqrt{5}\right)^{n} + 2\cdot\left(1+\sqrt{5}\right)^{n-1} - \left(1-\sqrt{5}\right)^{n} - 2\cdot\left(1-\sqrt{5}\right)^{n-1}}{2^{n}} \right] \\[2mm]
&= \frac{1}{\sqrt{5}} \cdot \left[\frac{\left(1+\sqrt{5}\right)^{n-1}\cdot\left((1+\sqrt{5})+2\right) - \left(1-\sqrt{5}\right)^{n-1}\cdot\left((1-\sqrt{5})+2\right)}{2^{n}} \right] \\[2mm]
&= \frac{1}{\sqrt{5}} \cdot \left[\frac{\left(1+\sqrt{5}\right)^{n-1}\cdot\left(3+\sqrt{5}\right) - \left(1-\sqrt{5}\right)^{n-1}\cdot\left(3-\sqrt{5}\right)}{2^{n}} \right] \qquad \text{(VI-24)}
\end{aligned}
$$

Nun hätten wir gerne bei (VI-24) anstatt des Exponenten $n-1$ beides Mal den Exponenten $n+1$ stehen, da dies auch in (VI-21) der Fall ist. Wir müssen also klären, wie die beiden Terme $\left(3 \pm \sqrt{5}\right)$ mit $\left(1 \pm \sqrt{5}\right)^{2}$ zusammen hängen, denn nach den Potenzgesetzen (siehe Kapitel IV) gilt

$$
\left(1 \pm \sqrt{5}\right)^{n-1} \cdot \left(1 \pm \sqrt{5}\right)^{2} = \left(1 \pm \sqrt{5}\right)^{n-1+2} = \left(1 \pm \sqrt{5}\right)^{n+1}. \qquad \text{(VI-25)}
$$

Mit Hilfe der 1. und der 2. Binomischen Formel finden wir:

$$
\begin{aligned}
\left(1 \pm \sqrt{5}\right)^{2} &= 1^{2} \pm 2 \cdot 1 \cdot \sqrt{5} + \left(\sqrt{5}\right)^{2} \\[2mm]
&= 1 \pm 2\sqrt{5} + 5 = 6 \pm 2\sqrt{5} = 2 \cdot \left(3 \pm \sqrt{5}\right) \\[2mm]
&\Leftrightarrow 3 \pm \sqrt{5} = \frac{\left(1 \pm \sqrt{5}\right)^{2}}{2}. \qquad \text{(VI-26)}
\end{aligned}
$$

Setzen wir abschließend (VI-26) in (VI-24) ein, so ergibt sich

$$a_{n+1} = \frac{1}{\sqrt{5}} \cdot \left[\frac{\left(1 + \sqrt{5}\right)^{n-1} \cdot \overbrace{\left(\frac{\left(1 + \sqrt{5}\right)^2}{2}\right)}^{3+\sqrt{5}} - \left(1 - \sqrt{5}\right)^{n-1} \cdot \overbrace{\left(\frac{\left(1 - \sqrt{5}\right)^2}{2}\right)}^{3-\sqrt{5}}}{2^n} \right]$$

$$\stackrel{\text{(VI-25)}}{=} \frac{1}{\sqrt{5}} \cdot \left[\frac{1}{2} \cdot \frac{\left(1 + \sqrt{5}\right)^{n+1} - \left(1 - \sqrt{5}\right)^{n+1}}{2^n} \right]$$

$$= \frac{1}{\sqrt{5}} \cdot \left[\frac{\left(1 + \sqrt{5}\right)^{n+1} - \left(1 - \sqrt{5}\right)^{n+1}}{2^{n+1}} \right]$$

$$= \frac{1}{\sqrt{5}} \cdot \left[\left(\frac{1 + \sqrt{5}}{2}\right)^{n+1} - \left(\frac{1 - \sqrt{5}}{2}\right)^{n+1} \right]. \tag{VI-27}$$

Mit (VI-27) haben wir das gewünschte Ergebnis erhalten.

Induktionsschluss

Aus Induktionsanfang und Induktionsschritt folgt auf Grund des Induktionsprinzips die Richtigkeit der Formel für alle $n \in \mathbb{N}$.

□

Wir sind mit unserem Ausflug in die Welt der Folgen am Ende angelangt. Die gezeigten Begrifflichkeiten werden uns aber immer wieder begegnen, wodurch wir das mit dem Vergessen am besten vergessen und zum Merken übergehen sollten. Unser nächster Schritt bringt uns hoffentlich in unserem Funktionenverständnis voran. Die Differentialrechnung ermöglicht uns nämlich eine tiefergehende Untersuchung von (bisher noch ganzrationalen) Funktionen, ihren Eigenschaften und Graphen.

Aufgaben

Aufgabe 1:
Zeigen Sie mit Hilfe der expliziten Formel für die Fibonacci-Zahlenfolge (a_n) mit $n \in \mathbb{N}$, dass tatsächlich

$$\lim_{n \to \infty} \frac{a_{n+1}}{a_n} = \frac{1 + \sqrt{5}}{2}$$

gilt.

Aufgabe 2:
Beweisen Sie die erste „lustige Eigenschaft"

$$\underbrace{a_0 + a_1 + \ldots + a_{n-1}}_{\text{Die ersten } n \text{ Folgenglieder}} + 1 = \sum_{i=0}^{n-1} (a_i) + 1 = a_{n+1}$$

mit und ohne Verwendung der expliziten Formel für die Fibonacci-Zahlenfolge.

Aufgabe 3:
Zeigen Sie, dass die Formel

$$a_n = k \cdot q_{1/2}^n$$

mit $q_{1/2} = \frac{1 \pm \sqrt{5}}{2}$ und $n \in \mathbb{N}$ mit keinem $k \in \mathbb{R} \setminus \{0\}$ gleichzeitig die drei ersten Folgenglieder $a_0 = 0$, $a_1 = 1$ und $a_2 = 1$ der Fibonacci-Zahlenfolge beschreiben kann.

Aufgabe 4:

Zeigen Sie: Lösen $x_1 = l_1 \in \mathbb{R}$ und $x_2 = l_2 \in \mathbb{R}$ die Gleichung $ax_1 + bx_2 + c = 0$ mit $a, b, c \in \mathbb{R}$, so tut dies auch $l_3 := k_1 \cdot l_1 + k_2 \cdot l_2$ mit beliebigen $k_1, k_2 \in \mathbb{R}$, wobei $k_1 = k_2 = 0$ ausgeschlossen werden soll.

VII Einführung in die Differentialrechnung

Im vorliegenden Kapitel beschäftigen wir uns mit einem der Hauptthemen der Mathematik in der Schule und zu Beginn eines entsprechenden Studiums: Einer ausführlichen Behandlung der Differentialrechnung. Von Newton und Leibniz entwickelt, ist sie aus den Naturwissenschaften und der Mathematik nicht mehr wegzudenken. Wir wollen uns hier Schritt für Schritt an dieses interessante Gebiet heranwagen und versuchen, gewisse Fertigkeiten zu entwickeln und zu schulen, welche wichtige Grundlagen für ein Fortschreiten in der mathematischen Welt darstellen.

VII.1 Vom Differenzen- zum Differentialquotienten

Möchten wir die Steigung einer Funktion in einem Intervall [a; b] ermitteln, so verwenden wir die Formel für die Steigung, die schon bei den linearen Funktionen zum Einsatz kam.

Die (durchschnittliche) Änderungsrate

Im Intervall $[a; b]$ hat eine Funktion, beschrieben durch ihren Funktionsterm $f(x)$, die Steigung

$$m = \frac{f(b) - f(a)}{b - a}.$$ (VII-1)

Diese Steigung nennen wir die **(durchschnittliche) Änderungsrate** der Funktion f im Intervall $[a; b]$ oder einfach nur den **Differenzenquotienten**.

Wenn wir uns das in einem Beispiel anschauen (Abbildung VII.1.1), erkennen wir, dass der Graph der Funktion f von der Geraden, die durch die Punkte $K(b/f(b))$ und $S(a/f(a))$ geht, in mindestens zwei Punkten, den eben genannten, geschnitten wird. Möchten wir eine genauere Steigung bzw. Änderungsrate haben, so müssen wir das Intervall kleiner wählen. Dieses Vorgehen können wir auf die Spitze treiben, indem wir den einen der beiden Punkte immer näher an den anderen heransetzen. Diesen Vorgang nennen wir dann Grenzübergang. Sofern der Grenzwert existiert, bezeichnen wir ihn als *die Ableitung der Funktion f an der gewählten Stelle x_0 des festgehaltenen Punktes*. Allgemein lässt sich so die Ableitung einer Funktion berechnen.

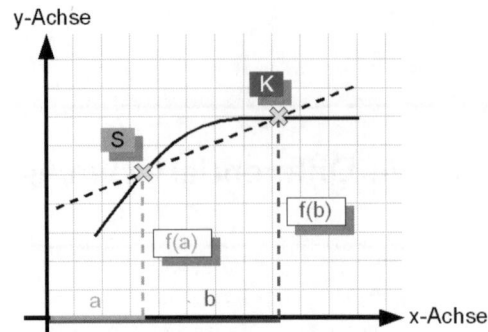

Abbildung VII.1.1: Skizze zur durchschnittlichen Änderungsrate einer Funktion f im Intervall $[a; b]$.

Anmerkung
Eine Gerade, die den Graphen einer Funktion schneidet, nennen wir Sekante, eine die ihn in einem Punkt berührt Tangente an das Schaubild der Funktion in diesem Punkt.

Zum Merken - Der Weg zum Differentialquotienten

Wir legen einen Punkt $K(x_0/f(x_0))$ fest. Nun setzen wir den zweiten Punkt immer näher an diesen heran. Wir schreiben: $x \to x_0$. Wir können den Differenzenquotienten nun auf zwei Arten bilden, um ihn dann mittels eines Grenzübergangs zum Differentialquotienten umzuwandeln und somit die Ableitung der Funktion zu erhalten.

- **Die x-Methode**

Wir bilden den Differenzenquotienten auf folgende Weise:

$$\frac{f(x) - f(x_0)}{x - x_0}.$$

Dann machen wir den Grenzübergang und schreiben deswegen:

$$\lim_{x \to x_0} \frac{f(x) - f(x_0)}{x - x_0}.$$

Existiert der Grenzwert (muss nicht immer so sein), dann erhalten wir den Differentialquotienten/die Ableitung $f'(x_0)$ (lies: f Strich von x_0).

$$\lim_{x \to x_0} \frac{f(x) - f(x_0)}{x - x_0} = f'(x_0).$$

• **Die h-Methode**

Wir bilden den Differenzenquotienten auf folgende Weise:

$$\frac{f(x_0 + h) - f(x_0)}{(x_0 + h) - x_0} = \frac{f(x_0 + h) - f(x_0)}{h}.$$

Dabei ist $h \in \mathbb{R}$. Nun machen wir den Grenzübergang:

$$\lim_{h \to 0} \frac{f(x_0 + h) - f(x_0)}{h}.$$

Existiert der Grenzwert, so haben wir wieder die Ableitung von f an der Stelle x_0 erhalten:

$$\lim_{h \to 0} \frac{f(x_0 + h) - f(x_0)}{h} = f'(x_0).$$

Beispiele - Beide Methoden im Vergleich

Leiten Sie $f(x) = 3x^3$ zuerst mit der x-Methode und dann mit der h-Methode ab.

Beispiel 1 - Die x-Methode

Bevor wir den Grenzübergang machen, werden wir den Differenzenquotienten ein wenig umformen, so dass wir nicht illegaler Weise durch 0 dividieren müssen.

$$\frac{f(x) - f(x_0)}{x - x_0} = \frac{3x^3 - 3x_0^3}{x - x_0} = 3\frac{(x^2 - x_0^2) \cdot (x + x_0) + x_0^2 x - x^2 x_0}{x - x_0}$$

$$= 3(x + x_0)^2 - 3\frac{xx_0(x - x_0)}{x - x_0} = 3(x_0 + x)^2 - 3xx_0.$$

Bilden wir jetzt den Grenzwert, so ergibt sich:

$$\lim_{x \to x_0} \left(3(x_0 + x)^2 - 3xx_0 \right) = 3 \cdot (2x_0)^2 - 3x_0^2 = 9x_0^2 \underset{\text{Umbenennung}}{=} 9x^2 = f'(x).$$

Die Umbenennung soll zum Ausdruck bringen, dass wir hier bereits allgemein gerechnet haben und nicht nur die Ableitung für eine bestimmte Stelle berechnet haben, sondern die ganze **Ableitungsfunktion** f' aufgestellt haben. Das ist hier problemlos möglich, da die betrachtete Funktion auf ganz $\mathbb{R}$ definiert und differenzierbar ist. Die Ableitungsfunktion liefert durch Einsetzen der gewünschten x-Werte in ihren Funktionsterm sofort die zugehörigen Steigungen von f, ohne jedes Mal die x-Methode durchführen zu müssen.

Beispiel 2 - Die h-Methode

Auch hier nehmen wir erst ein paar Umformungen vor, so dass wir nicht 0 im Nenner stehen haben, was uns größere Schwierigkeiten bereiten würde.

$$\frac{f(x_0 + h) - f(x_0)}{x - x_0} = \frac{3(x_0 + h)^3 - 3x_0^3}{h} = 3\frac{x_0^3 + 3x_0^2 h + 3x_0 h^2 + h^3 - x_0^3}{h}$$
$$= 9x_0^2 + 9x_0 h + 3h^2.$$

Bilden wir anschließend den Grenzwert, so erhalten wir:

$$\lim_{h \to 0} \left(9x_0^2 + 9x_0 h + 3h^2 \right) = 9x_0^2 \underset{\text{Umbenennung}}{=} 9x^2 = f'(x).$$

Die Umbenennung erfolgt aus den gleichen Gründen wie bei der x-Methode. Die Ergebnisse sind (zum Glück!) identisch.

Zur Strategie beim Ableiten ganzrationaler Funktionen

Bei der x-Methode versuchen wir mit der 3. Binomischen Formel, der Polynomdivision oder dem Horner-Schema zu arbeiten, bei der h-Methode, möglichst viele Summanden ohne h zu bekommen. h darf ebenso nicht mehr alleine im Nenner stehen, da wir durch 0 nicht teilen dürfen und h ja im Limes gegen die 0 streben soll.

Zum Abschluss dieses Unterkapitels sei hier gezeigt, wie wir bei der x-Methode mit der Polynomdivision vorgehen.

Beispiel 3 - Die x-Methode mit der Polynomdivision

Die Funktion sei wieder f mit $f(x) = 3x^3$. Wir schreiben den Differenzenquotienten wie folgt aus, um zu unterstreichen, dass wir eine schriftliche Division durchführen wollen, wie wir sie in der dritten Klasse gelernt haben (damals eben nur mit Zahlen anstatt mit Variablen):

$$\frac{f(x) - f(x_0)}{x - x_0} = \frac{3x^3 - 3x_0^3}{x - x_0} = (3x^3 - 3x_0^3) : (x - x_0).$$

Nun rechnen wir:

$$
\begin{aligned}
(3x^3 - 3x_0^3) : (x - x_0) &= 3x^2 + 3xx_0 + 3x_0^2 \\
\underline{-(3x^3 - 3x^2 x_0)} & \\
(3x^2 x_0 - 3x_0^3) & \\
\underline{-(3x^2 x_0 - 3xx_0^2)} & \\
(3xx_0^2 - 3x_0^3) & \\
\underline{-(3xx_0^2 - 3x_0^3)} & \\
0 &
\end{aligned}
$$

Bilden wir abschließend den Grenzwert, so folgt:

$$\lim_{x \to x_0} \left(3x^2 + 3xx_0 + 3x_0^2\right) = 3x_0^2 + 3x_0^2 + 3x_0^2 = 9x_0^2 \underset{\text{Umbenennung}}{=} 9x^2 = f'(x).$$

Und wieder erhalten wir (glücklicherweise, die Mathematik ist schon toll!) das gleiche Ergebnis.

Ein wenig Übung hat noch keinem geschadet (so weit man weiß) und darum ist es mal wieder an der Zeit, aufgabentechnisch selbst aktiv zu werden. Die folgenden Übungen dienen zum einen als Nachbereitung des eben Gelernten bzw. Wiederholten (Aufgaben 1 und 2) und zum anderen als Vorbereitung auf das nächste Kapitel (Aufgaben 3 und 4).

Aufgaben

Aufgabe 1:
Berechnen Sie $f'(x_0)$ mit Hilfe der x-Methode für das angegebene x_0.

(a) $f(x) = 2x^2$ und $x_0 = 1$.
(b) $f(x) = x^3 - x$ und $x_0 = -1$.
(c) $f(x) = \sqrt{x}$ und $x_0 = 2$.
(d) $f(x) = x^4 + x^3 - 1$ und $x_0 = 4$.
(e) $f(x) = x^5$ und $x_0 = 1$.
(f) $f(x) = \frac{1}{x^2}$ und $x_0 = 1$.
(g) $f(x) = \sqrt[3]{x^4}$ und $x_0 = 3$.

Aufgabe 2:
Berechnen Sie $f'(x_0)$ mit Hilfe der h-Methode für das angegebene x_0.

(a) $f(x) = x^3$ und $x_0 = 1$.

(b) $f(x) = x^4 - x$ und $x_0 = 1$.

(c) $f(x) = \sqrt{x+1}$ und $x_0 = 2$.

(d) $f(x) = x^5$ und $x_0 = 1$.

(e) $f(x) = 2x^4 - x$ und $x_0 = 3$.

(f) $f(x) = \frac{3}{x}$ und $x_0 = 2$.

(g) $f(x) = 3x^{\frac{1}{3}}$ und $x_0 = 1$.

Aufgabe 3:
Bestimmen Sie die Ableitungsfunktionen der Funktionen mit den Funktionsgleichungen $f_1(x) = x$, $f_2(x) = x^2$, $f_3(x) = x^3$ und $f_4(x) = x^4$. Welche Ableitung hat die Funktion f_n mit $f_n(x) = x^n$ mit $n \in \mathbb{N}$? Stellen Sie eine Vermutung auf Grund der eben gebildeten Ableitungsfunktionen auf.

Aufgabe 4:
Berechnen Sie die Ableitungsfunktion für f mit $f(x) = x^n$ (Potenzfunktion). Diese Aufgabe dient als Vorbereitung für das nächsten Unterkapitel.

Aufgabe 5:
Weisen Sie mit Hilfe der h-Methode nach, dass die Funktion f mit

$$f(x) = m \cdot g(x) + c$$

die Ableitungsfunktion mit der Funktionsgleichung

$$f'(x) = m \cdot g'(x)$$

besitzt, wenn die Funktion g differenzierbar, also ableitbar, ist.

VII.2 Die Ableitung einer Potenzfunktion und die Tangentengleichung

Die Aufgaben 3 und 4 des vorherigen Unterkapitels führen uns auf eine einfache Regel, welche wir immer dann anwenden können, wenn es darum geht, eine Potenzfunktion bzw. ganzrationale Funktionen abzuleiten. Wer die Aufgaben nicht gerechnet hat, bekommt hier nun trotzdem die Lösung geboten[1]. Die Ableitung einer Funktion in einem bestimmten

---

[1]Es schadet aber auch nicht, sich dennoch an den Aufgaben 3 und 4 in Unterkapitel VII.1 zu versuchen.

Punkt können wir als Steigung der Funktion in diesem Punkt interpretieren. Wir erhalten somit eine Tangente in diesem Punkt, die als Steigung die Ableitung der Funktion in eben diesem Punkt besitzt. Die Tangente und natürlich auch die Normale[2] zu ihr durch eben jenen Punkt, können wir mit Hilfe der Punkt-Steigungs-Form (PSF) aus Kapitel II aufstellen. Nochmal zur Erinnerung:

> **Erinnerung - Aufstellen einer Geradengleichung (Die PSF)**
>
> Hat man einen Punkt einer Geraden und ebenso deren Steigung m gegeben, so spart man sich die Berechnung der Steigung. Die zugehörige Formel wird dann als **Punkt-Steigungs-Form (PSF)** bezeichnet. Wieder kann man zwei gleichbedeutende (äquivalente) Formeln aufschreiben:
> 1. $y = m(x - x_1) + y_1$, wobei $y = f(x)$ ist,
> 2. $m = \dfrac{y - y_1}{x - x_1}$, wobei wieder $y = f(x)$ gilt.

Nun ersetzen wir hier m durch $f'(x_0)$ und erhalten dann folgende Formeln:

> **Aufstellen der Tangenten- und Normalengleichung an eine Funktion in einem gegebenen Punkt**
>
> Die Gleichung einer Tangente im Punkt $S(x_0/f(x_0))$ einer Funktion f erhalten wir mit der Punkt-Steigungs-Form und $m = f'(x_0)$. Es ist
>
> $$\textbf{Tangente: } t(x) = f'(x_0) \cdot (x - x_0) + f(x_0). \qquad \text{(VII-2)}$$
>
> Die Steigung der Normalen, welche senkrecht auf der Tangente steht, berechnen wir nach der bekannten Formel für die Steigungen zueinander orthogonaler Geraden:
>
> $$m_{\text{Tangente}} \cdot m_{\text{Normale}} = -1.$$
>
> Wir erhalten
>
> $$f'(x_0) \cdot m_{\text{Normale}} = -1 \Leftrightarrow m_{\text{Normale}} = -\frac{1}{f'(x_0)}. \qquad \text{(VII-3)}$$
>
> Da die Normale durch den gleichen Punkt geht, können wir wieder die Punkt-Steigungs-Form anwenden:
>
> $$\textbf{Normale: } n(x) = -\frac{1}{f'(x_0)} \cdot (x - x_0) + f(x_0). \qquad \text{(VII-4)}$$
>
> Die beiden Formeln funktionieren natürlich nur, wenn f im gewünschten Punkt eine Ableitung hat, d.h. f muss auf dem gewünschten Intervall eine **differenzierbare Funktion** sein.

---

[2] Senkrechte Gerade zur Tangente im vorgegebenen Punkt

Um die eben eingeführten Formeln noch ein wenig im Gedächtnis zu festigen, geben wir ein kleines Beispiel an. Um dessen Lösung zu veranschaulichen, ist im Anschluss noch der Graph der Funktion zusammen mit der Tangente dargestellt.

Beispiel - Tangente und Normale

Wir wollen die Tangente und die Normale zu einer Funktion f mit gegebenem Funktionsterm $f(x)$ im Punkt $P(x_0/y_0)$ bzw. $P(x_0/f(x_0))$ aufstellen.

Formeln

$$t(x) = f'(x_0) \cdot (x - x_0) + f(x_0)$$
$$n(x) = -\frac{1}{f'(x_0)} \cdot (x - x_0) + f(x_0)$$

Beispiel

Wir betrachten die Funktion f mit

$$f(x) = x^3 - 27x.$$

Die gesuchten Geraden sollen im Punkt $P(4/f(4)) = P(4/-44)$ aufgestellt werden. Wir rechnen:

$$f'(x) = 3x^2 - 27$$
$$f'(4) = 21 = m_{\text{Tangente}}$$
$$t(x) = 21 \cdot (x - 4) + (-44)$$
$$= 21x - 128.$$

Die **Normalengleichung** berechnet sich genau gleich, bis auf die Steigung. Diese müssen wir mit $m_{\text{Tangente}} \cdot m_{\text{Normale}} = -1$ berechnen. Die Tangentensteigung in einem Punkt erhalten wir, wie gezeigt, indem wir in $f'(x)$ den x-Wert des gegebenen Punktes einsetzen. Eine Darstellung der hier verwendeten Beispielfunktion mitsamt der berechneten Tangente findet sich in Abbildung VII.2.1.

A

Anmerkung - Zum Ableiten ganzrationaler Funktionen
Die erste Ableitung einer ganzrationalen Funktion mit dem Grad n hat den Grad $n-1$. Das bedeutet, dass die n-te Ableitung einer ganzrationalen Funktion konstant ist und die $(n+1)$-te Ableitung verschwindet.

Wir wollen uns nun den Ableitungen der Potenzfunktionen zuwenden. Wer Aufgabe 3 im letzten Unterkapitel gelöst hat oder mit Herleitungen nichts anfangen kann, der soll die nachfolgende überspringen. Für alle anderen geht's sofort weiter.

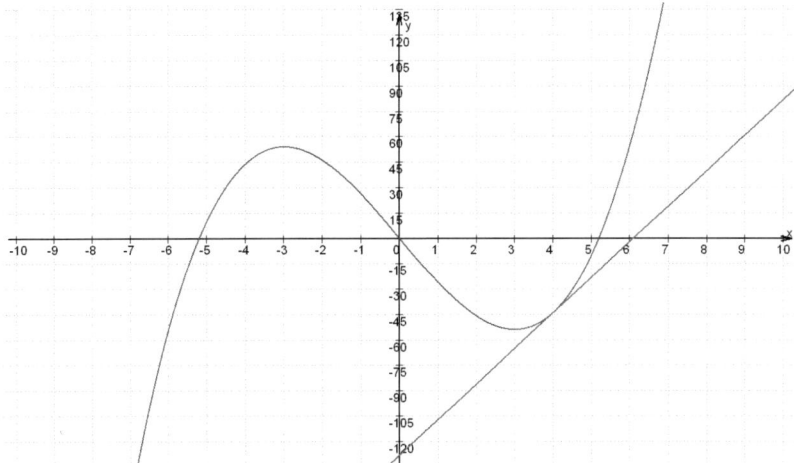

Abbildung VII.2.1: Graph der Beispielfunktion f mit $f(x) = x^3 - 27x$ inklusive der berechneten Tangente.

Herleitung der Ableitungsregel für Potenzfunktionen

Wir wollen die Funktion f mit $f(x) = x^n$ und $n \in \mathbb{N}$ ableiten und verwenden dazu die h-Methode. Die 0 als Index lassen wir sofort weg und sparen uns die Umbenennung, welche wir bisher immer vorgenommen haben. Es ist

$$\frac{f(x+h) - f(x)}{h} = \frac{(x+h)^n - x^n}{h}.$$

Wenn wir $(x + h)^n$ ausrechnen wollen, dann benötigen wir eigentlich das Pascalsche Dreieck (siehe Anhang C). Das können wir uns aber sparen, wenn wir uns das Folgende klar machen: Rechnen wir $(x + h)^n$ aus, dann entsteht eine Summe, deren Summanden Produkte aus h und x sind. Die Hochzahlen von h und x in einem Produkt lassen sich dabei immer zu n addieren, z.B. $x^2 \cdot h^{n-2}$. Wir erhalten also

$$(x + h)^n = ?x^n + ?x^{n-1}h^1 + ?x^{n-2}h^2 + \ldots x^2 h^{n-2} + x^1 h^{n-1} + ?h^n.$$

Welchen Wert die Fragezeichen haben, interessiert uns nur im Fall von x^n und $x^{n-1}h$, weil alle anderen Summanden einen Faktor h^i mit $2 \leq i \leq n$ besitzen, welcher durch Kürzen mit h nicht gänzlich verschwindet[3]. Wir wollen uns also die beiden gesuchten Vorzahlen/Koeffizienten überlegen:

---

[3]Wir dividieren beim Differenzenquotienten ja bekanntlich durch h.

Schreiben wir den Term $(x+h)^n$ aus, so ist $(x+h)^n = (x+h) \cdot (x+h) \cdot \ldots \cdot (x+h)$ mit n Faktoren an der Zahl. Jede Klammer besitzt genau ein x und nur wenn alle miteinander multipliziert werden, dann ergibt sich x^n als Summand. Das bedeutet aber, dass dieser nur den Koeffizienten 1 haben kann, da er ja einmalig ist.

Kümmern wir uns um den Koeffizienten von $x^{n-1}h$: Nehmen wir aus den ersten $n-1$ Klammern das x und aus der letzten das h, so haben wir schon einmal einen der gesuchten Summanden. Nun können wir aber auch aus den ersten $n-2$ Klammern das x nehmen, aus der $(n-1)$-ten das h und die letzte und n-te Klammer liefert uns wieder ein x. Damit haben wir schon einen zweiten Summanden der Form $x^{n-1}h$ gefunden, da die Multiplikation von Zahlen bekannter Maßen kommutativ ist. Spinnen wir den begonnenen Gedanken weiter, so können wir das h aus jeder der n Klammern wählen, die anderen liefern die x. Daher können wir n Mal den Summanden $x^{n-1}h$ finden, womit der Koeffizient nur n sein kann. Wir halten fest:

$$(x+h)^n = x^n + n \cdot x^{n-1}h + \ldots.$$

Bilden wir abschließend den Grenzwert für $h \to 0$ so erhalten wir

$$\lim_{h \to 0} \frac{(x+h)^n - x^n}{h} = x^n + n \cdot x^{n-1} - x^n = n \cdot x^{n-1}.$$

Alle anderen Summanden enthalten nach der Division immer noch mindestens einen Faktor h, so dass sie beim Grenzübergang verschwinden. Wir haben also das Folgende gefunden:

Ableitung einer Potenzfunktion

Die Ableitung der Funktion $f : \mathbb{R} \to \mathbb{R}$ mit $f(x) = x^n$ mit $n \in \mathbb{N}$ lautet

$$f'(x) = n \cdot x^{n-1}. \tag{VII-5}$$

Als kleiner Vorausgriff: Wir handeln gleich auch noch die **Summen- und Faktorregel** ab. Wir leiten sie sofort her, merken können wir uns diese aber jetzt schon.

Summenregel

Sind g und h mit den Funktionstermen $g(x)$ und $h(x)$ differenzierbar, dann ist es auch f mit $f = g + h$ und es gilt, da $f(x) = g(x) + h(x)$ der Funktionsterm ist, $f'(x) = g'(x) + h'(x)$.

Faktorregel

Es sei g eine differenzierbare Funktion und $g(x)$ ihr Funktionsterm. Dann ist f mit $f(x) = c \cdot g(x)$, wobei c eine Konstante ist, d.h. $c \in \mathbb{R} \setminus \{0\}$, auch differenzierbar und es ist $f'(x) = c \cdot g'(x)$.

Wir können auch höhere Ableitungen bilden. Um z.B. die vierte Ableitung einer Funktion zu erhalten, müssen wir allerdings auch die drei vorherigen errechnen, indem zuerst $f(x)$ abgeleitet wird und wir $f'(x)$ erhalten, dann leiten wir $f'(x)$ ab und erhalten $f''(x)$ usw.. Die beiden Ableitungsregeln aus dem vorherigen Kasten werden im nächsten Unterkapitel, wie bereits angekündigt, hergeleitet. Zusätzlich dazu werden auch noch die Herleitungen für die sog. Produktregel, Quotientenregel und Kettenregel durchgeführt. Wer sich dafür interessiert, der kann die einzelnen Schritte nachvollziehen. Für alle anderen sollte aber auf jeden Fall das Ergebnis der Herleitung, die jeweilige Formel, interessant sein, da wir erst durch diese Reglen in der Lage sind, kompliziertere Funktionen zu differenzieren.

Zum Abschluss dieses Unterkapitels betrachten wir noch eine Aufgabe, welche uns verdeutlichen soll, wie wir mit **Berührpunkten** umgehen können, nachdem wir jetzt in der Lage sind, Funktionen abzuleiten.

VII.2.1 Der Umgang mit Berührpunkten

Der Berührpunkt zweier Funktionen

Die Graphen zweier Funktionen f und g berühren sich in einem Punkt $B(x_B/y_B)$, wenn sie in B eine gemeinsame Tangente haben und B auf beiden Graphen liegt. In Formeln lauten die beiden zu erfüllenden Bedingungen:

$$f(x_B) = g(x_B) \text{ und } f'(x_B) = g'(x_B). \qquad \text{(VII-6)}$$

Diese beiden Gleichungen sollten wir uns als die Bedingungen für einen Berührpunkt B an ein Schaubild unbedingt merken.

Wir wollen die Formeln gleich an einem Beispiel ausprobieren.

Beispiel 1 - Tangenten an eine Parabel

Geben Sie alle Tangenten an das Schaubild der Funktion p mit $p(x) = x^2 + 4$ an, welche durch den Punkt $Q(0/-5)$ gehen.

Lösung:

Die gesuchte Tangente t gehe durch den Punkt $P(u/p(u)) = P(u/u^2 + 4)$. Damit die

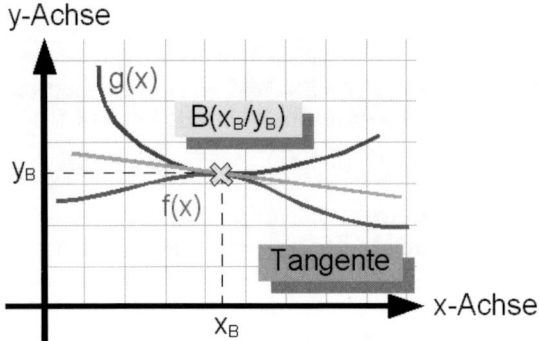

Abbildung VII.2.2: Skizze zu den Berührpunktbedingungen.

Gerade, welche durch $Q(0/-5)$ und durch $P(u/u^2 + 4)$ geht auch Tangente in diesem Punkt an das Schaubild von p ist, muss

$$m_{\text{Tangente}} = p'(u) = 2u \qquad\qquad\qquad (\text{VII-7})$$

sein. Des Weiteren ist aber ebenfalls

$$m_{\text{Tangente}} = \frac{y_P - y_Q}{x_P - x_Q} = \frac{u^2 + 4 - (-5)}{u - 0} = \frac{u^2 + 9}{u}$$

nach der ZPF aus Kapitel II. Wir haben hiermit die Gleichung $2u = \dfrac{u^2 + 9}{u}$ erhalten. Diese lösen wir nach u auf:

$$2u = \frac{u^2 + 9}{u} \Leftrightarrow 2u^2 = u^2 + 9 \Leftrightarrow u^2 = 9, \text{ also } u_{1/2} = \pm 3.$$

Damit haben wir zwei Tangenten gefunden, welche mit Gleichung (VII-7) die Geradengleichungen $t_1(x) = 6x + c_1$ und $t_2(x) = -6x + c_2$ ergeben. Da der Punkt $Q(0/-5)$ auf der y-Achse und auch auf beiden Tangenten liegt, gilt $c_1 = c_2 = -5$. Die gesuchten Tangentengleichungen lauten also

$$t_1(x) = 6x - 5 \text{ und } t_2(x) = -6x - 5.$$

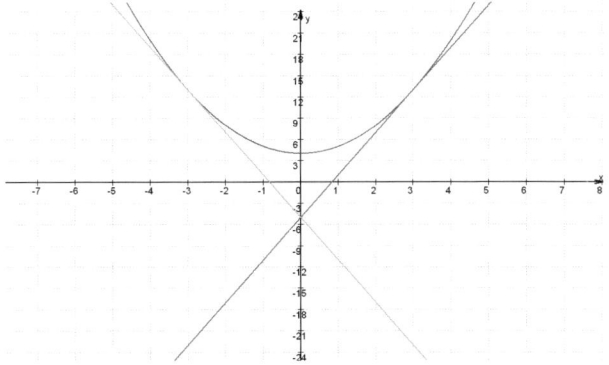

Abbildung VII.2.3: Die Parabel mit den beiden Tangenten.

VII.3 Die Herleitungen der Ableitungsregeln

Eine Anmerkung zu Beginn: Die Grenzwertsätze aus dem Land der Folgen (Kapitel VI) können auch bei Funktionen eingesetzt werden. Das müssen wir hier wissen.

VII.3.1 Die Summenregel

Damit die Regel anwendbar ist, setzen wir voraus, dass die Funktionen u und v auf einem offenen Intervall[4] I definiert und an der entsprechenden Stelle $x_0 \in I$ differenzierbar sind. Anstatt x_0 schreiben wir sofort nur x. Die Funktion f ist die Summe der beiden Funktionen u und v, also gegeben durch $f := u + v$.

Summenregel

Die Funktion f ist die Summe $f := u + v$ der beiden auf dem offenen Intervall $I \subseteq \mathbb{R}$ (I ist Teilmenge von $\mathbb{R}$) definierten Funktionen u und v, welche in $x \in I$ differenzierbar seien. Es ist dann

$$f(x) = u(x) + v(x)$$

Die Ableitung lautet hier:

$$f'(x) = u'(x) + v'(x) \tag{VII-8}$$

---

[4]Das Intervall ist offen, damit wir keine Scherereien am Rand des Intervalls haben.

Herleitung

Um die Regel herzuleiten verwenden wir die h-Methode aus Unterkapitel VII.1. Ist $f(x) = u(x) + v(x)$, wie bereits am Anfang angenommen, so schreiben wir:

$$\frac{f(x+h) - f(x)}{h} = \frac{[u(x+h) + v(x+h)] - [u(x) + v(x)]}{h}$$

$$= \frac{u(x+h) - u(x)}{h} + \frac{v(x+h) - v(x)}{h}.$$

Bilden wir von dem Term in der letzten Zeile den Grenzwert, so sieht das folgendermaßen aus:

$$\lim_{h \to 0} \left(\frac{u(x+h) - u(x)}{h} + \frac{v(x+h) - v(x)}{h} \right)$$

$$= \lim_{h \to 0} \left(\frac{u(x+h) - u(x)}{h} \right) + \lim_{h \to 0} \left(\frac{v(x+h) - v(x)}{h} \right)$$

$$= u'(x) + v'(x).$$

Die letzte Zeile ist unsere am Anfang dieses Abschnitts postulierte Regel. Die Grenzwerte existieren, da u und v in $x \in I$ differenzierbar sind. Aus der hergeleiteten Regel geht hervor, dass wir jeden Summanden für sich alleine ableiten können. Zur Verdeutlichung betrachten wir ein paar Beispiele.

Beispiel 1

$$f(x) = x^5 + x^2 \xrightarrow{\text{Summenregel}} f'(x) = 5x^4 + 2x$$

Beispiel 2

$$g(x) = x^7 + x^4 + x \xrightarrow{\text{Summenregel}} g'(x) = 7x^6 + 4x^3 + 1$$

Beispiel 3

$$h(x) = x^2 - 1 \xrightarrow{\text{Summenregel}} h'(x) = 2x$$

Beispiel 4 - Kleiner Vorgriff auf weitere Funktionstypen

$$i(x) = \sin(x) + x^2 + e^x \xrightarrow{\text{Summenregel}} i'(x) = \cos(x) + 2x + e^x$$

VII.3.2 Die Faktorregel

Die Voraussetzungen sind die gleichen wie bei der Summenregel, die Funktion v benötigen wir hier aber nicht.

> **Faktorregel**
>
> Die Funktion u sei auf einem offenen Intervall I definiert und in $x \in I$ differenzierbar. Dann ist die Funktion $f = c \cdot g$ mit $c \in \mathbb{R}$ und
>
> $$f(x) = c \cdot u(x)$$
>
> differenzierbar und es gilt
>
> $$f'(x) = c \cdot u'(x) \qquad \text{(VII-9)}$$

Herleitung

Wir verwenden wieder die h-Methode. Damit erhalten wir analog zur Herleitung der Summenregel folgenden Term:

$$\frac{f(x+h) - f(x)}{h} = \frac{c \cdot u(x+h) - c \cdot u(x)}{h} = c \cdot \frac{u(x+h) - u(x)}{h}$$

Jetzt bilden wir wieder den Grenzwert des Terms der letzten Zeile und erhalten folgenden Ausdruck:

$$\lim_{h \to 0} \left(c \cdot \frac{u(x+h) - u(x)}{h} \right) = c \cdot \left(\lim_{h \to 0} \frac{u(x+h) - u(x)}{h} \right) = c \cdot u'(x)$$

Der letzte Ausdruck ist unsere Formel. Aus dieser Regel geht hervor, dass konstante Faktoren beim Ableiten einfach „mitwandern". Dazu machen wir zwei Beispiele zum besseren Verständnis:

Beispiel 1

$$f(x) = 5 \cdot x^5 = 5x^5 \xrightarrow{\text{Faktorregel}} f'(x) = 5 \cdot 5x^4 = 25x^4$$

Beispiel 2

$$g(x) = 3x^4 + 5x^2 + 7x \xrightarrow{\text{Summen-/Faktorregel}} g'(x) = 3 \cdot 4x^3 + 5 \cdot 2x + 7 \cdot 1 = 12x^3 + 10x + 7$$

Die Summen- und die Faktorregel sind die beiden einfachen Regeln beim Differenzieren. Die folgenden drei sind etwas, aber nicht viel, komplizierter, was sich schon bei ihren Herleitungen zeigt. Dennoch ist es wichtig, sie im Schlaf zu beherrschen, denn durch sie können wir erst richtig interessante Ableitungen durchführen.

VII.3.3 Die Produktregel

Wir betrachten das Produkt zweier Funktionen u und v. Für diese gelten die altbekannten Voraussetzungen.

Produktregel

Das Produkt der beiden auf einem offenen Intervall I definierten und in $x \in I$ differenzierbaren Funktionen u und v ist ebenfalls eine in x differenzierbare Funktion $f = u \cdot v$ mit

$$f(x) = u(x) \cdot v(x)$$

und es gilt

$$f'(x) = u'(x) \cdot v(x) + u(x) \cdot v'(x) \tag{VII-10}$$

Wir werden, wie bereits erwähnt, im Folgenden sehen, dass die Herleitung dieser Regel sich etwas schwieriger gestaltet als diejenigen, welche wir bei den beiden vorangegangenen Regeln durchzuführen hatten. Die Produktregel ist die erste der „drei großen" Ableitungsregeln, die uns v.a. bei anderen Funktionstypen wie Exponentialfunktionen oder trigonometrische Funktionen von erheblichem Nutzen sein werden.

Herleitung

Uns dient (einmal mehr) die h-Methode zur Herleitung der Formel. Dabei schreiben wir:

$$\frac{f(x+h) - f(x)}{h} = \frac{u(x+h) \cdot v(x+h) - u(x) \cdot v(x)}{h}$$

Hier wenden wir einen kleinen Trick zum Zwecke unseres Vorankommens an:

Wir addieren 0!   !

Allerdings werden wir das etwas trickreicher veranstalten als man zuerst vermuten könnte, wenn man diesen Trick noch nie angewendet hat. Wer allerdings quadratische Ergänzen kann bzw. den entsprechenden Abschnitt in Kapitel III durchgearbeitet hat, der sollte sich wenig überrascht zeigen.

$$\frac{u(x+h) \cdot v(x+h) - u(x) \cdot v(x) \overbrace{+ v(x+h) \cdot u(x) - v(x+h) \cdot u(x)}^{=0}}{h}$$

Durch diese kleine, aber doch sehr feine Umformung, sind wir in der Lage, für die Grenzwertbildung geeignete Terme durch Ausklammern zu erhalten. Vor der Grenzwertbildung sortieren und formen wir aber erst noch ein bisschen um:

Umsortieren:

$$\frac{u(x+h) \cdot v(x+h) - v(x+h) \cdot u(x) + v(x+h) \cdot u(x) - u(x) \cdot v(x)}{h}$$

Ausklammern:

$$\frac{v(x+h) \cdot [u(x+h) - u(x)] + u(x) \cdot [v(x+h) - v(x)]}{h}$$

Kleine Umformungen:

$$\frac{v(x+h) \cdot [u(x+h) - u(x)]}{h} + \frac{u(x) \cdot [v(x+h) - v(x)]}{h}$$
$$= v(x+h) \cdot \frac{u(x+h) - u(x)}{h} + u(x) \cdot \frac{v(x+h) - v(x)}{h}$$

Der Grenzübergang:

$$\lim_{h \to 0} \left(v(x+h) \cdot \frac{u(x+h) - u(x)}{h} + u(x) \cdot \frac{v(x+h) - v(x)}{h} \right)$$
$$= \lim_{h \to 0} \left(v(x+h) \cdot \frac{u(x+h) - u(x)}{h} \right) + \lim_{h \to 0} \left(u(x) \cdot \frac{v(x+h) - v(x)}{h} \right)$$
$$= \left[\lim_{h \to 0} (v(x+h)) \right] \cdot \left[\lim_{h \to 0} \left(\frac{u(x+h) - u(x)}{h} \right) \right] + \left[\lim_{h \to 0} (u(x)) \right] \cdot \left[\lim_{h \to 0} \left(\frac{v(x+h) - v(x)}{h} \right) \right]$$
$$= u'(x) \cdot v(x) + u(x) \cdot v'(x)$$

Die letzte Zeile ist unsere Formel und wir haben somit eine Regel gefunden, um Produkte von Funktionen abzuleiten.

Anmerkung

Die Formel in der oben aufgezeigten Reihenfolge gemerkt, erleichtert einem die Erinnerung an die Quotientenregel (siehe VII.3.4).

Zum besseren Verständnis und zum Einüben der Vorgehensweise folgt jetzt ein kleines Beispiel. Die hierbei betrachtete Funktion würde durch Ausmultiplizieren auch ohne die Produktregel ableitbar sein, aber hierdurch kann der Leser selbst vergleichend nachrechnen und sich von dem Funktionieren der Produktregel überzeugen.

Beispiel

Wir wollen die Ableitung der Funktion f mit

$$f(x) = x^2 \cdot (x+1)$$

bilden. Wir bestimmen u und v und ihre Ableitungen:

$$f(x) = x^2 \cdot (x+1) \begin{cases} u(x) & = x^2 \Rightarrow u'(x) = 2x \\ v(x) & = x+1 \Rightarrow v'(x) = 1 \end{cases}$$

Nun setzen wir unsere konkreten Funktionen in die Formel ein:

$$f(x) = \overbrace{2x}^{u'(x)} \cdot \overbrace{(x+1)}^{v(x)} + \overbrace{x^2}^{u(x)} \cdot \overbrace{1}^{v'(x)}$$

Noch ein wenig vereinfachen und wir erhalten schließlich die Funktion f' in folgender Form:

$$f'(x) = 3x^2 + 2x$$

VII.3.4 Die Quotientenregel

Wie können wir die Funktion f, welche sich als der Quotient zweier Funktionen u und v ergibt, ableiten? Zuerst einmal gehorchen u und v den bereits seit der ersten Herleitung bekannten Spielregeln. Des Weiteren muss $v \neq 0$ gelten, d.h. v ist nicht die Nullfunktion und an der Stelle x sollte $v(x) \neq 0$ sein, sonst geht das Ganze schief. Was erwartet uns nun (Voraussetzungen, Formel)?

Quotientenregel

Der Quotient der beiden auf einem offenen Intervall I definierten und in $x \in I$ differenzierbaren Funktionen u und v, wobei $v \neq 0$ gilt, ist ebenfalls eine in x differenzierbare Funktion $f = \frac{u}{v}$ mit

$$f(x) = \frac{u(x)}{v(x)}$$

und es gilt

$$f'(x) = \frac{u'(x) \cdot v(x) - u(x) \cdot v'(x)}{[v(x)]^2} \qquad \text{(VII-11)}$$

Herleitung

Zur Herleitung greifen wir einmal mehr auf die h-Methode zurück und machen folgenden Ansatz:

$$\frac{f(x+h) - f(x)}{h} = \frac{f(x+h)}{h} - \frac{f(x)}{h} = \frac{u(x+h)}{h \cdot v(x+h)} - \frac{u(x)}{h \cdot v(x)}$$

Wir formen weiter um, indem wir den Hauptnenner bilden:

$$\frac{u(x+h)}{h \cdot v(x+h)} \cdot \frac{v(x)}{v(x)} - \frac{u(x)}{h \cdot v(x)} \cdot \frac{v(x+h)}{v(x+h)} = \frac{u(x+h) \cdot v(x) - u(x) \cdot v(x+h)}{h \cdot v(x+h) \cdot v(x)}$$

Wir wenden im Folgenden den gleichen Trick wie bei der Herleitung der Produktregel an und addieren die 0 (im Zähler!).

$$\frac{u(x+h) \cdot v(x) - u(x) \cdot v(x+h) \overbrace{+u(x) \cdot v(x) - u(x) \cdot v(x)}^{=0}}{h \cdot v(x+h) \cdot v(x)}$$

Anschließend nehmen wir noch ein paar Umformungen vor, bevor wir den Grenzwert bilden.

Ein paar Umformungen:

$$\frac{1}{v(x+h)\cdot v(x)}\cdot \frac{u(x+h)\cdot v(x)-u(x)\cdot v(x+h)\overbrace{+u(x)\cdot v(x)-u(x)\cdot v(x)}^{=0}}{h}$$

$$=\frac{1}{v(x+h)\cdot v(x)}\cdot \frac{v(x)\cdot (u(x+h)-u(x))-u(x)\cdot (v(x+h)-v(x))}{h}$$

$$=\frac{1}{v(x+h)\cdot v(x)}\cdot \left[v(x)\cdot \frac{u(x+h)-u(x)}{h}-u(x)\cdot \frac{v(x+h)-v(x)}{h}\right]$$

Grenzwertbildung:

$$\lim_{h\to 0}\left(\frac{1}{v(x+h)\cdot v(x)}\cdot \left[v(x)\cdot \frac{u(x+h)-u(x)}{h}-u(x)\cdot \frac{v(x+h)-v(x)}{h}\right]\right)$$

$$=\lim_{h\to 0}\left(\frac{1}{v(x+h)\cdot v(x)}\right)$$

$$\cdot \left[\lim_{h\to 0}(v(x))\cdot \lim_{h\to 0}\left(\frac{u(x+h)-u(x)}{h}\right)-\lim_{h\to 0}(u(x))\cdot \lim_{h\to 0}\left(\frac{v(x+h)-v(x)}{h}\right)\right]$$

Aus der letzten Zeile erhalten wir abschließend den Ausdruck

$$\frac{1}{[v(x)]^2}\cdot (v(x)\cdot u'(x)-u(x)\cdot v'(x))=\frac{u'(x)\cdot v(x)-u(x)\cdot v'(x)}{[v(x)]^2}$$

Damit haben wir schon unsere gesuchte Formel erhalten. Zum besseren Verständnis und zum Einüben der Vorgehensweise folgt jetzt wieder einmal ein Beispiel.

Beispiel

Wir wollen die Funktion f mit

$$f(x)=\frac{3x^2+1}{x^3+2}$$

ableiten. Hierzu bestimmen wir u und v und ihre Ableitungen:

$$f(x)=\frac{3x^2+1}{x^3+2}\begin{cases}u(x)&=3x^2+1\Rightarrow u'(x)=6x\\ v(x)&=x^3+2\Rightarrow v'(x)=3x^2\end{cases}$$

Setzen wir alles in die Formel ein, so erhalten wir:

$$f'(x) = \frac{u'(x) \cdot v(x) - u(x) \cdot v'(x)}{[v(x)]^2} = \frac{6x \cdot (x^3 + 2) - (3x^2 + 1) \cdot 3x^2}{[x^3 + 2]^2}$$

Weitere Umformungen sind hier möglich:

$$f'(x) = \frac{6x^4 + 12x - 9x^4 - 3x^2}{[x^3 + 2]^2} = \frac{-3x^4 - 3x^2 + 12x}{[x^3 + 2]^2} = -3x \cdot \frac{x^3 + x - 4}{[x^3 + 2]^2}$$

VII.3.5 Die Kettenregel

Funktionen bzw. Abbildungen können auch miteinander verkettet werden. Dies bedeutet, dass man sie nacheinander ausführt. Nehmen wir die beiden Funktionen u und v. Damit sie miteinander verkettet werden können, muss die Definitionsmenge D_v der zweiten Funktion v die Wertemenge W_u der ersten Funktion zumindest teilweise enthalten. Damit wir eine Funktion f, die durch die Verkettung von u und v entsteht, ableiten können, muss v auf einem gegebenen offenen Intervall I in $x \in I$ differenzierbar sein und u muss auf dem offenen Intervall $v(I)$ in $v(x) \in u(I)$ differenzierbar sein. Für die verkettete Funktion notieren wir $f = (u \circ v) = u(v)$.

Für den folgenden Kasten greifen wir auf die Notation vom Ende des Kapitels I zurück.

Kettenregel

Zwei Funktionen $v : I \to \mathbb{R}$ und $u : v(I) \to \mathbb{R}$, die in $x \in I$ bzw. in $v(x) \in v(I)$ differenzierbar sind, können verkettet werden und es ist $f = u(v)$. Dann ist auch f eine in $x \in I$ differenzierbare Funktion mit

$$f(x) = u(v(x))$$

und es gilt

$$f'(x) = u'(v(x)) \cdot v'(x). \tag{VII-12}$$

F

Herleitung

Zur Herleitung greifen wir (ein letztes Mal) auf die h-Methode zurück und machen folgenden Ansatz:

$$\frac{f(x + h) - f(x)}{h} = \frac{u(v(x + h)) - u(v(x))}{h}$$

Bevor wir den Grenzwert bilden können, müssen wir ein paar Umformungen vornehmen: Als erstes versuchen wir, den Differenzenquotienten so umzuformen, dass der Differenzenquotient der inneren Funktion v an der Stelle x auftritt und der Differenzenquotient der äußeren Funktion u an der Stelle $v(x)$. Dazu setzen wir:

$$v(x + h) - v(x) = k$$
$$\text{und}$$
$$v(x + h) = v(x) + k \tag{VII-13}$$

Diese beiden Terme setzen wir in unsere Ausgangsgleichung ein. Dabei multiplizieren wir trickreich mit 1. Diese Vorgehensweise ähnelt sehr derjenigen, welche wir bei Produkt- und Kettenregel verwendet haben. Dort hatten wir die 0 dazu addiert.

$$\frac{u(v(x + h)) - u(v(x))}{h} \cdot 1 = \frac{u(v(x + h)) - u(v(x))}{h} \cdot \frac{\overbrace{v(x + h) - v(x)}^{=k}}{\underbrace{k}_{=1}}$$

Im Weiteren stellen wir die Terme um:

$$\frac{u(v(x + h)) - u(v(x))}{k} \cdot \frac{v(x + h) - v(x)}{h}$$

Als nächstes steht die Grenzwertbildung an. Nach den Grenzwertsätzen (Kapitel VI) gilt

$$\lim_{n \to \infty} (a_n \cdot b_n) = \lim_{n \to \infty} (a_n) \cdot \lim_{n \to \infty} (b_n) = a \cdot b = ab$$

Dabei sind a und b die Grenzwerte der jeweiligen Folgen.

Anmerkung

Geht h gegen 0, so geht auch Gleichung (VII-13) und somit k gegen 0. Da v stetig ist, weil differenzierbar (siehe Abschnitte VII.5.1 und VII.5.2), gilt dieses Argument.

$$\lim_{k \to 0} \left(\frac{u(v(x + h)) - u(v(x))}{k} \right) \cdot \lim_{h \to 0} \left(\frac{v(x + h) - v(x)}{h} \right) = u'(v(x)) \cdot v'(x)$$

Wir erhalten also die postulierte Formel vom Anfang dieses Abschnittes. Verkürzt schreiben wir auch oft

$$f'(x) = u'(v) \cdot v'(x). \tag{VII-14}$$

Zum besseren Verständnis und zum Einüben der Vorgehensweise wollen wir noch ein kleines Beispiel machen.

Beispiel

Wir wollen die Funktion

$$f(x) = (3x^2 - x)^5$$

ableiten. Zuerst bestimmen wir u und v und deren Ableitungen.

$$f(x) = (3x^2 - x)^5 \begin{cases} u(v) &= v^5 \Rightarrow u'(v) = 5v^4 \\ v(x) &= 3x^2 - x \Rightarrow v'(x) = 6x - 1 \end{cases}$$

Setzen wir alles in die Formel ein, so ist das Ergebnis

$$f'(x) = 5 \cdot (3x^2 - x)^4 \cdot (6x - 1).$$

Kettenregel in Worten

Am einfachsten merken wir uns für die Kettenregel: „Innere mal äußere Ableitung." Unsere Aufgabe besteht nur noch darin, die innere und die äußere Funktion zu erkennen.

Dies war die letzte der Ableitungsregeln. Wir werden Sie nun noch an ein paar Aufgaben üben.

Aufgaben

Aufgabe 1:
Leiten sie eine Formel für die Ableitung des Produktes dreier Funktionen u, v und w her. Verwenden Sie dazu die „normale" Produktregel.

Aufgabe 2:
Bestimmen Sie die Ableitungsfunktionen der Funktionen mit den gegebenen Funktionsgleichungen mit Hilfe der gelernten Regeln.

(a) $a(x) = 3 \cdot \sqrt{x} \cdot \sqrt{x^2 + 1}$

(b) $b(x) = (4x^2 - 3x)^3$

(c) $c(x) = x^4 - 3x^2 + \sqrt{x - 1}$

(d) $d(x) = t^3 \cdot x^3 - \frac{1}{t} \cdot x^2 - x$

(e) $e(x) = \frac{x^2 - 1}{x^2 + 1}$

(f) $f(x) = \frac{\sqrt{x-1}}{\sqrt{x}}$

Aufgabe 3:
Gegeben sei die Funktion f, welche der Quotient der Funktionen u und v ist, mit

$$f(x) = \frac{u(x)}{v(x)}.$$

Leiten Sie die Quotientenregel durch Verwendung von Produkt- und Kettenregel her. Ein
kleiner Tipp:

$$\frac{1}{v(x)} = (v(x))^{-1}, \tag{VII-15}$$

wobei hoch -1 als negative Hochzahl aufzufassen ist und nicht als Symbol für die Umkehrfunktion von v (siehe hierzu Kapitel XII).

VII.4 Wichtige Punkte eines Funktionsgraphen

In diesem Abschnitt begeben wir uns auf die Suche nach speziellen, herausragenden Punkten des Graphen einer Funktion. Bei unserer Expedition werden uns unsere neu erworbenen Rechentechniken gute Dienste erweisen. Begeben wir uns zuerst auf die Suche nach
den sog. Extrema. Die Wendepunkte folgen kurz darauf.

VII.4.1 Extrempunkte

Extrempunkte sind die Punkte, an denen wir uns an einem höchsten oder tiefsten Punkt
(Hochpunkt bzw. Tiefpunkt) des Graphen einer Funktion relativ zu der unmittelbaren
Umgebung befinden. Sitzen wir an einem höchsten Punkt $H(x_H / f(x_H))$, so ist der Auf-
stieg beendet. Ein Weiterlaufen hat konsequenter Weise den Abstieg zur Folge, denn sonst
wären wir nicht am höchsten Punkt angelangt gewesen. Die Steigung des Schaubildes einer differenzierbaren Funktion (ableitbaren Funktion) (und nur solche wollen wir jetzt

betrachten) wird in jedem Punkt durch die erste Ableitung berechnet, wie wir bereits bei den Überlegungen zur Ableitung einer Funktion erfahren durften. Befinden wir uns also unmittelbar links $(x < x_H)$ von einem höchsten Punkt und bewegen wir uns auf ihn zu, so finden wir, da die Steigung des Schaubildes der Funktion f durch $f'(x)$ gegeben ist, $f'(x) > 0$ vor. Haben wir den höchsten Punkt passiert (nun ist $x > x_H$), so haben wir den Abstieg eingeläutet und es ist $f'(x) < 0$. Am höchsten Punkt geht es weder nach oben noch nach unten, so dass wir hier $f'(x_H) = 0$ als Steigung vorfinden. Dies ist das notwendige Kriterium für einen Extrempunkt, in diesem Fall ein Hochpunkt, da die erste Ableitung einen Vorzeichenwechsel von + nach − vollführt. Dieser Vorzeichenwechsel ist die hinreichende Bedingung für einen Extrempunkt. Geschieht er nicht von + nach −, sondern von − nach +, so können wir uns ganz analog zu der eben durchgeführten Betrachtung überlegen, dass dann ein Tiefpunkt vorliegt.

Bezeichnungen
Die x-Werte x_H bei Hochpunkten bzw. x_T bei Tiefpunkten eines Graphen der Funktion f bezeichnen wir als Extremstellen. Die zugehörigen Funktionswerte $f(x_H)$ bzw. $f(x_T)$ werden als Extrema bezeichnet.

The two Towers - hinreichend und notwendig

Wir haben bisher die Ausdrücke „notwendige Bedingung" und „hinreichende Bedingung" verwendet, ohne auf deren Bedeutung einzugehen. Warum benötigen wir überhaupt zwei Bedingungen, eine reicht doch auch, oder? Leider müssen wir diese Frage mit einem „Nein" beantworten. Um einen Extrempunkt zweifelsfrei nachzuweisen, müssen die notwendige *und* die hinreichende Bedingung erfüllt sein. Doch was unterscheidet eine notwendige von einer hinreichenden Bedingung? Werfen wir einen Blick auf die „Bedingungstypen":

Eine notwendige Bedingung

Muss eine Bedingung erfüllt sein, damit ein gewünschter Zustand vorliegt, so ist die Bedingung eine **notwendige**. Das bedeutet aber nicht, dass das Erfüllen der notwendigen Bedingung automatisch den gewünschten Zustand hervorruft. Dieser kann noch an andere Bedingungen gebunden sein, welche ebenfalls erfüllt werden müssen. Wir können nur sagen, dass das Nichterfüllen dieser einen speziellen, notwendigen Bedingung den gewünschten Zustand verhindert. Die Bedingung ist also notwendig, damit der Zustand eintritt, wird sie allerdings erfüllt, muss der Zustand trotzdem nicht eintreten.

Das bedeutet im Falle unserer Extremwertsuche: Damit ein Extrempunkt vorliegt, muss die erste Ableitung verschwinden, also identisch 0 sein. Ist sie es nicht, dann kann auch kein Extrempunkt vorliegen. Erfüllt die erste Ableitung die Bedingung, muss aber noch kein Extrempunkt vorliegen. Es kann z.B. sein, dass der Graph der Funktion an der Stelle x_0 die Steigung $f'(x_0) = 0$ besitzt, aber für $x < x_0$ und für $x > x_0$ positive

Ableitungswerte besitzt und somit die ganze Zeit monton wächst. Dadurch kann natürlich x_0 keine Extremstelle sein und es liegt kein Extrempunkt vor (siehe Abbildung VII.4.1 zur Illustration des Gesagten).

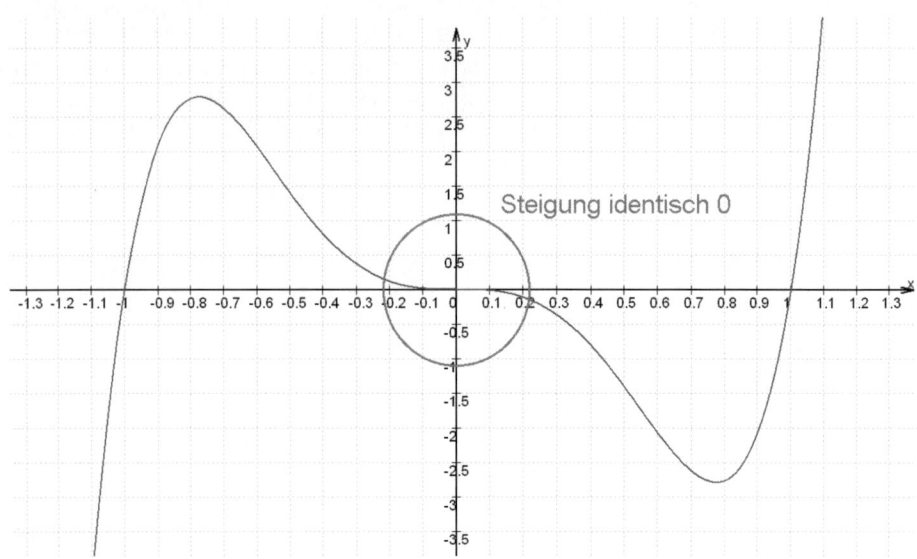

Abbildung VII.4.1: Veranschaulichung, warum die Bedingung $f'(x_0) = 0$ nicht zwangs-läufig einen Extrempunkt zur Folge hat (hier bei $x_0 = 0$).

Wie weisen wir unseren Extrempunkt denn dann nach, wenn die notwendige Bedingung nicht „hinreicht"? Genau, mit einer hinreichenden Bedingung!

Eine hinreichende Bedingung

Wird eine **hinreichende** Bedingung für einen gewünschten Zustand erfüllt, so tritt dieser zwingend ein. Das bedeutet aber nicht, dass das Vorliegen des Zustandes auf die Bedingung zurückgeführt werden kann, denn die Bedingung war nicht notwendig. Der Zustand könnte auch durch andere Umstände (Bedingungen) erzeugt worden sein. Wir können nur festhalten, dass das Erfüllen einer hinreichenden Bedingung den gewünschten Zustand zur Folge hat.

Was heißt das wieder für unsere Extremwertsuche? Zum Nachweis einer Extremstelle müssen wir die erste Ableitung der Funktion auf einen Vorzeichenwechsel hin untersuchen. Finden wir einen solchen, dann haben wir eine Extremstelle gefunden. Wir können somit festhalten:

Bedeutung der notwendigen und hinreichenden Bedingungen für die Extremwertsuche bei einer Funktion

Die notwendige Bedingung $f'(x_0) = 0$ liefert uns, indem wir alle x_0 aus der Gleichung $f'(x) = 0$ bestimmen, die diese erfüllen, die potentiellen Kandidaten für eine Extremstelle. Durch die hinreichende Bedingung, den Vorzeichenwechsel der ersten Ableitung, filtern wir die tatsächlichen Extremstellen heraus.

M

...Turmbau abgeschlossen

Jetzt wissen wir, warum wir zwei Bedingungen bei unserer Extremwertsuche brauchen und woher sie ihre Bezeichnungen haben. Zu Beginn dieses Abschnittes hatten wir uns ja bereits einige Gedanken zu dem Thema gemacht. Fassen wir nun das für die praktischen Rechnungen Wesentliche unserer Überlegungen noch einmal übersichtlich und nachschlagbar zusammen, so dass wir es für zukünftige Aufgaben und Probleme abrufen und verwenden können. Zur Verdeutlichung dieser theoretischen Grundlagen findet sich parallel zu der Zusammenfassung ein kleines Beispiel:

Theorie	**„Praxis" (= Beispiel)**
Damit an der Stelle x_E überhaupt ein Extrempunkt zu finden ist, muss die *notwendige Bedingung* $$f'(x_E) = 0 \qquad \text{(VII-16)}$$ erfüllt sein, d.h. die Steigung des Graphen der Funktion f nimmt hier den Wert 0 an. Ob es sich bei x_E tatsächlich um eine Extremstelle handelt, können wir auf zwei Arten feststellen.	Gegeben sei die Funktion f mit $f(x) = x^3 - 27x$. Wir bilden (aus bald ersichtlichen Gründen) die ersten beiden Ableitungen von f (benötigte Ableitungsregeln siehe Abschnitt VII.2). Wir erhalten dann insgesamt: $$f(x) = x^3 - 27x$$ $$f'(x) = 3x^2 - 27$$ $$f''(x) = 6x$$ Mit Hilfe des Funktionsterms und der beiden Ableitungsterme werden wir unsere Untersuchungen fortsetzen.
Extremwertnachweis - 1. Variante Für das Vorliegen eines Extrempunktes bei x_E muss (wie erläutert) ein Vorzeichenwechsel der ersten Ableitung stattfinden. Dies ist die hinreichende Bedingung für einen Extrempunkt.	

Wie weisen wir hier einen Vorzeichenwechsel praktisch nach?

Der Nachweis des Vorzeichenwechsels (VZW) kann so erfolgen, dass wir zwei x-Werte x_1 und x_2 nehmen, die sich nicht allzusehr von x_E unterscheiden. Der erste ist kleiner ($x_1 < x_E$), der zweite größer ($x_2 > x_E$) als x_E. Dann berechnen wir $f'(x_1)$ und $f'(x_2)$, wobei wir weniger am Betrag der berechneten Werte, als vielmehr an ihrem Vorzeichen interessiert sind. Es gilt:

- VZW von $+$ nach $-$, es liegt ein **Hochpunkt** vor.
- VZW von $-$ nach $+$, es liegt ein **Tiefpunkt** vor.
- kein VZW, es liegt ein **Sattelpunkt** vor (siehe Unterkapitel VII.4.2).

Der gefundene (Extrem-)Punkt ist dann $E(x_E/f(x_E))$.

Zur Verdeutlichung dieser ersten Variante zum Nachweis von Extremstellen dient die folgende Abbildung:

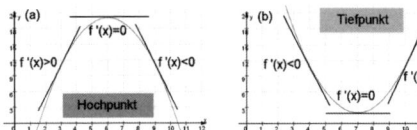

Wir rechnen:

$$f'(x) = 3x^2 - 27 = 0$$

Ausrechnen liefert die beiden Extremstellenkandidaten $x_{E1} = -3$ und $x_{E2} = 3$. Bei $x_{E1} = -3$ nehmen wir nun z.B. die beiden x-Werte $x_1 = -3{,}1$ und $x_2 = -2{,}9$ und bei $x_{E2} = 3$ verwenden wir $x_1' = 2{,}9$ und $x_2' = 3{,}1$. Damit erhalten wir:

- Bei $x_{E1} = -3$: $f'(-3{,}1) = 1{,}83 > 0$ ($+$) und $f'(-2{,}9) = -1{,}77 < 0$ ($-$). Somit: VZW von $+$ nach $-$, also liegt ein Hochpunkt vor.
- Bei $x_{E2} = 3$: $f'(2{,}9) = -1{,}77 < 0$ ($-$) und $f'(3{,}1) = 1{,}83 > 0$ ($+$). Somit: VZW von $-$ nach $+$, also liegt ein Tiefpunkt vor.

Setzen wir die x_{E1} und x_{E2} in $f(x)$ ein, dann erhalten wir letztendlich den Hochpunkt $H(-3/54)$ und den Tiefpunkt $T(3/-54)$.

Extremwertnachweis - 2. Variante

Hier stürzen wir uns auf die zweite Ableitung und setzen dort x_E ein. Es gilt:

- Ist $f''(x_E) < 0$ liegt ein Hochpunkt vor.
- Ist $f''(x_E) > 0$ liegt ein Tiefpunkt vor.

Wir rechnen mit der zweiten Ableitung:

- $f''(x_{E1}) = f''(-3) = 6 \cdot (-3) = -18 < 0$, also liegt ein Hochpunkt vor.
- $f''(x_{E2}) = f''(3) = 6 \cdot 3 = 18 > 0$, also liegt ein Tiefpunkt vor.

Einsetzen in $f(x)$ liefert letztendlich wieder die beiden Punkte H und T.

Zwei Fragen stellen sich uns jetzt eigentlich unmittelbar:

Frage 1: Warum funktioniert die zweite Variante?

Frage 2: Warum benötigen wir die Variante Nummer 1, wenn doch die Variante Nummer 2 so viel eleganter und einfacher erscheint?

Antwort zu Frage 1:

Die zweite Ableitung ist relativ gesehen die erste Ableitung der ersten Ableitung. Damit beschreibt sie die Änderung der Steigung und gibt daher das Krümmungsverhalten des Funktionsgraphen an. Wir wollen dies kurz erläutern:

Nimmt die Steigung mit wachsendem x auf einem Intervall ebenfalls zu, so ist die zweite Ableitung positiv, da sie ja die Änderung der Steigung beschreibt. Gerade weil die Steigungswerte zunehmen, also immer größer werden, muss sie deshalb größer als 0 sein. Nehmen die Steigungswerte kontinuierlich zu, so liegt ein jeder Punkt des Graphen auf diesem Intervall oberhalb der Tangente, welche an einen beliebigen Punkt des Graphen auf eben diesem Intervall gelegt wird. Dies soll Abbildung VII.4.2 verdeutlichen. Der Graph ist dann linksgekrümmt (da nach oben strebend) und $f''(x) > 0$.

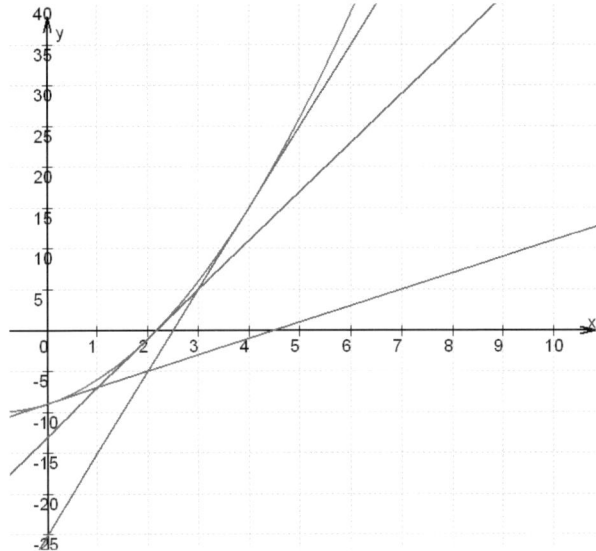

Abbildung VII.4.2: Beispiel für einen Funktionsgraphen, der auf dem gezeigten Intervall linksgekrümmt ist. Ein paar der im Text erwähnten Tangenten sind eingezeichnet.

Treiben wir das Spielchen mit den Tangenten, welches in Abbildung VII.4.2 mittels dreier von ihnen angedeutet ist, auf die Spitze (d.h. sehr viele Tangenten), dann „hüllen" diese das Schaubild der Funktion ein. Dies zeigt Abbildung VII.4.3.

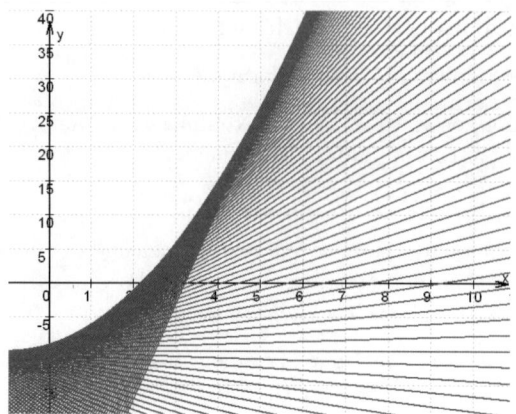

Abbildung VII.4.3: Ein eingehüllter Funktionsgraph.

Nimmt dagegen die Steigung mit wachsendem x auf einem Intervall ab, so ist die zweite Ableitung negativ. Gerade weil die Steigungswerte abnehmen, also immer kleiner werden, muss sie deshalb kleiner als 0 sein. Nehmen die Steigungswerte kontinuierlich ab, so liegt ein jeder Punkt des Graphen auf diesem Intervall unterhalb der Tangenten, welche an einen beliebigen Punkt des Graphen auf gerade diesem Intervall gelegt wird. Dies soll Abbildung VII.4.4 zeigen. Der Graph ist dann rechtsgekrümmt (da nach unten strebend) und $f''(x) < 0$.

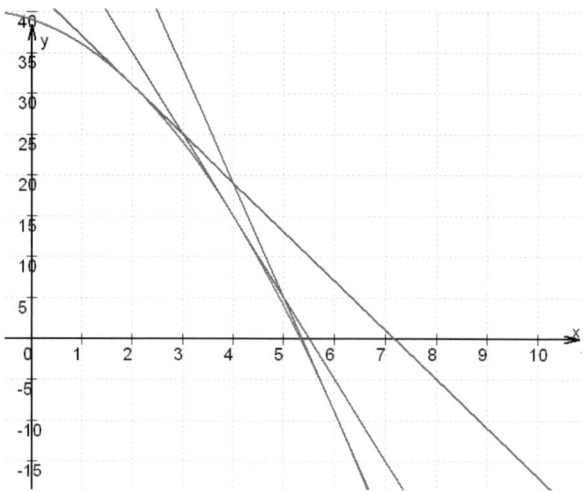

Abbildung VII.4.4: Beispiel für einen Funktionsgraphen, der auf dem gezeigten Intervall rechtsgekrümmt ist. Ein paar der im Text erwähnten Tangenten sind wiederum eingezeichnet.

Wieder können wir es mit den Tangenten im Bilde übertreiben und erhalten ein ganz ähnliches Bild wie eben.

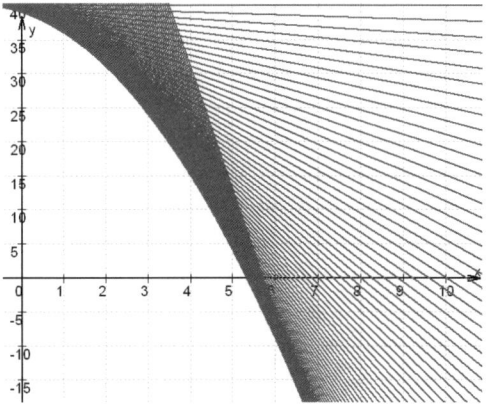

Abbildung VII.4.5: Ein eingehüllter Funktionsgraph.

Wir halten somit das Folgende fest:

Das Krümmungsverhalten eines Funktionsgraphen und die zweite Ableitung

Wir finden folgenden Zusammenhang:
- Ist $f''(x) > 0$, dann ist der Graph/das Schaubild der Funktion linksgekrümmt.
- Ist $f''(x) < 0$, dann ist der Graph/das Schaubild der Funktion rechtsgekrümmt.

Betrachten wir noch einmal die Abbildungen VII.4.2 bis VII.4.5, dann können wir erkennen, dass für einen Tiefpunkt das Schaubild der Funktion linksgekrümmt sein muss, also $f''(x) > 0$, und für einen Hochpunkt rechtsgekrümmt, womit wir $f''(x) < 0$ haben. Damit haben wir uns aber eben die zweite Variante zum Nachweis von Extrempunkten überlegt.

Es bleibt nun noch zu klären, warum wir nicht immer diese einfache Variante verwenden können.

Antwort zu Frage 2:

Wir können diese zweite Variante nicht verwenden, wenn

1. die zweite Ableitung gleich 0 wird und uns somit keine Aussage mehr über die Krümmung liefert, oder

2. sich das Bilden der zweiten Ableitung als zu aufwändig erweist.

Tritt mindestens einer der beiden Fälle ein, dann müssen wir uns auf Variante Nummer 1 verlassen, welche für uns immer zum Ziel führt.

Vor Ort oder doch weiter weg? - Die Begriffe lokal und global

Extrema können lokal oder global sein. Existiert ein globales Extremum auf einem Intervall I, was nicht der Fall sein muss, dann ist es das einzige seiner Art[5]. Es gibt also, wenn es sie denn gibt, genau ein größtes Extremum (globales Maximum) und ein kleinstes Extremum (globales Minimum). Diese können allerdings an mehreren Stellen des Intervalls I angenommen werden.

Wir haben eben zwei neue Begriffe gebraucht: **Minimum** und **Maximum**. Je nach Art der Extrema (zu einem Tiefpunkt oder einem Hochpunkt gehörig) bezeichnen wir die Funktionswerte als Minima oder Maxima. Formulieren wir das mathematisch:

Minimum und Maximum

Die Funktion $f : I \to \mathbb{R}$ besitzt auf dem nicht notwendigerweise offenen Intervall I ein Minimum bzw. Maximum an der Minimalstelle x_T bzw. Maximalstelle x_H, wenn auf einem offenen Intervall U, welches x_T bzw. x_H enthält und als **Umgebung** von x_T bzw. x_H bezeichnet wird, folgendes gilt:

$$f(x_T) \leq f(x) \text{ und } x_T, x \in U \cap I \text{ bzw. } f(x_H) \geq f(x) \text{ und } x_H, x \in U \cap I. \quad \text{(VII-17)}$$

Das Symbol „$\cap$" bedeutet, dass wir die Schnittmenge (alle gemeinsamen Elemente der beteiligten Intervalle) der in diesem Fall U und I genannten Intervalle unter die Lupe nehmen. Wir sprechen hier von *lokalen* Minima bzw. Maxima. Gilt die jeweilige Ungleichung für *alle* $x \in I$, dann ist das jeweilige Minimum bzw. Maximum *global*.

Beispiel - Globales Minimum an zwei Stellen

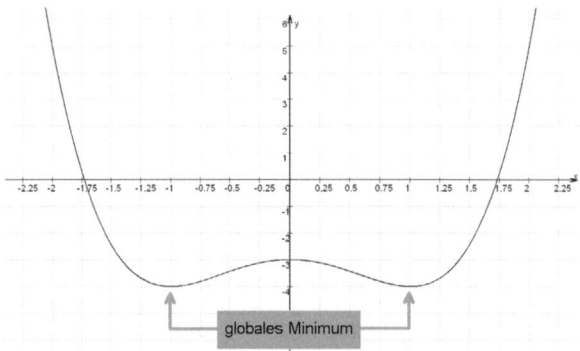

Abbildung VII.4.6: Die Funktion f mit $f(x) = x^4 - 2 \cdot x^2 - 3$ nimmt ihr globales Minimum -4 an den Stellen $x_1 = -1$ und $x_2 = 1$ an. Es ist $f(-1) = f(1) = -4$.

---

[5]Das Intervall I ist bei uns immer eine Teilmenge der reellen Zahlen $\mathbb{R}$. Wir schreiben hierfür $I \subseteq \mathbb{R}$.

> **Nochmal zum Mitschreiben und Merken - Einzigartigkeit der globalen Extrema**
>
> Wenn es ein globales Minimum/Maximum[a] gibt, dann gibt es genau das eine. Dieses kann aber an mehreren Stellen (x-Werten) des betrachteten Intervalls I der Funktion angenommen werden. Es kann also mehrere globale Hoch- bzw. Tiefpunkte geben, diese haben dann aber alle dasselbe globale Maximum bzw. Minimum als Funktionswert.
>
> ───────────
> [a]kleinstes/größtes Extremum

Besitzt ein Extrempunkt ein lokales oder globales Extremum der betrachteten Funktion, so wollen wir ihn im Folgenden auch als lokal bzw. global bezeichnen. Um festzustellen, ob ein gefundener Extrempunkt nun lokal oder global ist, müssen die Randwerte des betrachteten Intervalls herangezogen werden[6]. Toben wir uns dabei auf den reellen Zahlen $\mathbb{R}$ aus, müssen wir die zu untersuchende Funktion auf ihr Grenzverhalten gegen $+\infty$ und $-\infty$ hin prüfen. Abhängig vom Funktionstyp (gebrochenrational, Exponentialfunktion, trigonometrische Funktionen,...) ergeben sich noch zusätzliche Untersuchungen[7]. Diese führen wir in den entsprechenden Kapiteln durch, wenn die jeweiligen Funktionstypen Gegenstand unserer Betrachtungen sind.

Um bei einer Funktion die Ableitung bilden zu können, muss es möglich sein, von beiden Seiten an die betreffende Stelle x_0 zu gelangen, d.h. für $x < x_0$ und für $x > x_0$, und der Differenzenquotient muss denselben Grenzwert für beide Fälle besitzen. Wenn die Funktion auf einem größeren Intervall als dem zu untersuchenden definiert ist, ergeben sich die Ableitungen am Rand, aber nur, weil wir streng genommen auf dem ganzen möglichen Intervall rechnen. Des Weiteren nützt uns die Ableitungsfunktion bei den Randwerten in den meisten Fällen kein bisschen, da sie hier so gut wie nie gleich 0 wird und die Randwerte deshalb keine Lösung unserer Gleichung $f'(x) = 0$ sind. Das müssen sie aber auch gar nicht sein! Uns geht es ja lediglich darum, die bekannten Extrempunkte einzuordnen und zwar derart, dass wir sagen können, ob sie die wirklich maximalen bzw. minimalen Punkte der gesamten Funktion sind, oder ob sie nur in ihrer Umgebung die größten bzw. kleinsten sind. Wir wollen die praktische Vorgehensweise bei der Typisierung nach lokal und global an einigen Beispielen demonstrieren, bevor wir das Schema allgemein festhalten.

Beispiel 1 - Globales Minimum und $\mathbf{I} = \mathbb{R}$

Wir betrachten die Funktion f mit $f(x) = 6x^2 + 6x - 12$ auf ganz $\mathbb{R}$. Die Ableitung lautet hier $f'(x) = 12x + 6$. Lösen wir die Gleichung $f'(x) = 0$, so erhalten wir die einzige potentielle Extremstelle $x_E = -0{,}5$. Durch die zweite Ableitung $f''(x) = 12$ ersehen wir, dass $f''(-0{,}5) = 12 > 0$ ist und somit ein Tiefpunkt vorliegt. Mit dem Funktionswert

───────────
[6]Diese sind in (VII-17) bereits berücksichtigt, auch wenn wir sie noch nicht extra erwähnt haben. Definitionsmäßig sind wir somit auf der sicheren Seite.

[7]z.B. bei den gebrochenrationalen Funktionen: Verhalten der Funktion, wenn die x-Werte gegen eine Definitionslücke gehen.

$f(-0,5) = -13,5$ können wir diesen angeben: Es ist $T(-0,5/13,5)$. Da für die „Ränder"
gilt, dass

- $\lim_{x\to-\infty} f(x) = \infty$ und

- $\lim_{x\to\infty} f(x) = \infty$

und das Schaubild der Funktion somit auf beiden Seiten im Unendlichen verschwindet,
gibt es keinen Punkt mit einem kleineren Funktionswert als dem von T. Daher haben wir
bei $x_E = 0,5$ ein **globales Minimum** vorliegen (siehe Abbildung VII.4.7).

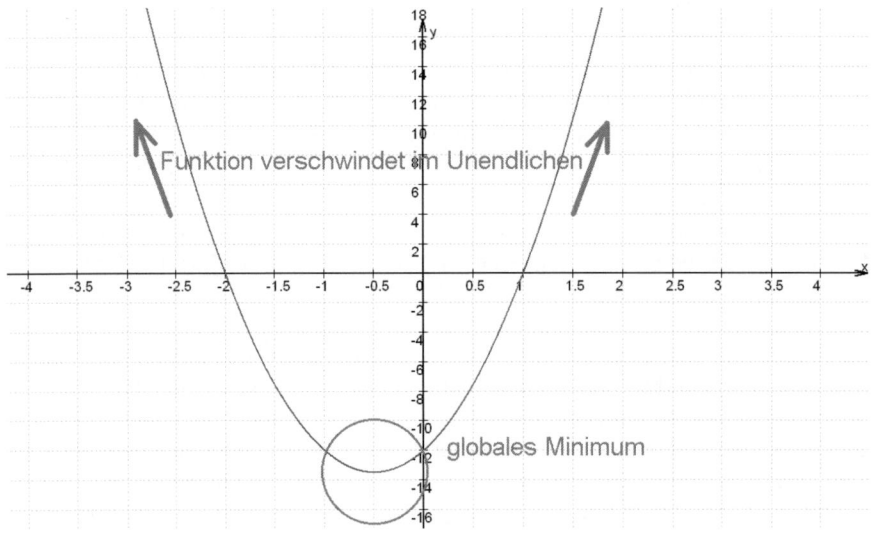

Abbildung VII.4.7: Der Graph der Funktion f mit $f(x) = 6x^2 + 6x - 12$ dargestellt im
Bereich ihres globalen Tiefpunktes.

In diesem Beispiel haben wir ein globales Extremum, genauer ein globales Minimum,
finden können. Was für eine schreckliche Funktion mag uns jetzt erwarten, die gar kein
globales Maximum bei der Betrachtung auf ganz $\mathbb{R}$ besitzt?

Beispiel 2 - Nix Globales auf ganz $\mathbb{R}$

In diesem Beispiel betrachten wir die Funktion g mit $g(x) = 2x^3 + 3x^2 - 12x$. All denjenigen,
die sich schon sicher im Land der Ableitungen bewegen, mag jetzt aufgefallen sein, dass
$g'(x) = f(x)$ ist, die Ableitung dieser Funktion also die Funktion aus dem voherigen
Beispiel ergibt. Alle anderen bilden eben ohne diesen Brückenschlag die Ableitung und
entwickeln den Blick für das gewisse Etwas, nämlich mögliche Abkürzungen beim Rechnen,
eben ein wenig später. Wir bilden also die erste Ableitung und setzen diese gleich 0. Aus
der Gleichung $g'(x) = 6x^2 + 6x - 12 = 0$ erhalten wir, indem wir durch 6 dividieren und
dann die Mitternachtsformel auf den Rest hetzen die beiden potentiellen Extremstellen
$x_{E1} = -2$ und $x_{E2} = 1$. Bilden wir dann die zweite Ableitung $g''(x) = 12x + 6$, so erhalten

wir durch das Einsetzen dieser Werte in selbige folgende Erkenntnisse: Bei x_{E1} befindet sich ein Hochpunkt H, da $g''(-2) = -18 < 0$ ist, und bei x_{E2} liegt wegen $g''(1) = 18 > 0$ ein Tiefpunkt T vor. Mit $g(x)$ bestimmen wir abschließend die zugehörigen Funktionswerte und können dann die Punkte $H(-2/20)$ und $T(1/-7)$ notieren. Wie sieht es bei dieser Funktion hier mit dem Randverhalten aus? Wir finden

- $\lim_{x \to -\infty} g(x) = -\infty$ und
- $\lim_{x \to \infty} g(x) = \infty$.

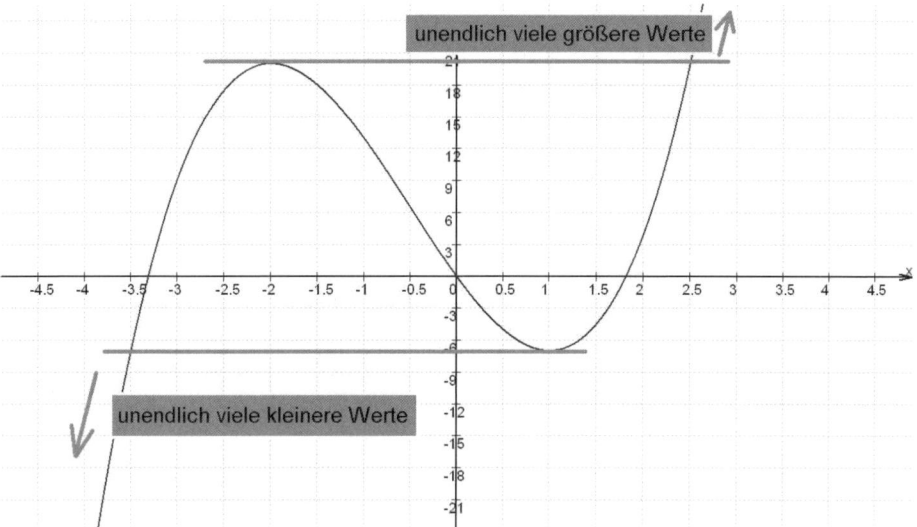

Abbildung VII.4.8: Der Graph der Funktion g mit $g(x) = 2x^3 + 3x^2 - 12x$ dargestellt im Bereich des Koordinatenursprungs. Die roten Linien sollen verdeutlichen, dass es unendlich viele größere und kleinere Punkte als die gefundenen Extrema gibt.

So können wir feststellen, dass es unendliche viele Funktionswerte gibt, die größer als der Hochpunkt sind (also einen größeren Funktionswert besitzen) und ebenso gibt es unendlich viele Punkte, die kleiner als der Tiefpunkt sind (siehe Abbildung VII.4.8). Damit sind beide gefundenen Extrempunkte nicht global und die ganze Funktion besitzt auch keine globalen Extrema, da sich keine bestimmten Punkte als Kandidaten angeben lassen (Angabe eines konkreten x- und eines konkreten y-Wertes). Es liegen mit T und H lediglich **lokale Extrempunkte** der Funktion g auf dem betrachteten Intervall (ganz $\mathbb{R}$) vor.

Mit der Unendlichkeit am Rand sind wir für diesen Beispielblock durch. Wie sieht es aber aus, wenn wir das Intervall für die x-Werte anders beschränken und zwar so, dass wir einen „echten" Rand haben, den wir auch erreichen können?

Beispiel 3 - Global am Rand

Ein zweites Mal muss die Funktion g mit $g(x) = 2x^3 + 3x^2 - 12x$ für unsere Experimente herhalten. Dieses Mal betrachten wir Sie auf dem Intervall $I = [-4; 2]$. Die Extremstellen, welche wir über die erste Ableitung finden, liegen innerhalb des vorgegebenen Intervalls, womit wir beide Punkte, also den Tiefpunkt $T(1/-7)$ und den Hochpunkt $H(-2/20)$, wieder mit im Boot haben. Diese müssen nun mit den beiden Randpunkten verglichen werden. Berechnen wir $g(-4) = 2 \cdot (-4)^3 + 3 \cdot (-4)^2 - 12 \cdot (-4) = -32$, erhalten wir den linken Randpunkt $R_L(-4/-32)$ und rechnen wir $g(2) = 2 \cdot 2^3 + 3 \cdot 2^2 - 12 \cdot 2 = 4$, dann finden wir den rechten Randpunkt $R_R(2/4)$. Durch Vergleich der Funktionswerte der Extrempunkte mit denen der Randwerte können wir erkennen, dass R_L tiefer als T liegt, aber R_R nicht höher als H. Damit ist H der globale Hochpunkt von g auf I und R_L ist der globale Tiefpunkt von g auf I. Die Punkte T und R_R sind lokale Extrempunkte.

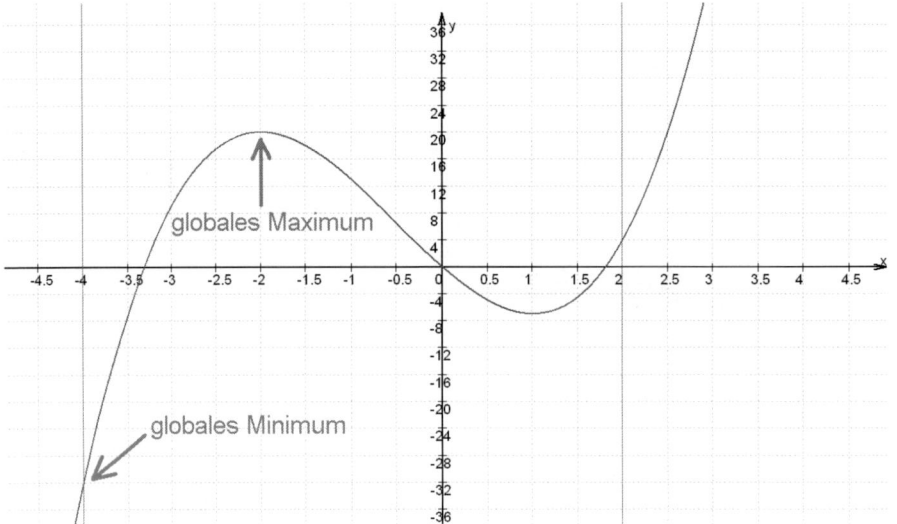

Abbildung VII.4.9: Der Graph der Funktion g mit $g(x) = 2x^3 + 3x^2 - 12x$ dargestellt auf dem Intervall $I = [-4; 2]$, welches im Schaubild durch die roten, senkrechten Linien begrenzt wird. Die globalen Extrema sind extra hervorgehoben.

Bis hierher haben wir fast alle wesentlichen Fälle betrachtet. Ein Beispiel fehlt uns aber noch, welches ein klein wenig schwieriger ist, als die vorangegangenen drei.

Beispiel 4 - Spitzfindigkeiten am Rand

Da aller guten Dinge ja bekanntlich drei sind, verwenden wir die Funktion g mit $g(x) = 2x^3 + 3x^2 - 12x$ ein drittes und letztes Mal. Das Intervall für die x-Werte, welches wir im vorliegenden Beispiel untersuchen wollen, ist $I = (-4; 2]$. Das ist fast das gleiche Intervall wie in Beispiel 3, aber eben nur fast. Für unsere Extrema, gefunden durch das Lösen der

Gleichung $g'(x) = 0$, ändert sich nichts. Nach wie vor finden wir den Hochpunkt $H(-2/20)$ und den Tiefpunkt $T(1/-7)$. Auch der rechte Randwert ist, da $2 \in I$, immer noch der Punkt $R_R(2/4)$. Wir können, bedingt durch die Kenntnis von Beispiel 3, jetzt schon sagen, dass $H(-2/20)$ der globale Hochpunkt ist, da R_R als möglicher Gegenkandidat versagt hat. Doch wie sieht es mit dem globalen Tiefpunkt aus? Der Punkt $R_L(-4/-32)$ scheidet als Topfavorit sang- und klanglos aus, denn $-4 \notin I$ ($x = -4$ liegt nicht mehr im vorgegebenen Intervall I). Wir können beliebig nahe an die -4 hin, aber x gleich -4 zu setzen ist verboten. Wir schreiben

$$\lim_{\substack{x \to -4 \\ x > -4}} g(x) = \lim_{\substack{x \to -4 \\ x > -4}} \left(2x^3 + 3x^2 - 12x\right) = -32.$$

Zur praktischen Ermittlung des Grenzwertes: Letztendlich erhalten wir den Grenzwert, indem wir $x = -4$ in $g(x)$ einsetzen, aber uns muss klar sein, dass es eben nur ein Grenzwert ist, d.h. der Funktionswert -32 wird nicht angenommen. Wir können ihm nur beliebig nahe kommen, ihn aber eben nicht erreichen. Da $-32 < -7$ und alle Werte zwischen -7 und -32 als Funktionswerte angenommen werden (die Funktion macht ja keine Sprünge), kann T kein globaler Tiefpunkt sein. Da wir aber auch keinen Punkt angeben können, der den kleinsten Funktionswert hat, weil wir uns der -4 und somit der -32 beliebig annähern können, sie aber nie erreichen (das ist die Krux mit den Grenzwerten), gibt es keinen globalen Tiefpunkt. Der Punkt T ist lediglich ein lokaler Tiefpunkt.

Zur besseren Vorstellung des Gesagten kann wieder Abbildung VII.4.9 betrachtet werden. Der globale Tiefpunkt muss dabei allerdings rausradiert werden, ansonsten ändert sich nichts. Fassen wir alles Gelernte abschließend nochmal zusammen.

Zusammenfassung dieses Unterkapitels

Wir unterscheiden lokales und globales Extremum. Dabei müssen wir die Randwerte eines Intervalls bzw. gegebenenfalls die Grenzen gegen plus und minus unendlich, sowie die Grenzwerte gegen eventuelle Definitionslücken berücksichtigen. An diesen nicht differenzierbaren (ableitbaren) Stellen können sog. **Randextrema** auftreten, die größer als die y-Werte der Hochpunkte bzw. kleiner als die der Tiefpunkte sind, die wir mit Hilfe der ersten und zweiten Ableitung der betrachteten Funktion erhalten. Gibt es in der Umgebung eines Maximums keinen größeren bzw. in der Umgebung eines Minimums keinen kleineren Wert, so sprechen wir von einem lokalen Maximum bzw. Minimum. Existiert auf dem ganzen zu betrachtenden Intervall (einschließlich Rand!) kein größerer bzw. kleinerer Wert, so wird das Maximum bzw. das Minimum als global bezeichnet (globales Maximum bzw. globales Minimum).

Was wir nun mit mehreren Worten erklärt und ausgeschmückt haben, können wir auch kurz und knapp mit Hilfe der Sprache der Mathematik formulieren.

Die Definition lokaler und globaler Extrema - Wiederholungskasten

Lokal: Auf dem Intervall $I \subseteq \mathbb{R}$ sei die Funktion f definiert. Der Funktionswert an der Stelle x_E heißt lokales Maximum bzw. lokales Minimum, wenn es eine Umgebung $U(x_E)$ (umliegende x-Werte) gibt, so dass für alle x aus $U(x_E) \cap I$ (Schnittmenge der Umgebung und des vorgegebenen Intervalls) gilt, dass $f(x) \leq f(x_E)$ bzw. $f(x) \geq f(x_E)$.

Global: Gilt die Bedingung $f(x) \leq f(x_E)$ bzw. $f(x) \geq f(x_E)$ für alle $x \in I$ (also für alle x-Werte des vorgegebenen Intervalls), so nennen wir $f(x_E)$ globales Maximum bzw. globales Minimum.

Anmerkung - Allgemeine Vorgehensweise (wie am Anfang versprochen)

Wir führen die folgenden Schritte mit der gegebenen Funktion f auf dem vorgegebenen Intervall I durch :

1. Bilden von $f'(x)$ und lösen der Gleichung $f'(x) = 0$. Die Ergebnisse seien mit x_{E1}, x_{E2}, ... bezeichnet.
2. Bestimmung der Art der Extrema (Minimum, Maximum durch Vorzeichenwechseluntersuchung bei $f'(x)$ oder mit der zweiten Ableitung.).
3. Berechnung der Funktionswerte $f(x_{Ei})$ mit $i = 1, 2, \ldots$. Angabe der Extrempunkte $E_i(x_{Ei}/f(x_{Ei}))$.
4. Ist $I = [a;b]^a$ (d.h. die Grenzen gehören zum Intervall) mit $a, b \in \mathbb{R}$ und $a < b$, so berechnen wir einfach die Randfunktionswerte $f(a)$ und $f(b)$. Ist einer von ihnen der größte bzw. kleinste Funktionswert von f auf I, dann ist er das globale Maximum bzw. das globale Minimum. Besitzt einer der gefundenen Extrempunkte den größten bzw. kleinsten Funktionswert auf dem Intervall I, so ist es das globale Maximum bzw. das globale Minimum.
5. Ist $I = (a;b)^b$ (d.h. die Grenzen gehören nicht zum Intervall), wobei a und b auch $-\infty$ bzw. $+\infty$ sein können, und ist z.B. $\lim_{x \to a} f(x) > f(x)$ bzw. $\lim_{x \to a} f(x) < f(x)$ für alle $x \in I$, so gibt es kein globales Maximum bzw. Minimum, da der größte Wert nur im Grenzwert existiert und ansonsten nicht als Zahl angegebenen werden kann. Gleiches gilt für den Grenzwert an der Intervallgrenze b.

Die letzten beiden Punkte können natürlich auch miteinander kombiniert auftreten (halboffenes Intervall, siehe Unterkapitel I.5).

---

[a] abgeschlossenes Intervall, siehe Unterkapitel I.5
[b] offenes Intervall, siehe Unterkapitel I.5

Wer jetzt auf ein wenig Übung aus ist, der muss auf das Ende des nächsten Unterkapitels vertröstet werden. Wir fassen, wegen vieler Ähnlichkeiten bei den Vorgehensweisen, Extrem- bzw. Wendepunkte zu ermitteln, die Übungen zu diesem und dem nächsten Abschnitt, in dem wir uns mit eben jenen Wendepunkten beschäftigen, zusammen.

VII.4.2 Wendepunkte

Nachdem wir uns so erfolgreich mit den Extrempunkten auseinandergesetzt haben, wenden wir uns im Folgenden den Wendepunkten einer Funktion bzw. ihres Graphen zu. Was passiert an einem Wendepunkt mit dem Funktionsgraphen? Wie können wir diese aus der Funktionsgleichung ermitteln? Wir wollen uns sogleich an die Beantwortung dieser Fragen machen.

Wendepunkt - What happens there?

Auf Seite 221 haben wir gesehen, dass das Vorzeichen der zweiten Ableitung einer Funktion Auskunft über das Krümmungsverhalten des Graphen selbiger Funktion gibt. Nun wäre es doch durchaus interessant (aus mathematischer Sicht, nicht aus Sicht eines Lernenden) zu wissen, wo sich das Krümmungsverhalten ändert. Einen Punkt, bei dem so etwas passiert, nennen wir einen Wendepunkt bzw. den zugehörigen x-Wert eine Wendestelle. Wir halten also das Folgende fest:

Bedeutung eines Wendepunktes für den Graphen einer Funktion

Bei einem Wendepunkt ändert sich das Krümmungsverhalten des Graphen einer Funktion.

Was ist das Krümmungsverhalten? Bereits auf Seite 221 haben wir über das Krümmungsverhalten und die zweite Ableitung einer Funktion f gesprochen und uns dabei Folgendes klar gemacht:

Das Krümmungsverhalten eines Funktionsgraphen und die zweite Ableitung

Über das Krümmungsverhalten des Graphen einer Funktion f erhalten wir Auskunft mit Hilfe der zweiten Ableitung der Funktion.
- Ist $f''(x) > 0$, dann ist der Graph/das Schaubild der Funktion linksgekrümmt.
- Ist $f''(x) < 0$, dann ist der Graph/das Schaubild der Funktion rechtsgekrümmt.

Doch wie können wir uns diesen Begriff bei einer Funktion bzw. ihrem Graphen veranschaulichen? Folgende Überlegung hilft vielleicht weiter:

Wir stellen uns vor, dass der Graph einer Funktion eine von oben betrachtete Straße ist. Wir fahren gedanklich mit dem Auto auf dieser Straße, wobei die x-Werte ständig zunehmen sollen (Fahrt von links nach rechts). Dann erhalten wir durch das Krümmungsverhalten die Auskunft, in welche Richtung wir das Lenkrad einschlagen müssen, um auf der Straße zu bleiben. Das Gesagte ist in Abildung VII.4.10 illustriert.

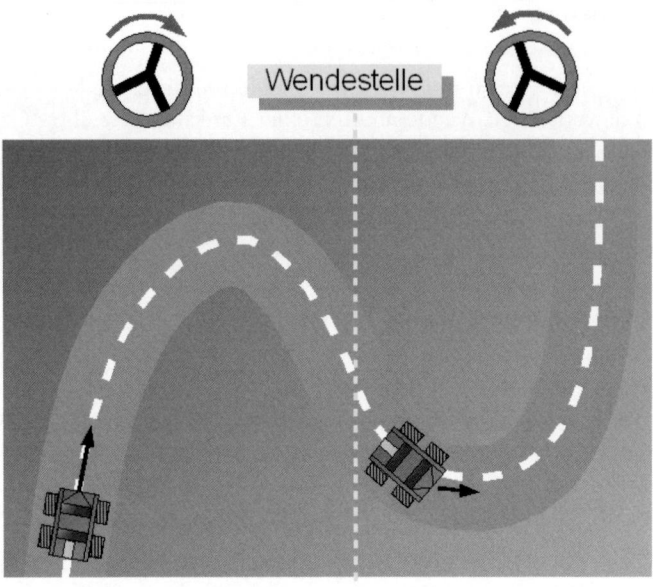

Abbildung VII.4.10: Wie müssen wir das Lenkrad einschlagen, damit wir auf der Straße
bleiben? Darüber gibt uns das Krümmungsverhalten Auskunft.

Wie bestimmen wir Wendepunkte?

Wie bei einem Extrempunkt benötigen wir auch bei einem Wendepunkt eine notwendige und eine hinreichende Bedingung, welche beide erfüllt sein müssen, um einen solchen
zweifelsfrei vorzufinden[8]. Durch den Kasten auf Seite 229 wissen wir, dass wir mit der zweiten Ableitung nach der momentanen Krümmung eines Funktionsgraphen suchen können.
Solange die Funktionswerte der zweiten Ableitung nicht 0 sind, können wir auch eine
eindeutige Aussage treffen. Doch an einer Stelle x_W mit $f''(x_W) = 0$ kann sich die Krümmung ändern. Dass $f''(x_W) = 0$ ist, ist notwendig für die Existenz einer Wendestelle.
Kommt zusätzlich ein Vorzeichenwechsel in der zweiten Ableitung vor, so haben wir eine
Wendestelle gefunden. Der Vorzeichenwechsel der Funktionswerte der zweiten Ableitung
ist hinreichend für die Existenz einer Wendestelle. Analog zu der Extremwertsuche können wir anstatt des Vorzeichenwechsels auch auf die nächste Ableitung, in diesem Fall die
dritte, zurückgreifen und untersuchen, ob $f'''(x_W) \neq 0$ gilt. Sollte hier $f'''(x_W) = 0$ vorzu-

---

[8]**Zur Erinnerung:** Was eine notwendige und was eine hinreichende Bedingung ist, finden wir in Unterkapitel VII.4.1.

finden sein, so müssen wir uns eben doch mit dem Vorzeichenwechsel auseinandersetzen. Fassen wir unser neu erworbenes Wissen in einem Kasten zusammen:

Notwendige und hinreichende Bedingungen für die Wendestellen einer Funktion

Die notwendige Bedingung $f''(x_W) = 0$ liefert uns, indem wir alle x_W aus der Gleichung $f''(x) = 0$ bestimmen die diese erfüllen, die potentiellen Kandidaten für eine Wendestelle. Durch die hinreichende Bedingung, den Vorzeichenwechsel der zweiten Ableitung, filtern wir die tatsächlichen Wendestellen heraus. Alternativ können wir die dritte Ableitung untersuchen. Ist $f'''(x_W) \neq 0$ liegt eine Wendestelle vor, andernfalls müssen wir auf die Technik mit dem Vorzeichenwechsel zurückgreifen, um eventuelle Unklarheiten zu beseitigen.

Wir wollen Theorie und „Praxis", wobei wir mit der Praxis wieder ein Beispiel meinen, zum hoffentlich besseren Verständnis einmal mehr parallel behandeln. Wir verwenden für das Beispiel die bereits bekannte Funktion f mit der Funktionsgleichung $f(x) = x^3 - 27x$. Der Aufbau dieses Beispiels soll absichtlich sehr an das im Extrempunktabschnitt erinnern.

Theorie	**„Praxis" (= Beispiel)**
Damit an der Stelle x_W überhaupt ein Wendepunkt zu finden ist, muss die *notwendige Bedingung*	Gegeben sei die Funktion f mit $f(x) = x^3 - 27x$. Wir bilden (aus bald ersichtlichen Gründen) die ersten drei Ableitungen von f (benötigte Ableitungsregeln siehe Abschnitt VII.2). Wir erhalten:

$$f''(x_W) = 0 \qquad \text{(VII-18)}$$

erfüllt sein. Ob es sich bei x_W tatsächlich um eine Wendestelle handelt, können wir auf zwei Arten feststellen.

$$f(x) = x^3 - 27x$$
$$f'(x) = 3x^2 - 27$$
$$f''(x) = 6x$$
$$f'''(x) = 6$$

Die erste Ableitung werden wir hier allerdings nicht benötigen.

<u>Wendestellennachweis - 1. Variante</u>
Für das Vorliegen eines Wendepunktes bei x_W muss (wie erläutert) ein Vorzeichenwechsel der *zweiten Ableitung*(!) stattfinden. Dies ist die hinreichende Bedingung für einen Wendepunkt.

Wie weise ich hier einen Vorzeichen-wechsel praktisch nach?

Der Nachweis des Vorzeichenwechsels (VZW) kann so erfolgen, dass wir zwei x-Werte x_1 und x_2 nehmen, die sich nicht allzusehr von x_W unterscheiden. Der erste ist kleiner ($x_1 < x_W$), der zweite größer ($x_2 > x_W$) als x_W. Dann berechnen wir $f''(x_1)$ und $f''(x_2)$, wobei wir weniger am Betrag der berechneten Werte, als vielmehr an ihrem Vorzeichen interessiert sind. Es gilt:

- VZW von $+$ nach $-$, es liegt ein **Wendepunkt** vor (Links-Rechts-Wechsel).
- VZW von $-$ nach $+$, es liegt ein **Wendepunkt** vor (Rechts-Links-Wechsel).
- kein VZW, kein Wendepunkt.

Der gefundene (Wende-)Punkt ist dann $W(x_W/f(x_W))$.

Wir rechnen:

$$f''(x) = 6x = 0$$

Ausrechnen liefert den Wendestellenkandidaten $x_W = 0$.

Bei $x_W = 0$ nehmen wir z.B. die beiden x-Werte $x_1 = -0{,}1$ und $x_2 = 0{,}1$. Damit erhalten wir:

- Für $x_W = 0$: $f''(-0{,}1) = -0{,}6 < 0$ $(-)$ und $f''(0{,}1) = 0{,}6 > 0$ $(+)$. Somit: VZW von $-$ nach $+$, also liegt ein Wendepunkt vor. Der Graph wechselt von einer Rechts- in eine Linkskurve.

Setzen wir die x_W in $f(x)$ ein, dann erhalten wir letztendlich den Wendepunkt $W(0/0)$.

Wendestellennachweis - 2. Variante

Hier stürzen wir uns auf die dritte Ableitung und setzen dort x_W ein. Es gilt:

- Ist $f'''(x_W) < 0$ liegt ein Wendepunkt vor. Der Graph der Funktion wechselt von einer Links- in eine Rechtskurve.
- Ist $f'''(x_W) < 0$ liegt ein Wendepunkt vor. Der Graph der Funktion wechselt von einer Rechts- in eine Linkskurve.

Sind wir nur daran interessiert, dass sich das Krümmungsverhalten ändert, aber nicht wie, reicht es auch zu begründen, dass $f'''(x_W) \neq 0$ ist.

Wir rechnen mit der dritten Ableitung:

- $f'''(x_W) = f'''(0) = 6 > 0$, also liegt ein Wendepunkt vor. Der Graph wechselt von einer Rechts- in eine Linkskurve.

Einsetzen in $f(x)$ liefert wieder den Punkt W.

Special appearenced by Sattelpunkt

Als **Sattel- oder Terrassenpunkt** bezeichnen wir den Spezialfall eines Wendepunktes. Untersuchen wir eine Funktion bzw. ihren Graphen auf Extrempunkte, dann kann es passieren, dass wir eine Stelle x_0 finden, für die $f'(x_0) = 0$ ist. Finden wir nun bei der zweiten Ableitung ebenfalls den Funktionswert 0, also $f''(x_0) = 0$, so können wir mit der dritten Ableitung überprüfen, ob ein Wendepunkt vorliegt. Ist $f'''(x_0) \neq 0$, so haben wir einen Wendepunkt $W(x_0/f(x_0))$ gefunden, den wir als Sattel- oder Terrassenpunkt bezeichnen. Sollte der Nachweis mit der dritten Ableitung nicht möglich sein, da auch $f'''(x_0) = 0$ ist, müssen wir uns wieder auf die Vorzeichenwechsel verlassen. Finden wir einen Vorzeichenwechsel bei der ersten Ableitung, dann liegt ein Extrempunkt vor, finden wir einen Vorzeichenwechsel bei der zweiten Ableitung, dann liegt ein Sattel- oder Terrassenpunkt vor. Fassen wir unser Wissen einmal mehr in einem Kasten zusammen:

Über Sattel- bzw. Terrassenpunkte

Wir können Sattel- bzw. Terrassenpunkte einer Funktion f, welche auf dem Intervall I definiert und differenzierbar sein soll, auf folgende Weisen identifizieren:
- **Mit der dritten Ableitung:** Sind $f'(x_0) = 0$ und $f''(x_0) = 0$ und ist $f'''(x_0) \neq 0$, liegt ein Sattel- bzw. Terrassenpunkt vor.
- **Mit dem Vorzeichenwechsel der zweiten Ableitung:** Sind $f'(x_0) = 0$ und $f''(x_0) = 0$ und hat f'' einen Vorzeichenwechsel bei x_0, liegt ein Sattel- bzw. Terrassenpunkt vor.
- **Extrem- statt Wendepunkt:** Sind $f'(x_0) = 0$ und $f''(x_0) = 0$ und hat f' einen Vorzeichenwechsel bei x_0, liegt ein Extrempunkt vor.

Ein abschließender Hinweis - Funktionsuntersuchungen

Hoch-, Tief- und Wendepunkte sind spezielle Punkte des Schaubildes einer Funktion und die Kenntnis ihrer Lage hilft uns bei der Darstellung desselben. Die Untersuchung einer Funktion auf diese speziellen Punkte hin ist ein wichtiger Bestandteil der sog. **vollständigen Kurvendiskussion**. Welche Punkte alle bei der vollständigen Kurvendiskussion abgearbeitet werden müssen, geben wir in Unterkapitel VII.6 allgemein und (zum besseren Verständnis) mit einem Beispiel an.

Eine Grafik (Abbildung VII.4.11) zum Abschluss des Wendepunktekapitels soll uns zeigen, wie wir uns einen Sattel- bzw. Terrassenpunkt vorzustellen haben. Im nächsten Abschnitt betrachten wir eine Aufgabe, welche Teile des Neugelernten mit den bereits bekannten Parameterfunktionen kombiniert.

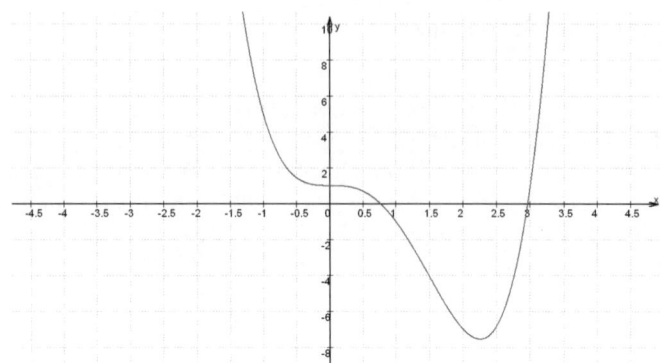

Abbildung VII.4.11: Die Funktion g mit $g(x) = x^4 - 3x^3 + 1$ besitzt an der Stelle $x_S = 0$
einen Sattel- bzw. Terrassenpunkt.

VII.4.3 Neu und alt - Ableitung trifft Parameter

Wir haben es bereits mit Parameterfunktionen zu tun gehabt (siehe Unterkapitel III.4).
Um die Begriffe, welche wir dort lernten, wieder in unser Gedächtnis zu rufen und um den
Umgang mit Parameterfunktion weiter zu üben, betrachten wir hier eine weitere Aufgabe,
welche zusätzlich die neu gelernten Ableitungen behandelt.

Beispiel - Öfter mal was Altes (mit ein wenig Neuem)

Gegeben ist die Funktionsschar h_t mit der Gleichung

$$h_t(x) = x^3 - (2t + 1)x^2 + (t^2 + 2t)x - t^2$$

mit $t \in \mathbb{R}$ und $x \in \mathbb{R}$.

(a) Bestimmen Sie die Punkte mit waagrechter Tangente in Abhängigkeit von t. Geben Sie dann ihre Ortskurven an und zeigen Sie, dass diese sich in einem Punkt
schneiden.

Lösung:

Wir ermitteln die Punkte mit waagrechter Tangente mit Hilfe der ersten Ableitung. Es
sind

$$h_t(x) = x^3 - (2t + 1)x^2 + (t^2 + 2t)x - t^2,$$
$$h_t'(x) = 3x^2 - 2 \cdot (2t + 1)x + (t^2 + 2t) = 0.$$

Wir lösen die quadratische Gleichung mit Hilfe der Mitternachtsformel:

$$x_{1/2} = \frac{2 \cdot (2t+1) \pm \sqrt{(2 \cdot (2t+1))^2 - 4 \cdot 3 \cdot (t^2 + 2t)}}{2 \cdot 3}$$

$$= \frac{4t + 2 \pm \sqrt{4 \cdot (4t^2 + 4t + 1) - 12t^2 - 24t}}{6} = \frac{4t + 2 \pm \sqrt{4t^2 - 8t + 4}}{6}$$

$$= \frac{2t + 1 \pm \sqrt{t^2 - 2t + 1}}{3} \underset{\substack{2.\ \text{Binom.}\\ \text{Formel}}}{=} \frac{2t + 1 \pm \sqrt{(t-1)^2}}{3}$$

$$= \frac{2t + 1 \pm (t-1)}{3}.$$

Dadurch ergeben sich die beiden Lösungswerte der Mitternachtsformel zu

$$x_1 = \frac{2t + 1 - t + 1}{3} = \frac{t+2}{3} \text{ und } x_2 = \frac{2t + 1 + t - 1}{3} = \frac{3t}{3} = t.$$

Wir berechnen die zugehörigen y-Werte und beginnen dabei mit x_2, denn hierfür ist die Sache einfacher:

- Für x_2 (**Tipp:** Das Pascalsche Dreieck[9] könnte hier durchaus nützlich sein!):

$$h_t(t) = t^3 - (2t+1) \cdot t^2 + (t^2 + 2t) \cdot t - t^2 = t^3 - 2t^3 - t^2 + t^3 + 2t^2 - t^2 = 0.$$

Damit finden wir den Punkt $P_2(t/0)$. Die Ortskurve[10] Nummer 2 ist also $y = 0$.

- Für x_1:

$$h_t\left(\frac{t+2}{3}\right) = \left(\frac{t}{3} + \frac{2}{3}\right)^3 - (2t+1) \cdot \left(\frac{t}{3} + \frac{2}{3}\right)^2 + (t^2 + 2t) \cdot \left(\frac{t}{3} + \frac{2}{3}\right) - t^2$$

$$= \left(\frac{t}{3}\right)^3 + 3 \cdot \left(\frac{t}{3}\right)^2 \cdot \frac{2}{3} + 3 \cdot \frac{t}{3} \cdot \left(\frac{2}{3}\right)^2 + \left(\frac{2}{3}\right)^3$$

$$- (2t+1) \cdot \left(\left(\frac{t}{3}\right)^2 + 2 \cdot \frac{2}{3} \cdot \frac{t}{3} + \left(\frac{2}{3}\right)^2\right) + \frac{t^3}{3} + \frac{2t^2}{3} + \frac{2t^2}{3} + \frac{4t}{3} - t^2$$

$$= \frac{t^3}{27} + \frac{2t^2}{9} + \frac{4t}{9} + \frac{8}{27} - \frac{2t^3}{9} - \frac{8t^2}{9} - \frac{8t}{9} - \frac{t^2}{9} - \frac{4t}{9} - \frac{4}{9} + \frac{t^3}{3} + \frac{2t^2}{3}$$

$$+ \frac{2t^2}{3} + \frac{4t}{3} - t^2$$

---

[9]siehe Anhang C
[10]siehe hierzu Unterkapitel III.4.

$$= \left(\frac{1}{27} - \frac{2}{9} + \frac{1}{3}\right) \cdot t^3 + \left(\frac{2-8-1}{9} + \frac{2+2}{3} - 1\right) \cdot t^2$$
$$+ \left(\frac{4-8-4}{9} + \frac{4}{3}\right) \cdot t + \left(\frac{8}{27} - \frac{4}{9}\right)$$
$$= \frac{4}{27}t^3 - \frac{4}{9}t^2 + \frac{4}{9}t - \frac{4}{27} \underset{\substack{\text{Pascalsches}\\\text{Dreieck}}}{=} \frac{4}{27} \cdot (t-1)^3.$$

Damit finden wir den Punkt $P_1\left(\frac{t}{3} + \frac{2}{3} \big/ \frac{4}{27} \cdot (t-1)^3\right)$. Es folgt die Berechnung der Ortskurve:

$$x = \frac{t}{3} + \frac{2}{3} \Leftrightarrow t = 3x - 2.$$

Das setzen wir in den y-Wert ein. Falls wir die Möglichkeit das Pascalsche Dreieck anzuwenden, bemerkt haben, gestalten sich die nachfolgenden Rechnungen recht einfach. Wir wollen aber hier so tun, als ob wir diese weitere Umformung übersehen haben, um zu demonstrieren, dass auch der Leser ohne „Pascalsches-Dreieck-Blick" die Lösunge der Aufgabe zu einem positiven Ende führen kann. Wir haben nun den y-Wert $y(t) = \frac{4}{27}t^3 - \frac{4}{9}t^2 + \frac{4}{9}t - \frac{4}{27}$. Mit $t = 3x - 2$ erhalten wir

$$y = \frac{4}{27} \cdot (3x-2)^3 - \frac{4}{9} \cdot (3x-2)^2 + \frac{4}{9} \cdot (3x-2) - \frac{4}{27}$$
$$= \frac{4}{27} \cdot (27x^3 - 3 \cdot 9x^2 \cdot 2 + 3 \cdot 3x\dot4 - 8) - \frac{4}{9} \cdot (9x^2 - 12x + 4) + \frac{4}{3}x - \frac{8}{9} - \frac{4}{27}$$
$$= 4x^3 - 8x^2 + \frac{16}{3}x - \frac{32}{27} - 4x^2 + \frac{16}{3}x - \frac{16}{9} + \frac{4}{3}x - \frac{8}{9} - \frac{4}{27}$$
$$= 4x^3 - 12x^2 + 12x - 4 \underset{\substack{\text{Pascalsches}\\\text{Dreieck}}}{=} 4 \cdot (x-1)^3.$$

Das ist die Ortskurve Nummer 1. Wir haben also:

$$y_1(x) = 4 \cdot (x-1)^3 \text{ und } y_2(x) = 0.$$

Jetzt wollen wir den einzigen gemeinsamen Schnittpunkt der Ortskurve 1 mit der Ortskurve 2 nachweisen. Wir verwenden wieder die pascalfreie Version der Lösung, um dem pascalfernen Leser eine faire Chance einzuräumen. Es ist dann

$$y_1(x) = y_2(x) \Rightarrow 4x^3 - 12x^2 + 12x - 4 = 0.$$

Wir sehen dadurch, dass das Auffinden des Schnittpunktes der beiden Kurven identisch ist mit dem Problem der Suche nach den Nullstellen der Ortskurve Nummer 1 (Problem hier = Nullstellen Ortskurve 1). Da wir eine ganzrationale Funktion dritten Grades vorliegen haben, benutzen wir das Horner-Schema[11]. Alternativ könnten wir auch eine Polynomdivision[12] durchführen. Erkennen wir die Umformmöglichkeit mit Pascal, die wir hier ja ignorieren, dann ersparen wir uns das ganze Theater.

Wir raten nun eine Lösung der Gleichung. Es ist $x_A = 1$, denn $4 - 12 + 12 - 4 = 0$. Mit dem Horner-Schema erhalten wir dann

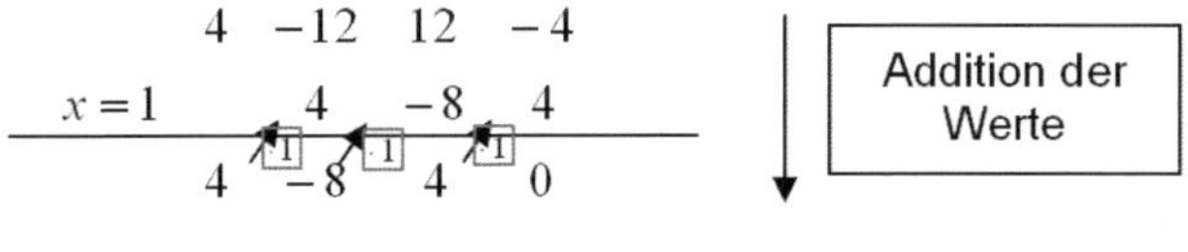

$$
\begin{array}{r|rrrr}
 & 4 & -12 & 12 & -4 \\
x = 1 & & 4 & -8 & 4 \\
\hline
 & 4 & -8 & 4 & 0
\end{array}
\qquad
\boxed{\text{Addition der Werte}}
$$

Abbildung VII.4.12: Horner-Schema bei der Ortskurve Nummer 1.

In der letzten Zeile stehen nun die Koeffizienten des Polynoms zweiten Grades, welches durch die Abspaltung der Nullstelle entsteht. Dieses können wir ebenfalls gleich 0 setzen und erhalten

$$
4x^2 - 8x + 4 = 0 \underset{:4}{\Leftrightarrow} x^2 - 2x + 1 = 0 \underset{\text{2. Binom. Formel}}{\Leftrightarrow} (x-1)^2 = 0.
$$

Wir sehen, dass $x_{B/C} = 1$ die einzige Lösung ist[13], so dass $x_{A/B/C} = 1$ (dreifache Nullstelle der Ortskurve Nummer 1) die einzige Lösung des Ausgangsproblems (Schnitt der beiden Ortskurven) ist. Der Schnittpunkt der Ortskurven ist damit $Q(1/0)$.

(b) Zeigen Sie, dass die Schaubilder aller Funktionen der Schar, mit Ausnahme der Funktion mit $t = 1$, die x-Achse berühren. Die ausgeschlossene Funktion muss nicht betrachtet werden.

Lösung:

Aus Aufgabenteil (a) wissen wir bereits, dass die Funktionen der Schar in $P_2(t/0)$ die Steigung 0 haben und die x-Achse wegen $y = 0$ schneiden. Die Kriterien für einen Berührpunkt[14] des Graphen einer Funktion f mit der x-Achse bei $x = x_0$ sind aber gerade

---

[11]siehe Unterkapitel V.4.2.
[12]siehe Unterkapitel V.4.1.
[13]Es kann zum Auffinden der Lösung auch die Mitternachtsformel angewendet werden.
[14]siehe Unterkapitel VII.2.1.

$$f(x_0) = 0 \text{ und } f'(x_0) = 0.$$

Beides wird somit erfüllt. Durch Untersuchung des VZW bei der ersten Ableitung können wir feststellen, dass es sich um Extrema und somit um Berührpunkte handelt.

(c) Berechnen Sie die Nullstellen der Funktionen in Abhängigkeit von t. Geben Sie damit die Linearfaktordarstellung[15] der Funktionsschar an. Erläutern Sie mit diesem Ergebnis, warum $t = 1$ in Aufgabenteil (b) ausgeschlossen wurde, auch wenn die Berührpunktkriterien erfüllt sind.

Lösung:

Durch Raten erhalten wir eine Nullstelle:

$$h_t(1) = 1 - 2t - 1 + t^2 + 2t - t^2 = 0.$$

Die Nullstelle $x_1 = 1$ können wir durch Polynomdivision oder mit dem Horner-Schema abspalten. Wir erhalten

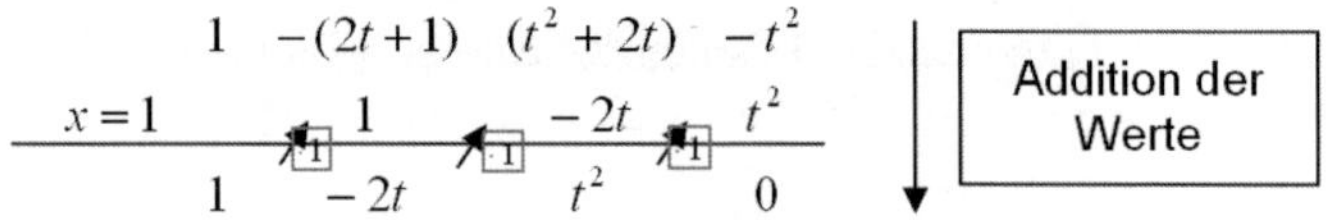

Abbildung VII.4.13: Horner-Schema bei der Funktionsgleichung der Funktionsschar.

und somit die quadratische Funktion f_t mit $f_t(x) = x^2 + 2tx + t^2$. Deren Nullstellen berechnen wir mit der Mitternachtsformel:

$$x_{2/3} = \frac{2t \pm \sqrt{4t^2 - 4t^2}}{2} = \frac{2t}{2} = t.$$

Damit haben wir hier eine doppelte Nullstelle vorliegen, was nach Aufgabenteil (b) auch zu erwarten war. Es ist dann

---

[15]Linearfaktoren, siehe hierzu Kapitel V.

$$h_t(x) = x^3 - (2t+1)x^2 + (t^2 + 2t)x - t^2 = (x-t)^2 \cdot (x-1).$$

Hieran sehen wir, dass für $t = 1$ $h_1(x) = (x-1)^3$ wird und $x = 1$ eine dreifache Nullstelle ist, wodurch ihr Graph die x-Achse schneidet. Diesen Fall hatten wir in Aufgabenteil (b) ausgeschlossen.

Nach dieser kleinen Erinnerung an Berührpunkte und an Funktionen mit Parameter stehen im Folgenden ein paar Aufgaben zur Verfügung, welche dem Gedächtnis bestimmt wieder auf die Sprünge helfen können und Vergangenes nicht zum Vergessenen werden lassen.

Aufgaben

Aufgabe 1:

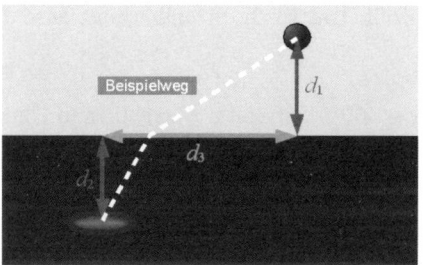

Abbildung VII.4.14: Skizze zu dem im Text beschriebenen „Strandproblem".

Ein extrem engagierter Bademeister (der zufällig ein Diplom in Mathematik besitzt und einen graphischen Taschenrechner dabei hat) sitzt auf seinem Ausguck, welcher sich in der Entfernung $d_1 = 35$ Meter zum Meeresrand befindet. Mit dem konstanten Abstand $d_2 = 50$ Meter zum Ufer zieht ein Boot auf Höhe seines Ausgucks vorüber. Als es eine Strecke $d_3 = 200$ Metern (siehe Abbildung VII.4.14) zurückgelegt hat, kippt es aus unbekannten Gründen um. Der Bademeister springt sofort von seinem Ausguck herunter und eilt zu Hilfe. An Land bewegt er sich mit der Geschwindigkeit $v_L = 24\frac{\text{km}}{\text{h}}$ vorwärts, im Wasser schafft er wegen starkem Wellengang nur noch etwa 40% der Landgeschwindigkeit.

Welchen Weg nimmt er (da er es ja extrem schnell ausrechnen kann, siehe oben angegebene Qualifikation), um in möglichst kurzer Zeit bei den Hilfsbedürftigen zu sein? Stellen Sie hierzu die zu minimierende Funktion auf und schreiben Sie die notwendige Bedingung für ein Minimum explizit für diese Funktion nieder (Ableitung!). Falls Sie einen GTR, CAS, PC mit entsprechenden Programmen oder ähnliches zur Hand haben, können Sie die benötigte Zeit und die Länge des zurückgelegten Weges berechnen lassen (Dies ist aber nicht verlangt!).

Aufgabe 2:
Das Profil der Berglandschaft zwischen den Ortschaften Talbach und Bachtal sieht wie folgt aus:

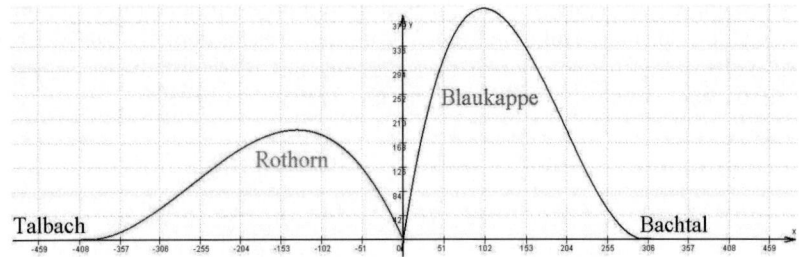

Abbildung VII.4.15: Profil der genannten Berglandschaft.

Dabei wird das rote Bergprofil (Das Rothorn) näherungsweise durch die Funktion p_R mit

$$p_R(x) = -\frac{1}{50000} x \cdot (x + 400)^2 \text{ mit } -400 \le x \le 0, \, x \text{ in Einheiten von 10 Metern}$$

beschrieben, wobei die Höhe in Einheiten von 5 Metern gemessen wird, und das blaue Bergprofil (Die Blaukappe) durch die Funktion p_B mit

$$p_B(x) = \frac{1}{10000} x \cdot (x - 300)^2 \text{ mit } 0 \le x \le 300, \, x \text{ in Einheiten von 10 Metern}$$

(a) Wie viele Höhenmeter muss jemand absolut überwinden (rauf und runter) der von Talbach nach Bachtal will (achten Sie auf die Einheiten)?

Um Wanderern ihren Marsch zu erleichtern, wird auf dem höchsten Punkt des Rothorns ein Sessellift installiert. Das Stationshaus, von dem der Lift startet, ist 20 Meter hoch. Die Gegenstation befindet sich auf dem höchsten Punkt der Blaukappe. Der Durchhang des Liftseils ist im Folgenden zu vernachlässigen (für die Rechnung: Annahme einer Geraden).

(b) Wie hoch muss die Gegenstation mindestens sein, wenn der Lift 5 Meter nach unten hängt und seine Unterseite immer mindestens 8 Meter Abstand zum Erdboden haben soll? Stellen Sie den zu minimierenden Term auf und beschreiben Sie dann lediglich die weitere Vorgehensweise!

Aufgabe 3:
Es ist die Funktion f_t mit

$$f_t(x) = x^3 - (t+1)x^2 - (2-t)x + t$$

mit $t \in \mathbb{R}$ und $x \in \mathbb{R}$ gegeben.

(a) Bestimmen Sie die Nullstellen der Funktion für $t = 3$.

(b) Zeigen Sie, dass jede Funktion der Schar genau zwei Stellen mit waagrechter Tangente besitzt. Warum existieren keine Funktionen mit einer oder keiner waagrechten Tangente?

(c) Zeigen Sie, dass sich die Graphen aller Funktionen in zwei Punkten schneiden. Geben Sie diese auch an.

Aufgabe 4:
Ganz zu Beginn des Buches hatten wir uns das folgende Problem gestellt: Gegeben ist ein quadratisches Stück Papier mit der Seitenlänge $a = 20$ Zentimeter.

Abbildung VII.4.16: Ein quadratisches Blatt Papier.

Das Papier wird auf folgende Weise zurecht geschnitten und daraufhin gefaltet:

Abbildung VII.4.17: Das zurechtgeschnittene Blatt Papier und die daraus faltbare Schachtel.

Das x ist derart zu wählen, dass das Volumen der entstehenden Schachtel möglichst groß wird. Lösen Sie dieses Problem nun und beachten Sie dabei die Randwerte.

Aufgabe 5:
Es folgt die etwas schwerere Version der Aufgabe 4: Wir interessieren uns im Folgenden für Verpackungen und hier speziell für Schachteln. Diese lassen sich durch entsprechendes Einschneiden kleiner Quadrate in einen rechteckiges/n Papier/Karton herstellen. Ohne Beschränkung der Allgemeinheit (OBdA) sei $l \geq b$. Eine Skizze hierzu sehen wir in Abbildung VII.4.18.

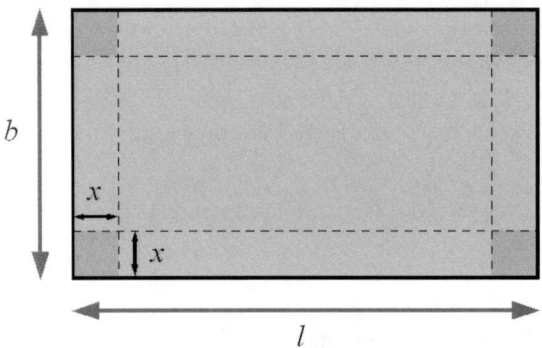

Abbildung VII.4.18: Eine Blatt Papier wird zum Schächtelchen.

(a) Für welches x erhalten wir eine möglichst voluminöse Schachtel, wenn $l = 4b$ ist?

Wir haben uns für ein passendes $x = d$ größer 0 entschieden. Dieses bleibt nun fest, ebenso wie der Umfang des Rechtecks.

(b) Bei welchem Verhältnis der Rechtecksseiten zueinander erhalten wir dann das Schächtelchen mit dem maximalen Volumen?

(c) Das gleiche Spiel noch einmal, diesmal bleibt aber die Fläche des Rechtecks neben $x = d$ fest. Wann liegt jetzt das Schächtelchen mit möglichst großem Volumen vor?

Es sei im Folgenden $l = 3b$. Damit die Schachtel gut getragen werden kann, soll $\frac{b}{4} \leq x \leq \frac{b}{3}$ gewählt werden.

(d) Wann erhalten wir jetzt eine vom Volumen her möglichst große Schachtel?

Es seien abschließend wieder alle möglichen x zugelassen, es ist aber immer noch $l = 3b$.

(e) Für welches b liegt das maximale Volumen für $x = 17$ LE ($=$ Längeneinheiten) vor? Wie groß ist dieses dann?

Aufgabe 6:
Für jedes $t \in \mathbb{R}^+$ ist eine Gerade g_t mit der Gleichung

$$g_t(x) = -3tx + 12t + 4 \text{ mit } x \in \mathbb{R}$$

gegeben. Diese Gerade schneidet die Koordinatenachsen in den Punkten X_t und Y_t. Wie müssen Sie t wählen, damit das Dreieck OX_tY_t einen minimalen Flächeninhalt besitzt? Geben Sie zusätzlich diesen Inhalt an.

Aufgabe 7:
Einer Kugel K mit dem gegebenen Radius r_K werde ein Zylinder einbeschrieben (siehe Abbildung VII.4.19). Wie sind die Höhe h_Z und der Radius r_Z des Zylinders in Abhängigkeit von r_K zu wählen, damit die Mantelfläche des Zylinders maximal wird?

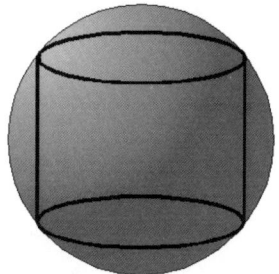

Abbildung VII.4.19: Kugel mit einbeschriebenem Zylinder.

Tipps:

- Die Oberfläche des Zylinders berechnet sich zu $O_Z = 2\pi r_Z h_Z$.

- Eine Grafik und ein wenig Pythagoras.

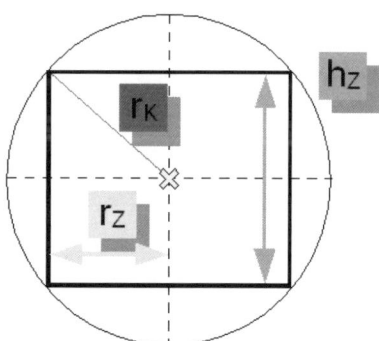

Abbildung VII.4.20: Zylinder und Kugel von der Seite betrachtet.

- Ableiten von Wurzeln und Kettenregel nicht vergessen!

VII.5 Stetigkeit, Differenzierbarkeit, Monotonie und die Wertetabelle

In diesem Abschnitt wollen wir unserem Vokabular ein paar wichtige Begriffe hinzufügen, die uns geläufig sein sollten, wenn wir von Funktionen und deren Graphen sprechen.

VII.5.1 Stetigkeit - Ohne Sprung ans Ziel

Unter einer stetigen Funktion wollen wir eine solche verstehen, deren Graph wir ohne abzusetzen durchzeichnen können. Natürlich dient uns das eben Gesagte, um uns eine Vorstellung von dem Begriff der Stetigkeit bei den von uns betrachteten Funktionen zu vermitteln. Es vermittelt aber keine präzise Definition, welche in der Mathematik unverzichtbar ist. Und um selbige kommen wir auch hier nicht herum (zum Leidwesen eines jeden Mathematikgeplagten). Halten wir trotzdem die anschauliche Variante fest:

Stetigkeit bei reellen Funktionen - Anschauliche Variante

Der Graph einer stetigen reellen Funktion lässt sich ohne den Stift abzusetzen von links nach rechts durchzeichnen.

So, jetzt wissen wir, was wir uns vorzustellen haben. Lassen wir der Vorstellung zwei Definitionen folgen. Die erste Definition geben wir der Vollständigkeit halber an und weil wir schon mal etwas von einem gewissen ε gehört haben (siehe Kapitel VI). Die zweite Definition werden wir für ein paar Aufgaben benötigen, die wir zum Ende dieses Abschnittes durchführen (wollen?).

Stetigkeit bei reellen Funktionen - Definition mit ε und δ (ε-δ-Kriterium)

Die Buchstaben ε (lies: Epsilon) und δ (lies: Delta) stehen für beliebig kleine, positive, reelle Zahlen. Eine Funktion f ist nun genau dann stetig in x_0, wenn wir zu jedem $\varepsilon > 0$ ein $\delta > 0$ finden können, so dass

$$|f(x) - f(x_0)| < \varepsilon$$

für jedes x aus der Definitionsmenge D_f der Funktion f ($x \in D_f$) mit

$$|x - x_0| < \delta.$$

Anmerkung:
Das δ hängt meistens von der betrachteten Stelle x_0 und dem gewählten ε ab.

Diese Definition werden wir, wie bereits erwähnt, nicht für konkrete Rechnungen und Aufgaben benötigen. Wir haben sie nur aufgeführt, um zu demonstrieren, dass das ε, welches wir von den Folgen her kennen, immer mal wieder auftauchen kann und zwar auch dann, wenn man nicht mit ihm rechnet. Die nun folgende Definition können wir für Aufgaben, wie wir sie durchführen wollen, eher gebrauchen, so dass sich das Einprägen derselben durchaus lohnt (denn auch in der Mathematik kommen wir nicht drum herum, manche Dinge auswendig parat zu haben).

Stetigkeit bei reellen Funktionen - Definition

Wir haben eine Funktion f mit der Definitionsmenge D_f gegeben. Die Funktion f ist an der Stelle $x_0 \in D_f$ stetig, wenn der Grenzwert von $f(x)$ für $x \to x_0$ existiert und mit dem Funktionswert $f(x_0)$ identisch ist. Wir schreiben dann:

$$\lim_{x \to x_0} f(x) = f(x_0). \tag{VII-19}$$

Da wir jetzt wissen, was wir darunter zu verstehen haben, wenn eine Funktion an einer Stelle x_0 stetig ist, leuchtet auch folgende Festlegung ein:

Anmerkende Definition zu stetigen Funktionen:

Ist eine Funktion f in jedem $x \in D_f$ stetig, so bezeichnen wir die Funktion f als *stetig auf ganz D_f*.

Die bisher kennengelernten ganzrationalen Funktionen sind stetig auf ganz $\mathbb{R}$. Die Potenzfunktionen aus Unterkapitel IV.1.2 mit negativen Hochzahlen, welche wir als Hyperbeln bezeichnet haben, sind stetig auf ganz $\mathbb{R}$, wobei $x = 0$ auszuschließen ist. Auch die später betrachteten Funktionen sind stetig auf ihren jeweiligen Definitionsbereichen.
Wir wollen uns anhand eines Beispiels den Begriff der Stetigkeit bei Funktionen verinnerlichen und ein wenig mit der letztgenannten Definition üben.

Beispiel - Treffen mit alten Bekannten

Vielleicht erinnert sich der ein oder andere an die abschnittsweise definierten Funktionen, welche wir in Unterkapitel V.7.2 bei der Diskussion des Betrages einer Funktion kennengelernt haben. Wir betrachten die abschnittsweise definierte Funktion f mit

$$f(x) = \begin{cases} 2x - 2 & \text{für } x < -1, \\ x^2 + 2x - 3 & \text{für } x \geq -1. \end{cases}$$

Da wir es in beiden Abschnitten mit stetigen Funktionen auf ganz $\mathbb{R}$ zu tun haben, müssen wir lediglich die kritische Stelle $x_0 = -1$ untersuchen. Hier und nur hier kann die Funktion f in diesem Beispiel unstetig sein. Wir rechnen

$$\lim_{\substack{x \to -1 \\ x < -1}} f(x) = \lim_{\substack{x \to -1 \\ x < -1}} (2x - 2) = 2 \cdot (-1) - 2 = -4.$$

Da $f(-1) = (-1)^2 + 2 \cdot (-1) - 3 = 1 - 5 = -4$ finden wir heraus, dass

$$\lim_{\substack{x \to -1 \\ x < -1}} f(x) = f(-1).$$

Damit ist die Funktion f auf ganz $\mathbb{R}$ stetig und ihr Graph kann ohne abzusetzen gezeichnet werden. Das sehen wir in Abbildung VII.5.1.

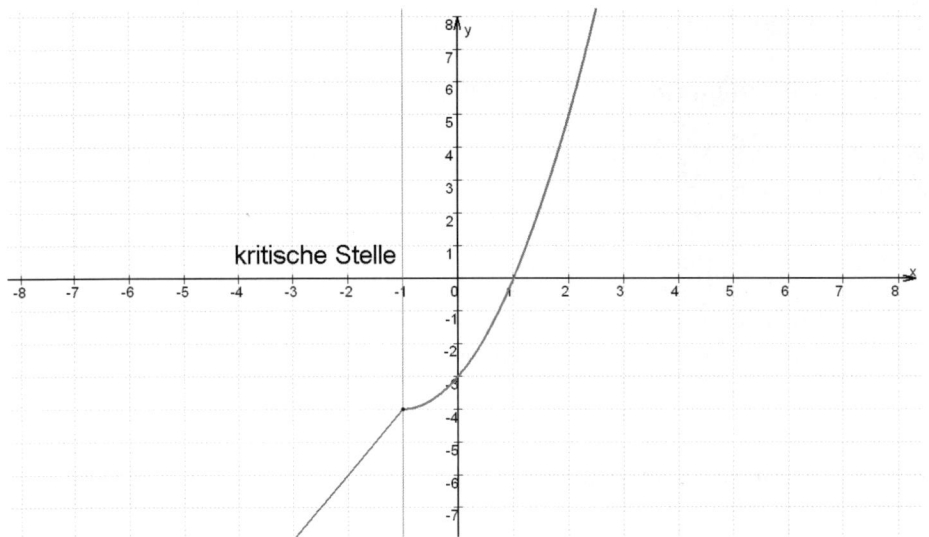

Abbildung VII.5.1: Der Graph der Funktion f aus dem Beispiel.

Bevor wir dem Leser ein paar Aufgaben zum selbstständigen Üben präsentieren, setzen wir uns mit der Differenzierbarkeit einer Funktion auseinander. Zwar haben wir diesen Begriff schon zu Beginn des vorliegenden Kapitels getroffen, doch wollen wir ihn nun noch einmal ins Zentrum unserer Betrachtungen stellen und eine saubere Definition vorlegen, sowie eine anschauliche Interpretation desselben geben.

VII.5.2 Differenzierbarkeit - Knickfrei durch's Leben

Die Funktionen, die wir betrachten, sollen differenzierbar sein (zumindest die meisten). Differenzierbar bedeutet, dass eine Funktion ableitbar ist. Wir definierten bereits zu Beginn dieses Kapitels die Ableitung. Hiermit ist auch der Begriff der Differenzierbarkeit erklärt.

Differenzierbarkeit einer Funktion

Auf einem offenen Intervall I sei eine reelle Funktion $f : I \rightarrow \mathbb{R}$ gegeben. Desweiteren seien mit h beliebige reelle Zahlen bezeichnet ($h \in \mathbb{R}$). Betrachten wir die (kritische) Stelle x_0, welche im Intervall I liegt ($x_0 \in I$). Wir bezeichnen nun f als differenzierbar in x_0, wenn

$$\lim_{\substack{h \to 0 \\ h \neq 0}} \frac{f(x_0 + h) - f(x_0)}{h}$$

einen **Grenzwert besitzt**. Diesen Grenzwert $f'(x_0)$ nennen wir die Ableitung von f in x_0. Die Funktion f ist dann differenzierbar in x_0.

Hinweis:
Das h kann positiv und negativ sein. Der Grenzübergang gegen die (kritische) Stelle x_0 ist daher von links ($h < 0$) *und* rechts ($h > 0$) durchzuführen. Bei manchen Aufgaben (z.B. mit Betragsfunktionen) ist das sehr dringend zu empfehlen.

Warum muss das Intervall in der Definition ein offenes sein? Damit wir die Ableitung an jeder Stelle des vorgegebenen Intervalls bilden können, dürfen keine Ränder vorliegen, weil wir hier nicht in der Lage sind, den Grenzübergang *von beiden Seiten* her durchzuführen. Bei einem offenen Intervall gibt es keine Ränder und wir können zu jeder gedachten Stelle innerhalb des Intervalls linke und rechte Nachbarstellen finden.

Namensgebung und Differenzierbarkeit

- Ist eine Funktion f an jeder Stelle x des offenen Intervalls I differenzierbar, so bezeichnen wir sie als differenzierbar auf (ganz) I.
- Ist eine Funktion f an jeder Stelle x ihres **Definitionsbereichs D_f** differenzierbar, so bezeichnen wir f als differenzierbar.

Was dürfen wir uns jetzt aber unter einer differenzierbaren Funktion vorstellen? Bei einer stetigen Funktion können wir uns bekanntlich folgende Gedächtnisstütze zu Hilfe rufen:

- Den Graphen einer stetigen Funktion können wir, ohne den Stift abzusetzen, von links nach rechts durchzeichnen.

Ähnlich verhält es sich bei einer differenzierbaren Funktion:

- Den Graphen einer differenzierbaren Funktion können wir ebenfalls von links nach rechts durchzeichnen, ohne den Stift abzusetzen. Zusätzlich kommen in dem Graphen aber keine Spitzen, Ecken, Kanten, ... vor. Das Zeichnen läuft einfach rund.

Wir sehen also, dass die Differenzierbarkeit einer Funktion eine „stärkere" Eigenschaft als die Stetigkeit einer Funktion ist. Vielmehr können wir uns das Folgende merken:

Zur Beziehung zwischen Stetigkeit und Differenzierbarkeit

Eine differenzierbare Funktion ist auch stets stetig. Eine stetige Funktion *muss nicht* differenzierbar sein.

Ein Beispiel hierfür sehen wir in Abbildung VII.5.1 auf Seite 246. Die Funktion hier ist stetig, aber nicht überall differenzierbar.

Wir wollen uns erneut mit einem kleinen Beispiel beschäftigen, bei welchem wir ein wenig mit der Stetigkeit und der Differenzierbarkeit einer Funktion herumspielen.

Beispiel - Was nicht passt, wird passend gemacht!

Folgendes Problem stellt sich uns: Gegeben ist die Funktion f mit

$$f(x) = \begin{cases} 2x - b & \text{für } x \leq 2, \\ x^2 + mx - 1 & \text{für } x > 2. \end{cases}$$

Für welche $m, n \in \mathbb{R}$ ist sie stetig und differenzierbar in $x_0 = 2$?

Lösung:

Beginnen wir mit der Stetigkeit. Der Funktionswert an der Stelle $x_0 = 2$ ist $f(2) = 2 \cdot 2 - b = 4 - b$, da hierfür die Gerade g mit $g(x) = 2x - b$ zuständig ist. Schauen wir nun nach dem Grenzwert:

$$\lim_{\substack{x \to 2 \\ x > 2}} f(x) = \lim_{\substack{x \to 2 \\ x > 2}} \left(x^2 + mx - 1 \right) = 2^2 + 2m - 1 = 3 + 2m.$$

Wir fordern um der Stetigkeit willen, dass

$$\lim_{\substack{x \to 2 \\ x > 2}} f(x) = f(2), \text{ also } 3 + 2m = 4 - b \Leftrightarrow 2m + b = 1$$

sein soll. Also ergibt sich für die geforderte Stetigkeit von f in $x_0 = 2$ die Beziehung $2m + b = 1$ zwischen m und b. Jetzt stürzen wir uns auf die Differenzierbarkeit als zweite geforderte Eigenschaft. Im offenen Intervall $I_0 = (-\infty; 2)$ ist die Gerade g differenzierbar und es ist $g'(x) = 2$. Da g auf ganz $\mathbb{R}$ differenzierbar ist, können wir das Intervall I_0 auch durch das halboffene Intervall $I_1 = (-\infty; 2]$ ersetzen. Im offenen Intervall $I_2 = (2; \infty)$ ist die Parabel p mit $p(x) = x^2 + mx - 1$ differenzierbar und wir erhalten $p'(x) = 2x + m$. Es sei

$$f'(x) := \begin{cases} 2 & \text{für } x \leq 2, \\ 2x + m & \text{für } x > 2. \end{cases}$$

Wir sehen, dass $f'(2) = 2$ ist. Damit die vorliegende Ableitungsfunktion f' stetig wird und somit f differenzierbar sein kann, fordern wir, dass

$$\lim_{\substack{x \to 2 \\ x > 2}} f'(x) = \lim_{\substack{x \to 2 \\ x > 2}} (2x + m) = 4 + m = f'(2) = 2.$$

Also finden wir heraus, dass $m = -2$ sein muss und somit, weil $2m + b = 1$ gilt, $b = 1 - 2m = 1 + 4 = 5$ ist. Damit haben wir die stetige und differenzierbare Funktion f mit

$$f(x) = \begin{cases} 2x - 5 & \text{für } x \leq 2, \\ x^2 - 2x - 1 & \text{für } x > 2. \end{cases}$$

gefunden.

Es folgen hier zwei kurze Übeinheiten, danach setzen wir uns mit der Monotonie bei Funktionen auseinander.

Aufgaben

Aufgabe 1:
Gegeben sei die Funktion f mit

$$f(x) = \begin{cases} mx + 3 & \text{für } x \geq 2, \\ 2x^2 + 2n & \text{für } x < 2. \end{cases}$$

Welche Bedingung müssen $m, n \in \mathbb{R}$ erfüllen, damit die Funktion stetig ist? Für welche Werte von m und n is die Funktion differenzierbar.

Aufgabe 2:
Gegeben sei die Funktion g mit

$$g(x) = \begin{cases} 3mx + 3m + 1 & \text{für } x \geq 3, \\ nx^2 - 2nx + 1 & \text{für } x < 3. \end{cases}$$

Für welche $m, n \in \mathbb{R}$ ist die Funktion stetig und differenzierbar?

VII.5.3 Monotonie - Wo geht's denn hin?

Bereits bei der Behandlung von Zahlenfolgen (Kapitel VI) ist uns der Begriff der Monotonie über den Weg gelaufen (siehe Abschnitt VI.1.3). Nun möchten wir die Monotonie auch für Funktionen über den reellen Zahlen erklären.

Wir betrachten ein Intervall $I \subseteq \mathbb{R}$. Die Funktion f, die wir untersuchen wollen, sei auf diesem Intervall definiert, sonst funktioniert das ganze Spiel ja nicht. Wenn wir das Intervall von links nach rechts durchlaufen, die x-Werte also immer größer werden, dann sprechen wir von einer **streng monoton wachsenden** Funktion f, falls die Funktionswerte mit „wachsenden" x-Werten ebenfalls immer größer werden. Eine streng monoton fallende Funktion liegt vor, wenn die Funktionswerte beim Durchlaufen von I immer kleiner werden. Wichtig ist in beiden genannten Fällen, dass die Funktionswerte ohne Ausnahme immer größer bzw. kleiner werden. Wir wollen die Monotonie, welche nicht streng sein muss, mathematisch exakt formulieren:

> **Über die Monotonie einer Funktion**
>
> Gegeben sei ein Intervall $I \subseteq \mathbb{R}$, auf welchem die Funktion f definiert ist.
> - Eine Funktion f heißt genau dann **streng monoton wachsend** auf I, wenn für alle $x_1, x_2 \in I$ aus $x_1 < x_2$ folgt, dass $f(x_1) < f(x_2)$.
> - Eine Funktion f heißt genau dann **streng monoton fallend** auf I, wenn für alle $x_1, x_2 \in I$ aus $x_1 < x_2$ folgt, dass $f(x_1) > f(x_2)$.
> Können wir im ersten Fall $<$ durch $\leq$ bzw. $>$ im zweiten Fall durch $\geq$, so sprechen wir nur von einer **monoton wachsenden** bzw. **monoton fallenden** Funktion f.

Die Definition ist einleuchtend, doch taugt sie auch zum praktischen Gebrauch, können wir mit ihr Aufgaben auf einfache Art und Weise behandeln? Wir wollen uns hierzu kurz ein paar Gedanken machen: Eine Möglichkeit wäre z.B. zu sagen, dass wir $x_1 = u$ und

$x_2 = u + h$ setzen, wobei $h \in \mathbb{R}$ und $h > 0$ gelte. Für einfache Funktionen mag dies eine Lösung sein. Betrachten wir ein Beispiel.

Beispiel 1 - Ein erster Vergleich

Wir betrachten die Funktion f mit $f(x) = x^2$ auf dem Intervall $I' = [0; \infty)$. Wir setzen $x_1 = u$, wobei $u \in I'$ gewählt wird und $x_2 = u + h$ mit dem bereits genannten h. Da I' ein rechtsoffenes Intervall (siehe Unterkapitel I.5) ist, liegt auch jedes x_2 in I'. Wir erinnern nochmal daran, dass $x_2 > x_1$ und daher $x_2 - x_1 = u + h - u = h > 0$, was wir in die Voraussetzungen für h haben einfließen lassen. Aus $f(x_2) > f(x_1)$ würde dann $f(x_2) - f(x_1) > 0$ folgen, aus $f(x_2) < f(x_1)$ erhielten wir $f(x_2) - f(x_1) < 0$. Wir betrachten somit die Differenz der beiden Funktionswerte bei x_1 und x_2. Es ist

$$f(x_2) - f(x_1) = x_2^2 - x_1^2 = (u + h)^2 - u^2 = u^2 + 2uh + h^2 - u^2 = 2uh + h^2.$$

Da $u = x_1 \geq 0$ und $h > 0$ gilt, ist auch $2uh + h^2 > 0$ für alle $u \in I'$ und alle h. Wir finden also, dass für die Funktion f mit $f(x) = x^2$ auf $I' = [0; \infty)$ aus $x_2 > x_1$ auch $f(x_2) > f(x_1)$ folgt und zwar für alle $x_1, x_2 \in I'$. Die Funktion wächst somit streng monoton auf I'.

Die angewandte Vorgehensweise können wir auch für beliebige Funktionen f durchführen, in der Hoffnung, dass sich die gebildeten Differenzen immer so einfach interpretieren lassen. Doch es gibt eine für uns praktikablere Methode. Wir haben es in vielen Fällen mit differenzierbaren Funktionen zu tun und für diese können wir mittels der ersten Ableitung eine Entscheidung über ihr Monotonieverhalten fällen[16].

Über die Monotonie einer differenzierbaren Funktion (Monotoniesatz)

Gegeben sei ein *offenes Intervall*[a] $I \subseteq \mathbb{R}$, auf welchem die Funktion f definiert und differenzierbar ist.

- Die Funktion f heißt streng monoton wachsend auf I, wenn $f'(x) > 0$ für alle $x \in I$.
- Die Funktion f heißt streng monoton fallend auf I, wenn $f'(x) < 0$ für alle $x \in I$.

---
[a]Im Kasten zuvor war es noch ein beliebiges Intervall!

Lassen sich die Ordnungsrelationen $<$ und $>$ wieder durch die Ordnungsrelationen $\leq$ und $\geq$ ersetzen, die die Gleichheit ebenfalls mit vorsehen, dann haben wir zwei mögliche Szenarien zu betrachten.

1. Wir können auf jeden Fall immer das Folgende sagen: Die Funktion f ist genau dann monoton wachsend (monoton fallend), wenn für alle $x \in I$ gilt, dass $f'(x) \geq 0$ ($f'(x) \leq 0$).

---

[16]Der nachfolgende Satz lässt sich mit dem vorangegangenen beweisen. Dies wollen wir hier nicht tun, da wir den Beweis im Weiteren sowieso nicht mehr benötigen.

2. Es gibt aber auch noch die folgende Möglichkeit: Die Funktion f ist genau dann *streng monoton wachsend (streng monton fallend)*, wenn $f'(x) \geq 0$ $(f'(x) \leq 0)$ **und(!)** wenn die Ableitungsfunktion f' nur an einzelnen Punkten von I verschwindet, welche isoliert von anderen Nullstellen von f' liegen. Das bedeutet, dass eine Nullstelle von f' keine unmittelbaren Nachbarn haben darf, die ebenfalls Nullstellen sind.

Wegen des zweiten Punktes können wir nun das Folgende sagen:

Strenge Monotonie auf einem abgeschlossenen Intervall

Ist die Funktion f auf dem Intervall $I = (a;b)$ mit $a,b \in \mathbb{R}$ und $a < b$ streng monoton wachsend mit $f'(x) > 0$ für $x \in I$, dann ist sie es auch auf dem Intervall $I' = [a;b]$, selbst wenn $f'(a) = f'(b) = 0$ sein sollte, da f' nur an einzelnen, nicht zusammenhängenden Punkten des Intervalls verschwindet. Gleiches gilt natürlich auch für eine entsprechende streng monoton fallende Funktion.

Der zweite der genannten Punkte sagt uns aber auch, dass eine Funktion streng monton wachsen oder fallen kann, selbst wenn die Steigung innerhalb des betrachteten Intervalls an einem Punkt 0 wird, alle seine unmittelbaren Nachbarpunkte aber nur positive bzw. nur negative Steigungen besitzen. Solche Punkte haben wir bereits als Sattelpunkte kennengelernt. Wir merken uns:

Strenge Monotonie und Sattelpunkte

Hat eine Funktion f auf einem betrachteten Intervall I einen Sattelpunkt und ansonsten nur positive oder nur negative Steigungen $(f'(x) > 0$ bzw. $f'(x) < 0$ für $x \in I)$, dann ist sie auf diesem Intervall streng monoton wachsend bzw. streng monton fallend.

Um mit der Monotonieuntersuchung ein wenig vertraut zu werden und nicht nur die trockenen Sätze zu studieren, wollen wir mit ein paar Beispielen uns die Sachverhalte verdeutlichen.

Beispiel 2 - Monotonie und die erste Ableitung

Wir betrachten noch einmal die Funktion f mit $f(x) = x^2$ auf dem Intervall $I = (0; \infty)$. Die Funktion f ist differenzierbar auf ganz $\mathbb{R}$, also ist sie es auch auf dem offenen Intervall $I \subseteq \mathbb{R}$. Wir bilden die erste Ableitung. Es ist

$$f(x) = x^2 \Rightarrow f'(x) = 2x.$$

Da $x \in I$ und somit $x > 0$ gilt, finden wir auch $f'(x) = 2x > 0$ auf I. Damit wächst f streng monoton auf dem angegebenen Intervall und auch auf dem Intervall $I' = [0; \infty)$. Dieses Ergebnis fanden wir schon in Beispiel 1.

Die Überprüfung der Monotonie einer (natürlich differenzierbaren!) Funktion mit Hilfe der ersten Ableitung scheint leichter durchführbar zu sein, als die auf der „Ur-Definition" basierende Variante. Außerdem hat sie noch einen weiteren Vorteil:

Durch das Bilden der ersten Ableitung und die Untersuchung selbiger auf ihre Nullstellen, finden wir die kritischen Stellen, an denen sich das Vorzeichen der Steigung der zu untersuchenden Funktion ändern kann. Dadurch sind wir in der Lage, den Definitionsbereich der Funktion in solche Intervalle zu teilen, in denen ihre Steigung immer das gleiche Vorzeichen hat und die Funktion somit auf diesen wächst oder fällt. Wir fahren mit den Beispielen fort und bauen das neu Gesagte gleich mit ein.

Beispiel 3 - Intervallsuche und Monotonie

Wir betrachten einmal mehr die Funktion f mit $f(x) = x^2$. Dieses Mal sei aber das zu betrachtende Intervall $I = \mathbb{R}$. Die Funktion ist auf ganz $\mathbb{R}$ differenzierbar und wir bilden daher die erste Ableitung mit $f'(x) = 2x$. Erneut lösen wir die Gleichung $f'(x) = 0$ und erhalten (wie sollte es auch anders sein) $x = 0$ als Lösung und als möglichen Kandidaten für eine Extremstelle. Dadurch können wir zwei Intervalle angeben: $I_L = (-\infty; 0]$ und $I_R = [0; \infty)$. Die 0 schreiben wir dabei beiden Intervallen zu[17]. Untersuchen wir diese beiden Intervalle:

- *Das linke Intervall I_L:* Hier ist $x \leq 0$ und daraus folgt $f'(x) = 2x \leq 0$. Da die Steigung nur an einer Stelle $(x = 0)$ identisch 0 wird, fällt die Funktion f auf dem ganzen Intervall I_L streng monoton.

- *Das rechte Intervall I_R:* Hier ist $x \geq 0$ und daher $f'(x) = 2x \geq 0$. Da die Steigung nur an einer Stelle $(x = 0)$ identisch 0 wird, wächst die Funktion f auf dem ganzen Intervall I_R streng monoton.

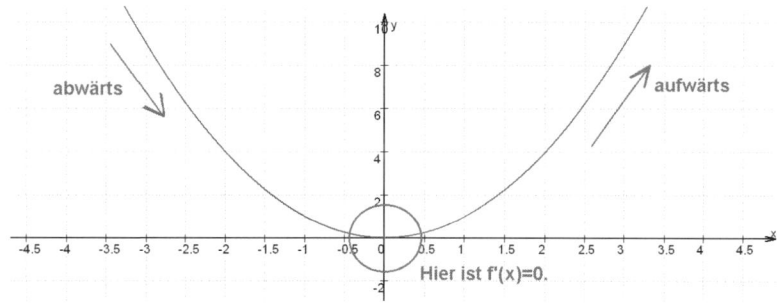

Abbildung VII.5.2: Der Graph der Funktion f mit $f(x) = x^2$. Die beiden Bereiche mit unterschiedlicher Steigung sind entsprechend gekennzeichnet.

---

[17]Wir treffen diese Wahl, da in einem einzelnen Punkt die Steigung 0 werden darf und sich dabei bei beiden Intervallen durch Verwendung dieser Intervallgrenze nichts am Monotonieverhalten der Funktion f ändert, streng bleibt dann nämlich streng.

Was hat uns jetzt die Monotonieuntersuchung mit der ersten Ableitung in diesem Beispiel konkret gebracht?

1. Wir waren in der Lage, über die Gleichung $f'(x) = 0$ Intervalle für die Funktion f festzulegen, auf welchen wir das Steigungsverhalten zu untersuchen hatten und uns dabei sicher sein konnten, dass auf dem ganzen Intervall immer nur *ein* Steigungsverhalten (auf oder ab) der betrachteten Funktion vorliegt.

2. Dadurch, dass wir wussten, dass nur ein Steigungsverhalten in einem solchen Intervall vorliegt, reichte eine einfache Probe (Einsetzen eines Wertes aus dem Intervall bzw. einfache Überlegungen zum Vorzeichen der Steigungswerte in diesem Fall), um darüber zu entscheiden, ob die Funktion streng monoton wachsend oder fallend ist.

3. Durch die Einteilung in die Monotoniebereiche haben wir auch gleich den Vorzeichenwechsel bei der ersten Ableitung mitgenommen und können dadurch sagen, wo Hoch-, Tief- oder Sattelpunkte liegen. Im vorliegenden Beispiel ist es ein Tiefpunkt (was aber auch schon vorher klar gewesen sein sollte!).

Die genannten Punkte können wir bei jeder Art der von uns in Vergangenheit, Gegenwart und Zukunft untersuchten Funktionstypen feststellen. Darum sollten wir diesem Beispiel, so einfach es auch ist, doch einen gewissen Stellen- und Erinnerungswert einräumen!

Betrachten wir zum Abschluss dieses Abschnittes noch eine ein wenig interessante Funktion und versuchen wir, diese auf Monotonie zu untersuchen.

Beispiel 4 - Alles auf einmal

Wir wollen die Funktion f mit

$$f(x) = (x - 1)^2 \cdot (x^2 - 1)$$

auf Monotonie hin untersuchen. Dazu besorgen wir uns natürlich zuerst einmal wieder die Ableitung Nummer eins. Mit Hilfe der Produktregel ergibt sich

$$f'(x) = 2 \cdot (x - 1) \cdot (x^2 - 1) + (x - 1)^2 \cdot 2x = 2(x - 1) \cdot (x^2 - 1 + x \cdot (x - 1))$$
$$= 2(x - 1) \cdot (2x^2 - x - 1).$$

Wir sind an den Nullstellen von f' interessiert. Die Gleichung $f'(x) = 0$ lösen wir mit dem Satz vom Nullprodukt. Der erste Faktor macht keine Probleme und aus $x - 1 = 0$ folgt sofort $x_1 = 1$. Beim zweiten Faktor setzen wir die Mitternachtsformel ein und erhalten durch sie $x_2 = x_1 = 1$ und $x_3 = -\frac{1}{2}$. Damit haben wir die folgenden drei Intervall auf dem Seziertisch der Monotonie:

$$I_L = (\infty; -0{,}5] \text{ und } I_M = [-0{,}5; 1] \text{ und } I_R = [1; \infty).$$

Die Wahl der Intervallgrenzen geschieht aus den gleichen Gründen wie im vorangegangenen Beispiel. Überprüfen wir auf diesen drei Intervallen (linkes, mittleres, rechtes) die Vorzeichen der Steigungen von f, dann erhalten wir, z.B. durch Einsetzen von Werten aus den jeweiligen Intervallen, das Folgende:

- I_L: Hier haben die Steigungen *negatives Vorzeichen*, die 0 können wir aus bekannten Gründen außen vor lassen.

- I_M: Hier haben die Steigungen *positives Vorzeichen*.

- I_R: Hier haben die Steigungen auch *positives Vorzeichen*.

Wir können daher sagen, dass f auf dem Intervall I_L streng monoton fällt und auf dem Intervall $I_{MR} = I_M \cup I_R = [-0{,}5; \infty)$ streng monoton wächst, da nur an der Stelle $x_{1/2} = 1$ die Steigung 0 wird und ansonsten positiv ist. I_{MR} ist die **Vereinigung des mittleren und des rechten Intervalls**. Wir wissen damit auch, dass bei $x_3 = -0{,}5$ ein Tiefpunkt vorliegt und bei $x_{1/2} = 1$ ist es ein Sattelpunkt.

VII.5.4 Die Wertetabelle - Eine oft ignorierte Zeichenhilfe

Haben wir alle markanten Punkte (Hoch-, Tief-, Wende-, Sattelpunkte) einer Funktion bzw. des Funktionsgraphen berechnet, sollten wir uns trotzdem noch eine kleine Wertetabelle anlegen. Diese passen wir dem Intervall, über dem wir den Funktionsgraphen zeichnen wollen an. Z.B. verwenden wir für das Intervall $[-2; 2]$ am besten die zu den x-Werten -2, $-1{,}5$, ..., $1{,}5$ und 2 gehörigen Punkte und berechnen diese durch normales Einsetzen in den Funktionsterm. Für f mit $f(x) = 3x^3 - 27x$ erhalten wir dann die Wertetabelle:

x	-2	$-1{,}5$	-1	$-0{,}5$	0	0,5	1	1,5	2
f(x)	30	30,375	24	13,125	0	$-13{,}125$	-24	$-30{,}375$	-30

Tabelle VII.5.1: Wertetabelle für die Funktion f mit $f(x) = 3x^3 - 27x$ für das Intervall $[-2; 2]$.

Diese ganzen „Zwischenpunkte" dienen dazu, eine einigermaßen ordentliche Skizze des Funktionsgraphen anzufertigen. Wer also eine brauchbare Darstellung des Schaubildes einer Funktion haben will, der sollte früher oder später bitte doch einmal eine Wertetabelle aufstellen.

VII.6 Die Kurvendiskussion - Gesamtübersicht mit Beispiel

Im Prinzip haben wir alle Punkte behandelt, die zu einer **vollständigen Kurvendiskussion** gehören. Der folgende Abschnitt soll dazu dienen, alle notwendigen Schritte zusammenfassend an einer Stelle zu zeigen und sie mittels eines Beispieles zu verdeutlichen. In den anschließenden Aufgaben finden sich die einzelnen Schritte auch noch einmal, um ihre Wichtigkeit zu unterstreichen. Nach der Durchführung einer vollständigen Kurvendiskussion sollten wir wesentliche Details über eine Funktion und ihren Graphen kennen und eine Skizze von selbigem anfertigen können. Unsere Beispielfunktion sei im Folgenden f mit $f(x) = x^3 - 4x$.

Was ich bestimmen will	Was ich machen muss	Beispiel
Nullstellen	$f(x) = 0$	$x^3 - 4x = x \cdot (x^2 - 4) = 0$ Damit haben wir $x_1 = 0$. $x^2 - 4 = 0$, also $x^2 = 4$ $x_{2/3} = \pm\sqrt{4} = \pm 2$ Nullpunkte: $N_1(0/0)$, $N_2(-2/0)$ und $N_3(2/0)$
Extrempunkte	$f'(x) = 0$ dann VZW: • von $+$ nach $-$: Hochpunkt • von $-$ nach $+$: Tiefpunkt oder betrachte $f''(x)$: • $f''(x) < 0$: Hochpunkt • $f''(x) > 0$: Tiefpunkt	$f'(x) = 3x^2 - 4 = 0$ also $x^2 = \dfrac{4}{3}$ somit $x_1 = -\sqrt{\dfrac{4}{3}}$ und $x_2 = \sqrt{\dfrac{4}{3}}$ Es ist $\sqrt{\dfrac{4}{3}} \approx 1{,}155$ VZW: $f'(1{,}1) \approx -0{,}37 < 0$ $f'(1{,}2) \approx 0{,}32 > 0$ oder verwende $f''(x)$: $f''(x) = 6x$ $f''\left(\sqrt{\dfrac{4}{3}}\right) \approx 6{,}93 > 0$ Daher: Tiefpunkt (gerundet) $T(1{,}155/-3{,}08)$

		Auf analoge Weise untersuchen wir die andere Extremstelle und finden einen Hochpunkt mit $H(-1{,}155/3{,}08)$.
Wendepunkte	$f''(x) = 0$ dann VZW: • von + nach −: Links- nach Rechtskurve • von − nach +: Rechts- nach Linkskurve oder betrachte $f'''(x)$: • $f'''(x) < 0$: Links- nach Rechtskurve • $f'''(x) > 0$: Rechts- nach Linkskurve	$f''(x) = 6x = 0$ also $x_1 = 0$ VZW: $f''(-0{,}1) = -0{,}6 < 0$ $f''(0{,}1) = 0{,}6 > 0$ oder $f'''(x) = 6$ und daher $f'''(0) = 6 > 0$ Rechts-Linkskurve Wendepunkt $W(0/f(0)) = W(0/0)$
Symmetrie	Folgende Symmetrien können wir bei ganzrationalen Funktionen sofort erkennen: • **Achsensymmetrie**: Nur gerade Hochzahlen (inklusive der 0) • **Punktsymmetrie**: Nur ungerade Hochzahlen	Nur ungerade Hochzahlen (3 und 1), also Punktsymmetrie (zum Ursprung $O(0/0)$).
Grenzwerte	Folgende Grenzwerte sollten untersucht werden: • **Gegen unendlich**: $\lim_{x\to\pm\infty} f(x)$ • **Gegen Definitionslücken bzw. kritische Stellen**: $\lim_{x\to x_0} f(x)$	Hier ist $\lim_{x\to\pm\infty} f(x) = \lim_{x\to\pm\infty}(x^3 - 4x) = \pm\infty$. Analoge Vorgehensweise bei **Polstellen** und **hebbaren Lücken**. Dort hat die Funktion eine Definitionslücke, gegen die der Grenzwert gebildet wird (im Schema hier x_0). Im vorliegenden Fall existiert keine solche Definitionslücke.

Aufgaben

Aufgabe 1:
Die vollständige Kurvendiskussion ist eine sehr technische Angelegenheit: Weniger denken, dafür mehr rechnen. Trotzdem liefert sie uns sehr wichtige Informationen über eine Funktion. Darum sollten wir sie recht sicher beherrschen und sie ein paar Mal selber durchgeführt haben. Am besten wir fangen gleich mit dem Üben an.

Führen Sie an den folgenden beiden Funktionen dritten Grades eine vollständige Kurvendiskussion durch. Diese umfasst:

> **Die vollständige Kurvendiskussion der Reihe nach**
>
> 1. Die Ableitungen (maximal 3)
> 2. Symmetrie des Schaubildes (gerade, ungerade)
> 3. Die Nullstellen
> 4. Verhalten für $x \to \pm\infty$ bzw. Definitionslücken
> 5. Die Extrempunkte
> 6. Die Wendepunkte
> 7. Das Schaubild

(a) $f(x) = x^3 + x^2 - 5x + 3$.   (b) $g(x) = -x^3 + 3x^2 + 4x - 12$.

Aufgabe 2:
Gegeben ist die Funktion f mit der Gleichung $f(x) = \frac{1}{2}x^3 + \frac{5}{2}x^2 + x - 4$. Bestimmen Sie ihre Nullstellen und die Extremstellen.

Aufgabe 3:
Zeigen Sie durch Einsetzen von x und $-x$ in die Funktionsgleichung, dass das Schaubild der Funktion h mit $h(x) = 2x(x+1)^2 - 4x^2$ punktsymmetrisch ist. Wie geht der Nachweis auch?

Aufgabe 4:
Gegeben ist die Funktion f mit der Funktionsgleichung $f(x) = x^3 + 2x^2 - x - 2$.

(a) Bestimmen Sie die Nullstellen und die Extremstellen der Funktion.

(b) Zeichnen Sie das Schaubild K_f der Funktion in ein passendes Koordinatensystem.

(c) Beschreiben Sie das Randverhalten der Parabel. Von welchem in welchen Quadranten verläuft sie?

(d) Wie muss K_f in y-Richtung verschoben werden, damit eine doppelte Nullstelle entsteht?

Aufgabe 5:

Gegeben ist die Funktion g mit der Gleichung $g(x) = x^2 + x^2 - x - 1$.

(a) Bestimmen Sie die Produktform der Funktionsgleichung von g.

(b) Zeichnen Sie das Schaubild K_g in ein geeignetes Koordinatensystem.

(c) Beschreiben Sie das Randverhalten der Parabel. Von welchem in welchen Quadranten verläuft sie?

Aufgabe 6:

Die Funktion f habe die Gleichung $f(x) = \frac{3}{2}x^3 + x - \sqrt{5}$.

(a) Bestimmen Sie die Steigung von f an den Stellen $x = 0$, $x = \frac{1}{3}$ und $x = 2$.

(b) Bestimmen Sie die Gleichung der Tangente und der Normalen zu f bei $x = 0$.

(c) Warum gibt es keine Punkte, in denen das Schaubild von f eine waagrechte Tangente besitzt? Zeigen Sie dies durch eine entsprechende Rechnung.

Aufgabe 7:

Die Funktion f mit der Gleichung $f(x) = \frac{1}{3}x^3 + x^2 - 2x + 2$ hat zwei zur 1. Winkelhalbierenden parallele Tangenten.

(a) Bestimmen Sie für beide Tangenten den jeweiligen Berührpunkt.

(b) Bestimmen Sie die Gleichung der Tangente an das Schaubild von f in $x = 0$.

Aufgabe 8:

Es sei $f(x) = x^3 - 2x^2 + 1$. Bestimmen Sie die Gleichung der Tangente an das Schaubild von f, die durch den Punkt $P(0/1)$ geht.

VIII Über das Lösen linearer Gleichungssysteme

Um uns einen kleine Pause vom Funktionsalltag zu gönnen, werfen wir einen Blick auf die **linearen Gleichungssysteme**, kurz **LGS** genannt. Bei solchen Systemen, die aus ein, zwei, drei oder mehr Gleichungen mit beliebig vielen Unbekannten (Variablen) bestehen können, kommen die zu ermittelnden Variablen ohne irgendwelche Schnörkeleien vor, d.h. keine anderen Hochzahlen außer der 1, keine Wurzeln, ohne Brüche und so weiter und so fort. Die Koeffizienten dürfen aber sehr wohl diese Art von unliebsamen Begleiterscheinungen haben, nur die zu ermittelnden Variablen eben nicht.

Unser Ziel ist es, Gleichungssysteme der genannten Art mit drei Unbekannten und drei Gleichungen sicher lösen zu können, wobei uns auch durchaus mal ein Parameter über den Weg laufen darf. In späteren Kapiteln werden wir dieses Können dann immer mal wieder brauchen. Können wir ein solches LGS lösen (mittels des Gaußschen Eliminationsverfahrens, dazu aber später mehr), dann sind wir auch prinzipiell in der Lage, noch größere zu bewältigen, da das angewendete Lösungsverfahren auch zu wesentlich mehr taugt.

Beginnen wir unseren kleinen Spaziergang durch die Welt der linearen Gleichungssysteme bei denen, die 2 Gleichungen und 2 Unbekannte ihr Eigen nennen.

VIII.1 LGS mit 2 Unbekannten und 2 Gleichungen

Wir betrachten im Folgenden Gleichungssysteme der folgenden Form:

LGS mit 2 Gleichungen und 2 Unbekannten

Eine LGS der Form

$$
\begin{array}{rcrcll}
a_{11}x_1 & + & a_{12}x_2 & = & b_1 & \text{(I)} \\
a_{21}x_1 & + & a_{22}x_2 & = & b_2 & \text{(II)}
\end{array}
$$

mit $a_{11}, a_{12}, a_{21}, a_{22} \in \mathbb{R}$ als Koeffizienten und $b_1, b_2 \in \mathbb{R}$ als rechter Seite. Mit x_1 und x_2 werden die Unbekannten/Variablen bezeichnet. Sie gilt es zu ermitteln.

Für derartige LGS können wir drei Lösungsverfahren angeben, wobei sich aber nur das letzte (dann aber unter anderem Namen) auch für spätere Problemstellungen als geeignet erweist.

VIII.1.1 Das Gleichsetzungsverfahren

Dieses Verfahren kennen wir eigentlich seit Kapitel II. Dort haben wir es gebraucht, um den Schnittpunkt zweier Geraden zu ermitteln. Schauen wir uns trotzdem ein Beispiel an, welches uns dieses Verfahren nochmals verdeutlichen soll.

Beispiel - Gleiches zu Gleichem

Gegeben sei das LGS mit

$$\begin{array}{rcrcrl} 2x_1 & + & 3x_2 & = & 7 & \quad\text{(I)} \\ 2x_1 & - & 5x_2 & = & -1 & \quad\text{(II)} \end{array}$$

Das ist zwar so einfach, dass wir die Lösung schon fast raten könnten, aber es geht ja nur um die Demonstration des Verfahrens. Wir erkennen, dass beide Gleichungen (I) und (II) ein $2x_1$ besitzen. Nach diesem lösen wir sogleich auf und erhalten:

$$\begin{array}{rcrcrl} 2x_1 & = & 7 & - & 3x_2 & \quad\text{(I)*} \\ 2x_1 & = & -1 & + & 5x_2 & \quad\text{(II)*} \end{array}$$

Da $2x_1 = 2x_1$ sein muss, können wir auch die rechten Seiten der beiden umgeformten Gleichungen gleichsetzen (daher **Gleichsetzungsverfahren**). Daraus erhalten wir

$$7 - 3x_2 = -1 + 5x_2 \Leftrightarrow 8 = 8x_2 \Leftrightarrow x_2 = 1.$$

Setzen wir $x_2 = 1$ in (I) oder (II) ein, so ergibt sich nach wenigen Umformungen $x_1 = 2$.

Damit haben wir das Problem gelöst und können uns für die Zukunft das Folgende notieren:

> **Das Gleichsetzungsverfahren**
>
> Haben wir ein LGS mit 2 Unbekannten und ebenso vielen Gleichungen gegeben, lösen wir beide nach derselben Variablen mit identischem Koeffizienten auf (oder passen diese eben aneinander an). Dann können wir die beiden anderen Seiten gleichsetzen und nach der verbleibenden Variablen auflösen. Mit dem Ergebnis ermitteln wir die übrige Unbekannte.

Das Gleichsetzungverfahren taugt vor allem bei der Ermittlung von Geradenschnittpunkten etwas. Hier sind meistens schon $y = m_1x + c_1$ und $y = m_2x + c_2$ als Gleichungen gegeben und wir können sofort $m_1x + c_1 = m_2x + c_2$ setzen.

VIII.1.2 Das Einsetzungsverfahren

Auch hier führen wir uns ein Beispiel zu Gemüte, welches uns die Vorgehensweise bei dieser zweiten Variante der Lösung der betrachteten LGS klar machen soll.

Beispiel - Bitte Plätze einnehmen

Unser Beispiel-LGS lautet im Folgenden

$$
\begin{array}{rcrcrl}
x_1 & - & 4x_2 & = & 7 & \text{(I)} \\
2x_1 & - & 5x_2 & = & -1 & \text{(II)}
\end{array}
$$

Wir sehen sehr schnell, dass in Gleichung (I) das x_1 schon relativ alleine in der Gegend umeinandersteht. Helfen wir ihm bei seiner Vereinsamung weiter und formen folgendermaßen um:

$$
\begin{array}{rcrcrl}
4x_2 & + & 7 & = & x_1 & \text{(I)}^* \\
2x_1 & - & 5x_2 & = & -1 & \text{(II)}
\end{array}
$$

Nun können wir anstelle von x_1 die linke Seite der Gleichung (I)* in die zweite Gleichung einsetzen (und hier ist die Namensgebung begründet, **Einsetzungsverfahren**). Damit erhalten wir:

$$
2 \cdot \underbrace{(4x_2 + 7)}_{=x_1} - 5x_2 = -1 \Leftrightarrow 3x_2 = -15 \Leftrightarrow x_2 = -5.
$$

Durch Einsetzen in (I)* folgt dann sofort $x_1 = -13$ und wir sind fertig.

Halten wir auch in diesem Abschnitt unsere Erkenntnisse in einem kleinen Kasten fest:

Das Einsetzungsverfahren

Haben wir ein LGS mit 2 Unbekannten und ebenso vielen Gleichungen gegeben, lösen wir eine der Gleichungen nach einer Variablen auf und setzen den so erhaltenen Term in die andere Gleichung für die entsprechende Variable ein. Damit haben wir nun eine Gleichung, die nur noch von einer der beiden Unbekannten abhängt. Auflösen liefert uns ihren Wert. Das so erhaltene Ergebnis für die andere Variable können wir in die eine umgeformte Gleichung einsetzen und berechnen so auch den Wert der zuerst ersetzten Variablen.

Das Einsetzungsverfahren bietet sich vor allem dann an, wenn wir eine der beiden Gleichungen sehr einfach nach einer der beiden Variablen auflösen können.

VIII.1.3 Das Additionsverfahren

Ein Verfahren bleibt uns noch. Zuweilen wird es auch als **Eliminationsverfahren** bezeichnet. Hierbei liegt die Betonung bei der Benennung darauf, dass wir etwas weg haben wollen. Beim Namen **Additionsverfahren** setzen wir den Schwerpunkt auf das, was wir zur Elimination des Gewünschten durchführen müssen, nämlich eine (später mehrere) Addition(en).

Beispiel - Addieren und eliminieren

Unser Test-LGS laute

$$
\begin{array}{rcrcll}
2x_1 & - & 5x_2 & = & 4 & \text{(I)} \\
-3x_1 & + & 11x_2 & = & 1 & \text{(II)}
\end{array}
$$

Wir wollen jetzt die Koeffizienten von x_1 so verändern, dass sie betragsmäßig gleich sind, aber verschiedene Vorzeichen besitzen. Dazu multiplizieren wir Gleichung (I) mit 3 und Gleichung (II) mit 2, denn 6 ist das kleinste gemeinsame Vielfache (kgV) der Zahlen 2 und 3.

> **Achtung bei der Multiplikation**
>
> Bitte nicht übersehen, dass jeweils die *ganze Gleichung* mit der gewählten Zahl multipliziert werden muss! Die Zahl darf jede beliebige sein außer der 0!

Es ist dann:

$$
\begin{array}{rcrcll}
6x_1 & - & 15x_2 & = & 12 & \text{(I)*=3·(I)} \\
-6x_1 & + & 22x_2 & = & 2 & \text{(II)*=2·(II)}
\end{array}
$$

Wir addieren die beiden entstandenen Gleichungen, also (I)*+(II)*=(III), und erhalten:

$$
\begin{array}{rcrcll}
2x_1 & - & 5x_2 & = & 4 & \text{(I)} \\
 & & 7x_2 & = & 14 & \text{(III)=(I)*+(II)*}
\end{array}
$$

Diese Gleichung (III) hängt nur noch von einer Variablen ab und wir berechnen leicht $x_2 = 2$. Indem wir in eine der vorangegangenen Gleichungen (darum haben wir Gleichung (I) wieder hingeschrieben) einsetzen (nennt man *rückwärts einsetzen*), ergibt sich $x_1 = 7$ und wir haben das Problem gelöst. Notieren wir uns das Wesentliche:

Das Additionsverfahren

Haben wir ein LGS mit 2 Unbekannten und ebenso vielen Gleichungen gegeben, so formen wir beide Gleichungen derart um, dass bei der Addition der beiden Umformungen eine der beiden Unbekannten wegfällt. Damit können wir die andere berechnen. Durch Rückwärtseinsetzen erhalten wir daraufhin auch den Wert der eliminierten Variablen.

Dieses Verfahren werden wir bei drei Gleichungen mit drei Unbekannten wieder antreffen. Bevor wir aber die Unbekanntenzahl erhöhen, wird gezeigt, wie wir mit einem Parameter bei einem LGS mit 2 Gleichungen und 2 Unbekannten umzugehen haben.

VIII.1.4 Der Umgang mit Parametern bei einem LGS

Ein Beispiel soll uns die Problematik, der wir uns zu stellen haben, verdeutlichen.

Beispiel - So viele Freiheiten

Berechnen Sie die Lösungen x_1 und x_2 des gegebenen Linearen Gleichungssystems in Abhängigkeit vom Parameter $t \in \mathbb{R}$.

$$\begin{array}{rcrcll} tx_1 & + & x_2 & = & 5 & \text{(I)} \\ x_1 & + & x_2 & = & 2 & \text{(II)} \end{array}$$

Wir haben ein paar Fälle zu unterscheiden:

- Für $t = 0$ ist $x_2 = 5$ und somit $x_1 = -3$.

- Für $t = 1$ gibt es offensichtlich keine Lösung, da $5 \neq 2$.

- Wir formen nun um: Ziehe wir Gleichung (I) von Gleichung (II) ab, dann ergibt sich

$$(1 - t) \cdot x_1 = -3 \Leftrightarrow x_1 = \frac{3}{t - 1}.$$

Für x_2 erhalten wir dann durch Rückwärtseinsetzen

$$x_2 = 5 - t \cdot \frac{3}{t - 1} = \frac{5t - 5 - 3t}{t - 1} = \frac{2t - 5}{t - 1}.$$

Die beiden Lösungen existieren für alle $t \in \mathbb{R} \setminus \{1\}$.

Damit haben wir das Problem gelöst. Eine Feststellung sollte hier jetzt sein, dass wir nicht wirklich viel mehr zu tun hatten als bei einem LGS ohne Parameter. Lediglich verschiedene Fälle für t waren zu unterscheiden. Wir merken uns:

> **LGS mit Parameter**
>
> Unsere Vorgehensweise müssen wir nicht groß abändern. In den meisten Fällen können wir den Parameter wie eine beliebige Zahl behandeln. Lediglich bei manchen Operationen (im Wesentlichen Multiplikation oder Division mit 0) ist Vorsicht in Form von Fallunterscheidungen geboten[a].
>
> ---
> [a]z.B. Multiplikation mit $(3t-5)$, dann muss $t \neq \frac{5}{3}$ sein. Dieser Wert muss dann gesondert untersucht werden.

Aufgaben

Aufgabe 1:
Lösen Sie das angegebene LGS:

$$
\begin{array}{rcrcll}
tx_1 & + & x_2 & = & t & \text{(I)} \\
x_1 & + & x_2 & = & 4 & \text{(II)}
\end{array}
$$

Dabei ist $t \in \mathbb{R}$.

Aufgabe 2:
Kerstin und Svenja feiern Geburtstag. Als die Feier im vollen Gange ist, fragt ein uninformierter Gast, wie alt die beiden denn heute werden. Daraufhin meint Kerstin: „Wenn wir beide in zwei Jahren wieder feiern, dann werden wir zusammen drei Mal so alt sein, wie wir zusammen vor 16 Jahren waren." Und Svenja ergänzt: „Vergiss aber nicht, dass wenn Kerstin ihr heutiges Alter verdoppelt, sie fünf Mal so alt sein wird, wie ich vor 15 Jahren war." Wie alt die beiden jetzt wurden, darüber darf der uninformierte Gast auf dem Heimweg nachdenken.

Aufgabe 3:
Und noch mehr altersbedingte Probleme: Wir wollen ein paar Gleichungen aufstellen und lösen. Dazu eignen sich umständliche Altersangaben sehr gut.

Wir haben drei Geschwister, Marina, Birgit und Armin: Nehme ich Marinas Alter und die Hälfte des Alters ihrer drei Jahre älteren Schwester Birgit, addiere diese, verdreifache dann und subtrahiere von dem Ergebnis das Doppelte des Alters ihres Bruders Armin, welcher vier Jahre jünger ist als Birgit, dann erhalte ich das Alter ihrer Mutter Susanne, welches ist gleich dem dreifachen Alter Marinas vermindert um 2.

(a) Wie alt war die Mutter Susanne als Marina geboren wurde?

Wir haben zwei Brüder, Karl und Roland: Heute in fünf Jahren wird Karl doppelt so alt sein, wie Roland heute vor drei Jahren war. Roland ist dafür heute in zwei Jahren drei Mal so alt, wie Karl heute vor zehn Jahren war.

(b) Wie alt sind die Brüder denn heute?

Es war eine Mutter, die hatte vier Kinder und die sind heute zusammen 65 Jahre alt. Das älteste Kind ist dabei so alt wie die beiden jüngsten zusammen. Die Nummer zwei und Nummer vier in der Altersrangliste sind aber zusammen gerade ein Jahr älter als das älteste Kind (Nummer eins). Das zweitjüngste Kind ist aber immerhin noch doppelt so alt wie das jüngste.

(c) Wie alt ist jedes Kind heute?

Zum Abschluss fehlen noch Flora und ihr Papa Karsten: Vor 30 Jahren war Karsten sieben Jahre älter als seine Tochter heute ist. In sieben Jahren wird aber Flora so alt sein, dass ihr Vater mit seinem heutigen Alter nur noch drei Mal so alt ist, wie Flora dann sein wird.

(d) Wie viele Jahre ist Floras Papa älter als sie?

Aufgabe 4:
Gegeben sei das LGS

$$
\begin{array}{rcll}
a_{11}x_1 & + & a_{12}x_2 & = & b_1 \quad \text{(I)} \\
a_{21}x_1 & + & a_{22}x_2 & = & b_2 \quad \text{(II)}
\end{array}
$$

mit $a_{11}, a_{12}, a_{21}, a_{22} \in \mathbb{R}$ und $b_1, b_2 \in \mathbb{R}$. Wann (für welche Koeffizienten) ist es nicht lösbar?

VIII.2 LGS mit 3 und mehr Unbekannten

Wir erhöhen die Schlagzahl und nehmen eine Gleichung und eine Unbekannte bei unseren Betrachtungen hinzu. Wie bereits erwähnt, kann uns bei der Lösung solcher LGS das Additionsverfahren gute Dienste leisten. Es hat hier einen etwas anderen Namen, aber das Prinzip ist gleich: Wir eliminieren eine Variable nach der anderen bis nur noch eine übrig bleibt.

LGS mit 3 Gleichungen und 3 Unbekannten

Eine LGS der Form

$$
\begin{array}{rcll}
a_{11}x_1 + a_{12}x_2 + a_{13}x_3 &=& b_1 & \text{(I)} \\
a_{21}x_1 + a_{22}x_2 + a_{23}x_3 &=& b_2 & \text{(II)} \\
a_{31}x_1 + a_{32}x_2 + a_{33}x_3 &=& b_3 & \text{(III)}
\end{array}
$$

mit $a_{11}, a_{12}, a_{13}, a_{21}, a_{22}, a_{23}, a_{31}, a_{32}, a_{33} \in \mathbb{R}$ als Koeffizienten und $b_1, b_2, b_3 \in \mathbb{R}$ als rechter Seite. Mit x_1, x_2 und x_3 werden die Unbekannten/Variablen bezeichnet. Sie gilt es zu ermitteln.

VIII.2.1 Das Gaußsche Eliminationsverfahren

Wir demonstrieren die als Gaußsches Eliminationsverfahren bekannte Vorgehensweise anhand eines kleinen Beispieles, wobei wir jeden Schritt durchführen werden.

Beispiel - Der dritte Unbekannte

Gegeben sei das folgende LGS:

$$
\begin{array}{rcrcrcll}
x_1 & & & + & 2x_3 &=& 2 & \text{(I)} \\
x_1 & + & 2x_2 & + & 3x_3 &=& 5 & \text{(II)} \\
2x_1 & + & x_2 & & &=& 1 & \text{(III)}
\end{array}
$$

Unsere Vorgehensweise zum Lösen dieses LGS führen wir jetzt Schritt für Schritt durch. Dabei behalten wir immer das Additionsverfahren bei 2 Unbekannten im Hinterkopf.

- **Schritt 1:** Unser erstes Ziel ist es, x_1 in den Gleichungen (II) und (III) zu eliminieren. Dazu verrechnen wir sie mit der ersten Gleichung (Wie die Gleichungen kombiniert werden, notieren wir rechts neben den Gleichungen).

$$
\begin{array}{rcrcrcll}
x_1 & & & + & 2x_3 &=& 2 & \text{(I)} \\
& & 2x_2 & + & x_3 &=& 3 & \text{(IV)}= (-1)\cdot\text{(I)}+\text{(II)} \\
& & x_2 & - & 4x_3 &=& -3 & \text{(V)}= (-2)\cdot\text{(I)}+\text{(III)}
\end{array}
$$

- **Schritt 2:** Nachdem die Eliminierung der ersten Unbekannten so erfolgreich vonstatten ging, verfahren wir mit den neuen Gleichungen (IV) und (V) analog. Wir notieren zwar im Folgenden Gleichung (I), doch gedanklich können wir sie ausblenden, da sie für die Rechnungen dieses Schrittes keine Rolle spielt. Die beiden übrigen

Gleichungen können wir als LGS mit 2 Gleichungen und 2 Unbekannten auffassen. Damit kennen wir uns ja schon aus.

$$\begin{array}{rcll} x_1 + 2x_3 &=& 2 & \text{(I)} \\ 2x_2 + x_3 &=& 3 & \text{(IV)} \\ 9x_3 &=& 9 & \text{(VI)}=\text{(IV)}+(-2)\cdot\text{(V)} \end{array}$$

- **Schritt 3:** Gleichung (VI) liefert uns sofort den Wert für die Unbekannte x_3: Es ist $x_3 = 1$. Nun bewegen wir uns rückwärts. x_3 setzen wir in eine der Gleichungen (IV) oder (V) ein und können so x_2 berechnen. In beiden Fällen erhalten wir natürlich denselben Wert: $x_2 = 1$. Noch einen Schritt rückwärts und wir verwenden $x_3 = 1$ und $x_2 = 1$ mit Gleichung (I), wobei aber (II) und (III) auch gehen würden. Mit allen dreien erhalten wir $x_1 = 0$.

Damit haben wir das Problem gelöst. Fassen wir unsere Vorgehensweise noch einmal zusammen und geben dem Kind abschließend einen Namen (auch wenn wir diesen eigentlich schon kennen) und legen einige Begriffe fest.

Das Gaußsche Eliminationsverfahren
Unser Ziel ist es, die sog. **Stufenform** zu erreichen. Dazu führen wir sog. **Elementarumformungen** der gegebenen Gleichungen durch. Unter Elementarumformungen verstehen wir:

- Wir dürfen eine Gleichung mit einer Zahl, die nicht 0 ist, multiplizieren.
- Wir dürfen Vielfache zweier Gleichungen miteinander addieren.

Überdies hinaus dürfen wir die Reihenfolge der Gleichungen verändern, falls eine Neuordnung sich als praktischer für die nächsten Rechenschritte erweist (z.B. geeigneterer Koeffizient vor der zu eliminierenden Variablen). Mit diesem Wissen handeln wir folgende Schritte zur Lösung eines LGS mit 3 Gleichungen und 3 Unbekannten ab:

- **Schritt 1:** Eliminierung der Variablen x_1 in den Gleichungen (II) und (III), indem die Gleichungen mit geeigneten Zahlen multipliziert und mit Gleichung (I) verrechnet werden. Es entstehen die Gleichungen (IV) und (V).

- **Schritt 2:** Die Gleichungen (IV) und (V) fassen wir als LGS mit 2 Gleichungen und 2 Unbekannten auf und eliminieren mit diesem Wissen die Variable x_2 in Gleichung (V). Es ergibt sich stattdessen Gleichung (VI). Jetzt haben wir die Stufenform erreicht. Diese sieht wie folgt aus:

$$\begin{aligned}
a_{11}x_1 \;+\; a_{12}x_2 \;+\; a_{33}x_3 &= b_1 \quad &\text{(I)} \\
\tilde{a}_{22}x_2 \;+\; \tilde{a}_{23}x_3 &= \tilde{b}_2 \quad &\text{(IV)} \\
\tilde{a}_{33}x_3 &= \tilde{b}_3 \quad &\text{(VI)}
\end{aligned}$$

Die Noation mit der Schlange über den Buchstaben soll verdeutlichen, dass dies neue Werte sind, die sich durch die beschriebenen Rechnungen aus den ursprünglichen Werten ergeben.

- **Schritt 3:** Aus Gleichung (VI) erhalten wir den Wert für x_3. Diesen setzen wir in Gleichung (IV) ein und berechnen so x_2. Mit Gleichung (I) und den beiden Nicht-mehr-Unbekannten erhalten wir schließlich x_1. Diese Vorgehensweise bezeichnen wir als **Rückwärtseinsetzen**.

Damit haben wir das Problem gelöst.

Auch für n Gleichungen mit n Unbekannten funktioniert das gezeigte Schema. Wir eliminieren nacheinander x_1, x_2 bis x_{n-1}. Die letzte Gleichung hängt nur noch von x_n ab und daher kann dieses bestimmt werden. Durch das Rückwärtseinsetzen erhalten wir nacheinander die Werte von x_{n-1} bis x_1 und lösen so das LGS.

Aufgaben

Aufgabe 1:
Lösen Sie das folgende LGS in Abhängigkeit von $t \in \mathbb{R}$:

$$\begin{aligned}
-x_1 \;+\; tx_2 \;+\; x_3 &= 0 \quad &\text{(I)} \\
x_1 \;-\; x_2 \;+\; tx_3 &= 0 \quad &\text{(II)} \\
x_1 \;+\; x_2 \;+\; x_3 &= t \quad &\text{(III)}
\end{aligned}$$

Diese Aufgabe dient zur Vorbereitung auf den nächsten Abschnitt.

Aufgabe 2:
Ein reicher Mann wollte im Mittelalter ein paar Tiere kaufen. Dazu hatte er 10000 Goldstücke bei sich. Ihm schwebte vor, drei Kühe, fünf Ochsen und zehn Schafe zu kaufen, und den Rest wollte er in Hühner zum Preis von 30 Goldmünzen pro Huhn investieren. Er ging zu dem Händler und der sagte ihm:

„Kühe sind teuer! Für das Geld, welches du für drei von ihnen bezahlst, kann ich dir auch vier Schafe und zwei Ochsen geben. Nimmst du jedoch vier Ochsen und elf Schafe, so bekommst du für das gleiche Geld bei sieben Kühen noch 100 Goldmünzen zurück. Anstatt von sechs Kühen und fünf Ochsen könntest du auch 21 Schafe und 40 Hühner kaufen und hättest immer noch 300 Goldmünzen mehr im Beutel."

Wie viele Hühner kann sich der arme Mann denn nun am Ende kaufen?

VIII.2.2 Gibt es Lösungen - und wenn ja wie viele?

Die Lösung eines LGS

Bisher haben wir immer von der Lösung eines LGS gesprochen und diese dann auch bestimmt, ohne dass wir genau gesagt haben, was wir unter einer Lösung verstehen wollen. Dies müssen wir jetzt nachreichen:

Die Lösung eines LGS muss gleichzeitig *alle Gleichungen* erfüllen.

Was haben wir aber zu erwarten bzw. was können wir als Lösungen erwarten, wenn wir ein LGS lösen? Bevor wir uns auf die Beantwortung dieser Frage stürzen, sollten wir endlich ein paar Begriffe, welche im Zusammenhang mit linearen Gleichungssystemen gebraucht werden, lernen und verstehen.

Wichtige Begriffe für lineare Gleichungssysteme

- Ein LGS dessen rechte Seite überall den Wert 0 zeigt, nennen wir *homogen*. Kommen auch andere Zahlen vor, so sprechen wir von einem *inhomogenen* LGS.

- Ein LGS mit *mehr Gleichungen als Unbekannten* nennen wir ein *überbestimmtes LGS*.

- Ein LGS mit *weniger Gleichungen als Unbekannten* wollen wir als *unterbestimmtes LGS* bezeichnen.

Ein LGS kann nun eindeutig lösbar, mehrdeutig lösbar oder unlösbar sein. Dies ist ein netter Satz, sagt er uns doch, was wir erwarten dürfen. Doch wie erkennen wir, dass ein unlösbares LGS oder ein eindeutig lösbares vorliegt? Und was machen wir, wenn es mehrdeutig lösbar sein sollte?

Alle unsere Fragen können wir mit der (hoffentlich!) schon bekannten Stufenform beantworten. Ihr Aussehen entscheidet über die Lösbarkeitsfrage. Wir betrachten die Stufenform für 3 Gleichungen mit 3 Unbekannten:

$$
\begin{aligned}
a_{11}x_1 \;+\; a_{12}x_2 \;+\; a_{33}x_3 \;&=\; b_1 \quad &\text{(I)} \\
\tilde{a}_{22}x_2 \;+\; \tilde{a}_{23}x_3 \;&=\; \tilde{b}_2 \quad &\text{(IV)} \\
\tilde{\tilde{a}}_{33}x_3 \;&=\; \tilde{\tilde{b}}_3 \quad &\text{(VI)}
\end{aligned}
$$

Alle nicht notierten Koeffizienten sind 0, was durch das Gaußsche Eliminationsverfahren begründet ist. Die mit Buchstaben notierten Koeffizienten sollten von 0 verschieden sein ... und hier liegt der Knackpunkt. Denn sind bestimmte dieser Koeffizienten gleich 0, dann liegen die genannten Fälle vor. Doch der Reihe nach und erst einmal für die linearen Gleichungssysteme mit bis zu 3 Gleichungen und 3 Unbekannten:

- **LGS ist eindeutig lösbar:** Alle Koeffizienten in der Stufenform mit einer Schnapszahl als Index (11, 22, 33) sind von 0 verschieden. Wir bestimmen aus der letzten Gleichung sofort x_3 und erhalten die übrigen Variablenwerte durch Rückwärtseinsetzen. Ein eindeutig lösbares LGS haben wir bereits in Abscnitt VIII.2.1 gesehen.

- **LGS ist mehrdeutig lösbar:** Bei der Durchführung des Gaußschen Eliminationsverfahren verschwindet spätestens in der finalen Stufenform mindestens eine Gleichung. Das meint, dass $0 = 0$ als Gleichung notiert werden kann. In diesem Fall können wir eine der Variablen als **freien Parameter** wählen[1] und die anderen in Abhängigkeit von diesem Parameter durch Rückwärtseinsetzen berechnen (siehe hierzu Beispiel 1). Falls eine zweite „Nullgleichung" in der Stufenform auftaucht, müssen wir eben einen zweiten Parameter wählen (sinniger Weise verwenden wir hierfür einen *anderen Buchstaben*!).

- **LGS ist unlösbar:** Wieder führen wir den Gauß durch und spätestens in der Stufenform treffen wir auf eine Gleichung der Form $0 = c$, wobei c irgendeine beliebige Zahl außer 0 sein kann ($c \in \mathbb{R} \setminus \{0\}$). Dann ist das LGS unlösbar, weil sich mindestens eine Gleichung durch keine auf die Unbekannten verteilte Wertekombination gleichzeitig mit den anderen Gleichungen lösen lässt (siehe hierzu Beispiel 2).

Anmerkung zur Lösbarkeit homogener LGS

Ein homogenes LGS (nur 0er auf der rechten Seite) ist entweder eindeutig lösbar ($x_1 = x_2 = \ldots = 0$, was wir die **triviale Lösung**, da ohne Rechnung ersichtlich, nennen) oder mehrdeutig (nichttrivial) mit entsprechenden Parametern lösbar.

Ein homogenes LGS kann deswegen *nicht unlösbar* sein, da die triviale Lösung, unabhängig von jeglichen Koeffizienten immer gefunden werden kann. Andersherum bedeutet dies aber auch, dass wenn es nicht nur die triviale Lösung gibt, das LGS mehrdeutig lösbar sein muss, da zwangsläufig eine Gleichung der Form $0 = 0$ entstehen muss, da $0 = c$ auf Grund des Aufbaus der rechten Seite nie entstehen kann.

---

[1] üblicher Weise mit t, r oder s bezeichnet, es gehen aber auch griechische Buchstaben (z.B. ein kleines Lambda: λ)

Beispiel 1 - Einfach mehrdeutig lösbar

Wir betrachten das LGS

$$
\begin{array}{rcrcrcrl}
x_1 & + & x_2 & + & 2x_3 & = & 7 & \text{(I)} \\
-x_1 & + & 2x_2 & + & x_3 & = & -1 & \text{(II)} \\
2x_1 & - & x_2 & + & x_3 & = & 8 & \text{(III)}
\end{array}
$$

Führen wir hier den Gauß durch, dann erhalten wir in einem ersten Schritt

$$
\begin{array}{rcrcrcrl}
x_1 & + & x_2 & + & 2x_3 & = & 7 & \text{(I)} \\
& & 3x_2 & + & 3x_3 & = & 6 & \text{(IV)}=\text{(I)}+\text{(II)} \\
& & -3x_2 & - & 3x_3 & = & -6 & \text{(V)}= -(2)\cdot\text{(I)}+\text{(III)}
\end{array}
$$

Wir sehen jetzt schon, dass (IV)$= -$(V). Addieren wir die beiden Zeilen, so ergibt sich

$$
\begin{array}{rcrcrcrl}
x_1 & + & x_2 & + & 2x_3 & = & 7 & \text{(I)} \\
& & 3x_2 & + & 3x_3 & = & 6 & \text{(II)} \\
& & & & 0 & = & 0 & \text{(VI)}=\text{(IV)}+\text{(V)}
\end{array}
$$

Es ist an der Zeit, den freien Parameter zu wählen. Wir nehmen $x_3 = t$. Setzen wir das dann in (IV) ein, folgt fast sofort $x_2 = 2 - t$. Verwenden wir nun noch Gleichung (I) mit den beiden Variablenwerten, dann ergibt sich auch noch $x_1 = 5 - t$.

Mehrdeutige Lösungen scheinen kein größeres Problem darzustellen. Der Fall mit keiner Lösung steht aber noch auf unserer Liste. Lasst uns auch hier ein Häkchen hinter den offenen Posten setzen.

Beispiel 2 - Kein Lösungsglück

Wir betrachten fast das gleiche LGS wie in Beispiel 1, aber eben nur fast:

$$
\begin{array}{rcrcrcrl}
x_1 & + & x_2 & + & 2x_3 & = & 7 & \text{(I)} \\
-x_1 & + & 2x_2 & + & x_3 & = & -1 & \text{(II)} \\
2x_1 & - & x_2 & + & x_3 & = & 7 & \text{(III)}
\end{array}
$$

Führen wir hier den Gauß durch, dann erhalten wir hier zuerst

$$
\begin{array}{rcrcrcrl}
x_1 & + & x_2 & + & 2x_3 & = & 7 & \text{(I)} \\
& & 3x_2 & + & 3x_3 & = & 6 & \text{(IV)}=\text{(I)}+\text{(II)} \\
& & -3x_2 & - & 3x_3 & = & -7 & \text{(V)}= -(2)\cdot\text{(I)}+\text{(III)}
\end{array}
$$

Addieren wir dann (IV) und (V) ergibt sich

$$
\begin{array}{rcll}
x_1 \; + \; x_2 \; + \; 2x_3 & = & 7 & \text{(I)} \\
3x_2 \; + \; 3x_3 & = & 6 & \text{(II)} \\
0 & = & -1 & \text{(VI)=(IV)+(V)}
\end{array}
$$

Die letzte Gleichung (VI) ist sicher nicht erfüllbar. Somit finden wir auch für das gesamte LGS keine einheitliche Lösung, die alle Gleichungen *zugleich* erfüllt. Das LGS ist daher unlösbar.

Lösung von unter- bzw. überbestimmten LGS

Was passiert jetzt, wenn wir ein unter- bzw. überbestimmtes LGS lösen wollen? Was müssen wir dabei beachten? Kommen gar neue Probleme auf uns zu? Die letzte Frage können wir gleich mit „Nein" beantworten. Und auch die anderen beiden können extrem schüler/studentenfreundlich beantwortet werden.

- **Lösung eines überbestimmten LGS:**
  Ein solches LGS kann eindeutig lösbar, mehrdeutig lösbar und unlösbar sein. Wir suchen uns zu Beginn so viele Gleichungen heraus, wie wir Unbekannte haben. Dann lösen wir das durch sie repräsentierte LGS (Gauß, Stufenform). Hier haben wir zwei Fälle zu unterscheiden:

  - Ist das ausgesuchte LGS unlösbar, so ist auch das eigentlich zu betrachtende, überbestimmte LGS unlösbar, weil ja nicht einmal die ausgesuchten Gleichungen über eine einheitliche Lösung verfügen.

  - Ist das ausgesuchte LGS lösbar (eindeutig oder mehrdeutig), setzen wir die erhaltenen Lösungen in die bisher nicht verwendeten Gleichungen des überbestimmten LGS ein. Lösen sie auch diese, dann lösen sie das überbestimmte LGS. Im Falle einer mehrdeutigen Lösung des ausgesuchten LGS kann diese beim überbestimmten auch zu einer eindeutigen Lösung werden, da die Wahlfreiheit für die Parameter durch weitere Gleichungen eliminiert werden kann.

  Wir sehen, dass wir bei überbestimmten LGS uns ein zur Anzahl der Unbekannten passendes LGS aussuchen dürfen, wir aber am Ende nicht nur an dessen Lösung interessiert sind, sondern, durch eine Art Probe mit den verbliebenen Gleichungen, die Lösung auch für das für uns relevante überbestimmte LGS verifizieren müssen.

- **Lösung eines unterbestimmten LGS:**
  Ein solches LGS ist entweder mehrdeutig lösbar oder unlösbar. Wir lösen es ebenfalls nach dem Gaußverfahren und bringen es auf Stufenform. Da allerdings Treppenstufen (Gleichungen) fehlen, müssen wir mindestens die Anzahl der fehlenden Gleichungen (verglichen mit der Anzahl der Unbekannten) als Parameter wählen.

Die übrigen Variablen werden dann in Abhängigkeit von den gewählten Parametern berechnet.

Beispiel 3 - Zuviel des Guten (überbestimmte LGS)

Wir haben folgende Probleme:

$$
\begin{array}{rcrcrcrl}
x_1 & + & x_2 & + & 2x_3 & = & 7 & \text{(I)} \\
-x_1 & + & 2x_2 & + & x_3 & = & -1 & \text{(II)} \\
2x_1 & - & x_2 & + & x_3 & = & 8 & \text{(III)} \\
4x_1 & - & 3x_2 & + & x_3 & = & 14 & \text{(III)}^{(1)}
\end{array}
$$

und

$$
\begin{array}{rcrcrcrl}
x_1 & + & x_2 & + & 2x_3 & = & 7 & \text{(I)} \\
-x_1 & + & 2x_2 & + & x_3 & = & -1 & \text{(II)} \\
2x_1 & - & x_2 & + & x_3 & = & 8 & \text{(III)} \\
4x_1 & - & 3x_2 & + & x_3 & = & 15 & \text{(III)}^{(2)}
\end{array}
$$

und

$$
\begin{array}{rcrcrcrl}
x_1 & + & x_2 & + & 2x_3 & = & 7 & \text{(I)} \\
-x_1 & + & 2x_2 & + & x_3 & = & -1 & \text{(II)} \\
2x_1 & - & x_2 & + & x_3 & = & 8 & \text{(III)} \\
4x_1 & - & 3x_2 & + & 2x_3 & = & 4 & \text{(III)}^{(3)}
\end{array}
$$

Bei allen drei LGS wählen wir die Gleichungen (I), (II) und (III) um ein LGS mit 3 Gleichungen und 3 Unbekannten zu erhalten. Die übrige Gleichung ($\text{(III)}^{(1)}$, $\text{(III)}^{(2)}$ bzw. $\text{(III)}^{(3)}$) spielt vorerst keine Rolle. Lösen wir das (in allen drei Fällen gleiche und mit Beispiel 1 identische) LGS, dann ergeben sich $x_1 = 5 - t$, $x_2 = 2 - t$ und $x_3 = t$. Wir betrachten die jeweils übrige Gleichung:

- **Gleichung $\text{(III)}^{(1)}$:** Hier ergibt sich aus $4x_1 - 3x_2 + x_3 = 14$ mit den Werten für die Unbekannten die folgende Gleichung:

$$
4 \cdot (5 - t) - 3 \cdot (2 - t) + t = 14, \text{ also } 20 - 4t - 6 + 3t + t = 14 \text{ und somit}
$$
$$
14 = 14, \text{ also } 0 = 0.
$$

Damit ist das überbestimmte LGS *mehrdeutig lösbar*, da die gefundene mehrdeutige Lösung des ausgesuchten LGS auch die übrige Gleichung $\text{(III)}^{(1)}$ des überbestimmten LGS erfüllt.

- **Gleichung (III)$^{(2)}$:** Aus der (fast mit Gleichung (III)$^{(1)}$ identischen) Gleichung $4x_1 - 3x_2 + x_3 = 15$ wird mit den gefundenen Werten durch Umformungen die Gleichung $0 = 1$. Damit wird die Gleichung (III)$^{(2)}$ *nicht* durch die gemeinsame Lösung der Gleichungen (I), (II) und (III) gelöst und damit ist auch das eigentlich zu betrachtende überbestimmte LGS *nicht lösbar*.

- **Gleichung (III)$^{(3)}$:** Zum Abschluss setze wir die gefundenen Werte in die Gleichung $4x_1 - 3x_2 + 2x_3 = 4$ ein. Es folgt:

$$4 \cdot (5 - t) - 3 \cdot (2 - t) + 2 \cdot t = 4, \text{ also } 20 - 4t - 6 + 3t + 2t = 4 \text{ und somit}$$
$$14 + t = 4, \text{ also } t = -10.$$

Die Lösung $x_1 = 5 - (-10) = 15$, $x_2 = 2 - (-10) = 12$ und $x_3 = -10$ löst sowohl die ersten drei Gleichungen (I), (II) und (III), also auch die übrige Gleichung (III)$^{(3)}$. Damit ist das überbestimmte LGS *eindeutig lösbar*, das ausgesuchte LGS aber sogar mehrdeutig.

Überbestimmte LGS haben wir damit beispieltechnisch abgeklärt. Es verbleiben uns noch unterbestimmte LGS.

Beispiel 4 - Was fehlt denn da (unterbestimmte LGS)

Wir untersuchen hier den lösbaren Fall eines unterbestimmten LGS und richten unser Augenmerk dazu auf das LGS

$$
\begin{array}{rcrcrcrl}
x_1 & + & x_2 & + & 2x_3 & = & 7 & \text{(I)} \\
-x_1 & + & 2x_2 & + & 4x_3 & = & -1 & \text{(II)}
\end{array}
$$

Wir haben 3 Unbekannte, aber nur 2 Gleichungen. Verrechnen wir diese beiden Gleichungen miteinander ((I)+(II)), so ergibt sich

$$
\begin{array}{rcrcrcrl}
x_1 & + & x_2 & + & 2x_3 & = & 7 & \text{(I)} \\
& & 3x_2 & + & 6x_3 & = & 6 & \text{(II)*}=\text{(II)}+\text{(I)}
\end{array}
$$

Nun fehlt uns eine weitere Gleichung um auch x_2 eliminieren zu können. Deshalb setzen wir $x_3 = t$ und erhalten durch Umformungen aus (II)* $x_2 = 2 - 2t$. Eingesetzt in Gleichung (I) notieren wir abschließend $x_1 = 5$. Wir haben somit die *mehrdeutige Lösung* des unterbestimmten LGS gefunden.

Mehr Gleichungen und mehr Unbekannte

Die zur Lösbarkeit eines LGS gemachten Aussagen gelten auch für n Gleichungen mit n Unbekannten ($n \in \mathbb{N}$ und $n > 3$). Der Gauß verlängert sich dann eben um entsprechend viele Schritte (erst n Unbekannte, dann $n - 1$, danach $n - 2$, usw. bis nur noch eine dasteht). Anschließend setzen wir rückwärts ein. Sollten Gleichungen der Form $0 = 0$ oder $0 = c$ mit $c \in \mathbb{R} \setminus \{0\}$ auftauchen, gilt für die Lösbarkeit des LGS Analoges zum Fall mit $n = 3$ und $n = 2$.

Wozu können wir solche LGS gebrauchen, wann treffen wir auf sie? Spätestens in Kapitel XV, wenn wir uns mit Ebenen beschäftigen, gibt es ein Wiedersehen. Aber auch bei den ganzrationalen Funktionen lassen sie sich nicht vermeiden wie der nächste Abschnitt zeigen soll.

VIII.3 LGS und Funktionen - Bestimmung ganzrationaler Funktionen

Wir erinnern uns an Kapitel V zurück. Dort haben wir die ganzrationalen Funktionen kennengelernt und angefangen, die Eigenschaften solcher Funktionen bzw. ihrer Graphen zusammenzutragen. Diese Untersuchungen führten wir in Kapitel VII fort, wo wir uns mit der Differentialrechnung auseinandersetzten, welche uns viele neue Einsichten ermöglicht (Extrempunkte, Wendepunkte, Ableitungsfunktionen etc.). Mit Abschluss des nun vorliegenden Kapitels, in dem wir das Lösen linearer Gleichungssysteme (LGS) besprochen haben, betrachten wir die ganzrationalen Funktionen aus einem anderen Blickwinkel. Zur Bestimmung selbiger werden in Aufgaben nämlich gelegentlich nur bestimmte Merkmale der Funktionen bzw. ihrer Graphen angegeben, d.h. bestimmte Bedingungen an die Funktion bzw. an ihren Graphen gestellt (Ableitungswerte, Funktionswerte, Lage bezüglich bestimmter Funktionen etc.). Auf Grund dieser Bedingungen sind wir jetzt in der Lage, ein LGS aufzustellen, welches wir dann mit den Techniken, die wir in diesem Kapitel kennengelernt haben, lösen können. Wie diese Bedingungen nun aussehen und formuliert werden können und wie sie dann zu interpretieren sind, soll die folgende kleine Übersicht der gebräuchlichsten Forderungen zeigen.

Punkt gegeben

Der Graph einer ganzrationalen Funktion f gegebenen Grades[2] geht durch den Punkt $P(p/q)$.

---

[2]Hiermit ist gemeint, dass in der Aufgabenstellung der Grad der ganzrationalen Funktion explizit angegeben ist oder dass dieser aus der Anzahl der Bedingungen ersichtlich ist (siehe hierzu Anmerkung V weiter hinten in diesem Abschnitt).

Interpretation:

$$f(p) = q$$

Anmerkung I - Zur Formulierung

Bezeichnen wir das Schaubild/den Graphen einer Funktion mit K oder einem anderen, bisher nicht verwendeten Großbuchstaben, dann können wir anstatt der Formulierung „...der Punkt $P(p/q)$ liegt auf dem Graphen der Funktion f...“ auch einfach $P \in K$ schreiben. Das ist zwar kryptischer aber auch kürzer und eleganter und viel mathematischer. Für dieses Kapitel verwenden wir trotzdem die „umständlichere“ Variante wie oben angegeben.

Extrempunkt gegeben

Der Punkt $P(p/q)$, der auf dem Graphen der ganzrationalen Funktion f gegebenen Grades liegt, ist ein Hoch- oder Tiefpunkt[3].

Interpretation:

$$f(p) = q$$
$$f'(p) = 0$$

Wendepunkt gegeben

Der Punkt $P(p/q)$, der auf dem Graphen der ganzrationalen Funktion f gegebenen Grades liegt, ist ein Wendepunkt.

Interpretation:

$$f(p) = q$$
$$f''(p) = 0$$

Steigung gegeben

Der Graph der ganzrationalen Funktion f hat an der Stelle $x = p$ die Steigung m.

Interpretation:

$$f'(p) = m$$

---

[3] Alternative Formulierung: Extrempunkt. Hierbei ist die Art des Extremas also unerheblich und kann im Nachhinein noch bestimmt werden.

Wendepunkt mit Steigung gegeben

Der Punkt $P(p/q)$, der auf dem Graphen der ganzrationalen Funktion f gegebenen Grades liegt, ist eine Wendepunkt und der Graph der Funktion hat hier die Steigung m.

Interpretation:

$$f(p) = q$$
$$f'(p) = m$$
$$f''(p) = 0$$

x-Stelle mit Extrempunkteigenschaft

Der Graph der ganzrationalen Funktion f gegebenen Grades hat bei $x = p$ einen Extrempunkt.

Interpretation:

$$f'(p) = 0$$

x-Stelle mit Wendepunkteigenschaft

Der Graph der ganzrationalen Funktion f gegebenen Grades hat bei $x = p$ einen Wendepunkt.

Interpretation:

$$f''(p) = 0$$

Sattelpunkt/Terrassenpunkt

Der Punkt $P(p/q)$, der auf dem Graphen der ganzrationalen Funktion f gegebenen Grades liegt, ist ein Sattel- bzw. Terrassenpunkt.

Interpretation:

$$f(p) = q$$
$$f'(p) = 0$$
$$f''(p) = 0$$

Angabe von Berührpunkten

Der Graph der ganzrationalen Funktion f gegebenen Grades berührt den Graphen der bekannten Funktion g an der Stelle $x = p$.

Interpretation:

$$f(p) = g(p)$$
$$f'(p) = g'(p)$$

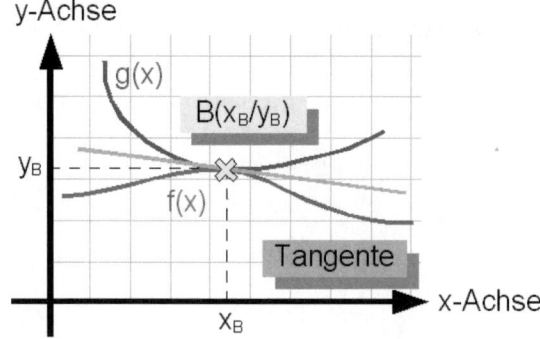

Abbildung VIII.3.1: Skizze zum Berührpunkt der Graphen zweier Funktionen.

Anmerkung II - Spezielle Berührpunkte

A

Berührt der Graph der Funktion die x-Achse, so ist die Steigung (also die erste Ableitung) gleich 0 zu setzen. Der Funktionswert an dieser Stelle ist hier ebenfalls gleich 0.

Parallelität zu einer Funktion/Geraden

Der Graph der ganzrationalen Funktion f gegebenen Grades verläuft an der Stelle $x = p$ parallel zum Graphen einer anderen, bekannten Funktion g.

Interpretation:

$$f'(p) = g'(p)$$

Anmerkung III - Erinnerung

Parallelität an einer Stelle = identische Steigungen

Bei einer Geraden, beschrieben durch die Funktionsgleichung $g(x) = m \cdot x + c$, ist die erste Ableitung konstant und identisch mit der Steigung m.

Symmetrieeigenschaften

Bei Achsensymmetrie oder Punktsymmetrie des Graphen der gesuchten ganzrationalen Funktion f vereinfacht sich der Ansatz wie folgt:

Achsensymmetrie $\Leftrightarrow$ Nur **gerade** Hochzahlen sind möglich

Punktsymmetrie $\Leftrightarrow$ Nur **ungerade** Hochzahlen sind möglich

---

Anmerkung IV - Selbstverständlichkeit

Nur wenn der maximale Grad einer ganzrationalen Funktion ungerade ist, kann ihr Graph punktsymmetrisch sein und nur wenn der maximale Grad einer ganzrationalen Funktion gerade ist, kann ihr Graph achsensymmetrisch sein.

Anmerkung V - Zur Eindeutigkeit

Eine Funktion n-ten Grades benötigt, um eindeutig bestimmt zu werden, $(n + 1)$ unabhängige Gleichungen für die Koeffizienten. Bei Vorgabe einer der eben genannten Symmetrien reduziert sich diese Zahl.

Da wir uns die wesentlichen Bedingungen in abstrakter Art und Weise angeschaut haben, wollen wir uns nun mit ein paar Beispielen einen besseren Überblick und eine gewisse Sicherheit beim Lösen solcher Aufgaben verschaffen.

Beispiel 1 - Ein Punkt, eine Steigung und ein wenig Symmetrie

Der Graph einer ganzrationalen Funktion dritten Grades ist punktsymmetrisch und hat im Punkt $P(2/6)$ die Steigung $m = 12$. Wie lautet ihre Funktionsgleichung?

Lösung:

Der Ansatz für eine ganzrationale Funktion dritten Grades lautet

$$f(x) = ax^3 + bx^2 + cx + d.$$

Liegt Punktsymmetrie vor, so existieren nur ungerade Hochzahlen bei x. Es ist also $b = d = 0$. Der Ansatz vereinfacht sich damit zu

$$f(x) = ax^3 + cx.$$

Die erste Ableitung lautet folglich $f'(x) = 3ax^2 + c$. Wir nutzen jetzt die angegebenen Bedingungen aus:

- Der Punkt $P(2/6)$ liegt auf dem Graphen von f: $f(2) = 8a + 2c = 6$ (I)

- Die Steigung des Graphen im Punkt $P(2/6)$ ist $m = 12$: $f'(2) = 12a + c = 12$ (II)

Aus (II) folgt, dass $c = 12 - 12a$ ist. Das setzen wir in (I) ein und erhalten

$$8a + 2 \cdot (12 - 12a) = 8a + 24 - 24a = -16a + 24 = 6 \Leftrightarrow -16a = -18 \Leftrightarrow a = \frac{9}{8}$$

Mit der Umformung von (II) erhalten wir daraus $c = -\frac{3}{2}$. Wir haben also

$$f(x) = \frac{9}{8}x^3 - \frac{3}{2}x$$

als Funktionsgleichung für die gesuchte ganzrationale Funktion dritten Grades gefunden.

Wir waren hier mit Unterstützung des Einsetzungsverfahrens aus Unterkapitel VIII.1.2 erfolgreich. Zumeist ist es so, dass wir bei derartigen Aufgaben nicht das komplette Gauß-sche Eliminationsverfahren aus Unterkapitel VIII.2.1 abspulen müssen, da sich viele der Gleichungen des LGS als bereits sehr einfach und „direkt umformbar" herausstellen. Wir betrachten ein weiteres Beispiel.

Beispiel 2 - Ein Wendepunkt mit Steigung und wieder ein wenig Symmetrie

Der Graph einer ganzrationalen Funktion vierten Grades ist achsensymmetrisch und besitzt im Wendepunkt $W(1/3)$ die Steigung $m = -8$. Wie lautet hier die Funktionsgleichung?

Lösung:

Die gesuchte Funktion ist achsensymmetrisch. Damit können wir den allgemeinen Ansatz

$$f(x) = ax^4 + bx^3 + cx^2 + dx + e$$

auf die Summanden mit geraden Potenzen von x beschränken, d.h. $b = d = 0$. Es ist dann

$$f(x) = ax^4 + cx^2 + e.$$

Die Ableitungen sind damit $f'(x) = 4ax^3 + 2cx$ und $f''(x) = 12ax^2 + 2c$. Wir formulieren anschließend die gegebenen Bedingungen im mathematischen Chargon:

- Der Punkt $W(1/3)$ liegt auf dem Graphen der Funktion: $f(1) = a + c + e = 3$ (I)
- Die Steigung im Punkt $W(1/3)$ ist $m = -8$: $f'(1) = 4a + 2c = -8$ (II)
- $W(1/3)$ ist Wendepunkt: $f''(1) = 12a + 2c = 0$ (III)

Wir ziehen (II) von (III) ab und erhalten dadurch $8a = 8$, also $a = 1$. Setzen wir z.B. in (III) ein, so folgt $2c = -12$, also $c = -6$. Damit erhalten wir schließlich über (I)

$$e = 3 - a - c = 3 - 1 + 6 = 8.$$

Die gesuchte Funktionsgleichung lautet also

$$f(x) = x^4 - 6x^2 + 8.$$

So langsam müssten wir etwas Übung bekommen. Stürzen wir uns also sogleich (des Erfolges wegen) auf das nächste Problemchen.

Beispiel 3 - Parallelität und das Ausnutzen des Fundamentalsatzes der Algebra

Der Graph einer ganzrationalen Funktion fünften Grades ist punktsymmetrisch, hat die Nullstellen $x_1 = 2$ und $x_2 = 4$ und verläuft im Ursprung parallel zur Geraden mit der Gleichung $g(x) = 8x - 11$. Wie sieht hier der zugehörige Funktionsterm aus?

Lösung:

Auf Grund der Punktsymmetrie können wir den allgemeinen Ansatz

$$f(x) = ax^5 + bx^4 + cx^3 + dx^2 + ex + f$$

mit $b = d = f = 0$ (streichen der geraden Potenzen von x) zu

$$f(x) = ax^5 + cx^3 + ex$$

vereinfachen. Hier können wir die Bedingungen formulieren:

- Die Nullstellen liefern zwei Bedingungen: $f(2) = f(4) = 0$ (I) und (II)

- Die Steigung im Ursprung: $f'(0) = g'(0) = 8$ (III)

Lösen wir das zugehörige LGS, so erhalten wir die gesuchten Koeffizienten. Diese sind aber auch auf eine andere Weise zu bekommen, wie wir im Folgenden demonstrieren wollen.

Alle Nullstellen sind gegeben. Es sind wegen der Punktsymmetrie $x_{1/1'} = \pm 2$, $x_{2/2'} = \pm 4$ und $x_5 = 0$ Nullstellen. Damit können wir den Fundamentalsatz der Algebra (siehe Kapitel V) anwenden und erhalten

$$f(x) = a \cdot x \cdot (x-2) \cdot (x+2) \cdot (x-4) \cdot (x+4) = a \cdot x \cdot \left(x^2 - 4\right) \cdot \left(x^2 - 16\right)$$
$$= a \cdot x \cdot \left(x^4 - 20x^2 + 64\right) = a \cdot \left(x^5 - 20x^3 + 64x\right).$$

Leiten wir nun ab, so folgt $f'(x) = a \cdot (5x^4 - 60x^2 + 64)$ und damit können wir über $f'(0) = g'(0) = 8$ den unbekannten Koeffizienten a zu $a = \frac{1}{8}$ bestimmen. Hiermit erhalten wir die gesuchte Funktionsgleichung

$$f(x) = \frac{1}{8}x^5 - \frac{5}{2}x^3 + 8x.$$

Bisher haben wir es immer mit einer der beiden Symmetrien, welche zu einer Vereinfachung des Ansatzes führen, zu tun gehabt. Im nächsten Beispiel lassen wir darum die Symmetrie einmal weg und müssen folgerichtig mit dem kompletten Koeffizientensatz rechnen.

Beispiel 4 - Ohne offensichtliche Symmetrie

Der Graph einer ganzrationalen Funktion dritten Grades schneidet die Gerade mit der Gleichung $g(x) = -\frac{1}{8}x + \frac{9}{4}$ im Punkt an der Stelle $x = 2$ rechtwinklig. Ihr Extrempunkt liegt $\frac{5}{4}$ unterhalb des y-Achsenabschnitts der Geraden. Wie lautet der Funktionsterm der ganzrationalen Funktion dritten Grades?

Lösung:

Der allgemeine Ansatz für eine ganzrationale Funktion dritten Grades lautet

$$f(x) = ax^3 + bx^2 + cx + d.$$

Die zugehörige erste Ableitung ist daher $f'(x) = 3ax^2 + 2bx + c$. Wir erhalten jetzt ein paar Informationen mit Hilfe der gegebenen Geradengleichung.

- Der Punkt an der Stelle $x = 2$ ist gegeben: $P(2/g(2)) = P(2/2)$. Somit haben wir folgende Bedingung: $f(2) = 8a + 4b + 2c + d = 2$ (I)

- Die Steigung im Punkt P ist rechtwinklig zu der der Geraden. Es ist somit (siehe Kapitel II und Kapitel VII)

$$f'(2) = -\frac{1}{m_{\text{Gerade}}} = \frac{-1}{-\frac{1}{8}} = 8.$$

Die Bedingung lautet dann: $f'(2) = 12a + 4b + c = 8$ (II)

- Bei $x = 0$ hat der Graph von f einen Extrempunkt: $f'(0) = c = 0$ (III)

- Der Extrempunkt ist $E(0/g(0) - \frac{5}{4}) = E(0/\frac{9}{4} - \frac{5}{4}) = E(0/1)$, somit wissen wir das Folgende: $f(0) = d = 1$ (IV)

Das zugehörige LGS lautet letztendlich

$$
\begin{array}{rcrcrcrcl}
8a &+& 4b &+& 2c &+& d &=& 2 \\
12a &+& 4b &+& c & & &=& 8 \\
& & & & c & & &=& 0 \\
& & & & & & d &=& 1
\end{array}
$$

Setzen wir die dritte Gleichung in die zweite ein, sowie die dritte und die vierte Gleichung in die erste, so vereinfacht sich das LGS zu

$$
\begin{array}{rcrcl}
8a &+& 4b &=& 1 \\
12a &+& 4b &=& 8
\end{array}
$$

Ziehen wir hier die erste von der zweiten Gleichung ab, so folgt $4a = 7$, also $a = \frac{7}{4}$. Eingesetzt in eine der beiden Gleichungen ergibt sich dann $b = -\frac{13}{4}$. Wir haben also die Funktionsgleichung gefunden. Sie lautet

$$\frac{7}{4}x^3 - \frac{13}{4}x^2 + 1.$$

Diese vier Beispiele skizzieren schon recht gut die Vorgehensweisen, welche bei dieser Art von Aufgaben üblich sind. Wer jetzt noch ein wenig mehr Übung benötigt, der darf sich mit Feuereifer in den Aufgabendschungel stürzen.

Aufgaben

Aufgabe 1:
Herr Breitenthaler möchte für seine Garage eine neue Auffahrt bauen. Einen Querschnitt des Geländes zeigt Abbildung VIII.3.2.

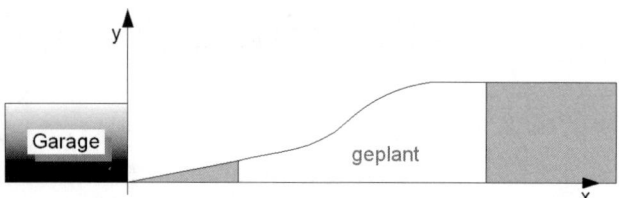

Abbildung VIII.3.2: Skizze der geplanten Auffahrt.

Nach seiner Garagenausfahrt steigt das Gelände auf den nächsten 5 Metern gleichmäßig um etwa einen halben Meter an. Die neue Auffahrt soll diesen Teil dann mit dem 4 Meter hoch gelegenen, ebenen Geländeteil in 20 Metern Entfernung zur Garageneinfahrt verbinden. Der Anschluss soll in beiden Fällen so geschehen, dass man beim Überfahren der Anschlussstellen keine Unebenheiten spürt.

Das Profil der Auffahrt kann durch eine Polynomfunktion möglichst niedrigen Grades beschrieben werden. Welchen Grad wählen Sie und warum? Stellen Sie die Funktion auf und bestimmen Sie alle offenen Parameter.

Aufgabe 2:
Der Pylon einer neuartigen Brücke (Stahl-Betonpfeiler über die die Schrägseile einer Hängebrücke verlaufen) habe die Form eines Parabelbogens, wenn man ihn in Fahrtrichtung über die Brücke betrachtet (siehe Abbildung VIII.3.3).

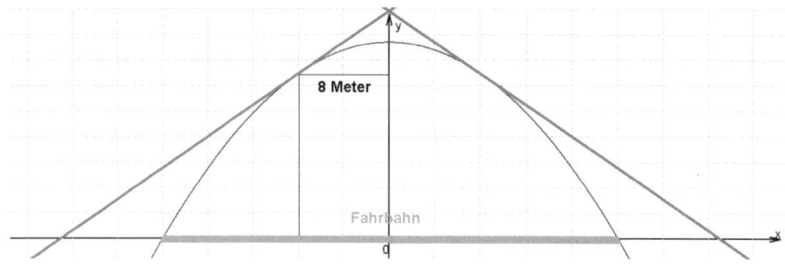

Abbildung VIII.3.3: Pylonform in Fahrtrichtung.

Die Stahlseile (Geraden in der Abbildung) lassen sich durch die Gleichungen $g_L(x) = 4 \cdot x + 116$ und $g_R(x) = -4 \cdot x + 116$ beschreiben (Einheit Meter). Sie berühren den Parabelbogen in jeweils 8 Meter Entfernung von der Mittelachse (siehe Abbildung).

Wie breit ist die Fahrbahn? Wie hoch ist der Pylon?

Aufgabe 3:
Das Schaubild einer ganzrationalen Funktion vom Grad 4 sei achsensymmetrisch und haben einen Tiefpunkt bei $P(-2/-4)$.

(a) Ist die Funktionsgleichung eindeutig festzulegen? Wenn nicht, wie lautet die Schargleichung?

(b) Führen Sie eine vollständige Kurvendiskussion durch.

IX Mit Brüchen muss man umgehen können - Gebrochenrationale Funktionen

Nach unserem kleinen Ausflug in die Welt der linearen Gleichungssysteme begeben wir uns, wie schon im letzten Abschnitt des vorangegangenen Kapitels, zurück zu den Funktionen und ihren Eigenheiten. Die ganzrationalen Funktionen dürften wir mittlerweile zur Genüge kennen, so dass es uns bestimmt nicht schwer fällt, mit ihrer Hilfe einen halbwegs neuen Funktionstypen zu basteln: Die gebrochenrationalen Funktionen. Eigentlich kennen wir diese auch schon ein wenig, denn in Kapitel IV haben wir uns kurzzeitig mit negativen Exponenten und dadurch eigentlich auch mit gebrochenrationalen Funktionen (wenn auch sehr speziellen) beschäftigt. Das hier erlangte Wissen wollen wir im Folgenden weiter ausbauen. Zuvor sollten wir uns aber an den Umgang mit Brüchen bzw. Bruchtermen und Bruchgleichungen (wieder) gewöhnen. Dazu dient der nächste Abschnitt.

IX.1 Grundlagen - Umgang mit Bruchgleichungen und Brüchen

Bei den Gleichungen haben wir schon einen größeren Bekanntenkreis: Lineare Gleichungen, quadratische Gleichungen, Wurzelgleichungen, Logarithmusgleichungen, Gleichungen höheren Grades,.... Wir fügen unseren Freunden einen neuen hinzu und zwar die Bruchgleichungen. Bevor wir im Allgemeinen über unsere neue Bekanntschaft reden wollen, betrachten wir ein kleines Beispiel, welches uns die Probleme, die uns diese bereitet, verdeutlichen soll.

Beispiel 1 - Ein gebrochener Mann

Geben Sie die Definitionsmenge und die Lösungsmenge der folgenden Gleichung an:

$$\frac{2x+17}{x^2+x-6} = \frac{x-2}{x+3} + \frac{x+3}{x-2}$$

Zuerst wäre da die Frage nach der Definitionsmenge. Bereits bei Wurzel- und Logarithmusgleichungen mussten wir uns mit dem Problem herumärgern, dass wir nicht alle Zahlen aus ganz $\mathbb{R}$ einsetzen dürfen. Hier gibt es nun ebenfalls ein paar verbotene Zahlen, wobei sich ihre Anzahl im Vergleich zu einer üblichen Wurzel- oder Logarithmusgleichung doch stark in Grenzen hält.

Um die sog. **Definitionslücken** zu finden, müssen wir lediglich die Nullstellen der Nenner herausfinden. Eigentlich können wir zuerst den **Hauptnenner** aller Summanden und dann die Werte für x ermitteln, für die er gleich 0 wird.

Ermittlung des Hauptnenners:

Die drei Nenner in dem Beispiel sind die Terme $x^2 + x - 6$, $x + 3$ und $x - 2$. Die Produktdarstellung von $x^2 + x - 6$ ermitteln wir über die Mitternachtsformel. Mit $x^2 + x - 6 = 0$ rechnen wir

$$x_{1/2} = \frac{-1 \pm \sqrt{1 + 4 \cdot 6}}{2} = \frac{-1 \pm 5}{2} = \begin{cases} -3 \\ 2 \end{cases}$$

Damit können wir sofort die Produktdarstellung angeben. Es ist $x^2 + x - 6 = (x + 2) \cdot (x - 3)$. Somit haben wir auch den Hauptnenner gefunden, denn indem wir mit den anderen Nennern vergleichen, erkennen wir, dass es

$$(x + 2) \cdot (x - 3)$$

sein muss, weil hier das kleinste gemeinsame Vielfache (kgV) aller Nenner vorliegt. Vom kgV haben wir schon einmal etwas gehört. Darum ist es nun an der Zeit, hierüber noch ein paar Worte zu verlieren.

Ein kleiner Einschub über das kgV

Das kleinste gemeinsame Vielfache bei Zahlen

Liegen uns zwei Zahlen a und b vor, wobei $a, b \in \mathbb{Z}$, dann ist das kgV die kleinste Zahl, die gleichzeitig ein Vielfaches von a *und* von b ist. Sind a und b beides Primzahlen, dann ist das kgV einfach das Produkt $a \cdot b$ der beiden Zahlen. Lassen sich a und b in Primfaktoren zerlegen (Eindeutige Darstellung der Zahl als Produkt von Primzahlen), dann ist das kgV das Produkt aller Primfaktoren, die in mindestens einer der beiden *Primfaktorzerlegungen* der Zahlen vorkommen, versehen mit der jeweils größten vorkommenden Hochzahl/dem größten vorkommenden Exponenten bei diesem Primfaktor. Für mehr als zwei Zahlen argumentiert man analog (siehe Beispiel 1.1). In Formeln können wir dabei $\text{kgV}(a, b, c) = \text{kgV}(a, \text{kgV}(b, c)) = \text{kgV}(\text{kgV}(a, b), c)$ schreiben[a], wobei auch $c \in \mathbb{Z}$ ist.

---

[a]**In Worten:** Das kgV dreier ganzer Zahlen ist gleich dem kgV einer dieser Zahlen mit dem kgV der anderen beiden.

Beispiel 1.1 - kgV dreier Zahlen

Wir betrachten die drei Zahlen 180, 121 und 125. Nach ein wenig Probieren finden wir die folgenden Zerlegungen:

$$180 = 2^2 \cdot 3^2 \cdot 5$$
$$121 = 11^2$$
$$125 = 5^3$$

Die 2 kommt nur in einer Zerlegung vor, der höchste Exponent ist ebenfalls die 2. Gleiches gilt für den Primfaktor 3. Die 5 kommt in zwei Zahlen vor, der größte Exponent ist die 3. Für die 11 gilt das Gleiche wie für 2 und 3. Damit erhalten wir das kgV von 180, 121 und 125. Es ist

$$2^2 \cdot 3^2 \cdot 5^3 \cdot 11^2 = 544500.$$

Dies ist wesentlich kleiner als das Produkt der drei Zahlen[1].

Damit wissen wir, was das kgV bei Zahlen ist, doch wie sieht es bei den von uns betrachteten Termen (Polynomen) aus?

> **Das kleinste gemeinsame Vielfache bei Polynomen**
>
> Hier sprechen wir nicht von Primfaktoren sondern von *irreduziblen Faktoren*. Mittels des Horner-Schemas oder der Polynomdivision können wir Polynome in nicht mehr zerlegbare Polynome (quasi „Primpolynome"[a]) zerlegen (Produktdarstellung). Das kgV zweier Polynome ist dann analog zu dem der Zahlen definiert: Im kgV kommen die „Primpolynome" vor, die mindestens in einem der Polynome erscheinen, versehen mit dem größten vorkommenden Exponenten bei diesem „Primpolynom". Die Erweiterung auf mehr als zwei Polynome geschieht ganz analog zum Zahlenfall einen Kasten zuvor.
>
> ---
> [a] Ein solches Polynom ist bei uns meistens ein quadratisches oder ein lineares.

Es bietet sich an, auch auf diesen Kasten ein kleines Beispiel folgen zu lassen, welches uns dann auch gleich wieder zu unserer eigentlichen Aufgabe zurückbringt.

Beispiel 1.2 - kgV dreier Polynome

Als Beispiel dient uns hier gerade die als Beispiel 1 begonnene Aufgabe. Das kgV der drei Polynome $x - 2$, $x + 3$ und $x^2 + x - 6$ ist $(x - 2) \cdot (x + 3)$ und damit gleichzeitig der von uns gesuchte Hauptnenner.

---
[1] Dies wäre 2722500.

Kehren wir zu unserer eigentlichen Aufgabe zurück: Die Nullstellen des Hauptnenners sind 2 und -3. Damit haben wir die beiden verbotenen Zahlen gefunden und können die Definitionsmenge angeben. Es ist

Definitionsmenge der gegebenen Bruchgleichung: $D = \mathbb{R} \setminus \{-3, 2\}$.

Nun wissen wir, wo wir uns aufhalten dürfen, weil wir wissen, wo die Multiplikation der ganzen Bruchgleichung mit dem Hauptnenner eine Äquivalenzumformung ist (da wir die Fälle mit mal 0 ausgeschlossen haben). Und diese Multiplikation führen wir auch gleich durch.

Auflösen der Bruchgleichung:

$$\frac{2x + 17}{x^2 + x - 6} \cdot (x - 2) \cdot (x + 3) = \frac{x - 2}{x + 3} \cdot (x - 2) \cdot (x + 3) + \frac{x + 3}{x - 2} \cdot (x - 2) \cdot (x + 3)$$

Ein wenig kürzen bringt Licht in den Termedschungel:

$$2x + 17 = (x - 2) \cdot (x - 2) + (x + 3) \cdot (x + 3)$$

Rechnen wir dies aus und formen um, so ergibt sich letztendlich folgende (quadratische) Gleichung:

$$x^2 = 2$$

Deren Lösungen sind $x_A = -\sqrt{2}$ und $x_B = \sqrt{2}$. Da $x_A, x_B \in D$ haben wir alle möglichen Lösungen vorliegen und die Lösungsmenge lautet $L = \{-\sqrt{2}; \sqrt{2}\}$.

Wir wollen unsere Vorgehensweise in einem Kasten festhalten:

Lösen von Bruchgleichungen

Für das Lösen von Bruchgleichungen (mit Polynomen) können wir uns folgendes Schema merken:

1. Bestimmung des Hauptnenners der Bruchgleichung (kgV der Polynome in den Nennern).

2. Nullstellen des Hauptnenners ermitteln $(x_1, x_2, x_3, \ldots)$. Diese sind die Definitionslücken der Bruchgleichung $(D = \mathbb{R} \setminus \{x_1, x_2, x_3, \ldots\})$.

3. Multiplikation mit dem Hauptnenner ist auf D eine Äquivalenzumformung. Dadurch entsteht eine Gleichung ohne Bruch, welche wir lösen können $(x_A, x_B, x_C, \ldots)$. Alle Lösungen dieser Gleichung, die in der Definitionsmenge der Bruchgleichung liegen, sind auch Lösungen derselbigen $(x_A, x_B, x_C, \ldots \in D)$.

Die von uns betrachteten Bruchgleichungen bestehen nur aus Polynomen. Da wir uns im Folgenden mit gebrochenrationalen Funktionen auseinandersetzen wollen, reichen die bisher aufgezeigten Techniken aus, um uns dieser Problematik zu stellen. Doch bevor wir diesen nächsten Schritt gehen, seien hier noch ein paar wichtige Rechenregeln zum Umgang mit Brüchen und die ein oder andere Aufgabe zum selbstständigen Arbeiten angegeben.

Rechenregeln für Brüche:

1. Zähler und Nenner werden bei einem Produkt von Brüchen separat miteinander malgenommen.

$$\frac{a}{b} \cdot \frac{c}{d} = \frac{a \cdot c}{b \cdot d} = \frac{ac}{bd}$$

2. Durch einen Bruch wird dividiert, indem wir mit seinem Kehrwert multiplizieren.

$$\frac{\frac{a}{b}}{\frac{c}{d}} = \frac{a}{b} : \frac{c}{d} = \frac{a}{b} \cdot \frac{d}{c} = \frac{ad}{bc}$$

3. Brüche werden subtrahiert/addiert, indem wir sie auf den Hauptnenner bringen (erweitern) und dann lediglich die Zähler subtrahieren/addieren.

$$\frac{a}{b} \pm \frac{c}{d} = \frac{a}{b} \cdot \frac{d}{d} \pm \frac{c}{d} \cdot \frac{b}{b} = \frac{ad}{bd} \pm \frac{bc}{bd} = \frac{ad \pm bc}{bd}$$

Aufgaben

Aufgabe 1:
Geben Sie die Definitionsmenge und die Lösungsmenge der folgenden Gleichung an:

$$\frac{3x}{x^2 - 9} = \frac{1}{x + 3} + \frac{1}{x - 3} + \frac{1}{x - 4}.$$

Aufgabe 2:
Vereinfachen Sie so weit wie möglich.

$$\frac{\dfrac{1}{4} + \dfrac{1}{3} + \dfrac{5}{2} : \dfrac{3}{2} : 2}{\left(\dfrac{1}{8} + \dfrac{1}{4}\right) \cdot \sqrt{\dfrac{4}{81}}}$$

Aufgabe 3:
Vereinfachen Sie so weit wie möglich.

$$\sqrt{\left(\frac{1}{2} + \frac{1}{4} + \frac{1}{8} + \frac{1}{16}\right) : \left(\frac{2^0 + 2^1 + 2^2 + 2^3}{2^0}\right)}$$

Aufgabe 4:
Vereinfachen Sie (nochmal) so weit wie möglich.

$$1 + \cfrac{1}{2 + \cfrac{1}{2 + \cfrac{1}{2 + \cfrac{1}{2}}}}$$

Aufgabe 5:
Gegeben sei die folgende Schaltung von Widerständen:

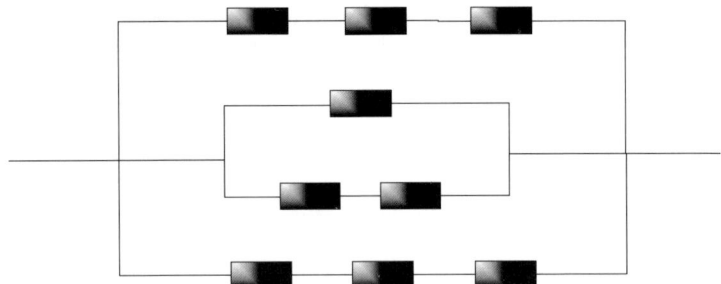

Abbildung IX.1.1: Schaltung von Widerständen.

Das Ziel ist es, einen Ersatzwiderstand für die Schaltung zu berechnen. Hierzu gibt es nur zwei einfache Regeln zu beachten:

1. Sind Widerstände in Reihe geschaltet, dann addieren sie sich einfach.

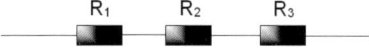

Abbildung IX.1.2: Reihenschaltung

$$R_{\text{ERSATZ}} = R_1 + R_2 + R_3 = \sum_{i=1}^{3} R_i$$

2. Sind Widerstände parallel geschaltet, so addiert man ihre Kehrwerte und nimmt vom Ergebnis nochmals den Kehrwert, um den Ersatzwiderstand zu erhalten.

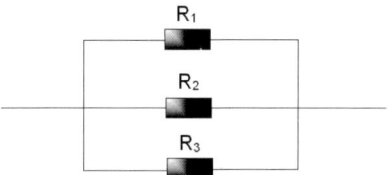

Abbildung IX.1.3: Parallelschaltung

$$\frac{1}{R_{\text{ERSATZ}}} = \frac{1}{R_1} + \frac{1}{R_2} + \frac{1}{R_3} = \sum_{i=1}^{3} \frac{1}{R_i}$$

Wenn in Abbildung IX.1.1 nun alle Widerstände gleich sind und der Ersatzwiderstand $R_{\text{GESAMT}} = 1{,}2\Omega$ ist, wie groß sind dann die einzelnen Widerstände?

Aufgabe 6:
Der Bummeltrain 007 fährt um 8.20 Uhr in Krastelhausen, der Hauptstadt von Bahnland, ab. Seinen Weg ins 530 Kilometer entfernte Hassestädte legt er mit einer konstanten Geschwindigkeit von 150 Kilometern in der Stunde zurück. Im 250 Kilometer entfernten Zwischenstadt legt er eine Pause von 10 Minuten ein. Um 8.54 Uhr fährt laut Fahrplan auf der Gegenstrecke der ICS 0815 (InterCity-Schleicher) von Hassestädte nach Krastelhausen. Seine Geschwindigkeit beträgt $200\frac{\text{km}}{\text{h}}$. Er macht im 120 Kilometer entfernten Betweendorf Station. Der Aufenthalt dauert 8 Minuten.

(a) Wann treffen sich die Züge?

Der ICS 0815 soll nun sowohl in Betweendorf als auch in Zwischenstadt Halt machen und zwar einmal 8 Minuten und das zweite Mal 10 Minuten. Die Züge sollen sich jetzt in Zwischenstadt treffen (Umsteigemöglichkeit).

(b) Wann muss der ICS 0815 bei gleicher Geschwindigkeit in Hassestädte losfahren, dass den Passagieren an Bord mindestens 3 Minuten zum Umsteigen in den Bummeltrain 007 in Zwischenstadt bleiben?

Im ICS 0815 sitzt Herr Spaziergern. Er trifft sich mit seinem Freund Herrn Klaus Spazieraugern zum Wandern in Krastelhausen. Dieser wohnt 6 Kilometer vom Bahnhof entfernt. Als Herr Spaziergern ankommt, gibt er Herrn Spazieraugern über seine Ankunft per Handy Bescheid und beide machen sich gleichzeitig auf den Weg, um sich auf der Strecke zwischen dem Bahnhof und dem Haus von Herrn Spazieraugern zu treffen. Herr Spaziergern läuft mit einer Geschwindigkeit von $4\frac{km}{h}$, Herr Spazieraugern mit $6\frac{km}{h}$. Herr Spaziergern hat seinen Sohn Dorian dabei. Da Papa ihm zu langsam läuft und er lieber joggt, läuft er Herrn Spazieraugern mit $12\frac{km}{h}$ entgegen. Als er ihn erreicht, trifft er dort seinen Freund Fabian, den Sohn von Herrn Spazieraugern, dreht zusammen mit diesem um und beide laufen mit gleicher Geschwindigkeit wieder zu Herrn Spaziergern zurück, um noch ein wenig zu trainieren. Das Hin- und Herjoggen führen sie fort, bis die beiden Väter sich treffen.

(c) Wie viele Kilometer ist Dorian bis dahin gejoggt und wie viele Kilometer joggt Fabian mit seinem Freund?

Aufgabe 7:
Heidi, Karin und Max kaufen sich zusammen einen Lottoschein. Dieser kostet 8,00 €. Max zahlt 2,00 € , Karin ein Viertel vom Rest und Heidi das was übrig bleibt. Sie gewinnen 1000 €.

Wie viel Geld bekommt jeder, wenn man von ihren Anteilen am Lottoschein ausgeht?

Aufgabe 8:
Tante Isolde hat das Zeitliche gesegnet. Die Verwandten freuen sich tierisch, v.a. Neffe Habgier, Nichte Raffzahn und Kusine Willhaben. Tantchen hat dem Neffen zwei Drittel ihres Vermögens vermacht. Vom Rest bekommt die Nichte $\frac{2}{5}$. Kusine Willhaben bekommt die restlichen 240000 €.

Wie viel hat Tantchen vererbt und wie viel bekommt jeder ?

Aufgabe 9:
Karl sagt: „Ich bekomme von Opas Erbe $\frac{2}{5}$ von der Hälfte von einem Drittel!" Daraufhin antwortet Peter: „Ich bekomme sogar die Hälfte von einem Drittel vom Anteil von Susi. Und Susi bekommt $\frac{9}{10}$ vom Geld!"

Wer bekommt mehr, Karl oder Peter und geht das überhaupt?

IX.2 Definition der gebrochenrationalen Funktionen

Gebrochenrationale Funktionen haben wir im Prinzip schon in Abschnitt V.5.2 kennengelernt. Dort sprachen wir zwar allgemein von Funktionen, aber die dort getroffenen Festlegungen und erhaltenen Ergebnisse gelten natürlich auch für ganzrationale Funktionen, womit wir gebrochenrationale Funktionen definieren können. Wiederholen wir das für uns zum jetzigen Zeitpunkt Wesentliche kurz und ergänzen es entsprechend.

Division von Funktionen und die gebrochenrationalen Funktionen

Definitionsmenge:
Für die Funktion $i := \frac{u}{v} : x \to \frac{u(x)}{v(x)}$, welche wir als die **Division der Funktionen u und v** bezeichnen, gilt $D_i = D_u \cap D_v \setminus \{x_k | v(x_k) = 0\}$. Die Definitionslücken sind somit die Nullstellen der Funktion im Nenner.

Echt und unecht:
Sind u und v ganzrationale Funktionen, dann sind ihre Funktionsterme Polynome und wir bezeichnen i, deren Funktionsterm per Definition der Quotient zweier Polynome ist, als **gebrochenrationale Funktion**. Hier gibt es auf Grund des Nenner- und des Zählergrades zwei Unterscheidungen zu treffen:

- Ist der Grad des Nenners v größer als der des Nenners u, dann sprechen wir von einer *echt gebrochenen* Funktion.

- Ist der Grad des Nenners v kleiner gleich dem des Zählers u, dann nennen wir i *unecht gebrochen*.

Von Interesse sind für uns die Definitionslücken. Was passiert an diesen Stellen? Wir haben bereits in Abschnitt V.5.2 die Antwort auf diese Frage gegeben. Im Folgenden wollen wir unser Wissen zu diesem Punkt mit Beispielen und Erläuterungen vertiefen.

IX.3 Ein paar Besonderheiten - Definitionslücken und Asymptoten

Wir wiederholen noch einmal einen kleinen Textabschnitt aus Unterkapitel V.5.2: Die Nullstellen der Funktion im Nenner bezeichnen wir sehr naheliegend als **Definitionslücken**. Im Schaubild können sich diese auf dreierlei Arten äußern:

- Pol mit VZW[2]: Die Funktionswerte verschwinden auf der einen Seite gegen unendlich, wenn wir uns der bewussten x-Stelle beliebig nah annähern, auf der anderen Seite wandern sie gegen minus unendlich.

---

[2]Vorzeichenwechsel

- Pol ohne VZW: Die Funktionswerte gehen auf beiden Seiten bei der Annäherung an die x-Stelle gegen unendlich oder minus unendlich.

- Hebbare Lücke: Diese können an den x-Stellen auftreten, an denen sowohl die Funktion im Zähler als auch die im Nenner Nullstellen haben, welche im Zähler mindestens mit der gleichen Vielfachheit (Stichwort: Mehrfache Nullstellen) wie im Nenner auftreten. **Vielfachheit**, auch **Multiplizität** genannt, bedeutet, dass in der Produktdarstellung der Funktion der zu der Nullstelle gehörige Faktor entsprechend oft vorkommt. Zum Beispiel ist $x_0 = 3$ bei der Funktion f mit $f(x) = (x-3)^4 = (x-3) \cdot (x-3) \cdot (x-3) \cdot (x-3)$ eine 4-fache Nullstelle bzw. eine Nullstelle der Ordnung 4 (siehe hierzu auch Unterkapitel V.4).

Wir wollen die Definitionslücken zusammen mit dem Verhalten gebrochenrationaler Funktionen gegen $\pm\infty$ abhandeln.

Asymptoten in allen Arten

Wir haben die Grenzwerte gegen $\pm\infty$, sowie gegen die eventuell vorhandenen Definitionslücken zu bilden. Wir notieren für eine Funktion f dann

$$\lim_{x \to \pm\infty} f(x) \text{ bzw. } \lim_{x \to x_D} f(x) \text{ Definitionslücke } x_D$$

Bei diesen Grenzwertuntersuchungen können wir oft feststellen, dass der Graph einer Funktion dem Graphen einer anderen Funktion beliebig nahe kommen kann. Wir haben bereits in Kapitel IV solche Graphen kennengelernt und bezeichneten sie als **Asymptoten**. Wir können somit festhalten:

D

> **Asymptote**
>
> Als Asymptote wollen wir die Funktionsgraphen bezeichnen, die dem Graphen der zu untersuchenden Funktion bei der Grenzwertbildung gegen die Definitionslücken bzw. gegen $\pm\infty$ beliebig nahe kommen können.

Welche Arten von Asymptoten dürfen wir erwarten?

Antwort:

(1) waagrechte Asymptoten

(2) schiefe Asymptoten

(3) Näherungskurven

(4) senkrechte Asymptoten

Was dürfen wir unter diesen Begriffen vestehen und wie können wir eine gebrochenrationale Funktion auf die besagten Asymptoten hin untersuchen?

Antwort:

Die unter (1) bis (3) genannten Asymptoten können bei der Untersuchung der Funktion gegen $\pm\infty$ auftreten. Die unter Punkt (4) genannten senkrechten Asymptoten finden wir, wenn es denn welche gibt, bei der Untersuchung der Definitionslücken.

(1) **waagrechte Asymptote:** Hier gibt es zwei Möglichkeiten:

- Liegt eine echt gebrochenrationale Funktion vor, so ist die Asymptote immer einer waagrechte und zwar $y = 0$ (x-Achse).

- Ist der Grad des Zählerpolynoms gleich dem des Nennerpolynoms und die Koeffizienten der x mit den höchsten Potenzen seien a_n im Zähler und b_n im Nenner, dann gib es eine waagrechte Asymptote und zwar $y = \frac{a_n}{b_n}$.

(2) **schiefe Asymptote:** Ist der Grad des Zählerpolynoms um 1 größer als der des Nennerpolynoms, dann führen wir eine Polynomdivision durch und erhalten dadurch den Funktionsterm der schiefen Asymptote (Gerade).

(3) **Näherungskurve:** Der Grad des Zählerpolynoms ist mindestens um 2 größer als der des Nennerpolynoms. Wieder hilft uns eine Polynomdivision weiter, um den gesuchten Funktionsterm zu berechnen.

(4) **senkrechte Asymptote:** Diesen Fall diskutieren wir, um ihm gerecht zu werden, ganz separat etwas weiter hinten.

Schauen wir uns ein paar Beispiele an, um den allgemeinen Worten ein Gesicht zu verleihen.

Beispiel 1 - Waagrecht geht die Welt zu Grunde

Wir betrachten die Funktion f mit

$$f(x) = \frac{x^2 + x - 1}{x^4 - x^3}.$$

Ihre Definitionsmenge ist, wie wir leicht errechnen können, $D_f = \mathbb{R} \setminus \{0; 1\}$. Da der Zählergrad kleiner als der Nennergrad ist (2 zu 4), erhalten wir

$$\lim_{x \to \pm\infty} \frac{x^2 + x - 1}{x^4 - x^3} = 0.$$

Erklären können wir uns das so: Zwar gilt sowohl $\lim_{x \to \pm\infty}(x^2 + x - 1) = \infty$ und $\lim_{\to \pm\infty}(x^4 - x^3) = \infty$, da sich ganzrationale Funktionen in ihrem Grenzverhalten nur nach der höchsten Potenz von x richten, wie wir bereits zu Beginn von Kapitel V feststellen durften, jedoch wächst x^4 viel schneller als x^2. Wir können jetzt Folgendes notieren, um den Grenzwert 0 noch leichter zu akzeptieren:

$$\lim_{x \to \pm\infty} \frac{x^2 + x - 1}{x^4 - x^3} = \lim_{x \to \pm\infty} \frac{x^2}{x^4} = \lim_{x \to \pm\infty} \frac{1}{x^2} = 0.$$

Dass sich das Verhalten für große x nur nach der höchsten Potenz von x richtet, dieser Tatsache haben wir hier im zweiten Schritt Rechnung getragen. Das Verhalten ganzrationaler Funktionen (gerade und ungerade) für große x verdeutlichen wir an dieser Stelle noch einmal durch Abbildung IX.3.1, welche die Graphen der Funktionen f und g mit $f(x) = \pm x^2$ und $g(x) = \pm x^3$ zeigt. Diese gelten exemplarisch für alle ganzrationalen Funktionen gerader bzw. ungerader Natur.

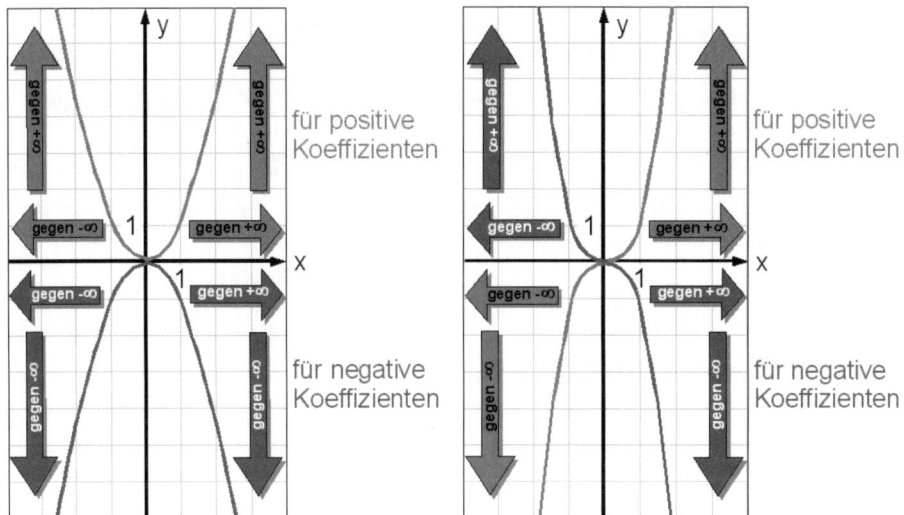

Abbildung IX.3.1: Grenzverhalten gerader (links) und ungerader (rechts) ganzrationaler Funktionen im Bilde.

Beispiel 2 - Fast nichts Neues

Dieses Mal beschäftigen wir uns mit der Funktion g mit

$$g(x) = \frac{2x^2 - 3x + 1}{3x^2 - 4}.$$

Die Definitionsmenge ist $D_g = \mathbb{R} \setminus \{-\sqrt{\frac{4}{3}}; \sqrt{\frac{4}{3}}\}$. Wir erkennen sofort, dass hier Zähler- und Nennergrad identisch sind. Damit finden wir

$$\lim_{x \to \pm\infty} \frac{\mathbf{2}x^2 - 3x + 1}{\mathbf{3}x^2 - 4} = \frac{\mathbf{2}}{\mathbf{3}},$$

wenn wir uns an die Worte von vor ein paar Zeilen halten. Wir können aber auch mit unserem bisherigen Wissen argumentieren. Führen wir nämlich eine Polynomdivision durch, so ergibt sich

$$g(x) = \frac{2x^2 - 3x + 1}{3x^2 - 4} = \frac{2}{3} + \frac{-3x + \frac{11}{3}}{3x^2 - 4}.$$

Nun haben wir eine Summe aus einer Konstanten und einem echt gebrochenrationalen Funktionsterm. Die Grenzwerte können getrennt gebildet werden. Es ist

$$\lim_{x \to \pm\infty} \frac{2x^2 - 3x + 1}{3x^2 - 4} = \lim_{x \to \pm\infty} \left(\frac{2}{3} + \frac{-3x + \frac{11}{3}}{3x^2 - 4} \right)$$
$$= \lim_{x \to \pm\infty} \frac{2}{3} + \lim_{x \to \pm\infty} \frac{-3x + \frac{11}{3}}{3x^2 - 4} = \frac{2}{3} + 0 = \frac{2}{3}.$$

Den Grenzwert einer echt gebrochenrationalen Funktion kennen wir ja bereits und können ihn hier gleich gewinnbringend einsetzen. Es bietet sich trotzdem an, die Kurzvariante mit den Koeffizienten im Hinterkopf zu behalten.

Beispiel 3 - Ein wenig Schieflage

Hier ist die Funktion h mit

$$h(x) = \frac{x^3 + 3x^2 - 1}{x^2 + 2}$$

unser Patient. Die Definitionsmenge ist $D_h = \mathbb{R}$, da das Nennerpolynom keine Nullstellen im Reellen hat. Der Zählergrad ist unverkennbar um 1 größer als der Nennergrad. Eine Polynomdivision bringt uns jetzt weiter. Deren Ergebnis liefert uns

$$h(x) = \frac{x^3 + 3x^2 - 1}{x^2 + 2} = x + 3 + \frac{-2x - 7}{x^2 + 2}.$$

Der hintere echt gebrochenrationale Term verschwindet für große x. Damit bleibt die Funktion $x + 3$ übrig, womit $y = x + 3$ die schiefe Asymptote der Funktion h mit der gegebenen Funktionsgleichung ist.

Beispiel 4 - Noch schiefere Asymptote

Da aller guten Dinge ja bekanntlich vier sind, untersuchen wir in unserem vorerst letzten Beispiel die Funktion i mit

$$i(x) = \frac{x^3 - 2x^2 + 1}{x - 4}.$$

Die Definitionsmenge ist $D_i = \mathbb{R} \setminus \{4\}$. Greifen wir wieder auf die Polynomdivision zurück, so können wir durch sie zu der Erkenntnis gelangen, dass

$$i(x) = \frac{x^3 - 2x^2 + 1}{x - 4} = x^2 + 2x + 8 + \frac{33}{x - 4}.$$

Für $x \to \pm\infty$ geht der echt gebrochenrationale Term gegen 0 und es verbleibt $y = x^2 + 2x + 8$ als Näherungskurve der Funktion i.

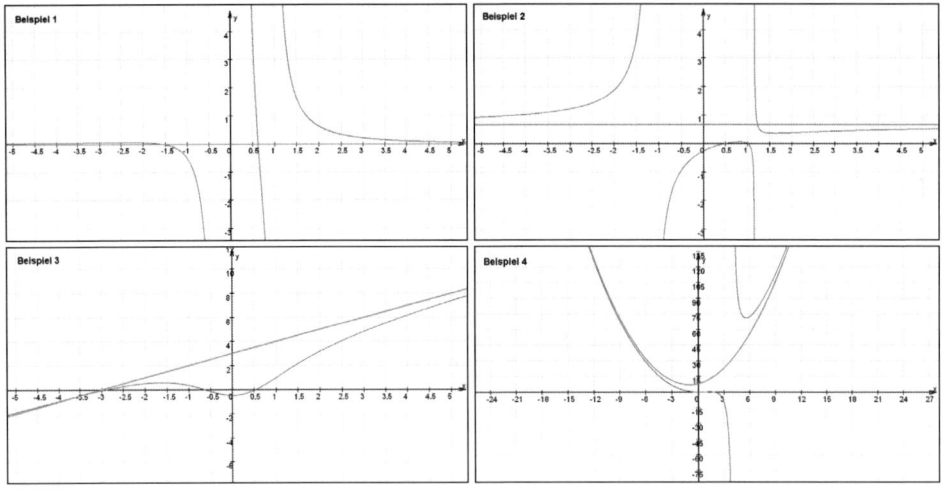

Abbildung IX.3.2: Die Graphen zu den Beispielen 1 bis 4 samt der berechneten Asymptoten.

Einmal Sonderbehandlung - Senkrechte Asymptoten

Wie bereits bei der Aufzählung der verschiedenen Asymptotentypen etwas weiter vorne angekündigt, wollen wir den senkrechten Asymptoten und den damit verbundenen Rechnungen einen Extraplatz gewähren, damit sie nicht in der allgemeinen Funktionsuntersuchung untergehen. Dies geschieht auch, weil die Untersuchung der Definitionslücken oft größere Schwierigkeiten bereitet, obwohl sie nicht schwerer ist, als alles bisher Gesehene und Gelernte.

Wir haben bereits etwas über Pole gehört (Anfang dieses Unterkapitels und in Kapitel IV). Sie können mit und ohne VZW auftreten und zwar dort, wo das Nennerpolynom einer gebrochenrationalen Funktion i seine Nullstellen hat. Diese Stellen sind die Definitionslücken der Funktion i.
Auch der Begriff *hebbare Lücke* klingt uns noch in den Ohren. Eine solche können wir bei dem von uns betrachteten Funktionstyp, wenn es sie denn gibt, ebenfalls über die Definitionslücken ausfindig machen. Hebbare Lücke und Pol können natürlich *nicht gleichzeitig* auftreten. Doch wann haben wir einen Pol und wann eine hebbare Lücke vorliegen?

Antworten:

- **Pol:** Bestimmen wir die Nullstellen des Nennerpolynoms und des Zählerpolynoms einer gebrochenrationalen Funktion und liegen hier keine Gemeinsamkeiten vor (keine Nullstelle des Zählers identisch mit irgendeiner Nullstelle des Nenners), dann gilt:

  - Die Nullstellen des Zählerpolynoms sind die Nullstellen der betrachteten ganzrationalen Funktion.

  - Die Nullstellen des Nennerpolynoms, die ohnehin alle Definitionslücken der betrachteten gebrochenrationalen Funktion sind, äußern sich im Funktionsschaubild allesamt als Pole (mit und ohne VZW). Der Funktionsgraph schmiegt sich, wenn sich x einer Definitionslücke x_D annähert, an die Parallele zur y-Achse mit der Gleichung $x = x_D$ an. Eine solche Parallele nennen wir **senkrechte Asymptote**.

- **Hebbare Lücke:** Im Falle der Pole haben Zähler- und Nennerpolynom verschiedene Nullstellen. Hebbare Lücken können wir nun entdecken, wenn es Gemeinsamkeiten bei den Nullstellen von Zähler und Nenner gibt. Dabei müssen wir folgende Fälle unterscheiden:

  - **Vielfachheit der gemeinsamen Nullstelle beim Zähler größer:**
    Gibt es eine Nullstelle x_N, die eine k-fache Nullstelle des Zählerpolynoms u und eine l-fache des Nennerpolynoms v ist, wobei $k, l \in \mathbb{N}$ und $k > l$, dann existiert der Grenzwert der gebrochenrationalen Funktion i an der Stelle x_D und er ist gleich 0. Die Begründung dazu lautet:

$$\lim_{x \to x_D} \frac{u(x)}{v(x)} = \lim_{x \to x_D} \frac{(x - x_D)^k \cdot u_{\text{REST}}(x)}{(x - x_D)^l \cdot v_{\text{REST}}(x)} = \lim_{x \to x_D} \left(\frac{u_{\text{REST}}(x)}{v_{\text{REST}}(x)} \cdot (x - x_D)^{k-l} \right)$$

$$= \lim_{x \to x_D} \frac{u_{\text{REST}}(x)}{v_{\text{REST}}(x)} \cdot \underbrace{\lim_{x \to x_D} (x - x_D)^{k-l}}_{=0} = \frac{u_{\text{REST}}(x_D)}{v_{\text{REST}}(x_D)} \cdot 0 = 0.$$

Was ist hier passiert? Die Nullstellen lassen sich als Linearfaktoren vom eigentlichen Polynom abspalten. Es entsteht ein Restpolynom, welches mit dem bewussten Linearfaktor hoch seiner Vielfachheit k bzw. l multipliziert wird. Dann dürfen wir kürzen, denn wir betrachten ja nur den Grenzwert, womit der Ausdruck $(x - x_D)$ nicht 0 wird, da stets $x \neq x_D$ gewährleistet ist. Damit bleibt ein Faktor $(x - x_D)^{k-l}$ mit $k > l$, also $k - l > 0$ stehen und dieser wird letztendlich 0. Da nun $u_{\text{REST}}(x_D)$ und $v_{\text{REST}}(x_D)$ nicht 0 sein können, bilden wir letztendlich das Produkt einer Zahl ungleich 0 mit der 0. Und das ist eben gerade 0. Somit können wir die (Definitions-)Lücke beheben und schreiben

$$i(x) := \begin{cases} \frac{u(x)}{v(x)} & \text{für } x \neq x_D \\ 0 & \text{für } x = x_D \end{cases}$$

– **Vielfachheit der gemeinsamen Nullstelle ist gleich:**
Die Argumentation ist ganz analog zu dem vorangegangenen Fall. Allerdings ist jetzt $k = l$. Dadurch verschwindet der Faktor $(x - x_D)$ ganz und es bleibt lediglich der Quotient aus $u_{(x_D)}$ und $v(x_D)$ stehen. Wir erhalten hier:

$$\lim_{x \to x_D} \frac{u(x)}{v(x)} = \lim_{x \to x_D} \frac{(x - x_D)^k \cdot u_{\text{REST}}(x)}{(x - x_D)^k \cdot v_{\text{REST}}(x)} = \lim_{x \to x_D} \left(\frac{u_{\text{REST}}(x)}{v_{\text{REST}}(x)} \cdot \underbrace{(x - x_D)^0}_{=1} \right)$$

$$= \frac{u_{\text{REST}}(x_D)}{v_{\text{REST}}(x_D)}.$$

Wir sind also in der Lage, die Lücke erneut zu beheben und definieren:

$$i(x) := \begin{cases} \frac{u(x)}{v(x)} & \text{für } x \neq x_D \\ \frac{u_{\text{REST}}(x_D)}{v_{\text{REST}}(x_D)} & \text{für } x = x_D \end{cases}$$

– **Vielfachheit der gemeinsamen Nullstelle beim Nenner größer:**
Funktioniert unsere Argumentation noch ein drittes Mal? Ja, sie tut es! Hier ist

jetzt aber $k < l$, womit wir zwar ein paar der Linearfaktoren aus dem Nenner verbannen können, aber eben nicht alle. Wir müssen nach wie vor die Division durch 0 an der Stelle x_D in Kauf nehmen. Dadurch lässt sich die Lücke nicht beheben und es liegt weiterhin ein Pol mit oder ohne VZW vor. Es ist

$$\lim_{x \to x_D} \frac{u(x)}{v(x)} = \lim_{x \to x_D} \frac{(x - x_D)^k \cdot u_{\text{REST}}(x)}{(x - x_D)^l \cdot v_{\text{REST}}(x)} = \lim_{x \to x_D} \frac{u_{\text{REST}}(x)}{v_{\text{REST}}(x) \cdot (x - x_D)^{l-k}} = \pm\infty.$$

Wir üben das ganze noch ein wenig an ein paar Beispielen.

Beispiel 5 - Eine hebbare Lücke

Wir betrachten die Funktion f mit

$$f(x) = \frac{x^2 - 2x + 1}{x^2 + x - 2} = \frac{(x - 1)^2}{(x - 1) \cdot (x + 2)}.$$

Die Nullstellen lassen sich mit der MNF[3] berechnen und damit erhalten wir die zweite der gezeigten Darstellungen. Die Definitionsmenge ist $D_f = \mathbb{R} \setminus \{-2; 1\}$ und die interessante Lücke ist $x_D = 1$. Wir rechnen wie oben besprochen

$$\lim_{x \to 1} \frac{(x - 1)^2}{(x - 1) \cdot (x + 2)} = \lim_{x \to 1} \frac{x - 1}{x + 2} = \frac{0}{3} = 0.$$

und können daher diese Lücke beheben:

$$f(x) := \begin{cases} \frac{x^2 - 2x + 1}{x^2 + x - 2} & \text{für } x \in D_f \\ 0 & \text{für } x = 1 \end{cases}$$

An der Stelle $x = -2$ müssen wir leider passen, da sie nur Nullstelle des Nennerpolynoms, aber nicht des Zählerpolynoms ist. Somit liegt hier ein Pol vor (Pol mit VZW, senkrechte Asymptote $x = -2$).

Beispiel 6 - Noch ne Lücke

Unsere Funktion g hier habe die Funktionsgleichung

$$g(x) = \frac{x^3 - 5x^2 + 3x + 9}{x^3 - 4x^2 - 3x + 18} = \frac{(x - 3)^2 \cdot (x + 1)}{(x - 3)^2 \cdot (x + 2)}.$$

---

[3]Mitternachtsformel, schon eine Weile her

Die Definitionsmenge ist somit $D_g = \mathbb{R}\backslash\{-2; 3\}$. Die uns interessierende Lücke ist $x_D = 3$, die andere erzeugt einen Pol mit VZW (senkrechte Asymptote $x = -2$). Die Nullstellen ermiteln wir durch gezieltes Raten (probieren der Zahlen $1, -1\ldots$ *Treffer Zähler!* $-2, -2\ldots$ *Treffer Nenner!*), anschließende Polynomdivision und die MNF. Dieses Mal rechnen wir:

$$\lim_{x\to 3} \frac{(x-3)^2 \cdot (x+1)}{(x-3)^2 \cdot (x+2)} = \lim_{x\to 3} \frac{x+1}{x+2} = \frac{4}{5}.$$

Wir beheben die Lücke danach durch die Definition

$$g(x) := \begin{cases} \frac{x^3 - 5x^2 + 3x + 9}{x^3 - 4x^2 - 3x + 18} & \text{für } x \in D_g \\ \frac{4}{5} & \text{für } x = 3 \end{cases}$$

Beispiel 7 - Nichts zu machen: Lücke bleibt Lücke

Unser letztes Beispiel führen wir mit der Funktion h mit

$$h(x) = \frac{x^2 - 1}{x^3 - 3x + 2} = \frac{(x-1) \cdot (x+1)}{(x-1)^2 \cdot (x+2)}$$

durch. Die Definitionsmenge ist $D_h = \mathbb{R} \setminus \{-2; 1\}$. Wir können jetzt den Linearfaktor $(x-1)$ zwar kürzen, aber dennoch beheben wir damit die Lücke nicht, denn er bleibt leider noch einmal im Nenner stehen. Wir rechnen

$$\lim_{x\to 1} \frac{(x-1) \cdot (x+1)}{(x-1)^2 \cdot (x+2)} = \lim_{x\to 1} \frac{x+1}{(x-1) \cdot (x+2)}.$$

Wir setzen jetzt anstatt x einfach $1 \pm \frac{1}{n}$ mit $n \to \infty$ im Nenner in den kritischen Faktor ein und im unkritischen Zähler setzen wir einfach gleich $x = 1$ ein. Da wir mit $x \to 1$ meinen, dass wir von beiden Seiten an die Definitionslücke laufen, ist es notwendig, das $\pm$ zu setzen.

$$\lim_{x\to 1} \frac{x+1}{(x-1) \cdot (x+2)} = \frac{\lim_{x\to 1}(x+1)}{\lim_{n\to\infty}(1 \pm \frac{1}{n} - 1) \cdot \lim_{x\to 1}(x+2)}$$
$$= \frac{2}{\lim_{n\to\infty}(\pm\frac{1}{n}) \cdot 3} = \frac{2 \cdot \lim_{n\to\infty} \pm n}{3} = \pm\infty$$

Es liegt also ein Pol mit VZW vor (senkrechte Asymptote $x = 1$). Durch Anwenden der Grenzwertsätze aus Kapitel VI, die auch für Funktionen gelten, können wir recht leicht den Grenzwert berechnen. Falls der Nenner nicht in Produktform vorliegen sollte, können wir trotzdem für jedes x einfach $x_D \pm \frac{1}{n}$ einsetzen und im Zähler für jedes $x = x_D$. Dann können wir losrechnen und werden bald erkennen, ob der Pol mit oder ohne VZW ist. Einfacher ist es aber, sich Folgendes zu merken:

Pol mit oder ohne VZW?

Liegt eine Nullstelle des Nennerpolynoms vor, die keine Nullstelle des Zählerpolynoms ist, dann finden wir bei gerader Vielfachheit derselben (zwei-, vier-,... fache Nullstelle) einen Pol ohne VZW, bei ungerader Vielfachheit (ein-, drei-,... fache Nullstelle) einen Pol mit VZW.

Zusammenfassung - Notwendiges Wissen über Asymptoten

Bei einer gebrochenrationalen Funktion $i = \frac{u}{v}$, wobei mit u und v Polynome gemeint sind, kann es für $x \to \pm\infty$ folgende Asymptoten geben:

- *waagrechte Asymptote:* $y = 0$, Zählergrad $<$ Nennergrad.
- *waagrechte Asymptote:* $y = \frac{a_n}{b_n}$, Zählergrad $=$ Nennergrad, Leitkoeffizienten a_n im Zähler und b_n im Nenner, beide natürlich nicht gleich 0.
- *schiefe Asymptote:* $y = mx + c$, Zählergrad $=$ Nennergrad $+ 1$, Polynomdivision ergibt Geradengleichung mit $m \neq 0$ und echt gebrochenrationalen Funktionsterm.
- *Näherungskurve:* Zählergrad $>$ Nennergrad $+ 1$, Polynomdivision ergibt Polynom und echt gebrochenrationalen Funktionsterm.

Bei einer Definitionslücke x_D der Funktion i, welche Nullstelle des Nennerpolynoms ist, können wir für $x \to x_D$ Folgendes finden:

- *hebbare Lücke:* x_D ist Nullstelle des Zähler- *und* des Nennerpolynoms und die Vielfachheit ist beim Zähler größer als beim Nenner. Der Punkt, der eingefügt werden kann, ist dann $P(x_D/0)$.
- *hebbare Lücke:* x_D ist Nullstelle des Zähler- *und* des Nennerpolynoms und das mit gleicher Vielfachheit. Der Punkt $P(x_D/y_D)$ mit $y_D \neq 0$ kann eingefügt werden, y_D berechnen wir mit Hilfe der Polynomdivision und des Grenzübergangs.
- *Polstelle:* Ist keiner der genannten Fälle erfüllt, so liegt ein Pol bei der Definitionslücke vor. Ist (nach eventuellem Kürzen) die Vielfachheit der Nullstelle x_D des Nennerpolynoms eine gerade Zahl, dann habe wir keinen VZW, ist sie eine ungerade Zahl, so findet ein VZW statt. In beiden Fällen schmiegt sich der Funktionsgraph an die *senkrechte Asymptote* $x = x_D$ an.

IX.4 Ableiten gebrochenrationaler Funktionen

Über das Ableiten gebrochenrationaler Funktionen müssen wir uns an dieser Stelle keine allzu großen Gedanken mehr machen. Bereits in Kapitel VII haben wir alle nötigen Techniken hergeleitet, ohne uns auf einen speziellen Funktionstypen zu beziehen. Bei gebrochenrationalen Funktionen kommt naturgemäß die Quotientenregel sehr häufig zum Einsatz, aber auch die Ketten- und die Produktregel haben ihre Auftritte. Wir wollen die Regeln kurz nochmal angeben und dann mit einem kleinen Beispiel üben:

Ableitungsregeln

- *Produktregel:* Ableitung von $f(x) = u(x) \cdot v(x)$ ist $f'(x) = u'(x) \cdot v(x) + v'(x) \cdot u(x)$.

- *Quotientenregel:* Ableitung von $f(x) = \frac{u(x)}{v(x)}$ ist $f'(x) = \frac{u'(x) \cdot v(x) - v'(x) \cdot u(x)}{[v(x)]^2}$.

- *Kettenregel:* Ableitung von $f(x) = u(v(x))$ ist $f'(x) = u'(v(x)) \cdot v'(x)$.

Beispiel - Ableiten mit Bruch und Parametern

Wir betrachten die Funktion f mit der Funktionsgleichung

$$f(x) = \frac{(x - t)^3 \cdot (x + 1)}{x^2 + t}$$

mit $t \in \mathbb{R}^+$ und damit $x \in \mathbb{R}$. Wir setzen

- $u(x) := (x - t)^3 \cdot (x + 1)$ und
- $v(x) := x^2 + t$.

Wir leiten $u(x)$ ab und verwenden dazu die Kettenregel für $(x - t)^3$ und die Produktregel:

$$u'(x) = 3 \cdot (x - t)^2 \cdot (x + 1) + 1 \cdot (x - t)^3 = (x - t)^2 \cdot (3 \cdot (x + 1) + (x - t)) = (x - t)^2 \cdot (4x + 3$$

Für $v(x)$ finden wir leicht $v'(x) = 2x$. Damit haben wir insgesamt folgende Ableitung gefunden:

$$f'(x) = \frac{(x - t)^2 \cdot (4x + 3 - t) \cdot (x^2 + t) - 2x \cdot (x - t)^3 \cdot (x + 1)}{(x^2 + t)^2}$$

$$= \frac{(x - t)^2 \cdot (2x^3 + (t + 1)x^2 + 6tx - t^2 + 3t)}{(x^2 + t)^2}$$

Das Ergebnis ist nicht so schön, aber selten. Weitere Übungen finden sich gleich in den Aufgaben. Viel Spaß damit!

Aufgaben

Aufgabe 1:
Gegeben sei die Funktionsschar f_t mit der Gleichung

$$f_t(x) = \frac{(x-t)^2}{(x-t)^2 + 1} \text{ mit } t, x \in \mathbb{R}.$$

Bestimmen Sie den Extrempunkt, die Art des Extrempunktes und geben Sie die Ortskurve an, auf der alle Extrempunkte liegen. Für welches t ist das Schaubild der Funktion f_t achsensymmetrisch?

Aufgabe 2:
Im Folgenden wollen wir eine kleine Hängebrücke über eine Schlucht bauen. Dazu betrachten wir Abbildung IX.4.1.

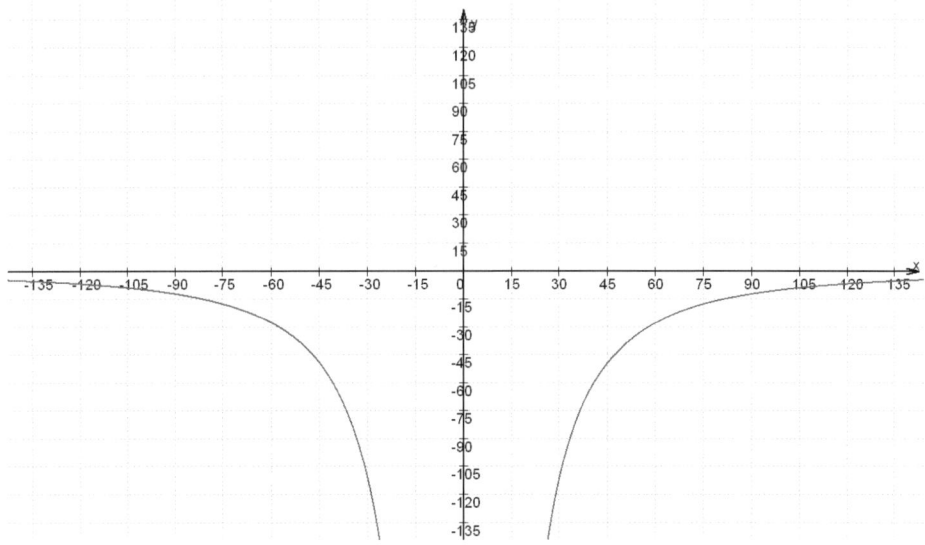

Abbildung IX.4.1: Profil der Hyperbel-Schlucht.

Der für uns interessante Teil wird durch eine Hyperbel mit der Gleichung

$$f(x) = -\frac{100000}{x^2}$$

beschrieben (x- und y-Werte in Metern), weswegen die Schlucht im Volksmund auch Hyperbel-Schlucht genannt wird. Wir wollen eine Hängebrücke, welche durch eine ganzrationale Funktion beschrieben wird, über die Schlucht bauen und zwar so, dass die Brücke auf beiden Seiten der Schlucht jeweils 100 Meter von der Schluchtmitte entfernt beginnt und der Übergang zwischen Gelände und Brücke glatt verläuft (siehe Abbildung IX.4.1).

(a) Wie lautet die Gleichung der Funktion, welche die Brücke im Profil beschreibt?

Eine anderes Schluchtenprofil wird durch die Funktion

$$g(x) = -\frac{100000}{x^2} - \frac{x^3}{100000}$$

beschrieben (siehe Abbildung IX.4.2).
Die Schluchtmitte liege bei $x = 0$. Auf der linken Seite soll in einer Entfernung von 100 Metern zur Schluchtmitte eine Art Hängebrücke montiert werden, die ohne Unebenheiten auf der linken Seite in das Gelände übergeht, ihren tiefsten Punkt über der Schluchtmitte hat und dann 120 Meter später wieder glatt in das Gelände übergeht. Das Profil ist wieder durch eine ganzrationale Funktion möglichst niedrigen Grades darstellbar.

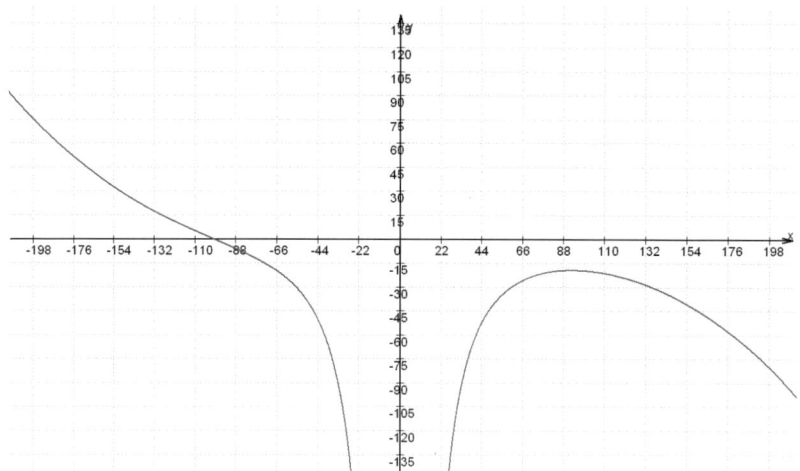

Abbildung IX.4.2: Profil der anderen Schlucht.

(b) Wie lautet die Gleichung dieser Funktion? (Das LGS ist mit einer entsprechenden Rechenhilfe zu lösen!)

Aufgabe 3:
Untersuchen Sie die durch die folgenden Gleichungen gegebenen Funktionen.

(a) $a(x) = \dfrac{x^2 + x - 2}{x - 1}$

(b) $b(x) = \dfrac{4x^2 - 4}{x^2 - 9}$

(c) $c(x) = \dfrac{2x + 1}{x^2 - 4}$

(d) $d(x) = \dfrac{x^2 + 2x + 1}{x}$

(e) $e(x) = \dfrac{x^2 + 1}{x^2 - 1}$

(f) $f(x) = \dfrac{x^3 - 6x^2 + 11x - 6}{x^3 + 6x^2 + 11x + 6}$

X Trigonometrische Funktionen

Diese Kapitel beschäftigt sich mit der Trigonometrie und eignet sich (hoffentlich) sowohl für Einsteiger, als auch für Leute, die an einer Auffrischung ihrer Kenntnisse interessiert sind, sei es freiwillig oder weniger freiwillig. Das Kapitel besteht grob aus zwei Teilen: Der erste gibt eine Einführung in die Trigonometrie. Der zweite greift die trigonometrischen Funktionen als Thema gesondert auf und wir geben ein kurzen Einblick in den Umgang mit dieser Sorte von Funktionen.

X.1 Grundlagen und Ableitungsregeln

X.1.1 Definition und Beispiele

In der Trigonometrie haben wir es mit drei sog. **Winkelfunktionen** zu tun, mit dem Sinus, dem Kosinus und dem Tangens. Diese setzen sich aus bestimmten Seitenverhältnissen, bezogen auf einen gewählten Winkel in einem rechtwinkligen Dreieck, zusammen. Wie sie in der Schule genau definiert werden, zeigen wir im Folgenden. Für Menschen mit gutem Gedächtnis und für die anderen zur Erinnerung sei erwähnt, dass dieser Kasten schon in Unterkapitel II.5.1 gezeigt wurde. Gleiches gilt für die anschließende Abbildung.

Die Winkelfunktionen

In einem rechtwinkligen Dreieck sind mittels der folgenden Seitenverhältnisse die trigonometrischen Funktionen definiert[a]:

$$\sin(\alpha) = \frac{\text{Gegenkathete}}{\text{Hypotenuse}} \qquad \cos(\alpha) = \frac{\text{Ankathete}}{\text{Hypotenuse}} \qquad \tan(\alpha) = \frac{\text{Gegenkathete}}{\text{Ankathete}}$$

$$(\text{X-1})$$

Wir lesen: Sinus, Kosinus bzw. Tangens von α (alpha).

---

[a]Die jeweilige Kathetenbezeichnung bezieht sich immer auf den gewählten Winkel. Wir schreiben also nur Gegenkathete anstatt Gegenkathete von α.

Um die Benennung der Katheten zu verdeutlichen, geben wir eine kleine Skizze an:

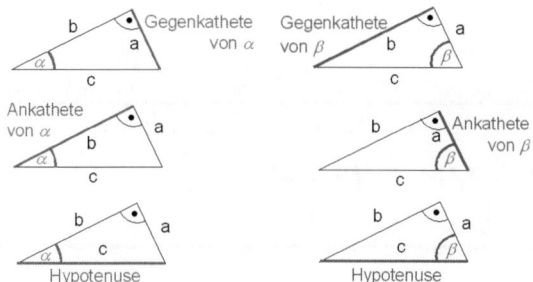

Abbildung X.1.1: Die Benennung der Katheten in Abhängigkeit vom gewählten Winkel. Wichtig ist, dass mit der Hypotenuse *immer* die Dreiecksseite gegenüber dem rechten Winkel bezeichnet wird.

Machen wir hierzu zwei Beispiele.

Beispiel 1 - Ein kleines Dreieck

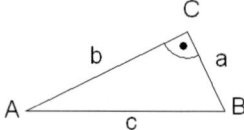

Abbildung X.1.2: Ein rechtwinkliges Dreieck.

Das Dreieck ABC ist rechtwinklig. Der Winkel in A beträgt 60° und die Hypotenuse ist 6 cm lang. Berechnen Sie die restlichen Winkel und Seiten.

Bestandsaufnahme:

- Der Winkel in B: $180° - 90° - 60° = 30°$

- $c = 6$ cm (gegeben)

- a ist Gegenkathete zum Winkel in A

Daraus berechnen wir mit $\sin(\alpha) = \frac{\text{Gegenkathete}}{\text{Hypotenuse}}$ und $\cos(\alpha) = \frac{\text{Ankathete}}{\text{Hypotenuse}}$:

Der Winkel ist 60° und die Hypotenuse beträgt 6 cm. Wir rechnen:

$$\sin(60°) = \frac{\sqrt{3}}{2} = \frac{a}{6 \text{ cm}} \Leftrightarrow a = \frac{\sqrt{3}}{2} \cdot 6 \text{ cm} = 3\sqrt{3} \text{ cm} \approx 5{,}196 \text{ cm}$$
$$\cos(60°) = \frac{1}{2} = \frac{b}{6 \text{ cm}} \Leftrightarrow b = \frac{1}{2} \cdot 6 \text{ cm} = 3 \text{ cm}$$

Tipps zu dem vorliegenden Beispiel 1

(1) Die Werte für Kosinus und Sinus bei bestimmten Winkeln erhalten wir aus einer Formelsammlung bzw. aus der Tabelle, die später in diesem Kapitel zu finden ist.

(2) Die Winkelsumme im Dreieck beträgt immer 180°.

(3) Anstatt mit dem Kosinus zu rechnen, können wir bei der Kenntnis zweier der drei Strecken, auch den Satz des Pythagoras anwenden.

Beispiel 2 - Dreieck mit Beweis(chen)

Beweisen Sie, dass das Dreieck ABC mit $a = 4$ cm, $b = 3$ cm und $c = 5$ cm rechtwinklig ist. Dieser Nachweis kann auf mindestens zwei Arten erbracht werden.

Möglichkeit 1:
Wir schauen, ob der Satz des Pythagoras gilt, wenn wir die Quadrate der beiden kleineren Strecken addieren und daraus dann die Wurzel ziehen.

$$\sqrt{3^2 + 4^2} = \sqrt{9 + 16} = \sqrt{25} = 5.$$

Also ist das Dreieck ABC rechtwinklig.

Möglichkeit 2:
Wir wenden die trigonometrischen Formeln an. Wir berechnen α und β, ziehen sie dann von der Winkelsumme im Dreieck ab und schauen, ob 90° als Rest herauskommt:

$$\sin(\alpha) = \frac{a}{c} = \frac{4}{5} \Leftrightarrow \alpha = 53{,}13°$$
$$\sin(\beta) = \frac{b}{c} = \frac{3}{5} \Leftrightarrow \beta = 36{,}87°$$
$$180° - \alpha - \beta = 90°$$

Also ist das Dreieck ABC rechtwinklig.

X.1.2 Vom Einheitskreis zur Funktion

Sinus, Kosinus und ebenso der Tangens lassen sich am **Einheitskreis** darstellen. Der Einheitskreis ist der Kreis, der seinen Mittelpunkt im Ursprung $O(0/0)$ des Koordinatensystems hat und den Radius $r = 1$ besitzt. Er ist in Abbildung X.1.3 dargestellt.
In diesen Kreis lassen sich nun alle möglichen rechtwinkligen Dreiecke einzeichnen. Will

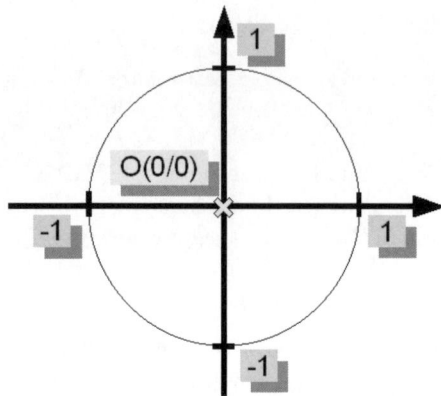

Abbildung X.1.3: Der Einheitskreis mit Radius $r = 1$ und Mittelpunkt $O(0/0)$.

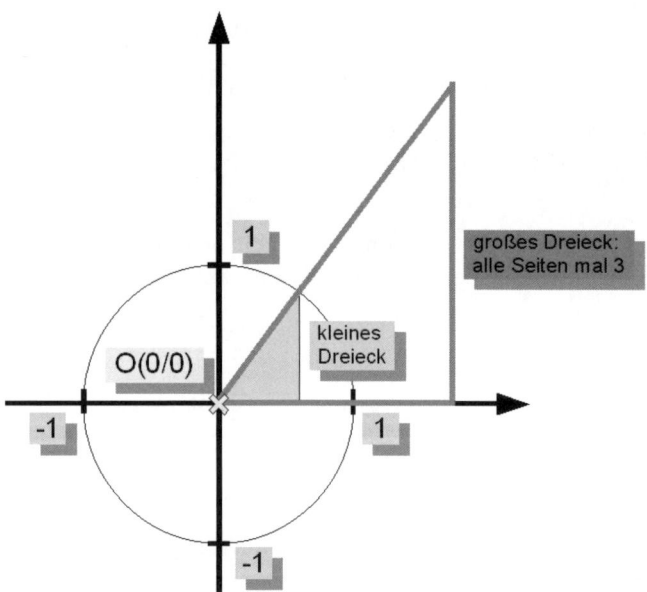

Abbildung X.1.4: Rechtwinkliges Dreieck, welches durch zentrische Streckung aus einem rechtwinkligen Dreieck des Einheitskreises hervorgegangen ist.

man z.B. ein größeres Dreieck haben, so muss man ein kleines Dreieck nur mit dem gewünschten Faktor zentrisch strecken. Das Streckzentrum ist der Koordinatenursprung. Ein Beispiel ist in Abbildung X.1.4 dargestellt.

Jetzt müssen wir uns noch anschauen, was hier der Kosinus und was der Sinus ist, auch den Tangens können wir einzeichnen.

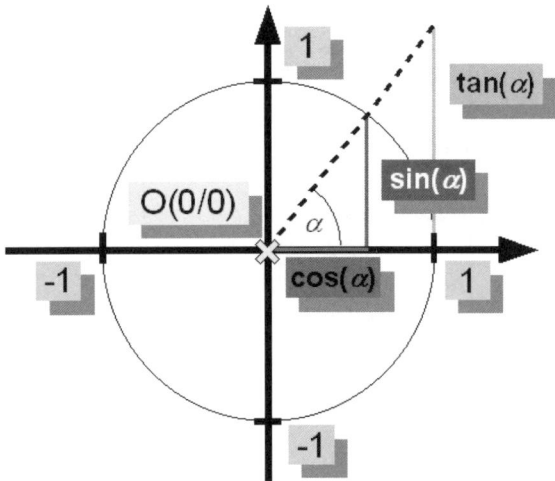

Abbildung X.1.5: Sinus, Kosinus und Tangens am Einheitskreis illustriert.

Nun können wir Folgendes sehen:

- Der Kosinus liegt immer auf der x-Achse.

- Der Sinus steht senkrecht auf dem Kosinus.

- Der Tangens liegt tangential (daher der Name) am Kreis an (Tangential bedeutet, dass der Kreis nur in einem Punkt berührt wird.).

- Wir haben hiermit alle Fälle abgedeckt, denn wir können das Dreieck ja drehen wie wir wollen und α auch zu β umbenennen.

Wir wollen uns gleich anschauen, wie wir von der Darstellung am Einheitskreis zu den trigonometrischen Funktionen gelangen, also deren Graphen bzw. Schaubilder erhalten.

Wie man die Sinus- bzw. Kosinuskurve erhält (Vorgehensweise)

Wir zeichnen für einige Winkel Sinus und Kosinus in den Einheitskreis ein. Dann beschriften wir die x-Achse in einem neuen Koordinatensystem mit 0° bis 90° und zeichnen die dazugehörigen Strecken, die wir aus der Kreiszeichnung erhalten, ein. Da dieser Text jetzt etwas unklar sein dürfte, schauen wir uns am besten die Zeichnung gut an, sie erklärt viel mehr, als wir es mit Worten können.

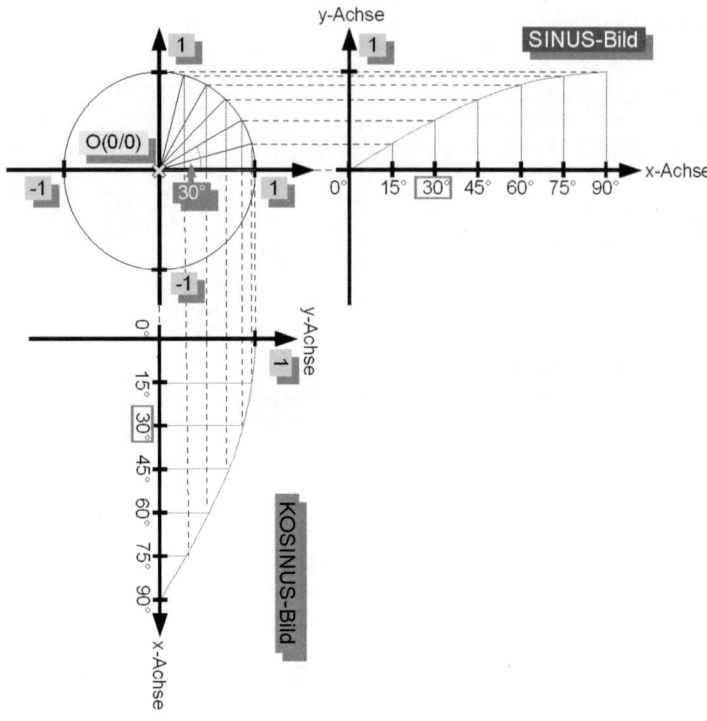

Abbildung X.1.6: Entstehung der trigonometrischen Graphen: Die Graphen erscheinen mit mehr Werten viel glatter. Die hier verwendeten Winkelwerte sind willkürlich gewählt. Normalerweise verwendet man
$0°, 15°, 30°, 45°, 60°, 75°$ und $90°$. Je mehr Werte, desto besser und genauer ist die Darstellung. Auf der x-Achse ist die Größe des Winkels α
eingezeichnet, auf der y-Achse die Werte von 0 bis 1 (bedingt durch den
Einheitskreis).

Wir fassen die wichtigsten Werte von Sinus, Kosinus und Tangens in einer Tabelle zusammen. Den Tangens haben wir aus Übersichtsgründen oben nicht eingezeichnet.

α	$0°$	$30°$	$45°$	$60°$	$90°$
$\sin(\alpha)$	0	$\frac{1}{2}$	$\frac{\sqrt{2}}{2}$	$\frac{\sqrt{3}}{2}$	1
$\cos(\alpha)$	1	$\frac{\sqrt{3}}{2}$	$\frac{\sqrt{2}}{2}$	$\frac{1}{2}$	0
$\tan(\alpha)$	0	$\frac{\sqrt{3}}{3}$	1	$\sqrt{3}$	∞

Tabelle X.1.1: Wichtige Werte der trigonometrischen Funktionen für den Winkel α.

Ein paar wichtige Sätzlein

Es gelten folgende Sätze, die wir uns merken sollten. Sie sind zwar nicht lebensnotwendig, erleichtern die Sache manchmal aber ungemein. Zum besseren Verständnis schauen wir sie uns gleich im Anschluss an ihre Formulierung am Einheitskreis an.

Ein paar Sätze (mit $\alpha \in [0°; 90°)$)

(1) $\sin(\alpha) = \cos(90° - \alpha)$ und $\cos(\alpha) = \sin(90° - \alpha)$.
(2) $\sin^2(\alpha) + \cos^2(\alpha) = (\cos(\alpha))^2 + (\sin(\alpha))^2 = 1$ (Satz des Pythagoras)
(3) $\tan(\alpha) = \frac{\sin(\alpha)}{\cos(\alpha)}$

Schauen wir uns die Sätze am Einheitskreis an:

Zu Satz 1:

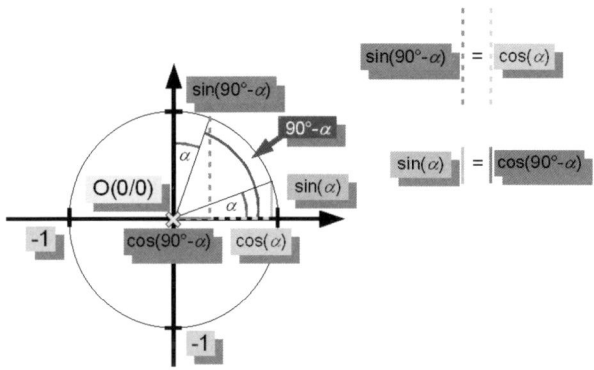

Abbildung X.1.7: Vergleich der an Satz 1 beteiligten Strecken.

Veranschaulichung des ersten Satzes:
Die beiden durchgezogenen, in der Skizze kürzeren Strecken sowie die beiden längeren, gestrichelten Strecken sind immer jeweils gleich lang. Einmal haben wir den Winkel α (kleinerer Winkel an der x-Achse) eingezeichnet, das andere Mal den Winkel $90° - \alpha$ (größerer Winkel, entsteht aus dem rechten Winkel ($90°$) minus dem Winkel α). Die Strecken sind zum Vergleich rechts separat aufgetragen. Der Satz wird durch den unmittelbaren Vergleich ersichtlich.

Zu Satz 2:

Die gestrichelte Strecke in Abbildung X.1.8 hat immer die Länge 1, da sie der Radius des Einheitskreises ist. Da Kosinus und Sinus immer senkrecht aufeinander stehen, bilden sie mit ihr ein rechtwinkliges Dreieck, das wir mit dem Satz des Pythagoras berechnen

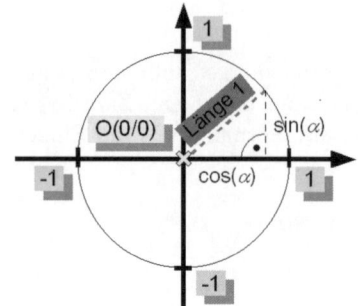

Abbildung X.1.8: Der Satz des Pythagoras am Einheitskreis.

können. Es ergibt sich (Ankathete von α)^2 + (Gegenkathete von α)^2 = 1^2, woraus sich der Satz sofort ableiten lässt.

Zu Satz 3:

Das ist die Definition des Tangens. Er ist nur ein Verhältnis zwischen Sinus und Kosinus. Wir brauchen ihn somit eigentlich gar nicht.

X.1.3 Das Bogenmaß

Wir müssen nicht zwangsläufig den Winkel bei trigonometrischen Funktionen verwenden, wir können statt dessen auch das Bogenmaß als Argument angeben. Unter dem Bogenmaß vestehen wir grob gesprochen die Teilumfänge des Einheitskreises. Diese lassen sich mit Hilfe des jeweiligen Mittelpunktswinkels und der Formel für den Kreisumfang berechnen. Zum besseren Verständnis betrachten wir Abbildung X.1.9.

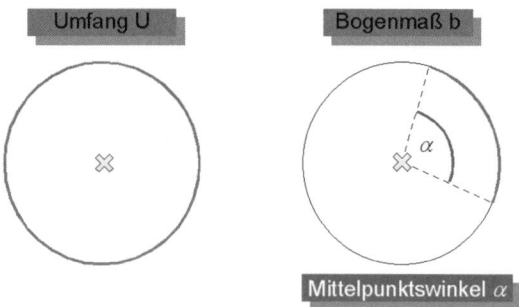

Abbildung X.1.9: Skizze zur Ermittelung der Bogenlänge bei einem Kreis anhand des Mittelpunktswinkels α.

Wir wissen, dass der Umfang U gegeben ist mit $U = 2\pi \cdot r$. Wir berechnen jetzt nur die Länge des Bogens, welcher sich durch den Mittelpunktswinkel α ergibt. Diese ist der Bruchteil $\frac{\alpha}{360°}$ des ganzen Umfangs. Wir erhalten also:

Die Länge eines Bogens beim Kreis

Die Länge des Bogens b eines Kreises mit dem Radius r und dem Mittelpunktswinkel α berechnet sich wie folgt:

$$b = \frac{\alpha}{360°} \cdot 2\pi \cdot r = \frac{\alpha}{180°} \cdot \pi \cdot r. \tag{X-2}$$

So können wir die Länge eines beliebigen Kreisbogens berechnen. Da wir es beim Einheitskreis mit dem Radius 1 zu tun haben, fällt das r aus der Formel immer weg. Wir erhalten dann

$$b = \frac{\alpha}{180°} \pi. \tag{X-3}$$

Hier sprechen wir jetzt vom Bogenmaß. Wir übertragen einige Winkel in selbiges. Für die Untersuchung der trigonometrischen Funktionen ist es notwendig, dieses zu verwenden, da wir die Winkelwerte in Längen (x-Werte) umwandeln müssen, um sie mit anderen Funktionen (z.B. ganzrationale oder gebrochenrationale Funktionen (siehe Kapitel V und IX)), welche nur über Längenwerte bestimmt sind, vergleichen zu können. Unsere Tabelle sieht wie folgt aus (bitte nachrechnen!):

Gradmaß	0°	30°	45°	60°	90°	180°	270°	360°
Bogenmaß	0	$\frac{\pi}{6}$	$\frac{\pi}{4}$	$\frac{\pi}{3}$	$\frac{\pi}{2}$	π	$\frac{3\pi}{2}$	2π

Tabelle X.1.2: Vergleich von Bogenmaß und Gradmaß.

Ein kleiner Tipp für zukünftige Rechnungen

Ja nicht auf die Idee kommen, π (Pi) auszurechnen. Das wird, wenn überhaupt, erst am Ende aller Berechnungen gemacht!!!!!

X.1.4 Andere Winkel

Wir können in den Einheitskreis auch noch weitere Dreiecke einzeichnen, wir sind nicht an den sog. 1. Quadranten gebunden. Diesen nehmen wir nur zumeist, da wir in die anderen Quadranten einfach durch simple Drehungen um den Ursprung kommen.

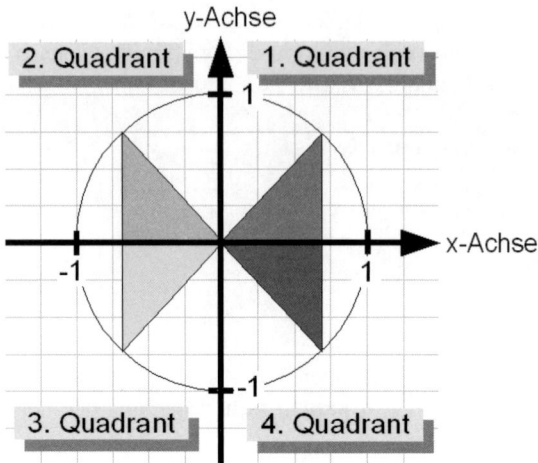

Abbildung X.1.10: Dreiecke, welche durch Spiegelung an der jeweiligen Koordinatenachse bzw. durch Drehung um den Ursprung aus dem Dreieck im 1. Quadranten entstanden sind.

Beispiel - Dreiecke in allen vier Quadranten

Wenn wir uns die Lage von Sinus und Kosinus anschauen, so wie wir es in Abbildung X.1.5 getan haben, dann können wir folgende Feststellungen über die Vorzeichen von Sinus und Kosinus notieren:

- Im 1. Quadranten sind Sinus *und* Kosinus positiv.

- Im 2. Quadranten ist der Sinus positiv und der Kosinus negativ.

- Im 3. Quadranten sind Sinus *und* Kosinus negativ.

- Im 4. Quadranten ist der Sinus negativ und der Kosinus positiv.

Ein kleiner Tipp zur Vermeidung eines falschen Vorzeichens

Sind wir uns ob des Vorzeichens von Sinus oder Kosinus unsicher, dann hilft das Zeichnen des Einheitskreises weiter (vergleiche Abbildungen X.1.5 und X.1.10).

Unsere nächsten Schritte führen uns zu Sinus- und Kosinussatz, welche uns auch bei nichtrechtwinkligen Dreiecken weiterhelfen.

X.1.5 Der Sinussatz

Bevor wir uns mit der Herleitung beschäftigen, schauen wir uns zu Beginn das zu betrachtende Sätzlein an.

Der Sinussatz

In einem beliebigen Dreieck (siehe Abbildung X.1.11) verhalten sich die Seitenlängen zueinander wie die Sinuswerte ihrer Gegenwinkel. Es ist also

$$\frac{a}{b} = \frac{\sin(\alpha)}{\sin(\beta)} \qquad \frac{b}{c} = \frac{\sin(\beta)}{\sin(\gamma)} \qquad \frac{a}{c} = \frac{\sin(\alpha)}{\sin(\gamma)} \qquad (X\text{-}4)$$

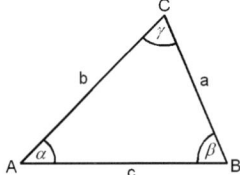

Abbildung X.1.11: Beliebiges Dreieck mit benannten Eckpunkten, Winkeln und Seiten.

Nun wollen wir uns überlegen, wie wir auf die Gleichungen (X-4) kommen.

Herleitung des Sinussatzes

Wir betrachten das folgende Dreieck, welches beliebige Winkel α, β und γ mit $\alpha + \beta + \gamma = 180°$ haben kann. Wir weisen den Sinussatz exemplarisch für die erste der drei Gleichungen in (X-4) nach. Der Nachweis der anderen beiden Gleichungen erfolgt ganz analog.

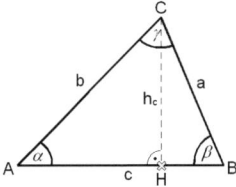

Abbildung X.1.12: Beliebiges Dreieck mit benannten Eckpunkten, Winkeln und Seiten und eingezeichneter Höhe h_c zur Herleitung des Sinussatzes.

Die Höhe h_c steht senkrecht auf der Seite c. Der Fußpunkt der Höhe sei mit H bezeichnet. Die beiden Dreiecke AHC und BCH sind somit rechtwinklig. Daher können wir für die beiden Dreiecke die Berechnung des Sinus durchführen.

- Dreieck AHC: $\frac{h_c}{b} = \sin(\alpha) \Leftrightarrow h_c = b \cdot \sin(\alpha)$
- Dreieck BCH: $\frac{h_c}{a} = \sin(\beta) \Leftrightarrow h_c = a \cdot \sin(\beta)$

Da h_c gleich h_c ist, erhalten wir

$$h_c = h_c \Leftrightarrow b \cdot \sin(\alpha) = a \cdot \sin(\beta) \Leftrightarrow \frac{a}{b} = \frac{\sin(\alpha)}{\sin(\beta)}.$$

Dies ist der Sinussatz und wir sind mit unserem Beweisle fertig.

$\square$

Was bringt uns der Sinussatz?

Antwort:

Wenn wir zwei Seiten und einen zugehörigen Winkel kennen, dann können wir (problemlos?!) den noch fehlenden Winkel berechnen. Fehlt uns eine Seite und wir haben aber zwei Winkel, dann können wir die restlichen Seiten berechnen. **Das schönste aber ist:** Dieser Satz gilt für jedes Dreieck, es muss nicht rechtwinklig sein!

X.1.6 Der Kosinussatz

Da der Sinus seinen eigenen Satz hat, wollen wir einen solchen auch dem Kosinus gönnen. Der sog. Kosinussatz erweist uns später in den Kapiteln XIV und XV nützliche Dienste bei der Herleitung der komponentenweisen Darstellung des Skalarproduktes. Für den Moment reicht es aber zu wissen, dass wir den Satz noch brauchen. Er lautet:

Der Kosinussatz:

In einem beliebigen Dreieck (siehe Abbildung X.1.11) gilt:

$$\begin{aligned}
c^2 &= a^2 + b^2 - 2 \cdot a \cdot b \cdot \cos(\gamma) \\
b^2 &= a^2 + c^2 - 2 \cdot a \cdot c \cdot \cos(\beta) \\
a^2 &= b^2 + c^2 - 2 \cdot b \cdot c \cdot \cos(\alpha)
\end{aligned} \tag{X-5}$$

Ist $\gamma = 90°$, so erhalten wir den Satz des Pythagoras. Darum nennen wir den Kosinussatz auch den „verallgemeinerten Satz des Pythagoras". Er gilt, wie der Sinussatz, für jedes Dreieck, nicht nur für rechtwinklige. Auch hier wollen wir uns überlegen, wie wir die entsprechenden Gleichungen herleiten können.

Herleitung des Kosinussatzes

Wir betrachten Abbildung X.1.13 um die erste der drei Gleichungen in (X-5) nachzuweisen. Die anderen Gleichungen ergeben sich ganz analog.

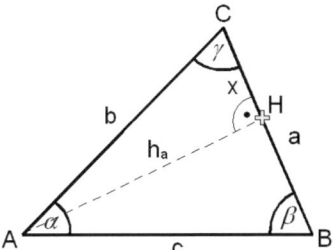

Abbildung X.1.13: Beliebiges Dreieck mit benannten Eckpunkten, Winkeln und Seiten und eingezeichneter Höhe h_a zur Herleitung des Kosinussatzes.

In Dreieck AHC, welches ein rechtwinkliges ist, können wir das Folgende rechnen:

$$\frac{x}{b} = \cos(\gamma) \Leftrightarrow x = b \cdot \cos(\gamma).$$

Damit können wir hier die Höhe h_a bestimmen. Es ist

$$h_a^2 = b^2 - x^2 = b^2 - (b \cdot \cos(\gamma))^2.$$

Wenn wir das Dreieck ABH betrachten, dann können wir einen weiteren Ausdruck für h_a angeben. Wir erhalten

$$h_a^2 = c^2 - (a - x)^2 = c^2 - (a - b \cdot \cos(\gamma))^2.$$

Setzen wir die beiden Gleichungen für h_a gleich, dann können wir wie anschließend umformen:

$$c^2 - (a - b \cdot \cos(\gamma))^2 = b^2 - (b \cdot \cos(\gamma))^2 \Leftrightarrow c^2 = b^2 - (b \cdot \cos(\gamma))^2 + (a - b \cdot \cos(\gamma))^2$$
$$\Leftrightarrow c^2 = b^2 - b^2 \cdot \cos^2(\gamma) + a^2 - 2 \cdot a \cdot b \cdot \cos(\gamma) + b^2 \cdot \cos^2(\gamma)$$
$$\Leftrightarrow c^2 = a^2 + b^2 - 2 \cdot a \cdot b \cdot \cos(\gamma).$$

Die letzte Zeile zeigt die gesuchte Gleichung und wir sind fertig.

$\square$

X.1.7 Weitere Betrachtungen zum Einheitskreis

Die Koordinaten eines Punktes auf einem Kreis

Wir wollen uns hier kurz klar machen, dass wir die Koordinaten eines Punktes $P(x_P/y_P)$ auch in einer anderen Art und Weise angeben können. Betrachten wir hierzu zuerst den Einheitskreis. Auf diesem liege der Punkt $P(x_P/y_P)$ (siehe Abbildung X.1.14).

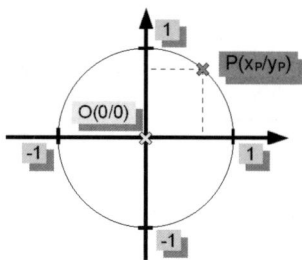

Abbildung X.1.14: Der Punkt P, welcher auf dem Einheitskreis liegt.

Nun verbinden wir den Ursprung des Koordinatensystems mit dem Punkt P. Zusammen mit den gestrichelt dargestellten Strecken erhalten wir so eine Dreieck. Vergleichen wir nun mit Abbildung X.1.5, so erkennen wir sofort, dass

$$x_P = \cos(\alpha) \text{ und } y_P = \sin(\alpha), \tag{X-6}$$

wobei α der Winkel ist, den die Strecke $\overline{OP}$ mit dem x-Achsenteil, welcher von 0 nach rechts verläuft, einschließt (siehe Abbildung X.1.15). Hierdurch sind alle Winkel von 0° bis 360° möglich und der Punkt P kann überall auf dem Einheitskreis liegen.

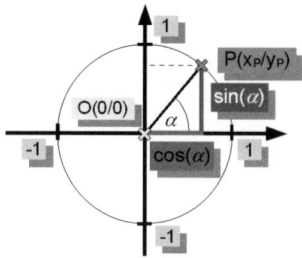

Abbildung X.1.15: Der Punkt P auf dem Einheitskreis mit Hilfe von Sinus und Kosinus dargestellt.

Durch die Definition des Tangens können wir auch folgende Beziehung herstellen:

$$\frac{y_P}{x_P} = \tan(\alpha) \Leftrightarrow \arctan\left(\frac{y_P}{x_P}\right) = \alpha. \tag{X-7}$$

Der sog. Arkustangens ist die Umkehrfunktion des Tangens. Wir behandeln ihn in Kapitel XII.

Nun fehlt uns lediglich noch eine kleine Erweiterung bei unseren Betrachtungen: Jeder Punkt $P(x_P/y_P)$ des kartesischen Koordinatensystems liegt auf einem Kreis mit dem Radius $r = \sqrt{x_P^2 + y_P^2}$. Der zugehörige Winkel berechnet sich mit Hilfe von Gleichung (X-7) und unter Beachtung der Vorzeichen der x- und y-Koordinaten.

Quadrant	Vorzeichen x_P	Vorzeichen y_P	Winkel α Bogenmaß
I. ($x_P > 0$, $y_P \geq 0$)	$+$	$+$	$\arctan\left(\frac{y_P}{x_P}\right)$
II. ($x_P < 0$, $y_P \geq 0$)	$-$	$+$	$\arctan\left(\frac{y_P}{x_P}\right) + \pi$
III. ($x_P < 0$, $y_P < 0$)	$-$	$-$	$\arctan\left(\frac{y_P}{x_P}\right) + \pi$
IV. ($x_P > 0$, $y_P < 0$)	$+$	$-$	$\arctan\left(\frac{y_P}{x_P}\right) + 2\pi$
Sonderfall 1	$x_P = 0$	$y_P > 0$	$\frac{\pi}{2}$
Sonderfall 2	$x_P = 0$	$y_P < 0$	$\frac{3\pi}{2}$

Tabelle X.1.3: Die Bestimmung des Winkels α bei gegebenem x_P und y_P.

Die Umrechnung ins Gradmaß erfolgt entweder direkt mit dem Taschenrechner[1] oder mit Hilfe von Gleichung (X-3). Mit Hilfe von Abschnitt X.1.2 können wir dann erkennen, dass für beliebige Punkte $P(x_P/y_)$

$$x_P = r \cdot \cos(\alpha) \text{ und } y_P = r \cdot \sin(\alpha) \tag{X-8}$$

gilt. Die Größen r und α werden zusammen als **Polarkoordinaten** bezeichnet. Durch sie wird die Lage eines jeden Punktes ebenfalls eindeutig beschrieben. Sind x_P und y_P gegeben, so ist $r = \sqrt{x_P^2 + y_P^2}$ und α gemäß Tabelle X.1.3 bestimmbar. Sind r und α gegeben, so können wir x_P und y_P mit (X-8) berechnen.

Polarkoordiaten erweisen sich z.B. in der Physik als sehr nützlich. Wir haben sie hier der Vollständigkeit halber mit aufgenommen, für weitere Rechnungen werden wir sie nicht mehr benötigen.

---

[1]wenn dieser auf den Modus DEGREE oder GRAD eingestellt ist, hierbei muss dann π durch $180°$ ersetzt werden

Zu den Graphen von Sinus- und Kosinusfunktion

Führen wir das, was wir in Abschnitt X.1.2 nur für den ersten Quadranten durchgeführt haben, für alle Quadranten durch, so erhalten wir die „berühmten" Sinus- und Kosinuskurven. Sie sind über dem Intervall $[0; 2\pi]$ in Abbildung X.1.16 dargestellt.

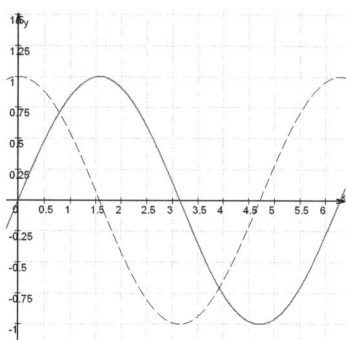

Abbildung X.1.16: Die Sinus- (durchgezogen) und die Kosinuskurve (gestrichelt) über dem Intervall $[0; 2\pi]$.

Was passiert bei Winkeln, die größer als 360° bzw. 2π sind?

Wir können uns leicht am Einheitskreis klar machen, dass nach 360° bw. 2π der ganze Spaß wieder von vorne losgeht. Das bedeutet, dass z.B. ein Winkel von 370° für Sinus, Kosinus und Tangens dasselbe ist wie ein Winkel von 10°. Da der Tangens der Quotient aus Sinus und Kosinus ist, wiederholen sich seine Funktionswerte sogar schon nach 180° bzw. π wieder. Wir können diesen Sachverhalt wie folgt notieren.

Zur Periodizität der trigonometrischen Funktionen

Für alle x mit $0 \leq x < 2\pi$ bzw. für alle α mit $0 \leq \alpha < 360°$ und alle $k \in \mathbb{Z}$ gelten die folgende Zusammenhänge:

Bogenmaß
$$\sin(x + k \cdot 2\pi) = \sin(x) \quad \cos(x + k \cdot 2\pi) = \cos(x) \quad \tan(x + k \cdot \pi) = \tan(x) \quad \text{(X-9)}$$

Gradmaß
$$\sin(x + k \cdot 360°) = \sin(x) \quad \cos(x + k \cdot 360°) = \cos(x) \quad \tan(x + k \cdot 180°) = \tan(x)$$
$$\text{(X-10)}$$

Wir können auch sagen, dass $\sin(x)$ und $\cos(x)$ die **Periode** $p = 2\pi$ haben und $\tan(x)$ besitzt die Periode $p = \pi$.

Der Kasten will uns das Folgende sagen: Nach einmal, zweimal, dreimal, ... gegen ($k > 0$) oder mit ($k < 0$) dem Uhrzeigersinn um den Kreis herum, kommen wir wieder beim gleichen Winkel an, also auch wieder beim gleichen Sinus- bzw. Kosinuswert. Beim Tangens kommen wir sogar schon nach jeder halben Umrundung wieder beim gleichen Funktionswert an. Somit wiederholen sich auch die Sinus- und die Kosinuskurve alle 2π bzw. die Tangenskurve alle π (siehe Abbildung X.1.17).

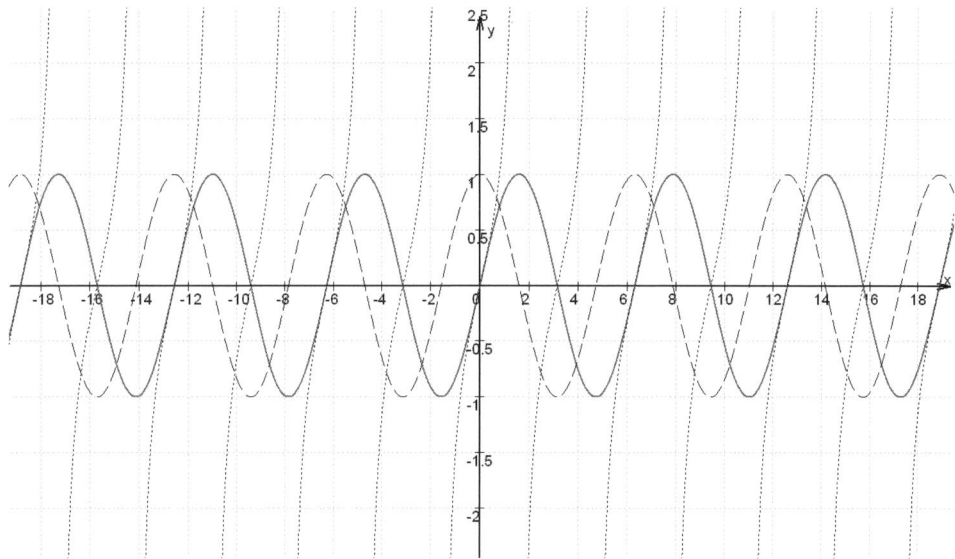

Abbildung X.1.17: Die Sinuskurve (durchezogen), die Kosinuskurve (gestrichelt) und die Tangenskurve (gepunktet).

Nachdem wir jetzt wissen, dass Sinus, Kosinus und Tangens periodisch sind und wir auch eine ungefähre Vorstellung von ihren Graphen haben, wollen wir die Techniken der Differentialrechnung auf die Funktionen loslassen und unseren Wissensstand weiter vorantreiben.

X.1.8 Die Ableitungen der trigonometrischen Funktionen - Ein wenig Nostalgie bei der Herleitung

Wir werfen einen Blick weit in die Vergangenheit zurück, genauer gesagt, erinnern wir uns an Unterkapitel VII.1. Hier lernten wir u.a. die sog. h-Methode kennen. Mit ihrer Hilfe wollen wir uns nun die Ableitungen von Sinus- und Kosinusfunktion beschaffen. Haben wir dieses Vorhaben bewältigt, so wollen wir noch mehr in Erinnerungen an Kapitel VII schwelgen und die Quotientenregel zur Ableitung der Tangensfunktion verwenden. Zu guter Letzt rufen wir uns die Ketten- und Produktregel wieder ins Gedächtnis.

Die Herleitung der Ableitungsfunktion der Sinusfunktion

Wir führen die Berechnung der Ableitungsfunktion exemplarisch für die Sinusfunktion durch. Die Kosinusfunktion wird dann ganz analog behandelt.

Zu Beginn legen wir uns eines der Additionstheoreme zu Recht. Additionstheoreme der trigonometrischen Funktionen stellen einen Zusammenhang zwischen den trigonometrischen Funktionen her. Wir lernten auf Seite 319 bereits das Additionstheorem $\sin^2(x)+\cos^2(x) = 1$ kennen (damals noch mit α anstatt mit x). Hier nutzen wir nun das folgende Additionstheorem aus:

$$\sin(x) - \sin(y) = 2 \cdot \cos\left(\frac{x+y}{2}\right) \cdot \sin\left(\frac{x-y}{2}\right). \qquad \text{(X-11)}$$

Des Weiteren benutzen wir, dass

$$\lim_{x \to 0} \frac{\sin(x)}{x} = 1. \qquad \text{(X-12)}$$

Es sei $f(x) = \sin(x)$. Wir wenden die h-Methode an (wobei wir x statt x_0 schreiben):

$$\frac{f(x+h) - f(x)}{h} = \frac{\sin(x+h) - \sin(x)}{h}.$$

Jetzt können wir (X-11) verwenden:

$$\frac{\sin(x+h) - \sin(x)}{h} = 2 \cdot \frac{\cos\left(\frac{x+h+x}{2}\right) \cdot \sin\left(\frac{x+h-x}{2}\right)}{h} = \frac{\cos\left(\frac{2x+h}{2}\right) \cdot \sin\left(\frac{h}{2}\right)}{\frac{h}{2}}.$$

Nun können wir den Grenzwert für $h \to 0$ berechnen, indem wir (X-12) benutzen:

$$\lim_{h \to 0} \left(\cos\left(\frac{2x+h}{2}\right) \cdot \left(\frac{\sin\left(\frac{h}{2}\right)}{\frac{h}{2}}\right) \right) = \lim_{h \to 0} \left(\cos\left(\frac{2x+h}{2}\right) \right) \cdot \lim_{h \to 0} \left(\left(\frac{\sin\left(\frac{h}{2}\right)}{\frac{h}{2}}\right) \right)$$
$$= \cos(x) \cdot 1 = \cos(x).$$

Wir haben hiermit gezeigt, dass $\cos(x)$ die Ableitung von $\sin(x)$ ist. Ebenso ergibt sich, dass $-\sin(x)$ die Ableitung von $\cos(x)$ ist. Wir merken uns also:

Die Ableitungen von Sinus und Kosinus

Für die Funktion f mit $f(x) = \sin(x)$ gilt, dass f' mit $f'(x) = \cos(x)$ die Ableitungsfunktion ist.
Für die Funktion g mit $g(x) = \cos(x)$ gilt, dass g' mit $g'(x) = -\sin(x)$ die Ableitungsfunktion ist.

Hiermit können wir folgende Ableitungsreihenfolge mit Hilfe der Faktorregel aus Abschnitt VII.3.2 angeben:

$$f(x) = f^{(0)}(x) = \sin(x)$$
$$f'(x) = f^{(1)}(x) = \cos(x)$$
$$f''(x) = f^{(2)}(x) = -\sin(x)$$
$$f'''(x) = f^{(3)}(x) = -\cos(x)$$
$$f''''(x) = f^{(4)}(x) = \sin(x)$$
$$\vdots$$

Ist also $f(x) = \sin(x)$, dann gilt

$$f^{(2n)} = (-1)^n \cdot \sin(x) \text{ mit } n \in \mathbb{N}, \text{ also } n = \{0, 1, 2, \ldots\}$$
$$f^{(2n+1)} = (-1)^n \cdot \cos(x) \text{ mit } n \in \mathbb{N}, \text{ also } n = \{0, 1, 2, \ldots\}$$

Nachdem wir nun die Ableitungen von $\sin(x)$ und $\cos(x)$ zu unserem Repertoire zählen dürfen, fehlt uns noch die Ableitung von $\tan(x)$ in unserer Sammlung. Mit dem eben erlangten Wissen und der Quotientenregel aus Unterkapitel VII.3.4 sollte dies aber kein langfristiger Zustand bleiben.

Die Herleitung der Ableitungsfunktion der Tangensfunktion

Zu Beginn greifen wir hier auf die Definition des Tangens zurück, aus der sich

$$\tan(x) = \frac{\sin(x)}{\cos(x)}$$

ergibt, also die Darstellung der Tangensfunktion als Quotient von Sinus- und Kosinusfunktion. Diese Darstellung schreit bei der Ableitung aber nahezu nach der Quotientenregel. Es sei jetzt $h(x) = \tan(x) = \frac{\sin(x)}{\cos(x)}$. Wir verwenden die Bezeichnungen und die Vorgehensweisen aus Abschnitt VII.3. Somit sind hier $u(x) = \sin(x)$ und $v(x) = \cos(x)$ und daher

$u'(x) = \cos(x)$ und $v'(x) = -\sin(x)$. Durch das Anwenden der Quotientenregel ergibt sich folgende Rechnung:

$$h'(x) = \frac{u' \cdot v - v' \cdot u}{v^2} = \frac{\cos(x) \cdot \cos(x) - (-\sin(x)) \cdot \sin(x)}{\cos^2(x)} = \frac{\sin^2(x) + \cos^2(x)}{\cos^2(x)}.$$

Verwenden wir das Additionstheorem $\sin^2(x) + \cos^2(x) = 1$, dann erhalten wir

$$h'(x) = \frac{1}{\cos^2(x)},$$

dividieren wir durch $\cos^2(x)$, dann ergibt sich

$$h'(x) = \frac{\sin^2(x) + \cos^2(x)}{\cos^2(x)} = \frac{\sin^2(x)}{\cos^2(x)} + \frac{\cos^2(x)}{\cos^2(x)} = \left(\frac{\sin(x)}{\cos(x)}\right)^2 + 1 = \tan^2(x) + 1.$$

Die Ableitung vom Tangens

Für die Funktion h mit $h(x) = \tan(x)$ gilt, dass h' mit

$$h'(x) = \frac{1}{\cos^2(x)} = \tan^2(x) + 1$$

die Ableitungsfunktion ist.

Die Ableitungsregeln und die trigonometrischen Funktionen

Alle in Unterkapitel VII.3 hergeleiteten Ableitungsregeln gelten natürlich auch für die trigonometrischen Funktionen. Die Herleitung geschah ja allgemein, ohne Einschränkung auf irgendeinen speziellen Funktionstyp (Exponentialfunktionen[2], trigonometrische Funktionen, ganzrationale und gebrochenrationale Funktionen,...). Wir wollen in diesem kurzen Abschnitt ein kleines Beispiel für die Anwendung der Ableitungsregeln bei den trigonometrischen Funktionen geben und am Ende ein paar kleine Anmerkungen notieren, welche wir immer im Hinterkopf haben sollten, denn das Aussehen der Graphen der trigonometrischen Funktionen gehört zu den absoluten Grundlagen.

---
[2]Diese sind Gegenstand von Kapitel XI.

Beispiel - Ableiten trigonometrischer Funktionen

Wir betrachten die Funktion

$$f(x) = \sin(x^2) \cdot \cos^2(x).$$

Diese wollen wir nun ableiten. Es sei hier schon angemerkt, dass das Ergebnis nicht schön ist, aber es geht hier lediglich um die Demonstration der Anwendung der zur Verfügung stehenden Ableitungsregeln. Die Quotientenregel verwendeten wir bereits bei der Ableitung der Tangensfunktion, so dass wir sie in diesem Beispiel links liegen lassen.

Zuerst einmal können wir erkennen, dass die Funktion f das Produkt der beiden Funktionen g mit $g(x) = \sin(x^2)$ und h mit $h(x) = \cos^2(x)$ ist. Somit kommt die Produktregel zur Anwendung. Es ist dann

$$f'(x) = g'(x) \cdot h(x) + h'(x) \cdot g(x).$$

Um die benötigen Ableitungen von g und h zu erhalten, müssen wir auf die Kettenregel zurückgreifen.

- *Ableitung von g:*
  Hier ist u mit $u(v) = \sin(v)$ die äußere Funktion und v mit $v(x) = x^2$ die innere Funktion. Daher sind die Ableitungen gegeben durch $u'(v) = \cos(v)$ und $v'(x) = 2x$. Wir erhalten damit

$$g'(x) = \text{äußere Abl.} \cdot \text{innere Abl.} = u'(v) \cdot v'(x) = \cos(\underbrace{v}_{=x^2}) \cdot 2x = \cos(x^2) \cdot 2x.$$

- *Ableitung von h:*
  Anstatt von $h(x) = \cos^2(x)$ können wir auch $h(x) = (\cos(x))^2$ notieren, wodurch die Verkettungsreihenfolge deutlicher sichtbar wird. Die innere Funktion ist hier die trigonometrische Funktion, also $v(x) = \cos(x)$. Die äußere Funktion ist das Potenzieren mit der Zahl 2, also $u = v^2$. Hiermit können wir wieder leicht die beiden Ableitungen angeben, sie lauten $v'(x) = -\sin(x)$ und $u'(v) = 2v$. Wir erhalten

$$h'(x) = \text{äußere Abl.} \cdot \text{innere Abl.} = u'(v) \cdot v'(x) = 2 \underbrace{v}_{=\cos(x)} \cdot (-\sin(x))$$

$$= -2\cos(x) \cdot \sin(x).$$

Abschließend können wir alles zusammensetzen:

$$f(x) = g'(x) \cdot h(x) + h'(x) \cdot g(x) = \cos(x^2) \cdot 2x \cdot \cos^2(x) + (-2\cos(x) \cdot \sin(x)) \cdot \sin(x^2)$$
$$= 2x \cdot \cos^2(x) \cdot \cos(x^2) - 2 \cdot \sin(x)\cos(x)\sin(x^2).$$

Wie bereits erwähnt, ist das Ergebnis nicht schön, aber wir konnten zumindest die folgenden Erkenntnisse gewinnen:

Anmerkungen zum Ableiten trigonometrischer Funktonen

- **Trigonometrie innen:** Ist z.B. $\cos^n(x)$ mit $n \in \mathbb{Z}\setminus\{0\}$ der Funktionsterm, so ist $(\cos(x))^n$ eine andere Notation hierfür. Damit erkennen wir, dass u mit $u(v) = v^n$ die äußere Funktion ist und die trigonometrische Funktion v mit $v(x) = \cos(x)$ die innere.
- **Trigonometrie außen:** Ist z.B. $\cos(x^2 + 1)$ der Funktionsterm, so ist der Term im Argument der trigonomtrischen Funktion, hier $x^2 + 1$, der Funktionsterm der inneren Funktion v, also $v(x) = x^2 + 1$. Die äußere Funktion u hat die Funktionsgleichung $u(v) = \cos(v)$, d.h. die trigonometrische Funktion ist die äußere Funktion.

Wer nun seine Fertigkeiten testen möchte, der darf sich an den folgenden Aufgaben probieren. Besonders das Ableiten sollte mit einer gewissen Sicherheit vonstatten gehen.

Aufgaben

Aufgabe 1:
Weisen Sie mittels vollständiger Induktion nach, dass die $2n$-te Ableitung von $f(x) = \sin(x) \cdot e^x$ gegeben ist durch

$$f^{(2n)}(x) = 2^n \cdot (\sin(x))^{(n)} \cdot e^x$$

wobei $n \in \mathbb{N}$ und $(\ldots)$ als Exponent die entsprechende Ableitung bezeichnet.

Aufgabe 2:
Überlegen Sie sich, wie die gesuchte Ableitung lautet. Begründen Sie kurz das Ergebnis.

(a) Die 99ste von $a(x) = \sin(x)$ (b) Die 111te von $b(x) = \cos(x)$

(c) Die 444ste von $c(x) = -\sin(x)$ (d) Die 1111te von $d(x) = -\cos(x)$

Aufgabe 3:

Bilden Sie die *ersten beiden* Ableitungen der folgenden Funktionen.

(a) $a(x) = \sqrt{\sin(x)}$ (b) $b(x) = \sin(\cos(x))$

(c) $c(x) = e^{\sin(x)}$ (d) $d(x) = \sin(e^x)$

(e) $e(x) = \sin(x^2)$ (f) $f(x) = \tan(x)$

X.2 Übersicht über die Eigenschaften der trigonometrischen Grundfunktionen

Wie die Graphen der trigonometrischen Funktionen in Erscheinung treten, das haben wir bereits gesehen. Natürlich können wir eine jede Funktion mit Hilfe der Differentialrechnung genau untersuchen. Dem Leser sei geraten, dies jetzt zu tun. Ihre Aufgabe lautet:

Führen Sie eine vollständige Kurvendiskussion für die trigonometrischen Grundfunktionen durch!

!

Alle Ergebnisse dieser Aufgabe finden Sie in der folgenden Tabelle zusammengestellt. Falls Sie die eben gestellte Aufgabe nicht gerechnet haben, sollten Sie sich trotzdem das Folgende zu Herzen nehmen:

Basiswissen trigonometrische Grundfunktionen

Die Graphen von $\sin(x)$, $\cos(x)$ und $\tan(x)$ müssen Sie skizzieren können. Auch über die Lage der Extrem- und Wendepunkte gilt es, Bescheid zu wissen. Die trigonometrischen Grundfunktionen $\sin(x)$, $\cos(x)$ und $\tan(x)$ gehören samt ihrer Eigenschaften zu Ihrem Grundwortschatz der Mathematik! Also schauen Sie sich die Tabelle bitte wenigstens mit Verstand an, d.h. denken Sie über das Gelesene kurz (oder auch etwas länger) nach!

A

	$f(x) = \sin(x)$	$g(x) = \cos(x)$	$h(x) = \tan(x) = \frac{\sin(x)}{\cos(x)}$
Nullstellen	$x_0 = 0$ $x_1 = \pi$ $\vdots$ $x_k = k \cdot \pi$ mit $k \in \mathbb{Z}$	$x_0 = \dfrac{\pi}{2}$ $x_1 = \dfrac{3\pi}{2}$ $\vdots$ $x_k = \dfrac{\pi}{2} + k \cdot \pi$ mit $k \in \mathbb{Z}$	$x_k = k \cdot \pi$ mit $k \in \mathbb{Z}$ Siehe Nullstellen von $f(x) = \sin(x)$

Ableitungen	$f^{(4n)}(x) = \sin(x)$ $f^{(4n+1)}(x) = \cos(x)$ $f^{(4n+2)}(x) = -\sin(x)$ $f^{(4n+3)}(x) = -\cos(x)$ mit $n \in \mathbb{N}$	$g^{(4n)}(x) = \cos(x)$ $g^{(4n+1)}(x) = -\sin(x)$ $g^{(4n+2)}(x) = -\cos(x)$ $g^{(4n+3)}(x) = \sin(x)$ mit $n \in \mathbb{N}$	$h'(x) = \dfrac{1}{\cos^2(x)}$ $= \tan^2(x) + 1$ $h''(x) = 2 \cdot \dfrac{\sin(x)}{\cos^3(x)}$
Extremstellen **f'(x) = 0** **g'(x) = 0** **h'(x) = 0**	$f'(x) = \cos(x) = 0$ $\downarrow$ $x_0 = \dfrac{\pi}{2}$ $x_1 = \dfrac{3\pi}{2}$ $\vdots$ $x_k = \dfrac{\pi}{2} + k \cdot \pi$ mit $k \in \mathbb{N}$ **Extrempunkte** $E_k\left(\dfrac{\pi}{2} + k\pi/(-1)^k\right)$ gerades $k =$ Hochpunkt, ungerades $k =$ Tiefpunkt Vergleiche Nullstellen von $g(x) = \cos(x)$	$g'(x) = -\sin(x) = 0$ $\downarrow$ $x_0 = 0$ $x_1 = \pi$ $\vdots$ $x_k = k \cdot \pi$ mit $k \in \mathbb{N}$ **Extrempunkte** $E_k\left(k\pi/(-1)^k\right)$ gerades $k =$ Hochpunkt, ungerades $k =$ Tiefpunkt Vergleiche Nullstellen von $f(x) = \sin(x)$	keine Extrema wächst streng monoton in jedem Intervall $\left(-\dfrac{\pi}{2} + k\pi; \dfrac{\pi}{2} + k\pi\right)$ mit $k \in \mathbb{Z}$.
Wendestellen **=** **Nullstellen**	$f''(x) = -\sin(x) = 0$ siehe Nullstellen	$g''(x) = -\cos(x) = 0$ siehe Nullstellen	$h''(x) = 2\dfrac{\sin(x)}{\cos^3(x)} = 0$ $\Rightarrow \sin(x) = 0$ siehe Nullstellen

Periode	$p = 2\pi$	$p = 2\pi$	$p = \pi$
Definitions-menge	$\mathbb{R}$	$\mathbb{R}$	$\mathbb{R} \setminus \left\{ \frac{\pi}{2} + k\pi, k \in \mathbb{Z} \right\}$
Wertemenge	$[-1; +1]$	$[-1; +1]$	$(-\infty; +\infty)$
Symmetrien	**Punktsymme-trie** zum Ursprung und zu jedem Punkt $P_k(k\pi/0)$ mit $k \in \mathbb{R}$. **Achsensymme-trie** zu $x_k = \frac{\pi}{2} + k\pi$ mit $k \in \mathbb{Z}$. Dies sind die Parallelen zur y-Achse durch die Extrempunkte.	**Achsensymme-trie** zur y-Achse und zu jeder Parallelen zur y-Achse durch einen Extrempunkt ($x_k = k\pi$ mit $k \in \mathbb{Z}$). **Punktsymme-trie** zu jedem Punkt $P_k(\frac{\pi}{2} + k\pi/0)$ mit $k \in \mathbb{Z}$.	Im Intervall $\left(-\frac{\pi}{2} + k\pi / \frac{\pi}{2} + k\pi \right)$ mit $k \in \mathbb{Z}$ **Punkt-symmetrie** zum Intervallmittel-punkt $M(k\pi/0)$.
Stamm-funktion[3]	$\int \sin(x)\mathrm{d}x$ $= -\cos(x) + c$ mit $c \in \mathbb{R}$.	$\int \cos(x)\mathrm{d}x$ $= \sin(x) + c$ mit $c \in \mathbb{R}$.	$\int \tan(x)\mathrm{d}x$ $= -\ln(|\cos(x)|) + c$ mit $c \in \mathbb{R}$.

Da wir jetzt wissen, wie hier der Hase läuft, wollen wir uns überlegen, wie sich der Graph der Sinusfunktion bzw. der Kosinusfunktion verändert, wenn wir ein wenig am Funktionsterm schrauben. Wir werden unsere Überlegungen exemplarisch an der Sinusfunktion durchführen, die Ergebnisse sind aber für die Kosinusfunktion die gleichen, da der Graph der Kosinusfunktion ja einfach der um $\frac{\pi}{2}$ nach links verschobene Graph der Sinusfunktion ist. Auf Modifikationen von $\tan(x)$ gehen wir hier nicht näher ein.

Die im nächsten Abschnitt erworbenen Erkenntnisse dienen v.a. dazu, schnell, d.h. ohne größere Rechnungen, Skizzen von einfachen Sinus- und Kosinusfunktionen mit den wesentlichen Merkmalen anfertigen zu können.

---

[3]siehe Kapitel XIII

X.3 Die Modifizierung trigonometrischer Funktionen (Sinus und Kosinus)

Wir wollen uns in diesem Abschnitt Gedanken dazu machen, wie der Graph einer Funktion f mit der Funktionsgleichung

$$f(x) = a \cdot \sin(\underbrace{m \cdot x + c}_{\text{lineare Funktion}}) + b \qquad a, b, c, m \in \mathbb{R} \text{ und } a \neq 0, m \neq 0 \qquad \text{(X-13)}$$

aussieht. Wie wird er sich gegenüber dem Graphen der normalen Sinusfunktion verändern? Wie geht dieser neue Graph aus dem altbekannten der normalen Sinusfunktion hervor?

Die normale Sinusfunktion

Ihr Funktionsgleichung lautet: $f_{\text{normal}}(x) = \sin(x)$.

Den dazugehörigen Graphen sehen wir in Abbildung X.3.1.

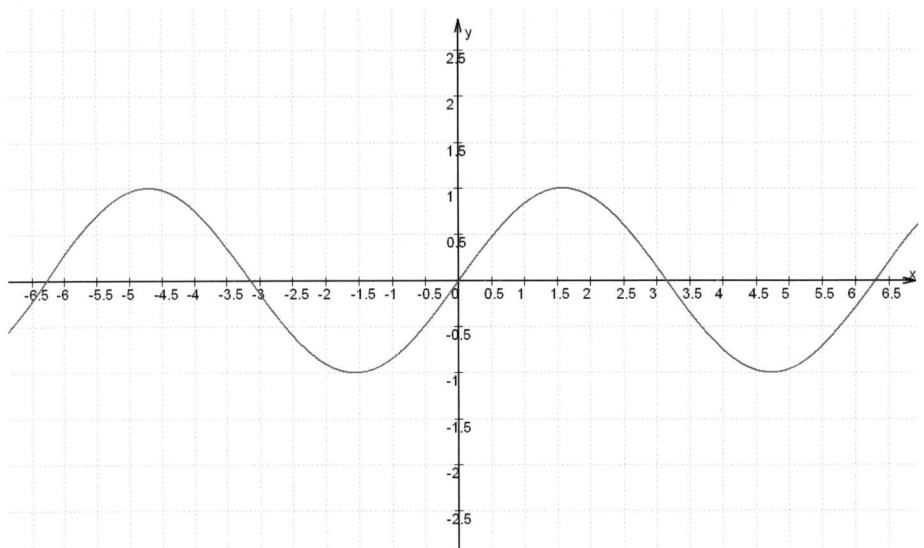

Abbildung X.3.1: Der Graph der Funktion f_{normal} mit $f_{\text{normal}}(x) = \sin(x)$.

Den gezeigten Graphen wollen wir als Vergleichsgraphen heranziehen, wenn wir die Auswirkungen der einzelnen Parameter a, b, c und m beurteilen. Beginnen wir mit dem Parameter a.

Erste Modifizierung - Die Amplitude oder was höher geht, fällt tiefer

Wir multiplizieren den Funktionsterm mit einer konstanten Zahl $a \in \mathbb{R} \setminus \{0\}$. Die 0 lassen wir weg, weil wir ansonsten die konstante Funktion f_0 mit $f_0(x) = 0$ erhalten. Diese interessiert uns hier aber nicht. Durch diese Multiplikation gelangen wir zu der Funktion f_a mit

$$f_a(x) = a \cdot \sin(x). \tag{X-14}$$

Den Graphen für den Beispielparameterwert $a = 2$ können wir zusammen mit dem Graphen der Funktion f_{normal} in Abbildung X.3.2 betrachten.

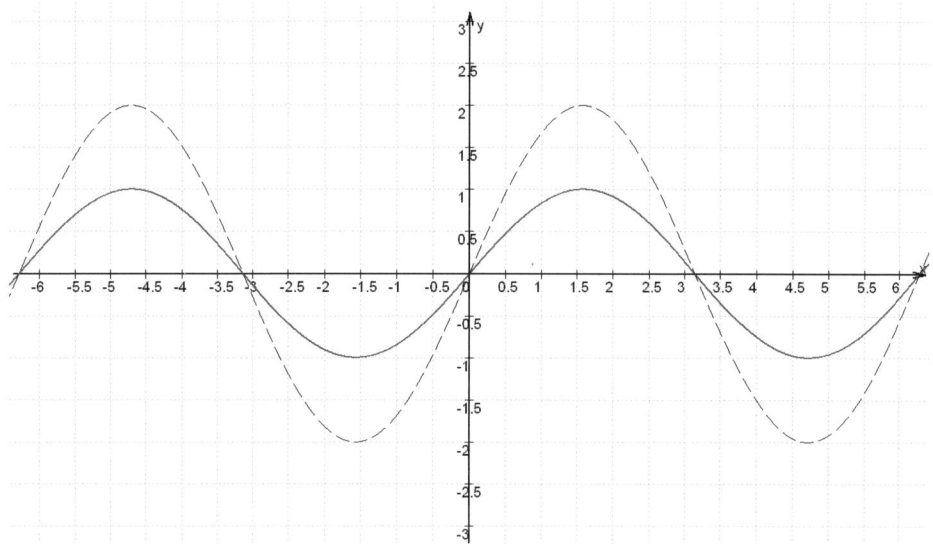

Abbildung X.3.2: Der Graph der Funktion f_{normal} mit $f_{\text{normal}}(x) = \sin(x)$ (durchgezogen) zusammen mit dem Graphen der Funktion f_a mit $f_a(x) = a \cdot \sin(x)$ für $a = 2$ (gestrichelt).

Jeder Funktionswert wurde bei f_a gegenüber f_{normal} verdoppelt. Am Besten zu erkennen ist, dass der Maximalwert jetzt 2 statt 1 ist. Wir haben somit die Amplitude verdoppelt (und damit auch alle anderen Funktionswerte). Als **Amplitude** bezeichnen wir die maximale Auslenkung des Graphen der Sinusfunktion. Für Sinusfunktionen mit der Funktionsgleichung (X-13) können wir uns Folgendes merken:

Über die Amplitudenberechnung

Gegeben sei eine Funktion f mit $f(x) = a \cdot \sin(mx + b) + c$ mit $a, b, c, d \in \mathbb{R}$ und $a \neq 0$, $m \neq 0$. Die Hochpunkte haben den y-Wert y_H und ihre Tiefpunkte den y-Wert y_T. Dann ist die Amplitude a gegeben durch die halbe Differenz eben dieser y-Werte. Es ist

$$a = \frac{y_H - y_T}{2} \tag{X-15}$$

Da wir nun wissen, was die Amplitude ist, halten wir die anschließende Schlussfolgerung für die erste Modifizierung fest.

Erste Modifizierung

$$f_a(x) = a \cdot \sin(x) \Rightarrow \text{Änderung der Amplitude, } a\text{-fache Amplitude.}$$

Zweite Modifizierung - Die Hoch-Runter-Verschiebung

Wir gehen wieder zurück zum Funktionsterm der normalen Sinusfunktion. Zu diesem addieren wir eine Zahl $b \in \mathbb{R}$, wodurch wir die Funktion f_b bekommen mit

$$f_b(x) = \sin(x) + b. \tag{X-16}$$

Wir wählen zur grafischen Darstellung $b = 1$ als Beispielparameter. Den zugehörigen Graphen sehen wir, wieder zusammen mit dem „Original", in Abbildung X.3.3.

Wir erkennen, dass der neue Graph gegenüber dem Graph der normalen Sinusfunktion um 1 nach oben verschoben ist, zu jedem Funktionswert wurde die 1 addiert. Damit können wir uns merken:

Zweite Modifizierung

$$f_b(x) = \sin(x) + b \Rightarrow \text{Verschiebung des Graphen nach oben } (b > 0) \text{ oder unten } (b < 0).$$

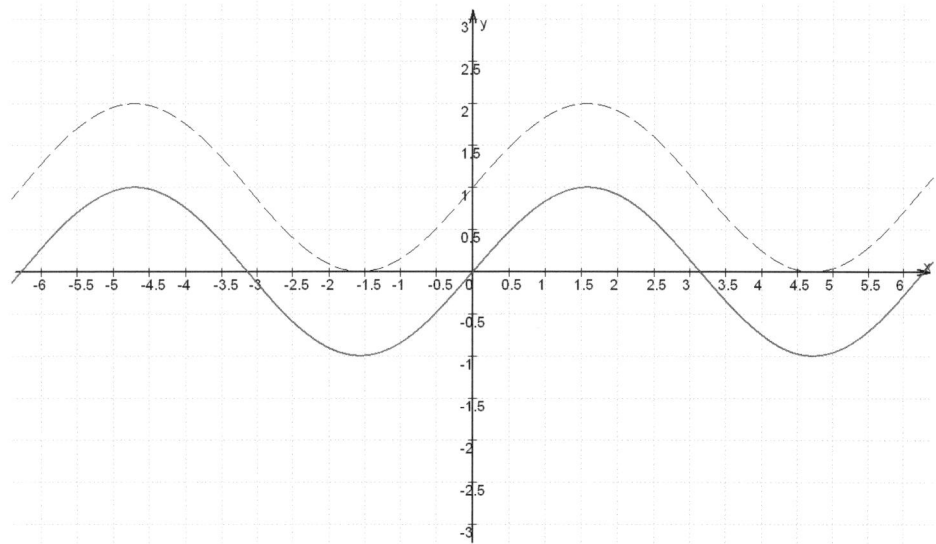

Abbildung X.3.3: Der Graph der Funktion f_{normal} mit $f_{\text{normal}}(x) = \sin(x)$ (durchgezogen) zusammen mit dem Graphen der Funktion f_b mit $f_b(x) = \sin(x) + b$ für $b = 1$ (gestrichelt).

Dritte Modifizierung - Die Links-Rechts-Verschiebung

Bisher haben wir nur um den Sinus herum mit Parametern hantiert. Nun verändern wir auch das Argument. Wir beginnen mit der Addition einer Zahl $c \in \mathbb{R}$ zum Argument x. Dadurch erhalten wir eine Funktion f_c mit

$$f_c(x) = \sin(x + c). \tag{X-17}$$

Für die grafische Darstellung verwenden wir hier $c = -1$. Die Graphen der normalen Sinusfunktion und der neuen Funktion f_c sind in Abbildung X.3.4 zu sehen.

Beim Betrachten dieser Abbildung kann uns auffallen, dass der Graph der neuen Funktion f_c mit $c = -1$ um 1 nach rechts verschoben ist gegenüber dem Graphen der normalen Sinusfunktion. Dadurch legt sich uns folgende Erkenntnis nahe:

Dritte Modifizierung

$f_c(x) = \sin(x + c) \Rightarrow$ Verschiebung des Graphen nach rechts ($c < 0$) oder links ($c > 0$).

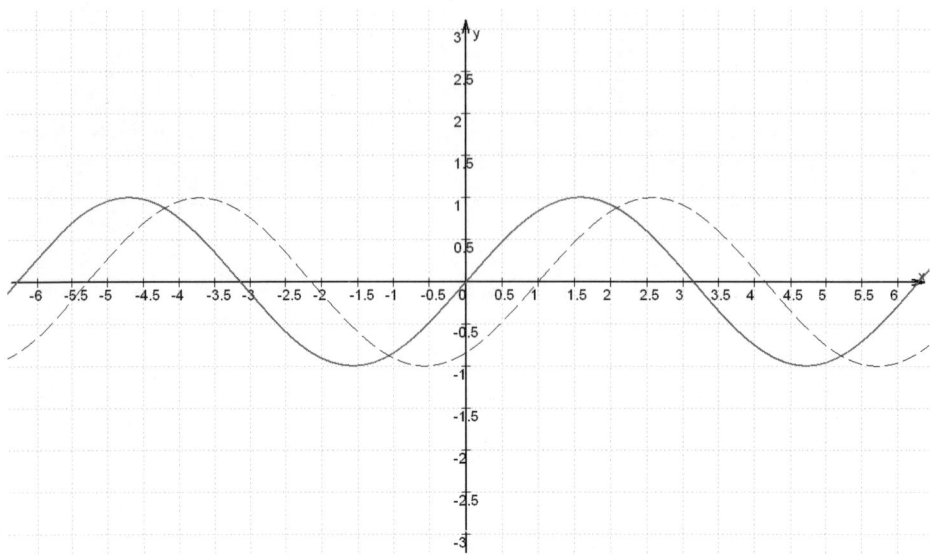

Abbildung X.3.4: Der Graph der Funktion f_{normal} mit $f_{\text{normal}}(x) = \sin(x)$ (durchgezogen) zusammen mit dem Graphen der Funktion f_c mit $f_c(x) = \sin(x + c)$ für $c = -1$ (gestrichelt).

Vierte Modifizierung - Herr der Wiederkehr

Eine Variationsmöglichkeit haben wir noch. Den zugehörigen Parameter haben wir m getauft, in Anlehnung an das Kapitel II über lineare Funktionen. Mit m wurde dort die Steigung der linearen Funktion g mit $g(x) = mx + c$ bezeichnet. Wir wählen also ein $m \in \mathbb{R} \setminus \{0\}$ (0 würde die konstante Funktion f_0 mit $f_0(x) = \sin(0) = 0$ zur Folge haben, welche wir hier nicht betrachten wollen) und multiplizieren es mit dem Argument x. Dadurch finden wir die Funktion f_m mit

$$f_m(x) = \sin(m \cdot x). \tag{X-18}$$

Für die grafische Darstellung wählen wir $m = \frac{1}{2}$. Das Ergebnis zeigt sich uns in Abbildung X.3.5 zusammen mit dem Graphen der normalen Sinusfunktion.

Betrachten wir diese Abbildung etwas genauer, dann fällt auf, dass sich offensichtlich die Periodendauer verdoppelt hat, hier nun anstatt $p_{\text{normal}} = 2\pi$ die Periode $p_{\frac{1}{2}} = 4\pi$ vorliegt. Die neue Periode $p_{\frac{1}{2}}$ scheint mittels Division durch m aus der normalen Periode $p_{\text{normal}} = 2\pi$ hervorzugehen. Durch m beeinflussen wir somit die Periodendauer. Es gilt sich zu merken:

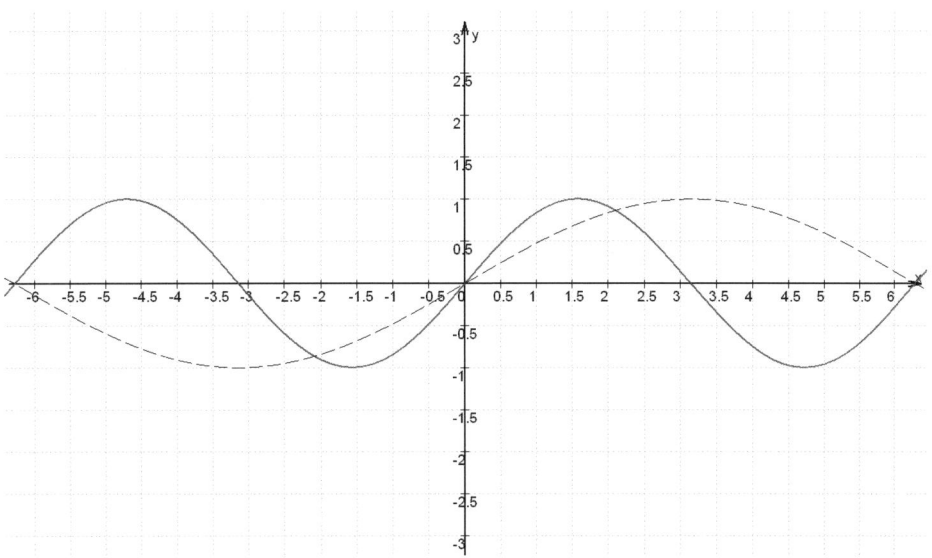

Abbildung X.3.5: Der Graph der Funktion f_{normal} mit $f_{\text{normal}}(x) = \sin(x)$ (durchgezogen) zusammen mit dem Graphen der Funktion f_m mit $f_m(x) = \sin(m \cdot x)$ für $m = \frac{1}{2}$ (gestrichelt).

Vierte Modifizierung

$$f_m(x) = \sin(m \cdot x) \Rightarrow \text{Veränderung der Periode, } p_m = \frac{2\pi}{m}.$$

M

Anmerkung zu der Periodendauer: Für $m > 1$ kürzere Periodendauer, für $0 < m < 1$ längere Periodendauer und für $m < 0$ verläuft der Graph „rückwärts".

Zusammenfassung aller vier Modifikationen

Da wir uns jetzt klar gemacht haben, wie die einzelnen Parameter am Schaubild der Sinusfunktion „herumschrauben", bleibt uns nur noch übrig, das Gesehene (und Gelernte?) abschließend zusammenzufassen. Wir wissen nun also, dass die Parameter $a, b, c, m \in \mathbb{R}$ mit $a \neq 0$ und $m \neq 0$ der Funktion f mit

$$f(x) = a \cdot \sin(m \cdot x + c) + b$$

den Graphen von f aus dem der normalen Sinusfunktion folgendermaßen erzeugen:

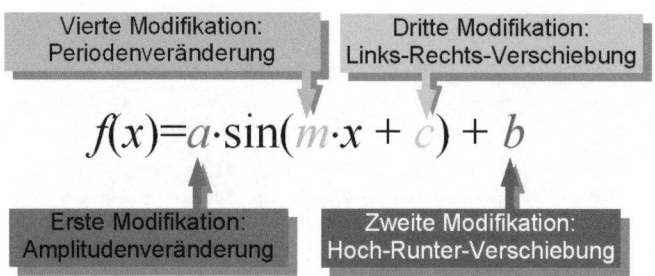

$$f(x) = a \cdot \sin(m \cdot x + c) + b$$

Abbildung X.3.6: Die vier Modifikationen im Überblick.

Anmerkung zu den Parametern c und m

Sind c und m gleichzeitig vorhanden, so ändert sich der Zahlenwert der Links-Rechts-Verschiebung. Der Graph der normalen Sinusfunktion wird hier nun um den Betrag $\left|\frac{c}{m}\right|$ nach links, falls $\frac{c}{m} > 0$, bzw. nach rechts, falls $\frac{c}{m} < 0$, verschoben.

Die Modifikationen wollen wir an einer kleinen Beispielaufgabe verdeutlichen, welche die Modellierung einer periodischen Bewegung mit Hilfe der Anpassung der Parameter a, b, c, m zum Gegenstand hat.

Eine Beispielaufgabe - Ein Vögelchen flog über Land

Wir betrachten ein Vögelchen. Dieses fliege geradlinig, während das Schlagen seiner Flügel eine Sinuskurve beschreibt. Mit jedem Schlag kommt das Vögelchen 8 Meter voran und der höchste Punkt seines Flügels beim Schlagvorgang ist 20 cm vom tiefsten Punkt seines Flügelschlages entfernt. Es fliegt in einer Höhe von 18 Metern (gemessen zur Mitte des Flügelschlags) über dem Erdboden.

(a) Stellen Sie einen Term auf, welcher die Höhe des Flügels in Metern über dem Erdboden beschreibt in Abhängigkeit von der zurückgelegten Strecke.

(b) Wenn das Vögelchen mit $72\frac{\text{km}}{\text{h}}$ fliegt, wie oft schlägt es dann in der Sekunde mit den Flügeln?

(c) Wie ist die Funktion aus Aufgabenteil (a) zu verändern, wenn wir nicht in Abhängigkeit von der Wegstrecke, sondern in Abhängigkeit von der Flugzeit rechnen wollen?

Lösung:

(a) Die Sinusfunktion muss eine Funktionsgleichung der Form

$$h(x) = a \cdot \sin(m \cdot x) + b$$

haben, da wir eine Variation der Periode vornehmen, die Amplitude gegeben haben und die Flughöhe ebenso. Wir gehen davon aus, dass wir zu einem Zeitpunkt auf den Flügel schauen, wenn dieser sich genau in der Mitte zwischen tiefstem und höchstem Schlagpunkt befindet und zusätzlich in seiner Bewegung auf dem Weg nach oben ist. Damit brauchen wir keine zusätzliche Addition eines konstanten Wertes innerhalb des Arguments des Sinuses.

Es ist nun $a = \frac{0{,}2}{2} = 0{,}1 = \frac{1}{10}$ Meter (Umrechnen des Zentimeterwertes, da Angabe in Metern verlangt), da der Unterschied zwischen Minimum und Maximum gerade das Doppelte der Amplitude ist. Des Weiteren haben wir $b = 18$ Meter, welches die Flughöhe ist, so dass wir bis zur Mitte des Flügelschlags gemessen haben. Zu guter Letzt ist die Periode des Flügelschlags mit $p = 8$ Metern angegeben. Es gilt für die Sinusfunktion, dass

$$p = \frac{2\pi}{m} \Leftrightarrow m = \frac{2\pi}{p} = \frac{2\pi}{8} = \frac{\pi}{4}.$$

Somit haben wir, wenn x die zurückgelegte Strecke in Metern angibt, die Funktionsgleichung mit

$$h(x) = \frac{1}{10} \cdot \sin\left(\frac{\pi}{4} \cdot x\right) + 18$$

gegeben.

(b) Wenn das Vögelchen mit 72 Kilometern pro Stunde fliegt, dann sind dies

$$72\frac{\text{km}}{\text{h}} = 72 \cdot \frac{1\text{km}}{1\text{h}} = 72 \cdot \frac{1000\text{m}}{3600\text{s}} = \frac{72\text{m}}{3{,}6\text{s}} = 20\frac{\text{m}}{\text{s}}.$$

Damit schlägt es $20 : 8 = 2{,}5$ Mal pro Sekunde (Frequenz des Flügelschlags ist 2,5 Hz (Hertz)).

(c) Nun wollen wir in Abhängigkeit von der Flugzeit rechnen. An den Werten für a und b ändert sich dabei nichts, sie hängen ja nicht von der Wegstrecke bzw. der Flugzeit ab. Die Wegstrecke x berechnet sich bei gegebener Fluggeschwindigkeit v zu $x(t) = v \cdot t$. Dies setzen wir in $h(x)$ ein und erhalten

$$h(x) = h(x(t)) = h(t) = \frac{1}{10} \cdot \sin\left(\frac{\pi}{4} \cdot v \cdot t\right) + 18 \underbrace{=}_{v=20\frac{m}{s}} = \frac{1}{10} \cdot \sin(5\pi t) + 18.$$

Für Übwillige haben wir hier noch ein paar Aufgaben zusammengestellt, welche sich u.a. mit den besprochenen Modifikationen beschäftigen.

Aufgaben

Aufgabe 1:
Wir betrachten eine Pendeluhr (Abbildung X.3.7):

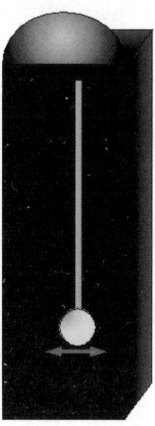

Abbildung X.3.7: Die Pendeluhr.

Der Ausschlag des Pendels am untere Ende beträgt maximal 15 cm. Für die Durchführung einer Schwingung braucht das Pendel 5 Sekunden. Das Pendel starte bei unseren Betrachtungen aus der Ruhelage.

(a) Stellen Sie eine Funktion der Form $f(t) = A \cdot \sin(\omega t + \varphi)$ auf, welche den Ausschlag des Pendels zur Zeit t (gemessen in Sekunden) in Zentimetern angibt.

Das Pendel braucht nun für eine Schwingung exakt 5,002 Sekunden, die Uhr misst aber für sich selber nur 5 Sekunden.

(b) Wenn für die Pendeluhr 24 Stunden vorbei sind, um wie viele Sekunden muss man sie dann korrigieren. Wie spät ist es also tatsächlich?

Die Einstellungen für das Pendel werden geändert. Es braucht nun 10,002 Sekunden für eine Schwingung, die Uhr misst aber für sich selbst 10 Sekunden.

(c) Um wie viel Prozent unterscheidet sich nun die Abweichung aus Aufgabenteil (b) von dem Wert, der nun bei der gleichen Betrachtung herauskommt? Wie lange dürfte die Uhr hier für eine Schwingung brauchen, wenn es keinen Unterschied zu der Abweichung aus Aufgabenteil (b) gäbe?

Aufgabe 2:
Lösen Sie die folgende Gleichung für $x \in [-2; 2]$:

$$3 \cdot \sin(x) \cdot (\sin(x) - 1) = \cos^2(x).$$

Tipp: Verwenden Sie das wohl gebräuchlichste Additionstheorem.

Aufgabe 3:
Beim Stimmen von Orgeln verwendet man, sofern kein entsprechendes Gerät vorhanden ist, den folgenden Trick. Man stimmt ein Register durch (nach Stimmgabel etc.) und schaltet dieses dann als Referenzregister zu allen anderen Registern hinzu. Spielt man dann einen Ton, so erklingen zwei Pfeifen. Kommen sich die erzeugten Schallwellen der Pfeifen in ihren Frequenzen nahe, so hört man, bedingt durch die Interferenzen der Schallwellen, einen Ton, dessen Lautstärke periodisch schwankt. Dies ist die sog. Schwebung. Wir wollen hier einige Untersuchungen dazu durchführen, allerdings unter vereinfachten Annahmen (Reine Sinustöne, gleich laut, Töne in Phase).

Wir betrachten nun folgende harmonische Schwingung:

$$g_1(t) = A_1 \cdot \sin(2\pi\nu_1 t).$$

Eine zweite harmonische Schwingung sei gegeben durch

$$g_2(t) = A_2 \cdot \sin(2\pi\nu_2 t).$$

wobei sich die Frequenzen nur gering unterscheiden, d.h. $|\nu_1 - \nu_2|$ ist klein (Der Buchstabe heißt im Übrigen „nü").

(a) Addieren Sie die beiden Funktionen und ermitteln Sie eine Darstellung der resultierenden Funktion, welche ein Produkt zweier trigonometrischer Funktionen ist.(Additionstheorem: $\sin(x) + \sin(y) = 2 \cdot \sin\left(\frac{x+y}{2}\right) \cdot \cos\left(\frac{x-y}{2}\right)$)

(b) Welche Frequenz hat der zu hörende Ton, wenn die Ausgangstöne die Frequenzen $\nu_1 = 440{,}1$ Hz (Hertz $= \frac{1}{\text{Sekunde}}$) und $\nu_2 = 440{,}9$ Hz haben? Der Sinusterm beschreibt dabei die Tonhöhe, der Kosinusterm die Lautstärkeschwankung.

(c) Welche Frequenz hat die Lautstärkeschwankung?

(d) Wann ist der Ton nicht zu hören, wann hört man ihn am lautesten?

(e) Was passiert mit der resultierenden Funktion, wenn die Frequenzen gleich sind?

Aufgabe 4:

Skizzieren Sie das Schaubild der Funktion f mit $f(x) = 2\sin(2x) + 2$. Beschreiben Sie, wie es aus dem Schaubild der normalen Sinusfunktion hervorgeht.

XI Wachsen ist schön - Exponentialfunktionen

Dieses Kapitel steht ganz im Zeichen des Wachstums und den damit verbundenen Exponentialfunktionen. Diese sind zu Beginn bestimmt ein wenig gewöhnungsbedürftig, denn der Mensch denkt wohl eher linear als exponentiell und darum werden die Auswirkungen bei einem exponentiell wachsenden Problem von ihm zumeist falsch, da zu gering, eingeschätzt.

Bevor wir alle für uns relevanten Wachstumsarten jede für sich diskutieren, setzen wir uns mit den Grundlagen auseinander und steuern auf die sog. e-Funktion zu, die uns, dank ihres einzigartigen Ableitungsverhaltens, viele Untersuchungen vereinfacht. Das e steht für die Eulersche Zahl, die von ähnlicher Bedeutung für die Mathematik ist wie die Kreiszahl π. Wir werden sie in Kürze (wieder) kennenlernen.

XI.1 Grundlagen

Wir erinnern uns an Kapitel IV über Potenzfunktionen. Hier sind uns die fünf Potenzgesetze begegnet, die wir zuerst nur für ganze Exponenten[1] aufgestellt haben. Später kamen die rationalen Zahlen hinzu und wir erwähnten, dass sie auch für beliebige Hochzahlen aus ganz $\mathbb{R}$ gelten, wenn wir auf das Vorzeichen der Basis achten. Wir wollen sie kurz wiederholen und die Basen dabei für dieses Kapitel immer als positiv ansehen, denn dann können die Exponenten aus den reellen Zahlen gewählt werden und das ist es nämlich, was wir wollen.

> **Eine kurze Wiederholung und etwas Neues - Die fünf Potenzgesetze**
>
> Mit $a, b > 0$ seien die Basen, mit den Größen $m, n \in \mathbb{R}$ die Exponenten notiert. Es gelten:
>
> - **Erstes Potenzgesetz:** $a^n \cdot a^m = a^{n+m}$
> - **Zweites Potenzgesetz:** $a^n : a^m = \frac{a^n}{a^m} = a^{n-m}$, $a \neq 0$
> - **Drittes Potenzgesetz:** $a^n \cdot b^n = (a \cdot b)^n$
> - **Viertes Potenzgesetz:** $a^n : b^n = \frac{a^n}{b^n} = \left(\frac{a}{b}\right)^n$
> - **Fünftes Potenzgesetz:** $(a^n)^m = a^{m \cdot n}$

---

[1]Hochzahlen

Bisher sind uns lediglich Funktionen begegnet, in deren Funktionsterm das x auf dem Boden der Tatsachen geblieben ist. Nun befördern wir das x in den Exponenten. Dadurch entsteht ein Funktionstyp, den wir als **Exponentialfunktion** bezeichnen wollen.

Exponentialfunktionen

Funktionen f_a mit dem Funktionsterm

$$f_a(x) = a^x, \qquad\qquad\qquad\text{(XI-1)}$$

wobei $a \in \mathbb{R}^+$ und $x \in \mathbb{R}$, nennen wir **Exponentialfunktionen**.

Eine ganz besondere Basis, die Eulersche Zahl e, werden wir hier häufig verwenden, da mit ihrer Hilfe hier die Ableitungen gebildet werden können. Was e ist und wie wir ableiten, das betrachten wir im nächsten Abschnitt.

XI.2 Ableiten von Exponentialfunktionen

Wie können wir $f_a(x) = a^x$ bei beliebiger Basis $a > 0$ ableiten? In Kapitel VII haben wir die Frage nach der Ableitung mit Hilfe der h- oder x-Methode beantwortet. Es liegt also nahe, es mit einer dieser beiden auch hier zu versuchen. Wir wählen die h-Methode (Geschmackssache).

h-Methode:

$$\frac{f_a(x_0 + h) - f_a(x_0)}{h} = \frac{a^{x_0+h} - a^{x_0}}{h} = a^{x_0} \cdot \frac{a^h - 1}{h}.$$

Hier konnten wir gleich eines unserer Potenzgesetze zum Ausklammern verwenden (Potenzgesetz Nummer 1). Jetzt kommt es zur Grenzwertbildung:

$$\lim_{h\to 0}\left(a^{x_0} \cdot \frac{a^h - 1}{h}\right) = a^{x_0} \cdot \lim_{h\to 0}\frac{a^h - 1}{h}.$$

Existiert der Grenzwert a_g, dann haben wir die Ableitung erhalten und sie lautet

$$a^{x_0} \cdot \lim_{h\to 0}\frac{a^h - 1}{h} = a^{x_0} \cdot a_g = f_a'(x_0).$$

Welchen Wert hat nun a_g? Das hängt davon ab, welche Basis wir wählen. Natürlich wäre es schön, wenn a_g besonders einfach ausfallen würde. Und was ist bei einer Multiplikation einfacher als die 1 als Faktor? Genau, da gibt es nicht viele Alternativen. Also wünschen wir uns eine Basis a, die so geartet ist, dass die Funktion f_a mit $f_a(x) = a^x$ an jeder Stelle x_0 die Ableitung $f_a'(x_0) = a^{x_0}$ besitzt. Oder anders ausgedrückt:

> **Für welche Basis a hat die Exponentialfunktion f_a mit $f_a(x) = a^x$ als Ableitungsfunktion sich selbst?**   ?

Insbesondere hätte eine solche Exponentialfunktion an der Stelle $x_0 = 0$ die Ableitung $f_a'(0) = 1$. Damit muss der Grenzwert a_g positiv sein und dies ist nur möglich, wenn $a > 1$, wie wir aus der Gleichung für den Grenzwert entnehmen können. Tasten wir uns jetzt an das Problem heran, indem wir uns überlegen, ob es eine Exponentialfunktion mit eben jener Ableitung überhaupt gibt. Dazu betrachten wir die Scharfunktion f_a mit

$$f_a(x) = a^x \text{ und } a \in \mathbb{R}^+, x \in \mathbb{R}.$$

Lassen wir uns einige der Scharkurven plotten und zwar für $a = 1{,}5; 2{,}0; \ldots; 3{,}5; 4{,}0$. Das Ergebnis sehen wir in Abbildung XI.2.1. Zusätzlich ist die Gerade g mit $g(x) = x+1$ eingezeichnet. Sie wäre die Tangente der gesuchten Exponentialfunktion im Punkt $P(0/1)$.

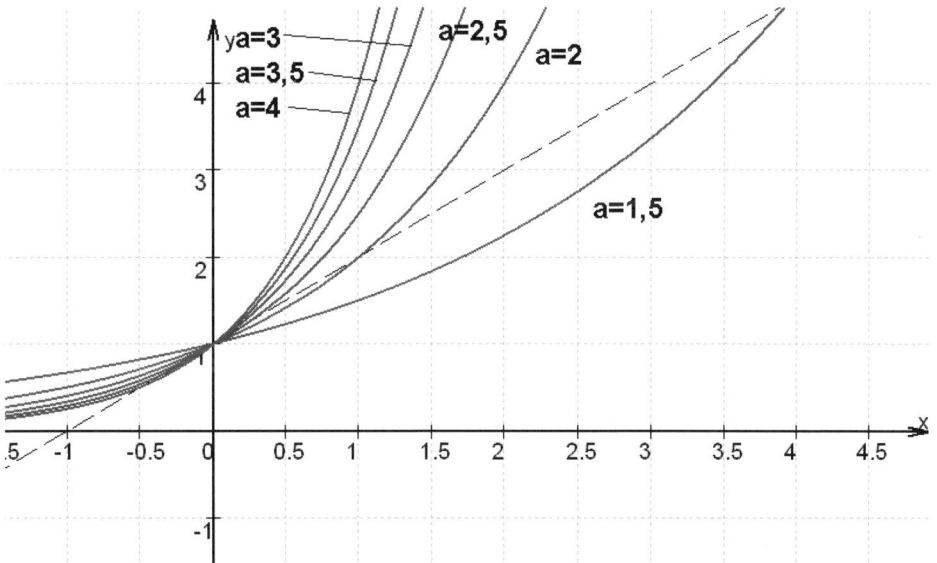

Abbildung XI.2.1: Schaubilder der Funktionsschar f_a mit ausgewählten Werten für a.

Abbildung XI.2.1 legt die Vermutung nahe, dass die von uns gesuchte Basis existiert und zwar $a \in (2{,}5; 3)$ (dies kann auch noch besser (mehr Exponentialfunktionen mit Basen aus diesem Intervall) untersucht werden). Mit unserem Wissen über Folgen können wir uns an dieser Stelle weitere Gedanken über die gesuchte Zahl machen:

Das Schaubild einer jeden Exponentialfunktion, die nicht die gesuchte Zahl als Basis hat, muss die Gerade g mit $g(x) = x + 1$ mindestens ein zweites Mal schneiden. Einmal ist es sicher bei $P(0/1)$ der Fall, denn $a^0 = 1$ für alle $a > 1$. Betrachten wir Abbildung XI.2.1 näher, dann sehen wir, dass die Funktionsschaubilder der Scharfunktionen mit $a \geq 3$ die Gerade ein weiteres Mal für $x \in (-1; 0)$ schneiden, bei $a \leq 2{,}5$ für $x > 0$. Diese Beobachtung ist in Abbildung XI.2.2 hervorgehoben.

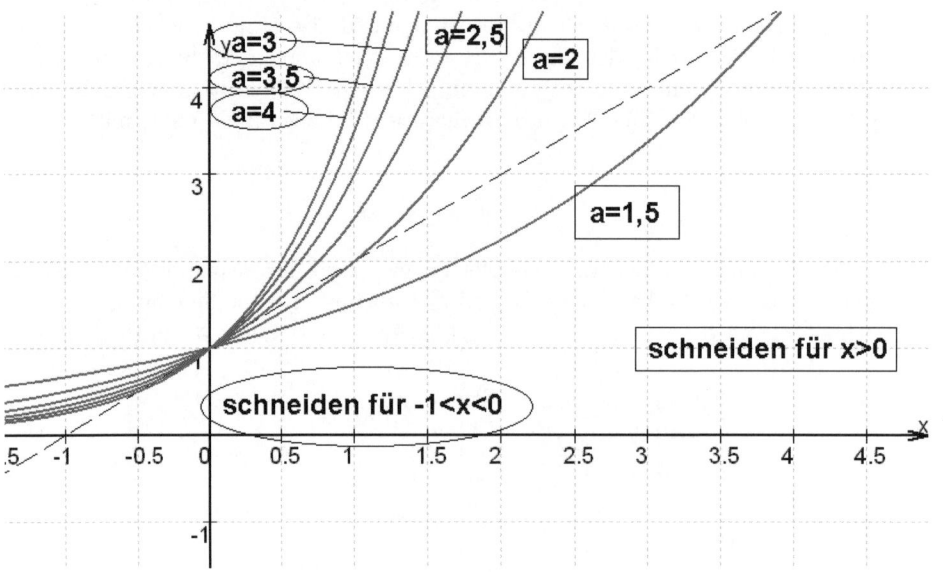

Abbildung XI.2.2: Das Schaubild welches Graphen der Schar schneidet die Gerade g mit $g(x) = x + 1$ wo?

Der zweite Schnittpunkt wandert dabei immer näher an den gemeinsamen Punkt $P(0/1)$ aller Graphen der Schar heran, wenn wir uns von links oder von rechts der gesuchten Basis $a \in (2{,}5; 3)$ nähern. Wir setzen jetzt für den zweiten Schnittpunkt einfach $P_h(h/g(h))$ fest, wobei $h \in (-1; 1]$. Da wir h gegen 0 gehen lassen wollen, ist die Beschränkung auf das genannte Intervall nicht weiter schlimm. Wir setzen $h_+ = \frac{1}{n}$ mit $n \in \mathbb{N}_{>0}$ für die positiven h's und $h_- = -\frac{1}{n+1}$ für die negativen h's und lassen n gegen ∞ gehen. Dadurch erhalten wir die Punktfolgen (P_{n+}) und (P_{n-}) mit

$$P_{n+}\left(\frac{1}{n} \middle/ 1 + \frac{1}{n}\right) \text{ und } P_{n-}\left(-\frac{1}{n+1} \middle/ 1 - \frac{1}{n+1}\right).$$

Es ist dann[2]

$$\lim_{n\to\infty} P_{n+} = \lim_{n\to\infty} P_{n-} = P.$$

Wie sieht nun die Basis einer Exponentialfunktion aus, die die Gerade g in $P(0/1)$ und $P_{n+}(\frac{1}{n}/1 + \frac{1}{n})$ schneidet? Aus der Gleichung $f_a(\frac{1}{n}) = g(\frac{1}{n})$ erhalten wir

$$a^{\frac{1}{n}} = 1 + \frac{1}{n}, \text{ also } a = \left(1 + \frac{1}{n}\right)^n.$$

Das gleiche Spiel betreiben wir noch einmal mit $P_{n-}(-\frac{1}{n+1}/1 - \frac{1}{n+1})$ als zweitem Punkt, wobei wir hier oben für h nicht $-\frac{1}{n}$ sondern $-\frac{1}{n+1}$ wählten, weil wir $n \in \mathbb{N}_{>0}$ festgelegt haben und daher der Punkt $P(-1/0)$ im Falle $h = -\frac{1}{n}$ ein Glied der Punktfolge P_{n-} wäre. Da dieser aber kein Schnittpunkt der Schaubilder der von uns betrachteten Exponentialfunktionen mit der Geraden sein kann, weil diese immer oberhalb der x-Achse verlaufen, haben wir ihn hiermit ausgeschlossen. Wir berechnen die Basis

$$a^{-\frac{1}{n+1}} = 1 - \frac{1}{n+1}, \text{ also } a = \left(1 + \frac{1}{n}\right)^{n+1}.$$

Wir haben somit zwei Folgen von Basen, welche wir (a_{n+}) und (a_{n-}) taufen wollen, mit

$$a_{n+} = \left(1 + \frac{1}{n}\right)^n \text{ und } a_{n-} = \left(1 + \frac{1}{n}\right)^{n+1}.$$

Man kann zeigen, dass die Folge (a_{n+}) streng monoton wächst und die Folge (a_{n-}) streng monoton fällt (Das wollen wir jetzt aber nicht nachweisen). Des Weiteren ist stets $a_{n-} > a_{n+}$, weil aus

$$\left(1 + \frac{1}{n}\right)^{n+1} > \left(1 + \frac{1}{n}\right)^n$$

erhalten wir

---

[2]Die Notation meint, dass wir die Grenzwerte für $n \to \infty$ für die x- und y-Werte der Glieder der Punktfolge bilden sollen, also $\lim_{n\to\infty} P_{n+} := P_{n+}\left(\lim_{n\to\infty} \frac{1}{n}/\lim_{n\to\infty}\left(1 + \frac{1}{n}\right)\right)$ und bei P_{n-} analog.

$$1 + \frac{1}{n} > 1 \Leftrightarrow \frac{1}{n} > 0,$$

was ja stimmt. Ein Letztes gibt es noch zu zeigen und dann sind wir fertig. Die Differenz der Folgenglieder geht gegen 0, d.h. $a_{n-} - a_{n+} \to 0$, wenn $n \to \infty$. Wir bilden die genannte Differenz:

$$a_{n-} - a_{n+} = \left(1 + \frac{1}{n}\right)^{n+1} - \left(1 + \frac{1}{n}\right)^{n} = \left(1 + \frac{1}{n}\right)^{n} \cdot \left(1 + \frac{1}{n} - 1\right)$$
$$= \left(1 + \frac{1}{n}\right)^{n} \cdot \frac{1}{n}$$

Da die Folge (a_{n-}) streng monoton fällt und die Folge (a_{n+}) streng monoton wächst, aber auch $a_{n-} > a_{n+}$ für alle n gilt, gilt auch

$$a_{1-} = \left(a + \frac{1}{1}\right)^{1+1} = 4 > a_{n+} \text{ für alle } n \in \mathbb{N}_{>0}.$$

Damit können wir folgende Abschätzung vornehmen:

$$a_{n-} - a_{n+} = \left(1 + \frac{1}{n}\right)^{n} \cdot \frac{1}{n} < 4 \cdot \frac{1}{n}.$$

Weil $\lim_{n\to\infty} \frac{4}{n} = 0$, gilt auch $\lim_{n\to\infty}(a_{n-} - a_{n+}) = 0$. Somit liegt eine Nullfolge vor, was zu beweisen war.

Damit haben wir die Konvergenz der Folgen nachgewiesen und auch gezeigt, dass sie denselben Grenzwert besitzen. Dieser ist die Eulersche Zahl, die sich numerisch berechnen lässt.

Die Eulersche Zahl

Die Zahlenfolgen (a_{n+}) und (a_{n-}) mit $a_{n+} = \left(1 + \frac{1}{n}\right)^{n}$ und $a_{n-} = \left(1 + \frac{1}{n}\right)^{n+1}$ sind beide konvergent und besitzen den gemeinsamen Grenzwert

$$\lim_{n\to\infty} \left(1 + \frac{1}{n}\right)^{n} = \lim_{n\to\infty} \left(1 + \frac{1}{n}\right)^{n+1} = 2{,}7182818\ldots = e. \qquad \text{(XI-2)}$$

Dies ist die **Eulersche Zahl**.

Es liegt die Vermutung nahe, dass $a = e$ unsere gesuchte Basis ist, so dass die Funktion f mit $f(x) = e^x$ die Ableitungsfunktion f' mit $f'(x) = f(x) = e^x$ besitzt. Diesen Nachweis müssen wir allerdings noch erbringen. Dazu bemühen wir erneut die h-Methode.

h-Methode zum Zweiten:

Stellen wir wieder den Differenzenquotienten auf (hier x statt x_0 gesetzt), so ergibt sich

$$\frac{f(x+h) - f(x)}{h} = \frac{e^{x+h} - e^x}{h} = e^x \cdot \frac{e^h - 1}{h}.$$

Damit nun $f'(x) = e^x$ ist, muss $\frac{e^h - 1}{h}$ gegen 1 gehen, wenn h gegen 0 geht. Wir können den Grenzwert durch ein Einschlusskriterium berechnen. Dazu ist es erst einmal wichtig, dass der Graph von f ein linksgekrümmter ist. Das können wir wie folgt nachweisen:

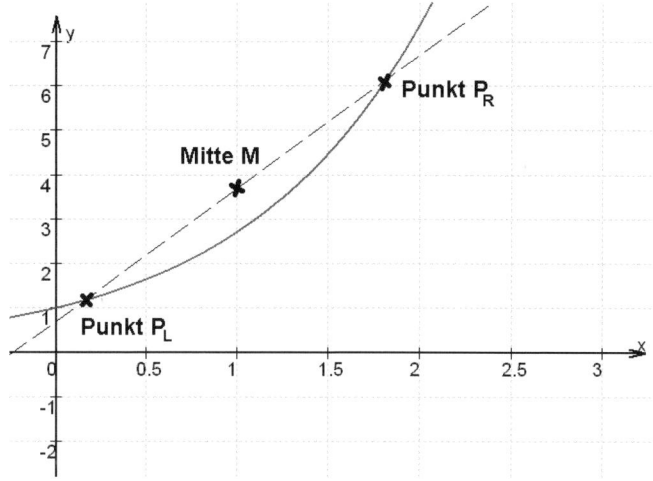

Abbildung XI.2.3: Skizze zum Nachweis eines linksgekrümmten Graphen.

Bei linksgekrümmten Graphen G muss der Mittelpunkt einer jeden Verbindungsstrecke zweier Punkte $P_L \in G$ und $P_R \in G$, oberhalb des Graphen liegen. Dies weisen wir für Exponentialfunktionen f_a mit $f_a(x) = a^x$ mit $a > 1$ kurz nach:

Der Mittelpunkt der durch die beiden Punkte $P_L(x_L/a^{x_L})$ und $P_R(x_R/a^{x_R})$ mit $x_R > x_L$ begrenzten Strecke ist nach Unterkapitel II.2 gegeben durch

$$M\left(\frac{x_L + x_R}{2} \middle/ \frac{a^{x_L} + a^{x_R}}{2}\right).$$

Wir müssen jetzt zeigen, dass

$$a^{\frac{x_L + x_R}{2}} < \frac{a^{x_L} + a^{x_R}}{2}$$

gilt. Wir formen um und nehmen zuerst die Gleichung mal 2:

$$2 \cdot a^{\frac{x_L + x_R}{2}} < a^{x_L} + a^{x_R}$$

und daraus folgt

$$a^{x_L} - 2 \cdot a^{\frac{x_L}{2}} \cdot a^{\frac{x_R}{2}} + a^{x_R} > 0.$$

Mit etwas scharfem Hinsehen können wir erkennen, dass hier die 2. Binomische Formel steht. Es ist also

$$a^{x_L} - 2 \cdot a^{\frac{x_L}{2}} \cdot a^{\frac{x_R}{2}} + a^{x_R} = \left(a^{\frac{x_L}{2}} - a^{\frac{x_R}{2}}\right)^2 > 0.$$

Durch das Quadrat ist die Ungleichung immer erfüllt und der Graph einer Exponentialfunktion f_a mit $f_a(x) = a^x$ und $a > 1$ (ja sogar für $a > 0$) ist stets linksgekrümmt.

Aus unseren vorherigen Überlegungen wissen wir nun, dass e^x bzw. e^{-x} oberhalb der Geraden g mit $g(x) = x + 1$ verlaufen soll. Also gilt, wenn wir das h einsetzen:

- $e^h \geq h + 1$ und
- $e^{-h} \geq -h + 1$, also $e^h \leq \frac{1}{1-h}$.

Wir erhalten die Ungleichungskette

$$h + 1 \leq e^h \leq \frac{1}{1 - h}.$$

Ziehen wir 1 ab und dividieren durch h, so ergibt sich

$$1 \leq \frac{e^h - 1}{h} \leq \frac{1}{1 - h},$$

denn es ist

$$\left(\frac{1}{1-h}-1\right)\cdot\frac{1}{h}=\left(\frac{1}{1-h}+\frac{h-1}{1-h}\right)\cdot\frac{1}{h}=\frac{h}{1-h}\cdot\frac{1}{h}=\frac{1}{1-h}.$$

Lassen wir h gegen 0 gehen, dann schließen die beiden Grenzen den gesuchten Grenzwert ein:

$$1\leq\lim_{h\to0}\frac{e^h-1}{h}\leq\lim_{h\to0}\frac{1}{1-h}=1.$$

Damit muss

$$\lim_{h\to0}\frac{e^h-1}{h}=1$$

gelten und wir wissen somit:

Die Ableitung der Exponentialfunktion mit Basis e

Die Funktion f mit $f(x)=e^x$, welche wir als die **natürliche Exponentialfunktion** oder **e-Funktion** bezeichnen, hat die Ableitungsfunktion f' mit

$$f'(x)=f(x)=e^x. \tag{XI-3}$$

Sie ist somit ihre eigene Ableitungsfunktion. Dies ist uns beim Ableiten der Exponentialfunktionen mit von e verschiedener Basis sehr von Nutzen.

Mit Hilfe der Kettenregel können wir uns jetzt recht schnell die Ableitungsfunktion für eine Funktion f_a mit $f_a(x)=a^x$ und $a>1$ ermitteln. Dazu verwenden wir die Tatsache, dass wir mit Hilfe des Logarithmus zur Basis e, welchen wir als natürlichen Logarithmus bezeichnen, mit ln notieren und für den auch alle uns bekannten Logarithmengesetze gelten, die Basis umschreiben können. Wir notieren

$$f_a(x)=a^x=\left(e^{\ln a}\right)^x=e^{x\cdot\ln a}.$$

Damit können wir die Kettenregel anwenden, wobei $x\cdot\ln a$ die innere Funktion ist und erhalten

$$f_a'(x) = \underbrace{\ln a}_{\text{innere Abl.}} \cdot \underbrace{e^{x \cdot \ln a}}_{\text{äußere Abl.}} .$$

Merken wir uns das Ganze zusammen mit einem kleinen Hinweis für e-Funktionen in einem Kasten.

Ableiten von Exponentialfunktionen

Ist h mit $h(x)$ eine differenzierbare Funktion, dann ist die Ableitungsfunktion f' der Funktion f mit $f(x) = e^{g(x)}$ gegeben durch

$$f'(x) = g'(x) \cdot e^{g(x)}, \tag{XI-4}$$

was aus der Kettenregel hervorgeht. Dadurch erhalten wir die Ableitungsfunktion f_a' von f_a mit $f_a(x) = a^x$ und $a > 0$. Es ist

$$f_a'(x) = \ln a \cdot e^{x \cdot \ln a} = \ln a \cdot a^x. \tag{XI-5}$$

Die neu gewonnenen Erkenntnisse sollten jetzt noch anhand einiger Aufgaben geübt werden. Zum Auflösen von Gleichungen mit e^x oder Ähnlichem, sei auf das entsprechende Beispiel bei den Aufgaben verwiesen. Ansonsten gilt, dass $\ln e = 1$, was für derartige Gleichungen recht wichtig ist.

Aufgaben

Aufgabe 1:
Berechnen Sie die Ableitungen der durch folgende Gleichungen gegebenen Funktionen und vergessen Sie dabei die diversen Ableitungsregeln nicht!

(a) $f(x) = \sin(x) \cdot e^x$ (b) $g(x) = e^{x^2 + 2x} + e^x$

(c) $h(x) = \frac{e^{2x+1}}{e^x}$ (d) $i(x) = \sin\left(e^{x^2}\right)$

(e) $j(x) = e^{3x} \cdot (x^2 + x)$ (f) $k(x) = x^x$

Aufgabe 2:
Gegeben sind die Funktionen f und g mit $f(x) = e^{-kx}$ und $g(x) = e^{kx}$ und $k > 0$. Zeigen Sie, dass ihre beiden Schaubilder unabhängig von k immer genau einen Punkt gemeinsamen haben und dass dies immer derselbe Punkt bei allen Paaren ist.

Aufgabe 3:
Es sei f_a mit $f_a(x) = ax^2 - e^{ax}$ gegeben. Bestimmen Sie den Parameter a so, dass die Funktion an der Stelle $x = \ln 2$ einen Wendepunkt hat.

Aufgabe 4:
Lösen Sie die folgenden Gleichungen exakt:

(a) $e^{4x+2} \cdot (4e^x - 4e^2) = 0$

(b) $e^{2x} - 5e^{4x} = 0$

(c) $\frac{e^x + e^{-x}}{e^x} = 2$

(d) $\sqrt{32} = 2^x$

(e) $3e^{2x-5} = 3e^3$

(f) $e^{\ln x} = 2$

(g) $\frac{1}{\sqrt[4]{e^3}} = e^{2x}$

(h) $5 - e^{4x} = 1$

(i) $4x^2 e^{3x} = 8x e^{3x} - 4e^{3x}$

(j) $e^{2x} - e^{3x+1} = 0$

Aufgabe 5:
Gegeben sei die folgende, abschnittsweise definierte Funktion f mit

$$f(x) = \begin{cases} c \cdot e^x + 2 & \text{für } x \leq 0 \\ ax^2 + b & \text{für } x > 0 \end{cases}$$

Wie müssen a, b und c (alle $\in \mathbb{R}$) gewählt werden, damit die Funktion

(a) stetig

(b) differenzierbar

auf ganz $\mathbb{R}$ ist?

Aufgabe 6:
Eine Gleichung der Form

$$a \cdot e^{2 \cdot g(x)} + b \cdot e^{g(x)} + c = 0,$$

wobei $g(x)$ einen beliebigen Funktionsterm repräsentieren soll und $a, b, c \in \mathbb{R}$, können wir durch die *Substitution* $u = e^{g(x)}$ in eine quadratische Gleichung verwandeln, welche mit der MNF lösbar ist. Die Lösungen werden dann durch die *Rücksubstitution* $g(x) = \ln u$ und das Auflösen dieser Gleichung nach x erlangt.

Lösen Sie die folgenden Gleichungen:

(a) $e^{x-1} + 1 = 2e^{1-x}$

(b) $e^{(x^2)} - e^{(2x^2)} = -1$

(c) $e^x + e^{-x} = 5$

Aufgabe 7:
Das Schaubild K der Funktion f mit $f(x) = axe^x + b$ geht durch den Punkt $P(2/5e^2)$ und besitzt den y-Achsenabschnitt e^2. Bestimmen Sie die Werte von a und b exakt und geben Sie die Funktionsgleichung von f vollständig an.

XI.3 Wachstum

Im vorliegenden Abschnitt beschäftigen wir uns mit allerlei Formen von Wachstum. Dabei wollen wir auch, wenn es sich nicht als zu umständlich erweist, unsere neue Lieblingsbasis e verwenden. Wir werden bei der Betrachtung der verschiedenen Wachstumstypen auf diverse sog. **Differentialgleichungen** treffen. Das sind Gleichungen, bei denen es nicht nur eine Zahl zu bestimmen gibt, sondern ganze Funktionsterme. Wir werden in Bälde sehen, was hiermit gemeint ist.

XI.3.1 Lineares Wachstum

Wir kennen bereits die linearen Funktionen mit dem Funktionsterm $m \cdot x + c$. Dabei ist m die Steigung und c der y-Achsenabschnitt. Wählen wir als Laufvariable nicht x sondern t, was für die Zeit stehen soll (Englisch: time), so können wir die Funktion f mit

$$f(t) = m \cdot t + c$$

als eine Funktion begreifen, die den Bestand $f(t)$ zum Zeitpunkt t einer bestimmten Sache (z.B. Füllmenge einer Badewanne bei konstanter Wasserzufuhr, zurückgelegte Entfernung mit dem Auto bei konstanter Geschwindigkeit) angibt, wobei c den **Anfangsbestand** angibt und m die **konstante Änderungsrate**. Dass die Änderungsrate konstant ist, ist das ausschlaggebende Kriterium dafür, dass lineares Wachstum vorliegt!

Lineares Wachstum

Ist die Änderungsrate m konstant, so sprechen wir von **linearem Wachstum**. In der zugehörigen Funktionsgleichung

$$f(t) = m \cdot t + c \qquad \text{(XI-6)}$$

gibt $f(t)$ den Bestand zum Zeitpunkt t an, c steht für den **Anfangsbestand** und m ist die **konstante Änderungsrate**.

D

Aufgaben:

Aufgabe 1:
Herr Schleicher fährt gemütlich in seinem fünf Meter langen Audi A6 mit Tempo 80 (Kilometer pro Stunde) auf der A81. Da kommt von hinten her Schumix mit 140 Sachen in der Stunde angeflogen. Er schert etwa 100 Meter hinter Herrn Schleicher zum Überholen aus, fährt an ihm vorbei und kehrt als er etwa 150 Meter vor dem Audi von Herrn Schleicher ist wieder auf seine alte Spur zurück.

Wie lange hat der komplette Überholvorgang damit gedauert und welche Strecke haben Herr Schleicher und Herr Schumix in dieser Zeit jeweils zurück gelegt?

Aufgabe 2:

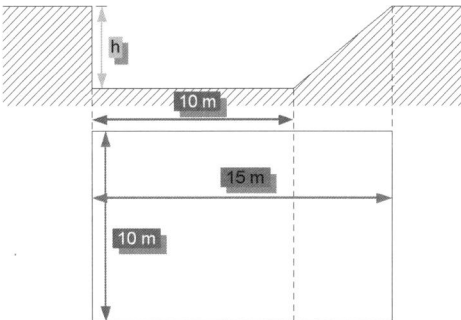

Abbildung XI.3.1: Querschnitt und Aufriss eines Schwimmbades.

In Abbildung XI.3.1 sind der Querschnitt und der Aufriss eines Schwimmbades gezeigt. Das Becken hat ein Fassungsvermögen von 250000 Litern.

(a) Bestimmen Sie die Höhe h des Beckens.

Nun sei das Becken mit 100000 Litern Wasser gefüllt.

(b) Berechnen Sie, wie hoch das Wasser nun im Becken steht. Stellen Sie außerdem eine Formel zur Berechnung der Füllhöhe h_F für beliebige Füllmenge V_F auf und geben Sie an, welche Werte V_F annehmen kann (*Tipp:* Vergleich Mathematik/Anwendung).

Das Becken ist nun leer und soll mit Hilfe einer Wasserzuleitung Z_1 bis zum obersten Rand gefüllt werden. Die Zuleitung füllt $f_1 = 15 \frac{\text{Liter}}{\text{Sekunde}}$ in das Becken. Nachdem sie eine Stunde gelaufen ist, wird eine zweite Zuleitung Z_2 in Betrieb genommen. Sie hat einen um 75% höheren Durchsatz als die erste Zuleitung. Beide Zuleitungen füllen nun zusammen eine weitere Stunde das Becken.

(c) Zu wie viel Prozent ist das Becken nach diesen insgesamt zwei Stunden gefüllt?

(d) Nach Ablauf welcher Zeitspanne müsste man die zweite Wasserleitung hinzunehmen, damit das Becken nach Ablauf der zwei Stunden ganz gefüllt ist?

XI.3.2 Exponentielles/Natürliches Wachstum

Beim linearen Wachstum fanden wir eine konstante Änderungsrate. Auch beim sog. **exponentiellen Wachstum** gibt es eine konstante Änderungsrate, allerdings nur auf prozentualer Ebene. Damit ist die Änderungsrate abhängig vom aktuellen Bestand.

Wir betrachten einen Bestand zum Zeitpunkt t und bezeichnen ihn mit $f(t)$. Der Bestand soll größer als 0 sein. Nach einer kleinen Weile Δt schauen wir uns den neuen Bestand an. Dieser soll mit derselben Funktion beschrieben werden können und wir schreiben deshalb für ihn $f(t + \Delta t)$. Der Zuwachs ist dann $f(t + \Delta t) - f(t)$. Dieser Zuwachs ist jetzt proportional zu zwei Größen:

1. zum vorherigen Bestand $f(t)$ und

2. zum Zeitunterschied Δt.

Proportionalität bedeutet, dass $f(t + \Delta t) - f(t)$ das Gleiche ist wie $f(t) \cdot \Delta t$, abgesehen von einer multiplikativen Konstanten. Diese wollen wir mit $k \neq 0$ bezeichnen. k können wir nun umso genauer bestimmen, je kleiner Δt ist. Wir nehmen also an, dass wir das exakte k bereits kennen. Dann können wir sagen

$$f(t + \Delta t) - f(t) \approx \Delta t \cdot k \cdot f(t).$$

Stellen wir dies um, indem wir durch Δt dividieren und lassen wir anschließend Δt gegen 0 gehen, dann steht auf der linken Seite die Ableitung $f'(t)$. Unsere Gleichung lautet dann:

$$f'(t) = k \cdot f(t) \tag{XI-7}$$

Dies ist eine Differentialgleichung. Eine Differentialgleichung ist, ganz grob gesprochen, eine Gleichung zur Bestimmung einer Funktion f (oft auch y), die von einer (oder mehreren) Laufvariablen $(x_1, x_2, \ldots)$ abhängt und die in der Gleichung in eine Beziehung mit ihren Laufvariablen und ihren Ableitungen gesetzt wird. Hier sei auf die weiterführende Literatur verwiesen.

Eigentlich müssen wir jetzt integrieren. Darum wollen wir uns aber erst in Kapitel XIII kümmern. Wir können uns aber trotzdem schon unsere Gedanken dazu machen. Schauen wir uns dazu die e-Funktion h mit

$$h(t) = a \cdot e^{g(t)}$$

an, wobei g eine beliebige differenzierbare Funktion sein soll. Mit (XI-4) und der Faktorregel aus Kapitel VII wissen wir dann, dass

$$h'(t) = a \cdot g'(t) \cdot e^{g(t)} = g'(t) \cdot h(t) \tag{XI-8}$$

ist. Vergleichen wir das mit der Gleichung (XI-7), dann fällt uns auf, dass wir $g'(t) = k$ setzen können. Gerade aber $g(t) = k \cdot t + c$ mit $c \in \mathbb{R}$ gibt abgeleitet k. Damit liegt der Schluss für uns nahe, dass die Differentialgleichung in (XI-7) durch die Funktion

$$f(t) = a \cdot e^{kt},$$

wobei wir den konstanten Faktor e^c mit $c \in \mathbb{R}$ in das a mit reingezogen haben, gelöst wird. Das ist tatsächlich der Fall. Geben wir den Kindern daher ein paar Namen.

Natürliches oder exponentielles Wachstum

Ein Wachstum nennen wir exponentiell oder natürlich, wenn seine Funktion f die Differentialgleichung

$$f'(t) = k \cdot f(t) \tag{XI-9}$$

erfüllt. Dabei nennen wir $k \in \mathbb{R} \setminus \{0\}$ die **Wachstumskonstante** falls $k > 0$ oder **Zerfallskonstante** falls $k < 0$. Die die Differentialgleichung lösenden Funktionen heißen demnach **Wachstums- oder Zerfallsfunktionen**. Dies sind die Funktionen f mit

$$f(t) = a \cdot e^{-kt}. \tag{XI-10}$$

Das a steht für den Wert zum Zeitpunkt $t = 0$, denn $f(0) = a \cdot e^{k \cdot 0} = a \cdot e^0 = a$.

Über den Wachstumsfaktor

Ein paar Worte wollen wir noch über den Wachstumsfaktor verlieren. Haben wir eine Funktion vorliegen, für die der prozentuale Zuwachs pro einem Zeitschritt $p\%$ beträgt, also

$$f(t+1) = \frac{p}{100} \cdot f(t) + f(t) = \left(1 + \frac{p}{100}\right) \cdot f(t) \tag{XI-11}$$

ist, dann ist der Wachstumsfaktor gegeben durch

$$k = \ln\left(1 + \frac{p}{100}\right). \tag{XI-12}$$

Nimmt das ganz um $p\%$ ab, dann ist der Zerfallsfaktor entsprechend gegeben durch

$$k = \ln\left(1 - \frac{p}{100}\right). \tag{XI-13}$$

In diesem Fall können wir dann auch für die Wachstumsfunktion/Zerfallsfunktion direkt schreiben, ohne das e bemühen zu müssen,

$$f(t) = a \cdot \underbrace{\left(1 \pm \frac{p}{100}\right)}_{=:q}^{t}. \tag{XI-14}$$

Dabei nennen wir q den Wachstums- bzw. Zerfallsfaktor.

Wir wollen jetzt zu der ganzen Problematik ein kleines Beispiel machen. Dieses kann allerdings auch vom Leser als Übung genutzt werden.

Beispiel - Moneten über Moneten

Ein armer Wissenschaftler zahlt auf sein neu eröffnetes Konto bei der Sparkasse 91 €-Cent ein. Tags darauf lässt er sich schockfrosten und erwacht nach glückseligem Schlaf erst nach 1000 Jahren wieder.

(a) Auf welche Summe beläuft sich nun sein Vermögen mit Zins und Zinseszins, wenn es mit 2,25% jährlich verzinst wurde?

Nun will er aber doch nicht so lange warten und er beschließt, sich früher wieder auftauen zu lassen. Da er aber nicht mehr in Armut Leben möchte, will er genau dann wieder erweckt werden, wenn er von seinem Konto am Ende jeden Jahres 1000000 € abheben kann, ohne dass sich sein Vermögen nach Buchung der Zinsen ein Jahr später verkleinert (Er hebt quasi nur den Zinszuwachs ab).

(b) Wann (am Ende welchen Jahres nach seiner Schockfrostung) muss er bei gleichem Zinssatz wieder aufgetaut werden?

Lösung:

(a) Es liegt exponentielles Wachstum vor, d.h. die Entwicklung seines Vermögens wird durch eine Gleichung der Form

$$f(t) = a \cdot e^{kt}$$

beschrieben. Aus den Vorgaben lassen sich sofort die Größen a und k bestimmen. Es sind

$$a = 0,91 \,€ \text{ (da wir in Euro rechnen wollen) und } k = \ln\left(1 + \frac{p}{100}\right) = \ln(1,0225).$$

Hiermit ist dann das Wachstumsgesetz eindeutig festgelegt:

$$f(t) = 0,91 \cdot e^{\ln(1,0225) \cdot t} \text{ in Euro.}$$

Daraus erhalten wir sofort den Betrag, welchen er nach der ganzen Zeit abheben kann:

$$f(1000) = 0,91 \cdot e^{\ln(1,0225) \cdot 1000} = 4191389988 \,€.$$

(b) Nun gilt es, die Gleichung

$$f(t + 1) - f(t) = 1000000$$

zu lösen. Setzen wir die Formel aus Teil (a) ein (wir rechnen mit Buchstaben, das gibt einem Übung und Sicherheit für spätere Probleme), erhalten wir

$$a \cdot e^{k \cdot (t+1)} - a \cdot e^{kt} = 1000000.$$

Wir klammern e^{kt} aus, dividieren durch a und erhalten

$$e^{kt} \cdot \left(e^k - 1\right) = \frac{1000000}{a}, \text{ also } t = \frac{1}{k} \cdot \ln\left(\frac{1000000}{a \cdot (e^k - 1)}\right).$$

Setzen wir nun die gegebenen Zahlenwerte ein, so erhalten wir

$$t = \frac{1}{\ln(1{,}0225)} \cdot \ln\left(\frac{1000000}{0{,}91 \cdot (e^{\ln(1{,}0225)} - 1)}\right) \approx 795{,}67 \text{ Jahre.}$$

Somit betragen seine Zinsen zwischen dem Jahr 795,67 und dem Jahr 796,67 nach seiner Schockfrostung genau eine Million Euro. Will er nach ganzen Jahren gehen, dann muss er sich Ende des Jahres 796 nach seiner Schockfrostung auftauen lassen, damit er sofort das Geld abheben kann und sein Vermögen auf Dauer nicht abnimmt. Lässt er sich Ende des Jahres 795 nach seiner Schockfrostung auftauen, dann muss er noch einige Monate warten, um das Geld in dieser Höhe abheben zu können, um dadurch sein Vermögen auf Dauer nicht zu verringern.

Aufgaben

Aufgabe 1:
Die Höhe einer Pflanze (in Metern) zur Zeit t (in Wochen seit dem Beginn der Beobachtung) soll zunächst durch eine Funktion h_1 mit

$$h_1(t) = 0{,}02 \cdot e^{kt}$$

näherungsweise beschrieben werden.

(a) Wie hoch ist die Pflanze zu Beginn der Beobachtung? Bestimmen Sie k, wenn die Höhe der Pflanze in den ersten 6 Wochen der Beobachtung um 0,48 Meter zugenommen hat. Wie hoch müsste demnach die Pflanze 8 Wochen nach dem Beginn der Beobachtung sein?

Die Pflanze ist nach 8 Wochen tatsächlich nur 1,04 Meter hoch. Die Höhe wird deshalb für $t \geq 6$ beschrieben durch die Funktion h_2 mit

$$h_2(t) = a - b \cdot e^{-0,536t}.$$

(b) Bestimmen Sie a und b aus den beobachteten Höhen nach 6 und nach 8 Wochen. Berechnen Sie $\lim_{t \to \infty} h_2(t)$. Welche Bedeutung hat dieser Wert für die Pflanze?

Aufgabe 2:
Eine Population besteht heute aus 30050 Individuen. Vor zwei Jahren waren es noch 45080. Die Abnahme sei eine exponentielle. Wann werden unter dieser Annahme vom heutigen Bestand nur noch 15% übrig sein? Wann wird die Abnahme innerhalb eines Jahres erstmals weniger als 1200 Individuen betragen?

Aufgabe 3:
Eine Bakterienkultur B1 wächst stündlich um 25%. Eine andere Bakterienkultur B2 wird mit einem Sekret versetzt und schrumpft dadurch alle halbe Stunde um 11%.

(a) Wann nimmt B2 nur noch 30% der ursprünglichen Fläche ein? Wann bedeckt B1 die fünffache Fläche ihrer Ausgangsfläche?

Eine neue Bakterienkultur B3 nimmt nach 8 Stunden 625 cm^2 und nach 14 Stunden 4096 cm^2 ein.

(b) Wenn man exponentielles Wachstum annimmt, welche Fläche bedeckt die Bakterienkultur B3 dann nach 20 Stunden?

Aufgabe 4:

Zu Beginn einer Beobachtung findet man 100 Hasen auf einer Insel. Nach einem Jahr sind es 150 Tiere. Man geht nun davon aus, dass die Vermehrung nach dem Gesetz des exponentiellen Wachstums voranschreitet. Es ist also

$$h(t) = a \cdot e^{kt}$$

der Hasenbestand t Jahre nach Beobachtungsbeginn.

- Bestimmen Sie die Konstanten a und k und stellen Sie das Wachstumsgesetz auf.
- Nach wie vielen Jahren sind es mehr als 1000 Tiere?
- Bestimmen Sie die Verdopplungszeit T_D der Population.

Wichtige Zeiten

Bei einer Wachstumsfunktion bezeichnen wir mit der Verdopplungszeit T_D die Zeitspanne in der sich der Bestand verdoppelt. Bei einer Zerfallsfunktion sprechen wir von der Halbwertszeit T_H. In dieser Zeitspanne halbiert sich der Bestand.

XI.3.3 Beschränktes Wachstum

Natürlich gibt es noch weitere Wachstumsformen. Eine davon ist das **beschränkte Wachstum**. Es stellt eine gewisse Verfeinerung des exponentiellen Wachstums dar, denn häufig ist es so, dass dem Wachstum eine natürliche Grenze oder Schranke S auferlegt ist (Größe einer Stadt, Nahrungsmenge,...). Diese können und müssen wir dann in unser Wachstumsmodell einfließen lassen. Genau das geschieht beim beschränkten Wachstum. Die Änderungsrate ist hier nicht proportional zum aktuellen Bestand, sondern zur Differenz des aktuellen Bestandes zur möglichen Grenze oder Schranke S. Damit ergibt sich die Differentialgleichung

$$f'(t) = k \cdot (S - f(t)) \text{ mit } k > 0.$$

Die Funktion f mit

$$f(t) = S - a \cdot e^{-kt}$$

erfüllt diese Differentialgleichung. Mit den entsprechenden Integrationskenntnissen (Kapitel XIII) können wir diese auch herleiten. Wir merken uns:

Beschränktes Wachstum

Beschränktes Wachstum kann der Differentialgleichung $f'(t) = k \cdot (S - f(t))$ mit $k > 0$ gehorchen[a]. Dabei ist S die Schranke oder Grenze, der sich der Bestand $f(t)$ für $t \to \infty$ annähert. Die Funktion f mit

$$f(t) = S - a \cdot e^{-kt} \tag{XI-15}$$

ist die zughörige Wachstumsfunktion und löst die Differentialgleichung.

---

[a] Es sind auch noch andere Arten von beschränktem Wachstum möglich.

Übungen hierzu finden wir nach dem folgenden Abschnitt.

XI.3.4 Logistisches Wachstum

Eine letzte Wachstumsart wollen wir betrachten und zwar das **logistische Wachstum**. Beim beschränkten Wachstum, welches einen Abschnitt zuvor unser Thema war, hatten wir leichte Veränderungen an der Differentialgleichung des exponentiellen Wachstums durchgeführt, weil uns diese Modellierung von Wachstum realistischer und angemessener erschien. Nun führen wir eine weitere Form von Wachstum ein, welche die Modellierung solcher Prozesse noch besser beschreiben soll. Beim logistischen Wachstum ist die Änderungsrate $f'(t)$ nun nicht nur proportional zur Differenz des aktuellen Bestands $f(t)$ zu einer natürlich gegebenen Schranke S, sondern auch zum aktuellen Bestand. Die zugehörige Differentialgleichung lautet dann

$$f'(t) = k \cdot f(t)(S - f(t)).$$

Sie wird von der Funktion f mit

$$f(t) = \frac{a \cdot S}{a + (S - a) \cdot e^{-kSt}}$$

mit $a = f(0)$ erfüllt. Die Herleitung müssen wir uns wieder sparen, ist für uns aber auch nicht relevant[3]. Wir merken uns:

Logistisches Wachstum

Wachstumsfunktionen f, die die Differentialgleichung $f'(t) = k \cdot f(t) \cdot (S - f(t))$ erfüllen, ordnen wir einer besonderen Form von beschränkten Wachstum zu, dem logistischen Wachstum. Es gilt dann für f, dass

$$f(t) = \frac{a \cdot S}{a + (S - a) \cdot e^{-kSt}} \tag{XI-16}$$

mit $a = f(0)$.

D

Bevor wir mit ein paar Aufgaben üben können, zeigt die folgende Abbildung die Graphen aller vier Wachstumsarten.

---

[3]Interessierte können in Kapitel XIII bei den Aufgaben fündig werden.

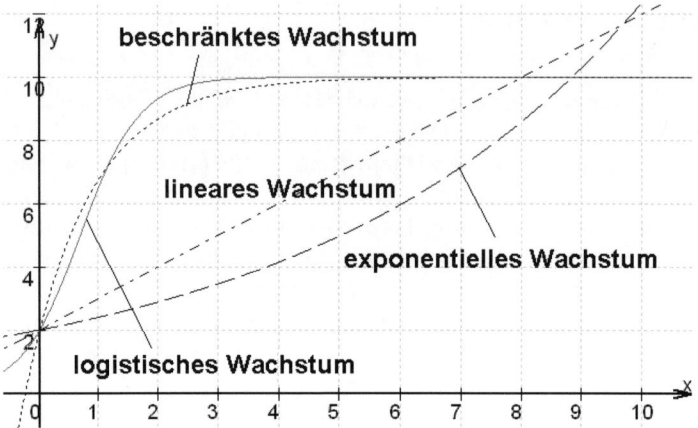

Abbildung XI.3.2: Die Graphen der vier Wachstumsarten.

Aufgaben

Aufgabe 1:
Weisen Sie nach, dass die Funktion, die das logistische Wachstum beschreibt, auch wirklich die zugehörige Differentialgleichung löst.

Aufgabe 2:
Weisen Sie nach, dass die Funktion, die das beschränkte Wachstum beschreibt, auch wirklich die zugehörige Differentialgleichung löst.

Aufgabe 3:
Eine schöne heiße Tasse Tee wollen Sie sich nun genehmigen. Allerdings stellen Sie schnell fest, dass der Tee wohl doch noch um einiges zu heiß ist, um ihn gefahrlos trinken zu können. Während sie also auf ihren Tee warten, können Sie sich ja mit dieser Aufgabe hier beschäftigen.
Die Änderungsrate der Tee-Temperatur gehorcht der Gleichung

$$T'(t) = k \cdot (T(t) - u),$$

mit $T(t)$ in °C und t in Minuten.

(a) Finden Sie die Funktion T, indem Sie mit der Gleichung für beschränktes Wachstum vergleichen.

Langfristig wird sich der Tee der Umgebungstemperatur anpassen und mit dieser ins thermodynamische Gleichgewicht kommen. Die Tee-Temperatur sei zu Beginn 85°C. Lassen Sie ihn über Nacht stehen, hat er am nächsten Morgen eine sich nicht mehr ändernde Temperatur von 20°C.

(b) Bestimmen Sie hiermit und mit der Angabe, dass $T(1) = 83$°C ist, die unbekannten Konstanten. Wie können Sie diese nach Ihrer Rechnung interpretieren? Verwenden Sie diese Interpretation, um die weiteren Aufgabenteile zu berechnen!

Wir lassen den Tee nun 20 Minuten bei einer Raumtemperatur von 20°C abkühlen. Danach kommt er nach draußen (der Monat sei Februar), wo es 3°C kalt ist. Das Abkühlungsgesetz draußen gehorcht der gleichen Differentialgleichung wie das im Haus, insbesondere ist das k dasselbe.

(b) Wann ist der Tee zum Trinken geeignet (35°C)?

(c) Wann hätten wir ihn rausstellen müssen, wenn wir ihn bereits nach 30 Minuten hätten trinken wollen? Wie interpretieren Sie das Ergebnis?

(P.S.: Im Übrigen müsste Ihr Tee jetzt auch kalt sein, falls Sie sich einen zubereitet hatten!)

Aufgabe 4:
Es sind folgende Tabellen gegeben.

x	1	5	7	12	17	21
$f(x)$	219,0	303,5	344,85	450,00	556,1	639,01

Tabelle XI.3.1: Tabelle A

x	1	2	4	8	16	32
$g(x)$	2563,75	2629,38	2770,31	3057,91	3741,33	5597,00

Tabelle XI.3.2: Tabelle B

x	0	5	10	15	20	25
$h(x)$	150	4878,88	5783,23	5958,50	5992,00	5998,47

Tabelle XI.3.3: Tabelle C

(a) Welche Art von Wachstum liegt jeweils vor? Begründen Sie Ihre Vermutungen!

(b) Stellen Sie die Wachstumsgesetze für alle drei Tabellen zum einen mit Hilfe der ersten beiden Wertepaare in der jeweiligen Tabelle und zum anderen mit den letzten beiden Wertepaaren in den Tabellen auf. Vergleichen Sie, wie groß die Abweichungen der Funktionswerte für $x = 100$ zwischen den beiden Funktionen einer jeden Tabelle sind. Wo ist der Unterschied am geringsten. Warum ist das so?

Wir gehen von linearem Wachstum bei TABELLE A aus. Es sei $f(x) = mx + c$ mit $x, c, m \in \mathbb{R}$. Stellen Sie nun die Funktion

$$d(m, c) = \sum_{i=1}^{6} (f(x_i) - y_i)^2$$

auf. Dabei meinen die indizierten Werte, dass Sie die entsprechenden Werte aus Spalte i von TABELLE A einsetzen sollen und das Summenzeichen (großes Sigma) besagt, dass Sie alle fünf Klammern aufsummieren sollen. Die y_i sind die Werte aus der zweiten Zeile der Tabelle. Leiten Sie nun $d(m, c)$ einmal nach m und einmal nach c ab, die jeweils andere Variable ist dabei einfach nur ein Parameter. Setzen Sie die beiden Ableitungen gleich 0 und lösen Sie das LGS.

(c) Was haben Sie nun erhalten und was haben wir hier gemacht? Interpretieren Sie die Vorgehensweise!

A

Anmerkung

Die Technik in (c) nennen wir *Methode der kleinsten Quadrate*.

Aufgabe 5:
Zeigen Sie mit Hilfe der Funktionsgleichung für das logistische Wachstum, dass der Graph einen Wendepunkt besitzt und dass dieser immer den y-Wert $\frac{S}{2}$ sein eigen nennt.

XI.4 Die Grenzen erfahren - Grenzwertuntersuchung mit L'Hospital

Zum Abschluss diese Kapitels wollen wir noch auf eine kleine Hilfestellung aufmerksam machen, die für Grenzwertuntersuchungen sehr nützlich ist. Es geht um die **Regeln von L'Hospital**. Es gibt derer zwei und sie lauten:

Erste Regel von L'Hospital

Wir betrachten ein Intervall $I = (a;b)$ mit den Grenzen $a, b \in \mathbb{R}$. Auf diesem Intervall seien zwei Funktionen $g, f : I \rightarrow \mathbb{R}$ definiert *und* differenzierbar. Nun gibt es eine Stelle x_0 für die gilt, dass $\lim_{x \rightarrow x_0} f(x) = 0$ und $\lim_{x \rightarrow x_0} g(x) = 0$. Ansonsten soll g nicht 0 werden. Es gilt dann, wenn also bei x_0 der Fall $\frac{0}{0}$ vorliegt, dass

$$\frac{\lim_{x \rightarrow x_0} f(x)}{\lim_{x \rightarrow x_0} g(x)} = \frac{\lim_{x \rightarrow x_0} f'(x)}{\lim_{x \rightarrow x_0} g'(x)}. \tag{XI-17}$$

Sollten Intervalle I mit Grenzen im unendlichen vorliegen ($I = (a; \infty)$ oder $I = (b; \infty)$), so gilt diese Regel ebenfalls, selbst wenn der Grenzwert nicht gegen ein konkretes x_0 gebildet wird, sondern gegen $+\infty$ oder $-\infty$.

Hinweis: Bitte diese Regel nicht mit der Quotientenregel für das Ableiten verwechseln und umgekehrt. Das führt meist zu sehr unschönen Ergebnissen, da falschen.

Zweite Regel von L'Hospital

Anstelle einer langen Formulierung: Liegt der Fall $\frac{\infty}{\infty}$ vor, gehen also f und g für x gegen x_0 *betragsmäßig* in die Unendlichkeit, dann gilt ebenfalls (XI-17).

Für die Beweise verweisen wir auf die weiterführende Literatur.

Hinweise:

- Bitte zuerst prüfen, ob die Voraussetzungen erfüllt sind und dann erst die Regel anwenden.
- Manchmal ist es notwendig, den L'Hospital mehrmals nacheinander auszuführen.
- Gelegentlich müssen Umformungen vorgenommen werden, bevor die Regel ihre Anwendung findet.
- Funktioniert L'Hospital nicht, so heißt das noch lange nicht, dass es keinen Grenzwert gibt.

Wir wollen im Folgenden ein paar Beispiele betrachten. Für die Exponentialfunktion (nicht nur in den Beispielen) müssen wir lediglich wissen, dass gilt:

- $a > 1$: $\lim_{x \rightarrow \infty} a^x = \infty$ und $\lim_{x \rightarrow -\infty} a^x = 0$.

- $0 < a < 1$: gerade umgekehrt zum vorangegangenen Fall, also $\lim_{x \rightarrow \infty} a^x = 0$ und $\lim_{x \rightarrow -\infty} a^x = \infty$.

Jetzt können wir in das Beispiel starten.

Beispiel 1 - Polynom gegen e-Funktion und mehrfacher L'Hospital

Wie lautet der Grenzwert der Funktion f mit

$$f(x) = \frac{x^5 + 2x - 1}{e^{2x}}$$

für $x \to \infty$?

Zweifellos liegt der Fall $\frac{\infty}{\infty}$ vor, da für e-Funktionen das eben Gesagte gilt und das Polynom sich nach dem x mit der höchsten Hochzahl richtet. Wir haben also

$$\lim_{x\to\infty} \frac{x^5 + 2x - 1}{e^{2x}} = \lim_{x\to\infty} \frac{5x^4 + 2}{2 \cdot e^{2x}}.$$

Trotz L'Hospital haben wir immer noch das Problem der doppelten Unendlichkeit. Aber wir sehen, dass sich oben der Grad reduzieren lies. Da auch x^4, x^3, x^2 und x gegen unendlich gehen, wenn nur x gegen unendlich geht, können wir den L'Hospital noch vier Mal anwenden, bis schließlich:

$$\lim_{x\to\infty} \frac{5x^4 + 2}{2 \cdot e^{2x}} = \ldots \text{ noch vier Mal L'Hospital } \ldots = \lim_{x\to\infty} \frac{120}{32e^{2x}} = 0.$$

Wenn wir anstatt x^5 x^n mit $n \in \mathbb{N}$ setzen, dann funktioniert das gleiche Spielchen wieder, wir müssen eben insgesamt n Mal die Regel nach L'Hospital (hier die zweite) ins Rennen schicken. Damit merken wir uns:

Exponentialfunktionen gegen ganzrationale Funktionen

Exponentialfunktionen wachsen schneller, viel schneller!

Beispiel 2 - Erst das Rechnen dann die Regel

Diese Mal wollen wir

$$\lim_{x\to\infty} \left(\sqrt{x^2 + x} - \sqrt{x^2 - 1} \right)$$

berechnen. Hier ist L'Hospital nicht direkt anwendbar, da keiner der beiden Fälle vorliegt. Wir können aber die Voraussetzungen erzwingen. Dazu verwenden wir die 3. Binomische Formel (was bei solchen Wurzelaufgaben oft der Fall ist). Wir rechnen:

$$\left(\sqrt{x^2+x}-\sqrt{x^2-1}\right) = \left(\sqrt{x^2+x}-\sqrt{x^2-1}\right) \cdot \frac{\left(\sqrt{x^2+x}+\sqrt{x^2-1}\right)}{\left(\sqrt{x^2+x}+\sqrt{x^2-1}\right)}$$

$$= \frac{x^2+x-x^2+1}{\left(\sqrt{x^2+x}+\sqrt{x^2-1}\right)} = \frac{x+1}{\sqrt{x+1}\cdot\left(\sqrt{x}+\sqrt{x-1}\right)} = \frac{\sqrt{x+1}}{\sqrt{x}+\sqrt{x-1}}$$

Nun lässt sich L'Hospital anwenden. Das ist aber nicht zwingend notwendig, denn wir können sagen, dass $\sqrt{x-1} = \sqrt{x+1} = \sqrt{x}$ für $x \to \infty$, weil nur Konstante neben x vorkommen (das war zu Beginn nicht der Fall). Damit erhalten wir:

$$\lim_{x\to\infty} \frac{\sqrt{x+1}}{\sqrt{x}+\sqrt{x-1}} = \lim_{x\to\infty} \frac{\sqrt{x}}{2\sqrt{x}} = \frac{1}{2}.$$

Ist doch ein schönes Ergebnis und nicht so langweilig wie dauernd die 0. In der Analysis fehlt uns jetzt nicht mehr viel. In zwei Kapiteln haben wir es geschafft. Ein paar Aufgaben sollen uns den Abschied von diesem Kapitel versüßen.

Aufgaben

Aufgabe:
Bestimmen Sie die folgenden Grenzwerte (**Hinweis:** Es ist $(\ln(x))' = \frac{1}{x}$).

(a) $\lim_{x\to\infty} \frac{\ln\left(x^2\right)}{x}$

(b) $\lim_{x\to 0} \frac{\sin\left(x^2\right)}{x^2}$

(c) $\lim_{x\to 0} \frac{\tan(x)}{x\cdot\ln(x)}$

(d) $\lim_{x\to 0} \left(x^2\right)^{\frac{1}{\ln(x^2)}}$

(e) $\lim_{x\to\infty} \left(\sqrt{x^2-x}-\sqrt{x^2+x}\right)$

(f) $\lim_{x\to\infty} e^{\frac{\ln(x)}{x}}$

XII Die Ableitung der Umkehrfunktion

Bevor wir uns nun auf die Ableitung von sog. Umkehrfunktionen stürzen, sollten wir doch erst einmal klären, was eine Umkehrfunktion ist, wie man sie erhält und was man bei ihrer Berechnung beachten sollte?

XII.1 Was ist eine Umkehrfunktion? - Grundlagen und Begriffe

Damit eine Funktion auf einem Intervall umkehrbar ist, muss sie dort bijektiv sein. Nun stellt sich der aufmerksame Leser zu Recht die Frage: „Wat meint der mit bijektiv?" Wir wollen also den Mann/die Frau nicht unwissend im Regen stehen lassen und eine möglichst befriedigende Antwort geben.

Nach Unterkapitel I.4 wissen wir, was wir unter einer Funktion zu verstehen haben. Eine Funktion ist eine Abbildung zwischen Mengen, bestehend aus reellen Zahlen. Mit einer Abbildung weisen wir jedem Objekt einer bestimmten Ausgangsmenge (Definitionsmenge) *genau ein* Objekt einer anderen Menge (Wertemenge) zu. Sprechen wir von einer Funktion, so enthalten beide Mengen reelle Zahlen $\mathbb{R}$ als Elemente, d.h. die Definitionsmenge und die Wertemenge sind Teilmengen der reellen Zahlen. Benennen wir die Funktion mit dem Buchstaben f und die Definitionsmenge wie üblich mit D_f, sowie die Wertemenge mit W_f, dann können wir das mit der Teilmenge in mathematisch prägnanter Form als $D_f \subseteq \mathbb{R}$ bzw. $W_f \subseteq \mathbb{R}$ schreiben. Damit sind wir in der Lage, unsere Funktion als $f : D_f \to W_f$ zu notieren. Ausführlicher können wir das folgendermaßen schreiben:

Es seien mit x die Elemente von D_f bezeichnet, d.h. $x \in D_f$, und mit y die Elemente von W_f, also $y \in W_f$. Dann kann die Funktion f auf das Ausführlichste als

$$f : D_f \to W_f, x \mapsto f(x) := y \qquad \text{(XII-1)}$$

niedergeschrieben werden. Das Zeichen ":=" steht als Symbol für den Ausdruck „ist definiert als" und dürfte uns schon ein paar Mal begegnet sein.

Nachdem wir uns den Begriff der Funktion wieder in das Gedächtnis gerufen und die zugehörige Notation vergegenwärtigt haben, kommen nun drei (für uns) neue Begriffe ins Spiel: Eine Funktion kann injektiv, surjektiv und bijektiv sein. Füllen wir diese für uns bisher leeren Worthülsen mit Leben:

Was macht eine injektive Funktion?

Bei einer injektiven Funktion darf jedes Element der Wertemenge höchstens einmal als Funktionswert eines Wertes der Definitionsmenge verwendet werden. Das bedeutet: Sind $x_1, x_2 \in D_f$ und $x_1 \neq x_2$, dann gilt auch $f(x_1) \neq f(x_2)$.

Über den letzten Satz im vorangegangenen Kasten sollte man in einer stillen Minute (oder Stunde oder einer noch größeren, aber im Wesentlichen stillen Zeitspanne) nachdenken, um den Begriff „injektiv" und seine Bedeutung im Gedächtnis zu verankern. Bei dieser Gehirnaktivität kann einem das folgende Bildchen behilflich sein.

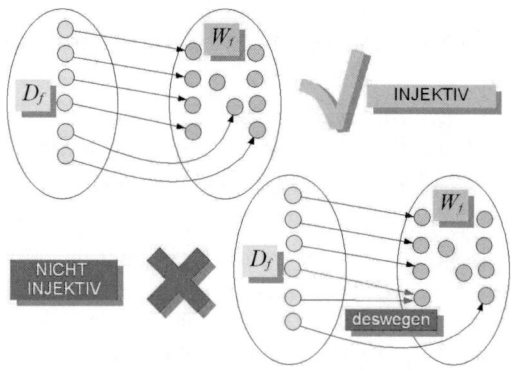

Abbildung XII.1.1: Skizze zur Illustration des Begriffes der Injektivität bei einer Funktion.

Wenden wir uns dem zweiten Begriff auf unserer Liste zu.

Was macht eine surjektive Funktion?

Bei einer surjektiven Funktion wird jedes Element der Wertemenge mindestens einmal als Funktionswert eines Wertes der Definitionsmenge verwendet. Somit findet die *komplette* Wertemenge als Abbildungsmenge Verwendung.

Als Gedächtnisstütze und zur Visualisierung des Begriffes können wir die Abbildung XII.1.2 benutzen.

Wir wissen zwar schon, was wir unter einer injektiven bzw. surjektiven Funktion zu verstehen haben, aber der Begriff „bijektiv" fehlt noch in unserer Sammlung. Unser neues Wissen über injektive und surjektive Funktionen kann uns da aber gleich weiter helfen.

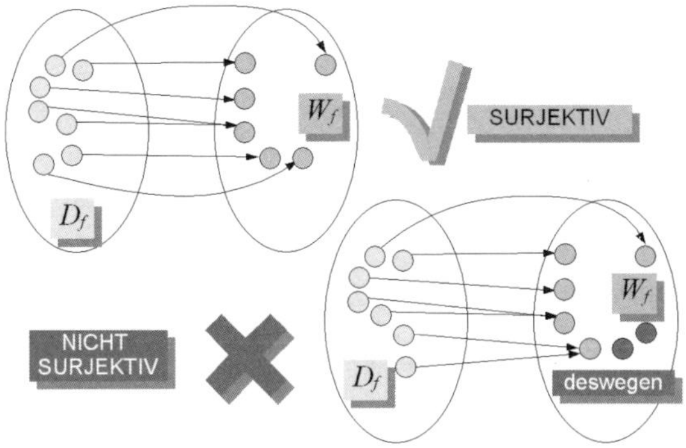

Abbildung XII.1.2: Skizze zur Illustration des Begriffes der Surjektivität bei einer Funktion.

Was macht eine bijektive Funktion?

Bei einer bijektiven Funktion wird *jedes* Element der Wertemenge *genau einmal* als Funktionswert eines Wertes der Definitionsmenge verwendet. Eine bijektive Funktion ist somit injektiv *und* surjektiv.

Das Bildchen (siehe Abbildung XII.1.3), welches wir uns im Zusammenhang mit einer bijektiven Funktion vorstellen können, ist somit eine Kombination aus den Abbildungen XII.1.1 und XII.1.2. Jedem Element der Definitionsmenge wird genau ein Element der Wertemenge zugeordnet und jedes Element der Wertemenge wird genau einmal verwendet. Eine bijektive Funktion wird dadurch auch als eineindeutige Funktion bezeichnet.

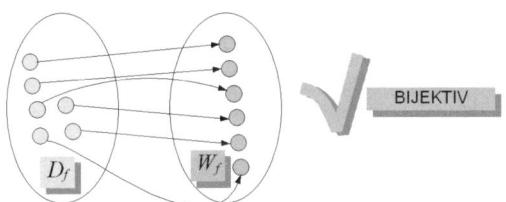

Abbildung XII.1.3: Skizze zur Illustration des Begriffes der Bijektivität bei einer Funktion.

Da die Zuordnung der Werte der Wertemenge zu denen der Definitionsmenge bei einer bijektiven Funktion eindeutig ist und auch die umgekehrte Zuordnung der Elemente der Definitionsmenge zu denen der Wertemenge eindeutig zurückverfolgt werden kann[1], ist eine bijektive Funktion umkehrbar und zwar in dem Sinne, dass ihre Umkehrfunktion, die wir mit f^{-1} notieren wollen, auch eine Funktion ist. Die Werte- und die Definitionsmenge

---

[1]daher kommt die Bezeichnung eineindeutig

tauschen bei dieser die Plätze. Gehen wir davon aus, dass wir den Wertebereich bereits entsprechend eingeschränkt haben, so dass wir nur das Bild der Funktion f betrachten, dann reicht es zu fordern, dass die Funktion injektiv ist, wenn sie eine Umkehrfunktion besitzen soll. Ist f^{-1} keine Funktion, so sprechen wir von einer Umkehrrelation. Wir halten fest:

Umkehrfunktionen

Können wir zu einer Funktion $f : D_f \rightarrow W_f$ eine Funktion $h : W_f \rightarrow D_f$ finden (die dann eindeutig definiert ist), für die gilt, dass

$$h(f(x)) = x \text{ für alle } x \in D_f$$

und auch

$$f(h(y)) = y \text{ für alle } y \in W_f,$$

dann bezeichnen wir diese als Umkehrfunktion zu f und schreiben $h = f^{-1}$.

Hier erkennen wir, dass die gestellten Forderungen zwangsläufig die Bijektivität von f und damit auch von f^{-1} verlangen. Betrachten wir f mit $W_f = f(D_f)$ reicht es zu verlangen, wie bereits erwähnt, dass f injektiv ist, denn wir haben die Funktion entsprechend in ihrem Wertebereich eingeschränkt. Für den praktischen Gebrauch können wir uns folgendes merken:

Wann kann ich eine Funktion umkehren?

Ist eine Funktion f streng monoton wachsend oder fallend, dann besitzt sie eine Umkehrfunktion f^{-1}.

Bevor wir uns mit drei kleinen Beispielen vergnügen, sollten wir einen Blick auf Abbildung XII.1.4 werfen. Sie zeigt Beispielgraphen für je eine injektive, surjektive und bijektive Funktion auf dem dargestellten Intervall.

Beispiel 1 - Eine Umkehrfunktion

Wir wollen zu $g : \mathbb{R} \rightarrow \mathbb{R}$ mit

$$g(x) = m \cdot x + c$$

mit $m \neq 0$ die Umkehrfunktion g^{-1} bestimmen. Diese existiert sicherlich, denn als Gerade mit $m > 0$ oder $m < 0$ ist die Funktion sicherlich streng monoton wachsend oder streng monoton fallend. Damit können wir die Gleichung

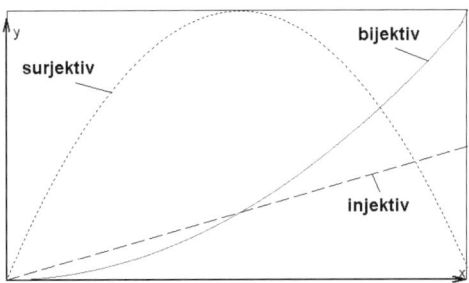

Abbildung XII.1.4: Graphen einer injektiven, einer surjektiven und einer bijektiven Funktion.

$$y = m \cdot x + c$$

nach x auflösen ($x = \frac{y-c}{m} = \frac{1}{m} \cdot y - \frac{c}{m}$ und erhalten die Funktion $g^{-1} : \mathbb{R} \to \mathbb{R}$ mit

$$g^{-1}(y) = \frac{1}{m} \cdot y - \frac{c}{m}.$$

Wir können uns leicht davon überzeugen, dass $g^{-1}(g(x)) = x$ ist und ebenso $g(g^{-1}(y)) = y$ (Einfaches Einsetzen der Funktionen ineinander).

Beispiel 2 - Umkehrrelation

Dass nicht immer eine Funktion vorliegen muss, dass soll uns die folgende Betragsfunktion f mit

$$f(x) = |-x+2| \tag{XII-2}$$

und $D_f = [0; 4]$ verdeutlichen. Durch eine kleine Skizze (Abbildung XII.1.5) erkennen wir sofort, dass $W_f = [0; 2]$ sein muss.

Wandeln wir die Betragsfunktion in eine abschnittsweise definierte Funktion um[2], so haben wir

$$f(x) = \begin{cases} -x + 2 & \text{für } x \in [0; 2] \\ x - 2 & \text{für } x \in (2; 4] \end{cases}$$

---

[2]siehe Kapitel V

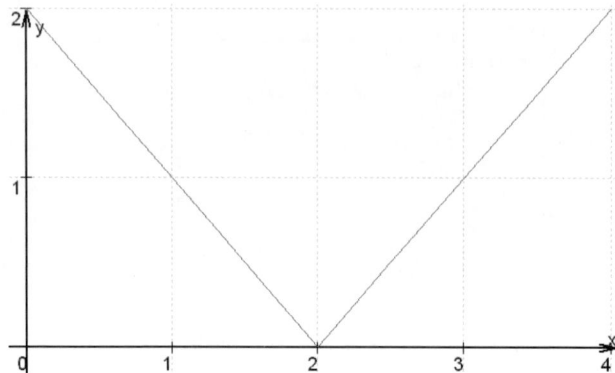

Abbildung XII.1.5: Der Graph der Betragsfunktion f.

Die Umkehrrelation f^{-1} lautet dann (auflösen nach x und überlegen, welche y eingesetzt werden dürfen)

$$f^{-1}(y) = \begin{cases} -y + 2 & \text{für } y \in [0; 2] \\ y + 2 & \text{für } y \in (0; 2] \end{cases}$$

Die Zuordnung ist eindeutig, aber es liegt keine Funktion vor. Das liegt daran, dass bei der abschnittsweise definierten Funktion beide Teile in die Wertemenge $W_f = [0; 2]$ abbilden, wodurch es zu Doppelbelegungen kommt. Die Funktion ist damit aber nicht injektiv und schon gar nicht bijektiv. f^{-1} ist nur eine Umkehrrelation, keine Umkehrfunktion mit $W_{f^{-1}} = D_f$ und $D_{f^{-1}} = W_f$.

Beispiel 3 - Eingeschränkt umkehrbar

Beschränken wir Funktionen auf ein entsprechendes Intervall, so dass keine Mehrfachbelegungen von y-Werten auftreten, dann können wir eine Umkehrfunktion für das eingeschränkte Intervall aufstellen. Z.B. hat $h : \mathbb{R} \to \mathbb{R}$ mit $h(x) = x^2$ keine Umkehrfunktion. Setzen wir aber $h : \mathbb{R}_0^+ \to \mathbb{R}_0^+$ mit $h(x) = x^2$ an, so können wir $h^{-1} : \mathbb{R}_0^+ \to \mathbb{R}_0^+$ mit $h^{-1}(y) = \sqrt{y}$ als Umkehrfunktion angeben, denn h ist auf dem Intervall $[0; \infty)$ streng monoton wachsend und damit umkehrbar.

Kleiner zeichentechnischer Hinweis für Umkehrfunktionsgraphen

Den Graphen der Umkehrrelation bzw. Umkehrfunktion einer Funktion erhalten wir, indem wir den Graphen der Funktion an der ersten Winkelhalbierenden $y = x$ spiegeln.

Aufgaben

Aufgabe:
Gegeben ist die reelle Funktion f mit $f(x) = |2x - 3| + m^2 x - b$. Das in Abbildung XII.1.6 dargestellte Schaubild gehört zu bestimmten Werten $m, b \in \mathbb{R}$.

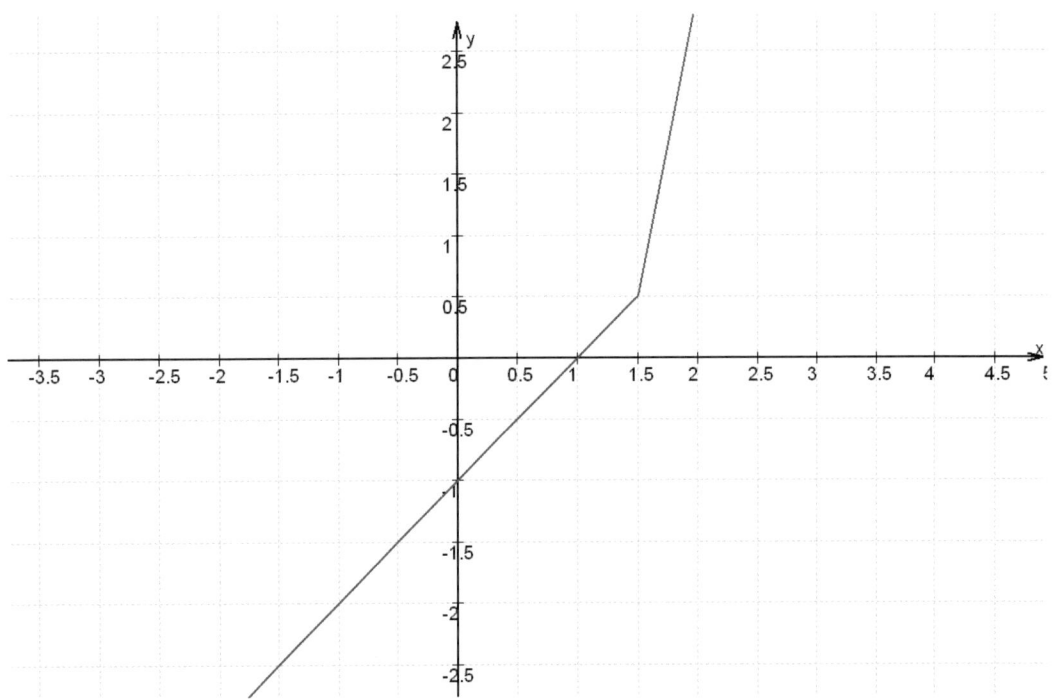

Abbildung XII.1.6: Das Schaubild einer der Betragsfunktionen der Funktionsschar.

(a) Bestimmen Sie aus dem Schaubild die Werte für m und b.

(b) Zeichnen Sie die Umkehrrelation f^{-1} der in Abbildung XII.1.6 gezeigten Funktion.

(c) Für welche m und b ist die Umkehrrelation f^{-1} ebenfalls eine Funktion? Geben Sie die Umkehrfunktionen in Abhängigkeit von m und b an.

(d) Kann die Funktion f für irgendein $m > 0$ differenzierbar sein? Begründen Sie Ihre Antwort.

XII.2 Ableiten von Umkehrfunktionen

Das Differenzieren hat sich als sehr nützliches Untersuchungsmittel für Funktionen aller Arten bereits bewährt. Darum wäre es doch schön, wenn wir auch Umkehrfunktionen ableiten könnten. Das mag wenig Sinn machen, wenn wir uns nur die Umkehrfunktionen von Parabelteilen und Geraden vorstellen, denn die Ableitung von Wurzelfunktionen und Geraden können wir auch so bilden, ohne uns spezielle Gedanken darüber machen zu müssen. Doch wie sieht es mit der Funktion $f : [-1; 1] \rightarrow [-\frac{\pi}{2}; \frac{\pi}{2}]$ mit $f(x) = \arcsin(x)$ aus? Die Arkussinusfunktion ist die Umkehrfunktion der Sinusfunktion, wenn wir deren Definitionsmenge auf das Intervall $[-\frac{\pi}{2}; \frac{\pi}{2}]$ beschränken, denn hier ist der Sinus streng monoton wachsend und damit umkehrbar. Was können wir jetzt machen? Die Antwort finden wir mit Hilfe der bereits bekannten Kettenregel und der Möglichkeit, auch Gleichungen ableiten zu können. Hierzu sollten wir ein paar erläuternde Worte zum Besten geben.

XII.2.1 Implizites Differenzieren

Wir können Ableitungen auch von ganzen Gleichungen bilden (**implizite Differentiation**). Leiten wir z.B. die Gleichung

$$y + x = -5$$

ab und zwar nach x, dann müssen wir lediglich beachten, dass x die unabhängige Variable und y eigentlich $y(x)$ meint und damit eine von x abhängige Variable ist, eine Funktion von x. Für die Ableitung von y müssen wir dann y' notieren und meinen damit das Gleiche, wie wenn wir f' bei einer Funktion f schreiben. Im gezeigten Beispiel erhalten wir dann:

$$y' + 1 = 0 \Leftrightarrow y' = -1.$$

Damit wissen wir, dass die Funktion y gegeben durch $y(x)$ die konstante Ableitungsfunktion y' mt $y'(x) = 1$ besitzt und somit eine Gerade sein muss. Durch Umformungen wissen wir zwar bei diesem Beispiel gleich, dass $y(x) = -x - 5$ ist und auch dass dann $y'(x) = -1$ sein muss, aber es geht hier ja um die Technik an sich.

Beim impliziten Differenzieren bleiben häufig die Ableitungen von der abhängigen Größe, der Funktion von x stehen. Damit ergibt sich aus der anfänglichen Gleichung häufg eine Differentialgleichung, die dann weiter untersucht werden kann. Die Technik ist vor allem dann hilfreich, wenn wir eben nicht einfach mal nach y auflösen können[3]. Auch wenn eine

---

[3]Die Angabe einer **expliziten Funktionsgleichung** für y ist nicht möglich.

Funktion von mehreren Variablen abhängt, ist das implizite Differenzieren sehr nützlich. Solche Funktionen finden sich in der weiterführenden Literatur.

Beispiel - Eine bereits bekannte Funktion

Leiten Sie die Funktion f mit $f(x) = x^x$ ab. Tun Sie dies auf zweierlei Arten:

1. Verwenden Sie die Kettenregel und die Tatsache, dass $x = e^{\ln(x)}$ ist (x sei natürlich positiv und nicht 0).

2. Logarithmieren Sie beide Seiten und differenzieren Sie dann implizit. Die Ableitung von $\ln(x)$ ist $\frac{1}{x}$ (wie wir später in diesem Kapitel sehen werden).

Machen wir uns an die Lösung der gestellten Probleme.

1. Es ist $f(x) = x^x = \left(e^{\ln(x)}\right)^x = e^{x \cdot \ln(x)}$. Wir leiten mit der Kettenregel nach x ab:

$$f'(x) = \underbrace{\left(\ln(x) + \frac{1}{x} \cdot \ln(x)\right)}_{\text{Abl. Exponent}} \cdot e^{x \cdot \ln(x)} = (\ln(x) + 1) \cdot x^x.$$

2. Wir setzen $f(x) = y = x^x$ und logarithmieren beide Seiten. Es ist dann (mit dem 3. Logarithmusgesetz) $\ln(y) = x \cdot \ln(x)$. Wir leiten beide Seiten nach x ab: $y' \cdot \frac{1}{y} = \ln(x) + x \cdot \frac{1}{x} = \ln(x) + 1$. Da wir y kennen, erhalten wir

$$y' = (\ln(x) + 1) \cdot y = (\ln(x) + 1) \cdot x^x.$$

Mit dem impliziten Differenzieren können wir zu unserem eigentlichen Problem zurückkehren, nach einer ganz kurzen Übeeinheit.

Aufgaben

Aufgabe:
Bestimmen Sie die Gleichung der Ableitungsfunktion y' aus $\sqrt{x^2 + y^2} = r$ mit $r \in \mathbb{R}^+$. Tun Sie dies auf zweierlei Arten:

1. Indem Sie implizit differenzieren.

2. Indem Sie explizit $y(x)$ aufstellen und ableiten.

XII.2.2 Ableiten von Umkehrfunktionen mit der Kettenregel

Wir betrachten im Folgenden die Gleichung $f^{-1}(f(x)) = x$, die uns schon bei der Definition der Umkehrfunktion über den Weg gelaufen ist und setzen voraus, dass die Umkehrfunktion f^{-1} differenzierbar ist. Mit dieser Gleichung wollen wir dann gleich einmal das implizite Differenzieren testen. Dabei ist f^{-1} die äußere und f die innere Funktion, was den Weg für die Kettenregel frei macht. Wir erhalten:

$$\left(f^{-1}\right)'(f(x)) \cdot f'(x) = 1, \text{ also } \left(f^{-1}\right)'(f(x)) = \frac{1}{f'(x)}. \tag{XII-3}$$

Diese Rechnung kann auch bewiesen werden. Setzen wir voraus, dass f eine streng monotone und differenzierbare Funktion ist, dann lässt sich der Nachweis über die x-Methode erbringen. Uns reicht aber die obige Gleichung und das Wissen, dass es funktioniert.
Zum praktischen Umgang müssen wir nun nur noch wissen, dass wir anstatt y auch $f(x)$ schreiben dürfen und anstatt x auch $f^{-1}(y)$. Jetzt wollen wir unser neues Spielzeug ausprobieren.

Beispiel 1 - Die Ableitung des Arkussinus

Wir wollen h mit $h(x) = \arcsin(x)$ ableiten. Dazu notieren wir:

$$h'(x) = \arcsin'(x) = \frac{1}{\sin'(\arcsin(x))} = \frac{1}{\cos(\arcsin(x))}.$$

Wir setzen stur in die Formel ein und müssen deswegen auch nur den Sinus ableiten. In der Formel oben hatte wir eigentlich

$$\left(f^{-1}\right)'(f(x)) = \frac{1}{f'(x)}, \text{ also } \left(f^{-1}\right)'(y) = \frac{1}{f'(f^{-1}(y))}.$$

notiert. Im Beispiel fand jetzt nur eine Umbenennung von y in x statt. Nochmal zurück zum eigentlichen Ergebnis, das ja noch nicht so gigantisch gut aussieht. Hier können wir uns nun das Additionstheorem, welches man immer auswendig können sollte, zu Nutzen machen. Die Rede ist von

$$\sin^2(x) + \cos^2(x) = 1.$$

Damit ergibt sich, dass $\cos(x) = \sqrt{1 - \sin^2(x)}$ ist. Verwenden wir diesen Kosinusersatz, dann ergibt sich:

$$h'(x) = \arcsin'(x) = \frac{1}{\sqrt{1 - \sin^2(\arcsin(x))}} = \frac{1}{\sqrt{1 - x^2}}.$$

Das Ergebnis kann sich doch sehen lassen.

Beispiel 2 - Die natürliche Logarithmusfunktion

Wir wollen g mit $g(x) = \ln(x)$ ableiten. Die natürliche Logarithmusfunktion ist die Umkehrfunktion zur e-Funktion. Mit diesem Wissen geht dann alles ganz schnell:

$$g'(x) = \ln'(x) = \frac{1}{e'^{\ln(x)}} = \frac{1}{e^{\ln(x)}} = \frac{1}{x}.$$

Das ging schnell und recht schmerzfrei. Für die Umkehrfunktionen des Kosinus und des Tangens (Arkuskosinus und Arkustangens) kann analog verfahren werden. Es ist dann

$$\arctan'(x) = \frac{1}{1 + x^2} \text{ und } \arccos'(x) = -\frac{1}{\sqrt{1 - x^2}}.$$

Aufgaben

Aufgabe 1:
Berechnen Sie die Ableitungen von $\arccos(x)$ und $\arctan(x)$ wie in den gezeigten Beispielen.

Aufgabe 2:
Bestimmen Sie die Gleichungen der Ableitungsfunktionen.

(a) $f(x) = \arccos(ax + b)$

(b) $g(x) = \arctan(x^2)$

(c) $h(x) = \arcsin(\ln(x))$

(d) $i(x) = \ln(e^x + x^2)$

(e) $j(x) = \arcsin(\sqrt{x} - x)$

(f) $k(x) = \arctan(tx + t)$

(g) $l(x) = \arccos(\frac{1}{x})$

Elektronische Verwirrungen

Auf den meisten Taschenrechnern werden die Arkusfunktionen mit hoch -1 notiert, d.h. z.B. $\arcsin = \sin^{-1}$. Die negative Hochzahl ist hier also nicht in dem Sinne gemeint, dass man den Kehrwert des Sinus nimmt. Kehrwert und Umkehrfunktion müssen strikt getrennt werden, auch wenn die Taschenrechnerbeschriftung das nicht so macht.

XIII Integralrechnung

Waren wir bei der Differentialrechnung daran interessiert, wie wir die Ableitung einer Funktion in einem einzigen Punkt erhalten, so dient uns die Integralrechnung zur Bestimmung von Flächeninhalten unter Funktionsgraphen. In den folgenden Abschnitten werden wir uns erst einmal näherungsweise an solche Flächeninhalte herantasten, sie mit Hilfe von Grenzübergängen dann möglichst exakt berechnen und uns dann mit den Grundbegriffen der Integralrechnung auseinandersetzen. Hierbei besprechen wir dann auch einige wichtige Integrationstechniken, welche zum „aufleiten" von bestimmen Funktionstypen notwendig sind. Abschließend beschäftigen wir uns mit dem Rotationsvolumen, dem Volumen des Körpers der entsteht, wenn wir einen Funktionsgraphen um die x- oder y-Achse rotieren lassen. Hier helfen uns die in Kapitel XII gelernten Umkehrfunktionen weiter. Fangen wir mit der angedrohten Flächenberechnung an.

XIII.1 Schritt für Schritt zum Ziel - Ober- und Untersumme

Da wir es bei Graphen meistens doch mit recht krummen Kurven zu tun haben, gestaltet sich die Flächenberechnung etwas schwieriger als bei einem normalen Rechteck. Hier haben wir schon ein erstes Stichwort: Rechtecke. Da wir eine Rechtecksfläche recht leicht berechnen können, könnten wir doch versuchen, eine Funktion mit Rechtecken zu pflastern und so ihren Flächeninhalt zumindest näherungsweise zu berechnen. Wie wollen wir das aber anstellen? Die Arten der denkbaren Pflasterungen sind ja zahlreich. Die von uns gewählte Plasterung beschreibt das nächste Unterkapitel.

XIII.1.1 Ober- und Untersumme

Wir versuchen, uns näherungsweise an den Flächeninhalt unter dem Graphen einer Funktion heranzutasten. Der Flächeninhalt der Fläche unter der beliebigen, aber stetigen Funktion f soll in den Grenzen von $x = a$ bis $x = b$ mit $a, b \in \mathbb{R}$ und $b > a$ berechnet werden. Dabei soll f stets positiv sein und keine Nullstellen haben[1]. Da wir momentan nicht an konkreten Einheiten und Längen interessiert sind, finden sich in der zugehörigen Abbildung XIII.1.1 keine Einheiten.

---

[1] Durch die Unterteilung des Intervalls in entsprechende Teilintervalle kann diese Vorsichtsmaßnahme auch fallen gelassen werden.

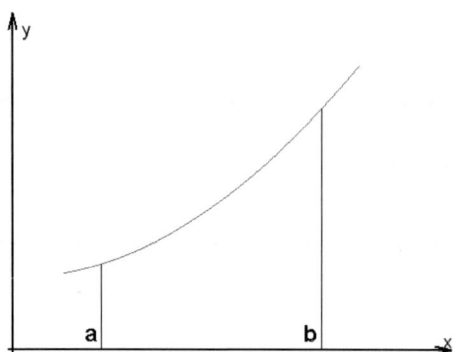

Abbildung XIII.1.1: Graph einer auf dem Intervall $[a; b]$ stetigen Funktion f.

Jetzt unterteilen wir das Intervall in n mit $n \in \mathbb{N}_{>0}$ gleichgroße Intervalle. Die Grenzen der Intervalle haben also alle den gleichen Abstand voneinander, sind somit äquidistant. Jedes Intervall hat daher die Breite $\Delta x = \frac{b-a}{n}$. In Abbildung XIII.1.2 ist so eine Unterteilung für $n = 5$ exemplarisch eingezeichet. Starten wir bei a, dann sind die nächsten Intervallgrenzen allgemein $a + \Delta x$, $a + 2 \cdot \Delta x$, ..., $a + (n-1) \cdot \Delta x$, $a + n \cdot \Delta x = b$. Die zugehörigen Funktionswerte sind dann $f(a)$, $f(a + \Delta x), \ldots, f(a + (n-1) \cdot \Delta x)$ und $f(b)$.

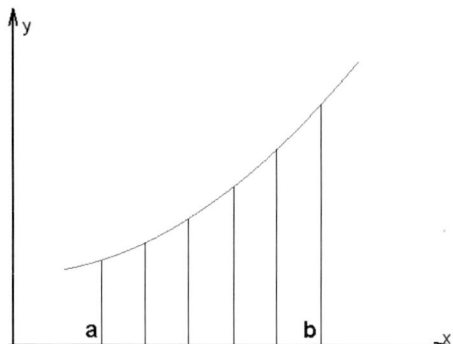

Abbildung XIII.1.2: Graph einer Funktion f mit Unterteilung des Intervalls $[a; b]$ in $n = 5$ gleichgroße Teilintervalle.

Sind wir jetzt an dem Flächeninhalt unter dem Graphen von f interessiert, so können wir uns auf jedem Intervall eine beliebige Stelle x_i mit $i = 1, 2, \ldots, n$ (steht für Intervall Nummer i) heraussuchen und den zugehörigen Funktionswert $y_i = f(x_i)$ als Länge eines Rechteckes verwenden. Die Breite eines jeden der dadurch entstehenden n Rechtecke ist Δx. Wir sehen solch eine Rechteckszerlegung in Abbildung XIII.1.3. Der zugehörige Näherungswert für den Flächeninhalt nennen wir dann treffender Weise **Zerlegungssumme**. Sie lautet

$$Z_n = \Delta x \cdot (y_1 + y_2 + \ldots + y_{n-1} + y_n) = \Delta x \cdot \sum_{i=1}^{n} y_i. \qquad \text{(XIII-1)}$$

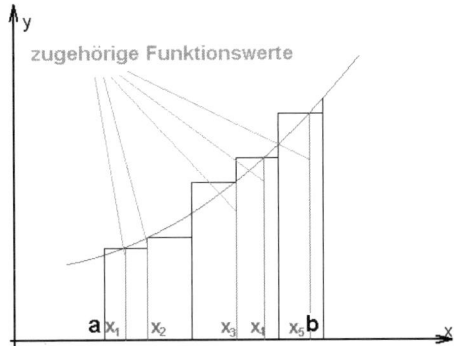

Abbildung XIII.1.3: Graph einer Funktion f dessen mit der x-Achse eingeschlossener Flächeninhalt durch $n = 5$ Rechtecke angenähert wird.

- Wählen wir für eine derartige Zerlegungssumme immer den größten Funktionswert auf jedem Teilintervall als Rechteckslänge (die Breite bleibt ja immer Δx), dann erhalten wir einen Flächeninhalt, der sicher größer ist als die eigentlich gesuchte Fläche. Diese Zerlegungssumme nennen wir dann **Obersumme**.

- Wählen wir für eine derartige Zerlegungssumme immer den kleinsten Funktionswert auf jedem Teilintervall als Rechteckslänge (die Breite bleibt ja immer Δx), dann erhalten wir einen Flächeninhalt, der sicher kleiner ist als die eigentlich gesuchte Fläche. Diese Zerlegungssumme nennen wir dann **Untersumme**.

Bilden wir das arithmetische Mittel ergibt sich schon eher wieder eine dem tatsächlichen Flächeninhalt naher Zahlenwert. Im Falle einer auf dem Intervall $[a; b]$ streng monoton wachsenden Funktion erhalten wir die Untersumme stets durch die Wahl der Funktionswerte an den linken Teilintervallgrenzen, die Obersumme durch Wahl der Funktionswerte der rechten Teilintervallgrenzen. Bei streng monoton fallenden Funktionen ist es umgekehrt.

Wie man den genauen Flächeninhalt erhält

Wie bei der Differentialrechnung bilden wir einen Grenzwert. Dort war es der des Differenzenquotienten für $h \to 0$, hier ist es der der Zerlegungssumme für $n \to \infty$ (immer mehr, immer dünnere Rechtecke). Es ist also

$$Z = \lim_{n \to \infty} Z_n = \lim_{n \to \infty} \left(\Delta x \sum_{i=1}^{n} y_i \right). \tag{XIII-2}$$

der Flächeninhalt den der Graph f mit der x-Achse auf dem Intervall $[a; b]$ einschließt.

Achtung: Sowohl $\Delta x = \frac{b-a}{n}$, als auch $y_i = f(a + i \cdot \Delta x)$ hängen von n ab.

Wir wollen uns das Ganze jetzt an einem größeren Beispiel wieder anschauen. Dabei treffen wir auch auf einen alten Freund, die vollständige Induktion.

Ein längeres Beispiel - Ober- und Untersumme in Aktion

Wir wollen näherungsweise die Fläche berechnen, welche die Funktion f mit

$$f(x) = x^4 + x^3$$

mit der positiven x-Achse und der Geraden mit der Gleichung $x = 3$ einschließt. Die gesuchte Fläche ist in Abbildung XIII.1.4 gezeigt.

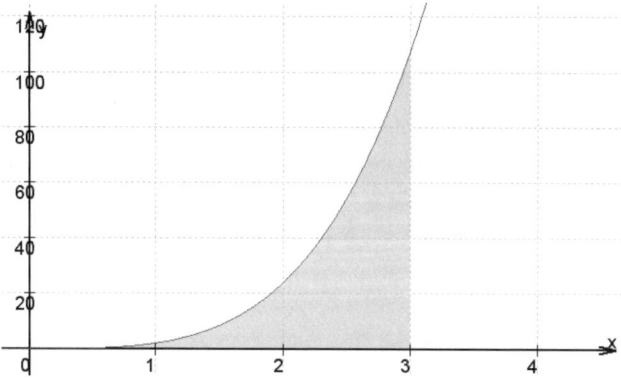

Abbildung XIII.1.4: Gesuchte Fläche.

Wir wollen diese Fläche im Folgenden zwei Mal durch drei gleich breite Rechtecke annähern und zwar auf die in XIII.1.5 gezeigten Weisen.

(a) Berechnen Sie auf Grund der Skizzen in Abbildung XIII.1.5 drei(!) mögliche Näherungswerte für den Flächeninhalt. Wie stark weichen diese in Prozent vom exakten Wert ($68\frac{17}{20}$ Flächeneinheiten (FE)) ab?

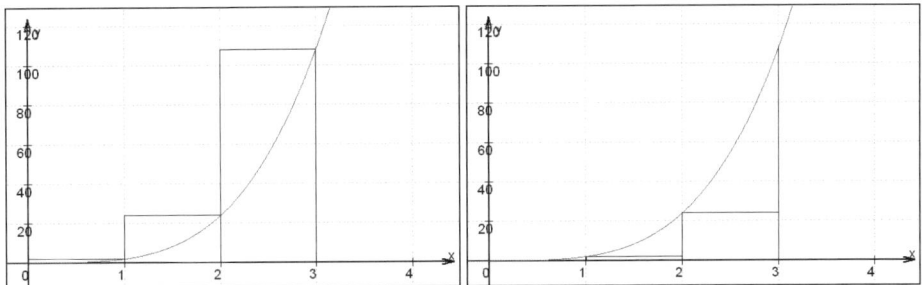

Abbildung XIII.1.5: Skizzen zu Obersumme (links) und Untersumme (rechts).

Nun unterteilen wir nicht mehr in drei gleich breite Rechtecke sondern in n Stück.

(b) Stellen Sie sowohl für die Ober- als auch für die Untersumme eine von n abhängige Formel für die gegebene Funktion auf. Verwenden Sie hierfür das Summenzeichen $\sum$.

(c) Zeigen Sie mit Hilfe der vollständigen Induktion die Gültigkeit der ersten der beiden im Folgenden gegebenen Formeln :

- **Reihe 1:** $1^3 + 2^3 + \ldots + k^3 = \frac{1}{4}k^2 \cdot (k+1)^2$ und

- **Reihe 2:** $1^4 + 2^4 + \ldots + k^4 = \frac{k(k+1)(2k+1)(3k^2+3k-1)}{30}$.

(d) Verwenden Sie die Aufgabenteile (b) und (c) in Kombination und bilden Sie die Grenzwerte von Ober- und Untersumme für $n \to \infty$. Vergleichen Sie dieses mit dem Ergebnis der exakten Rechnung ($68\frac{17}{20}$ Flächeneinheiten (FE)).

Machen wir uns an die Bearbeitung dieser Aufgabe.

Lösung:

(a) Der exakte Wert ist vorgegeben. Wir berechnen zuerst die in Abbildung XIII.1.5 auf der linken Seite gezeigte Obersumme. Es ist

$$O = [f(1) + f(2) + f(3)] \cdot \frac{3}{3} = \left[1^4 + 1^3 + 2^4 + 2^3 + 3^4 + 3^3\right] = 134 \text{ FE.}$$

Analog dazu erhalten wir die Untersumme:

$$U = [f(0) + f(1) + f(2)] \cdot \frac{3}{3} = \left[0^4 + 0^3 + 1^4 + 1^3 + 2^4 + 2^3\right] = 26 \text{ FE.}$$

Beide Näherungen sind, wie schon durch Abbildung XIII.1.5 zu erwarten war, sehr schlecht. Etwas besser scheint das arithmetische Mittel der beiden Werte zu sein. Es ist

$$A_M = \frac{O+U}{2} = \frac{134+26}{2} = 80 \text{ FE.}$$

Allerdings ist dieser Wert immer noch ziemlich ungenau. Die Abweichungen vom exakten Wert in Prozent sind:

- **Obersumme:** $\frac{134-68\frac{17}{20}}{68\frac{17}{20}} \cdot 100\% = 94{,}626\%$

- **Untersumme:** $\frac{68\frac{17}{20}-26}{68\frac{17}{20}} \cdot 100\% = 62{,}237\%$

- **Arithmetisches Mittel:** $\frac{80-68\frac{17}{20}}{68\frac{17}{20}} \cdot 100\% = 16{,}195\%$

(b) Zur Formulierung der gesuchten Formeln bietet sich das Summenzeichen $\sum$ für eine kompakte Schreibweise an. Mit der analogen Vorgehensweise wie in Aufgabenteil (a) können wir dann das Folgende notieren:

$$\begin{aligned}
O(n) &= f\left(\frac{3}{n}\right) \cdot \frac{3}{n} + f\left(2 \cdot \frac{3}{n}\right) \cdot \frac{3}{n} + \ldots + f\left(n \cdot \frac{3}{n}\right) \cdot \frac{3}{n} \\
&= \frac{3}{n} \cdot \left[f\left(\frac{3}{n}\right) + f\left(2 \cdot \frac{3}{n}\right) + \ldots + f\left(n \cdot \frac{3}{n}\right) \right] \\
&= \frac{3}{n} \cdot \left[\left(\frac{3}{n}\right)^4 + \left(\frac{3}{n}\right)^3 + \left(2 \cdot \frac{3}{n}\right)^4 + \left(2 \cdot \frac{3}{n}\right)^3 + \ldots + \left(n \cdot \frac{3}{n}\right)^4 + \left(n \cdot \frac{3}{n}\right)^3 \right] \\
&= \left(\frac{3}{n}\right)^5 \cdot \left[1^4 + 2^4 + \ldots + n^4 \right] + \left(\frac{3}{n}\right)^4 \cdot \left[1^3 + 2^3 + \ldots + n^3 \right] \\
&= \left(\frac{3}{n}\right)^5 \cdot \sum_{k=1}^{n} k^4 + \left(\frac{3}{n}\right)^4 \cdot \sum_{k=1}^{n} k^3.
\end{aligned}$$

Auf die gleiche Weise ergibt sich

$$\begin{aligned}
U(n) &= f(0) \cdot \frac{3}{n} + f\left(\frac{3}{n}\right) \cdot \frac{3}{n} + \ldots + f\left((n-1) \cdot \frac{3}{n}\right) \cdot \frac{3}{n} \\
&= \ldots \\
&= \left(\frac{3}{n}\right)^5 \cdot \sum_{k=0}^{n-1} k^4 + \left(\frac{3}{n}\right)^4 \cdot \sum_{k=0}^{n-1} k^3.
\end{aligned}$$

(c) Wir führen den Beweis durch:

Induktionsanfang:

Es ist $1^3 = 1$. Die Formel liefert

$$\frac{1}{4} \cdot 1^2 \cdot (1+1)^2 = \frac{1}{4} \cdot 2^2 = 1.$$

Damit gelingt der Induktionsanfang und wir können uns dem Induktionsschritt zuwenden.

Induktionsschritt:

Es gelte $1^3 + 2^3 + \ldots + k^3 = \frac{1}{4} \cdot k^2 \cdot (k+1)^2$. Nach der Formel müsste dann

$$1^3 + 2^3 + \ldots + k^3 + (k+1)^3 = \frac{1}{4} \cdot (k+1)^2 \cdot (k+2)^2$$

sein. Wir rechnen (um später besser vergleichen zu können) die Klammern aus und erhalten

$$1^3 + 2^3 + \ldots + k^3 + (k+1)^3 = \frac{1}{4} \cdot (k+1)^2 \cdot (k+2)^2$$
$$= \frac{1}{4} \cdot (k^2 + 2k + 1) \cdot (k^2 + 4k + 4)$$
$$= \frac{1}{4} \cdot (k^4 + 6k^3 + 13k^2 + 12k + 4).$$

Wir versuchen jetzt, diese Formel aus der Forderung zu Beginn des Induktionsschrittes abzuleiten. Es ist

$$\underbrace{1^3 + 2^3 + \ldots + k^3}_{= \frac{1}{4} \cdot k^2 \cdot (k+1)^2} + (k+1)^3$$
$$= \frac{1}{4} \cdot (k^4 + 2k^3 + k^2) + k^3 + 3k^2 + 3k + 1$$
$$= \frac{1}{4} \cdot (k^4 + 2k^3 + k^2 + 4k^3 + 12k^2 + 12k + 4)$$
$$= \frac{1}{4} \cdot (k^4 + 6k^3 + 13k^2 + 12k + 4).$$

Damit gelingt der Induktionsschritt.

Induktionsschluss:

Da durch den Induktionsanfang die Formel für $k = 1$ gilt und der Induktionsschritt den Schluss auf $k = 2, 3, 4, 5, 6, \ldots$ zulässt, ist die angegebene Formel gültig für alle n und daher bewiesen.

(d) Wir kombinieren (b) und (c):

$$O(n) = \left(\frac{3}{n}\right)^5 \cdot \sum_{k=1}^{n} k^4 + \left(\frac{3}{n}\right)^4 \cdot \sum_{k=1}^{n} k^3$$

$$\overset{(c)}{=} \left(\frac{3}{n}\right)^5 \cdot \frac{n(n+1)(2n+1)(3n^2+3n-1)}{30} + \left(\frac{3}{n}\right)^4 \cdot \frac{1}{4} \cdot n^2 \cdot (n+1)^2$$

$$U(n) = \left(\frac{3}{n}\right)^5 \cdot \sum_{k=0}^{n-1} k^4 + \left(\frac{3}{n}\right)^4 \cdot \sum_{k=0}^{n-1} k^3$$

$$\overset{(c)}{=} \left(\frac{3}{n}\right)^5 \cdot \frac{(n-1)n(2(n-1)+1)(3(n-1)^2+3(n-1)-1)}{30}$$

$$+ \left(\frac{3}{n}\right)^4 \cdot \frac{1}{4} \cdot (n-1)^2 \cdot n^2$$

Für die Grenzwertbildung sind nur die Leitkoeffizienten interessant, denn für $n \to \infty$ verschwinden alle Summanden, deren Grad kleiner als 5 ist, da $\frac{1}{n^i} \to 0$ ($i = 1, 2, 3, 4$) für $n \to \infty$. Damit müssen wir nicht die ganzen Klammern ausrechnen und erhalten direkt

$$\lim_{n\to\infty} O(n) = \lim_{n\to\infty} \left(\frac{6n^5}{30} \cdot \left(\frac{3}{n}\right)^5\right) + \underbrace{\lim_{n\to\infty} (\text{Rest I})}_{\to 0}$$

$$+ \lim_{n\to\infty} \left(\frac{n^4}{4} \cdot \left(\frac{3}{n}\right)^4\right) + \underbrace{\lim_{n\to\infty} (\text{Rest II})}_{\to 0} = 68\frac{17}{20} \text{ FE}$$

und

$$\lim_{n\to\infty} U(n) = \lim_{n\to\infty} \left(\frac{6n^5}{30} \cdot \left(\frac{3}{n}\right)^5\right) + \underbrace{\lim_{n\to\infty} (\text{Rest I})}_{\to 0}$$

$$+ \lim_{n\to\infty} \left(\frac{n^4}{4} \cdot \left(\frac{3}{n}\right)^4\right) + \underbrace{\lim_{n\to\infty} (\text{Rest II})}_{\to 0} = 68\frac{17}{20} \text{ FE}$$

Die Grenzwertbildung liefert also in beiden Fällen den exakten Flächeninhalt. Gleiches gilt somit auch für das arithmetische Mittel der Grenzwerte.

Nach diesem doch recht ausführlichen Beispiel stellt die folgende Aufgabe sicher kein Problem dar.

Aufgaben

Aufgabe:
Führen Sie die gleichen Arbeitsanweisungen durch wie in der eben gestellten Beispielaufgabe und zwar für die Funktion f mit

$$f(x) = x^2 + x.$$

Die Fläche ist von $x = 0$ bis $x = 5$ zu berechnen und die Zerlegung soll in jeweils $n = 10$ Rechtecke erfolgen. Die für die Grenzwertbildung benötigten Formeln der entstehenden Reihen finden Sie in Kapitel VI.

XIII.2 Was haben Stammfunktionen und Integralfunktionen gemeinsam?

Wir hatten vorher kurz erwähnt, dass die Funktion f positiv auf dem Intervall $[a; b]$ sein soll. Was passiert jetzt aber, wenn sie es nicht ist, wenn sie die ganze Zeit negativ ist oder, noch schlimmer, wenn sie sogar ihr Vorzeichen immer mal wieder wechselt, während sie so vor sich hinfunktiont? Wir betrachten die Abbildung XIII.2.1.

In der Abbildung erkennen wir, dass die Funktionswerte positiv und negativ sein können. Rufen wir uns die Definition der Zerlegungssumme in Erinnerung, dann können wir ahnen, was bei der Flächenberechnung passieren kann:

- Sollen wir unter dem Graphen einer Funktion die Fläche bestimmen und ist die Funktion über dem betrachteten Intervall negativ, so ist es auch die Fläche, die berechnet werden soll, da die Rechteckslängen mit einem negativen Vorzeichen belastet sind.

- Wechselt eine Funktion über dem betrachteten Intervall einmal ihr Vorzeichen, so gibt es zwei Flächen mit entgegengesetzten Vorzeichen. Folglich bilden wir bei Nichtberücksichtigung dieser Problematik die Differenz der Beträge der beiden Flächen.

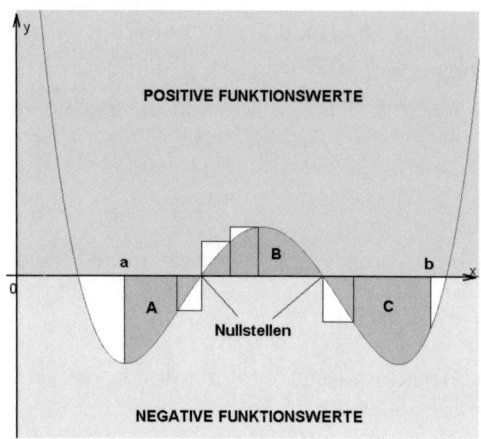

Abbildung XIII.2.1: Funktion die über dem Intervall $[a; b]$ unverschämter Weise ihr Vorzeichen wechselt.

Ob der resultierende Wert positiv oder negativ ist, das wird von der Lage der Flächen entschieden: Liegt die betragsmäßig größere unterhalb der x-Achse, so ist die Differenz negativ, andernfalls positiv. Bei mehreren Vorzeichenwechseln können wir analog argumentieren.

- Vertauschen wir die beiden Grenzen des Flächenberechnungsintervalls, so ändert sich das Vorzeichen der Fläche bzw. der Flächendifferenz, da nun Δx das Vorzeichen wechselt $\left(\Delta x = \frac{a-b}{n} = -\frac{b-a}{n}\right)$.

Mit diesen neuen Erkenntnissen können wir uns erneut ein paar Gedanken zu der Zerlegungssumme Z_n und ihrem Grenzwert machen (siehe Gleichung (XIII-2). So können wir jetzt sagen, dass die Vorzeichenwechsel einer Funktion über einem Intervall $[a; b]$ in Z_n und somit auch in $\lim_{n\to\infty} Z_n$ Berücksichtigung finden. Daher nennen wir $Z = \lim_{n\to\infty} Z_n$ den **orientierten Flächeninhalt**.

Das Integral einer Funktion

Für die Zerlegungssumme fordern wir nur, dass f auf dem betrachteten Intervall, über dem der Flächeninhalt berechnet werden soll, stetig ist. Der orientierte Flächeninhalt, der sich als Grenzwert der Zerlegungssumme ergibt, heißt **Integral der Funktion f** und wir notieren hierfür

$$\int_a^b f(x)\mathrm{d}x := \lim_{n\to\infty} Z_n = \lim_{n\to\infty}\left(\Delta x \sum_{i=1}^n y_i\right). \qquad \text{(XIII-3)}$$

Hierbei werden ein paar neue Namen vergeben: $f(x)$ ist der **Integrand**, x ist in diesem Fall die **Integrationsvariable**, sie wird durch dx angezeigt. Das dx entsteht aus dem Δx beim Grenzübergang, das Integralzeichen ($\int$) kommt von dem Summenzeichen (Σ) und das $f(x)$ ist offensichtlich unsere Rechteckslänge. Die **obere Grenze** b und die **untere Grenze** a sind durch das **Integrationsintervall** gegeben, also eben jenes Intervall, über dem die Fläche berechnet werden soll. So hat alles seinen Platz.

Ersetzen wir jetzt die Grenze b durch eine Variable (üblicherweise x), dann können wir die sog. **Integralfunktion** aufstellen. Damit wir x als Variable setzen können, bezeichnen wir das x bei $f(x)$ im Folgenden mit x'.

Die Integralfunktion

Bilden wir das Integral einer auf einem Intervall stetigen Funktion f mit $f(x')$, wobei sowohl a, als auch x in dem Intervall liegen (x meint eine Laufvariable, a eine Konstante), dann nennen wir die Funktion I_a **Integralfunktion von f** zur unteren Grenze a, wobei

$$I_a(x) := \int_a^x f(x')dx'. \tag{XIII-4}$$

Was bringt uns nun diese neue Funktion? Solange wir unser Integral noch immer über die Zerlegungssumme berechnen müssen, nicht sonderlich viel, denn das ist, wie wir an dem längeren Beispiel vor ein paar Seiten gesehen haben, alles andere als eine schnelle und komfortable Rechnung. Außerdem können wir nicht erwarten, immer die passende Reihenkurzformel parat zu haben. Darum suchen wir einen anderen Weg uns eine Integralfunktion zu beschaffen. Dazu nehmen wir jetzt $I_a(x)$ etwas genauer unter die Lupe. Und die Untersuchung einer Funktion beginnt häufig mit der ersten Ableitung. Also bilden wir doch diese. Dazu müssen wir einmal mehr die h-Methode bemühen:

$$\lim_{h \to 0} \frac{I_a(x+h) - I_a(x)}{h} = I_a'(x).$$

Das können wir schreiben, wenn der Grenzwert existiert. Hoffen wir also das Beste. Wir können $I_a(x+h) - I_a(x)$ als die Differenz zweier Flächen begreifen. Lassen wir nun h gegen 0 gehen, so wandert diese Differenz gegen 0, aber ebenso jede Abschätzung für die Flächendifferenz. Letztendlich bleibt nur die Rechteckslänge an einer Stelle übrig, nämlich $f(x)$ bei x. Damit wissen wir, dass der Grenzwert existiert und

$$I_a'(x) = f(x). \tag{XIII-5}$$

Hier kommen jetzt die Stammfunktionen ins Spiel.

Was sind Stammfunktionen?

Eine Funktion F ist die Stammfunktion einer Funktion f auf einem Intervall I, wenn für jedes $x \in I$ gilt, dass f die Ableitung von F ist, also

$$F'(x) = f(x). \tag{XIII-6}$$

Da beim Ableiten eventuelle Konstanten verloren gehen, können beim Auffinden einer Stammfunktion alle weiteren durch Addition beliebiger Konstanten $c \in \mathbb{R}$ zu dem Funktionsterm von F erlangt werden. Eine Funktion f hat also unendlich viele Stammfunktionen $\tilde{F}$ mit

$$\tilde{F}(x) = F(x) + c. \tag{XIII-7}$$

Kennen wir eine Stammfunktion, dann kennen wir alle!

Dass wir wirklich alle Stammfunktionen kennen, das müssen wir beweisen:

Wir nehmen an, dass wir eine Stammfunktion H mit $H(x)$ nicht berücksichtigt haben. Es gilt trotzdem $H'(x) = f(x)$. Ebenso gilt aber, dass $\tilde{F}'(x) = f(x)$ ist. Bilden wir jetzt die Funktion $S(x) = H(x) - \tilde{F}(x)$, dann ist $S'(x) = H'(x) - \tilde{F}'(x) = f(x) - f(x) = 0$. Verschwindet die Ableitung, muss die zugehörige Funktion konstant sein. Unterscheiden sich aber H und $\tilde{F}$ nur durch eine Konstante, dann ist H bereits in $\tilde{F}$ enthalten, da hierin alle Funktionen berücksichtigt sind, die sich von F nur um eine additive Konstante unterscheiden.

Folgerichtig muss nun auch I_a eine der Stammfunktionen von f sein, denn das ist es, was wir gerade bewiesen haben. Wir wissen, dass $I_a'(x) = f(x)$, folglich muss $I_a(x) = \tilde{F}(x)$ mit einem bestimmten c sein. Setzen wir Werte ein, so dürfen wir das in I_a und in $\tilde{F}$ tun. Wir wählen $x = a$, d.h. die obere und die untere Grenze seien identisch. Der durch I_a beschriebene Flächeninhalt ist daher identisch 0. D.h.

$$I_a(a) = 0 = \tilde{F}(a) = F(a) + c \Leftrightarrow c = -F(a).$$

Damit wissen wir dann das Folgende:

Der Hauptsatz der Differential- und Integralrechnung

Nach wie vor sei f eine auf dem Intervall I stetige Funktion und F eine beliebige Stammfunktion von f im Intervall I. Für $a, b \in I$ gilt dann

$$\int_a^b f(x)\mathrm{d}x = I_a(b) = \tilde{F}(b) = F(b) + c = [F(x)]_a^b = F(b) - F(a). \qquad \text{(XIII-8)}$$

Wir merken uns lediglich: $\int_a^b f(x)\mathrm{d}x = [F(x)]_a^b = F(b) - F(a)$. (oben minus unten)

Wir wollen uns im Folgenden einige wichtige Stammfunktionen anschauen.

XIII.3 Übersicht zu wichtigen Stammfunktionen

Wir geben hier einige wichtige Stammfunktionen zu uns bereits bekannten Funktionen an. Im Vergleich dazu finden sich die Ableitungen. Sie sollen als zusätzliche Merkhilfe dienen, da es hier viele Gemeinsamkeiten gibt und wir oft durch das Ableiten darauf kommen können, wie wir aufleiten (integrieren) müssen. Von der Gültigkeit der gezeigten Stammfunktionen kann sich der Leser durch einfaches Ableiten überzeugen. Wir wollen im Folgenden vom Aufleiten anstatt vom Integrieren sprechen (Analogie zum Ableiten).

Ganzrationale Funktionen

Bringen wir eine ganzrationale Funktion auf die Form

$$f(x) = a_n x^n + a_{n-1} x^{n-1} + \ldots + a_1 x + a_0,$$

so können wir summandenweise ab- bzw. aufleiten und es gilt:

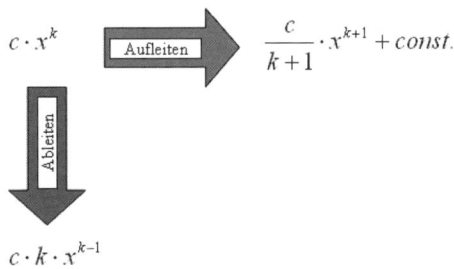

Unter dem Stichwort **lineare Substitution** läuft folgende Stammfunktion:

$$(m \cdot x + b)^k \quad \boxed{\text{Aufleiten}} \Longrightarrow \quad \frac{1}{m \cdot (k+1)} \cdot (m \cdot x + b)^{k+1} + const.$$

$$\downarrow \text{Ableiten}$$

$$m \cdot k \cdot (m \cdot x + b)^{k-1}$$

Sie ergibt sich, wenn wir beachten, dass die innere Ableitung nur eine Konstante liefert, weil wir es bei der inneren Funktion mit einer linearen Funktion zu tun haben ($m \neq 0$). Diese Eigenschaft können wir dann beim Aufleiten ausnutzen. **Anmekung:** In beiden Fällen können die Hochzahlen auch rationale Zahlen sein, außer der -1. Die braucht eine Sonderbehandlung (siehe XIII.3.3).

Trigonometrische Funktionen

Auch für Sinus und Kosinus können wir eine einfache Regel angeben, solange die innere Funktion eine lineare ist. Wir erhalten unter Berücksichtigung der Tatsache, dass

$$f(x) = \sin(x) \qquad f'(x) = \cos(x)$$
$$f''(x) = -\sin(x) \qquad f'''(x) = -\cos(x)$$
$$\text{wieder von vorne} \dots$$

die folgenden Stammfunktionen für den Sinus und für den Kosinus:

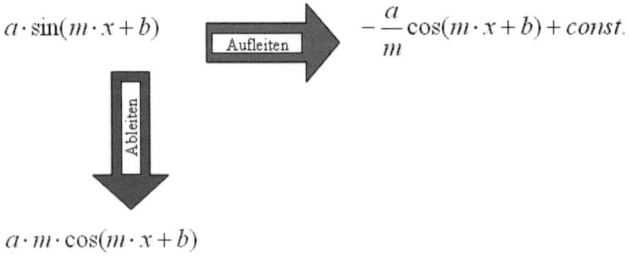

$$a \cdot \sin(m \cdot x + b) \quad \boxed{\text{Aufleiten}} \Longrightarrow \quad -\frac{a}{m} \cos(m \cdot x + b) + const.$$

$$\downarrow \text{Ableiten}$$

$$a \cdot m \cdot \cos(m \cdot x + b)$$

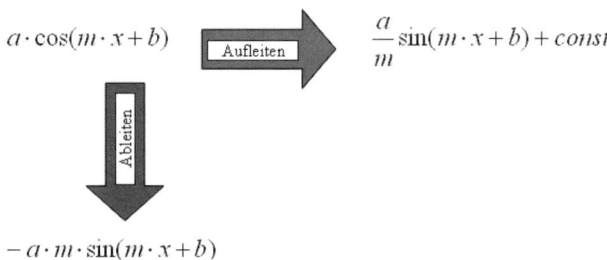

Ein kleiner Vorgriff: Die Integration des Tangens erfolgt mit Hilfe der gleich folgenden Regel aus Abschnitt XIII.3.3. Wir erhalten:

$$\int \tan(x)\mathrm{d}x = \int \frac{\sin(x)}{\cos(x)}\mathrm{d}x = -\int \frac{-\sin(x)}{\cos(x)}\mathrm{d}x = -\int \frac{f'(x)}{f(x)}\mathrm{d}x = -\ln(|\cos(x)|) + \text{const.}$$

e-Funktionen

Hierzu benötigen wir die Kettenregel, sowohl für die Ableitung als auch für die Überlegungen zur Aufleitung (wieder lineare Substitution). Wir erhalten als Regel:

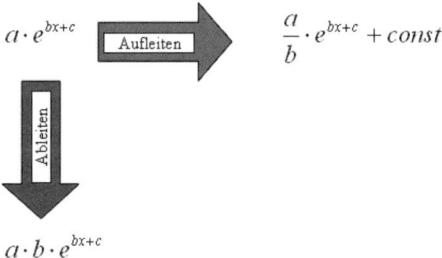

Bei schwierigeren Hochzahlen (Hochzahlen, die nicht mehr lineare Funktionen sind) müssen wir zu anderen Techniken greifen oder die Integration gelingt gar nicht. Wir gehen hier aber nicht weiter darauf ein, das ist dann Gegenstand einer entsprechenden Mathematikvorlesung. Ein wenig Glück haben wir hier aber trotzdem: Ableiten funktioniert, dank der Kettenregel, immer noch problemlos.

$$a \cdot e^{g(x)} \rightarrow \text{ableiten} \rightarrow a \cdot g'(x) \cdot e^{g(x)}.$$

XIII.3.1 Aufleiten mittels der linearen Substitution

Wir wollen die sog. lineare Substitution an einem Beispiel erläutern. Betrachten wir f mit $f(x) = (mx + b)^k$ mit $m \neq 0$. Wir haben dann

$$\int f(x)\mathrm{d}x = \int (mx + b)^k \mathrm{d}x$$

zu berechnen. Wir setzen jetzt $u(x) := mx + b$ und bilden die Ableitung:

$$u'(x) = \frac{\mathrm{d}u}{\mathrm{d}x} = m \Leftrightarrow \mathrm{d}x = \frac{\mathrm{d}u}{m}$$

Damit können wir auch beim Integral substituieren:

$$\int f(x)\mathrm{d}x = \int (mx + b)^k \mathrm{d}x = \int f(u)\frac{\mathrm{d}u}{m} = \frac{1}{m} \int u^k \mathrm{d}u.$$

Hier haben wir ausgenutzt, dass multiplikative Konstanten vor das Integral gezogen werden dürfen (siehe zur Erläuterung Abschnitt XIII.4). Es ist dann

$$\frac{1}{m} \int u^k \mathrm{d}u = \frac{1}{m \cdot (k+1)} u^{k+1} + \text{const.} = \frac{1}{m \cdot (k+1)} \cdot (mx + b)^{k+1} + \text{const.}$$

Im letzten Schritt haben wir wieder u durch den Term mit x ersetzt (Rücksubstitution) und fertig ist unsere Stammfunktion. Bei linearen inneren Funktionen können wir diese Technik immer anwenden. Es ist dann $\mathrm{d}x = \frac{\mathrm{d}u}{m}$.

Bestimmte Integrale

Bei bestimmten Integralen, d.h. mit Grenzen, müssen diese mitsubstituiert werden. Anstatt a und b haben wir dann $u(a)$ und $u(b)$ als Grenzen.

Aufgaben

Aufgabe:
Testen sie ihre Fertigkeiten im Umgang mit der linearen Substitution, indem Sie die Stammfunktionen für die Sinus-, Kosinus- und die e-Funktion hiermit berechnen.

XIII.3.2 Etwas Interessantes - Die Produktintegration

Zur Integration von Produkten gib es einen sehr hilfreichen Satz. Er lässt sich aus der Produktregel herleiten. Wir wollen nun also das Produkt zweier Funktionen integrieren. Zu Beginn sei $u \cdot v$, mit u und v als differenzierbaren Funktionen auf dem betrachteten Intervall $[a; b]$. Die Intervallgrenzen, welche unsere Integrationsgrenzen sind, lassen wir bei der folgenden Niederschrift der Übersicht wegen erst einmal weg.

$$u(x) \cdot v(x).$$

Nun betrachten wir die Produktregel, welche wir schon von der Ableitung her kennen. Es gilt Folgendes:

- (I) Funktionsprodukt: $u(x) \cdot v(x)$

- (II) Die Ableitung lautet: $(u(x) \cdot v(x))' = u'(x) \cdot v(x) + u(x) \cdot v'(x)$

Es ist also auch

$$\int (u(x) \cdot v(x))' \mathrm{d}x = \int (u'(x) \cdot v(x) + u(x) \cdot v'(x)) \mathrm{d}x.$$

Dies können wir mit Hilfe von (I) umschreiben:

$$u(x) \cdot v(x) = \int u'(x) \cdot v(x) \mathrm{d}x + \int u(x) \cdot v'(x) \mathrm{d}x.$$

Durch Umstellung und die Einführung von Integrationsgrenzen erhalten wir letztendlich:

$$\int_a^b (u(x) \cdot v'(x)) \mathrm{d}x = [u(x) \cdot v(x)]_a^b - \int_a^b (u'(x) \cdot v(x)) \mathrm{d}x.$$

Setzen wir jetzt f mit $f(x) = g(x) \cdot h(x)$, wobei $g(x) = u(x)$ und $h(x) = v'(x)$, so ist das Problem der Produktintegration gelöst. Natürlich müssen wir die Funktionen in der Praxis geschickt zuteilen, damit die Formel anwendbar ist und zwar in dem Sinne, dass das noch nicht gelöste Integral nun lösbar ist. Wir schreiben uns die Regel noch einmal hin und betrachten dann zwei kleine Beispiele:

Produktintegration

Die Funktion f ist das Produkt der auf dem betrachteten Intervall differenzierbaren Funktionen g und h (stetig sind sie dann ohnehin). Es ist

$$f(x) = g(x) \cdot h(x) = u(x) \cdot v'(x).$$

$h(x)$ wird als Ableitung von $v(x)$ interpretiert. Für die Integration gilt dann:

$$\int_a^b f(x)\mathrm{d}x = \int_a^b (u(x) \cdot v'(x))\mathrm{d}x = [u(x) \cdot v(x)]_a^b - \int_a^b (u'(x) \cdot v(x))\mathrm{d}x. \qquad \text{(XIII-9)}$$

Da die Integration hier noch nicht vollständig durchgeführt wurde, nennen wir die Produktintegration auch **partielle Integration**. Die Hoffnung ist aber, dass durch die Interpretation das neu zu lösende Integral lösbar ist.

Bevor wir uns einem Beispiel zuwenden, das auch als Übung verwendet werden kann, wollen wir zwei kurze Anmerkungen machen.

Ein wenig Rechentechnik

Manchmal können wir wie folgt verfahren: Das Integral, welches noch nicht gelöst ist, ist durch entsprechend geschickte Interpretationen dem eigentlich zu lösenden Integral gleich. Dann kann es auf die andere Seite gebracht werden und wir erhalten nach der Division durch 2:

$$\int_a^b (u(x) \cdot v'(x))\mathrm{d}x = \frac{1}{2} \cdot [u(x) \cdot v(x)]_a^b.$$

Diese Technik findet ihren Einsatz, wenn keine der Funktionen sich vereinfachen lassen will (z.B. Grad reduzieren).

Beispiel: Bei $e^x \cdot \sin(x)$ ist dieser Trick notwendig.

Immer und immer wieder

Manchmal ist es notwendig, die Produktintgration mehrmals hintereinander auszuführen, z.B. bei $x^5 \cdot e^x$, um so langsam eine der beiden Funktionen zu vereinfachen (hier: Grad reduzieren bei x^5 bis nur noch eine Zahl dasteht (fünffache Produktintegartion!)).

Beispiel - Unser Feind $\ln(\mathbf{x})$

Wir wollen nun die Stammfunktion von f mit $f(x) = \ln(x)$ finden. Dazu schreiben wir diese zuerst als ein Produkt hin:

$$f(x) = \ln(x) \cdot 1.$$

Anschließend interpretieren wir die Faktoren als unsere Funktionen in der obigen Formel:

$$u(x) = \ln(x) \text{ und } v'(x) = 1.$$

Wir bilden die benötigten Auf- und Ableitungen:

$$u(x) = \ln(x) \text{ und } u'(x) = \frac{1}{x} \text{ (siehe Kapitel XII).}$$

und

$$v(x) = x \text{ und } v'(x) = 1.$$

Setzen wir alles ein, so erhalten wir

$$\int \ln(x)\mathrm{d}x = [x \cdot \ln(x)] - \int \left(x \cdot \frac{1}{x}\right)\mathrm{d}x = [x \cdot \ln(x)] - \int 1\mathrm{d}x = x\ln(x) - x.$$

Damit wäre die Integration gelungen. Durch geschickte Wahl der Faktoren, war das in der Formel auftretende Integral zu lösen.

XIII.3.3 Ein praktischer Satz - Über das Aufleiten von Brüchen

Zu guter Letzt unserer Übersicht zu ein paar wichtigen Stammfunktionen, schauen wir auf Funktionen mit Brüchen. Hier gibt es viele Integrationstechiken. Wir wollen uns aber nur eine heraussuchen, die anderen finden sich im Studium oder in der weiterführenden Literatur.

Wir wissen, dass $\ln'(x) = \frac{1}{x}$ gilt. Setzen wir nun eine positive Funktion f mit $f(x)$ hier ein, dann liefert die Kettenregel:

$$\ln'(f(x)) = f'(x) \cdot \frac{1}{f(x)}.$$

Wir schlussfolgern damit:

Integration spezieller Bruchfunktionen

$$\int \left(\frac{f'(x)}{f(x)} \right) dx = \ln(|f(x)|) + \text{const.} \qquad \text{(XIII-10)}$$

Steht also oben die Ableitung von unten, dann ist die Stammfunktion durch den natürlichen Logarithmus des Betrages der Funktion plus einer Konstanten gegeben.

Beispiel - Oben abgeleitet

$$\int \frac{x^2 + 1}{\frac{1}{3}x^3 + x + 4} dx = \int \frac{f'(x)}{f(x)} dx = \ln \left| \frac{1}{3}x^3 + x + 4 \right| + \text{const.}$$

Aufgaben

Aufgabe 1:
Mit dem Wissen aus Abschnitt XIII.3.3 können wir die bereits bekannten Formeln für das natürliche Wachstum, das beschränkte und das logistische Wachstum herleiten. Es ist:

- **Natürliches Wachstum:** $f'(t) = k \cdot f(t)$, also $\frac{f'(t)}{f(t)} = k$. Die rechte Seite integriert, ergibt $kt + c$ mit $c \in \mathbb{R}$.

- **Beschränktes Wachstum:** $f'(t) = k \cdot (S - f(t))$, also $\frac{f'(t)}{S-f(t)} = -\frac{-f'(t)}{S-f(t))} = k$. Die rechte Seite integriert, ergibt $kt + c$ mit $c \in \mathbb{R}$.

- **Logistisches Wachstum:** $f'(t) = k \cdot f(t) \cdot (S - f(t))$, also $\frac{f'(t)}{f(t) \cdot (S-f(t)} = k$. Das lässt sich in $\frac{f'(t)}{S \cdot (S-f(t))} + \frac{f'(t)}{S \cdot f(t)} = k$ zerlegen. Hier kann nun die eben gelernte Technik angewendet werden. Berechnen wir am Ende $f(0)$ und formen nach diesem Wert als Konstanten um, dann erhalten wir den aus Unterkapitel XI.3.4 bekannten Ausduck. Die rechte Seite integriert, ergibt $kt + c$ mit $c \in \mathbb{R}$.

In allen drei Fällen ist $a := e^c$ zu setzen. Leiten Sie nun die Formeln her.

Aufgabe 2:
Ermitteln Sie die Stammfunktionen zu den jeweils gegebenen Funktionen. Die Laufvariable ist immer x, die Konstanten seien passend gewählt.

(a) $a(x) = b \cdot e^{ax}$

(b) $b(x) = \frac{3x^2}{x^3+1}$

(c) $c(x) = \sqrt{x}$

(d) $d(x) = e^{2x} + x^2 + 1$

(e) $e(x) = \sin(3x) + \cos 2x + x$

(f) $f(x) = \tan(x)$

(g) $g(x) = mx^n + nx^m - c$ mit $m, n \in \mathbb{N}_{>0}$

(h) $h(x) = a \cdot \sin(mx + c) - \cos(2x)$

(i) $i(x) = \frac{1}{x} - k$

(j) $j(x) = \frac{2x-1}{x^2-x+7}$

(k) $k(x) = ae^{2x+3} - x^2$

(l) $l(x) = (mx + 3)^5$

(m) $m(x) = \sin(x) \cdot x^2$

(n) $n(x) = e^x \cdot \sin(x)$

(o) $o(x) = \sin^2(x) + \cos^2(x)$

(p) $p(x) = \frac{1}{\sqrt{x}} + x$

Aufgabe 3:
Berechnen Sie den Inhalt der Fläche, die die Funktion f mit $f(x) = x \cdot e^x$ mit der x-Achse in den Grenzen von $x = 0$ bis $x = \ln(5)$ einschließt (*Tipp:* Produktintegration).

XIII.4 Flächenberechnung - Worauf man achten sollte

Wie wir bereits seit geraumer Zeit wissen, taugt die Integration zur Flächenberechnung. Wir sind jetzt in der Lage, krummlinig begrenzte Flächen exakt zu berechnen, solange wir wissen, wie die Gleichung der Begrenzungslinie lautet (diese können wir als Graphen einer Funktion interpretieren). Dann hoffen wir noch, dass wir integrieren können (denn das Integrieren ist schwerer als das Differenzieren) und der Flächeninhalt ist uns anschließend bekannt.

Bisher kennen wir den sogenannten orientierten Flächeninhalt. Wollen wir jetzt wirklich den Flächeninhalt, den eine Funktion mit der x-Achse im Gesamten einschließt, dann müssen wir das Folgende beachten.

Flächeninhalte

Wollen wir den Flächeninhalt, den eine Funktion f unabhängig von ihrer Orientierung (gemeint ist: Ist die Funktion positiv oder negativ oder beides auf dem betrachteten Intervall?), dann müssen wir zuerst ihre Nullstellen über $f(x) = 0$ berechnen. Den Flächeninhalt erhalten wir dann, indem wir von Nullstelle zu Nullstelle integrieren, dann das Vorzeichen des erhaltenen Zahlenwertes löschen (Betrag!) und letztendlich die erhaltenen Größen alle zusammenrechnen.

Etwas mathematischer formuliert: Wenn a und b die Integrationsgrenzen sind und x_1 bis x_n die Nullstellen auf dem Intervall $[a; b]$, dann ist der Flächeninhalt A_F, den der Funktionsgraph mit der x-Achse einschließt, gegeben durch

$$A_F = \left| \int_a^{x_1} f(x)\mathrm{d}x \right| + \left| \int_{x_1}^{x_2} f(x)\mathrm{d}x \right| + \ldots + \left| \int_{x_n}^{b} f(x)\mathrm{d}x \right|. \qquad \text{(XIII-11)}$$

Bei der Berechnung von Integralen bzw. Flächeninhalten helfen uns die folgenden drei Rechenregeln, welche sich sofort aus den Ableitungsregeln ergeben bzw. aus der Definition der Integralfunktion herleiten lassen (das tun wir jetzt nicht!).

Rechenregeln

- $\int_a^b k \cdot f(x)\mathrm{d}x = k \cdot \int_a^b f(x)\mathrm{d}x$ mit $k \in \mathbb{R} \setminus \{0\}$

- $\int_a^b f(x)\mathrm{d}x + \int_a^b g(x)\mathrm{d}x = \int_a^b (f(x) + g(x))\mathrm{d}x$

- $\int_a^b f(x)\mathrm{d}x + \int_b^c f(x)\mathrm{d}x = \int_a^c f(x)\mathrm{d}x$

Bei der Flächenberechnung zwischen zwei Funktionsgraphen müssen wir drei Fälle unterscheiden (wenn sich die Funktionen nicht schneiden):

- **Fall 1:** Beide Funktionsgraphen verlaufen oberhalb der x-Achse.

- **Fall 2:** Beide Funktionsgraphen verlaufen unterhalb der x-Achse.

- **Fall 3:** Die Funktionsgraphen verlaufen oberhalb und unterhalb der x-Achse.

Ohne Beschränkung der Allgemeinheit (OBdA) sei im Folgenden $f(x) > g(x)$ für alle $x \in [a; b]$.

In Abbildung XIII.4.3 können wir Folgendes rechnen:

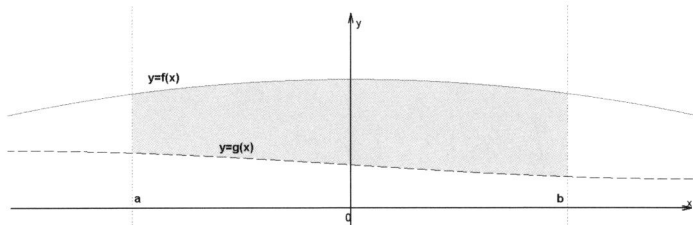

Abbildung XIII.4.1: Von zwei Funktionen eingeschlossene Fläche - Fall 1

$$A_F = \int_a^b f(x)\mathrm{d}x - \int_a^b g(x)\mathrm{d}x = F(b) - F(a) - (G(b) - G(a))$$
$$= (F(b) - G(b)) - (F(a) - G(a)) = \int_a^b (f(x) - g(x))\mathrm{d}x.$$

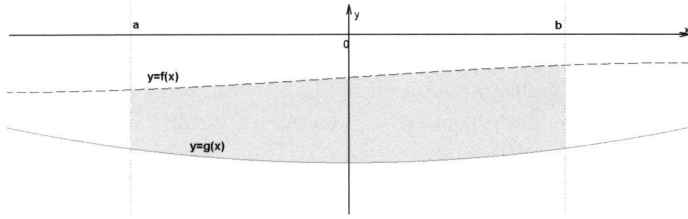

Abbildung XIII.4.2: Von zwei Funktionen eingeschlossene Fläche - Fall 2

Hier erfolgt die Berechnung analog zu der im Fall 1. Ergebnis: $A_F = \int_a^b (f(x) - g(x))\mathrm{d}x$.

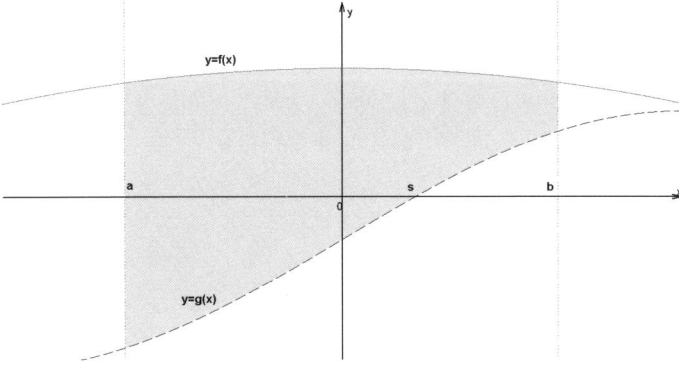

Abbildung XIII.4.3: Von zwei Funktionen eingeschlossene Fläche - Fall 3

Hier rechnen wir:

$$A_F = \int_a^b f(x)\mathrm{d}x + \int_a^s -g(x)\mathrm{d}x - \int_s^b g(x)\mathrm{d}x$$

$$= F(b) - F(a) + (-G(s) + G(a)) - (G(b) - G(s))$$

$$= (F(b) - G(b)) - (F(a) - G(a)) + \underbrace{G(s) - G(s)}_{=0} = \int_a^b (f(x) - g(x))\mathrm{d}x.$$

Wieder das gleiche Ergebnis. Wir halten also fest:

Flächeninhalt zwischen zwei Funktionsgraphen

Die Fläche A_F zwischen zwei Funktionen, deren Graphen sich nicht schneiden, berechnet sich zu

$$A_F = \int_a^b (f(x) - g(x))\mathrm{d}x. \tag{XIII-12}$$

Schneiden sich die Funktionsgraphen und der Graph von g verläuft anschließend oberhalb des Graphen von f, dann können wir den Schnittpunkt berechnen (Schnittstelle: $x = x_S$) und von a bis x_S gilt dann Formel (XIII-12), von x_S bis b tauschen f und g in der gleichen Formel die Plätze.

Eine kurze Namensgebung zum Schluss

Bisher haben wir Integrale in festen Grenzen bestimmt (sog. **bestimmte Integrale**) und die Funktion war auf dem ganzen Intervall definiert. Sind die Grenzen $\pm\infty$ oder eine Definitionslücke, dann liegt ein **uneigentliches Integral** vor. Die Grenzen sind uneigentlich („außer der Reihe"), daher der Name. Ist zu der jeweilig betrachteten Funktion eine Stammfunktion bekannt, geben wir zuerst diese an und bilden dann den Grenzwert.

Wir sollten mal wieder eine größere Übeeinheit einlegen.

Aufgaben

Aufgabe 1:
Herr Bluff besitzt ein größeres Grundstück am Meer. Es wird von steilen Felswänden begrenzt und hat aus der Luft gesehen die in Abbildung XIII.4.4 gezeigte Form.

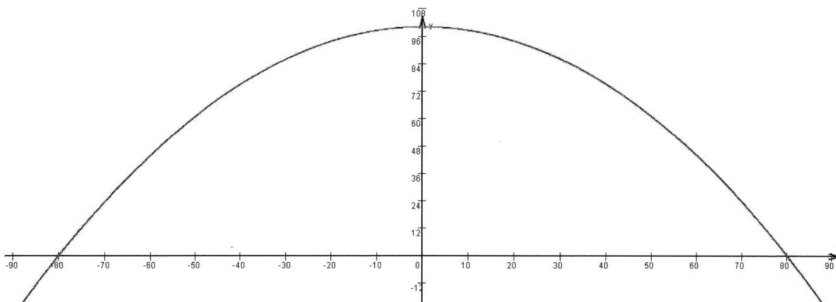

Abbildung XIII.4.4: Grundstücksform aus der Luft.

Die Grundstücksform lässt sich aus dieser Perspektive näherungsweise durch eine Parabel beschreiben. Die Breite beträgt maximal 160 Meter und die Länge 100 Meter lang (siehe Abbildung XIII.4.4).

(a) Wie groß ist die Grundstücksfläche in Quadratmetern?

Nun möchte Herr Bluff sein Grundstück einzäunen. Dazu wählt er fünf Eckpunkte aus (siehe Abbildung XIII.4.5).

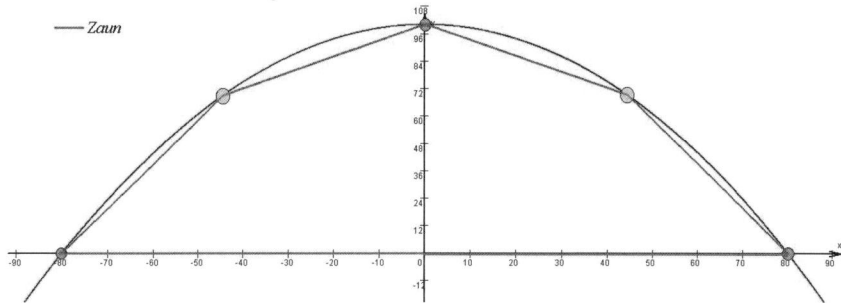

Abbildung XIII.4.5: Grundstück mit Zaun.

Für die drei dunklen Pfeiler hat er dabei schon feste Standpunkte gewählt, die der Abbildung zu entnehmen sind bzw. sich aus den obigen Angaben ergeben. Die beiden hellen Pfeiler will er nun so setzen, dass eine möglichst große Fläche seines Grundstücks eingezäunt ist.

(b) Wie viele Meter Zaun benötigt er hierbei zur Einzäunung seines Grundstücks (einmal rundherum)?

(c) Wie viele Prozent der Grundfläche seines Grundstücks verschenkt er bei der gewählten Einzäunungsmethode?

Aufgabe 2:
Eine Funktion f dritten Grades hat im Ursprung die Steigung 8 und berührt die x-Achse an der Stelle $x = 2$. Eine Ursprungsgerade mit der Steigung $m > 0$ schneide den Funktionsgraphen an insgesamt drei Stellen x_1, x_2, x_3 mit $x_1 < x_2 \leq x_3$. Dabei begrenzen die beiden Graphen miteinander zwei Flächen (siehe AbbildungXIII.4.6).

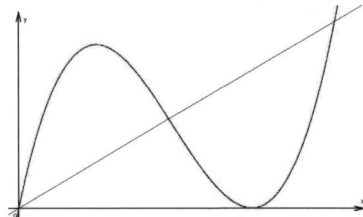

Abbildung XIII.4.6: Skizze der beteiligten Graphen.

Wie ist m zu wählen, wenn die beiden durch die Funktionen eingeschlossenen Flächen den gleichen Flächeninhalt haben sollen? Zeigen Sie, dass dann $f''(x_2) = 0$ gilt (*Anmerkung: Die Gerade verläuft damit durch den Wendepunkt des Graphen von f*).

Orientierter Flächeninhalt praktisch angewandt

Ist der orientierte Flächeninhalt gleich 0 und es gibt eine Fläche über und eine unter der x-Achse, so sind diese betragsmäßig gleich groß. Generell gilt, dass wenn der orientierte Flächeninhalt 0 ist, dass dann die Flächen unter der x-Achse zusammen betragsmäßig so groß sind, wie alle zusammen oberhalb der x-Achse.

Aufgabe 3:
Die Wachstumsgeschwindigkeit einer speziellen Gummibaumart im Gewächshaus wird beschrieben durch die Funktion

$$w_{\mathrm{sG}}(t) = a \cdot t \cdot e^{2-t}, \text{ mit } a \in \mathbb{R}^+ \text{ und } t \in \mathbb{R}^+ \text{ in Monaten.}$$

Die Höhe des ausgewachsenen Bäumchens werde mit H bezeichnet und wird in Metern gemessen.

(a) Wann ist die Wachstumsgeschwindigkeit extremal? Wann ändert sich die Wachstumsgeschwindigkeit am schnellsten?

(b) Stellen Sie eine Formel für den Zusammenhang zwischen a und der maximalen Höhe H auf. Wir groß ist a, wenn der Baum ausgewachsen 3,70 Meter misst? Runden Sie sinnvoll!

Wir verwenden nun $a = 0{,}50$ in obiger Formel.

(c) Der Baum gilt als ausgewachsen, wenn sich seine Größe im Verlauf eines Monats um weniger als 0,1 Zentimeter ändert. Wann ist dieser Zeitpunkt erreicht und wie groß ist der Baum dann?

Eine genauere Untersuchung zeigt, dass bei Bäumen dieser (fiktiven) Art, welche im Januar eines Jahres im Gewächshaus gepflanzt werden, die Formel

$$w_{sG2}(t) = 0{,}5 \cdot t \cdot e^{2-t} - 0{,}05 \cos\left(\frac{\pi}{6}t\right), \text{ mit } a \in \mathbb{R}^+ \text{ und } t \in \mathbb{R}^+ \text{ in Monaten,}$$

bessere Ergebnisse liefert.

(d) Ein Baum ist nun nach genau drei Jahren ausgewachsen. Wie groß ist er dann? Wie groß ist ein Baum, der durch die erste Formel mit $a = 0{,}5$ beschrieben wird? Wie erklären Sie sich das Vergleichsergebnis und wie lässt sich der Zusatzterm in der zweiten Formel interpretieren? Wie könnte diese Formel aussehen, wenn ein Baum Anfang Juli gepflanzt wird und sonst gleichen Voraussetzungen unterliegt?

Aufgabe 4:
Sie sehen hier das Geschwindigkeitsprofil des 100m-Sprinters Hans Paulsen.

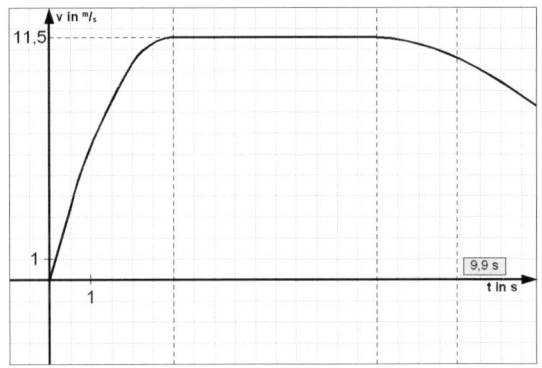

Abbildung XIII.4.7: Geschwindigkeitsprofil des Sprinters Paulsen.

Dieses lässt sich näherungsweise durch eine Funktion beschreiben, die abschnittsweise definiert ist:

- In den ersten drei Sekunden gleicht das Geschwindigkeitsprofil einer Parabel 2. Ordnung, welche ihren Scheitel bei $S_1(3/11{,}5)$ hat und durch den Ursprung geht.

- Danach kann er seine Geschwindigkeit 5 Sekunden lang annähernd konstant halten.

- Im letzten Abschnitt gleicht sein Geschwindigkeitsprofil wieder einer Parabel 2. Ordnung, welche im Anschlusspunkt an den vorherigen Abschnitt ihren Scheitel hat und so gestreckt ist, dass Paulsen die Strecke von 100 Metern nach 9,9 Sekunden zurück-gelegt hat.

(a) Stellen Sie die Funktion auf, runden Sie sinnvoll (*Anmerkung:* Integrieren Sie eine Geschwindigkeitsfunktion, dann erhalten Sie die zurückgelegte Strecke.).

Ist die Geschwindigkeitsfunktion durch $v_P(t)$ gegeben, dann beschreibt deren Ableitung die Änderung der Geschwindigkeit.

(b) Wie nennt man die zugehörige Größe, welche Einheit hat sie? Skizzieren Sie das zugehörige Profil.

Das Geschwindigkeitsprofil des Sprinters Gerd Rasmussen wird beschrieben durch die Funktion

$$v_R(t) = 0{,}25t + 10 \cdot (1 - e^{-t}) \text{ mit } t \in \mathbb{R}.$$

(c) Ist er damit schneller im Ziel als Hansen?

Noch besser macht es Viggo Titelson. Sein Geschwindigkeitsprofil wird beschrieben durch

$$v_T(t) = 12 \cdot (1 - e^{-t}) + m \cdot t^2, \text{ mit } t \in \mathbb{R}.$$

Er kommt in der Superzeit von 9,69 Sekunden im Ziel an.

(d) Bestimmen Sie damit den Wert von m.

Aufgabe 5:
Gegeben sei eine Parabel mit der Gleichung

$$f(x) = -cx^2 + b,$$

wobei $b, c \in \mathbb{R}^+$. Es sei a der Abstand ihrer Nullstellen und A der Flächeninhalt, den die Parabel mit der x-Achse einschließt. Zeigen Sie, dass

$$A = \frac{2}{3}ab.$$

XIII.5 Einmal rundherum - Berechnung von Rotationsvolumen

Lassen wir eine Funktion um die x-Achse rotieren, dann berechnet sich das Volumen des entstehenden Rotationskörpers wie folgt:

> **Rotationsvolumen um die x-Achse**
>
> Das Volumen eines Körpers, der durch Rotation des Graphen der stetigen Funktion f um die x-Achse auf dem Intervall $[a; b]$ entsteht, hat das Volumen
>
> $$V = \pi \cdot \int_a^b [f(x)]^2 \, dx. \qquad \text{(XIII-13)}$$
>
> **Wichtig ist, dass wir zuerst quadrieren und dann integrieren!**

Wie kommen wir zu der Formel? Kehren wir noch einmal zu der Zerlegungssumme zurück. Wir haben dabei das Intervall auf der x-Achse in gleich große Teilintervalle unterteilt, ein jedes mit der Breite $\Delta x = \frac{b-a}{n}$. Die Länge eines Rechtecks war durch einen Funktionswert über jedem Teilintervall gegeben. Lassen wir nun ein jedes Rechteck um die x-Achse rotieren, dann entstehen lauter kleine Zylinder, deren Volumina sich alle mit $V_Z = \pi r^2 h$ berechnen lassen, wobei r der Zylinderradius und h die Zylinderhöhe ist (siehe hierzu Abbildung XIII.5.1).

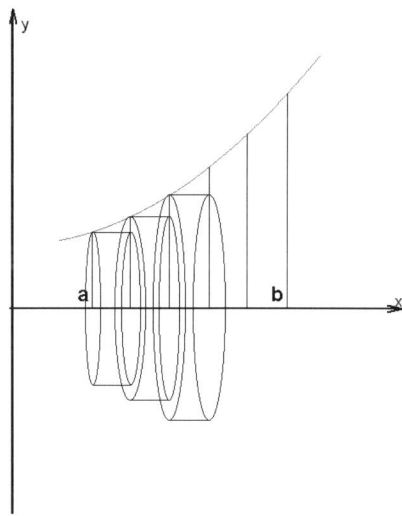

Abbildung XIII.5.1: Graph einer Funktion f mit ein paar eingezeichneten Rotationszylindern.

Die Rolle des Zylinderradius übernimmt für jeden Zylinder Z_i mit $i = 1, \ldots, n$ der gewählte Funktionswert $f(x_i)$ über dem i-ten Intervall. Die Höhe aller Zylinder ist gleich und beträgt Δx. Damit bekommen wir ein Näherungsvolumen, welches im Aufbau und der Struktur der ursprünglichen Zerlegungssumme sehr ähnlich ist. Es ist

$$V_n = \pi \Delta x \cdot \left(f(x_1)^2 + f(x_2)^2 + \ldots + f(x_j^2) \right) = \pi \Delta x \cdot \sum_{i=1}^{n} f(x_i)^2.$$

Lassen wir nun n gegen ∞ gehen, dann strebt diese Summe gegen das in Formel (XIII-13) notierte Integral: $\Delta x \to dx$, $\sum \to \int$. Es ist also $\lim_{n \to \infty} V_n = V$.

Wie sieht es nun mit einer Rotation um die y-Achse aus? Hier nehmen wir einfach die Umkehrfunktion.

Rotationsvolumen um die y-Achse

Das Volumen eines Körpers, der durch Rotation des Graphen der stetigen (und am besten streng monotonen wegen der Umkehrfunktion) Funktion $f(x)$ um die y-Achse auf dem Intervall $[c; d]$ (auf der y-Achse!) entsteht, hat das Volumen

$$V = \pi \cdot \int_c^d \left[f^{-1}(y) \right]^2 dy. \qquad \text{(XIII-14)}$$

Wichtig ist natürlich auch hier, dass wir zuerst quadrieren und dann integrieren!

Anmerkung:
Haben wir die Umkehrfunktion, dann können wir auch y in x umbenennen, das dürfte dann vertrauter aussehen.

Beispiel - Wieder einmal die Parabel

Wir wollen den Graphen der Funktion f mit

$$f(x) = x^2$$

einmal auf dem Intervall $[0; 3]$ um die x-Achse rotieren lassen, und ebenso um $[0; 3]$ auf der y-Achse. Die Umkehrfunktion[2] ist hier $f^{-1}(y) = \sqrt{y}$ oder, wenn wir y durch x ersetzen, $f^{-1}(x) = \sqrt{x}$. Wir berechnen die Volumina mit Hilfe der Rotationsvolumenformel, die wir eben (wieder?) kennengelernt haben:

---

[2]Beschränkung nur auf positive x

Um die x-Achse:

$$V_x = \pi \cdot \int_0^3 (x^2)^2 \mathrm{d}x = \pi \cdot \int_0^3 x^4 \mathrm{d}x = \pi \cdot \left[\frac{1}{5}x^5\right]_0^3 = \frac{243}{5}\pi \text{ VE.}$$

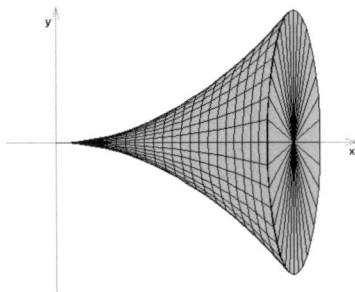

Abbildung XIII.5.2: Körper bei Rotation um die x-Achse.

Um die y-Achse:

$$V_y = \pi \cdot \int_0^3 (\sqrt{x})^2 \mathrm{d}x = \pi \cdot \int_0^3 x\mathrm{d}x = \pi \cdot \left[\frac{1}{2}x^2\right]_0^3 = \frac{9}{2}\pi \text{ VE.}$$

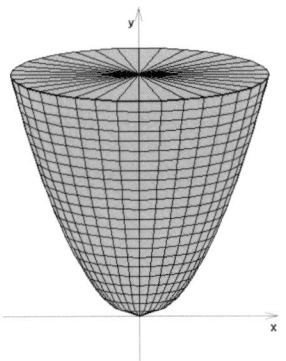

Abbildung XIII.5.3: Körper bei Rotation um die y-Achse.

Damit wären wir mit dem Integrationskapitel fertig. Ein paar Übungen gibt es noch, aber sonst war's das.

Aufgaben

Aufgabe 1:
Eine Firma stellt verschiedene Vasen her. Ein Modell wird im Profil durch die Funktion f mit

$$f_t(x) = \frac{t}{x} - \frac{x}{t}$$

mit $\frac{t}{3} \leq x \leq \frac{2t}{3}$ und $15 \leq t \leq 75$ beschrieben, wobei t in Zentimetern angegeben wird. Das Modell gibt es in verschiedenen Größen, abhängig davon, welches t eben bei der Herstellung gewählt wird. Die Vase entsteht, wenn die angegebene Funktion um die x-Achse rotiert.

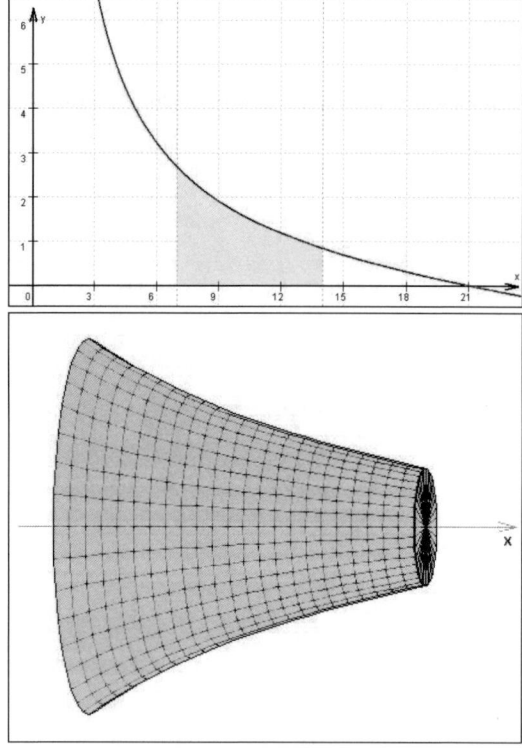

Abbildung XIII.5.4: Der Graph einer der Funktionen samt Rotationskörper (Vase).

Bestimmen Sie das Volumen in Abhängigkeit von dem Parameter t. Wie entwickeln sich die Volumina mit zunehmendem t und gibt es eine Vase mit maximalem Volumen?

Aufgabe 2:

Gegeben sei eine Gerade, welche durch die Punkte $P_1(a/r_1)$ und $P_2(b/r_2)$ geht, mit $b > a \geq 0$ und $0 < r_1 \leq r_2$. Wir setzen $b - a = h$ (siehe Abbildung XIII.5.5).

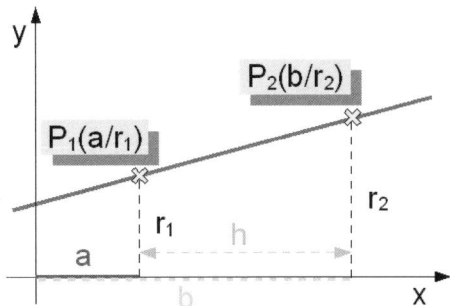

Abbildung XIII.5.5: Skizze der Geraden durch die angegebenen Punkte.

Zeigen Sie mit Hilfe der Geraden, dass das Volumen eines Kegelstumpfs gegeben ist durch

$$V_{KS} = \frac{\pi h}{3} \cdot \left(r_1^2 + r_2^2 + r_1 r_2 \right)$$

mit den Radien r_1, r_2 (oben und unten), sowie der Höhe h.

XIV Beweise mit Vektoren führen

Wir wollen uns hier im Wesentlichen mit einem Beweisverfahren aus der Analytischen Geometrie auseinandersetzen, dem **Prinzip des geschlossenen Vektozuges**. Während dieser Betrachtungen wollen wir u.a. klären, was wir unter einem Vektor zu verstehen haben, sowohl im Allgemeinen, als auch speziell in der Geometrie. Wir definieren den Betrag eines Vektors, betrachten die für den Umgang mit Vektoren wichtigen Rechenregeln, definieren und erläutern das Skalarprodukt und beschäftigen uns mit der linearen Abhängigkeit bzw. Unabhängigkeit. Wir sehen, dass es viel zu tun gibt, fangen wir deshalb an.

XIV.1 Der Vektor in der analytischen Geometrie

Vektoren sind im Allgemeinen mathematische Objekte, die gewissen, natürlich mathematisch genau definierten Rechenregeln gehorchen. Im Falle der Geometrie verstehen wir unter der Bezeichnung Vektor eine Verschiebung im gerade betrachteten Raum. Diese Verschiebung können wir durch eine Menge zueinander paralleler, gleich langer und gleichgerichteter Pfeile beschreiben. Das Wunderbare hierbei ist, dass wir die ganze Menge schon allein dadurch festlegen, indem wir nur einen der Pfeile (**Repräsentant der Menge**) kennen. Üblicherweise gebrauchen wir die folgenden Bezeichnungen bei Vektoren:

Bezeichnung/Schreibweise bei Vektoren

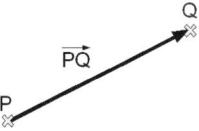

Abbildung XIV.1.1: Der Vektor zwischen den Punkten P und Q.

Der Vektor im obigen Bild bildet den Punkt P auf den Punkt Q ab. Wir bezeichnen ihn mit $\overrightarrow{PQ}$. Allgemein können wir für Vektoren als Symbol die Kombination aus Anfangs- und Endpunkt mit einem darüber gesetzten Pfeil verwenden. Oft schreiben wir auch Kleinbuchstaben mit einem Pfeil als „Dach" (Bsp.: $\vec{a}$, $\vec{b}$, $\vec{c}$, ...).

Gleichheit bei Vektoren

Zwei Vektoren $\vec{a}$ und $\vec{b}$ sind gleich, wenn die zugehörigen Pfeile gleich gerichtet, gleich lang und parallel sind. Man schreibt dann $\vec{a} = \vec{b}$.

Der Nullvektor

Es gibt genau einen Vektor, der jeden Punkt im Raum auf sich selbst abbildet. Diesen bezeichnen wir als Nullvektor und geben ihm das Symbol $\vec{o}$. Es gilt

$$\vec{a} + \vec{o} = \vec{o} + \vec{a} = \vec{a}. \tag{XIV-1}$$

Der Nullvektor lässt sich als einziger Vektor nicht durch einen Verschiebungspfeil darstellen, da er weder eine Länge (eben 0) noch eine Richtung hat.

Der Gegenvektor

Eben haben wir gesehen, wann zwei Vektoren gleich sind. Ist nun ein Vektor ebenfalls parallel zu einem anderen und gleich lang wie dieser, allerdings in seiner Richtung entgegengesetzt, so sprechen wir von einem Gegenvektor.

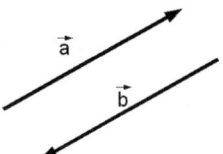

Abbildung XIV.1.2: Vektor und Gegenvektor.

In Abbildung XIV.1.2 ist $\vec{a}$ der Gegenvektor zu $\vec{b}$. Wir schreiben $\vec{a} = -\vec{b}$ oder $\vec{b} = -\vec{a}$.

Rechenregeln für Vektoren

Wie bereits erwähnt, gehorchen Vektoren ganz bestimmten Rechenregeln. Diese sind im Einzelnen:

- **Das Kommutativgesetz:** $\vec{a} + \vec{b} = \vec{b} + \vec{a}$.
- **Das Assoziativgesetz (1):** $\vec{a} + \vec{b} + \vec{c} = \left(\vec{a} + \vec{b}\right) + \vec{c} = \vec{a} + \left(\vec{b} + \vec{c}\right)$.

- **Das Assoziativgesetz (2):** $r \cdot s \cdot \vec{a} = (r \cdot s) \cdot \vec{a} = r \cdot (s \cdot \vec{a})$.
- **Das Distributivgesetz (1):** $r \cdot \left(\vec{a} + \vec{b} \right) = r \cdot \vec{a} + r \cdot \vec{b}$.
- **Das Distributivgesetz (2):** $(r + s) \cdot \vec{a} = r \cdot \vec{a} + r \cdot \vec{a}$.

Hierbei sind $\vec{a}$, $\vec{b}$ Vektoren und $r, s \in \mathbb{R}$.

Die Linearkombination von Vektoren

Einen Ausdruck der Form

$$ r_1 \cdot \vec{a}_1 + r_2 \cdot \vec{a}_2 + \ldots + r_n \cdot \vec{a}_n \qquad \text{(XIV-2)} $$

nennen wir eine Linearkombination der beteiligten Vektoren. Dabei sind die r_i mit $i = 1, 2, \ldots, n$ die sog. Koeffizienten.

In einem kartesischen Koordinatensystem können wir Vektoren durch ihre Koordinaten, d.h. durch ihre Schrittweiten in Richtung der einzelnen Koordinatenachsen, darstellen. Für solche Zahlentripel (im normalen, kartesischen Raum) schreiben wir dann

$$ \vec{a} = \begin{pmatrix} a_{x\text{-Richtung}} \\ a_{y\text{-Richtung}} \\ a_{z\text{-Richtung}} \end{pmatrix} = \begin{pmatrix} a_1 \\ a_2 \\ a_3 \end{pmatrix}. $$

Die oben angesprochenen Rechenoperationen erfolgen dann komponentenweise.

XIV.2 Linear abhängig und unabhängig

Wir haben bei den Rechenregeln eben kurz die sog. Linearkombination erwähnt. Lässt sich aus einer Menge von Vektoren $\vec{a}_1, \vec{a}_2, \ldots, \vec{a}_n$ mindestens einer von ihnen als Linearkombination der anderen darstellen, d.h. verschwinden nicht alle Koeffizienten, so nennen wir die Vektoren **linear abhängig**. Lässt sich keine Kombination der Koeffizienten finden, so sind die Vektoren **linear unabhängig**. Wir können dann

$$ r_1 \cdot \vec{a}_1 + r_2 \cdot \vec{a}_2 + \ldots + r_n \cdot \vec{a}_n = \vec{o} $$

nur mit $r_1 = r_2 = \ldots = r_n = 0$ lösen. Diesen Sachverhalt werden wir später bei den Beweisen ausnutzen.

XIV.3 Das Prinzip des geschlossenen Vektorzuges

Um mittels Vektoren einen Beweis zu führen, gehen wir im Allgemeinen in 4 Schritten vor:

> **1.Schritt:**
> Wir fertigen eine Zeichnung (wirklich nur eine SKIZZE!!!) an, in welcher die geometrischen Sachverhalte verdeutlicht werden.
>
> **2. Schritt:**
> Nun formulieren wir die Voraussetzungen des Problems/der zu beweisenden Aussage mit Hilfe von Vektoren.
>
> **3. Schritt:**
> Jetzt formulieren wir die Behauptung der zu beweisenden Aussage mit Hilfe von Vektoren.
>
> **4.Schritt:**
> Die Behauptung wird aus den Voraussetzungen hergeleitet. Hierbei ist es oft sinnvoll, Vektoren zu wählen, deren Summe der Nullvektor ist. Dabei findet oft die lineare Unabhängigkeit Verwendung.

Speziell im Falle der Verwendung des geschlossenen Vektorzugs können wir uns an das folgende Schema halten.

> **Das Prinzip des geschlossenen Vektorzuges**
>
> **1.Schritt:**
> Wir suchen Vektoren, deren Summe der Nullvektor ist. Dabei treten die End- und Teilungspunkte der zu untersuchenden Strecken als Anfangs- und Endpunkte von Vektoren auf.
>
> **2. Schritt:**
> Wir stellen alle Vektoren des geschlossenen Vektorzugs als Linearkombination von zwei geeignet gewählten, linear unabhängigen Vektoren $\vec{a}, \vec{b}$ (in der Ebene) bzw. drei geeignet gewählten, linear unabhängigen Vektoren $\vec{a}, \vec{b}, \vec{c}$ (im Raum) dar.
>
> **3. Schritt:**
> Wir erhalten eine Gleichung der Form
>
> $$ r \cdot \vec{a} + s \cdot \vec{b} = \vec{o} \text{ bzw. } r \cdot \vec{a} + s \cdot \vec{b} + t \cdot \vec{c} = \vec{o}. $$
>
> Aus den Gleichungen $r = 0, s = 0$ bzw. $r = 0, s = 0, t = 0$ lassen sich die gesuchten Teilverhältnisse ermitteln.

Dieses Schema wollen wir anhand eines Beispieles einüben.

XIV.3.1 Ein Beispiel: Teilverhältnis der Seitenhalbierenden im Dreieck

Aus der Schulzeit kennen die meisten wohl den folgenden Satz:

Satz von den Seitenhalbierenden im Dreieck

In einem Dreieck schneiden sich die drei Seitenhalbierenden[a] in einem Punkt, dem Schwerpunkt. Dieser teilt sie dann im Verhältnis 2 : 1 (lies: 2 zu 1).

---

[a]**Seitenhalbierende:** Verbindungsstrecke einer Dreiecksecke mit der gegenüberliegenden Seitenmitte.

Diesen Satz wollen wir im Folgenden beweisen, indem wir die einzelnen Schritte von weiter oben abarbeiten.

1. Schritt:

Zuerst fertigen wir eine Skizze an.

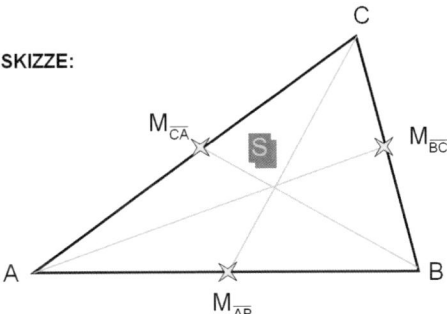

Abbildung XIV.3.1: Skizze Nummer 1 für den Beweis des Satzes von den Seitenhalbierenden.

Aus dieser ermitteln wir einen möglichen Zug, der uns an den relevanten Eckpunkten vorbeiführt und am Anfangspunkt wieder sein Ende findet.

Wir wählen (wie aus der Abbildung XIV.3.2 ersichtlich):

$$\overrightarrow{AB} + \overrightarrow{BS} + \overrightarrow{SA} = \overrightarrow{o}.$$

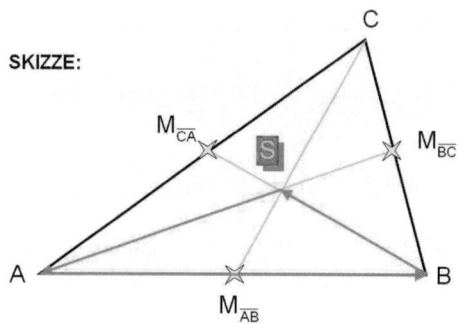

Abbildung XIV.3.2: Skizze Nummer 2 für den Beweis des Satzes von den Seitenhalbierenden. Eingezeichnet ist der gewählte Vektorzug.

2. Schritt:

Nun müssen wir zwei geeignete, linear unabhängige Vektoren wählen, mittels denen wir
unser Problem, d.h. alle unsere beteiligten Vektoren, ausdrücken. Wir wählen:

$$\vec{a} = \overrightarrow{AB} \text{ und } \vec{b} = \overrightarrow{AC}.$$

Hiermit können wir die drei an unserem Zug beteiligten Vektoren wie folgt „umformulie-
ren":

$$\overrightarrow{AB} = \vec{a}$$
$$\overrightarrow{BS} = s \cdot \left(\frac{1}{2} \cdot \vec{b} - \vec{a} \right)$$
$$\overrightarrow{SA} = r \cdot \left(\frac{1}{2} \cdot \left(\vec{a} - \vec{b} \right) - \vec{a} \right)$$

Jetzt setzen wir diese Ergebnisse in unseren weiter oben formulierten Vektorzug ein und
fassen alle Koeffizienten von $\vec{a}$ bzw. $\vec{b}$ zusammen:

$$\left(\frac{1}{2}r + s - 1 \right) \cdot \vec{a} + \left(\frac{1}{2}r - \frac{1}{2}s \right) \cdot \vec{b} = \vec{o}. \qquad \text{(XIV-3)}$$

3. Schritt:

Nun nutzen wir die lineare Unabhängigkeit von $\vec{a}$ und $\vec{b}$ aus, d.h. die Koeffizienten
können nur gleich 0 sein, da die Gleichung (XIV-3) sonst keine Lösungen hat.

$$\underbrace{\left(\frac{1}{2}r + s - 1\right)}_{=0} \cdot \overrightarrow{a} + \underbrace{\left(\frac{1}{2}r - \frac{1}{2}s\right)}_{=0} \cdot \overrightarrow{b} = \overrightarrow{o}.$$

Es ergibt sich damit das folgende lineare Gleichungssystem (LGS):

$$\frac{1}{2}r + s = 1$$
$$\frac{1}{2}r - \frac{1}{2}s = 0$$

Dieses hat die Lösung $r = s = \frac{2}{3}$. Damit erhalten wir

$$\overrightarrow{AS} = \frac{2}{3}\overrightarrow{AM}_{\overline{BC}} \Leftrightarrow \overrightarrow{AS} = 2\overrightarrow{SM}_{\overline{BC}}$$
$$\overrightarrow{BS} = \frac{2}{3}\overrightarrow{BM}_{\overline{CA}} \Leftrightarrow \overrightarrow{BS} = 2\overrightarrow{SM}_{\overline{CA}}$$

Somit haben wir für zwei Seitenhalbierende die Behauptung nachgewiesen, fehlt nur noch die dritte im Bunde. Wir rechnen

$$\overrightarrow{CS} = \overrightarrow{AS} - \overrightarrow{AC} = \frac{2}{3}\overrightarrow{AM}_{\overline{BC}} - \overrightarrow{AC} = \frac{2}{3} \cdot \left(\overrightarrow{AB} + \frac{1}{2} \cdot \left(\overrightarrow{AC} - \overrightarrow{AB}\right)\right) - \overrightarrow{AC} = \frac{1}{3}\overrightarrow{AB} - \frac{2}{3}\overrightarrow{AC}$$
$$= \frac{2}{3} \cdot \left(\frac{1}{2}\overrightarrow{AB} - \overrightarrow{AC}\right) = \frac{2}{3}\overrightarrow{CM}_{\overline{AB}}.$$

Daraus ergibt sich, dass $\overrightarrow{CS} = 2\overrightarrow{SM}_{\overline{AB}}$ ist und es ist gezeigt, dass der Schwerpunkt auf allen behaupteten Strecken liegt (= Seitenhalbierende) und diese im Verhältnis 2 : 1 teilt. Der Beweis und das Beispiel sind hiermit zu Ende.

□

XIV.4 Ein erstes Produkt für Vektoren: Das Skalarprodukt

In diesem Unterkapitel stellen wir das für uns sehr praktische Skalarprodukt für Vektoren vor. Es stellt die erste von zwei Möglichkeiten dar, zwei Vektoren miteinander zu multiplizieren[1]. Wir führen hier die zur Berechnung des Skalarproduktes notwendigen Grundlagen ein und zeigen, wie man dieses in einen Beweis einbauen kann.

---

[1]Das zweite mögliche Produkt, genannt Keuz- oder Vektorprodukt, lernen wir in Kapitel XV kennen.

XIV.4.1 Von Vektoren und ihren Beträgen

Wir können in einem kartesischen Koordinatensystem Punkte darstellen, indem wir ihre Koordinaten in Richtung der Koordinatenachsen angeben. Ein kartesisches Koordinatensystem ist ein orthogonales Koordinatensystem. Das bedeutet, dass die Richtungsachsen, welche das Koordinatensystem aufspannen, paarweise senkrecht aufeinander stehen. Erweitern wir das x-y-Koordinatensystem auf drei Dimensionen, so ergänzen wir eine weitere Achse, die sog. z-Achse, welche senkrecht auf den bereits bekannten x- und y-Achsen steht. Ein Punkt im Raum hat dann die Koordinaten p_x, p_y und p_z, oft auch p_1, p_2 oder p_3 genannt. Dieses sind die Anzahl der Schritte in x-, in y- und in z-Richtung, um zu dem gewollten Punkt zu kommen, quasi eine Schrittfolge. Ein Schritt in x-, y- oder z-Richtung hat immer die Länge 1. Die Schrittfolge ist bei festem Koordinatenursprung, welcher $O(0/0/0)$ sein soll, eindeutig, das heißt, wir kommen zweifelsfrei zu jedem beliebigen Punkt im Raum. Ein Verlaufen ist ausgeschlossen. So lassen sich also Punkte in Form von geordneten Zahlentripeln beschreiben. Solche Zahlentripel können wir als Vektoren auffassen, sie gehorchen den Rechengesetzen für Vektoren. Gegenüber einer normalen Zahl, einem sog. Skalar, geben Vektoren nicht nur eine gewisse Größe, sondern auch eine Richtung vor und werden deshalb über ihrem Symbol mit einem Pfeil versehen. Desweiteren werden sie auch in Bildern mit einem Pfeil in ihrer Verlaufsrichtung versehen. Geben wir einen Vektor an, der vom Ursprung bis zu einem gewissen Punkt geht, so bezeichnen wir ihn als **Ortsvektor**. Der Vektor hat dann das gleiche Zahlentripel wie der Endpunkt. Kann der Vektor im Raum verschoben werden und gibt somit letztendlich nur einen vorgeschriebenen Weg an, der von einem beliebigen Punkt aus gelaufen werden kann, so sprechen wir von einem **Richtungsvektor**. Das Zahlentripel von Endpunkt und Vektor ist dann in seinen Zahlen nicht mehr identisch. Die Richtungs- oder Koordinatenachsen können wir somit auch als Vielfache von ganz bestimmten Vektoren auffassen. Diese sind und heißen üblicher Weise:

- In x-Richtung: $\vec{e}_x = \vec{e}_1 = \begin{pmatrix} 1 \\ 0 \\ 0 \end{pmatrix}$

- In y-Richtung: $\vec{e}_y = \vec{e}_2 = \begin{pmatrix} 0 \\ 1 \\ 0 \end{pmatrix}$

- In z-Richtung: $\vec{e}_z = \vec{e}_3 = \begin{pmatrix} 0 \\ 0 \\ 1 \end{pmatrix}$

Anstatt x, y, z verwenden wir auch x_1, x_2, x_3 als Achsen- und Richtungsbezeichnungen bzw. als Koordinatensymbole. Wir können auch beliebige andere Vektoren wählen, solange sie linear unabhängig sind, aber die Wahl hier ist für uns die praktischste. Die Rechenoperationen für Vektoren erfolgen, wie bereits erwähnt, komponentenweise. Wir wollen uns jetzt mit den Längen von Vektoren beschäftigen und wie wir diese mit den Komponenten der Vektoren berechnen können. Dazu benötigen wir den Satz des Pythagoras.

Darstellung des Ortsvektors $\vec{p}$

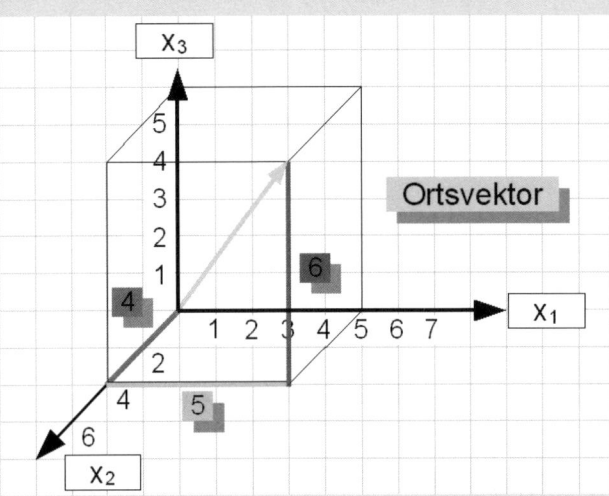

$$\text{Ortsvektor } \vec{p} = \begin{pmatrix} 4 \\ 5 \\ 6 \end{pmatrix} = 4 \cdot \vec{e}_1 + 5 \cdot \vec{e}_2 + 6 \cdot \vec{e}_3 = \vec{x} = \begin{pmatrix} x_1 \\ x_2 \\ x_3 \end{pmatrix}$$

Ortsvektor $\vec{p}$
Geht vom Punkt $O(0/0/0)$ (Koordinatenursprung) zum Punkt P.

Richtungsvektor
Geht von einem beliebigen Punkt aus los. Die Komponenten des Vektors geben die relative Schrittfolge an. Der Richtungsvektor der vom Punkt P zum Punkt Q geht, hat als Komponenten die Differenzen der Koordinaten dieser Punkte. Dabei wird der Startpunkt (hier P) koordinatenweise vom Endpunkt (hier Q) abgezogen. Die zugehörigen Ortsvektoren zu den Punkten sind $\overrightarrow{OP} = \vec{p}$ und $\overrightarrow{OQ} = \vec{q}$. Wir können dann auch $\overrightarrow{PQ} = \vec{q} - \vec{p}$ schreiben, wobei die Differenzenbildung komponentenweise geschieht (analog zu koordinatenweise). Es ist also

$$\overrightarrow{PQ} = \begin{pmatrix} q_1 - p_1 \\ q_2 - p_2 \\ q_3 - p_3 \end{pmatrix}$$

Zur Schreibweise von Vektoren

Wir notieren Vektoren als n-Tupel: $\vec{p} = \begin{pmatrix} p_1 \\ p_2 \\ \vdots \\ p_n \end{pmatrix}$. In unserem Fall ist $n = 3$,

d.h. $\vec{p} = \begin{pmatrix} p_1 \\ p_2 \\ p_3 \end{pmatrix}$. Die Elemente des Ortsvektors $\vec{p}$ sind dabei die Koordinaten des zugehörigen Punktes P.

Der Betrag eines Vektors und wie wir ihn berechnen können

Zur Berechnung des Betrages eines Vektors bzw. seiner Länge, was für uns dasselbe ist, benötigen wir die Formel für die sog. Raumdiagonale. Wir wollen kurz erläutern, wie wir auf diese kommen:

Wir betrachten die Diagonale eines Rechteckes, welche wir als Flächendiagonale bezeichnen wollen, um den Unterschied zur Raumdiagonalen zu betonen:

RECHTECK:

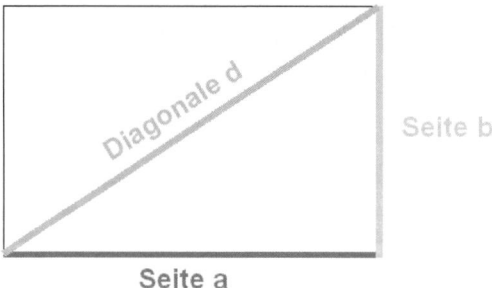

Abbildung XIV.4.1: Skizze für die Berechnung der Diagonalen eines Rechteckes.

Nach dem Satz des Pythagoras berechnet sich die Diagonale d wie folgt:

$$(\text{Seite } a)^2 + (\text{Seite } b)^2 = (\text{Diagonale } d)^2.$$

Damit ist dann $d = \sqrt{a^2 + b^2}$. Jetzt betrachten wir einen Quader, der unser Rechteck als Grundfläche hat:

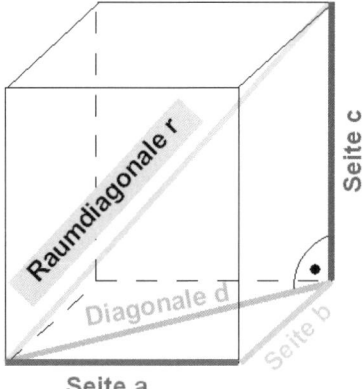

Abbildung XIV.4.2: Skizze für die Berechnung der Raumdiagonalen eines Quaders.

Die Raumdiagonale r berechnet sich nun wiederum mittels des Satzes von Pythagoras:

$$(\text{Diagonale } d)^2 + (\text{Seite } c)^2 = (\text{Raumdiagonale } r)^2.$$

Wir wissen aber, dass

$$(\text{Seite } a)^2 + (\text{Seite } b)^2 = (\text{Diagonale } d)^2$$

ist und damit erhalten wir

$$(\text{Seite } a)^2 + (\text{Seite } b)^2 + (\text{Seite } c)^2 = (\text{Raumdiagonale } r)^2.$$

Letztendlich ist dann schließlic $r = \sqrt{a^2 + b^2 + c^2}$.

Länge der Raumdiagonalen eines Quaders

Die Länge der Raumdiagonalen eines Quaders mit den Kantenlängen a, b und c berechnet sich wie folgt:

$$r = \sqrt{a^2 + b^2 + c^2}. \tag{XIV-4}$$

Diese Erkenntnis wenden wir nun auf Vektoren an. Diese können wir als Raumdiagonale auffassen, wenn wir uns die Abbildung auf Seite 431 anschauen:

$$\vec{p} = \begin{pmatrix} 4 \\ 5 \\ 6 \end{pmatrix} = \begin{pmatrix} p_1 \\ p_2 \\ p_3 \end{pmatrix} \Leftrightarrow |\vec{p}| = \sqrt{p_1^2 + p_2^2 + p_3^2} = \sqrt{4^2 + 5^2 + 6^2} = \sqrt{77}.$$

Wir halten also fest:

Länge/Betrag eines Vektors

Die Länge/der Betrag eines Vektors $\vec{p} = \begin{pmatrix} p_1 \\ p_2 \\ p_3 \end{pmatrix}$ ist gegeben durch

$$|\vec{p}| = \sqrt{p_1^2 + p_2^2 + p_3^2}. \tag{XIV-5}$$

Da wir jetzt wissen, wie wir den Betrag eines Vektors berechnen können, betrachten wir abschließend, wie wir den Einheitsvektor zu einem gegebenen Vektor berechnen können.

Der Einheitsvektor eines Vektors

Der Einheitsvektor hat die gleiche Richtung wie der Vektor aus dem er gebildet wird. Jedoch hat er die Länge (den Betrag) 1. Er kann nur für Richtungsvektoren gebildet werden.

Zur Notation von Einheitsvektoren

$$\begin{array}{cccc} \vec{p} & \vec{v} & \vec{n} & \dots \\ \downarrow & \downarrow & \downarrow & \dots \\ \vec{p}_0 & \vec{v}_0 & \vec{n}_0 & \dots \end{array} \tag{XIV-6}$$

Wie führen wir die Berechnung des Einheitsvektors durch?

Wir wollen wissen, wie wir vom Vektor $\vec{v}$ zum zugehörigen Einheitsvektor $\vec{v}_0$ gelangen. Hierzu müssen wir den gegebenen Vektor, welcher natürlich nicht der Nullvektor sein darf, durch seinen Betrag dividieren. Es ist einfach:

Der Einheitsvektor

Der zu $\vec{v} = \begin{pmatrix} v_1 \\ v_2 \\ v_3 \end{pmatrix}$ gehörige Einheitsvektor oder **normierte Vektor** lautet

$$\vec{v}_0 = \frac{1}{|\vec{v}|} \cdot \begin{pmatrix} v_1 \\ v_2 \\ v_3 \end{pmatrix} = \frac{1}{\sqrt{v_1^2 + v_2^2 + v_3^2}} \cdot \begin{pmatrix} v_1 \\ v_2 \\ v_3 \end{pmatrix}. \qquad \text{(XIV-7)}$$

Wir verdeutlichen das Ganze in einem kleinen Beispiel.

Beispiel - Berechnung eines Einheitsvektors

Wir wollen den Einheitsvektor zum Vektor $\vec{v} = \begin{pmatrix} 1 \\ 2 \\ 2 \end{pmatrix}$ berechnen. Es ist mit Gleichung

(XIV-7) Folgendes zu berechnen:

$$\vec{v}_0 = \frac{1}{|\vec{v}|} \cdot \vec{v} = \frac{1}{\sqrt{1^2 + 2^2 + 2^2}} \cdot \begin{pmatrix} 1 \\ 2 \\ 2 \end{pmatrix} = \frac{1}{3} \cdot \begin{pmatrix} 1 \\ 2 \\ 2 \end{pmatrix}.$$

Wir machen die Probe, ob der neue Vektor wirklich die Länge 1 hat:

$$|\vec{v}_0| = \sqrt{\left(\frac{1}{3}\right)^2 + \left(\frac{2}{3}\right)^2 + \left(\frac{2}{3}\right)^2} = \frac{1}{9} + \frac{4}{9} + \frac{4}{9} = \frac{9}{9} = 1.$$

Wir sehen, dass wir den Vektor $\vec{v}$ erfolgreich normiert haben.

XIV.4.2 Das Skalarprodukt: Die Definition und ihre Konsequenzen

Die Multiplikation zweier Vektoren ist nicht ganz so einfach wie die Multiplikation zweier Zahlen (Skalare). Vielmehr hat man zwei Möglichkeiten, eine Multiplikation von Vektoren durchzuführen. Bei der einen ist das Ergebnis ein Skalar (Skalarprodukt), die andere Möglichkeit ergibt als Ergebnis einen neuen Vektor (Vektor- oder Kreuzprodukt, siehe Kapitel XV). Wir wollen uns hier nur das Skalarprodukt näher anschauen, da wir mit ihm Beweise führen wollen.

Am Anfang steht in der Mathematik immer eine Definition, so auch hier. Die logischen Folgerungen aus selbiger betrachten wir dann im Anschluss.

Die Definition des Skalarprodukts

Sind $\vec{a}$ und $\vec{b}$ zwei vom Nullvektor verschiedene Vektoren im zwei- oder drei-dimensionalen Raum ($\vec{a}, \vec{b} \in \mathbb{R}^2$ bzw. $\vec{a}, \vec{b} \in \mathbb{R}^3$) und schließen sie den Winkel α ein, so ist das Skalarprodukt als

$$\vec{a} \bullet \vec{b} = |\vec{a}| \cdot |\vec{b}| \cdot \cos(\alpha) \qquad \text{(XIV-8)}$$

definiert. Wir nennen es auch das innere euklidsche Produkt.

Wiederholende Anmerkung - Betrag eines Vektors

Der Betrag eines Vektors $\vec{a}$ ist folgendermaßen definiert (siehe auch Unterka-pitel XIV.4.1):

Für den $\mathbb{R}^2$:

Ist $\vec{a} = \begin{pmatrix} a_1 \\ a_2 \end{pmatrix}$, so ist $|\vec{a}| = \sqrt{a_1^2 + a_2^2}$ Pythagoras 2D

Für den $\mathbb{R}^3$:

Ist $\vec{a} = \begin{pmatrix} a_1 \\ a_2 \\ a_3 \end{pmatrix}$, so ist $|\vec{a}| = \sqrt{a_1^2 + a_2^2 + a_3^2}$ Pythagoras 3D

Wir wollen das Skalarprodukt über die Komponenten der Vektoren direkt berechnen, ohne dass wir den Winkel zwischen den beiden Vektoren kennen.

Herleitung

Aus der Mittelstufe (oder aus der Formelsammlung oder aus Unterkapitel X.1.6) kennen wir den Kosinussatz. Mit ihm können wir die Länge der Strecke $\overline{AB}$ in Abbildung XIV.4.3 direkt berechnen.

Nach besagtem Kosinussatz erhalten wir:

$$\left| \overrightarrow{AB} \right|^2 = |\vec{a}|^2 + \left| \vec{b} \right|^2 - 2 \cdot |\vec{a}| \cdot \left| \vec{b} \right| \cdot \cos(\alpha)$$

Diesen Satz formen wir für unsere Zwecke etwas um:

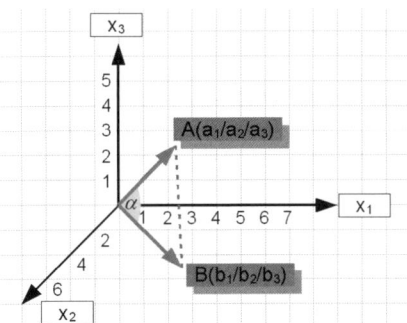

Abbildung XIV.4.3: Zur Herleitung der Komponentenform des Skalarprodukts.

$$|\vec{a}| \cdot |\vec{b}| \cdot \cos(\alpha) = \frac{1}{2} \cdot \left(|\vec{a}|^2 + |\vec{b}|^2 - |\overrightarrow{AB}|^2 \right)$$

Jetzt beachten wir, dass $|\overrightarrow{AB}| = |\vec{b} - \vec{a}|$ ist:

$$|\vec{a}| \cdot |\vec{b}| \cdot \cos(\alpha) = \frac{1}{2} \cdot \left(|\vec{a}|^2 + |\vec{b}|^2 - |\vec{b} - \vec{a}|^2 \right)$$

Wir setzen

$$\vec{a} = \begin{pmatrix} a_1 \\ a_2 \\ a_3 \end{pmatrix} \text{ und } \vec{b} = \begin{pmatrix} b_1 \\ b_2 \\ b_3 \end{pmatrix}$$

ein. Es gilt dann der Satz des Pythagoras für die Beträge. Die linke Seite unserer Gleichung ist das oben definierte Skalarprodukt. Wir haben jetzt:

$$\vec{a} \bullet \vec{b} = \frac{1}{2} \cdot \left(a_1^2 + a_2^2 + a_3^2 + b_1^2 + b_2^2 + b_3^2 - \left[(b_1 - a_1)^2 + (b_2 - a_2)^2 + (b_3 - a_3)^2 \right] \right).$$

Rechnen wir die Klammern (Binomische Formeln) aus und fassen zusammen, so ergibt sich

$$\vec{a} \bullet \vec{b} = \frac{1}{2} \cdot (2a_1 b_1 + 2a_2 b_2 + 2a_3 b_3) = a_1 b_1 + a_2 b_2 + a_3 b_3.$$

Das Skalarprodukt in der Komponentenversion

Das Skalarprodukt lässt sich im $\mathbb{R}^3$ über die Komponenten der Vektoren mit

$$\vec{a} \bullet \vec{b} = a_1 b_1 + a_2 b_2 + a_3 b_3 \qquad \text{(3D-Formel)} \qquad\qquad \text{(XIV-9)}$$

berechnen.

Bei der Formel im $\mathbb{R}^2$ fehlen nur die Komponenten mit dem Index 3:

$$\vec{a} \bullet \vec{b} = a_1 b_1 + a_2 b_2 \qquad \text{(2D-Formel)} \qquad\qquad \text{(XIV-10)}$$

XIV.4.3 Was man vom Skalarprodukt zum Beweisen benötigt

Wir betrachten hier noch einmal die Definition des Skalarproduktes (Gleichung (XIV-8)):

Wiederholung - Die Definition des Skalarprodukts

Sind $\vec{a}$ und $\vec{b}$ zwei vom Nullvektor verschiedene Vektoren im zwei- oder dreidimensionalen Raum ($\vec{a}, \vec{b} \in \mathbb{R}^2$ bzw. $\vec{a}, \vec{b} \in \mathbb{R}^3$) und schließen sie den Winkel α ein, so ist das Skalarprodukt als

$$\vec{a} \bullet \vec{b} = |\vec{a}| \cdot |\vec{b}| \cdot \cos(\alpha)$$

definiert. Man nennt es auch das innere euklidsche Produkt.

Durch den Kosinus in der Definition ist sofort ersichtlich, dass für zueinander senkrechte Vektoren das Skalarprodukt gleich 0 ist. Es ist also

$$\vec{a} \perp \vec{b} \text{ und } \vec{a}, \vec{b} \neq \vec{o} \Rightarrow \vec{a} \bullet \vec{b} = 0. \qquad\qquad \text{(XIV-11)}$$

Umgekehrt können wir dann formulieren

$$\vec{a} \bullet \vec{b} = 0 \text{ und } \vec{a}, \vec{b} \neq \vec{o} \Rightarrow \vec{a} \perp \vec{b} \qquad\qquad \text{(XIV-12)}$$

Hiermit haben wir jetzt alles Wesentliche zusammengetragen, das wir für die weiteren Beweise benötigen. Wir betrachten wieder ein größeres Beispiel.

XIV.4.4 Ein Beispiel: Der Satz des Thales

In der siebten Klasse lernten die meisten vielleicht den folgenden Satz:

> Wenn die Ecke C eines Dreiecks ABC auf dem Kreis mit dem Durchmesser $\overline{AB}$ liegt, dann hat das Dreieck bei C einen rechten Winkel.

Dieser ist als Satz des Thales bekannt. Wir wollen ihn nun mit Hilfe der Vektorgeometrie beweisen. Dazu fertigen wir zuerst wieder eine Skizze an, welche die im Satz gemachten Aussagen bzw. Behauptungen verdeutlicht, denn man möchte ja schon wissen, was man eigentlich beweisen soll.

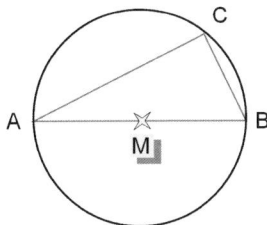

Abbildung XIV.4.4: Darstellung des Thaleskreises mit einbeschriebenem Dreieck.

Wir benennen die zwei für den Satz interessanten Vektoren mittels der obigen Skizze. Es ist

$$\vec{a} = \overrightarrow{AC} \text{ und } \vec{b} = \overrightarrow{CB}.$$

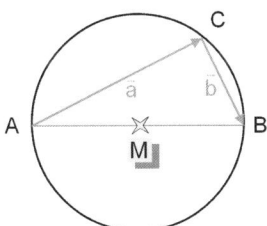

Abbildung XIV.4.5: Die im Text bezeichneten Vektoren.

Laut dem Satz gilt es zu zeigen, dass $\vec{a} \bullet \vec{b} = 0$. Wir benennen zuerst ein paar Vektoren, welche im Verlauf des Beweises interessant sein werden (siehe Abbildung XIV.4.6):

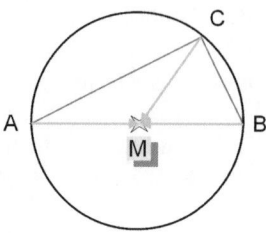

Abbildung XIV.4.6: Illustration ein paar für den Beweis praktischer Vektoren.

$$\vec{r} = \overrightarrow{AM}, \vec{d} = \overrightarrow{BM} \text{ und } \vec{c} = \overrightarrow{CM}.$$

Hiermit können wir $\vec{a}$ und $\vec{b}$ wie folgt schreiben:

$$\vec{a} = \vec{r} - \vec{c} \text{ und } \vec{b} = \vec{c} - \vec{d}.$$

Beachten wir nun, dass der Kreis als Voraussetzung gilt, dann ist, weil M der Mittelpunkt der Strecke von A nach B ist, $\vec{r} = -\vec{d}$. Hiermit ergibt sich:

$$\vec{a} = \vec{r} - \vec{c} \text{ und } \vec{b} = \vec{r} + \vec{c}.$$

Nun bilden wir das weiter oben überlegte Skalaprodukt und erhalten

$$\vec{a} \bullet \vec{b} = (\vec{r} - \vec{c}) \bullet (\vec{r} + \vec{c}) = |\vec{r}|^2 - |\vec{c}|^2 \underbrace{=}_{\text{Wegen Kreis: } |\vec{r}|=|\vec{c}|} 0.$$

Da $\vec{a}$ und $\vec{b}$ beide nicht der Nullvektor sind, existiert bei C der rechte Winkel. Das war aber gerade zu beweisen, womit wir fertig sind.

$\square$

XIV.5 Eine Aufgabe zur Vertiefung

Wir wollen noch ein wenig das Prinzip des geschlossenen Vektorzugs einstudieren. Dies werden wir an einer etwas schwierigeren Aufgabe vollziehen.

Gegeben sei das folgende Rechteck, wobei die eine Strecke eine der Diagonalen desselben ist und die andere Strecke durch Verbinden der Ecke D mit einem Punkt der Seite $\overline{AB}$ entsteht, welcher diese im Verhältnis $\frac{d}{1-d}$ mit $d \in [0; 1[$ teilt.

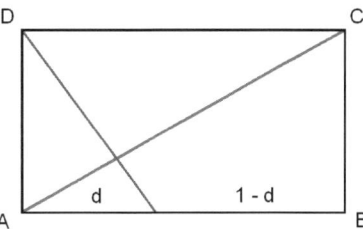

Abbildung XIV.5.1: Vektorzug mit Parameter.

Zeigen Sie, dass die in D beginnende Strecke die Diagonale im gleichen Verhältnis teilt, wie umgekehrt und dass das Verhältnis

$$\frac{d}{d+1}$$

ist.

Lösung:

Wir wählen einen geschlossenen Vektorzug, der die zu berechnenden Vektoren enthält.

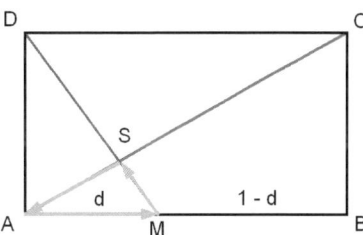

Abbildung XIV.5.2: Geschlossener Vektorzug und Benennung der Punkte.

Wir wählen z.B.

$$\overrightarrow{AM} + \overrightarrow{MS} + \overrightarrow{SA} = \overrightarrow{o}.$$

Als Basisvektoren wählen wir $\vec{a} = \overrightarrow{AB}$ und $\vec{b} = \overrightarrow{AD}$. Wir versuchen jetzt, die am geschlossenen Vektorzug beteiligten Vektoren mit Hilfe der gewählten Basisvektoren auszudrücken. Unbekannte Streckfaktoren belegen wir dabei mit zusätzlichen Parametern, welche es dann zu berechnen gilt. Der Parameter d ist als bekannt vorauszusetzen.

- **Vektor 1:** $\overrightarrow{AM} = d \cdot \overrightarrow{AB} = d \cdot \vec{a}$.
- **Vektor 2:** $\overrightarrow{MS} = t \cdot \overrightarrow{MD} = t \cdot \left(-d \cdot \overrightarrow{AB} + \overrightarrow{AD} \right) = t \cdot \left(-d \cdot \vec{a} + \vec{b} \right)$.
- **Vektor 3:** $\overrightarrow{SA} = s \cdot \overrightarrow{CA} = s \cdot \left(\underbrace{\overrightarrow{CB}}_{=-\overrightarrow{AD}} - \overrightarrow{AB} \right) = s \cdot \left(-\vec{a} - \vec{b} \right)$.

Damit formulieren wir den geschlossenen Vektorzug erneut:

$$\overrightarrow{AM} + \overrightarrow{MS} + \overrightarrow{SA} = d \cdot \vec{a} + t \cdot \left(-d \cdot \vec{a} + \vec{b} \right) + s \cdot \left(-\vec{a} - \vec{b} \right) = \vec{o}.$$

Wir fassen alle $\vec{a}$'s und $\vec{b}$'s zusammen:

$$\underbrace{(d - dt - s)}_{=0} \cdot \vec{a} + \underbrace{(t - s)}_{=0} \cdot \vec{b} = \vec{o}.$$

Weil die gewählten Vektoren $\vec{a}$ und $\vec{b}$ linear unabhängig sind, müssen ihre Koeffizienten gleich 0 sein, ansonsten können die Vektoren den Nullvektor nicht bilden. Daraus ergeben sich die folgenden beiden Gleichungen:

(1) $d - dt - s = 0$

(2) $t - s = 0$

Setzen wir (2) in (1) ein, so ergibt sich

$$d - dt - t = d - t \cdot (d + 1) = 0 \Leftrightarrow t = \frac{d}{d + 1} = s.$$

Damit wäre die Behauptung bewiesen.

□

Aufgaben

Aufgabe 1:

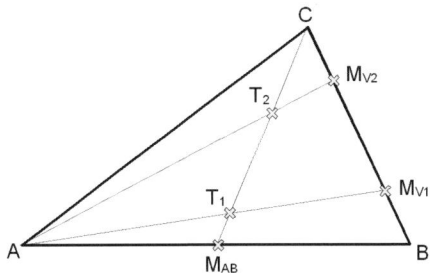

Abbildung XIV.5.3: Im Text beschriebenes Dreieck.

Gegeben sei das Dreieck ABC. Der Punkt M_{V2} teilt die Strecke $\overline{CB}$ im Verhältnis $1:3$ und der Punkt M_{V1} teilt selbige im Verhältnis $3:1$. Der Punkt M_{AB} ist die Mitte von $\overline{AB}$.

(a) Berechnen Sie, in welchem Verhältnis der Punkt T_2 die Strecken $\overline{CM_{AB}}$ und $\overline{AM_{V2}}$ teilt.

(b) Berechnen Sie, in welchem Verhältnis der Punkt T_1 die Strecken $\overline{CM_{AB}}$ und $\overline{AM_{V1}}$ teilt.

(c) Wie verhalten sich die Strecken $\overline{CT_2}$, $\overline{T_2T_1}$ und $\overline{T_1M_{AB}}$ zueinander?

Aufgabe 2:
Beweisen Sie den Satz des Pythagoras mit Hilfe der Vektorgeometrie (Skalarprodukt!) und unter Verwendung von Abbildung XIV.5.4. Formulieren Sie zuerst die Behauptung in der Sprache der Vektorgeometrie und beweisen Sie diese dann. Listen Sie zuvor aber die gegebenen Tatsachen auf, die Ihnen bei dem Beweis von Nutzen sein können.

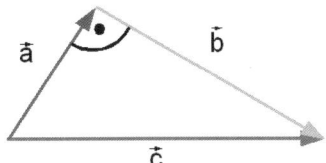

Abbildung XIV.5.4: Skizze zum Beweis des Satzes von Pythagoras.

XV Rechnen im Raum - Analytische Geometrie

Vektoren in der Geometrie haben wir als Verschiebungen im Raum kennengelernt. Wir müssen nur einen Koordinatenursprung festlegen und drei linear unabhängige Vektoren und schon können wir jeden beliebigen Punkt im Raum rechnerisch erreichen. Auf dieser Möglichkeit baut die Analytische Geometrie auf. Wir haben bereits gesehen (Kapitel XIV), wie ein Punkt im Raum als eindeutiges Zahlentripel festgelegt werden kann. Wir haben gehört oder vielmehr gelesen, was einen Ortsvektor von einem Richtungsvektor unterscheidet und wie wir die Länge eines Vektors bestimmen, indem wir ihn als Raumdiagonale interpretieren. Auch das Skalarprodukt haben wir bereits getroffen. Hier wollen wir nun einhaken und das noch fehlende Kreuzprodukt uns anschauen.

XV.1 Noch ein Produkt für Vektoren: Das Kreuzprodukt

Wir formulieren einen kleinen Wunsch:

Wir hätten gerne eine Multiplikation zweier Vektoren (nicht linear abhängig), die uns einen senkrechten Vektor zu den beiden als Faktoren fungierenden Vektoren liefert und dieser Ergebnisvektor soll nicht der Nullvektor sein.

Heißen unsere Vektoren $\vec{q}$ und $\vec{p}$, so muss der neue Vektor, nennen wir ihn, da er uns noch unbekannt ist, einfach mal $\vec{x}$, folgende Eigenschaft haben:

$$\vec{x} \bullet \vec{p} = 0 \text{ und } \vec{x} \bullet \vec{q} = 0.$$

Schreiben wir das mit den Komponenten der Vektoren nieder, so erhalten wir ein LGS mit 2 Gleichungen und 3 Unbekannten.

$$
\begin{array}{ccccccccc}
p_1 x_1 & + & p_2 x_2 & + & p_3 x_3 & = & 0 & \quad & \text{(I)} \\
q_1 x_1 & + & q_2 x_2 & + & q_3 x_3 & = & 0 & \quad & \text{(II)}
\end{array}
$$

Da $\vec{p}$ und $\vec{q}$ linear unabhängig sind, kann der eine kein Vielfaches des anderen sein. Versuchen wir nun das LGS zu lösen. Dazu gehen wir davon aus, dass p_1 und q_1 nicht 0 sind. Wir multiplizieren beide Gleichungen: (I) mit q_1 und (II) mit p_1. Es folgt:

$$q_1 p_1 x_1 \;+\; q_1 p_2 x_2 \;+\; q_1 p_3 x_3 \;=\; 0 \qquad \text{(I)}^*$$
$$p_1 q_1 x_1 \;+\; p_1 q_2 x_2 \;+\; p_1 q_3 x_3 \;=\; 0 \qquad \text{(II)}^*$$

Wir rechnen (II)*−(I)* und erhalten:

$$(p_1 q_2 - p_2 q_1) x_2 \;+\; (p_1 q_3 - q_1 p_3) x_3 \;=\; 0 \qquad \text{(III)}$$

Wir gehen davon aus, dass $p_1 q_2 - p_2 q_1 \neq 0$, dann erhalten wir:

$$x_2 = -\frac{p_1 q_3 - q_1 p_3}{p_1 q_2 - p_2 q_1} x_3.$$

Wir wählen $x_3 = p_1 q_2 - p_2 q_1$ und daher erhalten wir $x_2 = p_3 q_1 - p_1 q_3$. Setzen wir das in (I) ein, so ergibt sich:

$$p_1 x_1 + p_2 \cdot (p_3 q_1 - p_1 q_3) + p_3 \cdot (p_1 q_2 - p_2 q_1) = 0$$
$$\Leftrightarrow x_1 = \frac{p_2 \cdot (p_3 q_1 - p_1 q_3) + p_3 \cdot (p_1 q_2 - p_2 q_1)}{-p_1}$$
$$\Leftrightarrow x_1 = \frac{q_1 p_2 p_3 - q_3 p_1 p_2 + q_2 p_1 p_3 - q_1 p_2 p_3}{-p_1}$$
$$\Leftrightarrow x_1 = \frac{-q_3 p_1 p_2 + q_2 p_1 p_3}{-p_1} = p_2 q_3 - p_3 q_2.$$

Somit haben wir jetzt letztendlich den Vektor mit den Komponenten $x_1 = p_2 q_3 - p_3 q_2$, $x_2 = p_3 q_1 - p_1 q_3$ und $x_3 = p_1 q_2 - p_2 q_1$ gefunden. Ein paar Einschränkungen hatten wir zwar gemacht, aber wir wollen trotzdem festlegen:

Das Vektor- oder Kreuzprodukt

Für zwei beliebige, linear unabhängige Vektoren $\vec{p}$ und $\vec{q}$ bezeichnen wir den Vektor

$$\vec{p} \times \vec{q} := \begin{pmatrix} p_2 q_3 - p_3 q_2 \\ p_3 q_1 - p_1 q_3 \\ p_1 q_2 - p_2 q_1 \end{pmatrix} \qquad \text{(XV-1)}$$

als **Vektorprodukt** oder **Kreuzprodukt** der Vektoren $\vec{p}$ und $\vec{q}$.

Wir wollen uns jetzt versichern, dass diese Definition für alle Vektoren $\overrightarrow{p}$ und $\overrightarrow{q}$ gilt, solange keiner von ihnen der Nullvektor ist und sie linear unabhängig sind.

Wir rechnen:

$$\begin{pmatrix} p_1 \\ p_2 \\ p_3 \end{pmatrix} \bullet \begin{pmatrix} p_2 q_3 - p_3 q_2 \\ p_3 q_1 - p_1 q_3 \\ p_1 q_2 - p_2 q_1 \end{pmatrix} = p_1 p_2 q_3 - p_1 p_3 q_2 + p_2 p_3 q_1 - p_1 p_2 q_3 + p_1 p_3 q_2 - p_2 p_3 q_1$$

$$= \underbrace{p_1 p_2 q_3 - p_1 p_2 q_3}_{=0} + \underbrace{p_2 p_3 q_1 - p_2 p_3 q_1}_{=0} + \underbrace{p_1 p_3 q_2 - p_1 p_3 q_2}_{=0} = 0$$

Genauso können wir auch zeigen, dass das Skalarprodukt mit $\overrightarrow{q}$ 0 ergibt. Hierbei spielen die Anzahlen der Nullen als Komponenten keine Rolle, so dass wir die Definition vorerst für alle Vektoren verwenden können. Somit steht der mit (XV-1) definierte Vektor senkrecht auf den beiden Ausgangsvektoren $\overrightarrow{p}$ und $\overrightarrow{q}$. Wir müssen jetzt nur noch überprüfen, wann das Kreuzprodukt der Nullvektor wird, denn hier kann noch eine Einschränkung beim Gebrauch für uns existieren.

Das Kreuzprodukt wird sicher der Nullvektor $\overrightarrow{o}$, wenn die beiden zu multiplizierenden Vektoren linear abhängig sind, denn setzen wir die Komponenten von $\overrightarrow{p}$ und $\overrightarrow{q} = k \cdot \overrightarrow{p}$ mit $k \in \mathbb{R} \setminus \{0\}$ ein, rechnen wir leicht:

$$\overrightarrow{p} \times \overrightarrow{q} = \begin{pmatrix} k \cdot p_2 p_3 - k \cdot p_3 p_2 \\ k \cdot p_3 p_1 - k \cdot p_1 p_3 \\ k \cdot p_1 p_2 - k \cdot p_2 p_1 \end{pmatrix} = \begin{pmatrix} 0 \\ 0 \\ 0 \end{pmatrix} = \overrightarrow{o}.$$

Wir erkennen so, dass das Kreuzprodukt der Nullvektor ist, wenn die beteiligten Vektoren linear abhängig sind. Kann das Kreuzprodukt sonst noch der Nullvektor werden, auch wenn die beteiligten Vektoren linear unabhängig sind?

Die Antwort hierauf lautet NEIN! Sollen alle drei Komponenten des Kreuzproduktes 0 sein, dann gilt:

$$p_2 q_3 - p_3 q_2 = 0 \qquad \text{(I)}$$
$$p_3 q_1 - p_1 q_3 = 0 \qquad \text{(II)}$$
$$p_1 q_2 - p_2 q_1 = 0 \qquad \text{(III)}$$

Spielen wir kurz die Kombinationen durch: Wäre $p_2 = 0$, dann muss $p_3 = 0$ oder $q_2 = 0$ sein.

- $p_3 = 0$: Mit (II) müsste dann $p_1 = 0$ sein oder $q_3 = 0$. $p_1 = 0$ geht nicht, da wir dann mit $\vec{p}$ schon den Nullvektor hätten und der darf nicht sein. Also bleibt nur $q_3 = 0$. Mit Gleichung (III) und dem anfänglichen $p_2 = 0$ folgt wieder $p_1 = 0$ was nicht geht, oder $q_2 = 0$. Also haben wir jetzt $q_3 = q_2 = 0$. D.h. wir haben jetzt $p_2 = p_3 = q_2 = q_3 = 0$. q_1 und p_1 müssen von 0 verschieden sein. Zwei Vektoren die aber nur eine von 0 verschiedene Komponente an der gleichen Position haben, die sind linear abhängig, was wir uns leicht klar machen können.

- $q_2 = 0$: Damit ist auch Gleichung (III) erfüllt. Ist jetzt nur eine der Komponenten in (II) 0, z.B. $p_1 = 0$, dann müsste $p_3 = 0$ sein, was nicht geht (Nullvektor), oder $q_1 = 0$. Damit haben wir aber wieder $q_1 = q_2 = p_1 = p_2 = 0$ und die Argumentation verläuft wie eben. Lassen wir sie alle ungleich 0 sein, dann ist in (II) $\frac{p_3}{p_1} = \frac{q_3}{q_1}$ womit die beiden Vektoren $\vec{p}$ und $\vec{q}$ linear abhängig sind, weil p_3 das gleiche Vielfache von q_3 ist, wie p_1 von q_1 und $p_2 = q_2 = 0$.

Also können wir jetzt davon ausgehen, dass alle Komponenten der beiden Vektoren von 0 verschieden sind. Dann gilt aber nach (I) bis (III):

$$\frac{p_2}{p_3} = \frac{q_2}{q_3} \qquad \text{aus (I)}$$

$$\frac{p_3}{p_1} = \frac{q_3}{q_1} \qquad \text{aus (II)}$$

$$\frac{p_2}{p_1} = \frac{q_2}{q_1} \qquad \text{aus (III)}$$

Aus (I) wissen wir dann, dass $p_2 = k \cdot q_2$ und $p_3 = k \cdot q_3$ mit $k \neq 0$ gilt. Setzen wir das in (II) ein, dann wissen wir auch, dass auch $p_1 = k \cdot q_1$ ist und damit

$$k \cdot \vec{q} = \vec{p} \text{ mit } k \neq 0.$$

Damit sind die Vektoren aber wieder linear abhängig. Wir kommen zu dem Schluss:

> **!** Das Kreuzprodukt ist nur genau dann der Nullvektor, wenn die beteiligten Vektoren linear abhängig sind.

Damit können wir die Definition nach (XV-1) verwenden.

Zum Abschluss seien noch ein paar schöne (und auch unschöne) Eigenschaften des Kreuzproduktes genannt. Der Leser kann sie über die Definition gerne selbst herleiten.

Winkel und Fläche - Betrag des Kreuzprodukts

Schließen die beiden Vektoren $\overrightarrow{p}$ und $\overrightarrow{q}$ den Winkel φ miteinander ein, der z.B. über das andere Produkt von Vektoren, das Skalarprodukt, berechnet werden kann, dann gilt:

$$|\overrightarrow{p} \times \overrightarrow{q}| = |\overrightarrow{p}| \cdot |\overrightarrow{q}| \cdot \sin(\varphi). \tag{XV-2}$$

Wichtig I:
Damit ist der Betrag des Kreuzproduktes zweier linear abhängiger Vektoren genauso groß, wie der Flächeninhalt des durch die Vektoren aufgespannten Parallelogramms (Vergleiche Abbildung XV.1.1)!

Wichtig II:
Das Kreuzprodukt gilt nur für die Vektoren im dreidimensionalen Raum, d.h. aus dem $\mathbb{R}^3$, sonst nicht!

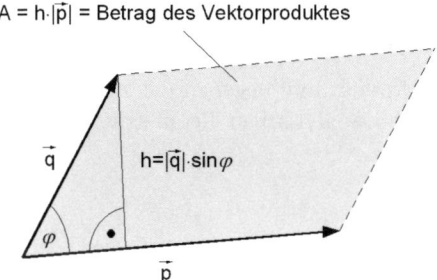

A = h·|p⃗| = Betrag des Vektorproduktes

$\overrightarrow{q}$

$h = |\overrightarrow{q}| \cdot \sin\varphi$

φ

$\overrightarrow{p}$

Abbildung XV.1.1: Kreuzprodukt und Flächeninhalt.

Weitere Eigenschaften:

Alle Vektoren seien wieder aus dem $\mathbb{R}^3$.

- $\overrightarrow{p} \times \overrightarrow{q} = -\overrightarrow{q} \times \overrightarrow{p}$.

- $\overrightarrow{p} \times (\overrightarrow{q} + \overrightarrow{v}) = \overrightarrow{p} \times \overrightarrow{q} + \overrightarrow{p} \times \overrightarrow{v}$.

- $\overrightarrow{p} \times (r \cdot \overrightarrow{q}) = r \cdot (\overrightarrow{p} \times \overrightarrow{q})$ mit $r \in \mathbb{R}$ (normale Zahl, Skalar).

- $(\overrightarrow{p} \times \overrightarrow{q}) \bullet \overrightarrow{p} = (\overrightarrow{p} \times \overrightarrow{q}) \bullet \overrightarrow{q} = 0$.

Ein Letztes müssen wir zum Kreuzprodukt noch loswerden: Wie können wir es praktisch berechnen? Dazu gibt Abbildung XV.1.2 Auskunft.

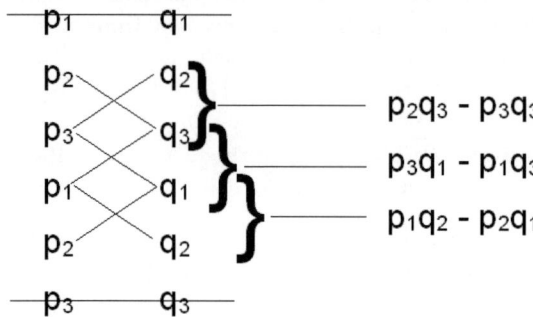

Abbildung XV.1.2: Praktisches Aufstellen des Kreuzproduktes.

Wir schreiben also jeden Vektor zwei Mal untereinander, streichen dann die letzte und die erste Zeile und bilden dann immer über Kreuz Produkte. Die zwei Produkte, deren Verbindungslinien sich im Schema kreuzen, werden dann zusammengerechnet und zwar Verbindungslinie abwärts von links nach rechts minus nächste Verbindungslinie aufwärts von links nach rechts und das ganze eben dreimal.

Wir haben jetzt ein neues Produkt und begeben uns mit diesem und dem „alten" Skalarprodukt in den Kampf mit der analytischen Geometrie.

XV.2 Geraden und Vektoren

Im zwei- wie im dreidimensionalen Raum ist eine Gerade durch die Angabe zweier verschiedener Punkte eindeutig festgelegt. Haben wir zwei Punkte P und Q gegeben, so
können wir mit Hilfe ihrer Ortsvektoren eine Gerade in vektorieller Darstellung aufstellen. Der eine der beiden Punkte bzw. sein Ortsvektor (welcher, ist egal) übernimmt die
Rolle des Stützvektors, gibt also einen konkreten Punkt auf der Geraden an. Die Diffe-
renz der beiden Ortsvektoren $\overrightarrow{PQ} = \overrightarrow{q} - \overrightarrow{p}$ verwenden wir als Richtungsvektor. Dabei
ist $\overrightarrow{p} = \overrightarrow{OP}$ und $\overrightarrow{q} = \overrightarrow{OQ}$. Mit dem Richtungsvektor können wir von P nach Q laufen,
denn

$$\overrightarrow{p} + \overrightarrow{PQ} = \overrightarrow{p} + (\overrightarrow{q} - \overrightarrow{p}) = \overrightarrow{q},$$

oder auch von Q nach P (mit dem Gegenvektor), denn

$$\overrightarrow{q} + \overrightarrow{QP} = \overrightarrow{q} - \overrightarrow{PQ} = \overrightarrow{q} - (\overrightarrow{q} - \overrightarrow{p}) = \overrightarrow{p}.$$

Wollen wir zu einem anderen Punkt auf der Geraden, so multiplizieren wir den Richtungsvektor mit einem Skalar, einer ganz normalen Zahl. Diese Multiplikation ändert nur
etwas an der Länge, die Richtung bleibt gleich, da wir quasi eine zentrische Streckung
vornehmen. So können wir uns frei auf der Geraden bewegen. Wir halten fest:

Geraden in vektorieller Darstellung

Geraden lassen sich durch eine Vektorgleichung der Form

$$\overrightarrow{x} = \overrightarrow{p} + t \cdot \overrightarrow{v} \text{ mit } t \in \mathbb{R} \qquad\qquad \text{(XV-3)}$$

beschreiben. Den Vektor $\overrightarrow{p}$ nennen wir den **Stützvektor** der Geraden, der Vektor $\overrightarrow{v}$,
der mit Hilfe des Skalars t beliebig oft an den Stützvektor angelegt werden kann, heißt
Richtungsvektor. t ist ein freier Parameter. Deswegen wird diese Darstellungsform
einer Geraden auch als **Parameterdarstellung einer Geraden** oder **Parameterform einer Geraden** bezeichnet. Wir schreiben kurz:

$$g : \overrightarrow{x} = \overrightarrow{p} + t \cdot \overrightarrow{v} \qquad\qquad \text{(XV-4)}$$

Dass t dann alle erdenklichen Werte annehmen darf, wird stillschweigend vorausgesetzt.

Sind zwei verschiedene Punkte P und Q einer Geraden h gegeben, dann kann die Geradengleichung wie folgt aufgestellt werden:

D

$$h : \vec{x} = \overrightarrow{OP} + t \cdot \overrightarrow{PQ} = \vec{p} + t \cdot (\vec{q} - \vec{p}) .$$ (XV-5)

Es kann auch der andere Ortsvektor als Stützvektor verwendet werden oder der Vektor $\overrightarrow{QP}$ als Richtungsvektor oder Vielfache desselben usw. Wir sehen: **Die Parameterdarstellung ist nicht eindeutig.**

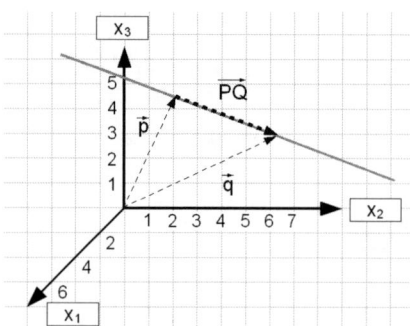

Abbildung XV.2.1: Grafische Darstellung einer Gerade durch zwei Punkte.

Beispiel - Zwei Punkte, eine Gerade

Stellen Sie die Parameterform der Geraden auf, welche durch die Punkte $A(2/3/4)$ und $B(1/2/8)$ geht.

Eine mögliche Parameterform lautet:

$$g : \vec{x} = \overrightarrow{OA} + t \cdot \overrightarrow{AB} = \begin{pmatrix} 2 \\ 3 \\ 4 \end{pmatrix} + t \cdot \begin{pmatrix} 1 - 2 \\ 2 - 3 \\ 8 - 4 \end{pmatrix} = \begin{pmatrix} 2 \\ 3 \\ 4 \end{pmatrix} + t \cdot \begin{pmatrix} -1 \\ -1 \\ 4 \end{pmatrix}$$

t darf natürlich wieder alle möglichen reellen Zahlenwerte annehmen.

Jetzt wissen wir, wie wir eine Gerade darstellen können. Doch der dreidimensionale Raum bietet noch Platz für ein bisschen mehr.

XV.3 Ebenen

Für Ebenen haben wir mehrere formeltechnische Darstellungsmöglichkeiten, nämlich drei brauchbare an der Zahl. Wir werfen auf alle drei einen kurzen Blick. Unser Liebling wird aber wohl die Koordinatenform werden. Warum? Das zeigt sich bald.

Die Parameterform

Wir betrachten die Ebene in der folgenden Skizze:

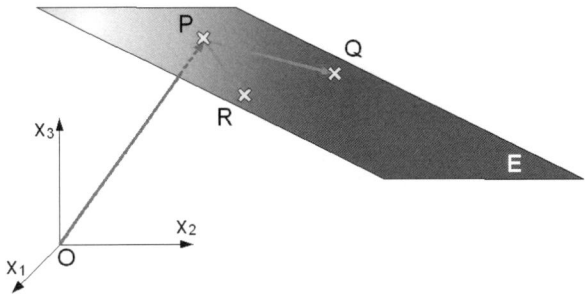

Abbildung XV.3.1: Skizze zum Aufstellen einer Ebenengleichung. Die Ebene ist eigentlich unendlich ausgedehnt, aber das wäre zeichnerisch eine doch recht schwierige Darstellung.

Eine Ebene ist durch die Angabe dreier Punkte, die nicht auf einer Geraden liegen, eindeutig festgelegt. Bei der Parameterform bezeichnen wir nun bei drei gegebenen Punkten einen als Stützpunkt und ermitteln durch Subtraktion die Verbindungsvektoren zu den beiden anderen Punkten. Da ja nicht alle drei Punkte auf einer Geraden liegen, sind diese Verbindungsvektoren, die wir natürlicher Weise wieder als Richtungsvektoren bezeichnen, linear unabhängig voneinander. Einen beliebigen Punkt der Ebene erhalten wir durch lineare Kombination der relevanten Vektoren. Es ist durch

$$E : \vec{x} = \overrightarrow{OP} + s \cdot \overrightarrow{PR} + t \cdot \overrightarrow{PQ} = \vec{p} + s \cdot \vec{u} + t \cdot \vec{v}.$$

jeder Punkt der Ebene beschrieben und somit die Ebene selbst. Wir nennen diese Darstellung die **Parameterform der Ebenengleichung** (analog zum Fall der Gerade), die ihren Namen ebenfalls von den frei wählbaren Parametern s und t erhält, denn $s, t \in \mathbb{R}$. Da wir bei der Wahl der Punkte, welche zum Aufstellen der Gleichung verwendet werden, nicht festgelegt sind, ist die Parameterform der Ebenengleichung leider ebensowenig eindeutig wie die der Gerade.

Parameterform der Ebenengleichung - kurz: Parameterform

Wir können eine jede Ebene durch eine Gleichung der Form

$$\vec{x} = \vec{p} + s \cdot \vec{u} + t \cdot \vec{v} \text{ mit } s, t \in \mathbb{R} \qquad \text{(XV-6)}$$

beschreiben. Dieses Mal haben wir im Gegensatz zur Gerade zwei Richtungsvektoren $\vec{u}$ und $\vec{v}$ und wieder einen Stützvektor $\vec{p}$. In kurzer Form können wir

$$E : \vec{x} = \vec{p} + s \cdot \vec{u} + t \cdot \vec{v} \qquad \text{(XV-7)}$$

für die Ebenengleichung der Ebene E notieren.

Beispiel - Drei Freunde sollt ihr sein

Stellen Sie die Parameterform für die Ebene auf, welche durch die Punkte $A(1/0/3)$, $B(2/0/7)$ und $C(-1/0/5)$ geht.

Wie bei der Geraden rechnen wir:

$$E : \vec{x} = \overrightarrow{OA} + s \cdot \overrightarrow{AB} + t \cdot \overrightarrow{AC} = \begin{pmatrix} 1 \\ 0 \\ 3 \end{pmatrix} + s \cdot \begin{pmatrix} 1 \\ 0 \\ 4 \end{pmatrix} + t \cdot \begin{pmatrix} -2 \\ 0 \\ 2 \end{pmatrix}.$$

Die Parameterform wäre damit abgehakt. Der Nächste, bitte.

XV.3.1 Die Koordinatenform

Wir gehen davon aus, dass wir die Ebene bereits in der Parameterform vorliegen haben:

$$E : \vec{x} = \vec{p} + s \cdot \vec{u} + t \cdot \vec{v}.$$

Wir können nun die einzelnen Zeilen auslesen:

$$
\begin{array}{rcllll}
x_1 & = & p_1 & + & su_1 & + & tv_1 & \text{(I)} \\
x_2 & = & p_2 & + & su_2 & + & tv_2 & \text{(II)} \\
x_3 & = & p_3 & + & su_3 & + & tv_3 & \text{(III)}
\end{array}
$$

Versuchen wir in dem Gleichungssystem auf der rechten Seite, die Parameter zu eliminieren, dann erhalten wir, nach dem Zusammenfassen aller Konstanten, die Gleichung

$$ax_1 + bx_2 + cx_3 = e.$$

Diese Form der Darstellung nennen wir die **Koordinatenform** oder die **Koordinatengleichung** einer Ebene. Sie ist, bis auf multiplikative Vielfache, eindeutig bestimmbar. Aus ihr werden wir später in diesem Kapitel u.a. die Hessesche Normalenform bilden können (Die letzte Konstante haben wir e getauft, da wir so in keine Bezeichnungsschwierigkeiten geraten, denn das d brauchen wir noch.).

Die Koordinatenform hat ein paar schöne Eigenschaften, die wie uns merken sollten:

- Die Gleichungen der Koordinatenebenen (x_1x_2-Ebene, x_1x_3-Ebene und x_2x_3-Ebene) sind sehr einfach. Die jeweils nicht im Namen erwähnte Koordinate ist 0. Also:
    - x_1x_2-Ebene: $x_3 = 0$
    - x_1x_3-Ebene: $x_2 = 0$
    - x_2x_3-Ebene: $x_1 = 0$

- Parallele Geraden sind sehr schnell zu erkennen, denn sie unterscheiden sich nur in dem abschließenden e der Gleichung, wenn so gekürzt wurde, dass beide Ebenengleichungen das gleiche a haben (und damit dann auch identische b und c).

- Die Lage einer Ebene im Koordinatensystem ist sofort aus der Gleichung ersichtlich. Beispiele:
    - $E : x_1 = 5$: Ebene ist parallel zur x_2x_3-Ebene
    - $E : x_1 + 3x_3 = 4$: Ebene ist parallel zur x_2-Achse
    - $E : x_1 + x_2 + x_3 = 5$: Allgemeine Lage

- Mit der Koordinatenform lassen sich sehr schnell die Durchstoßpunkte der Koordinatenachsen durch die Ebene ermitteln. Diese nennen wir **Spurpunkte**. Diese sind eine hervorragende Zeichenhilfe für einen Ausschnitt der betrachteten Ebene. Aus $ax_1 + bx_2 + cx_3 = e$ erhalten wir durch Division durch $e \neq 0$ die Gleichung:

$$\frac{a}{e}x_1 + \frac{b}{e}x_2 + \frac{c}{e}x_3 = 1.$$

Damit können wir sofort die Spurpunkte angeben: $S_1(\frac{e}{a}/0/0)$, $S_2(0/\frac{e}{b}/0)$ und $S_3(0/0/\frac{e}{c})$. Umgekehrt können wir auch aus den Spurpunkten schnell die Koordinatengleichung aufstellen.

Ist $e = 0$, dann ist der Ursprung $O(0/0/0)$ der einzige Spurpunkt. Die drei Spurpunkte sind zu einem entartet. Ist einer der Koeffizienten 0, so gibt es den zugehörigen Spurpunkt nicht, es liegt eine der eben gezeigten Parallelitäten vor.

- Der Vektor, der die Koeffizienten a, b und c als Komponenten hat, ist ein **Normalenvektor** der Ebene. Das ist ein Vektor, der senkrecht auf der Ebene steht. Dazu später mehr. Es ist

$$\vec{n} = \begin{pmatrix} a \\ b \\ c \end{pmatrix}$$

Fassen wir das Gröbste vor den kommenden Beispielen nochmal kurz zusammen:

Koordinatenform einer Ebene

Eine Gleichung der Form

$$ax_1 + bx_2 + cx_3 = e \qquad \text{(XV-8)}$$

beschreibt immer eine Ebene E und jede Ebene E wird durch genau eine solche Gleichung eindeutig beschrieben. Mindestens einer der drei Koeffizienten ist dabei nicht 0.

Solche Gleichungen kennen wir bereits aus Kapitel VIII. Durch diese Ähnlichkeit sind wir nachher, nach der Lektüre von Abschnitt XV.4, in der Lage, die Lösung linearer Gleichungssysteme auch geometrisch zu deuten, als bestimmte Lagebeziehungen der beteiligten Ebenen zueinander.

Beispiel 1 - Spuren im Sand

Geben Sie die Spurpunkte der Ebene $E : 4x_1 + 7x_2 + 14x_3 = 28$ an.

Wir dividieren durch 28 und erhalten (gekürzt)

$$\frac{1}{7}x_1 + \frac{1}{4}x_2 + \frac{1}{2}x_3 = 1.$$

Aus den Kehrwerten der Koeffizienten erhalten wir dann sofort die Spurpunkte:

$$S_1(7/0/0), S_2(0/4/0) \text{ und } S_3(0/0/2).$$

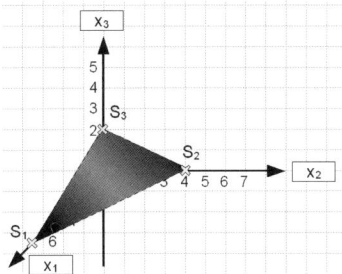

Abbildung XV.3.2: Die Ebene mit ihren drei berechneten Spurpunkten.

Beispiel 2 - Manchmal kann es so einfach sein

Eine bereits bekannte Aufgabe: Stellen Sie die Koordinatenform der Ebene auf, welche durch die Punkte $A(1/0/3)$, $B(2/0/7)$ und $C(-1/0/5)$ geht.
Hier erkennen wir relativ zügig, dass $x_2 = 0$ ist. Damit haben wir unsere Koordinatengleichung.

Weitere Beispiele finden sich im Laufe des ganzen Kapitels. Mit den Aufgaben halten wir es hier so, dass es nicht nach jedem kleinen Schritt etwas zu Üben gibt. Wenn wir weit genug gelaufen sind, dann sind wir in der Lage, hinreichend interessante Aufgaben zu lösen und nicht nur solche Einsetzübungen.

XV.3.2 Die Normalenform

Eine Darstellungsmöglichkeit bzw. eine Möglichkeit, Ebenen zu beschreiben, fehlt uns noch. Um eine Ebene in der sog. Normalenform darzustellen, machen wir uns das Skalarprodukt zu nutze. Dieses hat die schöne Eigenschaft, dass das (Skalar-)Produkt zweier senkrecht zueinander stehender Vektoren 0 ergibt. Wir betrachten folgende Skizze:

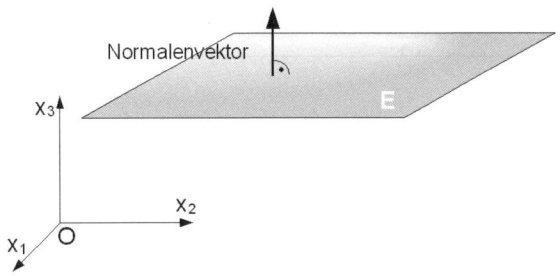

Abbildung XV.3.3: Eine Ebene mit Normalenvektor.

Ein Normalenvektor ist, wie wir bereits wissen, ein beliebiger Vektor, welcher senkrecht auf der Ebene steht. Er wird häufig mit $\vec{n}$ bezeichnet. Damit steht er auch senkrecht auf jedem Vektor, welcher in der Ebene verläuft. Ein Punkt X liegt also in der Ebene, wenn der Verbindungsvektor zum Stützpunkt P senkrecht auf dem Normalenvektor steht. Es ist dann

$$X \in E, \text{ daher } \overrightarrow{PX} \bullet \vec{n} = 0, \text{ also } (\vec{x} - \vec{p}) \bullet \vec{n} = 0.$$

Diese Gleichung gilt für einen jeden Punkt der Ebene, ist also eine Darstellung der Ebene an sich. Man nennt sie die **Normalenform der Ebenengleichung**.

Wir können jetzt begründen, warum der Vektor

$$\vec{n} = \begin{pmatrix} a \\ b \\ c \end{pmatrix}$$

ein Normalenvektor der Ebene ist. Die Koordinatenform einer Ebene E können wir auch vektoriell schreiben. Es ist

$$ax_1 + bx_2 + cx_3 = e = \begin{pmatrix} a \\ b \\ c \end{pmatrix} \bullet \begin{pmatrix} x_1 \\ x_2 \\ x_3 \end{pmatrix}.$$

Wählen wir nun einen beliebigen Punkt der zu der Koordinatengleichung gehörigen Ebene, nennen wir ihn $P \in E$, dann ist

$$ap_1 + bp_2 + cp_3 = \begin{pmatrix} a \\ b \\ c \end{pmatrix} \bullet \begin{pmatrix} p_1 \\ p_2 \\ p_3 \end{pmatrix} = e.$$

Also können wir schreiben:

$$ax_1 + b_2 + cx_3 = e \Leftrightarrow \begin{pmatrix} a \\ b \\ c \end{pmatrix} \bullet \begin{pmatrix} x_1 \\ x_2 \\ x_3 \end{pmatrix} = \begin{pmatrix} a \\ b \\ c \end{pmatrix} \bullet \begin{pmatrix} p_1 \\ p_2 \\ p_3 \end{pmatrix} \Leftrightarrow \begin{pmatrix} a \\ b \\ c \end{pmatrix} \bullet \begin{pmatrix} x_1 \\ x_2 \\ x_3 \end{pmatrix} - \begin{pmatrix} a \\ b \\ c \end{pmatrix} \bullet \begin{pmatrix} p_1 \\ p_2 \\ p_3 \end{pmatrix} = 0$$

$$\Leftrightarrow \left[\begin{pmatrix} x_1 \\ x_2 \\ x_3 \end{pmatrix} - \begin{pmatrix} p_1 \\ p_2 \\ p_3 \end{pmatrix} \right] \bullet \begin{pmatrix} a \\ b \\ c \end{pmatrix} = 0.$$

Das ist eine Normalenform, durch Umformung aus eine Koordinatenform entstanden. Somit gilt tatsächlich:

Normalenvektor

Der aus den Koeffizienten der Koordinatenform $ax_1 + bx_2 + cx_3 = e$ einer Ebene E gebildete Vektor

$$\vec{n} = \begin{pmatrix} a \\ b \\ c \end{pmatrix} \qquad \text{(XV-9)}$$

ist ein Normalenvektor der Ebene E, d.h. er steht senkrecht auf ihr und damit auf jedem Vektor, der zwei Punkte der Ebene miteinander verbindet.

Wenn wir gerade schon dabei sind, dann können wir uns gleich überlegen, wie wir von einer Ebenendarstellung bzw. Ebenengleichung zu einer anderen kommen. Hierbei sei schon einmal darauf hingewiesen, dass die Umwandlung in die Koordinatenform die wichtigste ist, denn bei dieser erkennen wir so viele schöne Dinge so verdammt einfach (Parallelität, Normalenvektor, liegt ein Punkt in der Ebene, usw.).

XV.3.3 Umwandeln von Ebenen

Wir betrachten die verschiedenen Fälle, wobei wir für manche Umwandlungen mehrere Varianten angeben. Die Auswahl der Lieblingsmethode bleibt dann einem jedem selbst überlassen.

- **Parameter $\longrightarrow$ Koordinaten - Variante 1:**
  Zeilenweises Auslesen der Parametergleichung, es entsteht ein LGS mit drei Gleichungen. Hier eliminieren wir die beiden Parameter. Sobald eine Gleichung notiert wird, die *keinen* Parameter mehr enthält, haben wir die Koordinatenform gefunden.

- **Parameter $\longrightarrow$ Koordinaten - Variante 2:**
  Wir bilden das Kreuzprodukt der beiden Richtungsvektoren, $\vec{u} \times \vec{v} =: \vec{n}$. Wir bilden das Skalarprodukt zwischen diesem Normalenvektor der Ebene und dem Stützvektor, $\vec{n} \bullet \vec{p} =: e \in \mathbb{R}$. Damit und mit den Komponenten von $\vec{n}$ stellen wir die Koordinatenform auf:

$$n_1 x_1 + n_2 x_2 + n_3 x_3 = e.$$

- **Parameter $\longrightarrow$ Koordinaten - Variante 3:**
  Wir wählen einen noch unbekannten Vektor $\vec{n}$ und bilden mit ihm und den beiden

Richtungsvektoren $\overrightarrow{u}$ und $\overrightarrow{v}$ der Ebene das Skalarprodukt und fordern für beide Fälle, dass es 0 ist und $\overrightarrow{n}$ somit ein Normalenvektor der Ebene ist. Wir haben:

$$\overrightarrow{n} \cdot \overrightarrow{u} = n_1 u_1 + n_2 u_2 + n_3 u_3 = 0$$
$$\overrightarrow{n} \cdot \overrightarrow{v} = n_1 v_1 + n_2 v_2 + n_3 v_3 = 0$$

Hier haben wir ein LGS mit 2 Gleichungen und 3 Unbekannten (n_1, n_2 und n_3) vorliegen. Wir bestimmen die Lösung in Abhängigkeit von einer der Unbekannten als frei wählbarem Parameter. Legen wir für diesen dann einen Wert fest, haben wir einen Normalenvektor der Ebene gegeben, hierdurch wurde nur einer mit einer gewissen Länge ausgewählt, was aber für die weitere Rechnung unerheblich ist. Wir notieren mit den jetzt bekannten Größen n_1 bis n_3:

$$n_1 x_1 + n_2 x_2 + n_3 x_3 = ?.$$

Das Fragezeichen bestimmen wir, indem wir den Stützpunkt der Ebene E einsetzten. Das Ergebnis sei e und wir haben dann mit

$$n_1 x_1 + n_2 x_2 + n_3 x_3 = e$$

die Koordinatenform vorliegen. Falls Bedarf besteht kann abschließend noch durch den ggT, den größten gemeinsamen Teiler der Koeffizienten und der Zahl e dividiert werden.

- **Parameter $\longrightarrow$ Normal:**
  Wir bestimmen bei der Umwandlung zur Koordinatenform einen Normalenvektor $\overrightarrow{n}$ mit dem Kreuzprodukt und notieren mit dem Stützpunkt $\overrightarrow{p}$ der Ebene einfach

$$[\overrightarrow{x} - \overrightarrow{p}] \bullet \overrightarrow{n} = 0$$

und wir sind fertig. Der Normalenvektor kann aber auch wie in der obigen Variante 3 mit dem Skalarprodukt bestimmt werden oder über den kleinen Umweg mit der Parameterelimination und der Koordinatenform (Normalenvektor aus deren Koeffizienten).

- **Koordinaten $\longrightarrow$ Parameter:**
  Wir lösen $ax_1 + bx_2 + cx_3 = e$ nach einer nicht verschwindenden (d.h. ihr Koeffizient ist nicht 0) Koordinate auf und setzen die anderen beiden als Parameter. Es ist dann z.B. mit $a \neq 0$ (sonst wählen wir eine andere Koordinate)

$$ax_1 + bx_2 + cx_3 = e \Leftrightarrow x_1 = \frac{e}{a} - \frac{b}{a}x_2 - \frac{c}{a}x_3.$$

Mit $x_2 = s$ und $x_3 = t$ erhalten wir

$$
\begin{array}{rcccccc}
x_1 & = & \frac{e}{a} & + & (-1) \cdot \frac{b}{a}s & + & (-1) \cdot \frac{c}{a}t \\
x_2 & = & & & s & & \\
x_3 & = & & & & & t
\end{array}
$$

In Vektorschreibweise:

$$\begin{pmatrix} x_1 \\ x_2 \\ x_3 \end{pmatrix} = \begin{pmatrix} \frac{e}{a} \\ 0 \\ 0 \end{pmatrix} + s \cdot \begin{pmatrix} -\frac{b}{a} \\ 1 \\ 0 \end{pmatrix} + t \cdot \begin{pmatrix} -\frac{c}{a} \\ 0 \\ 1 \end{pmatrix} \quad \text{mit } s, t \in \mathbb{R}.$$

- **Koordinaten $\longrightarrow$ Normal:**
  Suchen/Raten eines Punktes P der in der Ebene liegt, dieser erfüllt $ax_1 + bx_2 + cx_3 = e$. Dann ist

$$\left[\begin{pmatrix} x_1 \\ x_2 \\ x_3 \end{pmatrix} - \begin{pmatrix} p_1 \\ p_2 \\ p_3 \end{pmatrix} \right] \bullet \begin{pmatrix} a \\ b \\ c \end{pmatrix} = 0.$$

  Und schon sind wir wieder fertig.

- **Normal $\longrightarrow$ Koordinaten:**
  Normalengleichung einfach ausmultiplizieren und den Zahlenwert nach rechts schreiben, fertig.

- **Koordinaten $\longrightarrow$ Parameter:**
  Wie in der Vorgehensweise zuvor erst die Koordinatenform aufstellen und dann diese umformen.

Wir wollen ein paar der Umwandlungen an einem Beispiel demonstrieren. Weitere können dann bei den entsprechenden Aufgaben geübt werden. Gibt es mehrere Umwandlungsvarianten, dann sollte jeder sich seine Lieblingsmethode auswählen und die zügig und sicher beherrschen.

Beispiel - Das Verwandlungsspiel

Wir beginnen mit der Parameterform. Diese sei hier:

$$\overrightarrow{x} = \begin{pmatrix} 1 \\ 0 \\ 3 \end{pmatrix} + s \cdot \begin{pmatrix} 0 \\ 2 \\ 1 \end{pmatrix} + t \cdot \begin{pmatrix} 1 \\ 1 \\ 1 \end{pmatrix}$$

Wir schreiben zeilenweise aus:

$$x_1 = 1 + 1t$$
$$x_2 = 2s + t$$
$$x_3 = 3 + s + t$$

Wir ziehen die erste Gleichung von den beiden anderen ab und erhalten:

$$x_2 - x_1 = 2s - 1$$
$$x_3 - x_1 = 2 + s$$

Ziehen wir hier das Doppelte der unteren von der oberen Gleichung ab, dann haben wir

$$E : x_1 + x_2 - 2x_3 = -5.$$

Diese Koordinatenform wandeln wir in eine Normalform um. Der Punkt $P(-5/0/0)$ liegt auf der Ebene (einsetzen!) und den Normalenvektor bilden wir aus den Koeffizienten. Es ist dann

$$E : \left[\overrightarrow{x} - \begin{pmatrix} -5 \\ 0 \\ 0 \end{pmatrix} \right] \bullet \begin{pmatrix} 1 \\ 1 \\ -2 \end{pmatrix} = 0.$$

Von der Normalenform wollen wir wieder zurück zur Parameterform. Über die Koordinatenform gehend, erhalten wir $x_1 = -5 - x_2 + 2x_3$. Mit $x_2 = s$ und $x_3 = t$ ergibt sich schließlich:

$$E : \overrightarrow{x} = \begin{pmatrix} -5 \\ 0 \\ 0 \end{pmatrix} + s \cdot \begin{pmatrix} -1 \\ 1 \\ 0 \end{pmatrix} + t \cdot \begin{pmatrix} 2 \\ 0 \\ 1 \end{pmatrix}$$

Diese Gleichung sieht anders aus als die zu Beginn, es liegt aber dieselbe Ebene vor. Das ist leicht zu erkennen, denn die Richtungsvektoren der eben aufgestellten Gleichung können die beiden Richtungsvektoren oben bilden und der Punkt $P(1/0/3)$ liegt auch in dieser „neuen" Ebene E, wie wir durch einfaches Einsetzen und Auflösen (LGS mit 2 Unbekannten und 3 Gleichungen) ermitteln können.

Nun kennen wir Geraden und Ebenen als neue Objekte der analytischen Geometrie. Wie verhalten diese sich jetzt zueinander? Wie können sie liegen und was interessiert mich das? Fragen, die nach Antworten verlangen.

XV.4 Lagebeziehungen

Wir wollen in diesem Abschnitt davon ausgehen, dass uns die Ebenen in Koordinatenform vorliegen. Hier erkennen wir so einfach, wie Ebene-Ebene oder Gerade-Gerade zueinander liegen. Dennoch zeigen wir bei den Ebenen, wie wir auch z.B. mit der Parameterform vorankommen. Zum praktischen Gebrauch sei einem aber wirklich die Koordinatenform ans Herz gelegt!

XV.4.1 Gegenseitige Lagen von Geraden

Zwei Geraden g und h können wie folgt zueinander liegen:

- Sie können identisch sein, $g = h$.

- Sie können parallel sein, $g \parallel h$

- Sie können sich schneiden, $g \cap h$.

- Sie können windschief zueinander sein, $g \neq h$, $g \nparallel h$, kein Schnitt.

Die einzelnen Lagen sind in Abbildung XV.4.1 illustriert.

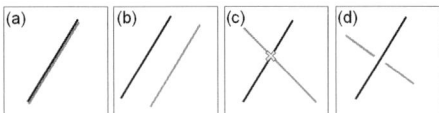

Abbildung XV.4.1: Lage zweier Geraden im dreidimensionalen Raum zueinander: (a) identisch (b) parallel (c) Schnitt (d) windschief.

Wir können jetzt über die linearen Unabhängigkeiten bzw. Abhängigkeiten diverser Vektoren bzw. deren Kombinationen feststellen, welcher Fall denn vorliegt. Es empfiehlt sich aber dabei folgende Vorgehensweise:

Ei, wer liegt denn da Gerade? - Lage zweier Geraden zueinander

Wir haben zwei Schritte durchzuführen:

- **Schritt 1:** Wir überprüfen, ob die Richtungsvektoren der beiden Geraden linear abhängig sind, d.h. ob der eine Richtungsvektor ein Vielfaches des anderen ist.

  – Wenn JA: Geraden können parallel oder identisch sein.
  – Wenn NEIN: Geraden können windschief sein oder sich schneiden.

- **Schritt 2:** Wir setzen die beiden Geradengleichungen gleich und lösen das überbestimmte LGS (2 Unbekannte bei 3 Gleichungen). Ist das LGS lösbar?

  – Wenn JA JA: Geraden sind identisch.
  – Wenn JA NEIN: Geraden sind parallel.
  – Wenn NEIN JA: Die Geraden schneiden sich.
  – Wenn NEIN NEIN: Die Geraden sind windschief.

  Die Antworten beziehen sich dabei im zweiten Fall auf beide Fragen (z.B. Schritt 1: JA, Schritt 2: JA).

Und schon wissen wir Bescheid, wie die beiden Geraden zueinander liegen. Und das gerade einmal mit zwei Fragen und Antworten.

Beispiel - Kontaktscheu?

Wir betrachten zwei Geraden:

$$g : \vec{x} = \begin{pmatrix} 1 \\ 2 \\ 4 \end{pmatrix} + t \cdot \begin{pmatrix} -1 \\ 1 \\ -3 \end{pmatrix} \text{ und } h : \vec{x} = \begin{pmatrix} 1 \\ 1 \\ 5 \end{pmatrix} + t \cdot \begin{pmatrix} 1 \\ 2 \\ 4 \end{pmatrix}$$

Achtung!

Sollten zwei Geraden oder Ebenen gleiche Parameter haben und es ist nicht ausdrücklich erwähnt, dass das so sein soll, dann müssen die Parameter in einer Gleichung umbenannt werden, denn ansonsten wird wohl in den seltensten Fällen eine (korrekte) Lösung gefunden.

Es ist also

$$g : \vec{x} = \begin{pmatrix} 1 \\ 2 \\ 4 \end{pmatrix} + s \cdot \begin{pmatrix} -1 \\ 1 \\ -3 \end{pmatrix} \text{ und } h : \vec{x} = \begin{pmatrix} 1 \\ 1 \\ 5 \end{pmatrix} + t \cdot \begin{pmatrix} 1 \\ 2 \\ 4 \end{pmatrix}$$

Schritt 1:
NEIN, denn die Richtungsvektoren sind linear unabhängig. Folglich können die Geraden nur noch windschief sein oder sich schneiden.

Schritt 2:
Wir setzen gleich und erhalten

$$\begin{pmatrix} 1 \\ 2 \\ 4 \end{pmatrix} + s \cdot \begin{pmatrix} -1 \\ 1 \\ -3 \end{pmatrix} = \begin{pmatrix} 1 \\ 1 \\ 5 \end{pmatrix} + t \cdot \begin{pmatrix} 1 \\ 2 \\ 4 \end{pmatrix}$$

Ein wenig Umformen und wir erhalten das folgende LGS durch zeilenweises Auslesen:

$$t + s = 0$$
$$2t - s = 1$$
$$4t + 3s = -1$$

Aus der ersten Gleichung sehen wir $t = -s$. Mit der zweiten rechnen wir dann $2t + t = 1$, also $t = \frac{1}{3}$ und daher $s = -\frac{1}{3}$. Setzen wir das in die übrige Gleichung ein, dann sehen wir, dass diese wegen $\frac{1}{3} \neq -1$ nicht gelöst wird und das LGS deshalb auch nicht lösbar ist.

Deshalb: NEIN NEIN, die Geraden sind windschief zueinander.

XV.4.2 Gegenseitige Lagen von Ebenen

Hier empfiehlt es sich, die Ebenen in Koordinatenform anzugeben, denn dort können wir die drei Lagemöglichkeiten zweier Ebenen zueinander,

- identisch,

- parallel,

- Schnitt,

schnell erkennen.

Wer liegt Eben? - Lage zweier Ebenen zueinander

Es seien zwei Ebenen in Koordinatenform gegeben:

$$E : ax_1 + bx_2 + c_x3 = e \text{ und } F : a'x_1 + b'x_2 + c'x_3 = e'.$$

Gegenseitige Lage: Wir können hier drei Fälle unterscheiden:

- Sind $a = a'$, $b = b'$, $c = c'$ und $e = e'$ oder können sie durch Kürzen gleich gemacht werden, dann ist $E = F$ (gleicher Normalenvektor und alle Punkte gemeinsam).

- Sind $a = a'$, $b = b'$ und $c = c'$ oder können sie durch Kürzen gleich gemacht werden, aber $e \neq e'$, dann ist $E \parallel F$ (gleicher Normalenvektor, keinen Punkt gemeinsam).

- Tritt keiner der beiden ersten Fälle auf, dann schneiden sich die Ebenen, $E \cap F$.

Der interessanteste Fall von diesen dreien ist der mit dem Schnitt. Zwei Ebenen können sich wenn, dann nur in einer Geraden schneiden. Wie kommen wir an deren Gleichung? Antwort: Durch das Lösen eines unterbestimmten LGS.

Beispiele - Schnitt von Ebenen

Wenn wir zwei Ebenen schneiden, so haben wir drei verschiedene Ergebnisse zu erwarten. Zuerst einmal keinen Schnitt, daraus folgt sofort, dass die Ebenen parallel sind, zum Zweiten den Spezialfall identischer Ebenen mit unendlich vielen Lösungen, und zum Dritten eine Schnittgerade. Wir kennen drei Darstellungsformen für Ebenen: Die Parameterform, die Koordinatenform und die Normalenform. Wie wir aus diesen Formen und ihren Kombinationen die Schnittgerade berechnen können, eignen wir uns im Folgenden an. Mit der Normalenform der Ebenengleichung wollen wir es aber dabei so halten, dass wir sie in eine der beiden anderen Darstellungsformen umwandeln, auch wenn wir z.B. die Parameterform in sie einsetzen können.

Parameter - Parameter

1. Erstmal brauchen wir zwei Ebenen (gegeben oder aus Punkten berechnen):

$$E_1 : \overrightarrow{x} = \begin{pmatrix} 1 \\ 2 \\ 3 \end{pmatrix} + s \cdot \begin{pmatrix} 1 \\ 1 \\ 1 \end{pmatrix} + t \cdot \begin{pmatrix} 3 \\ 1 \\ 2 \end{pmatrix}$$

$$E_2 : \vec{x} = \begin{pmatrix} 1 \\ 0 \\ 2 \end{pmatrix} + s \cdot \begin{pmatrix} 1 \\ 2 \\ 3 \end{pmatrix} + t \cdot \begin{pmatrix} 5 \\ 1 \\ 2 \end{pmatrix}$$

2. Die Ebenen setzen wir nun gleich: $E_1 = E_2$. Weiter geht es mit dem Einsetzen der Ebenengleichungen:

$$\begin{pmatrix} 1 \\ 2 \\ 3 \end{pmatrix} + s \cdot \begin{pmatrix} 1 \\ 1 \\ 1 \end{pmatrix} + t \cdot \begin{pmatrix} 3 \\ 1 \\ 2 \end{pmatrix} = \begin{pmatrix} 1 \\ 0 \\ 2 \end{pmatrix} + u \cdot \begin{pmatrix} 1 \\ 2 \\ 3 \end{pmatrix} + v \cdot \begin{pmatrix} 5 \\ 1 \\ 2 \end{pmatrix}$$

s und t der zweiten Gleichung müssen wir durch andere Buchstaben (hier u und v) ersetzen, da diese nicht identisch sind mit s und t der ersten Gleichung.

3. Diese Gleichung formen wir um. Alle Vektoren, die nur aus Zahlen bestehen, schaufeln wir nach rechts, alle anderen nach links (Termumformungen). Das ergibt

$$s \cdot \begin{pmatrix} 1 \\ 1 \\ 1 \end{pmatrix} + t \cdot \begin{pmatrix} 3 \\ 1 \\ 2 \end{pmatrix} - u \cdot \begin{pmatrix} 1 \\ 2 \\ 3 \end{pmatrix} - v \cdot \begin{pmatrix} 5 \\ 1 \\ 2 \end{pmatrix} = \begin{pmatrix} 0 \\ 2 \\ -1 \end{pmatrix}$$

4. Die letzte Gleichung schreiben wir nun zeilenweise:

$$
\begin{array}{rrrrrrl}
1s & + & 3t & - & 1u & - & 5v & = & 0 & \quad \text{(I)} \\
1s & + & 1t & - & 2u & - & 1v & = & -2 & \quad \text{(II)} \\
1s & + & 2t & - & 3u & - & 2v & = & -1 & \quad \text{(III)}
\end{array}
$$

Das ist ein lineares Gleichungssystem (LGS) mit 4 Unbekannten und 3 Gleichungen, es ist also *unterbestimmt*.

5. Dieses LGS formen wir jetzt schrittweise um. Da es unterbestimmt ist, kommen am Ende keine reinen Zahlenwerte, sondern Verhältnisse zwischen den einzelnen Parametern heraus.

$$
\begin{array}{rrrrrrrrrl}
1s & + & 3t & - & 1u & - & 5v & = & 0 & \quad \text{(I)} \\
1s & + & 1t & - & 2u & - & 1v & = & -2 & \quad \text{(II)} \\
1s & + & 2t & - & 3u & - & 2v & = & -1 & \quad \text{(III)} \\
\hline
 & & 2t & + & 1u & - & 4v & = & 2 & \quad \text{(I)}-\text{(II)}=\text{(IV)} \\
 & & 1t & + & 2u & - & 3v & = & 1 & \quad \text{(I)}-\text{(III)}=\text{(V)} \\
\hline
 & & & - & 3u & + & 2v & = & 0 & \quad \text{(IV)}-2\text{(V)}=\text{(VI)}
\end{array}
$$

Aus der letzten Zeile erhalten wir $u = \frac{2}{3}v$. Anschließend setzen wir die Ergebnisse ein, berechnen damit dann ein neues Ergebnis usw. solange, bis alle Parameter durch v ausgedrückt sind ($t = 1 + \frac{5}{3}v$ und $s = \frac{2}{3}v - 3$).

6. Nun suchen wir uns eine der beiden Ebenen aus und setzen dort die errechneten Werte ein:

$$E_2 : \overrightarrow{x} = \begin{pmatrix} 1 \\ 0 \\ 2 \end{pmatrix} + u \cdot \begin{pmatrix} 1 \\ 2 \\ 3 \end{pmatrix} + v \cdot \begin{pmatrix} 5 \\ 1 \\ 2 \end{pmatrix}$$

$u = \frac{2}{3}v$ eingesetzt, ergibt:

$$g : \overrightarrow{x} = \begin{pmatrix} 1 \\ 0 \\ 2 \end{pmatrix} + \frac{2}{3}v \cdot \begin{pmatrix} 1 \\ 2 \\ 3 \end{pmatrix} + v \cdot \begin{pmatrix} 5 \\ 1 \\ 2 \end{pmatrix} = \begin{pmatrix} 1 \\ 0 \\ 2 \end{pmatrix} + \frac{v}{3} \cdot \begin{pmatrix} 17 \\ 7 \\ 12 \end{pmatrix}$$

Die letzte Gleichung beschreibt die gesuchte Schnittgerade.

Koordinaten - Koordinaten

1. Wieder brauchen wir zwei Ebenen:

$$E_1 : x_1 - 2x_2 + 3x_3 = 6 \text{ und } E_2 : x_1 - 3x_2 + 4x_3 = 5.$$

2. Diese beiden Ebenen fassen wir als unterbestimmtes LGS auf und formen so um, wie wir es gewohnt sind (Eliminieren einer Unbekannten, hier: Erste Ebenengleichung minus der zweiten):

$$\text{Ergebnis: } x_2 - x_3 = 1$$

3. Wir setzen $x_3 = t$ und erhalten damit $x_2 = 1 + t$. Diese Werte setzen wir in E_1 oder E_2 ein und erhalten $x_2 = 8 - t$.

4. Jetzt schreiben wir die Ergebnisse in folgender Weise:

$$x_1 = 8 + (-1) \cdot t$$
$$x_2 = 1 + 1 \cdot t$$
$$x_3 = 0 + 1 \cdot t$$

5. Die Gerade erkennen wir, wenn wir die Lösung derartig schreiben:

$$g : \overrightarrow{x} = \begin{pmatrix} 8 \\ 1 \\ 0 \end{pmatrix} + t \cdot \begin{pmatrix} -1 \\ 1 \\ 1 \end{pmatrix}.$$

Dieses ist die gesuchte Schnittgerade.

Parameter - Koordinaten (oder umgekehrt)

1. Die Ebenen liegen in unterschiedlichen Formen vor:

$$E_1 : 2x_1 + 3x_2 - 5x_3 = 21 \qquad E_2 : \overrightarrow{x} = \begin{pmatrix} 1 \\ 2 \\ 3 \end{pmatrix} + s \cdot \begin{pmatrix} 4 \\ 5 \\ 6 \end{pmatrix} + t \cdot \begin{pmatrix} 7 \\ 8 \\ 9 \end{pmatrix}$$

2. Aus der Ebene, die in Parameterform vorliegt, lesen wir die Zeilen aus:

$$x_1 = 1 + 4s + 7t$$
$$x_2 = 2 + 5s + 8t$$
$$x_3 = 3 + 6s + 9t$$

3. Die so erhaltenen Werte setzten wir in die Ebene, die in Koordinatenform vorliegt, ein:

$$\cdot (1 + 4s + 7t) + 3 \cdot (2 + 5s + 8t) - 5 \cdot (3 + 6s + 9t) = 21 \Leftrightarrow \ldots \Leftrightarrow s = -t - 4.$$

4. Dies setzten wir in die Parameterform ein und erhalten:

$$g : \begin{pmatrix} 1 \\ 2 \\ 3 \end{pmatrix} + (-t - 4) \cdot \begin{pmatrix} 4 \\ 5 \\ 6 \end{pmatrix} + t \cdot \begin{pmatrix} 7 \\ 8 \\ 9 \end{pmatrix} = \begin{pmatrix} -15 \\ -18 \\ -21 \end{pmatrix} + t \cdot \begin{pmatrix} 3 \\ 3 \\ 3 \end{pmatrix}$$

Die letzte Gleichung beschreibt einmal mehr die gesuchte Schnittgerade.

XV.4.3 Gegenseitige Lagen von Ebene und Gerade

Ebenen und Geraden können zueinander in ebenso vielen verschiedenen Fällen liegen wie zwei Ebenen. Eine Ebene und eine Gerade können

- sich schneiden (Durchstoßpunkt),

- parallel sein,

- identisch sein in dem Sinne, dass die Gerade in der Ebene verläuft.

Liegt die Ebene in Koordinatenform vor, so können wir die Parametergleichung der Gerade einsetzen[1] und wieder nach dem Parameter, meistens t, auflösen. Hier spiegeln sich dann die drei Fälle wieder:

- $t = c$ mit $c \in \mathbb{R}$, Durchstoßpunkt: Einsetzen von $t = c$ in die Geradengleichung.

- $0 = c$ mit $c \in \mathbb{R} \setminus \{0\}$, keine Lösungen, sie sind parallel.

- $0 = 0$, die Gerade verläuft in der Ebene.

Liegt die Ebene in einer anderen Form vor, so können wir sie umwandeln oder wir setzen im Falle der Parameterform der Ebene Gerade und Ebene einfach gleich und lösen das LGS (3 Gleichungen, 3 Unbekannte). Im Fall der Normalenform können wir die Geradengleichung wieder einsetzen und das Skalarprodukt ausrechnen. Das läuft dann wieder auf das Lösen einer Gleichung nur für t wie bei der Koordinatenform hinaus. Darauf gehen wir nicht näher ein, alles funktioniert analog wie bei zwei Ebenen, nur einen Parameter haben wir gespart, weil eine Gerade nur einen hat.

Orthogonalität

Sind eine Gerade und eine Ebene orthogonal zueinander, dann sind Normalenvektor der Ebene und Richtungsvektor der Gerade linear abhängig, d.h. der eine ist ein Vielfaches des anderen. Dieses Wissen können wir ausnutzen, wenn wir eine orthogonale Gerade zu einer Ebene oder eine orthogonale Ebene zu einer Gerade finden sollen.
Sind zwei Ebenen E_1 und E_2 orthogonal zueinander, dann verschwindet das Skalarprodukt ihrer Normalenvektoren, $\vec{n}_{E_1} \bullet \vec{n}_{E_2} = 0$.

XV.5 Abstände

Was bringen uns die schönsten Gleichungen, wenn wir nicht wissen, wie weit wir zu gehen haben, welche Abstände bestehen? Das wäre schon recht praktisch, darüber Bescheid

---

[1]Wie die Ebene im letzten Beispiel des vorherigen Abschnitts, Fall: Parameter - Koordinaten.

zu wissen, denn dann könnten wir mit der analytischen Geometrie auch einmal etwas Praktisches anfangen.

XV.5.1 Der Abstand zweier Punkte

Die Länge eines Vektors kennen wir schon länger. Und damit auch den Abstand zweier Punkte, denn: Sind $P(p_1/p_2/p_3)$ und $Q(q_1/q_2/q_3)$ gegeben, so hat der Vektor $\overrightarrow{PQ}$ in seinen Komponenten die jeweiligen Differenzen der Koordinaten stehen. Es ist

$$\overrightarrow{PQ} = \begin{pmatrix} q_1 - p_1 \\ q_2 - p_2 \\ q_3 - p_3 \end{pmatrix}$$

der Verbindungsvektor, der von P nach Q zeigt. Seine Länge nach Pythagoras ist

$$\left|\overrightarrow{PQ}\right| = \sqrt{(q_1 - p_1)^2 + (q_2 - p_2)^2 + (q_3 - p_3)^2}. \qquad \text{(XV-10)}$$

Und das ist der Abstand der beiden Punkte.

XV.5.2 Die Hessesche Normalenform - Abstandsbestimmungen bei Ebenen

Der Weg zur Hesseschen Normalenform 1

Wir wollen nun den Abstand eines Punktes R von einer gegebenen Ebene bestimmen. Dazu verwenden wir das Skalarprodukt und betrachten die Abbildung XV.5.1.

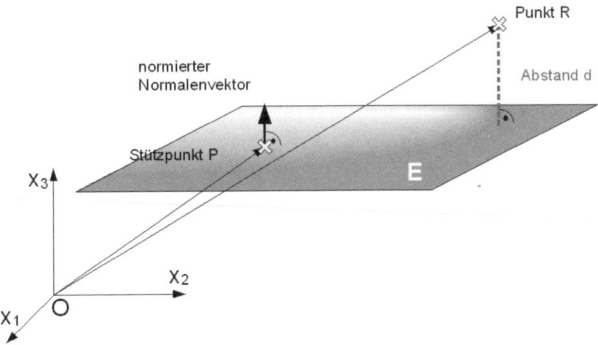

Abbildung XV.5.1: Skizze zur Herleitung der Hesseschen Normalenform.

Wie wir sehen, steht die Verbindungslinie (kürzester Abstand = das Lot) zwischen R und der Ebene senkrecht auf selbiger, damit ist sie also parallel zum Normalenvektor. Normieren wir diesen (angezeigt durch Index 0), so hat er die Länge 1, was sich als günstig für unsere Abstandsmessung erweist (Normierung, siehe Kapitel XIV). Wir betrachten jetzt den Vektor zwischen P und R und bilden zwischen ihm und dem normierten Normalenvektor (= Normaleneinheitsvektor) das Skalarprodukt.

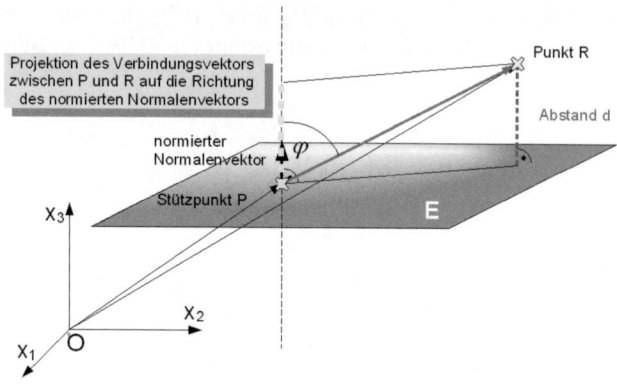

Abbildung XV.5.2: Erweiterung der Abbildung XV.5.1.

Dadurch erhalten wir die Projektion von $\overrightarrow{PR}$ auf die Richtung des normierten Normalenvektors (Ja, so was kann das Skalarprodukt auch!). Durch dessen Länge 1, erfolgt die Rechnung gleich in der richtigen Maßeinheit, wodurch die Produktbildung sofort zu dem gewünschten Abstand führt (siehe Abbildung XV.5.2). In der Rechnung sieht dies wie folgt aus:

$$\overrightarrow{PR} \bullet \underbrace{\overrightarrow{n}_0}_{\text{normierter Normalenvektor}} = \left|\overrightarrow{PR}\right| \cdot \underbrace{\left|\overrightarrow{n}_0\right|}_{=1} \cdot \cos(\varphi) = \left|\overrightarrow{PR}\right| \cdot \cos(\varphi) = \underbrace{d(E, R)}_{\text{Abstand}}.$$

Damit können wir für den Abstand eines beliebigen Punktes schreiben:

$$\left|(\overrightarrow{r} - \overrightarrow{p}) \bullet \overrightarrow{n}_0\right| = d(E, R).$$

Die Betragsstriche setzen wir deshalb, weil uns lediglich der Betrag des Abstandes interessiert, das Skalarprodukt aber, je nach Lage des Punktes R zur Ebene, positiv oder negativ sein kann.

Ist nun R ein Punkt der Ebene selbst und bezeichnen wir ihn mit X, so erhalten wir die sog. Hessesche Normalenform als eine weitere Darstellungsweise der Ebene. Sie unterscheidet sich von der Normalenform nur durch den normierten Normalenvektor. Wir schreiben:

Hessesche Normalenform

Eine Ebene E mit Stützvektor $\vec{p}$ und nomiertem Normalenvektor $\vec{n}_0$ lässt sich durch die Hessesche Normalenform

$$\text{HNF}: (\vec{x} - \vec{p}) \bullet \vec{n}_0 = 0 \qquad \text{(XV-11)}$$

beschreiben. Der Abstand eines Punktes R mit Ortsvektor $\vec{r}$ zu dieser Ebene lässt sich durch Einsetzen in sie ermitteln. Es ist

$$|(\vec{r} - \vec{p}) \bullet \vec{n}_0| = d(E, R) \qquad \text{(XV-12)}$$

der Abstand des Punktes R von der Ebene E.

Der Weg zur Hesseschen Normalenform 2

Wir wollen nun noch auf eine andere Weise zur Hesseschen Normalenform und zu der Formel, mit welcher wir den Abstand zwischen Punkt und Ebene ermitteln können, gelangen. Dazu verwenden wir die Koordinatenform. Aus dieser kann man leicht einen Normalenvektor $\vec{n}$ auslesen, denn dieser ergibt sich einfach aus den Koeffizienten. Es ist

$$E: ax_1 + bx_2 + cx_3 = e, \text{ also } \vec{n} = \begin{pmatrix} a \\ b \\ c \end{pmatrix} \stackrel{\text{normiert}}{\longrightarrow} \vec{n}_0 = \frac{1}{\sqrt{a^2 + b^2 + c^2}} \cdot \begin{pmatrix} a \\ b \\ c \end{pmatrix}.$$

Aus praktischen Gründen rechnen wir gleich mit dem normierten Normalenvektor. Mit Hilfe von Abbildung XV.5.3 sehen wir, dass wir eine Hilfsgerade durch den Punkt R mit dem normierten Normalenvektor als Richtungsvektor aufstellen können, auf der das zu fällende Lot liegt, den dieses steht senkrecht auf der Ebene ($\vec{r} = \overrightarrow{OR}$):

$$g: \vec{x} = \vec{r} + t \cdot \vec{n}_0, \text{ also } g: \begin{pmatrix} x_1 \\ x_2 \\ x_3 \end{pmatrix} = \begin{pmatrix} r_1 \\ r_2 \\ r_3 \end{pmatrix} + \frac{t}{\sqrt{a^2 + b^2 + c^2}} \cdot \begin{pmatrix} a \\ b \\ c \end{pmatrix}.$$

Wir erkennen, dass wenn wir den Durchstoßpunkt der eben aufgestellten Gerade durch die Ebene berechnen, wir den Abstand dieses Punktes zu unserem Punkt R angeben können (Abstand zweier Punkte), was gleichbedeutend ist mit dem Abstand von R zur Ebene. Wir lesen also die Hilfsgerade zeilenweise aus und setzen dies in die Ebene ein:

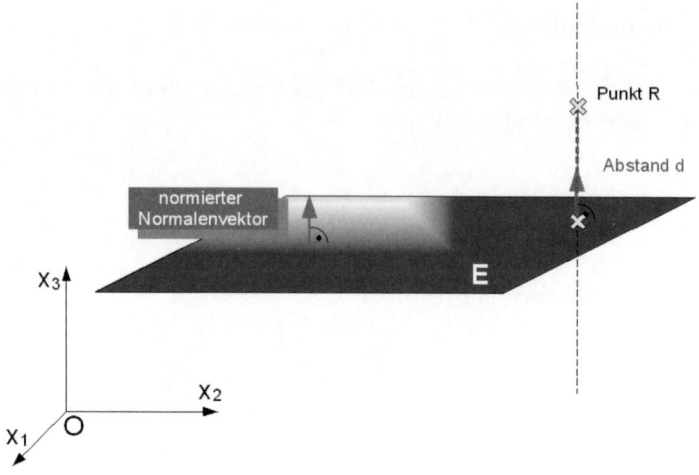

Abbildung XV.5.3: Skizze zur zweiten Hesseherleitung.

$$ax_1 + bx_2 + cx_3 = e \xrightarrow{g \text{ einsetzen}}$$

$$a \cdot \left(r_1 + \frac{t}{\sqrt{a^2 + b^2 + c^2}} \cdot a \right) + b \cdot \left(r_2 + \frac{t}{\sqrt{a^2 + b^2 + c^2}} \cdot b \right)$$

$$+ c \cdot \left(r_3 + \frac{t}{\sqrt{a^2 + b^2 + c^2}} \cdot c \right) = e.$$

Diese Gleichung lösen wir nach t auf. Da unser Normalenvektor normiert war, können wir uns die Berechnung des Durchstoßpunktes der Geraden durch die Ebene sparen, da wir ihn zur Abstandsbestimmung nicht mehr benötigen, da t selbst schon den Abstand angibt, weil wir ja mit Schritten der Länge 1 gelaufen sind. Es ist (wieder mit Beträgen geschrieben)

$$|t| = d(E, R) = \frac{|ar_1 + br_2 + cr_3|}{\sqrt{a^2 + b^2 + c^2}}.$$

Ist der Punkt R, welchen wir jetzt wieder in X umtaufen, ein Punkt der Ebene, so erhalten wir die Hessesche Normalenform in Koordinatendarstellung.

Hessesche Normalenform (in Koordinatendarstellung)

Eine Ebene E mit der Koordinatengleichung $ax_1 + bx_2 + cx_3 = e$ lässt sich durch die Hessesche Normalenform

$$\text{HNF}: \frac{|ax_1 + bx_2 + cx_3 - e|}{\sqrt{a^2 + b^2 + c^2}} = 0 \qquad \text{(XV-13)}$$

beschreiben. Der Abstand eines Punktes R mit Ortsvektor zu dieser Ebene lässt sich durch Einsetzen in sie ermitteln. Es ist

$$\frac{|ar_1 + br_2 + cr_3 - e|}{\sqrt{a^2 + b^2 + c^2}} = d(E, R) \qquad \text{(XV-14)}$$

der Abstand des Punktes R von der Ebene E.

Die Koordinatenform geht durch wenige Umformungen aus der Normalenform hervor. Durch einfache Überlegungen können wir zeigen, dass die beiden Formen äquivalent zueinander sind. Das haben wir für die Normalenform und die Koordinatenform ohne Hesse bereits getan, als wir zeigten, dass die Koeffizienten der Koordinatenform einen Normalenvektor bilden. Hier kommt nun nur noch die Normierung des Normalenvektors hinzu, die daran aber nichts ändert, weil wir einfach beide Gleichungen durch dieselbe Zahl dividieren.

XV.5.3 Abstände, die uns noch fehlen

Ein paar Überlegungen zu Abständen sind noch offen. Uns fehlen nämlich noch die Abstände Gerade-Ebene, Ebene-Ebene, Punkt-Gerade und Gerade-Gerade. Die ersten beiden Fälle sind schnell erledigt und die letzten beiden dauern auch nicht soviel länger. Fangen wir an.

- **Abstand Gerade-Ebene:** Es ist nur sinnvoll hier einen Abstand zu berechnen, wenn Ebene und Gerade parallel sind. In diesem Fall können wir dann schnell die Hessesche Normalenform der Ebene aufstellen und setzen anschließend in diese den Stützpunkt (oder einen anderen Punkt, keinen Richtungsvektor!) der Gerade ein. Dieser hat den gleichen Abstand wie alle anderen Punkte der Gerade von der Ebene, da diese ja parallel zueinander sind, und somit liegt uns auch der Abstand Gerade-Ebene vor.

- **Abstand Ebene-Ebene:** Diese Rechnung macht auch nur Sinn, wenn die Ebenen parallel zueinander sind. Wir wählen dann einen Punkt der einen Ebene aus und setzen ihn in die Hessesche Normalenform der anderen Ebene ein. Der Abstand diese Punktes zu der Ebene ist gleich dem Abstand der parallelen Ebenen zueinander.

- **Abstand Punkt-Gerade:** Hier wollen wir zwei Möglichkeiten zur Abstandsberechnung angeben.

Möglichkeit 1: Wir basteln uns eine Hilfsebene H und bestimmen mit dieser den Abstand des Punktes von der Geraden. Folgende Schritte führen wir dazu durch, um den Abstand des Punktes R von der Geraden $g : \overrightarrow{x} = \overrightarrow{p} + t \cdot \overrightarrow{u}$ zu berechnen.

1. Ebene senkrecht zur der Gerade aufstellen: $H : u_1 x_1 + u_2 x_2 + u_3 x_3 =?$. Um das Fragezeichen zu bestimmen, setzen wir einen Punkt ein, der auf der Ebene liegen soll. Unsere Wahl fällt auf R. Es ist also $? = u_1 r_1 + u_2 r_2 + u_3 r_3$.

2. Nun berechnen wir den Durchstoßpunkt der Gerade durch die Hilfsebene H, indem wir g zeilenweise auslesen, in H einsetzen, nach t auflösen und mit t in der Gleichung von g den gesuchten Durchstoßpunkt erhalten.

3. Der Abstand des Durchstoßpunktes vom Punkt R (Abstand Punkt-Punkt) ist die gesuchte Länge.

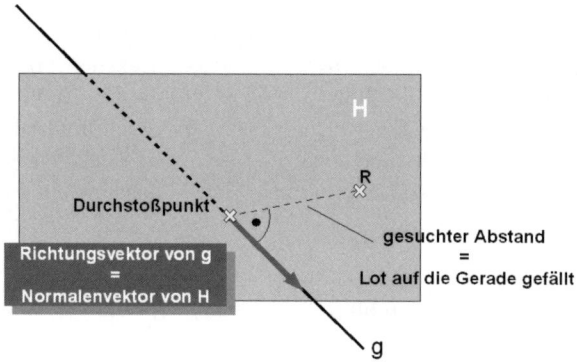

Abbildung XV.5.4: Abstand Punkt-Gerade, bestimmt durch eine Hilfsebene H.

Möglichkeit 2: Eine weitere Einsatzmöglichkeit für das Kreuzprodukt bietet sich uns. Denn der Abstand eines Punktes R mit Ortsvektor $\overrightarrow{r}$ von einer Gerade $g : \overrightarrow{x} = \overrightarrow{p} + t \cdot \overrightarrow{u}$ ist gegeben durch:

$$d(R, g) = \frac{|(\overrightarrow{r} - \overrightarrow{p}) \times \overrightarrow{u}|}{|\overrightarrow{u}|}. \qquad \text{(XV-15)}$$

Woher kommt diese Formel und warum gilt sie? Betrachten wir dazu Abbildung XV.5.5.

Die Fläche A können wir mit dem Kreuzprodukt berechnen, da die Länge des Vektors $(\overrightarrow{r} - \overrightarrow{p}) \times \overrightarrow{u}$, der senkrecht auf dem Richtungsvektor $\overrightarrow{u}$ der Gerade g und

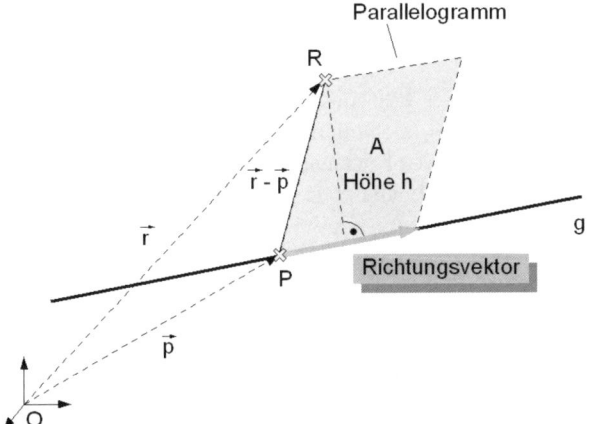

Abbildung XV.5.5: Abstand Punkt-Gerade, Bestimmung mittels des Kreuzproduktes.

dem Verbindungsvektor des Stützpunktes P mit dem Punkt R steht, gerade der Flächeninhalt des durch sie aufgespannten Parallelogramms ist. So erklärt sich der Zähler von Formel (XV-15). Dividieren wir nun durch eine der Parallelogrammseiten, dann erhalten wir die Länge der auf dieser Seite senkrecht stehenden Höhe. Wählen wir $|\vec{u}|$ als Seite, dann haben wir nicht nur die Höhe des Parallelogramms, sondern auch den Abstand des Punktes R von der Gerade g. So erklärt sich der Nenner der besagten Formel.

Anmerkung zu einer weiteren Form der Geradengleichung

Formen wir die Gleichung der Gerade g, also $\vec{x} = \vec{p} + t \cdot \vec{u}$, derart um, dass wir den Stützpunkt auf die andere Seite bringen und dann mit dem Richtungsvektor auf beiden Seiten das Kreuzprodukt bilden, dann erhalten wir

$$(\vec{x} - \vec{p}) \times \vec{u} = \vec{o}. \qquad (\text{XV-16})$$

Dies ist die **Plückerform**. Durch das Einsetzen eines Punktes, der nicht auf der Geraden liegt, erhalten wir einen vom Nullvektor abweichenden Vektor. Dessen Betrag haben wir als Parallelogrammfläche bei dieser Möglichkeit 2 zur Bestimmung des Abstandes Punkt-Gerade verwendet.

- **Abstand Gerade-Gerade:** Diesen lohnt es sich nur zu bestimmen, wenn die Geraden parallel oder windschief sind.

Parallele Geraden: Wir wählen den Stützpunkt der einen Geraden und bestimmen seinen Abstand von der anderen Geraden. Dabei können wir die unter Punkt „Abstand Punkt-Gerade" vorgestellten Vorgehensweisen und Formeln verwenden. Der Abstand des Stützpunktes ist gleich dem Abstand der beiden Geraden.

Windschiefe Geraden: Hier hilft uns wieder das Skalarprodukt weiter. Die Windschiefen Geraden g_1 und g_2 verlaufen in parallelen Ebenen, sind selber aber nicht parallel. Einen Normalenvektor der parallelen Ebenen lässt sich über die Richtungsvektoren $\vec{u}_1$ und $\vec{u}_2$ der beiden Geraden finden (Skalarprodukt oder Kreuzprodukt). Wir betrachten Abbildung XV.5.6.

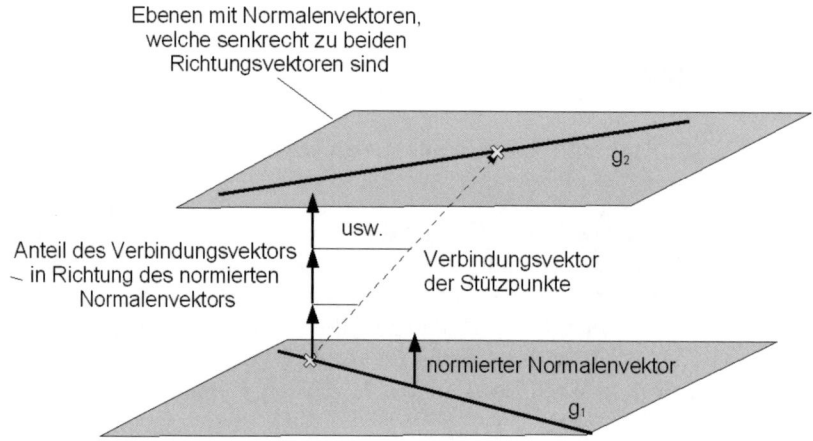

Abbildung XV.5.6: Abstand Gerade-Gerade (windschief).

Die beiden Ebenen in der Skizze haben nach Hesse die Gleichungen $E_1 : (\vec{x} - \vec{p}_1) \bullet \vec{n}_0 = 0$ und $E_2 : (\vec{x} - \vec{p}_2) \bullet \vec{n}_0 = 0$, wobei mit $\vec{p}_1$ und $\vec{p}_2$ die Stützvektoren der Ebenen gemeint sind, welche identisch sind mit den Stützvektoren der beiden Geraden. Durch Einsetzen des einen Stützvektors in die andere Ebenengleichung erhalten wir sofort den Abstand des zugehörigen Punktes von eben dieser Ebene (wieder nach Hesse, echt praktisch, der Mann). Damit haben wir aber den Abstand der parallelen Ebenen errechnet und dieser ist, bedingt durch die Wahl der Ebenen, identisch mit dem Abstand der beiden windschiefen Geraden. Wir halten fest:

Abstand windschiefer Geraden

Der Abstand zweier windschiefer Geraden $g_1 : \vec{x} = \vec{p}_1 + s \cdot \vec{u}_1$ und $g_2 : \vec{x} = \vec{p}_2 + t \cdot \vec{u}_2$ ist gegeben durch:

$$d(g_1, g_2) = |(\vec{p}_2 - \vec{p}_1) \bullet \vec{n}_0|. \tag{XV-17}$$

Dabei ist $\vec{n}_0$ ein Vektor der Länge 1, der senkrecht auf beiden Richtungsvektoren steht. Es ist z.B. mit Hilfe des Kreuzproduktes:

$$\vec{n}_0 = \frac{\vec{u}_2 \times \vec{u}_1}{|\vec{u}_2 \times \vec{u}_1|}. \tag{XV-18}$$

Damit habe wir alle wesentlichen Abstände abgehandelt. Wie sieht es aber aus, wenn sich zwei Ojekte (Gerade-Gerade, Ebene-Ebene oder Gerade-Ebene) schneiden, also unter welchem Winkel tun sie das denn dann?

XV.6 Ein kurzes Wort über Schnittwinkel

Schneiden sich Gerade-Gerade, Ebene-Ebene oder Gerade-Ebene, so tun sie das unter einem bestimmten Winkel. Dieser lässt sich einfach mit Hilfe des Skalarproduktes bestimmen, denn aus

$$\vec{a} \bullet \vec{b} = |\vec{a}| \cdot |\vec{b}| \cos(\varphi)$$

lässt sich durch Umformung leicht der Winkel φ zwischen den beiden Vektoren bestimmen. Es ist also

$$\cos(\varphi) = \frac{\vec{a} \bullet \vec{b}}{|\vec{a}| \cdot |\vec{b}|}.$$

Gerade - Gerade

Der Winkel zwischen zwei sich schneidenden Geraden kann über ihre Richtungsvektoren $\vec{u}$ und $\vec{v}$ bestimmt werden. Es ist

$$\cos(\varphi) = \frac{|\vec{u} \bullet \vec{v}|}{|\vec{u}| \cdot |\vec{v}|} \tag{XV-19}$$

der Winkel zwischen den beiden Geraden. Durch die Verwendung des Betrages wird von den beiden möglichen Winkeln $180° - \varphi$ und φ immer der kleinere ausgewählt. Dieser hat dann einen Wert zwischen $0°$ und $90°$.

Ebene - Ebene

Bei Ebenen verwenden wir die Normalenvektoren zur Winkelbestimmung. Diese sind zwar um 90° gegenüber den Ebenen gedreht, aber da wir das mit beiden Vektoren machen und der Betrag im Nenner der Winkelformel garantiert, dass wir den kleinstmöglichen Winkel auswählen, erhalten wir den gewünschten Winkel. Es ist

$$\cos(\varphi) = \frac{|\vec{n}_1 \bullet \vec{n}_2|}{|\vec{n}_1| \cdot |\vec{n}_2|}, \tag{XV-20}$$

mit den Normalenvektoren $\vec{n}_1$ und $\vec{n}_2$ der Ebenen E_1 und E_2.

Gerade - Ebene

Hier bedarf es einer kleinen Skizze:

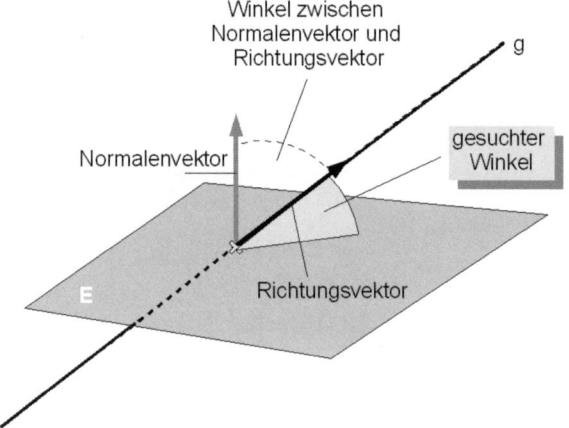

Abbildung XV.6.1: Zum Schnittwinkel von Gerade und Ebene.

Wir sind am Winkel φ (gesuchter Winkel) interessiert. Verwenden wir aber die normale Winkelformel, dann erhalten wir

$$\cos(\varphi') = \frac{|\vec{n} \bullet \vec{u}|}{|\vec{n}| \cdot |\vec{u}|},$$

mit dem Richtungsvektor $\vec{u}$ der Gerade und dem Normalenvektor $\vec{n}$ der Ebene. Dabei ist φ' der berechnete Winkel in Abbildung XV.6.1. Es ist also $\varphi' = 90° - \varphi$. Wie es der

Zufall aber will, gilt $\sin(\alpha) = \cos(90° - \alpha)$, was aus der Definition von Sinus und Kosinus folgt. Darum können wir schreiben:

$$\sin(\varphi) = \frac{|\overrightarrow{n} \bullet \overrightarrow{u}|}{|\overrightarrow{n}| \cdot |\overrightarrow{u}|}$$

und das ist der Betrag des gesuchten Schnittwinkels.

Schnittwinkel

Schneiden wir Objekte gleicher Art (Gerade-Gerade, Ebene-Ebene) steht der Kosinus in der Schnittwinkelformel. Bei Mischung geht das „Ko" verloren und wir nehmen den Sinus.

XV.7 Ein kugelrunder Abschluss

Die Kugel ist der Kreis der Raumes. Das soll heißen, dass alle Punkte auf der Kugeloberfläche den gleichen Abstand zum Mittelpunkt $M(m_1/m_2/m_3)$ haben. Das ist gerade der Radius r der Kugel. Bezeichnen wir die Punkte auf der Kugeloberfläche mit $X(x_1/x_2/x_3)$, so erfüllen sie alle die Kugelgleichung, welche sich direkt aus der Abstandsformel für zwei beliebige Punkt ergibt. Wir halten deshalb fest:

Vektorkugelgleichung

Eine Kugel mit Mittelpunkt $M(m_1/m_2/m_3)$ und Radius r wird durch die Gleichung

$$(x_1 - m_1)^2 + (x_2 - m_2)^2 + (x_3 - m_3)^2 = r^2 \qquad \text{(XV-21)}$$

beschrieben.

Eine Ebene kann eine solche Kugel nun

- passieren (langweiligster Fall, nichts passiert)

- berühren

- schneiden

Im Falle eines Schnittes, können wir Radius und Mittelpunkt des sog. Schnittkreises bestimmen. Wir betrachten dazu Abbildung XV.7.1.

- Den Abstand d erhalten wir, indem wir den Abstand des Mittelpunkts M von der Ebene bestimmen (Hesse).

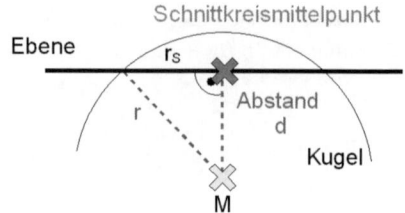

Abbildung XV.7.1: Schnittkreis.

- Der Schnittkreisradius r_S ist gegeben durch $r_S = \sqrt{r^2 - d^2}$.

- Den Kreismittelpunkt M_S können wir als Durchstoßpunkt einer Hilfsgerade, die einen Normalenvektor der Ebene E als Richtungsvektor und den Kugelmittelpunkt M als Stützpunkt hat, mit der Ebene E bestimmen.

Damit haben wir alle relevanten Angaben zum Schnittkreis ermittelt. Alle weitern Betrachtungen zu Kugel und Ebenen bzw. Geraden können auch ohne Kenntnis der Kugelgleichung ermittelt werden. Es ist lediglich wichtig, dass man den Mittelpunkt M und den Radius r als Abstand kennt, dann kommen wir mit Hesse und allen gelernten Techniken immer ans Ziel.

Aufgaben

Wir haben jetzt Vieles gesehen und vielleicht auch gelernt oder aufgefrischt. Da Aufgaben aus dem Bereich der analytischen Geometrie spannender sind, wenn man schon über die meisten Techniken und Vorgehensweisen Bescheid weiß, haben wir uns die Aufgaben fast alle für das Ende dieses Kapitels aufgehoben. Sie werden hier zu allen angesprochenen Themen fündig werden, die Themen sind bei den kurzen Aufgaben jeweils angegeben, der Übersicht wegen. Das Nachschlagen der ein oder anderen Technik ist vielleicht hier und da notwendig, aber mit der Zeit werden sich die gängigen Vorgehensweisen und Formeln schon einschleifen. Viel Spaß also beim Üben!

Aufgabe 1 (Gerade aufstellen):
Stellen Sie die Parameterform der Geraden auf, welche senkrecht zur Ebene $E : x_1 + x_2 = 3$ steht und durch den Punkt $P(1/1/1)$ geht.

Aufgabe 2 (Ebene aufstellen):
Stellen Sie die Koordinatenform der Ebene auf, welche durch die Punkte $A(1/0/4)$, $B(2/0/1)$ und $C(-1/0/-5)$ geht.

Aufgabe 3 (Spurpunkte ermitteln):
Geben Sie die Spurpunkte der Ebene $E : 4x_1 + 7x_2 - 16x_3 = 28$ an.

Aufgabe 4 (Ebene aufstellen):
Stellen Sie die Normalenform der Ebene auf, welche die Spurpunkte $S_1(3/0/0)$, $S_2(0/6/0)$ und $S_3(0/0/12)$ besitzt.

Aufgabe 5 (Ebene umwandeln):
Geben Sie eine Darstellung in Parameterform der Ebene $E : 4x_2 + x_3 = 9$ an.

Aufgabe 6 (Ebene umwandeln):
Wandeln Sie die Parameterdarstellung

$$\vec{x} = \begin{pmatrix} 1 \\ 0 \\ 7 \end{pmatrix} + s \cdot \begin{pmatrix} 1 \\ 8 \\ 0 \end{pmatrix} + t \cdot \begin{pmatrix} 0 \\ 2 \\ 4 \end{pmatrix}$$

mit $r, s \in \mathbb{R}$ der Ebene E in die Koordinatenform um.

Aufgabe 7 (Ebene umwandeln):
Geben Sie eine Darstellung der Ebene $E : -x_1 + x_2 + 7x3 = 22$ in der Normalenform an.

Aufgabe 8 (Ebene umwandeln):
Bestimmen Sie eine Parameterdarstellung der Ebene

$$E : \left[\vec{x} - \begin{pmatrix} 2 \\ 0 \\ 1 \end{pmatrix} \right] \bullet \begin{pmatrix} -1 \\ 3 \\ -9 \end{pmatrix} = 0.$$

Aufgabe 9 (Abstandsbestimmung Punkt-Ebene):
Bestimmen Sie den Abstand des Punktes $P(7/-4/3)$ von der Ebene $E : 4x_1 - 8x_2 + x_3 = 54$ mit Hilfe der Hesseschen Normalenform.

Aufgabe 10 (Abstandsbestimmung Punkt-Ebene):
Für welche $t \in \mathbb{R}$ hat die Ebene $E_t : tx_1 + 3tx_2 - x_3 = -16$ den Abstand 1 vom Punkt $P(0/0/1)$?

Aufgabe 11 (Abstandsbestimmung Punkt-Punkt):
Welche Punkte der Punkteschar $P_t(t/8t + 1/4t + 3)$ haben vom Punkt $Q(0/1/3)$ den Abstand 27?

Aufgabe 12 (Abstandsbestimmung Punkt-Punkt):
Zeigen Sie, dass die Punkte $A(-2/3/1)$, $B(2/-1/5)$ und $C(0/0/3)$ ein rechtwinkliges Dreieck bilden, indem Sie den Satz des Pythagoras verwenden. Wo liegt der rechte Winkel?

Aufgabe 13 (Abstandsbestimmung Punkt-Gerade):
Bestimmen Sie den Abstand des Punktes $P(0/2/8)$ von der Geraden

$$g : \overrightarrow{x} = \begin{pmatrix} 2t \\ 0 \\ -4t \end{pmatrix}.$$

Aufgabe 14 (Abstandsbestimmung Punkt-Gerade):
Geben Sie eine Parameterdarstellung der Geraden an, von welcher die Punkte $A(2/0/0)$, $B(0/2/0)$ und $(0/0/2)$ den gleichen Abstand haben.

Aufgabe 15 (Kreuz- und Skalarprodukt):
Es seien $\overrightarrow{a} = \begin{pmatrix} 1 \\ 2 \\ -0 \end{pmatrix}$ und $\overrightarrow{b} = \begin{pmatrix} -1 \\ 0 \\ 1 \end{pmatrix}$. Berechnen Sie:

(a) den Summenvektor $\overrightarrow{a} + \overrightarrow{b}$,

(b) das Skalarprodukt $\overrightarrow{a} \bullet \overrightarrow{b}$ und das Kreuzprodukt $\overrightarrow{a} \times \overrightarrow{b}$,

(c) den Ausdruck $(\overrightarrow{a} - 2\overrightarrow{b}) \bullet (3\overrightarrow{a} + 4\overrightarrow{b})$.

Aufgabe 16 (Hessesche Normalenform):

(a) Gegeben sei die Ebene $E : 2x_1 + 3x_2 + dx_3 = 8$. Bestimmen Sie alle Werte von $d \in \mathbb{R}$, so dass der Punkt $M(4/5/\sqrt{3})$ den Abstand 3 von der jeweiligen Ebene hat.

(b) Der Abstand des Punktes $P(5/15/9)$ von der Ebene E durch die Punkte $A(2/2/0)$, $B(-2/2/6)$ und $C(3/2/5)$ ist gesucht.

Bestimmen Sie diesen Abstand mit und ohne Verwendung der Hesseschen Normalenform.

Aufgabe 17:
Gegeben sind die zwei Punkte $A(6/0/3)$ und $B(-1/2/8)$. Sie liegen in der Ebene

$$E : x_1 + x_2 + x_3 = 9.$$

Nun soll ein dritter Punkt C bestimmt werden und zwar derart, dass

- C in der Ebene E liegt und

- das entstehende Dreieck $\triangle ABC$ rechtwinklig bei A und gleichschenklig ist.

(a) Geben Sie den Punkt C an.

Nun soll ein weiterer Punkt D so bestimmt werden, dass

- der Vektor $\overrightarrow{AD}$ senkrecht auf $\overrightarrow{AB}$ und $\overrightarrow{AC}$ steht und

- das Dreieck $\triangle ABD$ gleichschenklig ist.

(b) Berechnen Sie den Punkt D.

Aufgabe 18:
Gegeben sind die Punkte $A(1/0/3)$, $B(4/4/7)$ und $C(0/8/4)$.

(a) Stellen Sie eine Parameterdarstellung der Ebene E_0 auf, welche die drei Punkte enthält. Wandeln Sie diese dann in die Koordinatenform um und bestimmen Sie die Spurpunkte und die Spurgeraden der Ebene.

(b) Zeigen Sie, dass das Dreieck, welches die Spurpunkte der Ebene E_0 als Eckpunkte hat, gleichschenklig ist.

Die Punkte A, B, C sind die Eckpunkte eines Dreiecks.

(c) Berechnen Sie dessen Flächeninhalt auf zwei Arten:

    a) Mit dem Kreuzprodukt.

    b) Durch explizite Berechnung einer Dreieckshöhe.

Der Punkt $D(8{,}5/8{,}5/8{,}5)$ werde an der Ebene E_0 gespiegelt.

(d) Berechnen Sie die Koordinaten des Spiegelpunktes D'.

Wir betrachten die Punkteschar $F_t(t/8 + t/4 + t)$.

(e) Auf welcher Geraden liegen alle diese Punkte? Stellen Sie die Koordinatenform der Ebenenschar E_t, welche die Punkte A, B, F_t enthält, auf. Existiert für alle $t \in \mathbb{R}$ eine eindeutige Ebene? Gibt es Ebenen der Ebenenschar, die senkrecht aufeinander stehen? Für welches t gibt es keine senkrechte Partnerebene?

(f) Für welche(s) t hat der Punkt D den geringsten Abstand von E_t?

Aufgabe 19:

Gegeben seien die drei Punkte $A(10/0/10)$, $B(10/10/8)$ und $C(9/5/10)$.

(a) Stellen Sie die Koordinatenform der Ebene E auf, die die drei Punkte enthält.

Die Ebene E wird nun an der Ebene $S : x_1 = 10$ gespiegelt.

(b) Bestimmen Sie die Koordinatenform der gespiegelten Ebene E'.

Die beiden Ebenen bilden nun zusammen eine Rinne.

(c) Geben Sie aus den bisherigen Angaben ohne weitere Rechnung die Schnittgerade von E und E' an.

Im Punkt $M(10/0/12)$ befindet sich der Mittelpunkt einer Kugel, welche in der Rinne liegt und die beiden Seitenflächen, welche in den Ebenen E bzw. E' liegen, berührt (siehe Abbildung XV.7.2).

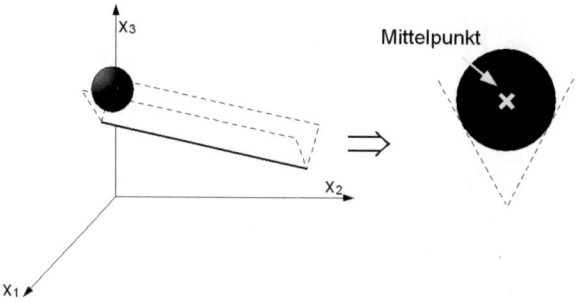

Abbildung XV.7.2: Kugel in Rinne (Skizze).

(d) Bestimmen Sie den Radius der Kugel.

Nun rollt die Kugel entlang der Rinne in Richtung des Gefälles. Die Rinne läuft rechts gegen eine Wand, welche in der Ebene $W : 2x_2 - x_3 = 40$ liegt.

(e) Stellen Sie die Gerade auf, welche die Bewegung des Mittelpunktes der Kugel beschreibt. Geben Sie die Koordinaten des Mittelpunktes an, wenn die Kugel an der Wand zur Ruhe kommt.

Die Kugel war zu Beginn in Ruhe. Es gilt, dass die Summe der kinetischen Energie (Index „kin") und der Lageenergie (Index „pot") konstant ist (Energieerhaltung, keine Reibung oder sonstige Effekte). Es ist $E_{\text{kin}} = \frac{1}{2}mv^2$ und $E_{\text{pot}} = mgh$, wobei m die Masse der Kugel ist, h die relative Lagehöhe, v die Geschwindigkeit und $g = 10\frac{\text{m}}{\text{s}^2}$ die Erdbeschleunigung. Alle Längeneinheiten im bisher betrachteten Koordinatensystem seien nun in Meter gegeben und die Kugel habe die Dichte $\rho = 0{,}7\frac{\text{kg}}{\text{m}^3}$.

(e) Welche Masse hat die Kugel? Wie schnell ist die Kugel, wenn sie gegen die Wand prallt?

Aufgabe 20:

Im Folgenden sind alle Zahlenwerte in der Einheit Meter zu verstehen. Eine kleine Brücke überquert einen Fluss. Eine größere Brücke, welche für die Autobahn gebaut wurde, überquert zusätzlich die kleine Brücke (Brücken kreuzen sich, wenn man von oben drauf schaut).

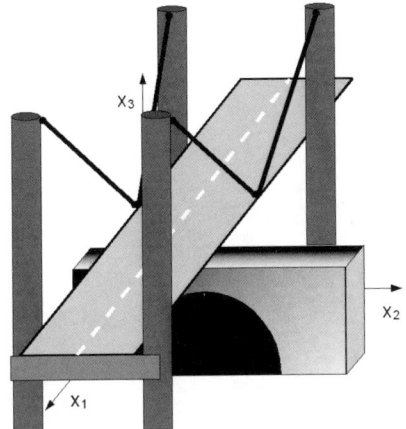

Abbildung XV.7.3: Die beiden Brücken.

Das Koordinatensystem kann nun so gelegt werden, dass die kleine Brücke in Richtung der x_2-Achse befahren wird und dabei auf einer Länge (links nach rechts, Länge aus der Vogelperspektive gemessen) von 126 Metern um 32 Meter gleichmäßig steigt (siehe Abbildung XV.7.4) und die Autobahnbrücke in Richtung zur x_1-Achse befahren wird, ohne zusätzliche Steigung. Die Längen der Brücken an sich müssen für unsere Betrachtung nicht herangezogen werden. Ein Auto fährt auf der kleinen Brücke links vom Punkt $A(40/0/30)$ mit der Geschwindigkeit $v_1 = 54\frac{\text{km}}{\text{h}}$ los. Gleichzeitig startet im Punkt $B(400/0/100)$ ein Auto auf der Autobahnbrücke mit einer Geschwindigkeit von $40\frac{\text{m}}{\text{s}}$.

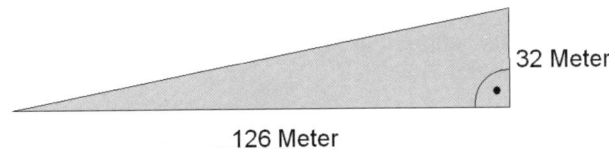

Abbildung XV.7.4: Seitenansicht der kleinen Brücke.

(a) Wann haben die Autos bei ihrer beschriebenen Fahrt den kürzesten Abstand voneinander?

(b) Wie nahe könnten sie sich im besten Fall kommen?

Aufgabe 21:
An einem Hang soll ein Haus mit rechteckigem Grundriss gebaut werden (XV.7.5).

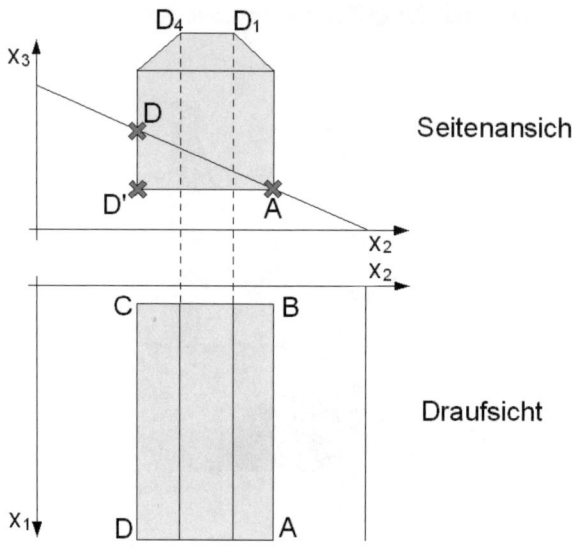

Abbildung XV.7.5: Seitenansicht und Draufsicht auf das Haus am Hang.

Der Punkt $A(30/15/5)$ liegt auf dem Hang (Maße in Metern gegeben). Das Haus soll 20 Meter lang und 10 Meter breit werden in der Draufsicht. Entlang der Breite des Hauses steigt der Hang um 4 Meter gleichmäßig über die ganze Länge. Das Haus soll allerdings parallel zum Boden ohne Hang seine Grundfläche haben.

(a) Wo liegen die Ecken des Hauses? Wie groß ist die Steigung/das Gefälle des Hangs in Grad? Wie viel Erde muss abgetragen werden, damit das Haus parallel zum Boden ohne Hang stehen kann?

In der Draufsicht scheint es so, dass das Haus mit einer Gesamthöhe von 12 Metern durch die Form des 3 Meter hohen Daches in drei kongruente Rechtecke zerlegt wird (alle gleich lang und gleich breit, siehe Abbildung XV.7.5).

(b) Bestimmen sie die Koordinaten der Dachpunkte D_i mit $i = 1, 2, 3, 4$ und die Oberfläche des Daches.

Über das Grundstück verläuft eine Hochspannungsleitung. Die beiden Strommasten stehen bei den Punkten $S_1(5/-5/13)$ bzw. $S_2(30/30/0)$ und sind jeweils 50 Meter hoch. Die Stromleitung verläuft geradlinig von einer Mastspitze zur anderen. Aus Sicherheitsgründen soll die Entfernung zwischen Dach und Leitung mindestens 35 Meter betragen.

(c) Ist diese Bedingung immer erfüllt?

Aufgabe 22:

Die Cheopspyramide in Gizeh besitzt heute eine Höhe von etwa 139 Metern und eine Seitenlänge von ca. 225 Metern, wobei die Grundfläche quadratisch ist. Sie wurde während der 4. Dynastie im Alten Reich errichtet und etwa um das Jahr 2580 v. Chr. fertig gestellt.

(a) Wählen Sie ein geeignetes Koordinatensystem und stellen Sie die Koordinatenformen der Ebenen auf, in denen die Seitenflächen der Pyramide liegen. Berechnen Sie den Neigungswinkel der Seitenflächen gegenüber der Grundfläche der Pyramide.

Ein Forscherteam untersucht die Königskammer. Diese befindet sich etwa im Zentrum der Pyramide, in einer Höhe von ungefähr 50 Metern über dem Erdboden. Ein Teil des Teams befindet sich in der Kammer, der andere (Außenteam) läuft den in Abbildung XV.7.6 angegebenen Weg zur Spitze der Pyramide.

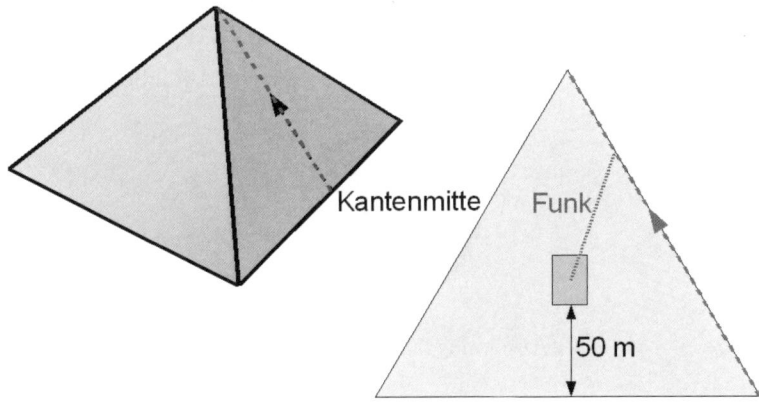

Abbildung XV.7.6: Skizze zu den Aufgabenteilen (b) und (c).

Die Funkverbindung miteinander funktioniert auf Grund der dicken Mauern und technischer Probleme nur über eine Distanz von 65 Metern.

(b) Stellen Sie eine Abstandsfunktion der beiden Teams auf. Haben sie während des ganzen Aufstiegs Funkkontakt miteinander? Wenn nicht, ab welcher Höhe und bis zu welcher Höhe funktioniert die Verbindung?

(c) Die Funkverbindung ist besonders gut, wenn sich möglichst wenig Gestein zwischen den Teams befindet. Wo ist das der Fall? Beantworten Sie die Frage mit der von Ihnen aufgestellten Abstandsfunktion. Wie würde es ohne eine solche gehen? Erläutern Sie dies kurz!

Aufgabe 23:

Gegeben sei ein Würfel mit der Kantenlänge a. Diesem beschreibt man eine Kugel ein, die alle sechs Seitenflächen des Würfels in genau einem Punkt berührt (siehe Abbildung XV.7.7).

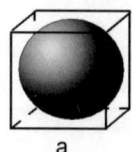

a

Abbildung XV.7.7: Einbeschriebene Kugel.

(a) Wie groß ist das Volumen dieser „Inkugel"?

(b) Wie hoch ist ein Zylinder, der den gleichen Radius und das gleiche Volumen wie die Kugel hat?

(c) Um wie viel Prozent vergrößert sich das Volumen der eben berechneten Kugel, wenn man den Radius verdoppelt?

Nun umschreiben wir diesem Würfel eine „Umkugel" (siehe Abbildung XV.7.8).

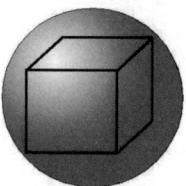

Abbildung XV.7.8: Umkugel.

(d) Welches Volumen hat diese Umkugel? In welchem Verhältnis steht die Oberfläche der Umkugel zu der des Würfels und der der Inkugel?

Der Mittelpunkt von Umkugel und Inkugel sei der Koordinatenursprung $O(0/0/0)$, die Kanten des Würfels seien parallel zu den entsprechenden Koordinatenachsen.

(e) Stellen sie die Gleichungen der Ebenen auf, in denen die Seitenflächen des Würfels liegen. Berechnen Sie dann die Schnittkreisradien und Schnittkreismittelpunkte dieser Ebenen mit der Umkugel. Nutzen Sie dabei die Symmetrien aus!

XVI Wenn's nicht direkt geht - Ein wenig Numerik

Das letzte Kapitel dieses Buches ist einem winzigen Blick in das Reich der Numerik gewidmet. Wir wollen uns zwei numerische Verfahren anschauen: Zum einen betrachten wir das Newton-Verfahren, mit dessen Hilfe wir Nullstellen berechnen können, die auf normalem Wege (analytisch) nicht zu bekommen sind und zum anderen setzen wir uns kurz mit der Keplerschen Fassregel auseinander, welche uns zur näherungsweisen Berechnung von Flächen unter nicht integrierbaren Funktionen dient. Zwar kennen wir mit Ober- und Untersumme bereits eine Art numerisches Verfahren für eine derartige Flächenberechnung, doch das Interessante am Kepler-Verfahren ist, dass wir uns nicht nur mit simplen Rechtecken sondern mit Trapezen herumärgern dürfen und die können bei entsprechender Intervallwahl schneller genauere Ergebnisse liefern, da sie sich dem Funktionsverlauf durch ihre „schräge" Seite besser anpassen. Doch starten wir mit Newton.

XVI.1 Für Nullstellen - Das Newton-Verfahren

Dieses Unterkapitel beschäftigt sich mit einer Näherungsmethode zur Berechnung von Nullstellen. Sie geht auf Isaac Newton zurück und wird deswegen als Newton-Verfahren bezeichnet. Bisher war es uns immer möglich, die Nullstellen einer Funktion zu errechnen, sei es durch Polynomdivision, Mitternachtsformel oder dergleichen. Gelingt die Berechnung auf diesen Wegen nicht, so bleibt uns nichts anderes übrig, als die Lösung näherungsweise durch numerische Verfahren zu ermitteln. Ein solches Verfahren stellt das Newton-Verfahren dar. Mit ihm ist es möglich, sehr schnell Werte mit großer Genauigkeit zu erzielen, vorausgesetzt, dass der Startwert für das iterative (schrittweise) Verfahren hinreichend nah am tatsächlichen Wert der Nullstelle liegt. Warum dies notwendig ist und warum es manchmal doch nicht funktioniert, zeigen wir in einem Beispiel am Ende.

Herleitung

Iterationsvorschrift für das Newton-Verfahren

$$x_{n+1} = x_n + \frac{f(x_n)}{f'(x_n)} \text{ mit } n \in \mathbb{N}_{>0}. \qquad \text{(XVI-1)}$$

Eine Iterationsvorschrift sagt einem, welchen Wert man wo einsetzen muss, um den nächsten Wert in einem Berechnungsprozess zu erhalten. Im Falle des Newton-Verfahren hoffen wir, dass die entstehende Folge von x-Werten gegen die echte Nullstelle konvergiert (Konvergenz von Folgen, siehe Kapitel VI). Unser Ziel ist es nun, die in dem Kasten genannte Formel, herzuleiten. Dies wollen wir erst im allgemeinen Fall tun und dann ein passendes Beispiel anführen.

> **Voraussetzungen**
>
> Gegeben sei eine Funktion f, die im Intervall $[a; b]$ stetig und differenzierbar ist. Der Begriff der Differenzierbarkeit enthält den Begriff der Stetigkeit an sich schon, aber um sie hervorzuheben, ist sie hier ausdrücklich erwähnt.

Vollzieht f im genannten Intervall einen Vorzeichenwechsel, so lässt sich aus der Stetigkeit schließen, dass f mindestens eine Nullstelle zwischen a und b hat. Ist f zusätzlich in dem betrachteten Intervall monoton (fallend oder steigend), so hat sie genau eine Nullstelle. Diese Nullstelle können wir, falls uns die anderen Wege versperrt sind, mit dem Newton-Verfahren berechnen.

Berechnung von x_2 aus x_1:

Wir wählen einen Punkt $P_1(x_1/f(x_1))$, so dass $f(x_1)$ betragsmäßig schon sehr klein ist.

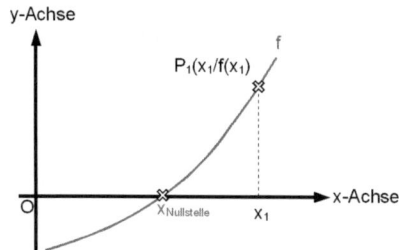

Abbildung XVI.1.1: Der Funktionsgraph und der Punkt P_1.

Wir bilden die Ableitung von f und stellen mit ihr die Tangente an die Kurve von f in eben diesem Punkt P_1 auf:

Die Funktion f ist stetig und differenzierbar auf $[a; b]$. Ihre Ableitung ist somit $f'(x)$ an jeder Stelle $x \in [a; b]$. Damit stellen wir über die Punktsteigungsform für Geraden die Tangente an die Kurve im Punkt P_1 auf. Diese lautet dann:

$$t(x) = f'(x_1) \cdot (x - x_1) + f(x_1).$$

Diese interpretieren wir nun als Näherungskurve für f und berechnen ihren Schnittpunkt mit der x-Achse (Nullstelle):

$$t(x) = 0, \text{ also } f'(x_1) \cdot (x - x_1) + f(x_1) = 0.$$

Aufgelöst nach x und x in x_2 umbenannt, dann erhalten wir:

$$x_2 = x_1 - \frac{f(x_1)}{f'(x_1)}. \qquad \text{(XVI-2)}$$

Aus dieser Gleichung folgt, dass $f'(x_1) \neq 0$ bzw. allgemein $f'(x_n) \neq 0$ sein muss. Wie das Ganze im Schaubild aussieht, das sehen wir in Abbildung XVI.1.2.

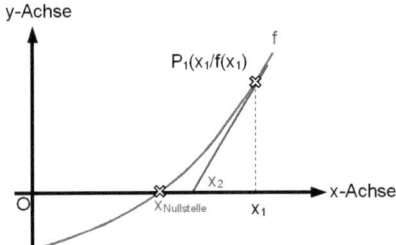

Abbildung XVI.1.2: Der Funktionsgraph und die Punkte P_1, sowie die Nullstelle der Tangente an f in P_1.

Diesen nun erhaltenen x-Wert nehmen wir, um $P_2(x_2/f(x_2))$ zu bilden und unsere Vorgehensweise zu wiederholen. So gelangen wir allgemein über die Tangente an den Graphen von f im Punkt $P_n(x_n/f(x_n))$ von selbigem zum Punkt $P_{n+1}(x_{n+1}/f(x_{n+1}))$, wobei $n \in \mathbb{N}_{>0}$.

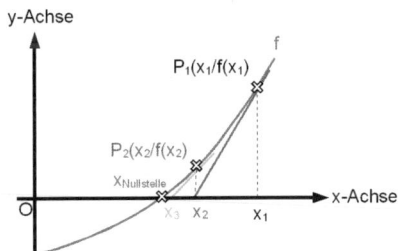

Abbildung XVI.1.3: Der Funktionsgraph und die Punkte P_1 und P_2.

Allgemein erhalten wir dann, durch Einsetzen von P_n und P_{n+1} in die Gleichung (XVI-2) die Formel (XVI-1).

XVI.1.1 Wann Newton nicht funktioniert

Grafisches Beispiel für das Nichtfunktionieren

Wie schon angedeutet, kann es passieren, dass das Newton-Verfahren nicht funktioniert und es einem nicht gelingt, eine Zahlenfolge, die gegen die gesuchte Nullstelle konvergiert, zu erhalten. In diesem Fall verschwindet die Folge im Unendlichen. Wie so etwas im Schaubild aussehen kann, ist im folgenden Bild gezeigt:

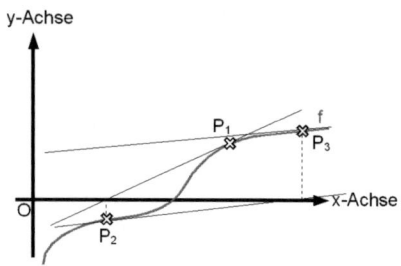

Abbildung XVI.1.4: Hier geht der Newton schief.

Das Newton-Verfahren funktioniert auch nicht, wenn das Folgende eintritt:

Sollte $f'(x_n) = 0$ (bei Extrem- bzw. Sattel-/Terrassenpunkten) werden, so erhalten wir eine waagrechte Tangente die die x-Achse nicht schneidet.

XVI.1.2 Übersicht mit Beispiel

Im Folgenden soll das Newton-Verfahren mit seiner Iterationsvorschrift noch einmal durch ein Beispiel mit der Funktion $f(x) = x^5 + x + 1$ im Intervall $[-2; 2]$ verdeutlicht werden.

	Allgemein	Beispiel
Voraussetzungen	Die Funktion f sei auf dem Intervall $[a; b]$ stetig und differenzierbar. Desweiteren sei sie monoton und $f(a)$ und $f(b)$ haben unterschiedliche Vorzeichen. Es findet somit genau ein VZW auf $[a; b]$ statt. **Folge:** Die Funktion hat genau eine Nullstelle auf $[a; b]$.	$f(x) = x^5 + x + 1$ betrachtetes Intervall: $[-2; 2]$ f stetig, differenzierbar und monoton wachsend ($f'(x) > 0$ für alle x, Polynom 5. Grades) $f(-2) = -33$ $f(2) = 35$, somit VZW.

Ableitung	Wir bilden die Ableitung $f'(x)$.	$f'(x) = 5x^4 + 1$
Anwenden der Iterationsvorschrift	Wir verwenden nun $$x_{n+1} = x_n + \frac{f(x_n)}{f'(x_n)}.$$ Als ersten Startwert wählen wir ein Stelle, die schon nahe an der vermuteten Nullstelle liegt, d.h. ihr Funktionswert ist betragsmäßig sehr klein.	*Wähle Startwert:* Da $f(-0{,}7) = 0{,}13193$ nehmen wir $x_1 = -0{,}7$. *Beginne Verfahren:* $$x_2 = -0{,}7 + \frac{f(-0{,}7)}{f'(-0{,}7)}$$ $$\approx -0{,}7599545.$$ Fortsetzen des Verfahrens mit x_2.

Führen wir das Verfahren fort, so erhalten wir im Falle von $f(x) = x^5 + x + 1$ folgende Zahlen:

$$x_1 = -0{,}7$$
$$x_2 = -0{,}7599545558$$
$$x_3 = -0{,}7549197892$$
$$x_4 = -0{,}7548776692$$
$$x_5 = -0{,}7548776662$$
$$x_6 = x_5$$

Aus rundungstechnischen Gründen ergibt sich die letzte Zeile. Das Gleichheitszeichen meint, dass dies die exakten Taschenrechnerwerte sind.

XVI.2 Für Flächen - Die Keplersche Fassregel

Warum nähern wir uns Flächen unter Funktionen auf numerische Art und Weise? Zwei Gründe sind hierbei sicherlich, dass wir zum einen eine Umsetzung auf dem Rechner erlangen wollen und zum anderen vielleicht gar nicht in der Lage sind, das geforderte Integral analytisch zu lösen. Nun wäre es durchaus wünschenswert, wenn wir nicht ewig viele Schritte bei der Approximation durchführen müssen, bis wir ein einigermaßen genaues Ergebnis erlangen. Bei der Version mit den Ober- und Untersummen war dies der Fall.

Wir stellen hier nun ein etwas besseres Verfahren vor, welches wir im nächsten Abschnitt noch verallgemeinern. Die Rede ist von der **Keplerschen Fassregel**.

Wir betrachten eine Funktion f, deren Schaubild in dem gewünschten Intervall $I = [a; b]$ in Abbildung XVI.2.1 gezeigt ist.

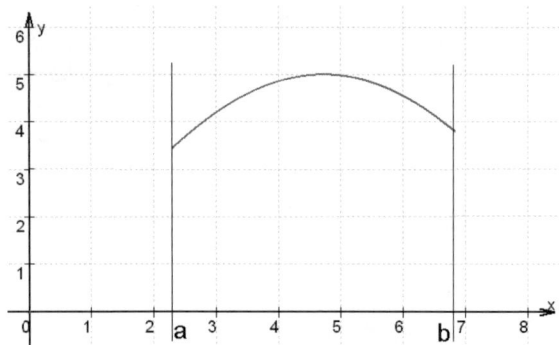

Abbildung XVI.2.1: Schaubild der betrachteten Funktion.

Die in Abbildung XVI.2.1 zu sehende Fläche wollen wir durch das Anlegen von drei Trapezen ermitteln.

XVI.2.1 Sehnentrapeze

Wir zeichnen zwei Trapeze wie folgt in Abbildung XVI.2.1 ein und erhalten dadurch Abbildung XVI.2.2.

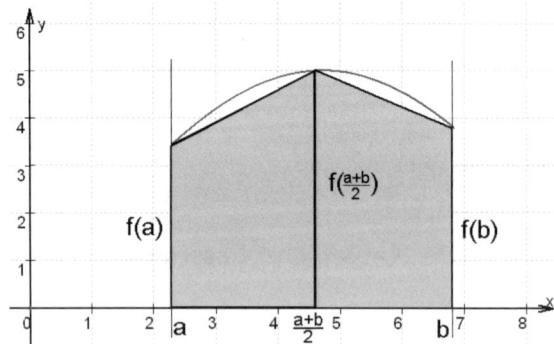

Abbildung XVI.2.2: Sehnentrapeze für die anstehende Rechnung.

Für diese beiden Sehnentrapeze können wir mit der entsprechenden Formel die Fläche berechnen. Bei einem Trapez (XVI.2.3) gilt

$$A_{\text{Trapez}} = \frac{a+c}{2} \cdot h = m \cdot h. \qquad (\text{XVI-3})$$

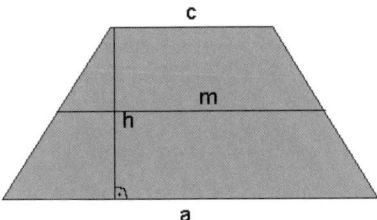

Abbildung XVI.2.3: Trapez.

Übertragen wir das auf die beiden Sehnentrapeze, so erhalten wir die Gesamtfläche

$$S = \frac{b-a}{2} \cdot \left(\frac{f(a) + f(\frac{a+b}{2})}{2} + \frac{f(\frac{a+b}{2}) + f(b)}{2} \right)$$
$$= \frac{b-a}{2} \cdot \left(\frac{f(a)}{2} + f\left(\frac{a+b}{2}\right) + \frac{f(b)}{2} \right). \qquad (\text{XVI-4})$$

XVI.2.2 Tangententrapeze

Nun legen wir ein weiteres Trapez in das Schaubild und erhalten so Abbildung XVI.2.4.

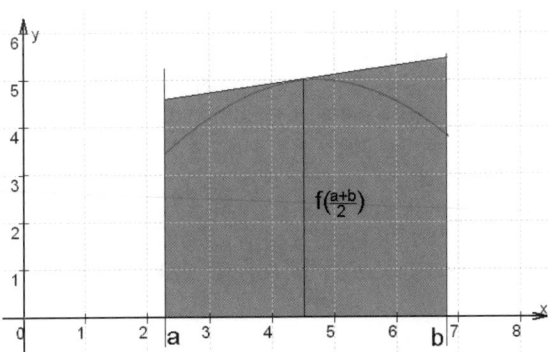

Abbildung XVI.2.4: Tangententrapez.

Nach der Trapezformel (XVI-3) folgt

$$T = f\left(\frac{a+b}{2}\right) \cdot (b-a). \tag{XVI-5}$$

Nun zählen wir die beiden erhaltenen Flächen zusammen. Da wir aber doppelt so viele Sehnentrapeze (zwei!) wie Tangententrapeze (eins!) haben, gewichten wir die Flächen entsprechend. Es ist

$$\begin{aligned}
I[f] :&= \int_a^b f(x)\mathrm{d}x \approx A = \frac{2}{3}S + \frac{1}{3}T \\
&= \frac{1}{3} \cdot \left(2 \cdot \frac{b-a}{2} \cdot \left(\frac{f(a)}{2} + f\left(\frac{a+b}{2}\right) + \frac{f(b)}{2}\right) + f\left(\frac{a+b}{2}\right) \cdot (b-a)\right) \\
&= \frac{b-a}{6} \cdot \left(f(a) + 4f\left(\frac{a+b}{2}\right) + f(b)\right).
\end{aligned}$$

Dies ist die Keplersche Fassregel.

Die Keplersche Fassregel

Ist die Funktion f auf dem Intervall $I = [a; b]$ stetig, so gilt

$$I[f] \approx \frac{b-a}{6} \cdot \left(f(a) + 4f\left(\frac{a+b}{2}\right) + f(b)\right). \tag{XVI-6}$$

Wichtig ist hier noch das Folgende zu bemerken:

Die Keplersche Fassregel liefert nur dann gute Werte, wenn sich die Funktion auf dem betreffenden Intervall durch eine Parabel annähern lässt. Darum ist es ratsam, die Intervalllänge möglichst klein zu wählen. Dies kann geschehen, wenn wir das zu betrachtende Intervall in viele kleine, gleich große Intervalle unterteilen und dann auf jedes Teilintervall die Keplersche Fassregel anwenden. Dies tun wir im folgenden Abschnitt XVI.3, wo wir die Simpson-Regel besprechen.

XVI.3 Wo Kepler aufhört fängt Simpson an - Die Simpson-Regel

Hier wenden wir die bereits gezeigte Keplersche Fassregel auf gleich große Teilintervalle des Ausgangsintervalls I an. Seien die Teilintervalle $[x_{2i}; x_{2i+2}]$ mit $x_i = a + \frac{b-a}{n} \cdot i$ und $i = 0, \ldots, \frac{n}{2} - 1$, wobei n gerade ist, dann erhalten wir für jedes Teilintervall

$$\int_{x_{2i}}^{x_{2i+2}} f(x)\mathrm{d}x \approx \frac{b-a}{6} \cdot (f(x_{2i}) + 4f(x_{2i+1}) + f(x_{2i+2}))\,.$$

Alle Formeln für die Teilintervalle aufsummiert und wir erhalten:

$$\int_a^b f(x)\mathrm{d}x \approx \frac{b-a}{3n} \left[f(a) + 4 \cdot (f_1 + f_3 + \ldots + f_{n-1}) + 2 \cdot (f_2 + f_4 + \ldots + f_{n-2}) + f(b)\right]\,.$$

Dabei haben wir die Abkürzung $f_i := f(x_i)$ verwendet. Die **summierte Simpson-Regel** liefert exakte Ergebnisse für Polynome mit Höchstgrad 3.

Aufgaben

Aufgabe 1:
Weisen Sie allgemein nach, dass die Keplersche Fassregel für die Berechnung des Integrals eines Polynoms 3. Grades den exakten Wert liefert.

Aufgabe 2:
Berechnen Sie das Integral

$$\int_1^9 \ln(x)\mathrm{d}x$$

- mit der Simpsonregel und der Schrittweite 1,
- mit der Keplerschen Fassregel,
- exakt.

Vergleichen Sie die Näherungswerte mit dem exakten Ergebnis.

A Die Strahlensätze

Die Strahlensätze sind eigentlich ein Thema der Unter- oder Mittelstufe. Und gerade weil es schon so lange her ist, dass man ihnen begegnete, ist es oft notwendig, sie sich wieder in Erinnerung zu rufen. Ihnen ein ganzes Kapitel zu widmen wäre übertrieben, aber einen Teil des Anhangs können wir ihnen ruhig zur Verfügung stellen.

A.1 Einführende Betrachtungen

Wir betrachten zwei von einem Punkt Z (wie Zentrum) ausgehende Strahlen. Diese schneiden wir mit zwei parallelen Geraden g und g' (lies: g Strich, keine Ableitung!). Die Parallelität notieren wir in kurzer Art und Weise mit $g \parallel g'$. Dadurch erhalten wir das folgende Bild:

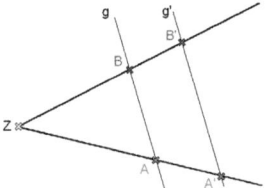

Abbildung A.1.1: Erste Skizze zu den Strahlensätzen.

Wir erkennen zwei Dreiecke, nämlich $\triangle ZAB$ und $\triangle ZA'B'$. Diese sind ähnlich, da sie die gleichen Winkel haben. Diese Tatsache erkennen wir an der folgenden Abbildung A.1.2.

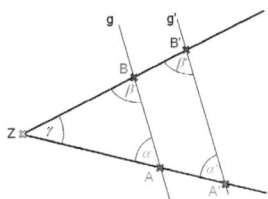

Abbildung A.1.2: Skizze zur Ähnlichkeit der Dreiecke.

Da es sich um Stufenwinkel handelt (weil $g \parallel g'$), gilt, dass $\alpha = \alpha'$ und $\beta = \beta'$, womit die beiden Dreiecke in allen drei Winkeln (γ haben sie sowieso gemeinsam) übereinstimmen und daher ähnlich sind. Die entsprechenden Seiten der Dreiecke unterscheiden sich deshalb nur um einen sog. Streckfaktor, den wir mit k bezeichnen. Es gilt nun:

$$\overline{ZA'} = k \cdot \overline{ZA} \qquad \text{(I)}$$
$$\overline{ZB'} = k \cdot \overline{ZB} \qquad \text{(II)}$$
$$\overline{A'B'} = k \cdot \overline{AB} \qquad \text{(III)}$$

Hiermit können wir nun die beiden Strahlensätze formulieren.

A.2 Der 1. Strahlensatz

Wir verwenden die Gleichungen (I) und (II) von eben. Da eine Zahl k immer sie selber ist ($k = k$), können wir wie folgt argumentieren:

- Aus (I): $\overline{ZA'} = k \cdot \overline{ZA} \xrightarrow{\text{umformen}} k = \frac{\overline{ZA'}}{\overline{ZA}}$

- Aus (II): $\overline{ZB'} = k \cdot \overline{ZB} \xrightarrow{\text{umformen}} k = \frac{\overline{ZB'}}{\overline{ZB}}$

Damit erhalten wir (weil ja $k = k$ ist) den 1. Strahlensatz.

1. Strahlensatz

Z ist das Zentrum, die Spitze, A, B, A', B' sind Punkte auf den parallelen Geraden g und g', die die nichtparallelen Schenkel, die von Z ausgehen, schneiden.

$$\frac{\overline{ZA'}}{\overline{ZA}} = \frac{\overline{ZB'}}{\overline{ZB}} \qquad\qquad\qquad \text{(A-1)}$$

Welche Strecken hierbei miteinander verglichen werden, sehen wir in Abbildung A.2.1.

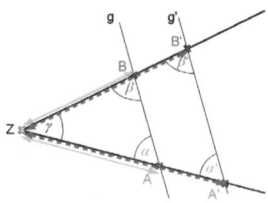

Abbildung A.2.1: Verwendete Strecken beim 1. Strahlensatz.

Es ist also

$$\frac{\text{gestrichelt unten}}{\text{durchgezogen unten}} = \frac{\text{gestrichelt oben}}{\text{durchgezogen oben}}.$$

Wichtig ist, dass wir uns Folgendes merken:

$$\frac{\text{lang}}{\text{kurz}} = \frac{\text{lang}}{\text{kurz}}.$$

Notieren wir also oben die eine lange Strecke, so müssen wir das auf der anderen Seite auch tun, sonst ergibt sich ein falsches Ergebnis. Begeben wir uns zum 2. Strahlensatz.

A.3 Der 2. Strahlensatz

Wir verwenden die Gleichungen (I) und (III) von weiter oben. Wir nutzen wieder die Tatsache aus, dass $k = k$ ist:

- Aus (I): $\overline{ZA'} = k \cdot \overline{ZA} \xrightarrow{\text{umformen}} k = \frac{\overline{ZA'}}{\overline{ZA}}$

- Aus (III): $\overline{A'B'} = k \cdot \overline{AB} \xrightarrow{\text{umformen}} k = \frac{\overline{A'B'}}{\overline{AB}}$

Damit erhalten wir (weil ja $k = k$ ist) den 2. Strahlensatz.

---

2. Strahlensatz

Z ist das Zentrum, die Spitze, A, B, A', B' sind Punkte auf den parallelen Geraden g und g', die die nichtparallelen Schenkel, die von Z ausgehen, schneiden.

$$\frac{\overline{ZA'}}{\overline{ZA}} = \frac{\overline{A'B'}}{\overline{AB}} \tag{A-2}$$

Wir können natürlich auch auf der linken Seite der Gleichung den Buchstaben A gegen den Buchstaben B austauschen, indem wir Gleichung (II) statt Gleichung (I) verwenden. Dadurch benutzen wir lediglich die anderen beiden Strecken, die wir eben bei Gleichung (II) notiert haben. Welche Strecken nun beim 2. Strahlensatz miteinander verglichen werden, sehen wir in Abbildung A.3.1.

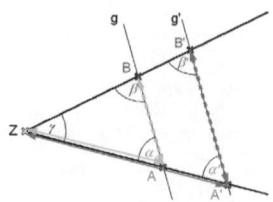

Abbildung A.3.1: Verwendete Strecken beim 2. Strahlensatz.

A.4 „Kurzversion" des 1. Strahlensatzes

Bisher mussten wir bei der Verwendung des 1. Strahlensatzes bei jeder verwendeten Strecke vom Zentrum Z aus messen. Der 1. Strahlensatz kann aber auch nur durch die von den parallelen Geraden g und g' bestimmten Abschnitte formuliert werden. Wir betrachten hierzu Abbildung A.4.1.

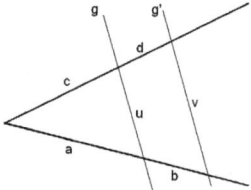

Abbildung A.4.1: Skizze zur „Kurzversion" des 1. Strahlensatzes.

Aus unserer Zeichnung erhalten wir durch die Verwendung des 1. Strahlensatzes die Gleichung

$$\frac{a+b}{a} = \frac{c+d}{c}.$$

Dies können wir weiter umformen:

$$\frac{a+b}{a} = \frac{c+d}{c} \Leftrightarrow 1 + \frac{b}{a} = 1 + \frac{d}{c}.$$

Ziehen wir nun auf beiden Seiten 1 ab, ist das Ergebnis bereits die gesuchte Kurzversion.

„Kurzversion" des 1. Strahlensatzes

$$\frac{b}{a} = \frac{d}{c} \tag{A-3}$$

Hierbei müssen wir nicht immer vom Zentrum ausgehen, sondern können die Abschnitte an sich verwenden, welche durch die parallelen Geraden auf den Strahlen, die vom Zentrum ausgehen, entstehen.

Aufgaben

Aufgabe 1:
Bestimmen Sie die unbekannten Strecken.

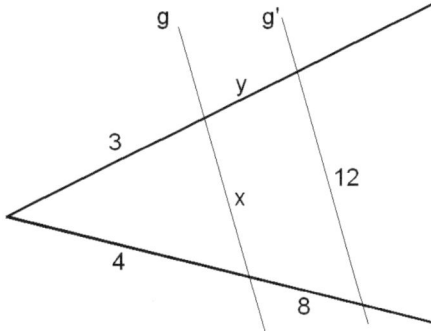

Abbildung A.4.2: Skizze zu Aufgabe 1.

Aufgabe 2:
Bestimmen Sie die unbekannten Strecken.

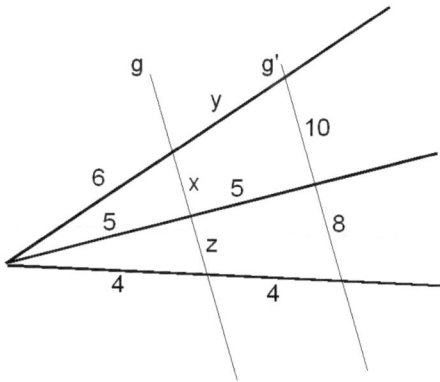

Abbildung A.4.3: Skizze zu Aufgabe 2.

Aufgabe 3:

Eine Sanduhr ist aus zwei gleich großen Kegeln zusammengesetzt (Spitzen werden für die Rechnung nicht abgeschnitten, keine Kegelstümpfe!). Sie sind zusammen 40cm hoch bei einem Durchmesser von jeweils 20cm.

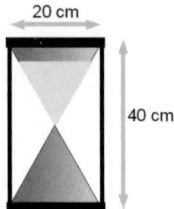

Abbildung A.4.4: Kegelsanduhr.

Der ganze Sand befindet sich zu Beginn im oberen Glas. Dieses ist damit zu neun Zehnteln seines Volumens gefüllt.

(a) Wie hoch über dem Berührpunkt der beiden Gläser steht der Sand?

Der Sand rieselt im Folgenden langsam mit einer Geschwindigkeit von $30\frac{cm^3}{min}$ in das andere Glas.

(b) Berechnen Sie die Höhen der Markierungen über dem Boden für eine Viertelstunde, eine halbe Stunde, eine Dreiviertelstunde und eine ganze Stunde im unteren Glas.

Jetzt ist der ganze Sand in das andere Glas hinüber gelaufen.

(c) Wie hoch steht der Sand nun im unteren Glas?

Aufgabe 4:

Gegeben sei das in Abbildung A.4.5 gezeigte, gleichseitige Dreieck mit der Kantenlänge a.

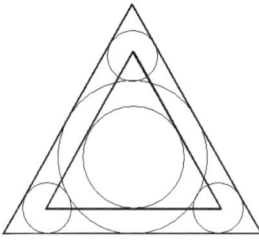

Abbildung A.4.5: Dreieck mit allerlei Malerei.

Diesem Dreieck wird nun sein Inkreis einbeschrieben. An diesen werden tangential drei kleine Kreise gesetzt, so dass diese die angrenzenden Seiten des großen Dreiecks berühren.

Die Mittelpunkte dieser drei Kreise bilden wieder ein gleichseitiges Dreieck. Mit diesem kann man in gleicher Weise fortfahren und ein noch kleineres gleichseitiges Dreieck konstruieren usw..

(a) Berechnen Sie den Radius der kleinen Kreise in Abbildung A.4.5 in Abhängigkeit von a.

(b) Berechnen Sie den Radius des Inkreises des durch die Konstruktion entstandenen Dreiecks in Abhängigkeit von a.

(c) Geben Sie eine Formel an, welche den Inkreisradius aus Aufgabenteil (b) nach n Schritten in Abhängigkeit von a berechnet.

B Ungleich geht die Welt zu Grunde - Ein paar Infos über Ungleichungen

B.1 Ganz elementare Regeln

Wir haben im Laufe dieses Buches doch einige Gleichungen betrachtet. Dieser Anhang will abschließend ein paar Informationen zum Umgang mit Ungleichungen vermitteln, also Gleichungen, bei denen das Gleichheitszeichen durch eines der möglichen Ungleichheitszeichen ($>, <, \geq, \leq$) ersetzt wird. Das Einzige, worauf wir eigentlich bei einer Ungleichung Rücksicht nehmen müssen, dass ist das Verhalten eines Ungleichheitszeichens bei gewissen Rechenoperationen bzw. Umformungen. Es gilt:

Ein Ungleichheitszeichen kehrt sich um

Aus $>$ wird $<$ und umgekehrt bzw. aus $\geq$ wird $\leq$ und umgekehrt, wenn folgende Umformungen der Ungleichung durchgeführt werden:

- Multiplikation der Ungleichung mit einer negativen Zahl.

- Kehrwertbildung beider Seiten bei gleichen Vorzeichen.

- Vertauschen beider Seiten.

Ansonsten gehen wir mit Ungleichungen wie mit Gleichungen um. Für die von uns betrachteten Gleichungstypen (linear, quadartisch, Betrag) heißt das:

- Bei linearen Gleichungen ist der Umgang unproblematisch.

- Bei quadartischen Gleichungen ergänzen wir quadratisch oder lösen die Mitternachtsformel mit einem Gleichheitszeichen. Bei Ungleichungen kommt jetzt noch hinzu, dass wir uns danach Gedanken über Lage und Öffnung der zugehörigen Parabel machen müssen.

- Bei Betragsgleichungen suchen wir nach den kritischen Stellen und arbeiten mit abschnittsweise definierten Funktionen[1].

---

[1]Für alle, denen diese Begriffe nichts sagen, sei Kapitel V wärmstens empfohlen, denn da ist eventuell etwas dazu zu finden.

B.2 Beispiele statt allgemeine Hudelei

Bevor wir uns groß in Allgemeinheiten verlieren, demonstrieren wir das Ganze am Besten einmal an drei Beispielen:

Beispiel 1 - Alles einfach

Wir wollen die lineare Ungleichung

$$2x - 1 > -3x + 9$$

lösen. Wir formen um und erhalten, da wir nicht mit einer negativen Zahl multiplizieren müssen:

$$5x > 10 \Leftrightarrow x > 2.$$

Das war's auch schon. Die Lösungsmenge ist $L = (-2; \infty)$.

Beispiel 2 - Etwas schwerer

Wir betrachten die Ungleichung

$$x^2 - 2x + 3 \leq -x^2 + 4x - 1.$$

Wir formen um, bis wir schließlich

$$2x^2 - 6x + 4 \leq 0$$

notieren können. Das Ungleichheitszeichen blieb unberührt. Division durch 2 (macht auch nichts!) ergibt

$$x^2 - 3x + 2 \leq 0.$$

Links steht nun der Term einer nach oben geöffneten Parabel. Wird die Ungleichung erfüllt, dann zwischen den beiden Nullstellen. Diese sind

$$x_{1/2} = \frac{3 \pm \sqrt{9 - 8}}{2} = \frac{3 \pm 1}{2},$$

also $x_1 = 1$ und $x_2 = 2$. Die Lösungsmenge ist nach obiger Übelegung und Berücksichtigung des Gleichheitszeichens in der Ungleichung $L = [1; 2]$.

Beispiel 3 - Kür

Abschließend setzen wir uns mit der Betragsungleichung[2]

$$|x + 1| - |x - 2| \geq 0 \tag{B-1}$$

auseinander. Diese hat zwei kritische Stelle, nämlich $x_1 = -1$ und $x_2 = 2$.

- Für $x \in (-\infty; -1)$ haben wir die lineare Ungleichung $-(x + 1) + (x - 2) \geq 0$ zu lösen. Da hier $-3 \geq 0$ nach dem Umformen zurückbleibt, haben wir hier leider kein Glück, es ist $L_1 = \{\}$.

- Für $x \in [-1; 2)$ ist unser Gegner $(x + 1) + (x - 2) \geq 0$. Hier ergibt sich gleich $x \geq 0{,}5$. Somit ist, wenn wir das mit dem betrachtetem Bereich vergleichen, die Lösungsmenge $L_2 = [0{,}5; 2)$.

- Zum Abschluss muss bei $x \in [2; \infty)$ die Gleichung $x + 1 - (x - 2) \geq 0$ untersucht werden. Schnell ergibt sich $3 \geq 0$ als finale Ungleichung. Das ist aber immer wahr im betrachteten Bereich (das x fehlt ja sowieso) und wir haben $L_3 = [2; \infty)$.

Insgesamt haben wir damit die Lösungsmenge $L = L_1 \cup L_2 \cup L_3 = [0{,}5; \infty)$ ($\cup$ meint die Vereinigung der Mengen).

Das war's auch schon zu den Ungleichungen. Mögliche Übungen finden sich genug in diesem Buch. Sie müssen nur die Gleichheitszeichen durch ein Ungleichheitszeichen ihrer Wahl ersetzen. Viel Spaß beim Suchen und Rechnen!

---

[2]Für Betragsgleichungen siehe Kapitel V.

C Das Pascalsche Dreieck

Eine kleine Anmerkung vorab: In diesem Anhang meinen wir mit i und n immer natürliche Zahlen, wenngleich die betrachteten Objekte auch für andere Zahlenarten definiert sein mögen. Uns reichen jedenfalls die natürlichen Vertreter.

C.1 Worum es geht

Was ist das Pascalsche Dreieck und wozu taugt es?

?

Um diese Frage zu beantworten, betrachten wir folgendes Problem:

Wir haben eine Summe zweier Variablen gegeben:

$$(a + b)$$

Wir wollen diese Summe mit sich selber malnehmen. Das können wir folgendermaßen schreiben:

$$(a + b) \cdot (a + b) = (a + b)^2$$

Den letzten Term lesen wir als „a plus b in Klammern hoch 2"[1]. Rechnen wir den obigen Rechenausdruck aus, so erhalten wir eine Summe. Sie lautet:

$$(a + b)^2 = (a + b) \cdot (a + b) \underset{\text{jedes mit jedem}}{=} a \cdot a + a \cdot b + \underbrace{b \cdot a}_{= a \cdot b} + b \cdot b = 1a^2 + 2ab + 1b^2.$$

Soviel zu den Binomischen Formeln, denen wir bereits viel weiter vorne (Kapitel III) begegnet sind. Die Zahlen, die vor den Variablen stehen, nennen wir bekannter Maßen Vorzahlen oder Koeffizienten (genauer: Binomialkoeffizienten, siehe weiter hinten in diesem Anhang). Haben wir jetzt eine höhere Potenz als zwei z.B. drei, dann rechnen wir das Folgende:

---

[1]Potenzieren, siehe Kapitel IV.

$$(a + b)^3 = ?a^3 + ?a^2b + ?ab^2 + ?b^3$$

Um hier die Vorzahlen, die eigentlich anstatt der Fragezeichen stehen sollten, zu erhalten, müssten wir das Produkt ausrechen (wieder jedes mit jedem). Das ist sehr mühsam, vor allem, wenn die Hochzahlen noch größer werden. Und hier kommt nun das Pascalsche Dreieck zum Zuge. Die Vorzahlen lassen sich nämlich relativ einfach bilden. Doch bevor wir groß mit Worten um uns schmeißen, wollen wir uns einfach das Pascalsche Dreieck einmal anschauen und anhand der Abbildung C.1.1 erläutern, wie die einzelnen Zahlen zustande kommen. Danach führen wir uns ein Beispiel zu Gemüte.

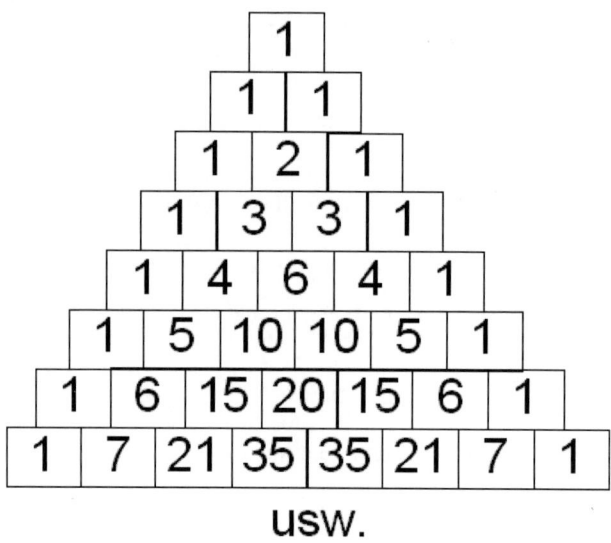

usw.

Abbildung C.1.1: Das Pascalsche Dreieck - Ein Ausschnitt.

C.2 Zum Aufstellen des Dreiecks

Wir malen uns leere Kästchen auf, die wie in Abbildung C.1.1 angeordnet sind. In die erste Zeile eins, in die zweite Zeile zwei, in die dritte drei usw.. Dann füllen wir sie folgendermaßen aus: In das oberste Kästchen schreiben wir eine 1. In die beiden darunter ebenfalls. Dann gehen wir nach folgenden beiden Regeln vor:

- In die äußersten Kästchen schreiben wir immer eine 1.

- In die Kästchen zwischen den beiden Einsern schreiben wir immer die Summe der Zahlen, die unmittelbar über dem jeweiligen Kästchen stehen (Beispiel mit Pfeilen in Abbildung C.2.1).

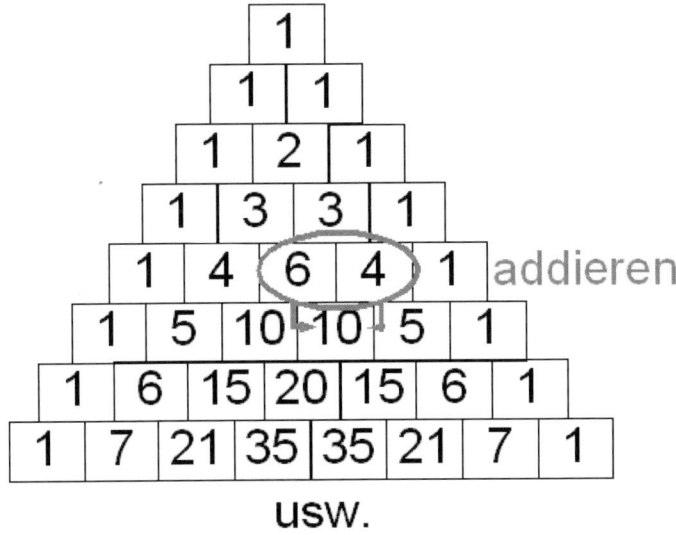

usw.

Abbildung C.2.1: Das Pascalsche Dreieck und die Entstehung der Zahlen.

Wie verwenden wir nun aber das Pascalsche Dreieck? Dazu ein kleines Beispiel:

Beispiel

Wir wollen folgenden Term als Summe schreiben:

$$(a + b)^7 =?$$

Nun müssen wir zuerst die einzelnen Summanden bilden und dann die Vorzahlen bestimmen. Dazu verwenden wir das Pascalsche Dreieck. Die einzelnen Summanden bilden wir dabei nach folgendem Prinzip.

1. Wir schreiben die Variablen a und b hin und zwischen sie einmal weniger als die gegebene Hochzahl das Produkt $a \cdot b$ (hier ist die Hochzahl sieben, also notieren wir sechs Mal $a \cdot b$). Alle Ausdrücke verbinden wir durch Pluszeichen (+) miteinander:

$$a + \underbrace{ab + ab + ab + ab + ab + ab}_{7-1=6 \text{ Mal}} + b$$

2. Jetzt schreiben wir von links nach rechts bei a die Zahlen von der gegebenen Hochzahl (hier: 7) absteigend bis 1 hin und bei b von links nach rechts die Hochzahlen von 1 bis zur gegebenen Hochzahl aufsteigend:

$$a^7 + a^6b^1 + a^5b^2 + a^4b^3 + a^3b^4 + a^2b^5 + a^1b^6 + b^7$$

3. Die noch fehlenden Vorzahlen erhalten wir aus dem Pascalschen Dreieck und zwar aus der Zeile in der die Hochzahl als zweite Zahl direkt nach der 1 vorkommt (Hier: Hochzahl 7 → also achte Zeile, siehe Abbildung C.1.1.). Wir erhalten:

$$(a + b)^7 = 1a^7 + 7a^6b^1 + 21a^5b^2 + 35a^4b^3 + 35a^3b^4 + 21a^2b^5 + 7a^1b^6 + 1b^7$$

Nun haben wir die fertige Summe gebildet. Das viele Gerechne und die vielen Klammern haben wir uns so erspart.

C.3 Warum das Schema funktioniert

Das Pascalsche Dreieck verdeutlicht lediglich grafisch einen Sachverhalt, der auf der Addition der sog. Binomialkoeffizienten basiert. Haben wir einen Ausdruck

$$(x + y)^n = \underbrace{(x + y) \cdot (x + y) \cdot \ldots \cdot (x + y) \cdot (x + y)}_{n \text{ Faktoren}},$$

dann ist klar, dass beim Ausmultiplizieren jedes Produkt $x^i y^{n-i}$ für $i = 0, 1, 2, \ldots, n$ vorkommen muss, da in jeder der n Klammern ein x und ein y steht. Die Koeffizienten ergeben sich aus folgender Überlegung:

Wollen wir den Koeffizienten zu $x^i y^{n-i}$ bestimmen, dann nehmen wir aus i Klammern ein x und aus $n - i$ Klammern ein y. Dazu können wir z.B. die ersten i Klammern für das x und die letzten $n - i$ Klammern für das y. Wir wählen also aus n identischen Faktoren i aus. Hätten wir n verschieden Faktoren, dann könnte diese Auswahl auf

$$n \cdot (n - 1) \cdot (n - 2) \cdot \ldots \cdot (n - i + 1) = \frac{n!}{(n - i)!}$$

Arten geschehen[2]. Dabei ist mit $n!$ (lies: n Fakultät) gemeint, dass wir alle Zahlen von 1 bis n multiplizieren, also

$$n! = 1 \cdot 2 \cdot 3 \cdot \ldots \cdot (n - 1) \cdot n \qquad\qquad \text{(C-1)}$$

---

[2]Zu Beginn können wir aus n Faktoren auswählen, im nächsten Zug aus $n - 1$ usw.

und es ist $0! = 1$. Betrachten wir noch einmal den Quotienten $\frac{n!}{(n-i)!}$. Wir gingen davon aus, dass alle Faktoren verschieden sind. Unsere sind aber identisch, somit können wir unter den i ausgewählten Faktoren, die sich auf $i!$ Arten anordnen lassen, keinen Unterschied feststellen und somit auch keine Reihenfolge. Deshalb müssen wir den Quotienten $\frac{n!}{(n-i)!}$, in dem diese unterschiedlichen Reihenfolgen berücksichtigt sind, durch $i!$ teilen. Es ist dann

$$\binom{n}{i} := \frac{n!}{(n-i)!i!} \tag{C-2}$$

für ein bestimmtes n und i ein sog. **Binomialkoeffizient**. Es gilt, dass

$$\binom{n}{i} + \binom{n}{i+1} = \binom{n+1}{i+1}, \text{ mit } i = 0, 1, \ldots, n-1.$$

Beweis:

$$\binom{n}{i} + \binom{n}{i+1} = \frac{n!}{(n-i)!i!} + \frac{n!}{(n-i-1)!(i+1)!} = \frac{n! \cdot (i+1)}{(n-i)!(i+1)!} + \frac{n! \cdot (n-i)}{(n-i)!(i+1)!}$$
$$= \frac{n! \cdot ((i+1) + (n-i))}{(n-i)!(i+1)!} = \frac{n! \cdot (n+1)}{((n+1)-(i+1))!(i+1)!} = \frac{(n+1)!}{((n+1)-(i+1))!(i+1)}$$
$$= \binom{n+1}{i+1}.$$

Die beiden Summanden sind gerade Nachbarn im Pascalschen Dreieck (Schritt von i um 1 weiter nach $i+1$) und die resultierende Summe findet sich eine Zeile tiefer, da wir die Anzahl von n auf $n+1$ erhöhen.

Dies war in aller Kürze ein kleiner Einstieg zum Pascalschen Dreieck. Für mehr verweisen wir auf die weiterführende Literatur. Uns ging es lediglich um das Schema an sich und seinen gewinnbringenden Einsatz beim Ausrechnen potenzierter Summen. Es lohnt sich also, sich das Schema zu merken, denn es erspart einem manchmal einiges an Rechenarbeit.

Weiterführende Literatur

- Arens, Tilo et al.: Mathematik, 1. korrigierter Nachdruck - Heidelberg: Spektrum Akad. Verl. 2009; ISBN 978-3-8274-1758-9

- Furlan, Peter: Das gelbe Rechenbuch 1 - Dortmund: Verlag Martina Furlan; ISBN 3 931645 00 2

- Furlan, Peter: Das gelbe Rechenbuch 2 - Dortmund: Verlag Martina Furlan; ISBN 3 931645 01 0

- Furlan, Peter: Das gelbe Rechenbuch 3 - Dortmund: Verlag Martina Furlan; ISBN 3 931645 02 9

- Papula, Norbert: Mathematik für Ingenieure und Naturwissenschaftler, Band 1, 12., überarbeitete und erweiterte Auflage - Wiesbaden: Vieweg+Teubner 2009; ISBN 978-8348-0545-4

- Papula, Norbert: Mathematik für Ingenieure und Naturwissenschaftler, Band 2, 12., überarbeitete und erweiterte Auflage - Wiesbaden: Vieweg+Teubner 2009; ISBN 978-3-8348-0564-5

- Papula, Norbert: Mathematik für Ingenieure und Naturwissenschaftler, Band 3, 5., verbesserte und erweiterte Auflage - Wiesbaden: Vieweg+Teubner 2009; ISBN 978-8348-0225-5

- Lang, Christian B. und Pucker, Norbert: Mathematische Methoden in der Physik - Heidelberg; Berlin: Spektrum, Akad. Verl. 1998 (Spektrum-Hochschultaschenbuch); ISBN 3-8274-0225-5

- Merziger, Gerhard und Wirth, Thomas: Repetitorium der höheren Mathematik, 4. Auflage - Springe: Binomi Verlag 1999; ISBN 9-923 923-33-3

- Anton, Howard: Lineare Algebra: Einführung, Grundlagen, Übungen - Aus dem Amerika. von Anke Walz - Heidelberg; Berlin: Spektrum Akad. Verl. 1998; ISBN 3-8274-0324-3

- Bollhöfer, Matthias und Mehrmann, Volker: Numerische Mathematik, 1. Auflage - Wiesbaden: Vieweg Verlag 2004; ISBN 3-528-03220-0

Stichwortverzeichnis

Rhetorik ist erlernbar

Gustav Vogt
Erfolgreiche Rhetorik

Faire und unfaire Verhaltensweisen
in Rede und Gespräch

3., vollständig überarbeitete Auflage 2010
XII, 299 Seiten | Broschur | € 29,80
ISBN 978-3-486-59737-0

Das Notwendige im richtigen Augenblick wirkungs-
voll sagen. Das ist eine Kunst, die erlernbar ist. Alles
Wissenswerte zu Sprechstil und -technik sowie zur
Körpersprache stellt der Autor in diesem Buch fundiert
dar. Er gibt hilfreiche Tipps, die beim Steckenbleiben
oder einem totalen Blackout während einer Rede helfen
und zeigt auf, wie mit Lampenfieber und Redeangst
richtig umzugehen ist. Zahlreiche Übungen runden
dieses Buch ab und helfen dabei, das Gelernte schnell
zu vertiefen.

**Ein wertvoller Ratgeber für alle, die im Studium oder
im Beruf rhetorisch glänzen möchten.**

Prof. Dr. Gustav Vogt lehrt im Fachbe-
reich Betriebswirtschaft an der Hochschule für Technik und Wirtschaft
des Saarlandes.

Oldenbourg

Bestellen Sie in Ihrer Fachbuchhandlung oder
direkt bei uns: Tel: 089/45051-248, Fax: 089/45051-333
verkauf@oldenbourg.de

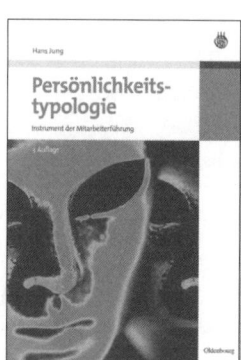
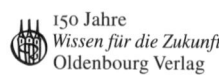